Architecture
des
ordinateurs

Jean-Jacques Schwarz

Architecture des ordinateurs

EYROLLES

ÉDITIONS EYROLLES
61, bd Saint-Germain
75240 Paris Cedex 05
www.editions-eyrolles.com

Table des matières

Exemple asynchrone : le 68020   130
Exemple synchrone : cycle de lecture du Z80   132

CHAPITRE 4

Processeurs et jeux d'instructions   135

Le modèle de programmation d'un processeur   136

Le fonctionnement du Z80   137

Les registres du processeur Z80   138
Déroulement de l'exécution d'une instruction   139
Structuration, organisation générale des instructions   144

La procédure : un élément de structuration   146

Appel de procédure (Z80), instructions CALL et RET   147

Organisation des données (Endianess - Boutisme)   149

Convention Little Endian ou petit boutiste.   149
Convention Big Endian ou grand boutiste   149

Gestion de pile   150

Les techniques d'adressage   151

Description succincte du 68000   152
Les modes d'adressage du 68000.   153

Introduction au langage assembleur   159

Modèle RISC « Load and Store ».   162
Procédures et passage de paramètres   167

CHAPITRE 5

Les interruptions   185

Les interruptions   186

Cycle de reconnaissance d'interruption   191
La routine d'interruption   192
L'arbitrage des demandes d'interruptions   193
Le paramétrage de la gestion d'une interruption   196
Interruptions et exceptions, interruptions logicielles   198
Masquage/démasquage d'interruption   199

Interruption, exception et système d'exploitation   200

Les modes User et Supervisor du 680x0   201
Interruptions et sections critiques.   205

Avant-propos

Un cours d'architecture des ordinateurs est souvent un moment difficile à passer pour l'étudiant. Cela n'est pas étonnant car la première source de difficultés réside déjà dans la diversité des sujets traités. Les différentes parties qui y sont abordées sont pratiquement chacune une matière à part entière. On peut ainsi passer de la théorie de l'information, aux technologies digitales, au traitement du signal et aux réseaux locaux, aux développements logiciels et aux systèmes d'exploitation. Les technologies, les abstractions abordées à chaque étape sont quasiment nouvelles et pour comprendre l'architecture générale, il faut avoir un minimum de maîtrise des différentes techniques ou technologies approchées.

Comme pour d'autres domaines, il y a deux grandes manières d'aborder un cours de ce type. L'approche descendante consiste à partir de la machine complète, c'est-à-dire considérer l'ordinateur sous forme de machine abstraite capable de résoudre des problèmes de traitement de l'information tels qu'un utilisateur final les perçoit. La machine est décrite comme un tout dont on analyse ensuite les composants fonctionnels. La modélisation de la machine peut être totalement mathématique et, à la limite, peu importe comment elle fonctionne réellement.

L'approche ascendante consiste à partir de briques de base, sortes de composants élémentaires, qui permettent, par constructions et améliorations successives, de créer une machine capable de réaliser des fonctions de plus en plus complexes pour aboutir à la machine abstraite dont nous parlions précédemment. Dans cette méthode, le travail demandé correspond davantage à une tâche de **conception** faisant appel à la compréhension du fonctionnement des briques élémentaires.

Nous avons fait le choix de l'approche ascendante car elle nous paraît plus appropriée pour une entrée en matière dans un domaine aussi varié et complexe. Notre objectif est d'expliquer le fonctionnement des différents composants de l'ordinateur et les concepts associés pour construire un socle solide de connaissances de base. Plutôt que de s'attaquer directement à une Formule 1, nous allons nous attacher à faire comprendre ce qu'il y a « sous le capot » de la voiture de monsieur tout le monde. Lorsque vous aurez parfaitement assimilé le fonctionnement d'un ordinateur, il sera possible d'aborder les techniques d'optimisation pour la recherche de performance.

À qui s'adresse cet ouvrage ?

Le public visé est celui des étudiants en informatique de niveau Bac + 1 à Bac + 3, c'est-à-dire les BTS, DUT, licences dans le nouveau schéma universitaire LMD (Licence, Maîtrise, Doctorat), et les premières années en écoles d'ingénieurs. Le spectre des techniques et concepts est assez large pour convenir aussi bien à un étudiant se destinant au génie logiciel qu'à celui s'intéressant à l'informatique industrielle ou aux réseaux.

Quel est l'objectif de cet ouvrage ?

L'objectif est de faire comprendre le fonctionnement d'un ordinateur par une présentation des fondements sur lesquels s'appuie son architecture interne. Dans ce sens, la mise en œuvre de l'approche ascendante permet de mettre en exergue les « fondamentaux » qui reviennent systématiquement d'un chapitre à l'autre. Il s'agit du codage de l'information, des mécanismes de communication, de l'arbitrage du partage de ressources, de la répartition des tâches et de la gestion des files d'attente. L'étudiant pourra aussi retrouver ces fondamentaux dans les deux autres domaines proches de l'architecture des ordinateurs que sont les réseaux et les systèmes d'exploitation.

Comment est structuré cet ouvrage ?

La trame du livre est construite sur la réutilisation de l'acquis et le passage à l'abstraction. Les concepts nouveaux sont introduits sur des cas concrets qui posent le problème à résoudre et sont réexploités au fur et à mesure que l'on progresse dans les chapitres. Les composants indispensables sont décrits d'un point de vue physique, mais l'abstraction revient systématiquement comme un leitmotiv. Il s'agit de passer de la machine physique à une machine abstraite qui, vue par le biais de son système d'exploitation, devient quasiment indépendante des caractéristiques matérielles.

Chaque chapitre commence par un bref descriptif de l'objectif visé et se termine par un mémento qui résume ce qu'il est indispensable de retenir dudit chapitre.

Chaque thème est étayé par des illustrations s'appuyant sur des exemples réels que le lecteur pourra réutiliser directement s'il est amené à travailler sur l'un des processeurs décrits. Il sera ainsi en mesure de se faire une idée sur les choix architecturaux de différents constructeurs. Les cas d'illustrations concernent aussi bien des processeurs simples comme un 8 bits, que sophistiqués et récents comme l'Itanium et le PowerPC, en passant par la famille 68000, les Pentium, les processeurs MIPS et Sparc.

Introduction – Du boulier à l'ordinateur

L'ordinateur et son invention sont, d'abord et avant tout, une aventure humaine qui nous a conduit du boulier en argile à l'ordinateur actuel de tout un chacun.

En un certain sens, cette introduction reprend également l'approche ascendante, dans le temps cette fois-ci et en accéléré, sous la forme d'un raccourci historique concernant les grandes étapes de création des procédés de calcul mettant en avant des points-clés, ou plutôt des hommes-clés de cette aventure. Il ne s'agit pas réellement d'un historique de l'informatique, puisque nous avons seulement choisi de souligner quelques étapes marquantes qui montrent que les progrès significatifs sont pilotés par les besoins et les grandes ruptures de technologies.

L'aboutissement de cette évolution est l'ordinateur contemporain et la fin de l'introduction donne une présentation générale de son architecture.

Chapitre 1 – Information et codages

L'information est la matière première transformée par un ordinateur. Le premier concept abordé est donc celui de l'information et de sa représentation sous une forme binaire. Une importance privilégiée est donnée à la définition de la quantité d'information, au codage des nombres et des caractères.

Dans l'ordinateur, les données obtenues sont non seulement traitées mais elles sont aussi stockées ou transportées. Elles génèrent alors des coûts et peuvent éventuellement être entachées d'erreurs. La fin du chapitre décrit ainsi les techniques de détection, voire de correction, des erreurs, et celles spécifiques au compactage des données.

Chapitre 2 – Fonctions logiques et circuits

Tous les traitements effectués par l'ordinateur sont réalisés à l'aide d'opérations logiques élémentaires dans une unité arithmétique et logique. Ce chapitre décrit les composants logiques nécessaires à la constitution d'un processeur qui est le moteur de l'ordinateur.

La logique combinatoire est utilisée pour la conception des circuits qui interviennent dans une unité de calcul, alors que la logique séquentielle, qui permet d'introduire les automates, est à la base de l'unité de commande et des mémoires.

À partir de ces circuits élémentaires de traitement et de stockage, la fin du chapitre aboutit à une ébauche d'architecture d'un microprocesseur très simple. Une première présentation d'une « carte unité centrale » est proposée. Elle fait de suite apparaître les besoins de communications entre les différentes entités.

Chapitre 3 – Communication et protocoles

Un ordinateur est un ensemble d'unités qui coopèrent et, pour ce faire, elles doivent communiquer. Ce chapitre décrit les principes sous-jacents à toute communication de données informatiques. Ils font partie des « fondamentaux » qui s'appliquent aussi bien à la communication entre des entités internes au processeur, à l'ordinateur, qu'à un ensemble d'ordinateurs sur un réseau.

Nous nous intéresserons d'abord au transport physique des données avec une attention particulière accordée à l'adaptation d'un signal à son support de transmission et aux techniques de codage binaire à signal.

Nous aborderons ensuite la notion de protocole, c'est-à-dire l'ensemble des règles à mettre en place pour qu'une communication se fasse correctement. La notion est illustrée pour la communication entre un processeur et sa mémoire.

Chapitre 4 – Processeurs et jeux d'instructions

Nous y abordons le passage du matériel au logiciel, c'est-à-dire la mutation du processeur physique en un processeur logique. Cette transformation s'appuie sur le *modèle de programmation* du processeur qui en est la vision offerte au programmeur au travers de son jeu d'instructions. Une introduction aux langages de programmation assembleur est faite à ce stade.

La programmation fait rapidement apparaître le besoin de structuration et de réutilisation que tous les langages modernes de haut niveau intègrent. Ce besoin est concrétisé au niveau du modèle de programmation par la notion de procédure. Sont alors illustrés tous les mécanismes et concepts requis par l'utilisation d'une procédure, tant au niveau de la gestion d'une pile que des techniques de passage de paramètres.

Chapitre 5 – Les interruptions

Dans un ordinateur, l'exécution des programmes est généralement dépendante de l'occurrence d'événements externes en provenance des périphériques : les applications sont pilotées par les événements. Or le processeur, tel qu'il a été introduit, est un simple automate qui exécute toujours la même séquence pour un programme donné : le programme est uniquement piloté par les instructions.

C'est le mécanisme des interruptions qui donne au processeur la possibilité de réagir à un événement externe. Nous décrirons ce mécanisme et ses implications sur la gestion des entrées-sorties, le fonctionnement d'un système d'exploitation et la programmation événementielle multitâche.

Nous complétons l'approche avec une introduction à l'outillage nécessaire pour gérer la problématique des ressources partagées (entités susceptibles d'être utilisées en même temps par plusieurs programmes).

Chapitre 6 – Les entrées-sorties

Le système d'entrées-sorties d'un ordinateur est constitué de l'ensemble des unités qui permettent à l'ordinateur de communiquer avec son environnement grâce aux périphériques. Ces derniers communiquent eux-mêmes avec le processeur en s'adressant à des dispositifs spéciaux appelés coupleurs.

Après l'explication des principes physiques de fonctionnement des coupleurs d'entrées-sorties et des canaux de communication utilisés pour les périphériques, nous élèverons le niveau d'abstraction pour transformer ces périphériques physiques en des entités logiques vues simplement comme des données dans un espace d'adressage. La démarche d'abstraction est identique à celle déjà appliquées au processeur dans les chapitres précédents.

Nous étudierons ainsi des bus spécialisés dans l'interconnexion des périphériques comme USB et le FireWire (IEEE 1394) qui banalisent complètement leur utilisation.

Chapitre 7 – Stockage et mémoire virtuelle

Tout est en place pour le traitement et la communication des données. Il reste à aborder la problématique du stockage des données sur l'ordinateur sous une forme plus globale et logique. Après une description du fonctionnement des dispositifs de stockage aussi variés qu'un disque « Winchester » ou une clé USB, l'objectif de ce chapitre est de décrire les mécanismes mis en œuvre pour une gestion banalisée de la mémoire quel que soit l'endroit où elle se trouve.

En utilisant la même démarche, nous décrirons l'organisation du stockage des données aussi bien sur le disque sous forme de fichiers, qu'en mémoire centrale avec l'introduction de la mémoire virtuelle et pour finir, le stockage temporaire en mémoire cache.

Chapitre 8 – Les performances

Dans les chapitres précédents, l'accent a été mis sur les aspects fonctionnels de l'architecture d'un ordinateur : comment concevoir une machine qui fait bien ce qui lui est demandé de faire ?

Dans cette dernière partie, les fonctionnalités sont passées au second plan au profit de la recherche de la performance, en particulier celle de la rapidité d'exécution. Sont abordées les techniques comme le pipeline matériel ou logiciel, les formes de parallélisme, la spéculation.

Un aperçu de la mise en œuvre des différentes techniques de recherche de performance est ensuite donné avec le processeur Itanium. Le chapitre se termine par la présentation de l'architecture générale d'un supercalculateur vectoriel, le Fujitsu VPP5000.

Annexes

Autour de cet ensemble de techniques s'est développé un jargon métier spécifique, concrétisé par un nouvel ensemble d'unités de mesure adaptées et un vocabulaire dédié qui sont décrits dans ces annexes.

Introduction

Du boulier à l'ordinateur

Des idées et des hommes.

Du comptage au calcul, du concret au concept.

La génération actuelle des ordinateurs peut être considérée comme un premier aboutissement d'une suite de révolutions, d'évolutions, c'est-à-dire d'inventions et d'améliorations successives. Le processus ne s'arrêtera pas, il y aura d'autres évolutions, d'autres ruptures générant de nouvelles révolutions, certainement liées à de nouveaux usages de l'informatique. Les pas décisifs effectués jusqu'à présent dans cette aventure humaine ont été réalisés par des personnes qui sortent du commun mais qui ont pu apporter leur contribution en raison de l'existence d'un contexte particulier (guerre, hasard, rencontre, erreur, état de l'art…).

L'ordinateur a été conçu dans le prolongement d'un besoin accru de calcul. Il est resté longtemps cantonné à un usage professionnel de calcul scientifique ou de gestion. La possibilité de fabriquer soi-même un ordinateur à l'aide de composants devenus à la portée de l'amateur a créé l'avènement du PC et généré de nouveaux usages. Comme la voiture, l'ordinateur est maintenant aussi bien un outil de travail qu'un instrument de loisir. Dans les deux cas, il y a apparition de nouveaux besoins qui amèneront de nouvelles innovations. De tout temps, il en a été ainsi.

Les Anciens

Nous commençons notre remontée du temps au début de notre ère. Comme il ne s'agissait pas pour nous d'essayer de refaire une histoire des chiffres et des nombres, nous laissons volontairement de côté tout ce qui s'est fait avant notre ère, en Mésopotamie, en

Égypte ou ailleurs, dans l'évolution de la conceptualisation des nombres. Pour cela, il vaut mieux se reporter à la référence que constitue *l'Histoire Universelle des Chiffres* de Georges Ifrah.

Nous allons débuter cette introduction par la numération romaine. Pourquoi ?

Il faut un point de départ sur l'utilisation des moyens de calcul depuis leur plus primitive « mécanisation » jusqu'à nos machines numériques modernes. Le début de notre ère est ainsi une période où l'alphabet et l'écriture sont déjà bien stabilisés, un minimum de résultats est connu en arithmétique et en géométrie, et les besoins de calculs deviennent de plus en plus indispensables même dans la vie quotidienne.

La numérotation romaine, les chiffres romains, constituent une vraie curiosité. Elle tire ses racines de la plus ancienne préhistoire et sert à représenter des nombres mais sans réel objectif de faciliter la réalisation de calculs. Elle est restée en usage pour la numérotation des siècles ou des chapitres d'un livre.

Les symboles qu'elle utilise tiennent leur origine des marques faites sur des os ou des morceaux de bois à l'aide d'entailles. Un trait pour une unité, deux traits pour deux, etc. Cette technique permet de reporter un comptage, d'animaux par exemple, pour le mémoriser sur un dispositif et en garder ainsi la trace pour d'éventuels vérifications ou échanges. Ainsi naît le besoin de regrouper des unités en un ensemble auquel on associe un nouveau symbole. Une manière naturelle de regrouper les unités est un regroupement par 5, comme les 5 doigts de la main, et par 10. Ces entailles ont évolué au cours du temps et les Romains leur ont finalement associé directement des lettres de l'alphabet. Cette notation est particulière à plus d'un titre. La notation peut être additive ou soustractive : à l'origine 4 s'écrivait IIII soit 4 entailles, mais pour compacter l'écriture 4 devient IV signifiant que le I à gauche est soustractif par rapport au V. Ajouté à droite du V, l'unité devient additive et donne pour résultat 6 (VI). Les symboles utilisés ne sont pas multiplicatifs, mais simplement additifs par répétition : pour écrire 30 on ne peut pas écrire III fois X, mais XXX.

La notation rend les calculs extrêmement pénibles : la plupart du temps, ils se font dans un système décimal utilisé comme une « calculatrice de poche ». L'abaque (du latin *abacus* et du grec *abax* qui signifie plateau ou table) est un plateau avec plusieurs colonnes en creux pouvant accueillir des cailloux (*calculi* d'où le nom de calcul) présentant une configuration très voisine de celle d'un boulier. L'abaque est un « instrument » fondé sur le système décimal : une colonne par puissance de dix. En dessous de la « ligne » repérant les unités, les dizaines, les centaines…, chaque caillou ou boule représente une unité de la colonne correspondante, au-dessus de la ligne, le caillou vaut cinq unités. La colonne la plus à droite sert aux parties fractionnaires. Le « calculator » désigne chez les Romains le maître du calcul, c'est-à-dire celui qui enseigne l'art d'utiliser l'abaque.

De la Renaissance aux Lumières

Il ne faut pas dire qu'il ne s'est rien passé pendant plus de mille ans, mais on peut cependant estimer qu'un réel pas significatif dans les techniques et outils de calcul n'est opéré qu'au XVIe siècle. Il est dû à des hommes comme Neper, Schickard, Pascal et Leibniz.

John Napier ou Neper, 1550-1617

John Napier, né à Édimbourg, est d'abord un théologien militant du protestantisme. En 1593, il publie *A Plane Discovery of the Whole Revelation of St. John*, petit livre à succès plusieurs fois réédité dans différents pays d'Europe. Bien que davantage reconnu pour ses « bâtonnets à calculer » et ses logarithmes, Neper considéra toujours ce premier ouvrage comme son œuvre essentielle.

Le contexte de Neper est celui d'un développement scientifique freiné par les problèmes de calcul numérique. Les calculs pour l'astronomie, la navigation sont très compliqués et gourmands en multiplications, divisions et extractions de racines carrées. C'est l'époque du développement de la trigonométrie. Un des soucis majeurs de tous les mathématiciens est alors de trouver un moyen de « mécaniser » les opérations, c'est-à-dire de fabriquer des machines pour accélérer la réalisation de ces calculs tout en diminuant le plus possible le taux d'erreurs.

Les calculs les plus simples, et maîtrisés depuis longtemps, sont les additions et les soustractions et il était dans l'air du temps d'essayer de ramener les multiplications (divisions) à de simples additions (soustractions).

La contribution la plus importante de Neper au niveau des mathématiques est son « invention » des logarithmes comme opérateur permettant de transformer les multiplications en additions et les divisions en soustractions. Descartes donnera plus tard le statut de fonction à ce principe. Neper expose, en 1614, le principe des logarithmes, le terme est sien (*logos*, logique et *arithmos*, nombre en grec), dans le traité *Mirifici Logarithmorum Canonis Descriptio (Description de la règle admirable de logarithmes)*. Les premiers logarithmes sont destinés au calcul des sinus. Un peu plus tard, l'anglais Henry Briggs propose à Neper une modification qui conduit aux logarithmes tels que nous les connaissons maintenant. Kepler prend connaissance de ce traité et après une erreur d'appréciation sur sa validité, l'exploite pour élaborer ses tables de position des planètes.

La relation fondamentale : le logarithme d'un produit de deux nombres est la somme des logarithmes de chacun des nombres, que Neper met en évidence, permet de construire les premières tables de logarithmes décimaux, tables en usage chez les scientifiques jusque dans les années 1970 (le fameux livret jaune de Bouvart et Ratinet aux Éditions Hachette).

Une conséquence intéressante de l'invention des logarithmes est la mise au point d'un instrument de calcul évitant la manipulation des tables. En 1620, Edmund Gunter eut l'idée de graduer une règle avec une échelle « logarithmique » permettant ainsi de « lire » un résultat plutôt que de reporter les valeurs d'une table. Cette première règle, destinée aux marins, mais assez difficile à manier, fut améliorée en 1657 par Seth Patridge avec l'introduction d'une réglette coulissante centrale. C'était le début de la fameuse « règle à calcul » également en vigueur jusqu'à l'avènement des calculatrices électroniques (fin des années 1960).

La seconde trouvaille de Neper est ses bâtonnets (ou osselets) dont l'objectif est aussi de simplifier les multiplications. Le principe est de matérialiser, sur des bâtonnets, les tables

---

Une curiosité arithmétique

Un élément déterminant dans l'invention des logarithmes a été l'étude fine des suites en progression arithmétique et en progression géométrique. La première suite ci-dessous est une suite géométrique de raison 2, la seconde est une suite arithmétique de pas 1.

> 1 2 **8** 16 32 **64** 128 256 **512** 1024
>
> 0 1 2 **3** 4   5   **6**   7   8   **9**   10

Une « curiosité » arithmétique était connue depuis longtemps. Si l'on prend deux nombres dans la suite arithmétique, leur somme donne le rang du terme qui, dans la suite géométrique, donne le produit des nombres correspondant aux termes de la somme. Soit les nombres 3 et 6 ; les valeurs correspondantes dans la suite géométrique sont 8 et 64. La somme fait 9 et cette valeur donne le rang du résultat de 8×64, c'est-à-dire 512. Le produit dans la suite géométrique est donc ramené au calcul d'une addition dans la suite arithmétique. Aujourd'hui, nous dirions qu'un terme de la suite arithmétique est le logarithme base 2 du terme correspondant de la suite géométrique.

---

de Pythagore que nous avons apprises « par cœur » à la petite école. Il y a un type de bâtonnet par table : le bâtonnet des 5, celui des 6… et il y a évidemment plusieurs bâtonnets de chaque type. L'ensemble est transporté dans une boîte, mais ce n'est pas encore une machine. Le principe en est exposé dans *Rabdologiae seu numerationis per virgula libri duo (Deux livres sur la rabdologie et sur la numération avec virgule, rhabos=baguette)* publié en 1617, traité dans lequel il propose aussi la notation décimale en usage de nos jours (les chiffres décimaux sont derrière la virgule).

Histoire de la notation décimale

Jusqu'à l'époque de Neper, les mathématiciens ne connaissaient pas la notation maintenant classique des nombres décimaux. Ainsi le nombre **1,414** (racine de 2) se lit dans notre notation décimale « un virgule quatre cent quatorze » : il a une partie décimale écrite de la droite vers la gauche en partant de la virgule avec une énumération implicite des dixièmes, puis des centièmes, des millièmes… La notation de la partie fractionnaire est positionnelle : l'ordre et la position d'un chiffre indiquent son poids. C'est Neper qui proposa notre notation en remplacement de celle alors en usage : **1, 4(1) 1(2) 4(3)**. Pas facile de faire des calculs complexes dans ces conditions…

L'utilisation de ces bâtonnets est illustrée dans la figure I-1. Le nombre 57 943 est à multiplier par 6. Les bâtonnets sont disposés en fonction des chiffres du nombre à multiplier. Le bâtonnet 7 donne les multiples de 7 avec les unités à droite au-dessus de la diagonale et le chiffre de la dizaine à gauche sous la diagonale. Le résultat est obtenu en lisant la ligne 6 (celle du multiplicateur). Les valeurs à l'extrême droite et à l'extrême gauche sont lues directement. Pour les autres il faut faire la somme des termes adjacents de deux bâtonnets. Le résultat est ainsi 3, 4 (0+4), 7 (2+5), 6 (4+2), 5 (4+1), 8, soit 347 658. Pour un multiplicateur à plusieurs chiffres, il faut répéter ce travail autant de fois qu'il y a de chiffres, puis faire la somme avec les décalages appropriés, comme lorsque l'on fait l'addition « à la main ».

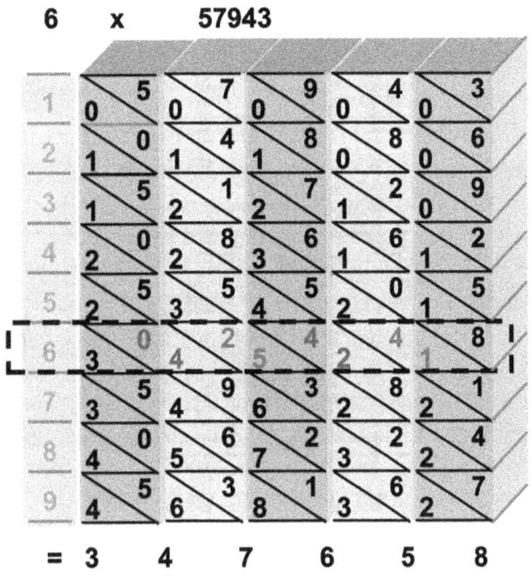

Figure I-1

Les bâtonnets de Neper

Wilhelm Schickard, 1592-1635

Wilhelm Schickard est horloger, astronome et mathématicien en poste à l'université de Tübingen en Rhénanie. Il rencontre souvent son ami Johannes Kepler et décide de réaliser pour lui une machine destinée à l'assister dans ses calculs d'astronomie. Celle-ci, inspirée des bâtonnets de Neper, est composée de 6 cylindres *Népériens*, de réglettes coulissantes, de 6 disques opérateurs pour effectuer additions et soustractions. La machine en bois, qu'il appelle « horloge à calculer » a été décrite par Schickard dans une lettre envoyée à Kepler. Heureusement, car nous n'en aurions jamais rien su si cette lettre n'avait pas été retrouvée par hasard en 1957. Les esquisses qui y sont faites ont depuis lors permis de reconstituer la machine. Kepler n'entra apparemment jamais en possession de cette machine : Johan Pfister, le « mécanicien-menuisier » de Schickard, vit son travail réduit à néant dans un incendie en 1624, la Rhénanie étant alors en proie aux ravages désastreux de la guerre de Trente Ans.

Blaise Pascal, 1623-1662

Né en 1623, Blaise Pascal est le fils d'Étienne Pascal, juriste et mathématicien, qui s'installe à Paris en 1631. Blaise Pascal a des prédispositions dans le domaine des mathématiques et, dès son adolescence, il a la possibilité de côtoyer les plus grands mathématiciens de l'époque. En 1642, alors que son père Étienne, fraîchement nommé commissaire pour l'impôt à Rouen par Richelieu, doit passer une grande partie de son temps à faire les comptes, Blaise commence la réalisation d'une machine pour lui accélérer ses fastidieux calculs. Il a alors 19 ans. Ainsi naît la *Pascaline*, machine composée de six roues à dix dents qui permet de faire des additions et des soustractions avec retenue de dizaines. Le passage de 9 à 0 incrémente la roue adjacente avec un mécanisme compliqué de crans et poids.

Après de sérieuses difficultés de réalisation, il présente en 1645 au chancelier Séguier une machine en état de fonctionnement. Il commercialise la machine, en fait la « publicité », mais le prix dissuasif limita le nombre de clients.

Annonce de Blaise Pascal pour la diffusion de sa nouvelle machine

« Avis nécessaire à ceux qui auront curiosité de voir la machine d'arithmétique, et de s'en servir.

Ami lecteur, cet avertissement servira pour te faire savoir que j'expose au public une petite machine de mon invention, par le moyen de laquelle seul tu pourras, sans peine quelconque, faire toutes les opérations de l'arithmétique, et te soulager du travail qui t'a souvent fatigué l'esprit, lorsque tu as opéré par le jeton ou par la plume : je puis, sans présomption, espérer qu'elle ne te déplaira pas, après que Monseigneur le Chancelier l'a honorée de son estime, et que, dans Paris, ceux qui sont les mieux versés aux mathématiques ne l'ont pas jugée indigne de leur approbation. Néanmoins, pour ne pas paraître négligent à lui faire acquérir aussi la tienne, j'ai cru être obligé de t'éclairer sur toutes les difficultés que j'ai estimées capables de choquer ton sens lorsque tu prendras la peine de la considérer.

....

Les curieux qui désireront voir une telle machine s'adresseront s'il leur plaît au sieur de Roberval, professeur ordinaire de mathématiques au Collège Royal de France, qui leur fera voir succinctement et gratuitement la facilité des opérations, en fera vendre, et en enseignera l'usage. Le dit sieur de Roberval demeure au Collège Maître Gervais, rue du Foin, proche des Mathurins. On le trouve tous les matins jusqu'à huit heures, et les samedis toute l'après dîner. » Blaise Pascal

---

Schickard avait posé les bases de la première machine de mécanisation des opérations arithmétiques en adaptant les mécanismes de roues dentées de l'horlogerie. Pascal, sans connaître les travaux de Schickard, est le premier à formuler les principes du calcul arithmétique mécanique qui sont ensuite perfectionnés par Leibniz et qui restent en application jusqu'au XXe siècle.

L'Anglais Samuel Morland conçoit, en 1666, une machine à calculer qui introduit le principe de la multiplication par additions successives et qui, sur un autre plan, est une sorte de version *portable* de la Pascaline.

Gottfried Leibniz, 1646-1716

En 1679, Leibniz est le premier à travailler sur une arithmétique binaire : tous les nombres entiers sont représentables à l'aide d'un positionnement ordonné de 0 et 1. Grâce à ses correspondances avec le missionnaire jésuite Joaquim Bouvet, il fit le lien avec une représentation binaire trouvée dans le livre chinois I Ching où le yin et le yang sont représentés par un trait droit et un trait coupé. Il en fait état dans une communication en 1705 à l'Académie Royale des Sciences. C'est la première représentation binaire véritablement cohérente, mais sans que l'on sache si les symboles correspondaient réellement à un système de numération.

En 1694, il met au point une machine à calculer dérivée de la Pascaline et de celle de Morland mais capable de traiter assez simplement les multiplications et divisions. La multiplication est faite par répétition d'additions, en tournant une manivelle dans un sens, l'autre sens servant à la division. Sans être vraiment fiable, elle constitue cependant un réel progrès par rapport à la Pascaline.

La machine possède un chariot mobile qui coulisse sur la partie fixe à l'aide d'une manivelle placée sur le côté. Lors de la multiplication, le chariot est déplacé pas à pas, autant que le multiplicateur possède de chiffres. À chaque fois, on fait tourner la manivelle principale sur le devant du chariot. La machine affiche directement le résultat final, en faisant les reports de retenues et les sommes intermédiaires.

Des Modernes aux Contemporains

Faisons un nouveau bon en avant pour nous retrouver vers la fin du XIXe siècle, soit au début de l'ère industrielle.

Charles Babbage, 1791-1871

Charles Babbage entreprend très tôt des études de mathématiques, domaine dans lequel il excelle et qui lui permet d'obtenir très rapidement un poste à l'université de Cambridge.

Personnage très éclectique et « touche à tout », Babbage propose à la poste anglaise une tarification unique pour les timbres postaux en montrant que cette solution est plus économique que le tarif au poids et à la distance alors en vigueur. Il établit les premières tables de mortalité pour les compagnies d'assurance et il fait aussi la relation entre l'épaisseur des anneaux d'un tronc d'arbre et les conditions climatiques de l'année concernée. Il est aussi l'un des meilleurs cryptanalystes de son temps. Il « casse » définitivement le code de chiffrement de Vigenère, code réputé inviolable depuis le XVIe siècle.

Il s'intéresse de près aux possibilités des logarithmes pour calculer des fonctions. Babbage est particulièrement impressionné par une visite qu'il fait, en 1819, au baron de Prony qui a mis en place une organisation du travail fondée sur une séparation des tâches pour la réalisation de tables trigonométriques et logarithmiques. 80 personnes travaillent séparément dans deux bâtiments différents pour effectuer ces calculs. Mais même dans ces conditions, il reste néanmoins beaucoup d'erreurs, aussi bien de calculs que de recopie pour l'impression. Ces tables sont utilisées pour l'établissement du cadastre et pour la navigation maritime. Si les erreurs ne portaient pas trop à conséquence pour le cadastre, elles ont été fatales à nombre de bateaux et marins !

L'année suivante, il pose les principes de sa *difference engine* machine reposant sur le calcul des différences finies. L'idée est d'une part de mécaniser les opérations pour éviter les erreurs humaines et d'autre part de passer directement à l'estampage des tables de plomb pour éviter les erreurs de recopie de l'imprimeur.

De cette manière, il pose de fait le principe d'un ordinateur moderne avec son unité de traitement (automate de calcul), un périphérique d'entrée (lecture de cartes perforées déjà en usage dans les métiers à tisser de Jacquard), un périphérique de sortie (estampage pour l'impression).

L'automate de calcul est capable d'enchaîner des séquences d'opérations (sur 1 000 nombres de 50 chiffres), ce qui est une grande nouveauté, même si cet automate doit puiser son énergie dans une machine à vapeur... Il commence la construction du premier prototype, construction qu'il abandonne en 1833 lorsqu'il a l'idée d'introduire des séquences conditionnelles dans les procédures de calcul : un résultat intermédiaire peut orienter l'exécution vers une séquence ou une autre.

Babbage est aidé dans son travail par sa collaboratrice Ada Lovelace, qui en 1843, met en avant le principe des itérations successives dans l'exécution d'une opération. En référence au mathématicien arabe Al Khowarizmi (vers l'an 800 dans l'actuel Ouzbékistan), elle donne le nom d'*algorithme* au processus logique de résolution d'un problème par la description en une séquence d'opérations élémentaires. Le nom du langage Ada est un hommage rendu à la première programmeuse.

Babbage mit toutes ses économies dans la réalisation de sa machine, il eut quelques subventions, mais la technologie de l'époque ne lui permit pas d'aboutir. Ce n'est qu'au cours du XXe siècle qu'une réalisation, pour un musée, a pu être faite à partir des plans d'époque.

Alan Turing, 1912-1954

Après des études en mathématiques à l'Université de Cambridge, Alan Turing s'intéresse à l'élaboration d'une théorie mathématique sur l'incomplétude de Gödels et la question de la décidabilité de Hilbert. Au cours de son doctorat à l'Université de Princeton, de 1936 à 1938, Turing conçoit l'idée de la construction d'un ordinateur. Ses travaux l'amènent assez rapidement au concept d'une machine abstraite, sorte d'automate permettant de formaliser le principe de l'algorithme. Cette machine est connue sous le nom de « machine de Turing » et, si elle n'est pas une machine réelle, son principe est un concept de base de l'informatique.

La machine de Turing est constituée :

- D'un **ruban**, divisé en cellules situées les unes à côté des autres, chacune d'entre elles pouvant contenir le symbole (caractère) d'un alphabet fini. L'alphabet comporte un symbole d'espacement. Le ruban est supposé avoir une longueur suffisante afin que la machine n'en soit jamais à court. Les cellules peuvent être lues et écrites, une cellule non écrite est supposée contenir le symbole d'espacement.

- D'une **tête** pouvant lire ou écrire un symbole dans une cellule sur le ruban. La tête peut se déplacer d'une cellule vers la droite ou vers la gauche.

- D'un **registre d'états**, c'est-à-dire une mémoire stockant l'état actuel de la machine. Les états doivent être en nombre fini avec un état spécial, l'état initial, dans lequel débute l'exécution de la machine.

- D'une **table des transitions d'états** ou un diagramme **états-transitions**, qui donne, en fonction de l'état courant, les actions à entreprendre (écrire un symbole dans une cellule, déplacement de la tête vers la droite ou vers la gauche) et le nouvel état résultant.

Turing, Enigma et la « Bombe »

En 1919, un ingénieur hollandais, Hugo Alexander Koch, dépose un brevet de machine à chiffrer électromécanique. Le brevet et l'idée sont repris par Arthur Scherbius avec la machine Enigma, sorte de transposition ou d'adaptation moderne du cadran d'Alberti (1460) à un mécanisme de rotors. À Berlin, Scherbius monte une société destinée à la fabrication et la commercialisation de la machine, mais le prix exorbitant de la machine limite très fortement l'usage civil de la machine. Par contre, la marine de guerre allemande ne tarde pas à en voir l'intérêt et, vers la fin des années 1930, la machine est effectivement mise en service.

La Pologne, devenue indépendante après la Première Guerre Mondiale et se sentant menacée entre la Russie et l'Allemagne, développe ses services de cryptanalyse pour suivre au plus près les messages de l'armée allemande. Par l'intermédiaire des services de renseignements français qui avaient obtenu en 1931 de Hans-Thilo Schmidt, fonctionnaire au chiffre allemand, une copie d'un manuel d'utilisation de l'Enigma, Français, Britanniques et Polonais peuvent avoir une idée assez précise de la machine. Avec le recrutement du jeune mathématicien Marian Rejewski, les Polonais construisent plusieurs répliques de l'Enigma et sont en mesure de décrypter les messages de l'armée allemande jusqu'en 1938. Rejewski fabrique des machines, qu'il appelle des bombes, peut-être pour faire « sauter » le code, afin de tester rapidement les très nombreuses combinaisons permettant de déterminer la clé de cryptage du jour utilisée par les Allemands. Après l'invasion de la Pologne, le flambeau et les résultats des travaux de Rejewski sont passés aux anglais qui installent un impressionnant centre de cryptanalyse à Bletchley Park. Pour l'anecdote, une des machines Enigma de Rejewski fut transportée à Londres dans les bagages de l'artiste Sacha Guitry et de son épouse Yvonne Printemps.

Bletchley Park est le centre de la *Government Code and Cypher School* où travailleront plusieurs milliers de personnes regroupant les compétences les plus diverses, allant du cruciverbiste de haut niveau aux mathématiciens haut de gamme dont Alan Turing de retour des États-Unis. L'objectif est de mettre au point un système capable de décrypter très rapidement les messages de la machine Enigma. Turing élabore de nouvelles « bombes » plus sophistiquées que celles des Polonais et pose, avec ses collègues Newman et Flowers, les bases de construction du calculateur Colossus, d'architecture équivalente à celle de l'ENIAC mais en avance dans la réalisation. Les britanniques sont, à ce moment, en mesure de décrypter tous les messages des militaires allemands.

Turing mène ses travaux sur les ordinateurs de manière originale (et secrète) puisque à ce moment il n'a pas accès aux travaux entrepris outre-Atlantique ou en... Allemagne (travaux de Conrad Zuse). Le gouvernement britannique, pour maintenir le secret sur tout ce travail, requiert, à la fin de la guerre, la destruction totale de tout ce qui se trouve à Bletchley Park. Flowers doit détruire les plans de Colossus et tous les collaborateurs sont intimés de garder le silence. Ce n'est que des décennies plus tard, en 1975, que le secret est levé.

À la fin de la guerre, Turing doit participer au développement du premier ordinateur, mais inculpé en 1952 pour homosexualité, il se suicide en 1954.

John von Neumann, 1903-1957

En 1930, von Neumann est invité à l'université de Princeton puis décide de s'établir définitivement aux États-Unis.

Arrivée de von Neumann aux États-Unis

Après guerre, von Neumann et Kurt Gödel demandent la citoyenneté américaine. C'est leur ami Oscar Morgenstein qui les accompagne en voiture à l'office d'immigration et leur apprend le minimum nécessaire sur la Constitution et l'histoire des États-Unis. Après quelques explications, Morgenstein leur demande s'ils ont des questions à poser. Gödel répond qu'il n'avait pas réellement de questions, mais qu'il a trouvé quelques incohérences logiques dans la Constitution et qu'il avait l'intention d'en faire état à l'officier d'immigration... Morgenstein le persuade très vivement de ne pas poser de questions à l'officier et de se limiter strictement aux réponses des questions posées...

Il participe alors à la création de l'IAS (*Institute for Advanced Studies* de Princeton). Il propose à Alan Turing, alors étudiant en fin de thèse à Princeton, de le rejoindre à l'IAS, mais celui-ci préfère retourner en Angleterre.

Von Neumann rejoint Oppenheimer à Los Alamos et s'implique dans les travaux de la mise au point de la bombe atomique américaine. Les besoins de calculs numériques sont énormes et il se met en relation avec J.P. Eckert et J.W. Mauckly, ingénieurs qui développent à la Moore School un nouveau type de calculateur, l'ENIAC (*Electronic Numerical Integrator, Analyser and Computer*) pour le calcul de trajectoires en balistique. Von Neumann voit assez rapidement l'intérêt mais aussi les insuffisances de l'ENIAC en tant que machine réellement programmable. Ses travaux avec Eckert et Mauckly l'amènent à publier l'article devenu célèbre *First Draft of a Report on the EDVAC* (*Electronic Discrete VAriable Computer*) où il décrit l'architecture générale d'un ordinateur.

Cette architecture, maintenant connue sous le nom « architecture von Neumann » est basée sur l'idée que le programme et les données se trouvent tous deux dans la même mémoire, ce qui n'est pas le cas de la machine de Turing où le ruban ne contient que les « données ». Cet article est aussi à l'origine d'une brouille avec Eckert et Mauchly au niveau de la paternité des idées. L'EDVAC qui devait ainsi être le premier ordinateur, au sens moderne du terme, fut devancé par l'EDSAC (*Electronic Delayed Storage Automatic Calculator*) construit à l'université de Manchester par Maurice Wilkes.

L'architecture von Neumann (figure I-2) est caractérisée par le fait que les données ET le programme se trouvent dans la même mémoire dite centrale. La machine est constituée de quatre blocs fonctionnels : une unité de commande qui est l'automate sous-jacent à la machine, une unité de calcul, la mémoire et une unité d'entrées-sorties pour la communication homme-machine. Le programme est une suite consécutive d'instructions exécutables par la machine, chacune d'entre elles étant repérable par son adresse en mémoire.

Figure I-2

*Architecture von
Neumann*

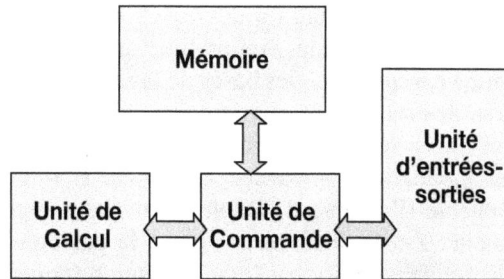

L'unité de contrôle dispose donc d'un « registre compteur de programme » (program counter) décrivant l'état d'avancement du programme. L'exécution d'une instruction est elle-même découpée en quatre phases principales :

- la phase de recherche (fetch) de l'instruction en mémoire pour l'amener dans l'unité de contrôle ;

- le positionnement du compteur de programme sur l'instruction suivante par addition de la longueur de l'instruction en cours ;

- le décodage et l'exécution de l'instruction, cette dernière pouvant éventuellement modifier le contenu du compteur de programme pour lancer une instruction ailleurs en mémoire (instruction de saut) ;

- l'enchaînement automatique des instructions avec un retour à la première étape.

Cette architecture est la base de la plupart de nos ordinateurs et, si elle procure une grande souplesse d'utilisation, elle est aussi caractérisée par son plus grand défaut qui est le goulet d'étranglement que constitue la communication avec la mémoire.

Après la guerre, von Neumann est à l'origine de la discipline nouvelle que constitue la Théorie des Jeux.

Claude Elwood Shannon, 1916-2001

Considéré maintenant comme le fondateur de la théorie de l'information, Claude Shannon poursuit simultanément des études en génie électrique et en mathématiques, d'abord à l'université du Michigan (1936) puis au MIT (*Massachussets Institute of Technology*).

Au MIT, Shannon travaille au contact d'autres mathématiciens comme Norbert Wiener, futur « inventeur » de la cybernétique et Vannevar Bush qui a mis au point, dans les années 1930, un calculateur analogique entièrement mécanique (appelé *Differential Analyser*) pour la résolution d'équations complexes. Pour résoudre une équation donnée, il faut complètement démonter la machine (engrenages, barres et tringles) puis la remonter. Cela pouvait prendre plusieurs heures, voire plusieurs jours et il fallait pratiquement presque autant de temps pour résoudre l'équation elle-même. Shannon, également reconnu comme un expérimentateur hors pair, devient rapidement l'expert dans la pratique de cette machine et Bush lui demande d'étudier, pour son mémoire de thèse, l'impact que pourrait avoir le recours à des relais électromagnétiques pour l'amélioration des performances de la machine. Son premier article de 1938, *A Symbolic Analysis of Relay and Switching Circuits* pose les bases de la relation entre la logique et les circuits à relais. Il y note que les relais sont toujours dans un état soit ouvert, soit fermé. Cette idée est simple mais aussi révolutionnaire car elle lui permet de trouver un appui théorique en mettant en application les travaux de George Boole qui, un siècle plus tôt, définit une nouvelle algèbre (l'algèbre de Boole). Dans cette algèbre, une variable ne peut prendre que les valeurs 0 et 1. Shannon associe à la position ouverte d'un relais la valeur 0 (le courant électrique ne passe pas) et à la position fermée la valeur 1 (le courant passe).

Le principal apport de Shannon est d'avoir posé l'hypothèse que l'information est une matière comme une autre et à ce titre peut être « traitée » par une machine. Pour ce faire, l'information doit cependant être quantifiable et mesurable. Il introduit l'unité élémentaire d'information qu'il appelle le bit (contraction de *Binary Unit*). Il montre que toute information peut se ramener à une simple suite de 0 et de 1. De ce fait, elle est donc manipulable physiquement par une machine construite à l'aide de relais avec les deux positions « ouvert » et « fermé » et, formellement, grâce à des opérateurs logiques simples comme le ET, le OU et le NON (thèse de 1940). En 1941, il entre aux Bell Labs où il reste jusqu'en 1972. Il est chargé d'étudier les moyens d'améliorer la fiabilité et la qualité des transmissions téléphoniques et télégraphiques.

George Stibitz et le Model K

Avant que Claude Shannon n'intègre les Bell Labs, George Stibitz (1904-1995) y travaille déjà et sur une problématique analogue. En 1937, à l'aide de pièces de récupération (relais usagés, bandes métalliques découpées dans une boîte à tabac, planchette à pain, piles, deux ampoules), il « bricole » un circuit additionneur binaire qu'il appelle Model K (Kitchen digital calculator). Vu d'abord comme sans intérêt par Bell Labs, la compagnie lui demande ensuite d'étudier la possibilité de construire une machine capable de faire des calculs plus complexes pour ses besoins en téléphonie. Ainsi naît le « Complex Number Calculator », premier calculateur électronique digital et accessible via trois téléscripteurs. Quelques mois plus tard, pour une présentation à un congrès, il ajoute une connexion supplémentaire distante de plus de 300 Km réalisant ainsi la première connexion à distance avec un ordinateur. La machine fonctionne parfaitement, même lorsque Norbert Wiener la teste avec une division par 0 ! La machine est utilisée par Bell Labs jusqu'à la fin des années 1940.

Il pose ainsi tous les fondements de la théorie de l'information avec la publication à la fin des années 1940 de *A Mathematical Theory of Communication*. Certains de ses théorèmes sur les canaux bruités, sur l'échantillonnage, font encore souffrir beaucoup d'étudiants...

John Bardeen, William Shockley et Walter Brattain

La matérialisation des calculs s'appuie sur des éléments physiques qui ont changé au cours du temps : les cailloux, les bâtons, les engrenages... Mais une réelle automatisation n'a pu se faire qu'avec la mise en œuvre des dispositifs électriques, d'abord avec les relais électromécaniques issus de la téléphonie, puis les lampes à vide (la triode est inventée par Lee de Forest en 1906). Ces lampes sont à la fois des interrupteurs ou commutateurs et des amplificateurs de courant, donc utilisables pour les circuits analogiques ou digitaux. Les calculateurs des années 1940 sont construits avec ce type de lampes. Les inconvénients sont cependant nombreux : le volume requis et surtout la température de fonctionnement. En 1946, l'ENIAC (Eckert et Mauchley) consomme 150 KWh pour ses 18 800 lampes et il faut deux moteurs Chrysler de 12 CV pour assurer son refroidissement par air.

L'invention qui révolutionne complètement la conception des ordinateurs est celle du transistor. Malgré un démarrage très lent entre son invention en 1947 et son début de réalisation industrielle dans les années 1960, le transistor et toute la technologie des semi-conducteurs qui lui est associée sont le vrai moteur de l'explosion de l'informatique depuis quarante ans.

En 1945, le directeur de Bell Labs, Mervin Kelly, à la recherche d'une solution de remplacement des tubes à vide pour la téléphonie à grande distance, met sur pied une équipe de recherche sur les semi-conducteurs qu'il pense être une solution d'avenir.

Les premiers pas des semi-conducteurs

L'histoire des semi-conducteurs commence en... 1874 lorsque l'allemand Ferdinand Braun découvre que des cristaux peuvent, sous certaines conditions, devenir conducteurs de courant dans un seul sens. Ce phénomène est appelé le redressement. En 1895, l'Italien Gugielmo Marconi met au point la première transmission radio en utilisant les détecteurs à cristaux. Le détecteur est une coupelle où est fixé un cristal de sulfure de plomb appelé Galène auquel est fixée une ou plusieurs pointes en or, laiton, cuivre ou acier... (*cat whisker*). Le détecteur effectue le redressement du signal qui permet de produire un signal audible. Ce système est à la base du poste à galène du début du siècle dernier : une antenne est reliée à un circuit oscillant, le signal ainsi capté est redressé par le cristal de galène et transmis vers un écouteur.

À la tête de l'équipe, Kelly recrute William (Bill) Shockley, un physicien qui travaille depuis une dizaine d'années sur ces semi-conducteurs après sa thèse de physique au MIT. Shockley est un théoricien qui tourne depuis un moment autour de la solution du transistor, sans pouvoir la concrétiser. Ce sont deux autres collègues, John Bardeen et Walter Brattain qui, pratiquement en moins de deux ans, trouvent la solution et réalisent le premier prototype de transistor quasiment à l'insu de Shockley, ce dernier ayant pris l'habitude de travailler seul chez lui. De peur de ne pas avoir la reconnaissance de l'invention, Shockley propose immédiatement d'apporter une amélioration sous la forme du transistor bipolaire. La première présentation de ce transistor, dont le nom est la contraction de *transfert resistor*, est faite en décembre 1947 à Bell Labs, conjointement par Shockley, Bardeen et Brattain, mais l'intérêt de l'invention ne trouve pas de reconnaissance immédiate. En 1951, Shockley invente le transistor à jonction.

Shockley fonde en 1955 sa propre compagnie *Shockley Semiconductor* dans ce qui est aujourd'hui la Silicon Valley. Doué pour la physique, Shockley fait preuve d'inaptitude totale dans la gestion des ressources humaines : huit de ses meilleures recrues, appelées ensuite les « huit traîtres », quittent la société pour rejoindre Fairchild et créer la division

Fairchild Semiconductor. Deux de ces « traîtres », Robert (Bob) Noyce et Gordon Moore quittent Fairchild pour fonder en 1968 avec Andy Grove la société Intel dans le but de fabriquer des mémoires.

La révolution est en route, Jack Kilby chez Texas Instruments invente le circuit intégré, Fairchild essaime d'autres entreprises comme National Semiconductor, AMD... Bardeen quitte aussi Bell Labs mais pour rejoindre l'Université de l'Illinois. Brattain reste encore quelques années puis se tourne aussi vers l'enseignement. Les trois confrères se retrouvent en 1956 pour le prix Nobel qui leur est attribué au titre de l'invention du transistor. En 1972, Bardeen reçoit un second prix Nobel pour ses recherches concernant les supraconducteurs.

La fin de vie de Shockley est très controversée en particulier pour ses opinions raciales. Nul n'est parfait.

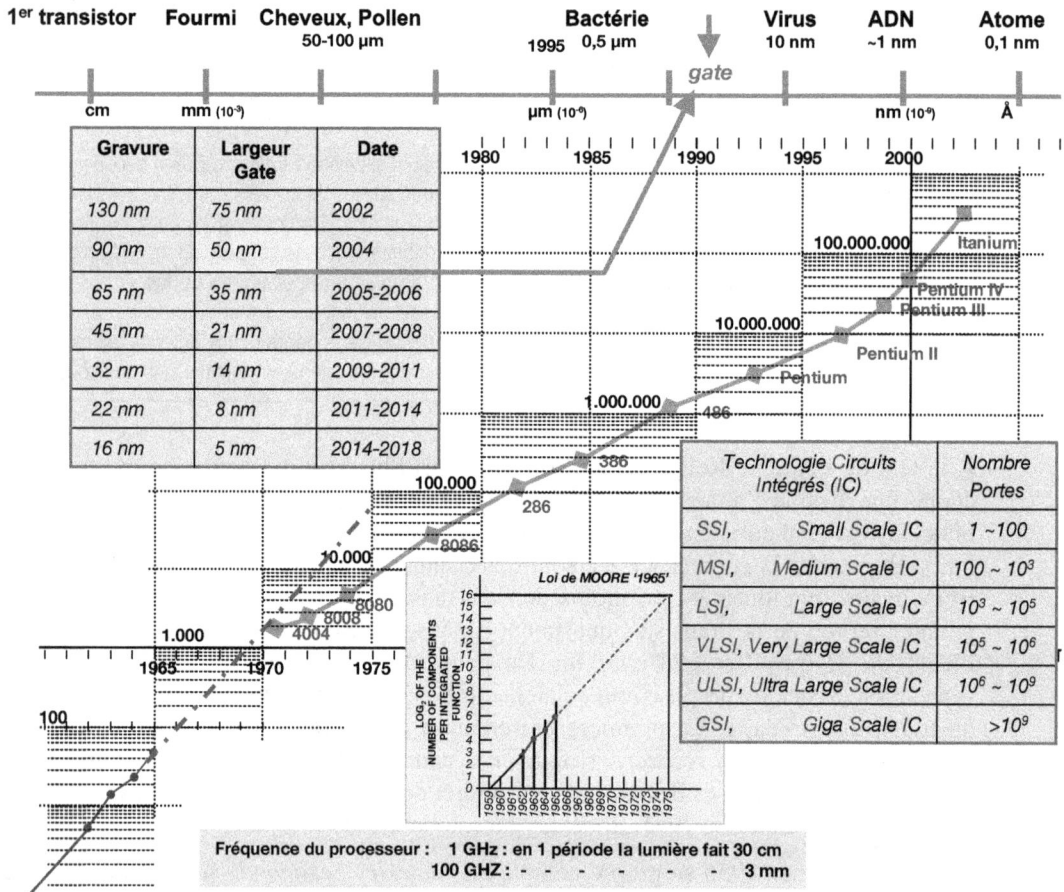

Gravure	Largeur Gate	Date
130 nm	75 nm	2002
90 nm	50 nm	2004
65 nm	35 nm	2005-2006
45 nm	21 nm	2007-2008
32 nm	14 nm	2009-2011
22 nm	8 nm	2011-2014
16 nm	5 nm	2014-2018

Technologie Circuits Intégrés (IC)		Nombre Portes
SSI,	Small Scale IC	$1 \sim 100$
MSI,	Medium Scale IC	$100 \sim 10^3$
LSI,	Large Scale IC	$10^3 \sim 10^5$
VLSI,	Very Large Scale IC	$10^5 \sim 10^6$
ULSI,	Ultra Large Scale IC	$10^6 \sim 10^9$
GSI,	Giga Scale IC	$>10^9$

Loi de MOORE '1965'

Fréquence du processeur : 1 GHz : en 1 période la lumière fait 30 cm
100 GHZ : - - - - - - 3 mm

Figure I-3

Loi de Moore et ordres de grandeur

La loi de Moore

Gordon Moore, alors encore en poste chez Fairchild, suggère en 1965 que le nombre de composants intégrés sur un circuit intégré doublerait tous les 18 mois. Cette suggestion est faite à l'aide d'une courbe de 4 points (figure I-3, encadré Loi de Moore 1965). L'extrapolation de la courbe est juste au début, mais ensuite le doublement est de fait réalisé tous les 2 ans.

En 2004, la dimension d'un transistor à effet de champ fait apparaître une partie centrale appelée *gate* dont l'épaisseur est de 61 nm : le retard introduit dans la propagation du courant est de 50 ps (soit 10^{-12} seconde, ce qui donne juste le temps à la lumière de parcourir 1,5 cm…).

La limite (fin) de la loi de Moore est prévisible aux alentours de 2015. La raison en est simple : avec la progression actuelle, l'épaisseur d'une jonction de transistor sera de l'ordre de quelques nanomètres, c'est-à-dire de quelques atomes. À cette échelle, un isolant n'est plus un isolant : les électrons ne rencontrent plus vraiment d'obstacle et peuvent traverser cette couche même sans la moindre tension appliquée.

Doug Engelbart, 1925

La Seconde Guerre Mondiale a fortement contribué au développement des ordinateurs en mettant cependant l'accent sur les calculs numériques (balistique, bombe atomique, cryptanalyse). Les interfaces de communication sont rudimentaires et sont toutes des héritières des dispositifs existants comme la machine à écrire (clavier et imprimante comme le téléscripteur) ou les lecteurs perforateurs de ruban ou cartes papier.

L'après-guerre libère les esprits pour une réflexion de fond sur l'utilisation des ordinateurs. Si l'ordinateur doit devenir un instrument pour le progrès, il doit être utilisable facilement. Les premières recherches, sur ce qui est maintenant appelé l'interface homme-machine (IHM), ont été formalisées par Vannevar Bush, celui-là même qui dans les années 1930 avait construit un calculateur analogique et avec lequel Shannon fit son apprentissage. Il s'agit de la présentation par Bush du concept d'un système hypermedia, le Memex, pour la gestion de l'information.

Douglas Carl Engelbert, l'inventeur de la souris, fait ses études en génie électrique à Portland (Oregon).

La guerre envoie pour deux ans Engelbart aux Philippines où il est technicien radar. En 1948, il termine ses études et est embauché comme ingénieur à *Ames Aeronautical Laboratory* (maintenant NASA) en Californie. Il reste marqué par son travail de technicien radar où il voyait l'information se concrétiser sur un écran. Influencé par la lecture des travaux de Bush, il ébauche ses idées concernant la communication homme-machine. Il n'a pas accès aux ordinateurs (il n'y en a pas encore sur la côte ouest !) et s'inscrit à Berkeley où démarre un projet de construction d'un ordinateur numérique. Il y passe sa thèse en 1955. En 1957, il obtient un poste au *Stanford Research Institute* (SRI) à Menlo Park. À ce moment, il a déjà une vingtaine de brevets à son actif. Au SRI, il peut, avec des fonds de l'armée de l'air, poursuivre ses travaux comme il l'entend.

> **La souris**
>
> La souris est le résultat de tests systématiques d'outils de pointage pour déplacer un objet sur l'écran. Pour ces tests, l'ordinateur génère au hasard un objet sur l'écran et le curseur à une autre position. À chaque génération, est mesuré le temps nécessaire à l'opérateur pour ramener le curseur sur l'objet. C'est la souris qui surpasse tous les autres dispositifs de pointage, à la fois pour la vitesse et le niveau de fatigue. La souris est construite par son collègue Bill English avec deux roulettes montées perpendiculairement pour mesurer les déplacements en abscisse et en ordonnée du dispositif. Un fil placé sur le devant du dispositif le relie à l'ordinateur. Ce fil est rapidement déplacé à l'arrière pour ne pas gêner les mouvements de la main et le terme de souris (mouse) est d'emblée adopté par l'équipe. La souris fait l'objet d'un dépôt de brevet par SRI (Brevet # 3,541,541 du 17/11/70 pour « X-Y Position Indicator For A Display System »), brevet vendu à Apple pour 40.000 $.

En 1957, le choc psychologique pour les Américains de la mise en orbite de Spoutnick, le premier satellite soviétique, incite le gouvernement des États-Unis à financer, dans le cadre de l'ARPA (*Advanced Research projects Agency*), de nombreux projets sur l'utilisation des ordinateurs. Les travaux d'Engelbart intéressent les responsables de l'ARPA qui lui donnent la possibilité de créer le *Augmentation Research Center*. En 1962, il formalise ses idées dans *Augmenting Human Intellect : A Conceptual Framework*. Toute la décennie est consacrée à l'élaboration d'un système multimédia de travail collaboratif, système appelé NLS (*oN Line System*), système où il propose tous les ingrédients d'un ordinateur moderne comme l'association clavier-écran et, entre autres choses, la fameuse souris. Engelbart utilise le NLS pour une présentation multimédia de ses travaux dans une conférence à San Francisco en 1968.

L'ARPA arrête le financement de l'ARC qui ferme en 1977. Certains membres rejoignent alors le *Palo Alto Research Center* (PARC), nouveau centre de recherches créé par Xerox. Les travaux aboutiront aux environnements graphiques repris plus tard par Steve Jobs pour Apple et ultérieurement par Microsoft pour l'environnement Windows. De fait, tous les environnements de travail informatique, que ce soit pour l'informaticien qui développe des applications ou pour l'utilisateur final, sont directement redevables à Doug Engelbart.

Abramson, Metcalfe, Ethernet et Internet

Nous terminons ce survol de deux millénaires d'évolution du traitement de l'information avec la vraie dernière révolution de l'informatique de la dernière décennie du XXe siècle et de ce début du XXIe. Cette révolution est celle d'Internet qui a fini par donner un accès en ligne à l'information à tout un chacun. L'informatique est sortie du monde professionnel pour conquérir le grand public et s'immiscer dans notre vie quotidienne, l'informatique devient, c'est le nouveau terme, *pervasive*. Elle donne de nouvelles possibilités et crée de nouveaux besoins, en particulier dans la puissance de traitement.

L'invention d'Internet n'est pas le fait d'un homme et d'un moment, mais une suite d'événements, de circonstances que des hommes et des femmes ont judicieusement exploités. Nous avons choisi de nous focaliser sur un point particulier qui est l'invention du réseau local Ethernet et de le traiter, certainement de manière partielle, à la manière de l'effet « papillon » : le battement d'aile d'un papillon dans le Pacifique qui a un effet perceptible sur le climat dans l'Atlantique.

La communication distante avec des ordinateurs a débuté, dans les années 1940, avec la machine de Stibitz. Il y avait un besoin de communiquer, mais aussi, vu le coût d'un ordinateur, celui de le rentabiliser en le mettant à disposition de plusieurs utilisateurs par des accès distants.

Le début de notre histoire se situe dans le même contexte « d'après Spoutnick » de l'ARPA que celui déjà évoqué dans la page consacrée à Doug Engelbart. En 1965, Larry Roberts, du MIT Lincoln Laboratory, se voit confier par l'ARPA un contrat pour une première expérimentation concernant les réseaux d'ordinateurs. Fin 1966, il devient le responsable à l'ARPA pour la conception du réseau ARPANET. Ce réseau est basé sur la commutation de paquets, c'est-à-dire qu'un fichier est découpé en paquets élémentaires qui cheminent séparément de la source à la destination. Le réseau devant connecter des ordinateurs de différents types, il est prévu de mettre en frontal de chacun d'eux un équipement de standardisation du langage de communication appelé IMP (*Interface Message Processor*) : c'est l'ancêtre de la carte réseau… mais avec la taille d'une armoire.

En septembre 1969, le premier IMP du réseau ARPANET est installé par l'équipe de Len Kleinrock à l'université UCLA. En octobre, c'est le tour du *Stanford Research Institute* de connecter le deuxième nœud permettant au groupe de Doug Engelbart de connecter son ordinateur. La première connexion provoque un crash système à la lettre G du LOGIN… Le troisième nœud est connecté en novembre à l'Université de Californie à Santa Barbara pour relier un IBM 360. En décembre, le quatrième nœud est installé à l'Université de l'Utah avec la connexion d'un PDP (DEC). Ainsi naît le réseau qui, avec quatre machines, deviendra plus tard l'Internet.

Norman Abramson, après des études à l'université UCLA, passe son doctorat en génie électrique à l'Université de Stanford où il débute ensuite sa carrière sur un poste de professeur associé. *Abramson, à plus de 30 ans, met les pieds pour la première fois sur une planche (à voile) et devient un fan du surf. En 1969, il fait un séjour à Hawaï où il trouve les vagues très belles…* Il prend contact avec la direction de l'Université de Hawaï pour proposer ses services et y est recruté en 1970. La direction lui confie, avec des fonds alloués par Larry Roberts à l'ARPA, le projet d'un système de transmission de données par radio entre les différentes îles sur lesquelles est implantée l'université : 7 campus répartis sur 4 îles.

Alors qu'à l'époque, dans toutes les universités, les expérimentations de connexions se font en utilisant le réseau existant, c'est-à-dire le réseau téléphonique, Abramson ne peut retenir cette solution relativement peu fiable dans les conditions hawaiiennes. De plus, en 1970, toutes les îles ne sont pas desservies. L'état de l'art en 1970 impose à Abramson la solution des faisceaux hertziens et de l'émission radio.

Cette technique de transmission est très développée chez les radios amateurs d'une part et, d'autre part, dans la marine. Les bandes de fréquences disponibles sont très limitées et strictement contrôlées. L'usage, dans la marine, est d'utiliser une fréquence sur laquelle tout le monde écoute, en particulier pour que les messages de détresse puissent toujours être entendus, et une autre fréquence pour répondre. Abramson s'en inspire.

Chaque nœud du réseau dispose donc d'un émetteur-récepteur. Tous les équipements travaillent sur la même fréquence qui devient ainsi une ressource partagée critique : si deux stations émettent en même temps, les signaux vont se mélanger, se brouiller et seront ininterprétables à l'arrivée, on dit qu'il y a collision. L'idée originale d'Abramson est de mettre en place une solution très simple : chacun émet quand il veut. S'il est le seul à émettre, il n'y aura pas de problème de réception et l'accès sera immédiat. Par contre, s'il y a une collision, il faut recommencer l'émission après un certain temps d'attente. Cette simplicité requiert néanmoins que l'émetteur sache qu'il y a eu une collision. Là encore, Abramson trouve une solution simple : le réseau est organisé en étoile autour d'une station de base centrale. Lorsqu'une station émet, elle envoie sur l'une des bandes son paquet de données puis elle attend, sur l'autre bande, un accusé de réception de la station centrale. En cas de bonne réception, l'accusé de réception est envoyé et la station centrale transmet le paquet à la destination finale suivant le même principe. Si la station émettrice ne reçoit pas l'accusé de réception, le paquet est dit perdu dans l'« éther » ; elle attend un temps aléatoire puis retente l'émission. Le premier réseau à commutation de paquets radio à accès multiple est monté en moins d'un an, il s'appelle Aloha (*bonjour* en hawaiien). En 1972, Abramson effectue la connexion de son réseau à ARPANET.

Pendant ce temps, Bob Metcalfe termine ses études au MIT avec un diplôme en génie électrique, en management et en mathématiques. Il s'inscrit en thèse d'informatique à l'Université de Harvard. Il est à la recherche d'un sujet de thèse et « tombe » sur un article de 1970 où Abramson présente Aloha. Il trouve l'idée intéressante et pense a priori, qu'en appliquant la théorie des files d'attentes et en apportant quelques perfectionnements, les performances d'Aloha peuvent être nettement améliorées.

En 1973, Metcalfe travaille au PARC (*Palo Alto Research Center*) de Xerox où vient d'être terminée la première imprimante laser au monde. Cette imprimante, extrêmement rapide, une page par seconde, doit être utilisable par l'ensemble du parc d'ordinateurs du PARC, c'est-à-dire des centaines de machines (à une époque où seules quelques entreprises ont un ordinateur…). Metcalfe doit concevoir un réseau capable d'interconnecter toutes ces machines et d'assurer une transmission de données rapide vers la nouvelle imprimante (au lieu des 15 minutes alors requises pour la transmission d'une page). Le 22 mai 1973, Bob Metcalfe présente son réseau dans un mémo. Ethernet est officiellement né. Les développements industriels sont réalisés par le groupe DIX (DEC, Intel, Xerox) et la normalisation est faite par l'IEEE.

Ethernet est actuellement le réseau le plus utilisé dans les réseaux locaux d'extrémités d'Internet.

Bob et le premier ordinateur volé...

Au cours de sa dernière année d'étude au MIT, Bob Metcalfe donne, le samedi matin, des cours d'initiation à l'informatique à des lycéens. Il obtient de DEC (*Digital Equipement Corporation*) le prêt d'un ordinateur pour faire ses cours. Malheureusement l'ordinateur, d'une valeur de 30 000 $ est volé. Bob prend son courage à deux mains et téléphone au commercial de DEC qui lui a prêté cette machine. Il est assez surpris de la réaction amusée de son interlocuteur. Celui-ci vient le voir avec deux autres collègues du marketing pour lui dire qu'il avait été en possession du premier ordinateur suffisamment petit pour être volé, ce qui finalement serait un excellent argument publicitaire !

Bob et les premiers pirates...

En décembre 1973, alors qu'ARPANET n'existe que depuis 4 ans, Metcalfe rédige la RFC 602 (*Request For Comments*) intitulée *The Stockings Were Hung by the Chimney with Care* dans laquelle il met en garde en trois points contre les violations de sécurité qu'il a pu constater : mot de passe trop simple, numéros de connexions sur des bouts de papiers, la tentation de s'introduire dans un système...

« You are advised not to sit in hope that Saint Nicholas would soon be there » (sic)

Et aujourd'hui...

L'ordinateur a été conçu dans le prolongement d'un besoin accru de calcul. Il est resté long-temps cantonné à un usage professionnel de calcul scientifique ou de gestion. L'avènement de l'ordinateur personnel et celui d'Internet a banalisé l'utilisation de l'informatique et a généré de nouveaux usages en particulier au niveau de la communication et des loisirs. Comme la voiture, l'ordinateur est maintenant aussi bien un outil de travail qu'un instrument de loisir.

L'ordinateur

Un ordinateur, machine destinée au traitement de l'information, est constitué d'une base matérielle, ou *hardware*, et d'une base logicielle, ou *software*.

Le matériel rassemble des composants visibles comme le châssis, l'alimentation, la carte unité centrale avec son processeur, le disque et tous les autres périphériques. Le logiciel comporte, d'une part, un programme général appelé système d'exploitation (Linux, Mac OS, Unix, Windows...) destiné à exploiter au mieux le matériel et, d'autre part, l'ensemble des programmes que l'utilisateur est amené à faire « tourner » comme les outils de bureautique, les bases de données, les applications Internet ou les jeux (figure I-4). Tous ces programmes sont regroupés sous le vocable d'applications.

Une application est un programme qui, tout compte fait, transforme une information source en une information destination. Pour un usager, l'ordinateur peut ainsi être vu comme un nœud de communication entre différentes sources et destinations de flots de données, nœud toutefois capable d'effectuer des traitements importants sur les informa-tions qui y transitent.

Le cœur de cette véritable tour de contrôle est la carte « unité centrale » appelée « carte mère » dans le cas des ordinateurs personnels (PC). L'architecture de cette carte est

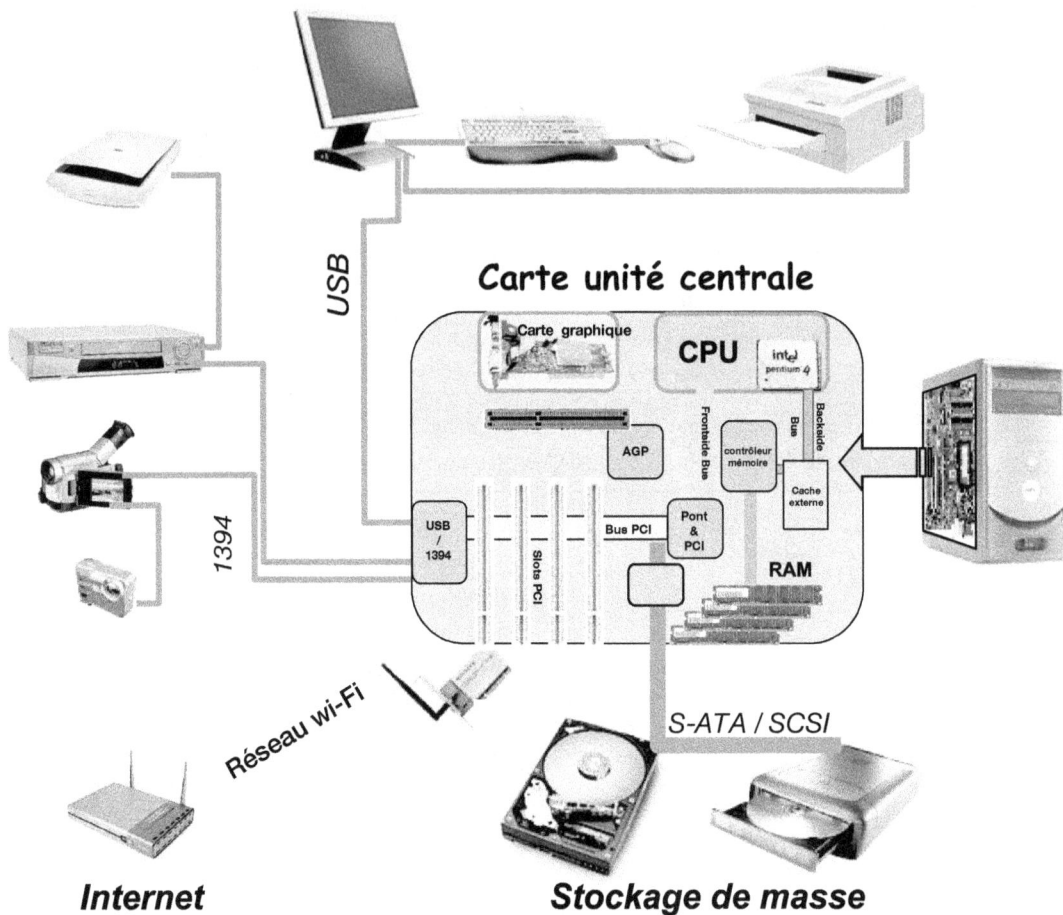

Figure I-4
L'ordinateur et sa périphérie

déterminante pour les capacités de l'ordinateur. On y trouve le processeur et ses différents niveaux de mémoires proches pour effectuer les traitements le plus efficacement possible. Autour de lui, on trouve des processeurs spécialisés comme les cartes graphiques et les principaux coupleurs de communication.

Les éléments matériels fondamentaux que nous retrouvons dans une architecture d'ordinateur sont au nombre de quatre (figure I-5).

• Le système *processeur* est constitué d'unités de commande et d'unités de calcul. Dans les machines les plus simples, le système processeur est composé d'un microprocesseur avec une unité de commande et une unité de calcul, mais des combinaisons avec des unités multiples sont possibles.

Figure I-5

Architecture matérielle d'une unité centrale

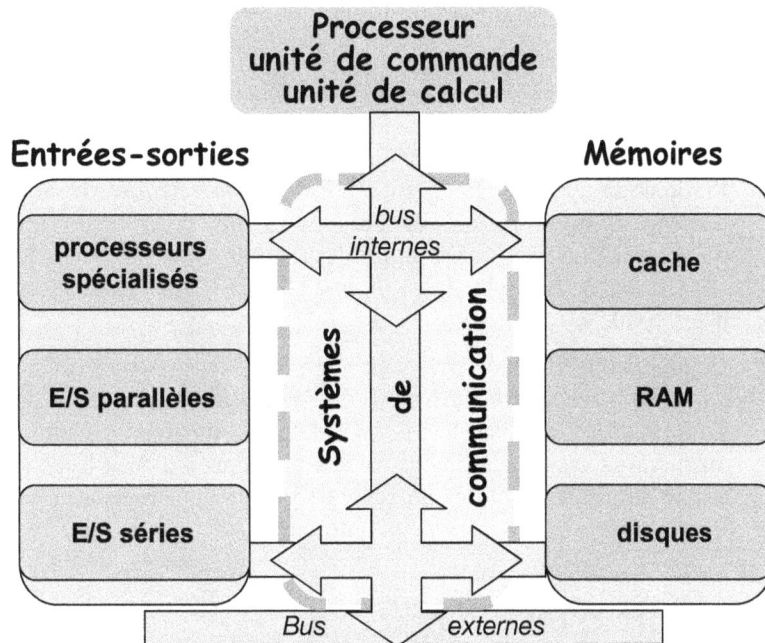

- Le système *mémoire* qui recouvre l'ensemble des unités mémoires nécessaires au processeur. On y retrouve une hiérarchie allant des mémoires caches rapides et de faibles capacités aux disques de grandes tailles et relativement lents en passant par la mémoire centrale appelée RAM.

- Le système des *entrées-sorties* est formé de l'ensemble des unités (coupleurs) destinées à la gestion des périphériques.

- Toutes ces entités sont organisées autour du système de communication. Le plus simple d'entre eux est un bus unique, mais les architectures nouvelles font appel à des systèmes multiniveaux allant du bus rapproché mémoire aux bus externes de raccordement des périphériques modernes (USB, IEEE 1394). Tous ces éléments sont parfois regroupés sur la seule carte unité centrale.

La carte mère caractérise pratiquement complètement un ordinateur personnel, mais tous les ordinateurs ne se résument pas à un PC.

Dans une entreprise, les ordinateurs sont connectés en réseau et peuvent être considérés comme les terminaisons actives du système d'information (SI) de l'entreprise. Le cœur de ce SI s'appuie sur une base matérielle constituée de machines dites « serveurs », comme des serveurs de fichiers. Ces serveurs sont des ordinateurs dont les fonctionnalités principales sont optimisées pour la gestion des bases de données, la connectivité (réseaux) et la redondance. La base matérielle d'un serveur peut encore être celle d'un PC, avec cependant une mécanique et une électronique renforcées (montage dans des armoires), mais l'architecture peut aussi être totalement différente (architectures « propriétaires », IBM, Bull, Hewlett Packard…).

La très grande puissance de calcul est obtenue par les machines parallèles, soit celles qui comportent un grand nombre de processeurs dans la même machine, soit par les clusters constitués par un grand nombre d'ordinateurs connectés en réseaux. Fin 2004, l'ordinateur ayant la plus grande puissance de calcul est le supercalculateur BlueGene d'IBM : il est constitué de plus de 32 000 processeurs PowerPC et est capable d'exécuter plus de 70 000 milliards d'instructions par seconde sur les nombres réels (70 teraflops). En 1946, les 12 tonnes de l'ENIAC faisaient environ 5 000 opérations par seconde…

De plus en plus nombreuses sont aussi les situations où l'ordinateur est spécialisé dans une tâche particulière sans qu'il y ait nécessairement besoin de puissance. Il s'agit de l'informatique « embarquée » dans d'autres appareils comme les télécommandes, les magnétoscopes, l'électroménager, les systèmes d'aide à la conduite… Ces ordinateurs utilisent fréquemment des processeurs très simples mais avec une architecture dédiée à l'application, on parle de microcontrôleurs.

Architecture d'un ordinateur

La conception d'un ordinateur implique de nombreux choix qui sont faits pour favoriser un type de performance plus qu'un autre, ou pour faire des compromis comme dans le cas d'une machine d'usage général. Les grands choix définissent l'architecture de l'ordinateur. On peut ainsi favoriser le rendu des jeux, la portabilité, le calcul scientifique, la sûreté de fonctionnement… et le coût.

L'architecture d'un ordinateur est donc aussi en constante évolution parce que les nouvelles applications créent de nouveaux besoins et ces nouveaux besoins demandent de nouvelles architectures.

L'utilisateur voit l'ordinateur au travers du système d'exploitation qui le gère, en particulier par l'intermédiaire d'une interface homme-machine (IHM) de type graphique par gestion de fenêtres et d'icônes (Linux, Mac OS, Windows…). L'architecture de l'ordinateur trouve ainsi son prolongement dans l'architecture de son système d'exploitation. La comparaison de deux machines n'a de sens qu'en tenant compte de son système de conduite, en l'occurrence le système d'exploitation.

L'ajustement entre l'ordinateur et son système d'exploitation est un élément très important dans le succès d'une machine. L'architecture de l'ordinateur est donc aussi pilotée par les choix architecturaux du système d'exploitation.

Dans la figure I.6, le système d'exploitation est visualisé au-dessus de l'ordinateur matériel avec une représentation dite « en couches ».

La couche supérieure est l'IHM qui fait apparaître l'ordinateur comme une machine abstraite pratiquement indépendante des caractéristiques physiques de l'ordinateur réel. L'utilisateur interagit avec son application.

Figure I-6

Architecture générale, ordinateur et système d'exploitation

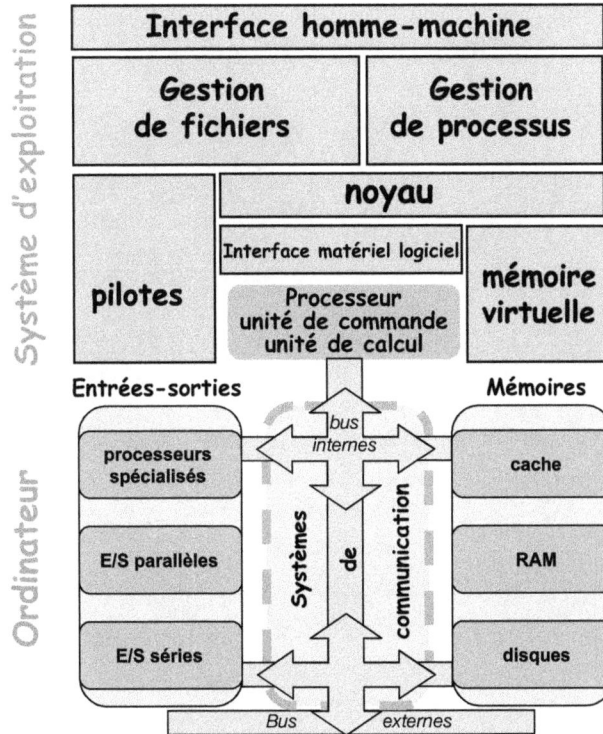

La couche basse est l'interface permettant de « virtualiser » le processeur (par son modèle de programmation), les périphériques (par les pilotes, *drivers*) et la mémoire (par la mémoire virtuelle).

Les couches intermédiaires s'appuient sur le *noyau* du système d'exploitation qui comporte principalement un *ordonnanceur* pour l'affectation de la ressource processeur et un *gestionnaire de mémoire* pour l'affectation de la ressource mémoire. Le noyau est « coiffé » du module de *gestion des fichiers* dont le rôle est de gérer les fichiers de manière banalisée par rapport à leurs emplacements locaux ou distants. Le dernier module que nous avons positionné au-dessus du noyau est le module *gestion de processus* dont le rôle est le chargement des programmes et leur exécution.

Cette architecture de système d'exploitation est, bien sûr, simplement générique et elle est également adaptable en fonction de critères particuliers (sécurité, sûreté de fonctionnement, nomadisme).

1

Information et codages

Des chiffres et des lettres.

Ou comment matérialiser l'information ?

Vers une première approche de l'information

La matière première sur laquelle travaille un ordinateur est l'information et il est donc nécessaire de donner à celle-ci une représentation adaptée.

Le fonctionnement des ordinateurs actuels reposant entièrement sur le système binaire, il est alors naturel que la représentation de l'information se fasse également sous la forme de données binaires.

Les informations traitées dans ce chapitre sont dites *informations simples* : il s'agit essentiellement de nombres et de mots. Après avoir introduit le bit comme unité de mesure de l'information, la première partie est consacrée aux codages des nombres (entiers et réels) et des caractères (lettres d'un alphabet).

Les dispositifs de stockage (mémoires) et de transport de l'information (réseaux) sont dépendants de l'environnement physique dans lequel ils opèrent. À ce titre, ils peuvent introduire des altérations et ainsi provoquer la restitution de données erronées. La deuxième partie du chapitre traite des techniques de détection et de correction de ces erreurs.

Sur un autre plan, le stockage et la transmission de données génèrent des coûts dépendant de la taille de ces données. En se servant de la redondance inhérente à toute information réelle, la dernière partie du chapitre donne un aperçu sur les techniques de compactage des données.

Information et quantité d'information

L'information est un élément de connaissance, donc une notion abstraite, concernant un élément du monde réel (un objet, un événement réel, mais aussi une idée) et qui, pris dans un contexte déterminé, a une signification et une pertinence humaine. Cet élément de connaissance est susceptible d'être codé pour être conservé, traité ou communiqué.

Une information est fondamentalement un élément de savoir, c'est-à-dire une idée dont la résidence ou source première est notre cerveau. Tant que nous n'avons qu'à réfléchir au sujet de cette idée, il suffit de laisser faire nos neurones… Le souci de la représentation de l'information apparaît lorsque survient le besoin de procéder à une mémorisation externe, même temporaire :

- soit parce que le traitement est trop fastidieux ou complexe pour être effectué en une seule fois (nécessité de noter des résultats intermédiaires) ;

- soit pour mémoriser cet élément de savoir pour le retrouver ultérieurement (numéro de téléphone) ;

- soit encore parce que l'on souhaite communiquer cette information à un tiers (transmission d'un savoir).

Il faudra alors bien donner à cette information une consistance physique. De l'idée en tête à la transmission, il faut être capable de donner à l'information une matérialisation permettant de la transporter. La problématique est la même pour le stockage. L'écriture et la parole sont des exemples de représentation d'une information, statique dans le premier cas (permet du stockage), dynamique dans le second (permet le transport).

Donnée

La donnée est une représentation conventionnelle d'une information sous une forme adaptée à son traitement par ordinateur.

L'opération de transformation d'une information lui donnant une réalité physique est appelée *codage*. Le codage de l'information produit une donnée dont on attend qu'elle puisse restituer aussi fidèlement que possible l'information d'origine (interprétation de la donnée). La donnée est prise ici dans le contexte de son traitement par un ordinateur.

Message

Dans le cas d'une communication, la donnée doit être déplacée (voire recopiée) d'une source vers un destinataire en utilisant un certain support de transmission, support papier (carte, ruban), magnétique (disquette), optique (CD-Rom), onde électromagnétique, acoustique…

Un ensemble de données en cours de transport constitue un message.

Il est tout naturel qu'une même information puisse être codée (matérialisée) de différentes manières : par exemple, la notion de date peut être exprimée à l'aide d'un texte (suite de caractères, « cinq mai mille neuf cents ») ou d'un mot numérique, c'est-à-dire une suite de chiffres comme « 05051900 ». Pour être transmis, le texte résultant peut être supporté par des signaux sonores (tam-tam) ou lumineux (volutes de fumée) pour devenir le message.

Il n'y a ainsi pas de manière unique d'opérer une représentation de l'information : on utilise le mode de représentation le plus approprié au contexte ou au traitement à faire. Une donnée est un modèle de représentation d'une information comme le portrait est un modèle de représentation d'un personnage : il y a autant de portraits possibles que de manières de voir le personnage, et ces portraits sont tous plus ou moins fidèles…

Unité de mesure de l'information : le bit

Pourquoi mesurer l'information et surtout quoi mesurer ? Tant que notre élément de savoir occupe simplement nos neurones, il n'est pas vraiment utile d'avoir une mesure de l'information. La mesure devient utile dès l'instant où elle doit être représentée concrètement. Elle occupe alors un espace et du temps sur un support physique. Combien de place faut-il pour stocker cette information ? Combien de temps faut-il pour la transmettre ?

Plutôt que de vouloir évaluer le sens ou la pertinence de cette information (sémantique), il est avant tout utile de l'évaluer sous la forme d'un volume ou d'une quantité. Ainsi, mesurerons-nous l'information pour estimer son coût de stockage ou son coût de transport, au même titre que le nombre de pages d'un livre et son poids permettent d'estimer la possibilité de le ranger sur une étagère ou d'évaluer les éventuels frais d'expédition.

Comment mesurer la quantité d'une entité, a priori, purement abstraite ? Certaines professions utilisent une mesure de la quantité d'information. Le journaliste, le romancier peuvent être rémunérés en fonction d'une quantité d'information mesurable en nombre des lignes ou mots (c'est-à-dire en fonction de la place prise par la représentation de l'information sur le support), ou alors, et cela risque d'être plus rémunérateur, en fonction de l'originalité, de l'inattendu de l'information délivrée (le scoop).

Cette notion d'inattendu est le point de départ de la construction de l'unité de mesure faite par Shannon : l'inattendu apporte une grande quantité d'information, alors que le connu n'en apporte aucune. Dire que le journal télévisé aura lieu ce soir à 20h00 n'apporte aucune information, alors qu'un flash d'information en pleine journée sera supposé être associé à une grande quantité d'information.

L'information étant par définition abstraite, la mesure de l'information ne peut s'appuyer que sur un outillage destiné à la manipulation des abstractions. Dans le domaine concerné, celui de la quantification de l'inattendu, ce sont les probabilités qui constituent le formalisme mathématique le plus approprié.

Pour définir la quantité d'information Q d'une information, une variable aléatoire X lui est associée. Le domaine de définition de cette variable est l'ensemble des « valeurs » x pouvant être prises par cette information. Ces valeurs sont supposées être en nombre fini (la variable est dite *discrète*) et suivre une loi de probabilité connue. La détermination de Q est faite sur la base suivante : sa valeur doit être d'autant plus grande que l'information est inattendue et être nulle dans le cas d'une information connue a priori. Elle est positive ou nulle : il n'y a pas d'anti-information… D'un point de vue mathématique, Q est d'autant plus grande que la probabilité d'une valeur x est faible et est nulle si la probabilité est égale à 1 (ce qui est le cas d'une constante). Q est construite comme une fonction, restant encore à définir, inverse de la probabilité :

$Q = f(1/p(x))$ avec $p(x) = 1 \Rightarrow Q = 0$

La loi de probabilité doit être connue. En réalité, la définition utilisée ne s'applique qu'aux cas où toutes les valeurs sont équiprobables. Le calcul de la quantité d'information est limité au cas d'une loi de probabilité uniforme discrète. Ainsi, le calcul de la quantité d'information de la variable associée au résultat d'un lancer de dé n'a de sens que si celui-ci n'est pas pipé… (ce qui se traduit par l'hypothèse de l'équiprobabilité). Si n est le nombre de valeurs possibles alors $p(x)$ est égale à $1/n$, soit $p = 1/6$ pour le dé.

Comment choisir la fonction f ? La définition de la quantité d'information est conçue pour intégrer le fait qu'une variation de probabilité de 0,1 n'a pas le même effet, du point de vue de l'inattendu, si l'on passe d'une probabilité de 0,8 à 0,9 ou d'une probabilité de 0,1 à 0,2. Dans le premier cas, la probabilité ne change en relatif que de 10 %, alors que dans le second cas elle double la valeur. La fonction à définir n'est donc pas linéaire : elle doit être plus « sensible » pour les valeurs faibles que pour les valeurs fortes. Ce type d'évolution est habituellement bien pris en compte par la fonction logarithme. Dans ces conditions Q s'exprime sous la forme :

$Q = \log_b (1/p(x))$ où b est la base du logarithme.

Cette fonction étant notre « appareil » de mesure de la quantité d'information, il est maintenant nécessaire de l'étalonner, c'est-à-dire de définir son unité de mesure. Avec la technologie actuelle de l'informatique, l'information est représentée à l'aide de variables binaires (0 ou 1) qu'il est facile de caler sur des phénomènes physiques (un courant qui passe ou ne passe pas, une orientation nord-sud d'un aimant…). L'étalonnage est fait par rapport à ce système binaire.

Par définition, le bit (binary digit) est l'unité d'information apportée par une variable binaire dont les deux valeurs sont équiprobables.

D'après cette définition, on a :

$Q = \log_b (1/p(x)) = 1$ bit et comme $p(x) = 1/2$, il s'en suit que $b = 2$.

La formulation finale de la quantité d'information donnée par Claude Shannon est ainsi :

$Q = \log_2 (1/p(x))$ bits

Le bit est l'unité de mesure de la quantité d'information dans un système binaire.

Il faut faire la distinction entre le *contenant* et le *contenu*. Le contenant est l'élément de mémoire capable de stocker de l'information. La technologie actuelle de mémorisation, aussi bien pour la mémoire centrale à semi-conducteurs, que pour les unités de disques magnétiques ou encore les CD-Rom optiques, est entièrement basée sur le système binaire : le plus petit élément mémorisable correspond à un 0 ou à un 1, c'est-à-dire à une mémoire à deux états. Le plus petit contenant d'information vaut 1 bit ($\log_2 (1/0.5)$).

Une mémoire de un bit a deux états possibles, une mémoire de deux bits a quatre états et ainsi de suite (2^n états pour n bits). Il est à noter, qu'alors que la quantité d'information d'une variable (le contenu) peut prendre n'importe quelle valeur (un nombre réel comme dans le cas du dé), la mémoire (le contenant) est forcément exprimée en nombre entier de bits.

Pour la mémorisation d'une information, il faut donc disposer d'une mémoire avec assez de bits pour que le nombre de ses états soit supérieur au nombre de valeurs possibles de la variable aléatoire associée à cette information. Cette règle est illustrée avec l'exemple du dé (figure 1-1).

Figure 1-1
Dé

Dé	Mémoires		
0	0	0	0
1	0	0	1
2	0	1	0
3	0	1	1
4	1	0	0
5	1	0	1
6	1	1	0
7	1	1	1

Les valeurs possibles étant au nombre de 6, la quantité d'information Q de la variable associée au résultat d'un jet de dé est égale à $\log_2 (6)$, soit Q = 2,58 bits. Il faut une mémoire de 3 bits – donc à 8 états – pour stocker le résultat d'un jet. Huit configurations sont donc à disposition pour mémoriser les 6 valeurs. La règle de codage utilisée pour la mémorisation correspond ici à l'utilisation des 6 premiers nombres entiers pour représenter les 6 symboles chiffres inscrits sur le dé. Cela revient à laisser inutilisées les deux configurations extrêmes : le contenant vaut 3 bits et le contenu vaut 2,58 bits.

À noter

Si le dé est jeté 10 fois, on utilisera, pour des questions de commodité, une mémoire de 30 bits, alors qu'une mémoire de 26 bits serait suffisante (10 jets indépendants valent $10 \times 2,58$ soit 25,8 bits). Dans ce cas, il y a une perte de place, mais au profit de la commodité d'emploi.

Le même raisonnement s'applique à la quantité d'information d'un chiffre décimal. Quelle est la quantité d'information d'un chiffre ? Il y a 10 chiffres que l'on suppose équiprobables. Le calcul donne $Q = \log_2 (10) \approx 3,32$ bits : il faut évidemment 4 bits mémoire pour stocker un chiffre décimal (il y a 16 configurations possibles mais 6 d'entres elles ne sont pas utilisées).

Un bit est rarement stocké tout seul : généralement la mémoire est structurée sur la base d'un groupe ordonné de 8 bits appelé « octet » (*byte* en anglais) Un octet est une sorte de panier dans lequel chacun des 8 bits est défini par sa position ou son rang. Un octet permet de mémoriser une information à 2^8 (256) valeurs possibles. Il sert couramment à stocker les caractères d'un texte (un caractère par octet) ou les nuances de gris d'une image (une couleur par octet), voire même des nombres si la précision n'est pas un critère retenu.

La notion de quantité d'information étant précisée, voyons maintenant les informations élémentaires qui feront l'objet d'un codage : les nombres et les caractères. Commençons par les nombres, d'abord les plus « simples », les entiers, puis les réels.

Les nombres et leur codage

Le nombre est un concept que nos ancêtres ont créé pour répondre à deux besoins : celui de pouvoir compter les éléments d'un ensemble (nombres cardinaux) – par exemple le comptage des animaux d'un troupeau – et celui de pouvoir ordonner (nombres ordinaux) des objets suivant un critère déterminé (classement d'objets par ordre de valeurs).

> **Un peu d'histoire**
>
> La première unité de troc admise dans la Grèce pré-hellénistique fut le bœuf. Au VIIIe siècle av. J.-C., dans l'*Iliade* d'Homère (XXIII, 705, 749-751 et au VI, 236), *une femme habile à mille travaux* est ainsi évaluée à 4 bœufs, l'armure en bronze de Glaucos à 9 bœufs et celle de Diomède (en or) à 100 bœufs ; de plus, dans une liste de récompenses, on voit se succéder, dans l'ordre des valeurs décroissantes, une coupe d'argent ciselé, un bœuf et un demi-talent d'or.
>
> Et ce n'est pas le hasard si le mot latin *pecunia* dont dérivent nos termes *pécule* et *pécuniaire* veut dire « fortune, monnaie, argent » : il provient en effet de *pecus*, qui signifie « bétail, troupeau ». En outre, le sens propre du mot *pecunia* correspond à l'« avoir en bœufs ». Le mot sanscrit *rupa* (d'où vient la roupie), comme les termes germains *feo* et *vieh* (auxquels est apparenté le mot anglais *fee*, « salaire ») consti-tuent de même un souvenir du temps où les propriétés, les honoraires, les offrandes, voire les sacrifices rituels étaient évalués en têtes de bétail. C'est d'ailleurs encore en bœufs que se fait l'évaluation de la dot des jeunes filles dans certaines régions d'Afrique orientale. Et l'on comprend que le latin *capita*, « têtes » (d'où *décapiter*, « couper la tête »), ait donné le mot français capital. ... *Histoire Universelle des Chiffres*, p 180, *G. Ifrah*

Les nombres cardinaux ont des modes de représentation qui ont beaucoup varié au cours du temps en partant de simples encoches sur des bâtons, des empreintes sur des tablettes, des nœuds dans des cordelettes pour arriver aux symboles stylisés que constituent nos chiffres dits « arabes ».

Un nombre est une entité abstraite, c'est-à-dire une forme d'information qui, d'une manière ou d'une autre, se doit d'être « concrétisée » pour être mémorisée, traitée ou communiquée. Le même concept prend ainsi, en fonction du contexte d'utilisation, des représentations différentes mais supposées équivalentes. Ainsi, 156, CLVI, « cent cinquante-six » et

●● ≣   一百五十六   ╏╏╏ ᵰᵰ Ꜿ (hiéroglyphe) sont toutes des représentations du même nombre. Ce nombre cardinal est appelé *nombre entier naturel*.

Les nombres ordinaux sont, de leur côté, généralement construits à partir des nombres
cardinaux en les suffixant de *ier* ou *ième*. Mais à l'usage, la différence entre le cardinal et
l'ordinal n'est pas toujours bien faite dans toutes les langues. Ainsi, nous dirons le
« premier juin », mais le lendemain sera couramment désigné par le « 2 juin ». En informatique, le nombre ordinal est représenté comme un nombre cardinal.

Représentation des entiers naturels, les bases

Notre système de représentation décimal des nombres est un système dit positionnel
(NPZ, Numération de position munie d'un zéro).

Positionnel et additionnel

Le système est dit *positionnel* par opposition à *additionnel* où chaque chiffre apporte sa contribution dans
l'addition qui définit le nombre. Les chiffres égyptiens sont additionnels, les chiffres romains le sont partiellement. Dans un système additionnel, il n'y a pas besoin de zéro.

La représentation de tout nombre s'appuie sur un alphabet réduit de symboles, les chiffres de 0 à 9, et la position d'un chiffre dans cette représentation indique son poids en
puissance de 10 (unités, dizaines, centaines, etc.). Le cardinal de l'alphabet, soit 10, est
appelé « base » de la représentation.

Le nombre *quatre mille trois cent vingt sept* devrait de fait s'écrire sous la forme
$4 \times 1\,000 + 3 \times 100 + 2 \times 10 + 7$,   c'est-à-dire : $4 \times 10^3 + 3 \times 10^2 + 2 \times 10^1 + 7 \times 10^0$,
mais se réduit à 4 327 en NPZ. Par contre, toute position doit comporter un chiffre : si un
poids, par exemple la centaine, n'est pas présent dans le nombre, il faut faire apparaître la
nullité de ce poids en mettant le chiffre 0 au rang des centaines.

Étymologie du mot chiffre

Le mot français *chiffre* vient de l'arabe *sifr* qui exprime l'idée de vide pour nommer le zéro. Quant au mot
zéro, il vient de *zero* en italien qui serait une contraction de *zefiro*, avec là encore la même racine arabe.

La représentation décimale d'un nombre N est la suite ordonnée de chiffres

$\{a_p a_{p-1}...a_1 a_0\}$ $0 \le a_i < 10$

qui est une représentation implicite d'un développement du type :

$N = a_p 10^p + a_{p-1} 10^{p-1} + ... + a_0 10^0$

Par exemple, pour le nombre 147 on obtient : $a_0 = 7$, $a_1 = 4$, $a_2 = 1$.

On notera que dans cet exemple, on part déjà du résultat connu puisque l'on écrit 147…

La représentation a également la caractéristique d'être à longueur variable, c'est-à-dire que nous utilisons autant de chiffres que nécessaire : peu de chiffres pour un petit nombre, davantage pour un grand nombre, mais toujours en nombre suffisant. En d'autres termes, il nous est possible d'avoir une précision quasi infinie.

Les bases

En arithmétique, tout nombre peut être représenté dans n'importe quelle base sous forme de somme des puissances de la base retenue.

Ainsi pour une base S donnée, on a :

$$N = a_p S^p + a_{p-1} S^{p-1} + \dots + a_0 S^0 \quad 0 \le a_i < S$$

$$N = \sum_{i=0}^{p} a_i S^i$$

Les bases usuelles sont : 2, 8, 10 et la base 16. À chaque base correspond un alphabet avec autant de symboles.

2	0 1	en décimal	$9 + 1 = 10_{10}$
8	0 1 2 3 4 5 6 7	en hexadécimal	$F + 1 = 10_{16}$
10	0 1 2 3 4 5 6 7 8 9	en octal	$7 + 1 = 10_8$
16	0 1 2 3 4 5 6 7 8 9 A B C D E F	en binaire	$1 + 1 = 10_2$

Dans le cas d'une base de valeur inférieure à 10, les chiffres de la base 10 sont repris dans l'ordre et en quantité suffisante. Par contre, pour la base 16, les 10 chiffres sont complétés avec les six premières lettres de notre alphabet, de A à F, en majuscules ou minuscules (figure 1-2).

Figure 1-2

Entiers en décimal, binaire, octal et hexadécimal

0	0	0	0	16	10000	20	10
1	1	1	1	17	10001	21	11
2	10	2	2	18	10010	22	12
3	11	3	3	19	10011	23	13
4	100	4	4	20	10100	24	14
5	101	5	5	21	10101	25	15
6	110	6	6	22	10110	26	16
7	111	7	7	23	10111	27	17
8	1000	10	8	24	11000	30	18
9	1001	11	9	25	11001	31	19
10	1010	12	A	26	11010	32	1A
11	1011	13	B	27	11011	33	1B
12	1100	14	C	28	11100	34	1C
13	1101	15	D	29	11101	35	1D
14	1110	16	E	30	11110	36	1E
15	1111	17	F	31	11111	37	1F

Le changement de base

Mathématiquement toutes les bases sont équivalentes et les changements de base sont parfaitement valides. Le changement de base le plus fréquent, en informatique, est le passage de la base 10 vers la base 2 (et réciproquement).

L'algorithme de changement de base, pour une base S cible donnée, consiste à extraire itérativement les coefficients b_i de la nouvelle base S en prenant le reste de la division du nombre N par S. Le processus est réitéré sur le quotient résultant jusqu'à l'obtention d'un quotient nul. N est exprimé dans sa base d'origine, la division est faite dans la base d'origine et le reste est représenté dans la base de destination.

Ainsi, le reste de la division de N par S donne l'unité b_0, le reste de la division du quotient obtenu par S donne l'élément de rang 1 b_1 et ainsi de suite... L'algorithme est valable pour tout changement de base : il suffit de faire les divisions dans la base de départ (il faudra cependant réapprendre à faire les divisions dans cette base...).

Dans le cas d'une conversion de base 10 vers une base 2, nous obtenons par exemple :

$$26_{10} = ?_2$$

$$26_{10}/2 = 13_{10} \quad \text{reste} = 0_2$$
$$13_{10}/2 = 6_{10} \quad \text{reste} = 1_2$$
$$6_{10}/2 = 3_{10} \quad \text{reste} = 0_2$$
$$3_{10}/2 = 1_{10} \quad \text{reste} = 1_2$$

d'où : $26_{10} = 11010_2$ $\quad 1_{10}/2 = 0_{10} \quad \text{reste} = 1_2$

Utilisation de la base 16 (hexadécimal)

L'ordinateur travaille en base 2 et l'homme en base 10. Lorsqu'il s'agit de visualiser une longue suite binaire, le passage à la base 10 n'est pas forcément le plus utile pour l'homme. Par contre, la représentation en base 16 peut, elle, se révéler efficace. En effet le passage de la base 2 à la base 16 (et réciproquement) est particulièrement aisé avec un codage par bloc : tout quartet (suite de quatre bits) peut être interprété comme un nombre entre 0 et 15, soit entre 0 et F en base 16. La lecture résultante est plus « aisée » pour nous.

1010 0111$_2$ devient **A7**$_h$ et FA59$_h$ devient 1111 1010 0101 1001 en binaire.

L'hexadécimal est ainsi fréquemment utilisé pour visualiser des contenus binaires.

Représentation machine

En machine, sauf cas particuliers, la représentation des nombres est faite avec un nombre fixe de symboles binaires (donc de bits). L'ensemble des *symboles* utilisés dans un codage constitue un *alphabet* (0 et 1 dans le cas binaire). Un assemblage de symboles constitue un *mot du code* ou *codet*. La liste des mots de code autorisés constitue le *code*.

Dans nos langues naturelles, les mots ont une longueur variable. L'évolution normale d'une langue vivante a tendance à faire bouger cette longueur. Lorsqu'un mot apparaît pour la première fois, il est souvent long car construit comme une périphrase.

> **Loi de Zipf**
>
> Cette constatation est à mettre en parallèle avec la loi de Zipf. Dans les années 1930, Georges K. Zipf observe qu'en classant les mots d'un texte, quelle que soit sa langue, par fréquence d'utilisation décroissante, cette fréquence est inversement proportionnelle à son rang. Par exemple si le mot le plus fréquent apparaît 100 fois, de deuxième mot le plus fréquent apparaît 50 fois, etc. Prenons l'exemple du mot automobile. Au fur et à mesure du plus grand usage du mot, l'efficacité tend à le raccourcir, par exemple en *auto*. Les mots les plus fréquents vont donc naturellement raccourcir et les mots utilisés plus rarement auront tendance à rester long. Il en est de même pour *chemin de fer métropolitain* devenu *métro, machine à laver le linge* devenu *lave-linge*. Les sigles (SNCF) rentrent également dans ce cadre.

Pour la machine à l'intelligence très rudimentaire qu'est l'ordinateur, l'efficacité s'obtient par la standardisation et la régularité dans les traitements. Un ordinateur travaille mieux sur des mots de longueur (taille) fixe. Cette taille a eu du mal à se figer, au cours du temps, sur une valeur bien déterminée, mais actuellement elle est calée sur des multiples de l'octet : les mots sont de 8, 16, ou 32 bits et maintenant 64 bits. On parle alors de processeur 8 bits, 32 bits ou 64 bits. Il existe aussi des processeurs simples à 4 bits. Le mot *bit* a ici bien sûr le sens du contenant.

La conséquence d'une *taille fixe* en nombre de bits du mot est qu'un mot de ce code ne peut représenter qu'un nombre *fini* d'entiers positifs. Cette limitation a un certain nombre de conséquences, non seulement sur l'étendue des entiers représentables, mais aussi sur les calculs intermédiaires. Pour illustrer le propos, prenons une calculette décimale à affichage de 3 chiffres. Les nombres représentables sont donc les entiers positifs N avec $0 \leq N \leq 999$. La limitation impose aussi que le résultat final d'une opération, ou un calcul intermédiaire, ne sorte pas de cette limite. S'il est possible de calculer $105 - 15$, le résultat de $15 - 105$ sera faux car il n'y a pas de place pour mettre le signe. De plus, les axiomes d'associativité et de commutativité de l'addition ne sont plus forcément vérifiés.

Par exemple : $700 + (400 - 300) \neq (700 + 400) - 300$. Dans le premier cas, le résultat est juste, dans le second il est faux car il donne lieu à un débordement $(700 + 400)$ au niveau du calcul intermédiaire.

Représentation des entiers naturels N

Les entiers positifs sont codés en binaire avec leur représentation positionnelle en base 2. Tout nombre entier positif est ainsi défini comme une somme de puissances de 2. Le codage est fait en opérant la décomposition en puissance de 2 à l'aide de l'algorithme des divisions successives par 2 vu précédemment comme dans l'exemple du changement de base 10 vers la base 2.

Si la représentation s'appuie sur un mot de 8 bits, alors ce sont les nombres de 0 à 255 qui sont représentables. Aucun nombre en dehors de cette plage de valeur ne pourra être représenté sur un octet. Plus généralement, un mot de n bits permet de coder les nombres entiers naturels de 0 à 2^{n-1}.

Un processeur travaille généralement avec une longueur de mot fixée, mais en fonction de l'étendue des entiers naturels sur lesquels on veut travailler, il existe des artifices pour travailler avec des mots plus longs. Les langages de programmation de haut niveau (C, Java, Fortran...) permettent cette adaptation, indépendamment du type de processeur, en introduisant les types de variables avec différentes longueurs (entier court, long...).

Représentation des entiers relatifs

Les entiers relatifs, ou entiers signés, sont les entiers positifs et négatifs. Si la représentation des entiers naturels est unique de par l'utilisation de la base 2 (unicité de la représentation positionnelle), il y a par contre plusieurs manières de coder les entiers signés.

Les codages diffèrent par la manière de « partager » les possibilités de toutes les configurations des bits du mot entre les nombres positifs et négatifs et la manière de gérer le signe. Par exemple, un des choix consiste à représenter autant de nombres positifs que de négatifs dans l'étendue des valeurs possibles.

Le codage avec bit de signe (signe et valeur absolue)

Ce codage est le plus proche de notre système décimal. Le nombre est décrit par deux entités ou *champs* différentes : le signe et le nombre positif qui correspond à la valeur absolue de l'entier signé. Il y a donc deux éléments à coder : le signe d'une part – un bit est suffisant –, la valeur absolue d'autre part. En reprenant un codage sur 8 bits, il faut donc réserver un bit pour le signe, et il n'en reste plus que 7 de disponibles pour coder l'entier naturel de la valeur absolue.

On voit apparaître la notion de *champ* dans la représentation : le mot est structuré en champs à l'intérieur duquel chaque suite de bits code un élément différent.

La manière la plus naturelle de coder le signe est de coder le signe + par un 0 : il n'y a ainsi pas de différence, à l'étendue des valeurs près, entre le codage d'un entier naturel et un entier relatif positif. Cette représentation est dite avec *bit de signe* : le signe et la valeur absolue sont codés séparément. On peut remarquer que ce codage fait apparaître deux représentations du zéro. Il y a par conséquent autant de nombres positifs que de négatifs.

Exemple : codage de 26 et – 26 sur 8 bits :

26 est codé par   **0**001 1010 et

– 26 est codé par   **1**001 1010.

Si l'on fait l'addition binaire de 26 avec – 26 en binaire avec retenue on obtient :

```
    1 1   1 (retenues)
   0001 1010
 + 1001 1010
 ─────────────
 = 1011 0000   ce qui vaut – 52 dans ce codage... et non 0 !
```

On ne peut donc pas appliquer les règles de l'addition binaire à ce type de représentation. Le codage avec bit de signe est simple, mais ce n'est pas celui qui rend le plus efficace le calcul en machine.

Le codage en complément à 2

Le principe du codage dit *en complément à 2* consiste à ramener le cas des nombres négatifs à un nombre positif et rendre applicable directement le codage, maintenant connu, des entiers naturels.

Pour un code sur n bits, la règle de codage est :

• Si le nombre q à coder est positif, on prend son code en base 2 classique.

• Si le nombre q est négatif, on prend le code en base 2 classique de : $q + 2^n$.

Les nombres représentables sont ceux compris entre -2^{n-1} et $2^{n-1} - 1$.

L'appellation *complément à 2* est abusive : de fait, il faudrait dire « complément à 2 puissance n ». Par exemple, si la représentation est faite sur 8 bits, alors il s'agit du complément à 256.

Ainsi le codage de -26 donne, en complément à 2, la valeur $-26 + 256$, c'est-à-dire 230. L'entier négatif -26 est codé dans cette technique comme s'il s'agissait de l'entier positif 230. Le plus grand entier positif représentable est $2^{8-1} - 1$, soit 127. *Tous les codes à valeur entre 128 et 255 représentent donc des entiers négatifs.*

La décomposition en puissance de 2 de 230 donne 1110 0110.

D'où $-26_{10} = 1110\,0110$ en complément à deux.

Notons que, cette fois-ci, si l'on ajoute -26 à 26 le résultat obtenu est bien celui attendu avec les règles de l'addition binaire.

```
  1111  11 (retenues)
  0001 1010
+ 1110 0110
  _____
= 0000 0000   ce qui vaut 0 dans ce code.
```

Il faut aussi remarquer que la retenue finale (à gauche) est perdue : il n'y a pas de bit pour la représenter.

Représentations particulières et valeurs limites

Il résulte de cette méthode de codage que, pour les nombres négatifs, le bit de poids fort est toujours à 1 (mais à ne pas confondre avec un bit de signe positionné indépendamment du codage de la valeur absolue).

Le zéro n'a qu'une seule représentation : 0000 0000 et -1 est codé par 1111 1111. L'intervalle de représentation n'est pas symétrique : sur 8 bits, il va de -128 (10000000) à $+127$ (01111111).

Il faut bien faire attention aux « effets de bords » :

maximum + 1 = minimum !!! (127 + 1 = -128)

Technique de codage des nombres en complément à 2

Nous venons de décrire le principe du codage, voyons maintenant la technique utilisée pour le réaliser. En fait, plutôt que de procéder par ajout de la puissance de 2, il existe un moyen très simple de calculer le complément à 2 d'un nombre. Il s'agit du passage par le complément à 1 auquel on ajoute ensuite la valeur 1.

La règle est la suivante :

- Si le nombre est positif et inférieur à $2^{n-1} - 1$, il est codé comme un entier naturel (décomposition en puissance de 2).

- Si le nombre est négatif et supérieur à $- 2^{n-1}$, alors :

  - On code la valeur absolue du nombre comme un entier naturel (décomposition en puissance de 2).

  - On prend le complément à 1 de ce codage : cela revient à « inverser » tous les bits de la représentation (le complément à 1 de 1 est 0, le complément à 1 de 0 est 1).

  - On ajoute 1 au résultat obtenu (addition binaire).

Exemple : codage de $- 26$:

$26 =$	0001 1010	est le codage de la valeur absolue de $- 26$.
	1110 0101	est le complément à 1 (inversion de chacun des bits).
+	1	est l'ajout de 1 au résultat obtenu (addition binaire).
soit	1110 0110	ce qui est bien la valeur codée de $- 26$ trouvée précédemment.

La transposition au système binaire est immédiate : le complément à 10 devient le complément à 2 et le complément à 9 devient celui à 1. La particularité réside dans le fait que ce complément à 1 est trivial à obtenir, il suffit d'inverser le bit.

À titre d'exemple, l'opération précédente peut être revue en binaire avec l'utilisation du complément à 2 sur 10 bits.

$A = 713_{10} = 10\ 1100\ 1001_2$

$B = 418_{10} = 01\ 1010\ 0010_2$

$\quad B_1{}^* = 10\ 0101\ 1101$, est le complément à 1

$\quad B_2{}^* = 10\ 0101\ 1110$, est le complément à 2 $(= B_1{}^* + 1)$

$A - B : \quad 10\ 1100\ 1001_2$

$\qquad + \ 10\ 0101\ 1110_2$

$\qquad = 01\ 0010\ 0111_2$: le bit de retenue à gauche est perdu.

Le résultat correspond bien à 295 en décimal.

Un petit retour sur la soustraction décimale

Pour mieux comprendre les fondements de cet algorithme, il est bon de revenir à notre système décimal et de revisiter quelque peu la soustraction.

Dans le système décimal, les entiers naturels sont codés par les poids des puissances de 10 qui interviennent dans le nombre. Avant d'en venir à la soustraction et les nombres négatifs, revenons rapidement sur l'addition. Celle-ci consiste à sommer chacun des poids de même rang des 2 nombres en partant de la droite (les unités) et en effectuant des reports sur le poids suivant (supérieur) si nécessaire. Que faut-il connaître pour faire une addition élémentaire de 2 entiers naturels à 1 chiffre ? Tout simplement la table d'addition des nombres à 1 chiffre.

Pour introduire les nombres négatifs, nous allons procéder en deux temps en utilisant ce qui vient d'être appris pour l'addition de deux entiers positifs. Pour ôter une valeur à un entier, on va soustraire un entier positif à ce nombre. Comme on ne sait pas faire la soustraction, on va se ramener au cas connu de l'addition. Soustraire un nombre positif revient à additionner un nombre négatif. Donc, si on sait faire la soustraction par l'intermédiaire d'une addition, on aura aussi résolu la question de la représentation de l'entier négatif.

Ainsi, pour retrancher B à A il suffit de lui ajouter un nombre suffisamment bien choisi. La technique utilisée est celle du complément à 10 (avec le même abus de langage que pour le complément à 2 : il faudrait dire « complément à la puissance de 10 »). Illustrons le propos avec le cas de la calculette à 3 digits (chiffres décimaux). Le complément à 10 est alors le complément à 10^3 c'est-à-dire le complément à 1000.

Soit à faire le calcul de $C = A - B$ avec $A = 713$ et $B = 418$.

Pour retrancher B à A on lui ajoute B10*, son complément à 10.

B10* = 10^3 − B c'est-à-dire $(1000 - 418 = 582)$ d'où :

$$C = A - B = A + (10^3 - B) - 10^3$$
$$= A + B10^* - 1000$$
$$(= 713 + 582 - 1000 = 1295 - 1000 = 295)$$

Quel est l'intérêt de cette opération ? On vient de remplacer une soustraction de deux entiers quelconques par une addition et une soustraction particulière avec 1000 (le complément à 10). C'est toujours une soustraction, mais elle est plus simple à réaliser car elle se fait par rapport à une valeur fixe. Le nouveau problème est : que faut-il ajouter à 418 pour obtenir 1000, au lieu de la question : que faut-il ajouter à 418 pour que le résultat fasse 713 ? La connaissance de la table des additions à un chiffre suffit pour calculer le complément à 10. Nous avons transformé la soustraction en addition, mais il reste la quantité 10^3 (1000) qu'il faut retrancher : comme on ne dispose que de 3 chiffres sur notre calculette, il suffit donc de l'ignorer.

Plutôt que de calculer directement le complément à 10 (B10*), il est plus facile de le définir par rapport au complément à 9, B9* (soit 999), par B10* = B9* + 1. Or le complément à 9 se calcule directement à partir des tables apprises pour l'addition : il suffit pour un nombre à 1 chiffre donné de connaître le nombre qui doit lui être ajouté pour que le résultat soit égal à 9. Cette opération est répétée pour tous les chiffres du nombre.

Le complément à 9 de 418 est déterminé par : 8 + 1 = 9 ; 1 + 8 = 9 ; 4 + 5 = 9.

Ce qui donne B9* = 581, et finalement B10* = B9* + 1 = 581 + 1 = 582 et, pour l'addition finale, nous obtenons : 713 + 582 = 1295.

Pour retrancher 1000, il suffit d'ignorer le quatrième chiffre.

La soustraction devient l'addition de l'opposé codé en complément à 10. On peut donc partir sur cette base pour la représentation d'un nombre entier négatif : il suffit de le coder sous la forme de complément à 10.

Représentation des nombres réels

Le codage en machine des nombres réels sur un nombre fini de bits introduit deux types de limitations. Comme pour les entiers, il y a une limitation sur l'étendue des valeurs possibles, mais pour une étendue fixée il y a une infinité de réels possibles (l'intervalle est continu). La seconde limitation concerne donc le nombre de valeurs qu'il est possible de représenter dans un intervalle : elle définit la précision de la représentation. Voyons comment ce problème est géré.

Notation courante et virgule fixe

Dans notre notation usuelle des réels, nous décrivons ceux-ci par une partie entière et une partie fractionnaire, parties séparées par le caractère « virgule ». Comme pour les entiers, la « taille » du réel (en nombre en chiffres) est variable en fonction de la partie entière et de la partie fractionnaire. Nous écrivons ainsi − 4,75. Le nombre est représenté par une structure à 3 champs : le signe + ou -, une partie entière codée par un entier en base 10 et une partie fractionnaire de valeur inférieure à 1. La partie fractionnaire est par définition comprise entre 0 et 1 et doit donc être décrite à l'aide des puissances négatives de 10 (dixièmes, centièmes…).

Ce type de notation est appelé « virgule fixe », car la virgule, signe de la séparation entre la partie entière et la partie décimale (entre les unités et les dixièmes) est supposée d'emplacement fixe. Ce mode de représentation a également été reproduit en informatique, par exemple la valeur 4,75 est codée en deux parties séparées par la virgule : 0100,110. La partie gauche représente l'entier 4 et la partie droite code 0,75. Le codage est basé sur le fait que la partie fractionnaire est par définition comprise entre 0 et 1 et que la somme des puissances négatives de 2 est égale à 1. Toute partie fractionnaire peut donc être décrite sous forme de puissances négatives de 2. Ainsi $0,75 = 1/2 + 1/4$.

Cette notation en virgule fixe a rapidement été abandonnée, car peu efficace en particulier dans des calculs impliquant des nombres ayant des ordres de grandeurs bien différents. Elle a été remplacée par la représentation dite *en virgule flottante* plus appropriée au calcul numérique. Cette notation, quand elle est utilisée en décimal, est aussi dite scientifique décimale : elle est largement implantée dans les calculatrices de poche : par exemple +0.25E+01 code le nombre 2,5.

Notation en virgule flottante et norme IEEE 754

La représentation en *virgule flottante* (*floating point*) est une notation qui, dans la plupart des langages de programmation, ne comporte d'ailleurs pas de virgule, mais un point ; c'est la notation anglo-saxonne qui prime. Elle est flottante car, par rapport au nombre à coder, cette virgule (point) ne sépare plus forcément les unités de la partie fractionnaire.

La représentation fait apparaître une structure à 3 champs : le signe (±), la mantisse (0.25) et l'exposant (+01). La mantisse est le nombre formé par les chiffres les plus significatifs du réel à représenter. Le nombre de chiffres de la mantisse influe sur la précision alors que le nombre de chiffres de l'exposant fixe l'étendue des réels à coder.

> **La mantisse**
>
> Le terme de mantisse est employé pour la première fois par Henry Briggs lorsqu'il retravaille les logarithmes de Neper (1624). La valeur d'un logarithme comporte une valeur entière qu'il appelle la *caractéristique* et une partie fractionnaire à laquelle il donne le nom de *mantisse*. Le mot mantisse vient du latin *mantissa* qui signifie « ajout de poids », « addition » ou « appendice » comme celui ajouté à la fin d'un livre. Ainsi, comme $\log_{10}(15) = 1,17609$, 1 est la caractéristique et (0,)17609 est la mantisse, c'est-à-dire le « poids » qu'il faut ajouter à 1 pour que la fonction inverse donne bien la valeur 15. Dans le résultat, la caractéristique contribue pour 10 (car $10^1 = 10$) et la mantisse pour 5 ($10^{0,17609} = 1,5$). $10^{1,17609} = 10^1 \times 10^{0,17609} = 10 \times 1,5 = 15$. La caractéristique donne la puissance de 10 immédiatement inférieure du nombre et la mantisse donne le complément à ajouter pour obtenir la valeur finale.

Cette structure à 3 champs est un codage des paramètres de la représentation du nombre sous la forme mathématique :

$R = (-1)^S \times m \times 10^e$ où S est le signe, e est un entier et m une mantisse normalisée comprise entre 0 et 1. Les paramètres S, m et e constituent les 3 champs de la structure $\{+ ; 0.25 ; 01\}$ pour le nombre 2,5.

La norme IEEE 754

La norme IEEE 754 a été définie et adoptée quasi universellement car elle est adaptée à la plupart des calculs scientifiques courants. Elle est basée sur une structure à 3 champs caractérisant les paramètres de la mise en équation d'un réel pour la représentation dans un système binaire avec la relation :

$R = (-1)^S \times M \times 2^e$

Pour un réel donné, le signe est obtenu par identification directe. Par contre, la détermination de M et e est impossible ou plutôt il existe une infinité de solutions. L'indétermination est levée en fixant des contraintes sur les paramètres M et e. La première des contraintes consiste à choisir e entier : si l'on acceptait une valeur réelle pour e on ne saurait pas la représenter puisque c'est le problème qu'on cherche à résoudre… Mais avec e contraint à une valeur entière, il y a toujours une infinité de solutions possibles. Il faut alors définir une nouvelle contrainte, mais cette fois sur M. Ainsi, en mettant de côté le cas R = 0, si on choisit M compris entre 1 et 2, alors il n'y a plus qu'une solution possible. De plus, M peut alors être mis sous la forme M = 1 + m avec m compris entre 0 et 1.

Sachant que $\sum_{i=1}^{\infty} 2^{-i} = 1$, tout nombre compris entre 0 et 1 peut être représenté sous la forme d'une somme de puissances négatives de 2. La précision dépend du nombre de termes retenus dans la somme. La contrainte fixée sur m permet ainsi également, et ce n'est pas un hasard, de coder la mantisse de manière unique.

La relation finalement retenue est $R = (-1)^S \times (1 + m) \times 2^e$ avec $0 \leq m < 1$

Le codage d'un réel se décompose en deux étapes :

- détermination des paramètres S, m et e (m et e sont donnés en décimal) ;

• codage binaire de ces paramètres suivant les nombres de bits prévus dans la norme IEEE 754.

Les réels dits *simple précision* sont codés sur 32 bits : 1 bit pour le signe, 8 bits pour l'exposant et 23 bits pour la mantisse m (dans cet ordre en commençant par la gauche). Pour la *double précision* les mêmes paramètres seront codés sur respectivement 1, 11 et 52 bits soit 64 bits au total. Dans la représentation d'un réel, la précision est déterminée par la taille de la mantisse. Pour un réel en simple précision, cette précision relative est de $1/2^{23}$ soit environ 10^{-7}.

Détermination de S, m et e

Le signe est codé sur 1 bit avec une valeur directement utilisable du point de vue mathématique : l'expression définissant le signe vaut 1 (nombre positif) si S vaut 0 et – 1 si S vaut 1.

Le principe de l'algorithme de la détermination simultanée de m et e consiste à appliquer au nombre à coder des divisions (ou multiplications) successives par 2 jusqu'à ramener ce nombre dans l'intervalle [1 ; 2[. La mantisse m est obtenue en retranchant 1 à ce résultat et la valeur de e est égale au nombre de divisions (multiplications) qui ont été nécessaires. Le nombre e est positif si les opérations sont des divisions et négatif en cas de multiplications.

Par exemple la détermination de m et e pour r = 4,75 requiert deux divisions successives par 2 pour ramener ce nombre dans l'intervalle [1 ; 2[.

1. 4,75 / 2   = 2,375 ;

2. 2,375 / 2 = 1,1875 : l'objectif est atteint (1 ≤ 1,1875 < 2).

Donc e vaut 2 et la mantisse m est égale à 0,1875 (1,1875 – 1).

Le réel 4,75 est ainsi représenté par les paramètres {S = 0, e = 2, m = 0.1875}.

Codage de S, m et e

Le codage de S est immédiat : le bit de signe (le plus à gauche, le poids fort) est mis à 0 pour un nombre positif et à 1 pour un nombre négatif.

Le codage de la mantisse est construit sur la décomposition en puissance négative de 2 (de la gauche vers la droite : 1/2, 1/4, 1/8 , 1/16…, en l'occurrence 0,1875 = 0,125 + 0,0625 = 1/8 + 1/16 ; d'où le codage de la mantisse :

00**11** 0000 0000 0000 0000 000 (sur 23 bits).

Pour le codage de l'entier e, les concepteurs de la norme IEEE 754 n'ont pas utilisé le complément à 2 car il est inadapté pour le calcul sur les exposants. Le codage de e choisi, sur 8 bits, utilise la représentation par excès à 127. Le zéro est alors au « centre » de l'intervalle de représentation, c'est-à-dire 127. L'exposant est donc codé en binaire classique par l'entier positif E = 127 + e. Dans notre cas nous avons e = 2, donc E = 129 qui donne 1000 0001 en binaire.

La représentation complète du réel 4,75 est donc :

0**1000 0001**0011000000000000000000000

↑ ↑   ↑

signe, exposant,   mantisse.

Une telle suite de bits est difficile à lire ou à énumérer. On utilise donc le plus souvent la notation hexadécimale pour « visualiser » un tel résultat.

0100 0000 1001 1000 0000 0000 0000 0000

qui donne :   4 0 9 8 0 0 0 0

soit 40 98 00 00$_h$.

Algorithme de codage binaire de la mantisse

Le principe consiste à trouver les puissances négatives de 2 de la mantisse. L'algorithme d'extraction est directement hérité de celui présenté pour la décomposition en puissance de 2. On essaie de se ramener à un cas unique où la comparaison se fait toujours avec une valeur identique : 1. Ainsi, la mantisse est multipliée par 2 et si la partie entière du résultat est non nulle, c'est que la puissance en question « rentre » dans le nombre. Cette partie entière (à valeurs 0 ou 1) se code directement dans un bit. On retire cette partie entière et on lui applique le même traitement : on multiplie par 2 et le deuxième bit est donné par la partie entière du résultat. Cela revient à tester si ¼ rentre dans la valeur restante. Le processus est réitéré jusqu'à l'obtention d'un reste nul ou l'épuisement des bits de représentation.

Exemple m = 0,1875 : 0,1875 * 2 = 0,375

0,375 * 2 = 0,75

0,75 * 2 = 1,5

0,5 * 2 = 1

0 * 2 = 0

0,1875 → 00110000...

Lorsque le reste devient nul, cela signifie que la représentation du nombre est exacte. Il arrive aussi, et ce n'est pas exceptionnel, que la représentation de m soit cyclique comme par exemple dans le cas de m = 0,6.

0,6 * 2 = **1,2**

0,2 * 2 = 0,4

0,4 * 2 = 0,8

0,8 * 2 = 1,6

0,6 * 2 = **1,2**

0,6→1001 1001 1001...

IEEE 754 : limites et représentations particulières

Le nombre 0 est représenté par une mantisse et un champ exposant nuls et a ainsi deux représentations : $+ 0$ et $- 0$.

Le nombre le plus grand et le nombre le plus petit sont définis par les valeurs min et max de e :

$e_{min} = - 126 = 0000\ 0001_2 \Rightarrow 2^{- 126}$

$e_{max} = \ \ \ 127 = 1111\ 1110_2 \Rightarrow 2^{127}$

L'infini est représenté par une convention : m vaut zéro (il n'y a pas de précision à donner sur l'infini) et E a tous ses bits à 1 pour signifier « exposant maximum ».

$+ \infty$: S = 0, E = $1111\ 1111_2$, m = 0

$- \infty$: S = 1, E = $1111\ 1111_2$, m = 0

La codification s = 1, E = 1111 1111 et m $\neq$ 0 représente NaN (*Not a Number* : 0/0, 0/∞...) significatif d'une erreur.

Le codage IEEE 754 présente aussi la caractéristique de produire une représentation exacte de tous les entiers qui rentrent dans l'étendue.

Finalement, nous avons vu trois représentations des entiers : le bit de signe, le complément à 2 et le codage par excès à 127 que nous venons de voir à l'occasion de la norme IEEE 754. La figure 1-3 montre la différence d'utilisation de la plage des 256 possibilités (en abscisse) pour représenter les 256 entiers signés (en ordonnées).

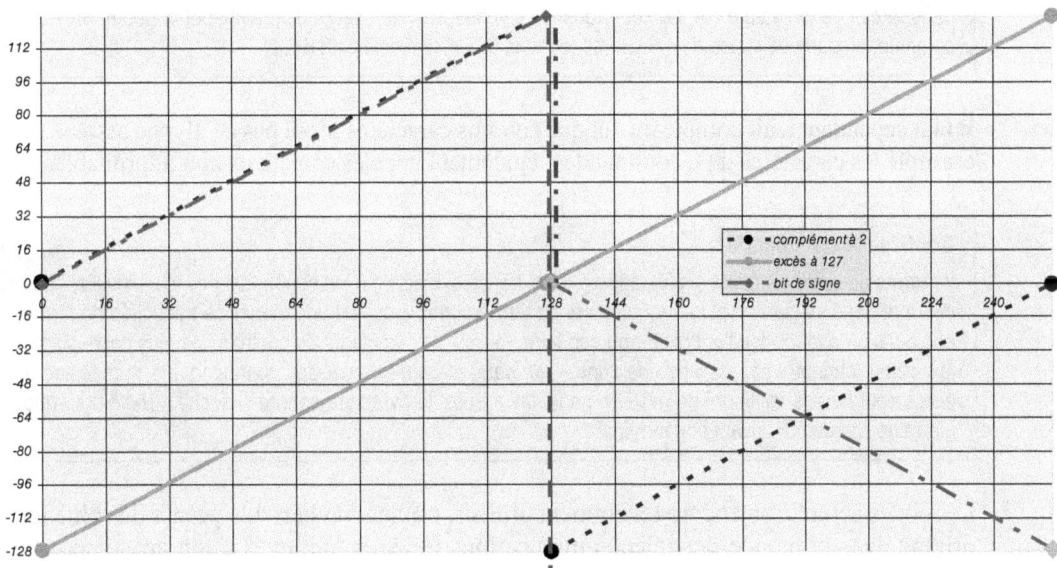

Figure 1-3

Représentation des entiers

Les caractères et leur codage

Si les nombres sont des éléments de connaissance couvrant des notions arithmétiques (les premiers écrits ont essentiellement été des documents comptables), la façon la plus courante de transmettre des idées est le texte, qui lui-même est déjà une transcription du langage par le passage de l'oral à l'écrit. L'écriture a beaucoup évolué depuis les picto-grammes initiaux de nos ancêtres et il semble maintenant acquis que l'utilisation d'un alphabet de caractères est le système qui présente le plus de commodités (y compris la transcription des idéogrammes chinois *zi* en *pin ying*, c'est-à-dire dans notre alphabet latin).

Les caractères sont les symboles élémentaires permettant d'écrire un texte. Tout transfert ou traitement informatique de ce texte devra évidemment s'appuyer sur une représenta-tion binaire. Les codes décrits dans la suite vont seulement se charger de la mémorisation ou du transport de l'information associée à un texte : l'aspect visuel d'un texte (la police, la couleur…) n'est pas abordé. Le texte que vous lisez n'est pas qu'une suite de caractè-res, mais résulte d'un formatage réalisé par le logiciel de traitement de texte qui a servi à la présentation de ce document. Le formatage intègre donc d'autres éléments d'informa-tions que les seuls caractères dits imprimables.

Pour un caractère, la distinction est à faire entre l'aspect visuel, le *glyphe*, c'est-à-dire le dessin utilisé pour une présentation graphique, et la notion d'unité abstraite utilisée pour coder les lettres des mots d'un texte.

Le glyphe

Le *glyphe* est un dessin ou une image utilisé pour la visualisation d'un ou plusieurs caractères (comme dans le cas de la ligature œ). Lorsque tous les glyphes des caractères d'un alphabet adoptent un style commun, on parle de *police* de caractères (comme le *Times Roman* et l'*Arial*).

Il faut cependant tenir compte du fait que certains caractères n'ont pas de glyphe associé (par exemple les caractères de « commande » également appelés caractères non imprimables).

Contrôle et commande

Le terme de *commande* est le plus approprié en français, mais ce n'est cependant pas le plus utilisé. Les informaticiens se servent plus fréquemment du terme *contrôle* qui est une mauvaise traduction du terme anglo-saxon *control* signifiant piloter ou conduire. Parmi ces caractères de contrôle, les plus connus sont le « retour chariot » et « l'avance de ligne » qui permettent d'envoyer des commandes à la machine à écrire pour faire le minimum de mise en page. Il y a aussi le caractère sonore « cloche » (*bell*) pour une alerte de l'opérateur devant son terminal.

Les codes actuels, ou encore récemment utilisés, traînent un héritage pesant lié soit à leur origine dans le monde des télécommunications (télégraphie, télex), soit aux dispositifs physiques de saisie, de stockage et de restitution des caractères (machine à écrire, ruban et carte perforée…). En fonction du support de représentation, un même caractère est codé différemment.

Le code ASCII

Le code ASCII, *American Standard Code for Information Interchange*, est un standard américain (1963) également reconnu par d'autres organismes de normalisation comme le CCITT (Comité consultatif international télégraphique et téléphonique) sous le nom d'alphabet CCITT n° 5, ou l'ISO (*International Standard Organization*) sous le nom ISO-646. Il est probablement le code le plus répandu, en particulier dans le monde du PC. C'est un code de longueur fixe (7 bits) permettant de coder 128 caractères, soit tous ceux utilisés pour l'écriture de l'anglais. Il n'y a, par contre, pas de places pour les caractères accentués (figure 1-4). Il inclut les lettres minuscules et majuscules, les chiffres, les signes de ponctuation, quelques signes arithmétiques et typographiques divers et enfin 32 caractères de commandes utilisables soit pour une mise en page soit pour des protocoles de communication.

Figure 1-4

Code ASCII, alphabet #5

				b7	0	0	0	0	1	1	1	1
				b6	0	0	1	1	0	0	1	1
				b5	0	1	0	1	0	1	0	1
				col	0	1	2	3	4	5	6	7
b4	**b3**	**b2**	**b1**	*rang*								
0	0	0	0	0	NUL	DLE	SP	0	@	P	`	p
0	0	0	1	1	SOH	DC1	!	1	A	Q	a	q
0	0	1	0	2	STX	DC2	"	2	B	R	b	r
0	0	1	1	3	ETX	DC3	#	3	C	S	c	s
0	1	0	0	4	EOT	DC4	$	4	D	T	d	t
0	1	0	1	5	ENQ	NAK	%	5	E	U	e	u
0	1	1	0	6	ACK	SYN	&	6	F	V	f	v
0	1	1	1	7	BEL	ETB	'	7	G	W	g	w
1	0	0	0	8	BS	CAN	(	8	H	X	h	x
1	0	0	1	9	HT	EM	)	9	I	Y	i	y
1	0	1	0	10	LF	SUB	*	:	J	Z	j	z
1	0	1	1	11	VT	ESC	+	;	K	[	k	{
1	1	0	0	12	FF	FS	,	<	L	\	l	:
1	1	0	1	13	CR	GS	-	=	M	]	m	}
1	1	1	0	14	SO	RS	.	>	N	^	n	~
1	1	1	1	15	SI	US	/	?	O	_	o	DEL

La plupart des ordinateurs travaillant sur une base d'octets, il reste un bit de disponible. Ce huitième bit est soit non employé, dans ce cas il reste à 0, soit utilisé pour ajouter un bit de parité pour la détection des erreurs de transmission ou encore pour étendre à 256 le nombre de caractères.

Dans la figure 1-4, les caractères imprimables sont donnés sous la forme de leur glyphe, les autres sont donnés sous une forme symbolique mnémonique.

Le code hérite certains traits des codes utilisés en télécommunication, mais il a aussi été conçu pour être efficace en représentation interne dans l'ordinateur lors des traitements à effectuer. Trois critères peuvent être mis en avant :

- Les caractères de l'alphabet ont des codes numériques associés respectant l'ordre alphabétique : cela facilite le tri, la recherche sur des mots.

- Le passage des minuscules aux majuscules est immédiat : il suffit de changer un bit, le bit 6, on ne peut faire plus rapide !

- Les chiffres sont codés de manière à ce que le quartet, ensemble de 4 bits, de poids faible donne directement la représentation binaire du nombre associé : il suffit donc de mettre les bits de poids forts, b5 à b7, à 0.

- Les caractères de contrôle sont facilement identifiables : leurs codes ont des valeurs inférieures à 32_{10} ou 20_h.

La lecture de la table se fait en utilisant l'hexadécimal en complétant avec un bit b8 à 0. Les principaux codes à connaître sont ainsi **41_h** pour **A**, **61_h** pour **a**, **31_h** pour **1**, **$0a_h$** pour **lf** (*line feed*), **$0d_h$** pour **rc** (retour chariot), **20_h** pour l'espace.

Le code possède de sérieuses limitations pour l'écriture de langues autres que l'anglais. L'ISO a donc proposé des normes pour l'ASCII étendu. Les 128 premiers codes sont identiques à ceux de l'ASCII de base, mais les 128 codes supérieurs permettent de faire des adaptations à un grand nombre d'écriture. L'ISO-8859-1 (ISO-Latin-1) donne ainsi la possibilité de représenter la plupart des caractères particuliers européens (minuscules et majuscules accentuées, le Ø ou O barré, le point d'interrogation renversé espagnol ¿…).

Unicode

L'internationalisation des échanges de documents est rendue très difficile par la diversité des différentes variantes de l'ASCII étendu : le code ISO-8859-1 n'est que l'une des 12 actuellement définies dans la famille ISO-8859-n.

Les capacités de stockage et la vitesse de transmission étant maintenant grandes et peu coûteuses, il a été possible d'envisager l'élaboration d'un code sur un plus grand nombre de bits. Des constructeurs d'ordinateurs se sont ainsi regroupés en 1989 pour proposer un code universel susceptible de s'appliquer à l'écriture de la plupart des langues du monde (y compris grec, cyrillique, hébreu, idéogrammes chinois…). Ainsi naît en 1991, Unicode, du Consortium Unicode, pour un codage des caractères sur 16 bits. Il permet de répondre aux besoins exprimés ci-dessus et est compatible ascendant avec le code ASCII, c'est-à-dire que les 7 bits de poids faible de l'Unicode produisent les mêmes caractères que ceux de l'ASCII.

Le code utilise des plages de valeurs pour les caractères, comme par exemple la plage 0401 à 04CC pour l'écriture cyrillique et 4E00 à E000 pour les idéogrammes chinois.

Unicode, a priori le code de l'avenir, n'est pas encore très répandu, il est cependant implémenté dans le langage Java et dans les outils de bureautique de Microsoft.

Quelques codes particuliers

En dehors des nombres et des caractères dont certains codages ont été décrits, il existe d'autres types d'informations élémentaires à coder comme par exemple les couleurs. Il y a aussi des codes, toujours applicables à des nombres ou à des lettres, mais destinés à une utilisation particulière. Voyons quelques-uns de ces codes.

Code Gray ou code binaire réfléchi

L'objectif du code Gray est de coder un entier en binaire, de manière à ce que deux valeurs successives ne diffèrent dans leur codage que par 1 bit.

Le codage est bien adapté à l'incrémentation ou la décrémentation (+ 1/– 1) d'un nombre, mais pas pour l'addition. Avec deux bits, on obtient ainsi la suite {00, 01, 11 puis 10}. La figure 1-5 montre la différence entre un code binaire pur et un code de Gray. Pour passer d'un entier au suivant, il n'y a effectivement qu'un seul bit qui change. On dit également que l'alternance des 0 et des 1 se fait selon un *effet miroir* : si l'on regarde la colonne à droite du code de Gray, on s'aperçoit que les lignes 2 et 3 constituent une symétrie verticale des lignes 1 et 2 ; il en est de même pour les lignes {4, 5, 6, 7} en symétrie verticale des lignes {0, 1, 2, 3}. Dans la deuxième colonne, la symétrie est faite sur la base de 4 lignes ; elle est de 8 lignes pour la troisième colonne.

Figure 1-5

Code de Gray et disque de Gray

Capteur de position angulaire

Un exemple intéressant d'utilisation est le capteur de position angulaire. Un mouvement de rotation est caractérisé par une succession d'angles mesurés consécutivement par incrément (décrément suivant le sens) avec la résolution du capteur.

On remarque dans la constitution du tableau des codes de Gray que la colonne de gauche est partagée en deux zones : huit 0 suivis de huit 1. Dans la colonne suivante chaque zone est de nouveau partagée de manière identique en deux sous-zones de quatre 0 et quatre 1, et ainsi de suite.

Dans un capteur angulaire, cette propriété est implémentée sur un disque attaché à l'axe de rotation. Un disque en code Gray comporte n pistes concentriques dont la première, en partant du centre, est composée d'une moitié opaque et d'une moitié transparente. La lecture de cette piste permet de déterminer dans quel demi-tour du disque on se situe. Si l'on associe à chacune de ces zones une valeur 0 ou 1 alors le bit correspondant est celui le plus significatif : il ne peut indiquer la position qu'à un demi-tour près. La deuxième piste partage le cercle en quatre quarts alternativement opaques et transparents : les bits lus sur les deux pistes donnent le quart de tour de la position. Si le disque comporte n pistes concentriques construites de cette manière, la résolution est alors de 2^n points par tour, la piste extérieure donnant le bit le moins significatif. Les n bits lus donnent la position angulaire du disque. La figure 1-5 montre un disque à 8 pistes, c'est-à-dire avec une résolution de 360/256 degrés d'angle (soit environ 1,4°).

Diagrammes de Karnaugh

La suite de configurations définies par le code Gray est aussi utilisée dans la « position » des valeurs binaires d'une table de vérité (l'utilité et les techniques associées à une table de vérité sont vues en détail dans le chapitre suivant).

La construction d'un diagramme de Karnaugh impose que le passage d'une case à une autre case adjacente n'implique que le changement d'un seul bit au niveau des variables d'entrées (figure 1-6). Le placement sur les lignes et les colonnes de l'état des variables d'entrées en code de Gray permet de respecter cette contrainte.

Figure 1-6

Code de Gray et Diagramme de Karnaugh

	a			
	b			
f	00	01	11	10
00	1	0	0	1
01	0	1	1	0
11	0	1	1	0
10	1	0	0	1

(lignes indexées par d et c)

Le code DCB : décimal codé binaire (ou BCD)

Ce codage est destiné à représenter un nombre par la suite de ses chiffres décimaux codés en binaire. L'objectif est de pouvoir représenter un nombre en longueur variable avec le nombre de chiffres nécessaires à sa représentation exacte. Concrètement et de manière peu efficace mais simple, on associe, à chaque chiffre décimal de 0 à 9, un octet où la représentation binaire est égale à celle du nombre correspondant (*digit*). Le nombre « 57 » est représenté par les deux octets 0000 0101 et 0000 0111 {05 07$_h$}. Le codage permet effectivement la représentation exacte de tout entier en mettant autant d'octets que nécessaire, mais les opérations arithmétiques binaires sur ces nombres ne sont pas faciles à mettre en œuvre.

Le DCB « tassé », *packed BCD* est une variante qui réduit la perte de place en plaçant deux digits par octet, un dans le quartet gauche, l'autre dans le quartet droit. Le nombre 57 est alors codé par l'octet 0101 0111 {57$_h$}.

Le DCB ASCII est une variante où un nombre est représenté par la suite des codes ASCII de chacun des chiffres constituants du nombre. Le nombre 57 est représenté par les deux octets 0011 0101 et 0011 0111 {35 37$_h$}.

Au détriment de la complexité du processeur, certains d'entre eux permettent, à l'aide d'instructions spéciales, de faire directement des opérations arithmétiques sur ces codes DCB ou même DCB ASCII.

Autres codes particuliers

Il existe d'autres manières de représenter l'information et il serait fastidieux de les passer toutes en revue. Nous donnons un aperçu sur quelques codes destinés à une impression et relecture par un système automatisé.

Code barres ou code à barres

Ces codes donnent une représentation graphique de l'information mieux adaptée à une lecture automatique. Le système est basé sur un codage binaire sous la forme de traits étroits (0) et de traits larges (1). Il existe différents codages en fonction du type d'information, texte, chiffres que l'on veut coder.

La figure 1-7 donne l'exemple d'un code « 2 parmi 5 » : chaque chiffre est codé par la position de 2 barres larges parmi 5. Le code est auto vérificateur par chiffre : la dernière barre est une barre associée à un bit de parité (parité paire telle que le nombre de barres épaisses soit pair, de fait égal à 2). Au total, seules 10 configurations sur les 32 possibles sont utilisées, ce qui donne une efficacité remarquable vis-à-vis des erreurs de lecture.

Le codage est un décimal codé binaire modifié avec des poids de 1, 2, 4 et 7 complété par une parité. Le 0 a un codage particulier pour avoir 2 barres épaisses (équilibre par colonne : dans chacune d'elle il y a ainsi 4 « 1 »).

Figure 1-7

Code barres 2 parmi 5

chiffres	Barre1 P1	Barre2 P2	Barre3 P4	Barre4 P7	Barre5 vérif
0	0	0	1	1	0
1	1	0	0	0	1
2	0	1	0	0	1
3	1	1	0	0	0
4	0	0	1	0	1
5	1	0	1	0	0
6	0	1	1	0	0
7	0	0	0	1	1
8	1	0	0	1	0
9	0	1	0	1	0

G   2 / 5   D

Codages divers (reconnaissance optique, magnétique…)

Les codes barres facilitent la lecture automatique d'un nombre, mais ce nombre est quasi illisible pour un homme : en général, le nombre est affiché en chiffres décimaux classiques sous le code barres. D'autres codes existent pour permettre une lecture automatique aisée tout en étant également lisible par un homme. Ce sont des codes qui utilisent un style de caractères (glyphes, police) tel que le texte est lisible pour un homme mais aussi tel que ces caractères sont suffisamment différents entre eux pour qu'un logiciel de reconnaissance de caractère (OCR, *Optical Character Recognition*) puisse bien les discriminer. On trouve ces codes sur les chèques bancaires et sur certaines étiquettes magnétiques.

Codes pour la détection et la correction des erreurs

L'information, une fois codée, peut être transportée ou stockée. Ces opérations, qui s'appuient sur des processus réels et physiques, risquent d'introduire des différences entre la donnée transmise et celle reçue ou entre la valeur mémorisée et celle lue. De telles différences sont appelées *erreurs*. L'objectif des techniques décrites dans cette partie est de détecter, voire de corriger de telles erreurs.

Il faut bien noter qu'il s'agit ici d'erreurs imputables au hasard des perturbations des phénomènes physiques et non d'erreurs de calculs ou de falsification volontaire (dans ces cas, d'autres moyens seront plus adaptés).

Ces techniques sont fondées sur le principe suivant : pour être en mesure de détecter une erreur, il faut accompagner la donnée à « protéger » d'une autre donnée qui permet de la « signer ». Cette sorte de signature, souvent appelée *clé*, est calculée à partir de la donnée à protéger. La donnée est donc transmise avec sa signature. À la réception, une signature est calculée avec la même procédure à partir de la donnée reçue et est comparée à la signature reçue. Si les deux signatures sont différentes, alors il y a eu au moins une erreur, soit dans la transmission de la donnée, soit dans celle de la signature, voire dans les deux (figure 1-8).

Figure 1-8

Données et clés

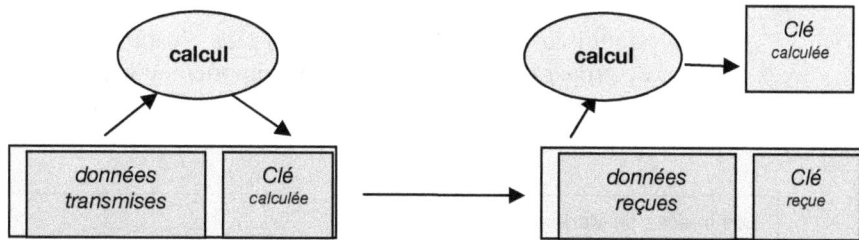

On peut donner une autre vision, mais équivalente, des systèmes de détection d'erreur. Quand la transmission porte sur des mots (caractères par exemple) de 7 bits, il y a 128 valeurs possibles. À l'issue de la transmission d'un mot déterminé, le récepteur reçoit un mot, qui, qu'il y ait erreur ou pas, correspond à l'une des 128 valeurs possibles. Le mot reçu est donc une valeur possible, acceptable et il n'est pas possible de détecter une erreur. Pour pouvoir détecter une erreur, il faut que toutes les valeurs ne soient pas autorisées : si le mot reçu correspond à une valeur non autorisée il y a erreur. Le principe général est analogue à la lecture d'un mot en français : on regarde si le mot lu est dans le dictionnaire des mots français et si ce n'est pas le cas on dira qu'il y a une erreur (faute d'orthographe). On pourra éventuellement le corriger en remplaçant la faute avec le mot le plus « proche.

En transmettant 8 bits au lieu des 7 bits d'information utiles d'un code ASCII, il y a 128 mots autorisés pour 256 possibles. Il s'agit alors de déterminer ce huitième bit de telle sorte qu'une erreur aboutisse sur un mot non autorisé. La technique du bit de parité permet d'apporter une première solution simple.

Les codes de protection contre les erreurs

Le terme de « protection » contre les erreurs est un peu impropre et abusif s'il est pris au sens de la diminution du taux d'erreurs sur le support. En fait, il s'agit de rendre une communication tolérante vis-à-vis des erreurs de transmissions, c'est-à-dire d'introduire une gestion des erreurs sous la forme d'une détection et d'une correction. Notons, au passage, que s'il y a une *seule* erreur dans le cas d'une transmission binaire, il suffit de connaître sa position pour pouvoir la corriger (une erreur transforme un 1 en un 0 et vice versa).

La gestion des erreurs comporte deux phases : la détection et la correction. Une fois l'erreur détectée, la question de la correction est posée et il y a différentes manières d'y répondre :

- La non correction. Dans ce cas on accepte de « vivre » avec ces erreurs car elles sont peu perceptibles ou peu importantes à condition toutefois qu'elles ne soient pas trop nombreuses (c'est le cas de la transmission du son et de la vidéo).

- La correction par demande de retransmission. C'est le système le plus usité. Le récepteur, après avoir détecté une erreur, demande à l'émetteur de lui retransmettre le message. Ce mécanisme est aussi connu sous le sigle ARQ : *Automatic Repeat reQuest.*

- L'autocorrection. Le récepteur cherche à corriger de lui-même l'erreur. Cette technique n'est utilisée que lorsque la retransmission n'est pas applicable : soit parce que le temps de propagation du signal est trop important, c'est le cas des sondes interplanétaires avec la technique FEC *Forward Error Correction*, soit lorsque le secret interdit la répétition d'un message.

Les images de Mariner

Le premier engin spatial de la série Mariner prend des photographies en noir et blanc de la planète Mars en 1965. Les images ont une résolution de 200 x 200 avec 64 nuances de gris codées sur 6 bits. Les données sont transmises avec un débit binaire de 8 bits par seconde (non, il n'y a pas d'erreur !, ce sont les bonnes unités) et par conséquent la transmission d'une image prend environ 8 heures.

Plus tard, en 1972, Mariner 9 arrive en orbite autour de Mars. Pour permettre une correction des erreurs de transmission, le code Reed Muller (RM) avec des mots de code de 32 bits, est utilisé (6 bits pour la nuance de gris du pixel et 26 bits de clé de redondance). Par contre, les progrès au niveau des techniques de transmission ont alors permis d'atteindre un débit de 16 000 bits par seconde.

En dehors du premier cas, l'objectif final d'une transmission est de transférer complètement et correctement un ensemble complet de données (fichier, message) même sur un support générant des erreurs.

Cette tolérance aux fautes demande la réunion de deux conditions : adapter la transmission au support pour diminuer le risque d'erreurs et choisir un moyen efficace de détecter les erreurs. L'adaptation de la transmission au support consiste d'une part à choisir un bon codage binaire à signal et, d'autre part, à limiter le nombre d'octets à envoyer en une seule fois. Comment ce nombre influe-t-il sur la possibilité de corriger des erreurs ? Prenons un canal de communication ayant un taux d'erreurs de 10^{-6}, c'est-à-dire qu'en moyenne, il y a un bit de faux sur un million de bits transmis. Si l'on veut transmettre un fichier de 10 Mo (environ 10^8 bits) en une seule fois, le fichier reçu comportera environ une centaine d'erreurs. Le système de détection, supposé efficace, détectera au moins l'une de ces erreurs et le récepteur peut faire une demande de retransmission. Celle-ci donnera lieu à une nouvelle réception du fichier avec évidemment encore environ une centaine d'erreurs (vraisemblablement pas aux mêmes endroits). Il en sera ainsi pour toute autre tentative de transmission : vu le taux d'erreurs et la taille du fichier, il est impossible de transmettre le fichier tel que. À support constant, la seule solution consiste à fragmenter le fichier en morceaux de taille suffisamment petite, par exemple des blocs de 1 000 bits, pour que la probabilité d'une erreur dans ce fragment soit assez faible. Si un tel bloc doit alors être retransmis à la suite d'une erreur, il est peu vraisemblable que la retransmission contienne encore une erreur. Cela ne signifie pas que l'on a diminué le taux d'erreurs du support. La probabilité d'avoir une erreur dans un fragment est faible et s'il y a une erreur, il y a encore moins de chance qu'il y ait une erreur dans la seconde transmission.

L'autocorrection est une technique plus rarement utilisée car elle demande qu'il y ait suffisamment d'informations complémentaires en local à la réception pour effectuer les corrections nécessaires. Ces informations sont soient transmises avec les données de départ et il faut alors énormément de redondance (voir les codes adoptés dans les missions spatiales Mariner, Viking…), ou alors elles sont déjà prêtes localement (dictionnaire ou intelligence ad hoc).

Illustration

Pour illustrer ce dernier point, on appréciera la lecture du texte suivant :

Sleon une édtue de l'Uvinertisé de Cmabrigde, l'odrre des ltteers dnas un mtos n'a pas d'ipmrotncae, la suele coshe ipmrotnate est que la pmeirère et la drenèire soit à la bnnoe pclae. Le rsete peut êrte dnas un dsérorde ttoal et vuos puoevz tujoruos lrie snas porlblème. C'est prace que le creaveu hmauin ne lit pas chuaqe ltetre elle-mmêe, mias le mot cmome un tuot.

Eurrer ou pas ererur ?

Quelques définitions : code, poids et distance de Hamming

Un codeur transforme, à l'aide d'un *code (k, n)*, une suite initiale de k bits d'information en une suite codée de n bits, avec n > k. La suite obtenue est appelée un *mot du code* et n est la longueur du code. Comme n est plus grand que k, le code introduit la redondance qui permettra la détection d'erreur, voire l'autocorrection. Les r = n − k bits de redondance sont appelés « bits de contrôle ». Le terme *contrôle* peut avoir, dans ce contexte, deux interprétations : celle du sens de *pilote* pour signifier que ce sont les bits qui permettent la gestion des erreurs et le sens de vérification pour la détection de l'erreur. Un code est dit systématique si les k premiers bits du mot du code sont identiques à ceux du bloc initial : le code ne modifie pas le message initial, il le complète.

On distingue deux types de codes. Un *code en bloc* est un code dont le résultat ne dépend que du bloc codé. Un *code en treillis* est un code dont le résultat dépend aussi des blocs précédents : il y a interdépendance des blocs.

Le *poids de Hamming* d'un mot est le nombre de ses bits qui sont à 1. La *distance de Hamming* entre deux mots, de même longueur, est le nombre de bits de même position par lesquels ces mots diffèrent.

Le contrôle de parité (bit de parité)

Nous n'aborderons que les codes en bloc et nous commencerons par illustrer le propos avec le code dit du *bit de parité*. Ce contrôle de parité, aussi appelé *Vertical Redundancy Check* ou parité verticale, consiste à calculer une clé de 1 bit à partir d'un bloc se limitant en général à un caractère du code ASCII ou alors à un octet quand il s'agit de la détection d'erreur en mémoire centrale.

Si les données à protéger sont des caractères ASCII, alors le contrôle de parité correspond à un code (7, 8). Le nombre de bits de contrôle est r = 1 et le code est systématique : le caractère lui-même reste inchangé. Généralement, le bit de parité est placé à gauche des 7 bits du code ASCII pour occuper le bit libre dans l'octet.

Prenons par exemple le code du caractère « A » : 100 0001 devient après codage X100 0001, où X est le bit de parité. Ce bit de contrôle est une clé calculée à partir des 7 bits d'information. Il n'y a pas énormément de possibilités de calcul sur un bloc pour obtenir un résultat sur 1 bit. Il y en a essentiellement deux : la parité paire et la parité impaire. Dans le cas de la parité paire, le bit de contrôle est calculé de sorte que le mot du code X100 0001 ait un poids de Hamming pair. Tous les mots de ce code ont une parité paire. Il faut noter que la valeur du bit de parité intervient dans le calcul de la parité.

Pour que la parité soit paire pour la lettre « A », le bit de parité doit être mis à 0 : « A » est donc codé par 0100 0001. Il est intéressant de remarquer que dans ce code issu du système de la parité paire, la suite 0100 1001 ne correspond pas à un mot du code et sera traitée à la réception comme une erreur bien que l'information corresponde à une donnée plausible (code ASCII de I).

Le bit de parité ne permet de détecter que des erreurs en nombre impair : une erreur double est indécelable, deux bits faux ne changent pas la parité. Plus généralement, il est facile de comprendre que cette technique est peu efficace pour les erreurs groupées et nombreuses : la détection dépend alors de la parité du nombre d'erreurs et en première approximation, il y a une chance sur deux pour qu'une erreur soit alors détectée.

Autocorrection d'erreur avec le contrôle de parité

En associant deux contrôles de parité (longitudinal et transversal), il est possible dans le cas d'une erreur simple, une seule erreur par bloc, de corriger cette erreur.

Figure 1-9

*Correction
d'une erreur simple*

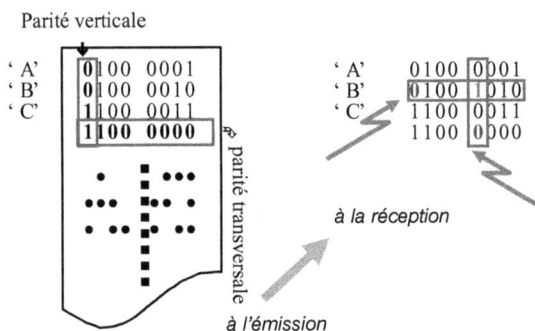

Cette technique et le vocabulaire associé se comprennent facilement à partir de leur utilisation sur les supports en bandes (ruban perforés, bande magnétiques) où les données sont codées par pistes. Les bits d'un même caractère sur les différentes pistes définissent une parité dite verticale (ou transversale). Les caractères sont regroupés par blocs et les bits de même position pour tous les caractères du bloc définissent une parité longitudinale.

Une erreur simple est alors détectée par la parité verticale qui donne le caractère erroné et la parité longitudinale qui donne la position du bit dans le caractère. Connaissant la position absolue du bit erroné, il suffit alors de l'inverser pour le corriger. C'est le cas de la figure 1-9 où une erreur est détectée à l'intersection de la deuxième ligne et de la cinquième colonne.

Les systèmes de détection et de correction des erreurs plus sophistiqués sont une généralisation du bit de parité, mais leur approche demande de poser quelques nouvelles définitions mathématiques pour nous conduire d'abord aux codes linéaires, puis aux codes polynomiaux et enfin aux codes cycliques utilisés actuellement dans pratiquement tous les protocoles de communication.

Les codes linéaires

Un code linéaire est un code systématique dans lequel un mot de code est obtenu à l'aide d'une transformation linéaire du mot initial : les (n – k) bits de contrôle sont calculés linéairement à partir des k bits d'informations. Le terme linéaire fait référence à l'algèbre linéaire, c'est-à-dire à une théorie qui s'applique aux vecteurs et aux matrices. Pour l'appliquer aux codes de détection d'erreur, il faut donc associer une notation vectorielle à la suite de bits d'un mot.

Soit $\mathbf{u}$ la suite de k bits : $\{\mathbf{u_1}, \mathbf{u_2}, \mathbf{u_3}, \dots \mathbf{u_k}\}$. $\mathbf{u}$ est un élément de l'espace vectoriel $D_k = \{0, 1\}_k$, : chaque vecteur (mot de k bits) possède k composantes à valeurs 0 ou 1. Ainsi, le vecteur $\mathbf{u}$ dans D_7, associé au caractère ASCCI « A » est $\{1, 0, 0, 0, 0, 0, 1\}$.

Dans cet espace vectoriel, sont définies les opérations d'addition ($\mathbf{u} + \mathbf{v}$) et de multiplication ($\mathbf{u.v}$) telles que :

$$\mathbf{u} + \mathbf{v} = \{\mathbf{u_1} + \mathbf{v_1}, \mathbf{u_2} + \mathbf{v_2}, \mathbf{u_3} + \mathbf{v_3}, \dots, \mathbf{u_k} + \mathbf{v_k}\}.$$

et $\mathbf{u} \cdot \mathbf{v} = \{\mathbf{u_1} \cdot \mathbf{v_1}, \mathbf{u_2} \cdot \mathbf{v_2}, \mathbf{u_3} \cdot \mathbf{v_3}, \dots, \mathbf{u_k} \cdot \mathbf{v_k}\}.$

À l'instar des opérations sur les vecteurs classiques en géométrie, l'addition (et la multiplication) est faite sur les bits de même rang et il n'y a pas de report de retenue d'un rang sur l'autre. Dans le cas d'un espace à valeur $\{0, 1\}$, on obtient les particularités suivantes :

- $-\mathbf{u} = \mathbf{u}$ car $\mathbf{u} + \mathbf{u} = \mathbf{0}$.

- $\mathbf{u} + \mathbf{v} = \mathbf{u} - \mathbf{v}$: la soustraction est équivalente à l'addition.

Ainsi   0,0,1,1,0,1,1
+   1,1,1,0,0,1,0

donne   1,1,0,1,0,0,1

addition modulo 2

- La distance de Hamming D_H entre deux vecteurs (entre deux mots d'un code et calculée par le nombre de bits par lesquels ils diffèrent) est égal au poids de $\mathbf{u} + \mathbf{v}$, mais avec notre arithmétique particulière, elle correspond à la distance euclidienne classique.

$$D_H(\mathbf{u}, \mathbf{v}) = \mathbf{u} + \mathbf{v} = \sum_{i=1}^{k} (u_i - v_i)^2 \ (car \ u + v = u - v).$$

La somme de deux mots du code donne encore un mot du code.

Construction d'un code linéaire C

Soit M un mot d'un code C défini par $\mathbf{m} = \{i_1, i_2, ..., i_k, c_{k+1}, ..., c_n\}$, où i_j est un bit du vecteur d'information $\mathbf{i} = \{i_1, i_2, ..., i_k\}$ à transmettre et c_j les bits de contrôle générés par le code C.

D'un point de vue algèbre linéaire, on pose m = i · G, où G est appelée *matrice génératrice* du code. Cette matrice est construite de manière à reproduire le vecteur i dans le message m (c'est un code systématique) et à générer les bits de contrôle les plus appropriés à la détection des erreurs. G se compose donc d'une matrice carrée identité I_k – pour la reproduction de l'information – et une matrice rectangulaire P – pour la génération des bits de contrôle.

L'exemple de la figure 1-10 montre la génération d'un mot d'un code C(4, 7).

Figure 1-10

Construction matricielle d'un mot de code

$$
\{1011\} \cdot \begin{vmatrix} 1 & 0 & 0 & 0 & \mathbf{1} & \mathbf{0} & \mathbf{1} \\ 0 & 1 & 0 & 0 & \mathbf{1} & \mathbf{1} & \mathbf{1} \\ 0 & 0 & 1 & 0 & \mathbf{1} & \mathbf{1} & \mathbf{0} \\ 0 & 0 & 0 & 1 & \mathbf{0} & \mathbf{1} & \mathbf{1} \end{vmatrix} = \{1011\mathbf{000}\}
$$

$$\mathbf{i} \quad \cdot \quad \mathbf{G} \quad = \quad \mathbf{m}$$

(P est indiqué au-dessus de la matrice)

Le contrôle de parité paire, vu précédemment, est décrit par un code linéaire C(7, 8) dont la matrice génératrice G est donnée en figure 1-11.

P est constituée de la dernière colonne et ne comporte que des 1 : son effet est de calculer la parité paire.

Figure 1-11

Bit de Parité comme code linéaire

$$
\{1000001\} \cdot \begin{vmatrix} 1 & 0 & 0 & 0 & 0 & 0 & 0 & \mathbf{1} \\ 0 & 1 & 0 & 0 & 0 & 0 & 0 & \mathbf{1} \\ 0 & 0 & 1 & 0 & 0 & 0 & 0 & \mathbf{1} \\ 0 & 0 & 0 & 1 & 0 & 0 & 0 & \mathbf{1} \\ 0 & 0 & 0 & 0 & 1 & 0 & 0 & \mathbf{1} \\ 0 & 0 & 0 & 0 & 0 & 1 & 0 & \mathbf{1} \\ 0 & 0 & 0 & 0 & 0 & 0 & 1 & \mathbf{1} \end{vmatrix} = \{1000001\mathbf{0}\}
$$

Il faut cependant remarquer qu'avec la présentation faite ici, le bit de parité paire a été rajouté en poids faible (à droite) et non en poids fort (à gauche) comme dans l'introduction informelle faite précédemment.

Distance minimum d'un code linéaire

La distance minimale D_{min} d'un code est un paramètre très important du code car il permet d'en fixer le pouvoir de détection d'une erreur. Elle définit la proximité minimale de deux mots du code, c'est-à-dire la capacité à les distinguer. Plus la plus petite distance entre deux mots est grande, plus il sera aisé de détecter de faux mots. Par exemple, si on considère le code des entiers positifs, la plus petite distance minimale entre deux entiers différents est de 1 : tous les codes sont donc des mots du code des entiers positifs et il ne sera pas possible de détecter une erreur lors d'une recopie par exemple. Par contre, si l'on ne transmet que des multiples de 5, la distance minimale entre deux mots est 5 et tout mot représenté par un autre nombre ne fait pas partie du code et est détecté comme une erreur.

Définitions

La distance minimale D_{min} d'un code, entre deux mots u et v d'un code C est définie par :

$$D_{min} = \min D_H(\mathbf{u}, \mathbf{v}) \qquad \forall \mathbf{u}, \forall \mathbf{v} \in C$$
$$= \min PH(u - v) \qquad \forall \mathbf{u}, \forall \mathbf{v} \in C \qquad \text{et } \mathbf{u} \neq \mathbf{v}$$

Théorème

La distance minimale d'un code linéaire est égale au poids minimum de tout mot du code non nul.

En effet, dans un code linéaire, d'une part la différence est identique à la somme et d'autre part, la somme de deux mots du code est encore un mot du code. La distance minimale est donc donnée par le poids minimal d'un mot du code.

l'exemple d'un code C(3,5) :

Si l'on choisit la matrice génératrice G telle que :

$$G = \begin{vmatrix} 1 & 0 & 0 & \mathbf{1} & \mathbf{0} \\ 0 & 1 & 0 & \mathbf{1} & \mathbf{1} \\ 0 & 0 & 1 & \mathbf{0} & \mathbf{1} \end{vmatrix}$$

alors la colonne de droite ci-dessous donne l'ensemble des mots du code :

mot info		mots du code
{000}		{00000}
{001}		{00101}
{010}		{01011}
{011}	$\Rightarrow$	{01110}
{100}		{10010}
{101}		{10111}
{110}		{11001}
{111}		{11100}

Remarque

Les mots du code sont au nombre de 8 (2^k) alors que le nombre total de mots possibles est de 32 (2^n).

On pourra vérifier que toute addition de 2 mots du code donne encore un mot du code.

La distance minimale de ce code est de 2 (mots encadrés)

À partir de ces éléments, le principe général de correction d'un mot erroné est le suivant. Si le mot reçu est un mot du code, alors il n'y a pas d'erreur (du moins, elle n'a pas été décelée). Sinon, on remplace le mot reçu par le mot du code le plus proche ; par contre si plusieurs mots du code sont à la même distance de ce mot reçu, alors la correction n'est plus possible.

Donc, plus la distance minimale d'un code est grande, plus la différence entre deux mots du code est grande et plus il sera facile de trouver un voisin unique.

Théorème

Un code linéaire de distance de Hamming D_H peut corriger $\lfloor (D_H - 1)/2 \rfloor$ erreurs. Si la distance est paire, le code peut détecter $D_H/2$ erreurs et en corriger $(D_H - 2)/2$.

Par exemple pour corriger une erreur simple la distance minimale doit être de 3.

Modélisation d'une erreur

Une erreur est modélisable comme le résultat de la superposition par addition d'un bruit au signal servant à transporter les données. Le signal résultant ainsi bruité est échantillonné à la réception et interprété comme les données de réception. Une amplitude anormale de bruit à un instant donné – celui de l'échantillonnage… – peut faire interpréter un 1 comme un 0 et vice versa.

Dans le cadre d'un code linéaire, l'erreur est alors vue comme un mot d'erreur e venant s'ajouter au mot du code x initialement transmis pour obtenir le mot reçu y.

On a donc : y = x + e

Dans le cas d'une erreur simple, le mot e ne comporte qu'un seul bit à 1.

Détecteur d'erreur dans un code linéaire. Correction d'une erreur simple

Le code linéaire ajoute r bits de contrôle aux k bits d'informations pour un total de n = k + r bits. Une erreur à la réception se traduit par un bit « inversé », ou plus exactement *complémenté*. Le nombre d'erreurs possibles y compris le cas nul, est donc égal à n + 1 (une erreur par bit du message reçu et le cas sans erreur).

Mettre en place un mécanisme de correction d'une erreur simple revient à déterminer la position du bit erroné pour le changer de valeur. Avec un modèle linéaire du code, l'outil qui permet de trouver ce positionnement est appelé le « syndrome ». Le syndrome est une suite de r bits dont les 2^r possibilités de valeurs doivent couvrir toutes les positions d'erreurs (la position 0 correspond à 0 erreur), c'est-à-dire que r doit être tel que : $2^r \geq n + 1$.

Figure 1-12

Détection-correction d'une erreur simple

k	1	1	2	3	4	4	5	6	7	8	9	10	11	11	120	120	502
r	2	3	3	3	3	4	4	4	4	4	4	4	4	5	7	8	9
n	3	4	5	6	7	8	9	10	11	12	13	14	15	16	127	128	511

La table de la figure 1-12 donne l'évolution de r avec k, le nombre de bits d'information à transmettre. Elle montre que pour un nombre r de bits de contrôle donné, on a tout intérêt à choisir le maximum de bits d'information satisfaisant l'inégalité ci-dessus. Il est ainsi possible d'optimiser le rendement de transmission R = k/n (valeurs encadrées dans la table).

La détection d'une erreur avec un code linéaire se fait à l'aide du syndrome calculé sur le mot reçu. Si le mot reçu est un mot du code alors le syndrome est nul. Si le syndrome calculé sur un mot reçu est différent de 0, alors on est sûr d'avoir une erreur. Dans le cas d'une erreur simple, le syndrome peut donner la position des erreurs (code de Hamming).

Le syndrome d'un vecteur est calculé par une transformation linéaire à l'aide d'une matrice de passage H construite de manière analogue à la matrice génératrice G. Les matrices H et G ont la matrice P en commun.

$$H = \begin{vmatrix} 1 & 1 & 1 & 0 & \mathbf{1} & \mathbf{0} & \mathbf{0} \\ 0 & 1 & 1 & 1 & \mathbf{0} & \mathbf{1} & \mathbf{0} \\ 1 & 1 & 0 & 1 & \mathbf{0} & \mathbf{0} & \mathbf{1} \end{vmatrix}$$

Donc $H = [P^t, I_{n-k}]$ et $G \cdot H^t = 0_{(k, n-k)}$

Le syndrome du vecteur m est défini par $s(m) = m \cdot H^t$.

$$\begin{array}{c} \\ \\ \\ \\ \\ \mathbf{m} \\ \{1011001\} \end{array} \cdot \begin{vmatrix} \mathbf{1} & \mathbf{0} & \mathbf{1} \\ \mathbf{1} & \mathbf{1} & \mathbf{1} \\ \mathbf{1} & \mathbf{1} & \mathbf{0} \\ \mathbf{0} & \mathbf{1} & \mathbf{1} \\ 1 & 0 & 0 \\ 0 & 1 & 0 \\ 0 & 0 & 1 \end{vmatrix} \begin{array}{l} \\ \\ \mathbf{H^t} \\ \\ \\ \mathbf{s(m)} \\ = \{\mathbf{000}\} \end{array}$$ *(Ce message ne comporte pas d'erreur détectable.)*

La manière de déterminer la matrice G (et donc la matrice H) qui définit la capacité à détecter les erreurs, voire les corriger, sort du cadre mathématique de cette approche descriptive. Néanmoins, en prenant un cas particulier relativement simple, le code de Hamming, nous pourrons illustrer les définitions qui viennent d'être introduites et donner quelques aspects qualitatifs. Nous pourrons montrer ainsi que la matrice H^t constitue une généralisation du calcul du bit de parité. Chaque élément du syndrome est un bit de parité calculé à partir du message reçu en ne retenant que les bits définis par les 1 de la colonne correspondante de H. Un 0 indique que le bit de rang correspondant du message n'intervient pas dans le calcul de la parité. Concrètement, on peut dire qu'un syndrome est un ensemble de bits de parité calculés sur des parties (partiellement) différentes du message d'origine.

L'erreur est prise en compte dans le modèle linéaire par la relation y = x + e. Que devient le syndrome en introduisant cette relation ?

Le syndrome du message y reçu est

$s(y) = y \cdot H^t$, ce qui donne :

$s(y) = (x + e) \cdot H^t = x \cdot H^t + e \cdot H^t = 0 + e \cdot H^t$ (x est un mot du code)

$s(y) = e \cdot H^t = s(e)$

En cas d'erreur simple, le syndrome du message reçu est égal au syndrome de l'erreur. En clair, cela signifie que la présence d'un seul bit à 1 dans e provoque la « recopie » d'une ligne de H^t dans le syndrome.

$$
\begin{array}{c}
\\
\\
\\
\\
\\
e \\
\{00\textit{1}0000\}
\end{array}
\cdot
\left|
\begin{array}{ccc}
1 & 0 & 1 \\
1 & 1 & 1 \\
1 & 1 & 0 \\
0 & 1 & 1 \\
1 & 0 & 0 \\
0 & 1 & 0 \\
0 & 0 & 1
\end{array}
\right|
\begin{array}{l}
\\
\\
H^t \\
\\
\\
s(e) \\
= \{\textbf{\textit{110}}\} \quad (\textit{indépendamment du message d'origine})
\end{array}
$$

En d'autres termes : la ligne de H^t qui est identique au syndrome s(e) a pour numéro celui du bit de e positionné à 1, c'est-à-dire du bit erroné du message reçu. Ce code permet donc de corriger une erreur simple sur un bit dont la position est donnée par le syndrome.

Code de Hamming

Le code de Hamming est un code détecteur d'erreurs destiné à corriger une erreur simple. Il est adapté aux situations où les erreurs sont isolées : des variantes de ce code sont utilisées dans les mémoires RAM avec ECC (*Error Checking and Correction*).

Avant de présenter le code de Hamming avec le formalisme des codes linéaires, il est possible d'en donner une présentation plus informelle. Le contrôle de parité calcule la parité sur l'ensemble des bits du mot et ce contrôle permet de détecter une erreur simple. Si l'on veut corriger une erreur, il faut pouvoir la localiser à la manière d'une parité croisée comme vu précédemment (verticale et longitudinale). Pour réaliser une opération équivalente sur un seul mot, il faut effectuer deux contrôles de bits, mais chacun d'entre eux ne portant pas exactement sur les mêmes bits. S'ils n'ont qu'un seul bit en commun et que celui-ci est erroné, il sera signalé par les deux contrôles, donc localisé et la correction pourra se faire. Pour généraliser le mécanisme de la correction de toute erreur simple, le code de Hamming instaure plusieurs bits de parité calculés chacun sur un ensemble bien choisi de bits dans le mot du code.

Construction du code

- Les r bits de contrôle sont insérés dans le message de données à des endroits particuliers. Le mot d'origine est donc « allongé » au fur et à mesure de l'introduction de ces bits de contrôle pour atteindre la taille finale n = k + r.

- La position des bits de contrôle est donnée par les rangs qui correspondent à une puissance de 2 : (16… 8… 4… 2 1). L'énumération commence à 1.

- Un bit de contrôle est un bit de parité paire calculée sur les bits de données qu'il contrôle.

- Le bit de contrôle ayant pour position p « contrôle » tous les bits dont le rang fait intervenir p dans sa décomposition en puissance de 2 (tableau 1-1).

Tableau 1-1. Exemple de bit contrôlé

Bits contrôlés	1	2	3	4	5	6	7	8	9	10	11
Somme	1	2	1 + 2	4	1 + 4	2 + 4	1 + 2 + 4	8	1 + 8	2 + 8	1 + 2 + 8
Bit de contrôle	1	2		4				8			

Par exemple, pour le code C(4, 7) on aura :

le bit	1 contrôle	les bits	1	3	5	7	9	11
le bit	2 contrôle	les bits	2	3	6	7	10	11[1]
le bit	4 contrôle	les bits	4	5	6	7		
le bit	8 contrôle	les bits	8	9	10	11		

Définition vectorielle

La méthode décrite présente l'inconvénient d'avoir à gérer les bits de contrôle par insertion, alors qu'il est préférable pour l'automatisation électronique de rajouter les bits de contrôle sous la forme d'un bloc à la fin des données.

Pour passer à la représentation matricielle, on peut procéder au regroupement des bits par une mise en forme correspondant à la matrice de contrôle H. Les **x** et les • visualisent sur une ligne les bits qui interviennent dans le calcul du bit de parité de la ligne en question. Il suffit ensuite de regrouper tous les bits de parité à droite des bits d'informations. La dernière étape du passage vers la notation matricielle consiste à remplacer toutes les cases avec des x et des ó par des 1 et à compléter les cases restantes avec des 0.

$$
\begin{array}{ccccccc}
 & a_7 & a_6 & a_5 & a_4 & a_3 & a_2 & a_1 \\
3 & x & x & x & \bullet & & & \\
2 & x & x & & & x & \bullet & \\
1 & x & & x & & x & & \bullet
\end{array}
\qquad
\begin{array}{ccccccc}
 & b_7 & b_6 & b_5 & b_4 & b_3 & b_2 & b_1 \\
3 & x & x & x & & & \bullet & \\
2 & x & x & & x & & & \bullet \\
1 & x & & x & x & & & \bullet
\end{array}
$$

Le code est alors entièrement défini par la matrice de contrôle H (et donc la matrice génératrice G). Par exemple, un code de Hamming C(4, 7) est construit par la matrice génératrice G et la matrice de contrôle H :

$$
G = \begin{vmatrix} 1 & 0 & 0 & 0 & \mathbf{1} & \mathbf{1} & \mathbf{1} \\ 0 & 1 & 0 & 0 & \mathbf{1} & \mathbf{1} & 0 \\ 0 & 0 & 1 & 0 & \mathbf{1} & 0 & \mathbf{1} \\ 0 & 0 & 0 & 1 & \mathbf{0} & \mathbf{1} & \mathbf{1} \end{vmatrix}
\qquad
H = \begin{vmatrix} \mathbf{1} & \mathbf{1} & \mathbf{1} & \mathbf{0} & 1 & 0 & 0 \\ \mathbf{1} & \mathbf{1} & \mathbf{0} & \mathbf{1} & 0 & 1 & 0 \\ \mathbf{1} & \mathbf{0} & \mathbf{1} & \mathbf{1} & 0 & 0 & 1 \end{vmatrix}
$$

---

1. 2 intervient dans la somme définissant 2, 3, 6, 7, 10 et 11.

Avec cette représentation, le syndrome donne directement, par décomposition binaire, la position du bit erroné.

En reprenant l'exemple précédent du message d'erreur e, mais avec la nouvelle matrice H, nous obtenons :

$$
\mathbf{e} \;\; \{0010000\} \;\; \mathbf{x}
\begin{vmatrix}
\mathbf{1} & \mathbf{1} & \mathbf{1} \\
\mathbf{1} & \mathbf{1} & \mathbf{0} \\
\mathbf{1} & \mathbf{0} & \mathbf{1} \\
\mathbf{0} & \mathbf{1} & \mathbf{1} \\
1 & 0 & 0 \\
0 & 1 & 0 \\
0 & 0 & 1
\end{vmatrix}
\;\; \mathbf{H^t}
$$

$$\text{s(e)} = \{\mathbf{101}\}$$

    7   5   1   5 en décimal.

La suite de bits du syndrome représente 5 en décimal, ce qui correspond à la position du bit d'erreur.

Les codes polynomiaux et cycliques

Ces codes ont pour objectifs de mieux prendre en compte les erreurs groupées d'une part, et d'autre part, de se libérer de la contrainte du fonctionnement par bloc des codes linéaires. La généralisation des codes linéaires va nous amener vers les codes polynomiaux et parmi ceux-ci vers les codes cycliques qui sont les codes détecteurs d'erreurs les plus utilisés dans les protocoles de communications (HDLC, Ethernet). Les codes polynomiaux imposent de travailler sur des mots, c'est-à-dire des messages, de taille fixe, ce qui représente un handicap pour une utilisation efficace dans les réseaux de télécommunications où les messages sont souvent de taille variable.

Pour se dégager de cette contrainte, ces nouveaux codes abandonnent la notation matricielle au profit d'une notation polynomiale : chaque suite de bits est maintenant décrite par un polynôme de degré suffisant.

Soit $\mathbf{u}$ la suite de k bits : $\{\mathbf{u_1, u_2, u_3, \dots u_k}\}$ introduite pour les codes linéaires. Au lieu de modéliser chaque bit comme une composante du vecteur u, chaque bit $\mathbf{u_j}$ est maintenant le coefficient du monôme $\mathbf{x^j}$ d'un polynôme $\mathbf{U_{k-1}(x)}$ de degré k – 1.

Au vecteur $\mathbf{u}$ $\{\mathbf{u_1, u_2, u_3, \dots u_k}\}$ est ainsi associé le polynôme :

$$\mathbf{U_{k-1}(x) = u_1 + u_2 x + \dots + u_j x^{j-1} + \dots + u_k x^{k-1}} \quad \mathbf{avec} \quad \mathbf{u_j = (0 \; ou \; 1)}$$

Exemple : le code ASCII de « ! » est

0	1	0	0	0	0	**1**
6	5	4	3	2	1	0,

ce qui donne comme polynôme :

$$
\begin{aligned}
\mathbf{U_7(x)} &= \mathbf{0x^6 + 1x^5 + 0x^4 + 0x^3 + 0x^2 + 0x^1 + 1x^0} \\
&= \mathbf{x^5 + 1}
\end{aligned}
$$

Les opérations + et * sur ces polynômes sont binaires tout comme elles le sont sur les vecteurs : elles se font « modulo 2 » c'est-à-dire « sans retenue » sur chacun des coefficients. Par exemple, on aura :

$$\{x^2 + 1\} + \{x^4 + x^2 + 1\} = \{x^4\}$$

$$\text{et} \ \{x^2 + 1\} * \{x^4 + x^2 + 1\} = \{x^6 + x^4 + x^2 + x^4 + x^2 + 1\}$$

$$= \{x^6 + 1\}$$

La division est définie de la même manière :

$$\{x^5 + x^4 + x^2 + 1\}/\{x + 1\} = \{x^4 + x^2 + 1\}$$

Maintenant que la notation est introduite, il est inutile de continuer à mettre les accolades de délimitations des polynômes. Elles seront remplacées, si nécessaire, par les habituelles parenthèses.

Définition d'un code polynomial

Un *code polynomial* est un code linéaire systématique dont chacun des mots de code est décrit par un polynôme multiple d'un polynôme générateur G(x).

Définition d'un code cyclique et CRC *(Cyclic Redondant Check Coding)*

Un *code cyclique* est un code linéaire pour lequel une rotation circulaire (permutation) des symboles d'un mot du code a toujours pour résultat un mot du code.

Par exemple, si $\{100011\}$ est un mot d'un code cyclique, alors $\{110001\}$ (rotation à droite) est aussi un mot du code.

D'un point de vue expression polynomiale, on peut montrer qu'un code cyclique (n, k) est un code polynomial dont le polynôme générateur divise $(x^n + 1)$.

Ces codes sont particulièrement intéressants pour les implémentations matérielles. Le calcul du mot de contrôle (souvent appelé le *CRC*) peut se faire « au fil de l'eau », c'est-à-dire au fur et à mesure de l'arrivée des bits, avec quelques circuits logiques simples. Le calcul du syndrome est tout aussi simple.

Le principe de base est toujours le même, celui d'un code systématique : ajouter les bits de contrôle au message des données d'origine. Dans un contrôle par bits de parité, l'ajout est fait par concaténation. Dans le cas d'un code linéaire, l'adjonction des bits de contrôle se fait par une multiplication par une matrice rectangulaire. Comment peut-on le faire avec une modélisation polynomiale ?

Dans le cas polynomial, le rajout ne peut se faire que par une augmentation du degré du polynôme du nombre de bits que l'on veut rajouter (le degré du polynôme est donné par la longueur du mot).

Avant de passer à cette notation polynomiale, on peut expliquer ce mécanisme en imaginant une procédure équivalente, mais dans le système décimal ou chaque nombre est un polynôme de puissances de 10. Supposons que l'on veuille ajouter au message 45678 une clé de contrôle sur 2 chiffres, par exemple 70. Pour obtenir le message final à transmettre, 4567870, en n'utilisant que des opérations strictement arithmétiques, il faut d'abord multiplier le nombre d'origine par 100 (augmenter le degré du polynôme de 2, mais ici un degré est une puissance de 10) puis additionner 70 au nouveau nombre obtenu : $4567870 = 45678 \times 100 + 70$.

Revenons au cas binaire. Soit $\{1011\}$ le message à transmettre et $\{11\}$ la clé de protection. Comment construire le message final $\{101111\}$ à partir des notations polynomiales ? La donnée $\{1011\}$ est représentée par le polynôme $x^3 + x + 1$ et la clé $\{11\}$ par le polynôme $x + 1$. Pour construire le message final, il faut « ajouter » deux 0 à droite, ce qui revient à multiplier le polynôme correspondant par x^2.

$$(x^3 + x + 1)\, x^2 = x^5 + x^3 + x^2 \text{ soit } \{101100\}.$$

Il est maintenant possible de faire l'addition : $x^5 + x^3 + x^2 + x + 1$ soit $\{101111\}$.

Principe du codage cyclique

Soit $M_k(x)$ le polynôme associé au message d'origine constitué d'une suite de k bits. Pour ajouter r bits de contrôle à droite, nous multiplions ce polynôme par x^r.

Le nouveau polynôme obtenu est alors : $x^r\, M_k(x)$.

Le principe des codes cycliques consiste à calculer les bits de contrôle en procédant à une division polynomiale du nouveau message et en gardant le reste de cette division comme clé de contrôle. Pour revenir au message décimal précédent, on diviserait le nombre 4567800 par 97 et le reste vaut alors 70. Le choix du diviseur est évidemment important pour la détection des erreurs. Par exemple, prendre le reste de la division par 100 revient à simplement répéter les deux derniers chiffres, ce qui n'est pas particulièrement efficace puisque seuls les deux derniers chiffres sont pris en compte. (45678 et 35678 donnent la même clé 78).

Le nouveau polynôme est divisé par un polynôme générateur $G_r(x)$, ce qui s'exprime par :

$$x^r\, M_k(x) = G_r(x)\ *\ Q_k(x) + R_r(x)$$

où Q est le quotient et R le reste de la division.

Le message transmis est $M'_n(x) = x^r\, M_k(x) + R_r(x)$.

Quelles sont les propriétés de ce nouveau message ?

$$M'_n(x) = x^r\, M_k(x) + R_r(x).$$

Or
$$x^r\, M_k(x) = G_r(x) * Q_k(x) + R_r(x) \text{ ou}$$

$$x^r\, M_k(x) - R_r(x) = G_r(x) \times Q_k(x)$$

Comme dans cette algèbre la soustraction est identique à l'addition, on obtient :

$$x^r\, M_k(x) + R_r(x) = G_r(x) * Q_k(x)$$

Le membre de gauche est de fait le nouveau message $M'_n(x)$, d'où :

$$M'_n(x) = G_r(x) \times Q_k(x)$$

C'est un fait remarquable : ceci signifie que le polynôme associé au nouveau message est divisible par le polynôme générateur.

Règle de codage

On transfère le nouveau message défini par : $x^r M_k(x) + R_r(x)$.

Détection d'erreur

Il suffit de diviser le message reçu par le polynôme générateur ; le reste de la division est le syndrome. Si le reste est nul, on dira que le mot est un mot du code, sinon il y a une erreur. Ces codes ne permettent pas d'effectuer la correction.

Exemple : Soit le message $M = \{\mathbf{1011011}\}$ à coder avec le polynôme générateur $\mathbf{G_4(x) = x^4 + x + 1}$.

Le message est ainsi contrôlé par une suite de 4 bits de CRC.

La division polynomiale nécessaire pour le codage peut être réalisée de différentes manières. Deux techniques équivalentes sont décrites pour effectuer cette opération à la main, le lecteur choisira celle qui lui convient le mieux.

Le polynôme associé au message M est :

$$
\begin{array}{ccccccc}
1 & 0 & 1 & 1 & 0 & 1 & 1
\end{array}
$$
$$M_6(x) = x^6 + x^4 + x^3 + x + 1$$

L'augmentation du degré du polynôme d'une valeur égale à celle du degré du polynôme générateur (r = 4) précède la division :

$$x^4 M_6(x) = x^{10} + x^8 + x^7 + x^5 + x^4$$

La première technique consiste à faire la division dans la représentation polynomiale : (*ne pas oublier que $\mathbf{x^i - x^i = x^i + x^i = 0}$*)

$$
\begin{array}{ll}
\begin{array}{l}
x^{10} + x^8 + x^7 \\
x^{10} \quad\;\; + x^7 + x^6 \\
\quad\;\; x^8 \quad\;\;\;\; + x^6 + x^5 + x^4 \\
\quad\;\; x^8 \quad\quad\quad\;\; + x^5 + x^4 \\
\quad\quad\;\; x^6 \\
\quad\quad\;\; x^6 \quad\quad\quad\;\;\; + x^3 + x^2 \\
\quad\quad\quad\quad\quad\quad\quad\;\; + x^3 + x^2
\end{array}
&
\begin{array}{|l}
x^4 + x + 1 \\ \hline
x^6 + x^4 + x^2 \\
\\
\\
\\
\\
\\
\end{array}
\end{array}
$$

Le reste de la division est R4(x) = x3 + x2

et le message final est donc : $M'_{10}(x) = x^4 M_6(x) + R_4(x)$, ce qui donne :

$$M'_{10}(x) = x^{10} + x^8 + x^7 + x^5 + x^4 + x^3 + x^2 \quad \text{et en binaire :}$$

$$
\begin{array}{ccccccccc}
1 & 0 & 1 & 1 & 0 & 1 & 1 & 1 & 1 & 0 & 0
\end{array}
$$

c'est-à-dire : $\{1011011\ 1100\}$.

La seconde manière de procéder consiste à travailler directement sur les coefficients binaires des termes des polynômes. Le message binaire d'origine est complété à droite par une suite de quatre 0. Le polynôme générateur est remplacé par sa représentation binaire :

$x^4 + x + 1$ correspond à la suite $\{10011\}$.

La division est effectuée de la manière habituelle, sans oublier toutefois que les opérations arithmétiques se font en modulo 2 sans report.

```
10110110000 | 10011
10011       | 1010100
  10111
  10011
    10000
    10011
      1100
```

Le résultat final s'obtient en ajoutant le reste à la suite divisée :

```
    10110111100
+           1100
```

soit : $\{10110111100\}$.

Le résultat est bien sûr identique au précédent.

On a déjà signalé que le codage cyclique est particulièrement intéressant sur un plan pratique pour sa réalisation en logique câblée : le calcul des bits de contrôle est fait en série au fur et à mesure de l'émission des bits du message d'origine à l'aide de registres à décalage (mémoires binaires) et quelques circuits OU_Exclusif. Nous donnons ci-dessous la règle de synthèse d'un tel circuit, sans toutefois la justifier maintenant (chapitre 2).

Circuit générateur de CRC

Le circuit est synthétisé à partir du polynôme générateur $G_r(x)$. $G_r(x)$ est de la forme :

$G_r(x) = x^r + \ldots + g_i x^i + 1$.

• Le circuit fait intervenir R registres à décalage qui, par défaut, seront chaînés : la sortie de l'un devient l'entrée du suivant. Les données (bits successifs) rentrent par le registre numéro 1 et sortent par le registre numéro r.

Le registre à décalage est composé d'une suite de bits mémoire (contenant) dont la sortie de l'un est reliée à l'entrée du suivant. Les bits d'information peuvent ainsi se « propager » dans le registre.

• Les bits d'entrées sont additionnés aux bits de sorties (initialisés à 0) par un OU_exclusif dont la sortie est transférée sur l'entrée du premier registre.

• On insère, entre les registres, autant de portes OU_exclusif à 2 entrées qu'il y a de monômes $g_i x^i$ avec un coefficient non nul entre x^r et 1. Le circuit est inséré entre le registre de position i et celui de position i + 1. L'une des entrées du circuit OU_exclusif est toujours l'entrée du premier registre.

- Le *circuit est le même au codage et au décodage*. À l'émission, les registres contiennent en fin d'opération le code CRC ajouté au message et du côté récepteur les registres à décalage contiennent en fin de la réception le reste de la division.

Le schéma générique du circuit est donné dans la figure 1-13. Pour le polynôme $G_4(x) = x^4 + x + 1$ utilisé dans les divisions précédentes, le circuit est donné en figure 1-14.

Figure 1-13

Schéma général d'un codeur cyclique

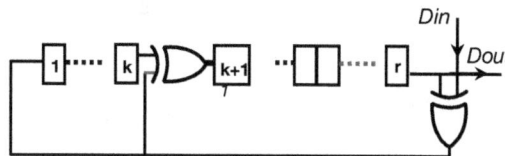

Figure 1-14

Schéma du générateur $G_4(x) = x^4 + x + 1$

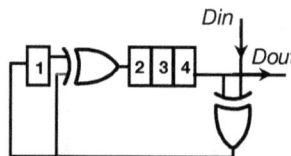

Exemple de détection

Soit à décoder un message construit avec le polynôme : $G_6(x) = x^6 + x^4 + x + 1$.

Figure 1-15

Schéma du générateur $G_6(x) = x^6 + x^4 + x + 1$

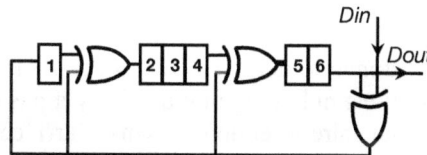

Le circuit utilisé au codage, comme au codage, est celui de la figure 1-15. Pour suivre le décodage du message, on pourra utiliser l'algorithme ci-après.

Dans l'ordre :

1. entrer nouvelle valeur en Din ;

2. décaler les valeurs dans les registres adjacents à droite ;

3. pour chaque OU_EX, faire le OU_EX entre l'ancienne entrée et la nouvelle valeur de R1 (Registre 1).

Cet algorithme peut être illustré graphiquement comme dans la figure 1-16. Les symboles *anc* et *nouv* représentent respectivement l'ancien et le nouvel état (une nouvelle entrée arrive à chaque top d'horloge et déclenche les décalages).

Figure 1-16

Algorithme de décodage

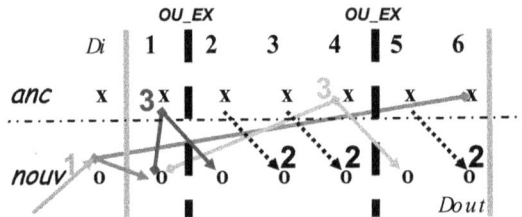

La figure 1-17 illustre un exemple de décodage.

Figure 1-17

Décodage du message

i	Di	1	2	3	4	5	6- Dout
		0	0	0	0	0	0
1	1	1	1	0	0		0
2	0	0	1	1	0		1
3	1	0	0	1	1		0
4	0	0	0	0	1		0
5	1	1	1	0	0		1
6	1	0	1	1	0		0
7	0	0	0	1	1		0
8	0	0	0	0	1		0
9	0	0	0	0	0		1
10	1	0	0	0	0		1
11	1	0	0	0	0		0
12	0	0	0	0	0		0

La ligne 12 donne le dernier contenu des registres qui correspond au reste de la division. Celui-ci est nul et signifie qu'il n'y a pas d'erreur détectée. Pour la lecture de ce tableau, il faut faire attention au sens d'arrivée des bits. Le tableau donne l'état final avec la trace de l'historique. Les données entrent par Di et le premier bit entré est dans le tableau en position 12. Les deux suites de bits encadrées par des pointillés dans les colonnes Di et 6-Dout représentent les bits d'information émis et ceux reçus : ils sont identiques.

Conclusion et cas particuliers

Toutes les erreurs ne peuvent pas être détectées. Une erreur peut être telle que le mot reçu est un mot du code (syndrome nul) et en conséquence l'erreur est non détectable. Les erreurs restantes sont appelées *erreurs résiduelles*.

Le choix d'un polynôme générateur se fait en fonction du nombre d'erreurs que l'on veut détecter et va donc dépendre du mode de communication utilisé. Certains polynômes ont ainsi été normalisés et préconisés dans des usages particuliers. Ainsi le protocole HDLC utilise le polynôme $g(x) = x^{16} + x^{15} + x2 + 1$. Pour Ethernet, le polynôme est :

$$g(x) = x^3 + x^{26} + x^{23} + x^{22} + x^{16} + x^{12} + x^{11} + x^{10} + x^8 + x^7 + x^5 + x^4 + x^2 + 1.$$

Dans certains cas, la méthode de détection et de correction des erreurs est spécialement conçue pour un support donné. C'est le cas des CD-Rom audio pour lesquels le code CIRC (*Cross Interleaved Reed Solomon Code*) a été choisi : il comporte une technique d'entrelacement des données pour tenir compte de la cause d'erreur la plus fréquente : une rayure sur le CD.

Les systèmes de détection des erreurs s'appliquent aussi à des situations de la vie courante, surtout depuis que nous devons fournir des identifiants à grand nombre de chiffres. Le risque de se tromper devient important et il est nécessaire de mettre en place des mécanismes de détection de ces éventuelles erreurs. Par exemple, lorsqu'un opérateur humain saisit une longue suite de chiffres, comme un numéro de sécurité sociale, un numéro de compte bancaire ou encore un numéro de livre (code ISBN) pour la commande d'un livre, les erreurs les plus fréquentes sont des interversions de chiffres deux à deux.

Il est alors intéressant de construire un code tenant compte de la valeur du chiffre mais aussi de sa position : la clé de contrôle est basée sur le calcul d'une somme pondérée des chiffres par le poids de sa position.

Code ISBN (*International Standard Book Number*)

La numérotation ISBN des livres comporte 5 champs différents : un champ groupe (de pays en zone linguistique) avec 1 chiffre, une identification de l'éditeur (3 chiffres), un numéro de titre (5 chiffres). Le dernier champ représente la clé avec un chiffre. Au total, il y a donc 10 chiffres pour le code ISBN. Le principe de calcul de la clé est une somme pondérée des chiffres par le rang du chiffre. Cette somme est calculée en modulo 11.

La preuve par 11

Ce principe est à mettre en parallèle avec celui de la *preuve par 9* ou mieux, de la *preuve par 11* (plus apte à déceler des erreurs de calculs) qu'utilisaient les comptables pour vérifier leurs opérations. La preuve par 11 utilise les propriétés de la divisibilité par 11. La vérification se fait en comparant les racines numériques par 11 d'un nombre, en calculant la différence entre la somme des chiffres de rangs pairs et celle des chiffres de rangs impairs. La méthode détecte bien les erreurs de positionnement de chiffres.

Le code est décimal à n positions (d_n, d_{n-1}, ..., d_1 avec $n = 9$) et la clé de contrôle d_0 modulo 11 est définie par

$$(n + 1)d_n + nd_{n-1} + ... + 2d_1 + d_0 = 0 \mod 11$$

Les valeurs possibles de la clé d_0 sont ainsi {0, 1, 2, ... 9, X}. Pour n'avoir qu'un seul caractère d'impression le nombre 10 est remplacé dans le code par le chiffre romain X.

Exemple : calcul de la clé du livre de code 2 221 07838.

Calcul de S_{n1} (somme hors d_0)

$$
\begin{array}{ccccccccc}
2 & 2 & 2 & 1 & 0 & 7 & 8 & 3 & 8
\end{array}
$$

$S_{n1} = 153 = 20 + 18 + 16 + 7 + 0 + 35 + 32 + 9 + 16$

$\qquad\qquad [20 = 10 \times 2 \;;\; 18 = 9 \times 2, \ldots]$

Or, en modulo 11, nous avons :

$153 = 13 \times 11 + 10$ (reste de la division)

D'où $d_0 = 11 - 10 = 1$

et le code final est : 2 221 07838 1

Code sécurité sociale

Le numéro de sécurité sociale comporte quinze chiffres dont les deux derniers forment une clé de contrôle. Ce code est destiné à identifier de manière unique toute personne en y intégrant le plus précisément possible la date et le lieu de naissance de la personne. Le chiffre le plus à gauche donne le sexe (1 = M, 2 = F), ensuite l'année de naissance est donnée sur 2 chiffres, puis le mois sur 2 chiffres, le numéro de département de naissance (avec des exceptions pour les étrangers, code 99 et la gestion des numéros de départements 2A et 2B). Le lieu de naissance correspond à un numéro de commune dans le département sur 3 chiffres. Le dernier champ de 3 chiffres correspond au numéro d'inscription de l'acte de naissance sur le registre d'état civil.

L'identifiant d'une personne est donc donné sur ces 13 chiffres et la clé est calculée modulo 97. Le nombre de 13 chiffres est divisé par 97. Soit r le reste de cette division : la clé est alors donnée par 97 – r.

À la relecture, la vérification est faite en ajoutant le nombre de deux chiffres correspondant à la clé au nombre à 13 chiffres. Le total est divisé par 97 et doit avoir 0 pour reste.

Par exemple, pour le numéro 1480557631248, le reste de la division par 97 est 50, la clé de contrôle est alors 97 – 50 = 47. Cela donne finalement 1480557631248 47.

Le numéro de compte bancaire

Le nombre « générateur » 97 (notons au passage qu'il s'agit d'un nombre premier) est utilisé d'une manière analogue dans le calcul de la clé du numéro à 23 chiffres d'un compte bancaire ou numéro RIB. Il y a 21 chiffres effectifs de numéro de compte suivi à droite de 2 chiffres de clé. Le codage identifie la banque, le guichet et le numéro de compte personnel. Si l'un des codes comporte une lettre, cette lettre est convertie en un chiffre de 0 à 9.

La clé est construite de manière à ce que le nouveau nombre de 23 chiffres soit un multiple de 97. Il faut donc au préalable ajouter deux 0 à droite du nombre (soit une multiplication par 100). La clé est alors égale à 97 moins le reste de la division de ce nouveau nombre par 97.

Introduction à la compression de données

Nous terminons cette première approche du codage de l'information par quelques notions sur la compression de données. Pourquoi compresser les données ? L'information est codée sous forme de données pour être stockée ou transférée. Or quelles que soient les technologies et leurs évolutions, ce stockage ou ce transfert engendre des coûts : les disques sont souvent bien remplis et les canaux de communications sont toujours saturés ! À capacité de stockage ou de transfert fixe, il est donc important de se poser la question de la diminution de la taille des données à stocker ou transmettre pour une même information.

Comme introduction à cette problématique reprenons l'exemple des 10 jets de dés vu au début du chapitre. Nous avons vu que la quantité d'information associée à un jet de dé est égale à 2,58 bits et il faut une mémoire de 3 bits pour stocker un résultat. Si le dé est jeté 10 fois, la quantité d'information des jets est égale à 25,8 bits. Le stockage est fait en 30 bits alors que 26 sont suffisant. Même à une si petite échelle, la différence est déjà de l'ordre de 15 % (4/26) entre la place théoriquement nécessaire et celle effectivement occupée. La quantité d'information théorique a été calculée en faisant l'hypothèse de l'équiprobabilité des 6 faces du dé. Imaginons maintenant que le dé est pipé pour sortir préférentiellement l'as. Celui-ci va sortir fréquemment : la quantité d'information d'un jet diminue (pour arriver vers 0 si le dé est complètement pipé). Avec un ensemble de 10 jets, il est vraisemblable que l'as sortira 7 ou 8 fois. Dans ces conditions, il est facile de trouver un système qui diminue la quantité de mémoire nécessaire pour stocker le résultat. Au lieu de représenter chaque jet par 3 bits, on peut représenter l'as (nombre 1) précédé du nombre d'occurrences et les autres jets par leur valeur. Avec par exemple les jets {1,1,1,1,1,1,1,5,2,6} soit 7 fois 1 et l l'ensemble {5,2,6}, le stockage requiert 15 bits (3 bits pour l'occurrence, 3 bits pour le 1 et 3 fois 3 bits pour les autres nombres). Par rapport au stockage original, on est passé du simple au double.

Quelle est l'origine de cette différence ? À vrai dire, il y a deux causes. La première est liée à la non équiprobabilité des valeurs, comme dans le cas du dé pipé. La seconde source possible est la non indépendance des réalisations successives de la variable dont on calcule la quantité d'information.

Prenons un autre exemple pour illustrer ces deux causes de la diminution de la quantité d'information. Soit une image photo de 10 000 points avec des nuances de gris codées sur 8 bits, soit 256 nuances. La quantité d'information calculée avec l'hypothèse d'équiprobabilité (toutes les nuances de gris sont également possibles) et l'hypothèse d'indépendance (les points ont des nuances indépendantes les unes des autres) donnent 10 000 octets. Or, en dehors d'une image conçue de manière aléatoire, les deux hypothèses précédentes sont fausses dans la réalité. Selon que l'image (ou l'éclairage) est plus ou moins claire (sur- ou sous-exposition), les nuances de gris ne sont pas uniformément réparties. D'autre part, la couleur d'un point est fortement dépendante de la couleur du point voisin car les points appartiennent à des formes, des objets, des personnages... Il est naturel de penser que la quantité d'information de cette image est bien inférieure à 10 000 octets : il est vraisemblable que la quantité réelle soit de l'ordre d'un ou deux milliers. Le gain de place de stockage ou de temps de transmission est alors considérable.

Compression et compactage

Des exemples rencontrés dans cette introduction, on peut déduire que dans le cas de la non équiprobabilité et de la non indépendance, la quantité d'information calculée par la formule de Shannon est un majorant de la quantité d'information réelle. Si on connaît la répartition et la structure de dépendance, il est possible d'organiser le stockage des données pour qu'elles prennent moins de place. On parle de *compactage* : les données prennent moins de place *sans* la moindre *perte* d'information. Les outils comme le ZIP, ARJ... sont des outils de compactage.

La *compression* va au-delà du compactage, mais avec acceptation d'une *perte* d'information (qualité d'image, de son...). Les fichiers d'image ou vidéo de format JPEG, MP3 sont générés par des outils de compression de données.

L'usage veut que les termes de *compression* et *compactage* sont résumés sous le seul vocable *compression de données*, mais il vaudrait mieux avoir à l'esprit cette distinction.

Les techniques que nous allons décrire dans cette introduction à la compression de données sont de fait des techniques de compactage. La compression de données est un sujet très vaste nécessitant à lui tout seul un ouvrage complet.

Le codage RLE (*Run Length Encoding*)

La technique du RLE est extrêmement simple : elle s'appuie sur le comptages des répétitions dans un document. S'il y a n occurrences consécutives d'un octet, ces n octets sont remplacés par un seul représentant précédé du nombre de répétitions.

Multiplication et compactage

On peut dire que la multiplication par un entier est une certaine forme de codage RLE : 5 * 3,4 est plus compact que 3,4 + 3,4 + 3,4 + 3,4 + 3,4, alors que les deux formes fournissent le même résultat.

Une suite de n occurrences consécutives est appelée un *passage* (*run*) et le nombre d'occurrences est appelé *compteur de passage* (*run count*). Chaque passage est décrit par un paquet qui contient un octet pour le compteur suivi d'un octet pour la valeur de l'octet (*run value*).

La chaîne de caractères « AAAAAAAA » est résumée en un paquet « 8A » ; le mot « occurrence » est codé par les 8 paquets « 1o2c1u2r1e1n1c1e ». Si le compactage est intéressant dans le premier cas, il ne l'est pas vraiment dans le second (16 octets au lieu de 10 !). En général, ce codage n'est pas utile pour les textes. Par contre, RLE est efficace lorsque le document d'origine présente de longs passages. C'est le cas du fax qui fait une numérisation en 2 niveaux (noir et blanc) : l'image peut alors être fortement réduite en taille : toutes les lignes d'espacement ne prennent pratiquement plus de place dans le codage.

Le taux de compactage de RLE est fortement dépendant de la nature des données à encoder. Concrètement, un bon algorithme RLE ne procède au codage des passages que s'ils correspondent à une suite suffisamment longue.

RLE est aussi utilisé dans les formats d'images sans pertes comme TIFF, PCX ou BMP. RLE explore les données séquentiellement pour déterminer les passages. Des variantes permettent d'explorer les données bidimensionnelles d'une image en procédant par lignes horizontales, verticales ou en zigzag.

Le codage de Huffman, codage statistique

Le codage de Huffman [1952] est dans la lignée des premiers algorithmes de compactage statistiques de C. Shannon et R. M. Fano. Il s'appuie sur une analyse fréquentielle du texte à compacter. À l'instar du code Morse, les lettres sont codées avec une longueur variable : la longueur de codage d'un caractère est inversement proportionnelle à sa fréquence d'apparition dans le texte (un seul bit suffira pour le caractère le plus fréquent).

La méthode se décompose en trois étapes. La première étape est une analyse statistique du texte complet à compacter pour aboutir à un histogramme des caractères utilisés. La deuxième étape consiste à élaborer, à partir de cet histogramme, la règle de codage, c'est-à-dire à déterminer pour chaque caractère la suite de bit de longueur variable qui lui est attribuée. La dernière étape est le codage lui-même, c'est-à-dire la production du texte compacté.

Analyse statistique de texte

Cette analyse est une simple opération de comptage que nous abordons avec un exemple de petit texte à compacter. Soit le message :

« ta tata et ton tonton »

Ce message comporte 21 caractères avec les espacements. Pour la lisibilité des tableaux, nous remplaçons l'espace par le caractère « _ ». Le message est donc :

« ta_tata_et_ton_tonton »

Le comptage des caractères donne l'histogramme dans la figure 1-18.

Figure 1-18

Histogramme du message

Lettres	t	_	a	o	n	e
Occurrences	7	4	3	3	3	1

Définition du code, construction de l'arbre binaire de codage

La définition du code est faite par rapport à la représentation sous forme d'arbre binaire de l'histogramme en fréquence des lettres du texte : à chaque feuille de l'arbre est associé une lettre. La représentation choisie consiste à partir des occurrences les plus faibles et à procéder par regroupement (par deux) des feuilles par un nœud dont le poids est la somme des occurrences des lettres regroupées. Ce nœud joue le rôle d'une feuille dans la prochaine itération. Le processus se répète jusqu'à l'obtention de l'arbre complet avec sa racine (tous les caractères sont pris en compte, voir figure 1-19). Dans la pratique, on cherche à avoir des branches « équilibrées » avec des nœuds de même niveau ayant des poids équivalents. La valeur associée au nœud racine correspond au nombre total de lettres du texte.

Figure 1-19

Arbre de codage

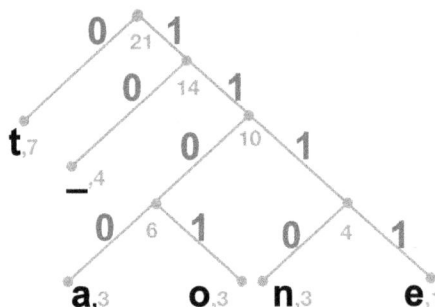

Le codage binaire est obtenu en annotant les branches de l'arbre : les branches de droite par un 1 et celles de gauche par un 0 (l'autre convention est équivalente, mais il faut en choisir une).

Codage

Le code d'un caractère est donné par la liste des annotations de branches qui permettent d'atteindre la feuille du caractère dans l'arbre. La figure 1-20 donne la règle de codage sous forme d'une table.

Figure 1-20

Codage des lettres

Lettres	t	_	a	o	n	e
Codes	0	10	1100	1101	1110	1111

Le message d'origine :

« ta_tata_et_ton_tonton » (au replacement de l'espace par « _ » près) devient après compactage en code de Huffman la suite binaire :

0 1100 10 0 1100 0 1100 10 1111 0 10 0 1101 1110 10 0 1101 1110 0 1101 1110.

soit 55 bits. Le message initial comporte 21 caractères et, si l'on prend en compte un codage sur 8 bits, ce message a une taille de 168 bits.

Le gain peut sembler intéressant, mais il ne faut pas oublier que le décompactage ne peut se faire qu'avec la connaissance de l'arbre de codage qui doit être transmis avec le document compacté. Dans notre cas, cela demande un minimum de $6 \times (8 + 1 + 2 + 4 + 4 + 4 + 4) =$ soit 67 bits (ou 96 si on met un code par octet).

Dans cet exemple, nous avons indifféremment utilisé le terme de caractère ou lettre pour les éléments du message à compacter qui correspondent pour des questions de lisibilité à du texte. La technique s'applique de la même manière à des suites d'octets strictement binaires.

L'algorithme de Huffman pour le compactage et le décompactage est relativement lent et son utilisation a fortement diminué depuis l'apparition des algorithmes de compactage à dictionnaires.

Le code de Lempel, Ziv (Welch), codage par dictionnaire

Les algorithmes de compactage à base de dictionnaires reprennent l'idée des premiers essais de transmission de texte qui furent à la base du télégraphe de Morse. Au lieu de transmettre un mot à l'aide de l'ensemble des lettres qui le constituent, il est plus économique de transférer sa référence ou index dans un dictionnaire. Par exemple, si l'on dispose d'un dictionnaire français d'environ 4 000 mots, ce qui est largement suffisant pour les usages courants, on peut transmettre la référence ou son numéro dans le dictionnaire sur seulement 12 bits, alors que la moyenne de la longueur des mots français est d'environ 5 lettres soit 40 bits.

Pour un fonctionnement cohérent, il faut que le même dictionnaire soit utilisé au compactage et au décompactage. Dans le cas du compactage d'un texte courant, on peut envisager de disposer du même dictionnaire à l'émission et à la réception. Par contre, cette solution n'est pas envisageable pour le compactage d'un document quelconque, que ce soit du texte (et quelle que soit la langue) ou des données numériques.

Jacob Ziv et Abraham Lempel sont arrivés à proposer des algorithmes de compactage indépendants du type de données avec une construction adaptative et dynamique du dictionnaire. La construction est adaptative en ce que sens que le dictionnaire est élaboré à partir du document à compacter. Elle est dynamique car il est créé au fur et à mesure du compactage. L'algorithme est de plus symétrique, c'est-à-dire qu'il est capable de restituer le dictionnaire au fur et à mesure du décompactage. Le corollaire important est que le dictionnaire n'a pas besoin d'être adjoint ou inclus au fichier du document compacté. Le dictionnaire n'est pas transmis, ce qui est un avantage très important de la technique.

Les principaux algorithmes de Lempel et Ziv sont connus avec les noms LZ77 et LZ78 en référence aux dates de publications. Une amélioration, la version LZW, est apportée en 1984 par Terry Welch.

Le principe général des algorithmes LZ consiste à créer un dictionnaire de mots ou de phrases à partir de répétitions et de l'utiliser au fur et à mesure du compactage. L'analyse du texte est faite caractère par caractère et à chaque itération on regarde si le nouveau caractère permet « d'allonger » un mot déjà existant pour en créer un nouveau. Le code généré le cas échéant est l'index du mot dans le dictionnaire. Il y a autant d'itérations que de caractères à lire dans le document d'origine.

Dans la phase d'initialisation, le dictionnaire démarre avec les 256 [0 à 255] éléments d'un code ASCII étendu par exemple. Ce sont les 256 premiers mots à une lettre du dictionnaire : ils servent de souche à la création des suivants.

D'après ce mécanisme, il n'est pas étonnant que le compactage ne soit pas très efficace au début du document car il n'y a pas grand-chose dans le dictionnaire. Mais cette efficacité augmente très rapidement avec l'extension du dictionnaire. Une description informelle de l'algorithme est donnée en figure 1-21.

Figure 1-21

Construction du dictionnaire

```
W ← vide
tant_que texte, lire caractère K
    si W‖K ∈ DICO  alors W ← W‖K        /* on fabrique un nouveau mot plus long
    sinon   ajouter W‖K à DICO           /* un nouveau mot est ajouté au dictionnaire
            sortir C = index_DICO (W)    /*met la référence du mot dans le code compacté
            W ← K                        /* récupère le caractère non traité
fin_tantque
```

On utilise un mot de travail W (*Word*) permettant de mettre en attente dans l'analyse une chaîne de caractères. K est le nouveau caractère lu dans le texte, la lecture est séquentielle et le symbole ‖ représente une opération de concaténation. DICO est le dictionnaire en cours de construction et la variable index_DICO (W) donne la référence (adresse, indice…) du mot W dans le dictionnaire.

La figure 1-22 donne le déroulement de l'algorithme appliqué à l'exemple de texte utilisé précédemment. L'index du premier nouveau mot disponible est 258. L'index 256 est réservé pour signifier la fin de code.

Pour la lisibilité, des conventions ont été adoptées pour le code C généré. Lorsque le code produit est celui d'une lettre seule du texte original, c'est cette lettre qui est reproduite. Lorsque le code produit est la référence d'un nouveau mot créé dans le dictionnaire, c'est cette référence qui est donnée. Ainsi « 266 » est l'index du mot « _to » dans le dictionnaire. Le texte d'origine fait 21 caractères et le code compacté génère 16 index de 12 bits (pour un dictionnaire de taille maximale de 4096 mots).

La plupart des utilitaires de compactage (format TIFF, BMP, ZIP…) utilisent maintenant une base LZW pour le compactage. Les méthodes que nous avons vues (RLE, Huffman et LZW) peuvent être combinées car elles n'exploitent pas de la même manière les structures de dépendances du document initial.

Figure 1-22

Compactage LZ

	Interne			DICO		
K	W	Nv_suite	C	maj O/N	index	Nv mot
t			rien	N		
a	t	ta	t	Oui	258	ta
_	a	a_	a	Oui	259	a_
t	_	_t	_	Oui	260	_t
a	t	ta	rien	N		
t	ta	tat	258	Oui	261	tat
a	t	ta	rien	N		
_	ta	ta_	258	Oui	262	ta_
e	_	_e	_	Oui	263	_e
t	e	et	e	Oui	264	et
_	t	t_	t	Oui	265	t_
t	_	_t	rien	N		
o	_t	_to	260	Oui	266	_to
n	o	on	o	Oui	267	on
_	n	n_	n	Oui	268	n_
t	_	_t	rien	N		
o	_t	_to	rien	N		
n	_to	_ton	266	Oui	269	_to
t	n	nt	n	Oui	270	nt
o	t	to	t	Oui	271	to
n	o	on	rien	N		
	on		267			
			256	-> Code de fin		

La compression de données

La compression de données, c'est-à-dire avec perte de données sort du cadre de cet exposé. Dans ces méthodes il faut définir un niveau acceptable de perte, ce qui signifie que les méthodes sont totalement dépendantes de la nature des données à compresser. Les formats JPEG pour les images, MP3 ou MPEG pour le son et la vidéo utilisent les propriétés spatiales et temporelles de corrélation entre des « points » successifs.

Ces techniques s'appuient donc à la fois sur la théorie de l'information et la théorie du traitement du signal.

Ce qu'il faut retenir quand vous aurez tout oublié

Le bit est l'unité de mesure de la quantité d'information. Comme contenant, le bit permet de stocker une information à deux valeurs. L'octet est un ensemble ordonné de 8 bits pour le stockage d'une information à 256 valeurs. Comme contenu, la quantité d'information est calculée comme le $\log_2$ du nombre de valeurs possibles de l'information.

La représentation des nombres s'appuie essentiellement sur la technique du complément à 2 pour les entiers signés et sur la norme IEEE 754 pour les réels. Le nombre de bits utilisés (32, 64) définit l'étendue et la précision des nombres codés. Il faut veiller à choisir le bon format de représentation des calculs pour la précision du résultat.

Le codage des caractères (lettres d'un alphabet) sur 8 bits ou moins, comme le code ASCII, comportent des limitations pour une utilisation universelle. Le choix de l'avenir devrait être un code sur 16 bits comme l'Unicode.

Les données stockées ou transportées sont sujettes à des erreurs. Les erreurs isolées et simples peuvent être détectées et corrigées par des techniques de bits de parité comme le code de Hamming. Les erreurs multiples et regroupées ne peuvent être que détectées par des techniques comme les CRC. La correction impose généralement une demande ARQ de retransmission du message.

Pour diminuer la taille d'un ensemble de données pour le stockage ou la transmission, on peut utiliser des techniques de compactage du type ZIP. Le compactage est sans perte.

La compression de données permet des réductions plus importantes, mais s'accompagne de perte d'information (JPEG, MPEG…).

2

Fonctions logiques et circuits

Des 0 et des 1.

Faire simple, mais pas plus. (A. Einstein)

Le premier chapitre nous a permis de voir comment les informations sont représentables par des données binaires.

L'objectif de ce deuxième chapitre est de montrer d'une part, que le traitement des données binaires par une Unité de calcul Arithmétique et Logique et leur stockage dans une mémoire peuvent être entièrement décrits par des fonctions logiques élémentaires et d'autre part, que ces fonctions peuvent être réalisées par des circuits tout aussi simples.

Les technologies utilisées dans les ordinateurs actuels s'appuient toutes sur des phénomènes physiques à deux états stables. Toutes les réalisations utilisent donc des systèmes binaires.

Après de brefs rappels sur l'algèbre de Boole, la première partie du chapitre est consacrée à la conception de circuits permettant de réaliser des fonctions logiques et arithmétiques. Cette conception est basée sur la logique combinatoire.

La deuxième partie est dédiée à la conception de circuits mémoire en utilisant les mêmes fonctions élémentaires logiques. La modélisation fait intervenir la logique séquentielle et de manière plus générale la théorie des automates finis.

À partir de ces circuits de traitement et de stockage, la troisième partie donne un exemple d'architecture générale d'un microprocesseur très simple avec son unité arithmétique et logique et ses mémoires internes (les registres). Une première présentation d'une « carte unité centrale » est faite.

Algèbre de Boole et logique

George Boole a donné une base algébrique à la logique des propositions, une proposition étant un énoncé qui peut être *vrai* (V) ou *faux* (F).

> **Vrai ou faux ?**
>
> « Une proposition peut être vraie ou fausse, mais ne peut pas être vraie et fausse ». Aristote.

Ces propositions peuvent être reliées par des connecteurs (ou opérations) pour élaborer de nouvelles propositions de ce système binaire. Les connecteurs usuels sont le ¬ (*non* logique), le ∧ (*et* logique) et le ∨ (*ou* logique).

Par exemple, le connecteur ¬ appliqué à une proposition *vraie* la rend *fausse*. Le « robinet est ouvert » est une proposition p qui peut prendre les deux valeurs V et F. La proposition q « l'eau coule » est une proposition qui peut être vraie ou fausse. S'il y a deux robinets, alors la proposition « l'eau coule » est à *vrai* si l'un ou l'autre des robinets est à *vrai*. Les variables associées aux propositions pour manipuler celles-ci de manière plus abstraites sont appelées variables booléennes. Nous avons ainsi la formalisation :

$q = V$ lorsque $p1 = V$ ou $p2 = V$ et

$q = F$ dans tous les autres cas.

La représentation algébrique donne $q = p1 \vee p2$ à condition de définir totalement l'opérateur ∨ (pour toutes les valeurs possibles des variables p1 et p2).

À l'instar des opérations arithmétiques qui sont définies à l'aide de tables (d'addition, de multiplication…), un opérateur (connecteur) logique est défini par une table dite de vérité. Pour des propositions p et q quelconques, la table de vérité de l'opérateur logique *ou* est donnée dans la figure 2-1.

Figure 2-1

Tables de vérité du OU logique

p	q	p∨q
V	V	V
V	F	V
F	V	V
F	F	F

a	b	a∨b
1	1	1
1	0	1
0	1	1
0	0	0

Longtemps après les travaux de George Boole, Claude Shannon fait le lien entre les états ouvert et fermé des relais électromagnétiques utilisés dans les centraux téléphoniques et les nombres binaires 0 et 1. Les principaux résultats de l'algèbre vont être rappelés avec la notation de Shannon. La même table de vérité devient alors, en prenant la convention $V = 1$ et $F = 0$ avec des variables dénommées a et b, la deuxième table de la figure 2-1. Intéressons-nous plus particulièrement, l'ensemble étant dénombrable, à celui de toutes les fonctions à deux variables. Il y a 16 fonctions de ce type, mais qui ne sont évidemment pas toutes indépendantes les unes des autres.

Parmi ces fonctions certaines sont plus intéressantes que d'autres : f_1 ne présente pas un intérêt majeur (elle produit la valeur 0 quelles que soient les valeurs de a et b).

Figure 2-2

Les fonctions logiques à 2 variables

a	b	f_1	f_2	f_3	f_4	f_5	f_6	f_7	f_8	f_9	f_{10}	f_{11}	f_{12}	f_{13}	f_{14}	f_{15}	f_{16}
0	0	0	1	0	1	0	1	0	1	0	1	0	1	0	1	0	1
0	1	0	0	1	1	0	0	1	1	0	0	1	1	0	0	1	1
1	0	0	0	0	0	1	1	1	1	0	0	0	0	1	1	1	1
1	1	0	0	0	0	0	0	0	0	1	1	1	1	1	1	1	1

Par contre celles qui sont sur fond grisé (f_2, f_7, f_8, f_8, f_{15}) sont plus utiles et certaines sont mêmes fondamentales. Avec les notations en chiffres binaires, les opérateurs $\wedge$ et $\vee$ sont remplacés par les signes $\cdot$ et $+$.

Figure 2-3

Les fonctions utiles à 2 variables

and $a \cdot b$

a	b	f_9
0	0	0
0	1	0
1	0	0
1	1	1

nand $\overline{a \cdot b}$

a	b	f_2
0	0	1
0	1	0
1	0	0
1	1	0

nor $\overline{a + b}$

a	b	f_8
0	0	1
0	1	1
1	0	1
1	1	0

xor $a \oplus b$

a	b	f_7
0	0	0
0	1	1
1	0	1
1	1	0

or $a + b$

a	b	f_{15}
0	0	0
0	1	1
1	0	1
1	1	1

De fait, on peut montrer que toutes les fonctions logiques, quelles qu'elles soient, peuvent être construites à partir de deux opérateurs ($\neg$ et $+$) ou ($\neg$ et .). Ce résultat peut paraître curieux, mais effectivement toute opération faite par l'ordinateur, que ce soit le calcul d'un logarithme ou un classement par ordre alphabétique, sera traduite, in fine, en fonctions élémentaires de ce type.

Figure 2-4

Algèbre de Boole : les résultats fondamentaux

Théorème des constantes	$a + 0 = a$	$a \cdot 0 = 0$
	$a + 1 = 1$	$a \cdot 1 = a$
Idempotence	$a + a = a$	$a \cdot a = a$
Complémentation	$a + \bar{a} = 1$	$a \cdot \bar{a} = 0$
Commutativité	$a + b = b + a$	$a . b = b . a$
Distributivité sur OU	$a + (b \cdot c) =$	$(a + b) . (a + c)$
sur ET	$a \cdot (b + c) =$	$(a \cdot b) + (a \cdot c)$

Associativité sur OU	$a + (b + c) = (a + b) + c = a + b + c$
sur ET	$a \cdot (b \cdot c) \qquad\qquad = (a \cdot b) \cdot c = a \cdot b \cdot c$
Théorème de De Morgan	$\overline{a.b} = \overline{a} + \overline{b}$ et $\qquad \overline{a + b} = \overline{a}.\overline{b}$
Définition du Ou Exclusif	$a \oplus b = \overline{a} \cdot b + a \cdot \overline{b}$

Le complément s'écrit de différentes manières : ¬a, (lire *non a, a barre, a étoile, a complémenté*, et à tort *a inversé*). La notation *a prime* (*a'*) est une des plus usitées.

Les principaux résultats de l'algèbre de Boole sont résumés en figure 2-4. Le théorème fondamental est celui de De Morgan : il dit que le complément d'un OU donne le ET des compléments, et vice versa.

Logique combinatoire

Lorsque l'on passe à une réalisation pratique avec des circuits électroniques, on utilise parfois le symbolisme (figure 2-5) dit des *portes logiques* (*gates*). Un ensemble de portes connectées constitue un *circuit logique*.

Les circuits combinatoires

Figure 2-5

Les circuits de base

Le circuit de la figure 2-6 donne la réalisation d'une fonction *ou exclusif* (XOR) réalisé à l'aide de portes et/ou et d'inverseurs. Même si elle peut être construite à partir des fonctions ET et OU, cette fonction (f_7 figure 2-2) est également considérée comme une fonction de base car elle intervient dans la plupart des fonctions avec additions. Ce circuit correspond à la matérialisation de la relation $a \oplus b = \overline{a}b + a\overline{b}$ et est appelé un *logigramme*.

Figure 2-6

Logigramme du XOR

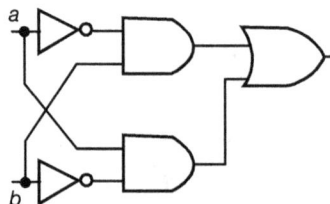

Ce type de réalisation est un *circuit combinatoire* : les sorties évoluent « simultanément » avec les entrées, au temps de propagation près.

Ces circuits se distinguent des *circuits séquentiels*, vus par la suite, par le fait que ces derniers ont une capacité de mémorisation.

Les circuits combinatoires vont nous permettre d'aboutir à la construction d'une unité arithmétique et logique (UAL), composant qui, dans un processeur effectue les calculs sur les données. Les circuits séquentiels vont être à la base des circuits de mémorisation et donc de la mémoire tout court.

Circuits électroniques et transistors

Un transistor est fondamentalement un composant électronique réalisant une amplification de courant : le courant dans le collecteur est proportionnel (avec un gain β) au courant injecté dans la base. Ce gain peut être de l'ordre de 100 mais peut aussi prendre des valeurs très importantes. Le transistor utilisé en amplificateur sert surtout dans les dispositifs destinés au traitement analogique du signal : filtrage, amplification, modulation…

Figure 2-7

Le transistor, en « Tout ou Rien » et table de vérité

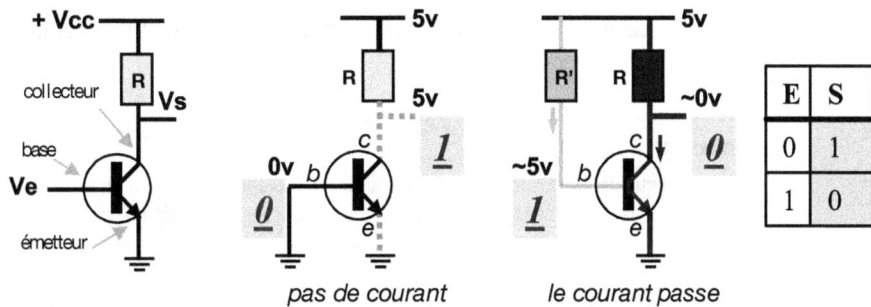

Lorsque le gain du transistor est très grand, il suffit d'un courant très faible pour générer un courant important dans le collecteur : le transistor passe très rapidement à une situation de saturation. On exploite cette propriété pour faire fonctionner un transistor en mode dit de *commutation* : soit le courant de base est nul (base connectée à la masse) et aucun courant ne passe dans le collecteur, soit il est suffisamment important pour saturer le transistor. Ces deux situations sont représentées dans les schémas centraux de la figure 2-7. Le collecteur du transistor est relié à l'alimentation +5 V par une résistance qui limite le courant susceptible de traverser le transistor. Si le courant de base est nul, le transistor est dit bloqué : il ne laisse passer aucun courant dans le collecteur et par là même, il n'y a pas de chute de tension aux bornes de la résistance R. La tension au niveau de collecteur est donc égale à 5 V.

Si le courant de base est suffisamment grand (base reliée à la tension d'alimentation +5 V via une résistance R'), alors un courant important traverse la résistance R, y provoque une chute de tension telle que la tension du collecteur devienne proche de 0 V. Au lieu de fonctionner comme un « robinet » amplificateur de courant, le transistor en commutation fonctionne à la manière d'un interrupteur dont la caractéristique essentielle est la vitesse de commutation.

Quel est le lien avec nos fonctions ou portes logiques ? Avec quelles conventions un transistor peut-il devenir opérateur logique élémentaire ?

L'émetteur du transistor restant toujours à la même valeur, on peut considérer le transistor comme un circuit à une entrée (la base) et une sortie (le collecteur). Si nous devons le considérer comme un opérateur alors c'est forcément un opérateur unaire. Associons d'abord une valeur logique à une valeur de tension électrique. Une tension étant soumise à des aléas, il n'est pas possible d'affecter une valeur précise de tension à une valeur logique 0 ou 1. On dira que la valeur logique binaire 0 est associée à une valeur de tension suffisamment proche de 0 V et que la valeur logique 1 est associée à une tension suffisamment proche de la tension d'alimentation, 5 V ou de manière plus générale Vcc.

Dans le cas où le courant ne passe pas, l'entrée est à 0 logique (en surligné sur la figure 2-7) et la sortie est à 1. Ce circuit réalise, dans cet état, le complément à 0. Dans le cas où le courant passe, l'entrée du circuit vaut 1 logique (5 V) et la sortie est à 0 (~0 V, à la tension 0,6 V de jonction près) si la résistance R est bien calculée en conséquence. Le circuit réalise donc aussi le complément à 1. Nous avons, de cette manière, vérifié que le circuit correspond aux deux lignes de la table de vérité de l'opérateur NON. Ce circuit est aussi appelé inverseur.

L'inverseur

Dans la pratique de l'électronique, un circuit faisant basculer les tensions d'un extrême à l'autre est appelé un inverseur, d'où le nom un peu abusif de ce circuit : la fonction d'inversion n'existe pas en algèbre de Boole.

Comment passer maintenant aux opérateurs binaires ? Le circuit de la figure 2-8 correspond à un montage en parallèle de deux transistors (les résistances reliées aux bases ne sont pas représentées). Ce montage est équivalent à deux interrupteurs montés en parallèle. On peut appliquer le même raisonnement que précédemment pour dire que le courant passe si l'une ou l'autre, voire les deux, des bases sont alimentées. Ce circuit vérifie donc la table de vérité du NOR (NON_OU) qui est la fonction f_2 de la liste des fonctions logiques de la figure 2-2.

Figure 2-8

NOR : porte et circuit

a	b	x
0	0	1
0	1	0
1	0	0
1	1	0

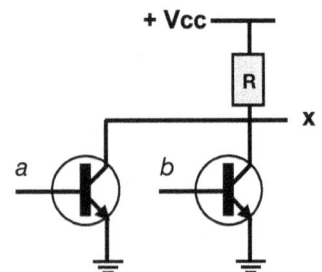

De manière analogue au montage parallèle des deux transistors, il est possible de faire un montage en série (soit deux interrupteurs en série) : le collecteur de l'un est relié à l'émetteur de l'autre.

Il est facile de vérifier que le circuit correspondant vérifie la table de vérité du NAND, soit la fonction f_8 de la table des fonctions de la figure 2-2. Pour que le courant passe, il faut que les deux bases soient alimentées.

Remarquons qu'avec deux transistors on réalise un NAND à deux entrées (ou un NOR pour le montage en parallèle).

Il peut donc être plus économique, en nombre de transistors, de réaliser des circuits à base de NAND (figure 2-9) ou de NOR plutôt que de AND et de OR. Il y a un tiers de composants en moins et quand il s'agit d'une intégration à grande échelle (des millions de transistors), un gain d'un tiers en nombre de transistors n'est pas un facteur négligeable.

Figure 2-9

NAND : porte et circuit

a	b	x
0	0	1
0	1	1
1	0	1
1	1	0

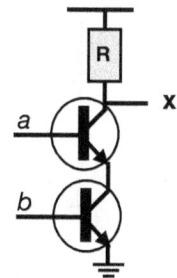

À partir de maintenant, nous ne nous attarderons plus sur les transistors. Nous raisonnerons sur les portes logiques, ce qui nous garantit l'indépendance vis-à-vis de la technologie, le transistor pouvant éventuellement être remplacé par un autre dispositif.

Pour terminer avec les opérateurs fondamentaux, revenons sur un opérateur dont nous avons déjà parlé. Cet opérateur est le OU exclusif (XOR) et auquel est associé le signe $\oplus$. S'il n'est pas élémentaire, il est souvent utilisé tel quel, par exemple dans les circuits où interviennent des additions (addition binaire, calcul d'un CRC...). La table de vérité (figure 2-10) montre que la sortie n'est à *vrai* que si l'une ou exclusivement l'autre des entrées est à *vrai*. Les principales propriétés du XOR sont données en figure 2-10.

La définition du XOR est :

$$a \oplus b = \overline{a}b + a\overline{b} , \quad \text{mais nous avons aussi :} \quad \overline{a \oplus b} = ab + \overline{a} \cdot \overline{b}$$

et $\quad a \oplus b = b \oplus a$ et $(a \oplus b) \oplus c = a \oplus (b \oplus c)$.

Figure 2-10

*OU exclusif (XOR) :
table de vérité
et propriétés.*

a	b	x
0	0	0
0	1	1
1	0	1
1	1	0

Le circuit intégré

Il s'est écoulé une quinzaine d'années entre l'invention du transistor en 1947 par Shockley, Bardeen et Brattain (aux laboratoires Bell) et la généralisation de l'utilisation des semi-conducteurs.

Semi-conducteurs et circuits intégrés

Le vrai démarrage est provoqué, en 1959, par l'invention du circuit intégré avec la mise au point d'un premier circuit intégrant résistances, condensateurs et transistors par gravure d'une plaque de silicium attaquée avec une solution chimique. L'invention est due à Jack Kilby chez Texas Instruments Corp., Prix Nobel en 2000.

Les développements se sont fait d'une part, suivant diverses technologies (ECL, TTL, CMOS) correspondant à des vitesses de commutation et des consommations de courant différentes et d'autre part, suivant différents niveaux d'intégration allant de la technologie SSI (*Small Scale Integration*) avec moins de 100 portes logiques par circuit, à celle du VLSI (*Very Large Scale Integration*, entre 10^5 et 10^7 portes) et celle de l'ULSI (*Ultra Large Scale Integration* à plus de 10^7 portes). Ces progrès sont principalement dus aux améliorations de la finesse de gravure sur le silicium (de 6 μ pour le 8080 en 1974 avec 6 000 transistors sur une puce, à 0,13 μ pour le Pentium IV et plus de 6 000 000 de transistors).

La finesse de gravure a des conséquences directes sur la « vitesse de calcul » d'un circuit de portes logiques. Plus la gravure est fine, plus les connexions entre composants sont courtes et moins il y aura de temps de propagation. Si la vitesse de propagation d'un signal électrique est de 200 000 Km/s dans métal, elle est seulement de 2 km/s dans un semi-conducteur (100 000 fois moins). Il y a donc un temps d'établissement d'un résultat sur une porte simple (= 1 couche), temps qui est de l'ordre de quelques nanosecondes. Dans un circuit complexe, il est indispensable d'avoir le même nombre de portes pour les différents « chemins » possibles des données. Dans le cas contraire, les temps de propagation sont différents et les différentes données risquent de ne pas être présentes au même moment.

Figure 2-11

*Circuit intégré 7400,
6 portes NAND*

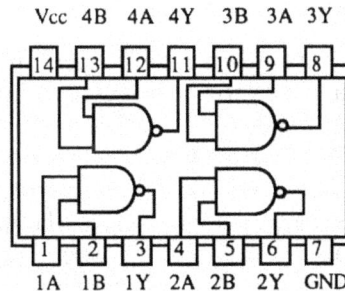

Les circuits intégrés sont disponibles sur le marché suivant un catalogue de fonctions logiques des plus simples aux plus complexes. La figure 2-11 montre un exemple de circuit de type LSI de la série 74 de portes logiques.

Synthèse d'un circuit combinatoire

Notre premier objectif est de montrer comment les traitements de données peuvent être effectués à partir des opérateurs logiques de base vus dans la section précédente. Notre problématique est donc la suivante : étant donné une fonction logique, aussi compliquée soit-elle, comment construire, synthétiser le circuit réalisant cette fonction à l'aide de nos opérateurs élémentaires.

Cette synthèse se fait en 3 étapes :

1. la première est la *spécification de la fonction,* qui donne sa description sous la forme d'une table de vérité ;

2. la deuxième est la *synthèse du circuit* (avec une méthode du type *minterm*) ;

3. la dernière concerne la *réduction ou simplification du circuit* obtenue avec, par exemple, la méthode du diagramme de *Karnaugh*.

Spécification : la table de vérité

La table de vérité comporte un nombre de lignes égal au nombre de permutations (2^n) différentes possibles sur les n variables d'entrées de la fonction à synthétiser. À côté des n colonnes des variables d'entrées, il y aura autant de colonnes supplémentaires que de variables de sorties. Chacune de ces colonnes comporte, sur une ligne, la valeur d'une sortie pour la combinaison d'entrées correspondante. Dans la pratique, on pourra raisonner variable de sortie par variable de sortie : chaque variable de sortie est synthétisée indépendamment des autres.

Les minterms

Lorsque la table de vérité est complètement spécifiée, il faut la transformer en équations logiques exprimant une variable de sortie en fonction des variables d'entrées. L'idéal est de pouvoir exprimer cette équation avec uniquement les trois opérateurs de base que sont le OU (somme), le ET (produit) et le NON. Deux méthodes existent : décrire la fonction sous la forme d'un « OU de ETs », autrement dit sous la forme d'une somme de produits ; ou alors décrire la fonction sous la forme d'un produit de sommes, c'est-à-dire d'un « ET de OUs ». On parle de somme canonique de produits « minterms » et de produit canonique de sommes « maxterms ».

Nous prendrons comme exemple la méthode des minterms sur la base d'une fonction à 3 variables d'entrées a, b et c. Il y a donc 8 combinaisons C_i de valeurs possibles des variables d'entrées. Pour ces trois variables, il est alors possible de définir un ensemble de 8 produits logiques, les minterms, P_j qui ne prennent la valeur 1 que pour l'une des combinaisons C_i (lorsque $i = j$) et la valeur 0 pour toutes les autres (voir figure 2-12).

Figure 2-12

Minterms d'une fonction à 3 variables

C_i	a	b	c	P_0 $\overline{abc}$	P_1 $\overline{ab}c$	P_2 $\overline{a}b\overline{c}$	P_3 $\overline{a}bc$	P_4 $a\overline{bc}$	P_5 $a\overline{b}c$	P_6 $ab\overline{c}$	P_7 abc
0	0	0	0	1	0	0	0	0	0	0	0
1	0	0	1	0	1	0	0	0	0	0	0
2	0	1	0	0	0	1	0	0	0	0	0
3	0	1	1	0	0	v	1	0	0	0	0
4	1		0	0	0	0	0	1	0	0	0
5	1	0	1	0	0	0	0	0	1	0	0
6	1	1		0	0	0	0	0	0	1	0
7	1	0	1	0	0	0	0	0	0	0	1

Pour une table de vérité quelconque à mettre en équation, le principe revient à lister toutes les combinaisons de la table pour lesquelles la sortie est à 1. Par exemple, si la fonction vaut 1 pour la combinaison C_1 alors la fonction se comporte pour cette combinaison comme le produit P_1. On procède ainsi pour toutes les lignes où la sortie est à 1. Comme un produit n'est à 1 que pour une combinaison, la description complète de la fonction se fait simplement en prenant la somme des produits P_j de toutes les lignes j pour lesquelles la sortie est à 1. De plus, la fonction prend la valeur 0 pour toutes les autres combinaisons, exactement comme les produits P_j retenus.

Exemple : soit la table de vérité de la figure 2-13 :

Figure 2-13

Table de vérité et minterms

C_i	a	b	c	S	$P_0 + P_2 + P_7$
0	0	0	0	1	1
1	0	0	1	0	0
2	0	1	0	1	1
3	0	1	1	0	0
4	1	0	0	0	0
5	1	0	1	0	0
6	1	1	0	0	0
7	1	1	1	1	1

On peut exprimer la fonction S par :

$$S = P0 + P2 + P7, \text{ c'est-à-dire : } S = \overline{abc} + \overline{a}b\overline{c} + abc$$

La traduction sous forme de logigramme est alors immédiate : il s'agit d'un OR à 3 entrées, chacune des entrées étant le résultat d'un AND également à 3 entrées (figure 2-14).

Figure 2-14

Synthèse du circuit, logigramme

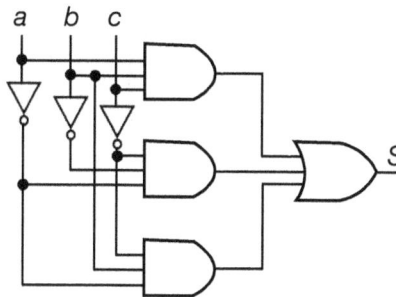

De manière générale, pour ne pas passer systématiquement par le tableau des produits, on construit l'équation en faisant la somme des produits dans les lignes où le résultat est à 1. Chaque produit est ainsi construit directement par le produit des variables lorsqu'elles sont à 1 et leur complément lorsqu'elles sont à 0. Par exemple, la ligne 2 qui a la configuration :

2	0	1	0	1
	$\overline{a}$	b	$\overline{c}$	

donne comme produit $\overline{a}b\overline{c}$.

La méthode des minterms permet alors d'obtenir, avec le passage par la somme canonique des produits, un premier schéma de conception.

a	b	S
0	0	0
0	1	1
1	0	1
1	1	1

Le schéma obtenu est, en général, juste mais médiocre car la méthode ne tient pas compte des éventuelles redondances. Pour s'en convaincre, il suffit d'appliquer la méthode à une table de vérité bien connue. Soit la fonction à deux variables définie par la table de vérité suivante :

Figure 2-15

Nouvelle synthèse

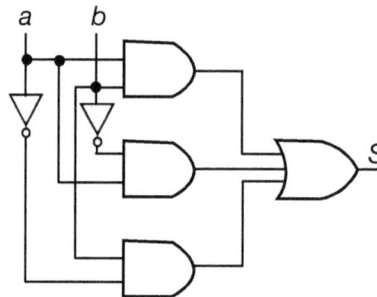

L'application des minterms donne l'équation suivante :

$S = \bar{a}b + a\bar{b} + ab$

On aboutit au circuit de la figure 2-15 (1 OR et 3 AND) alors que la fonction est tout simplement un OR !

Cette redondance est due au fait que l'équation n'est pas réduite : avec les théorèmes de l'algèbre de Boole (figure 2-4), il est facile de ramener la sortie à sa forme minimale qui est $S = a + b$.

La méthode du diagramme de Karnaugh permet de réaliser, manuellement et « à vue », cette minimisation pour des fonctions jusqu'à 5 variables. Au-delà, les concepteurs s'orientent vers des logiciels ad hoc de calcul formel automatique (méthode de Quine McClusley par exemple).

Diagramme de Karnaugh

La simplification de Karnaugh repose sur les relations suivantes :

Comme $b + \bar{b} = 1$ (complémentation), alors $a = a (b + \bar{b})$ soit finalement :

$a = a (b + \bar{b}) = ab + a \cdot \bar{b}$

La méthode consiste à mettre la table de vérité sous la forme d'un tableau qui met visuellement en évidence les regroupements de la forme $(b + \bar{b})$.

Le tableau est construit en positionnant les cellules représentant l'état des variables d'entrée de sorte qu'elles soient adjacentes. C'est-à-dire qu'il faut veiller à ce qu'une seule variable change d'état d'une case à l'autre. La disposition des lignes et des colonnes est donc faite suivant le code de Gray.

Diagramme de Veitch

Le diagramme de simplification a été publié en 1952 par E. W. Veitch, puis modifié en 1953 par Maurice Karnaugh, alors ingénieur en télécommunications à Bell Labs, avec l'introduction d'une disposition utilisant le code de Gray.

Une cellule contient la valeur de la fonction pour la combinaison ligne-colonne.

La méthode de simplification du diagramme de Karnaugh consiste à regrouper tout ensemble de cases valant 1, adjacentes sur une ligne ou une colonne, dont le nombre d'éléments est une puissance de 2 (dans l'ordre 2, 4, 8). Les plus grands regroupements donnent les équations les plus simples. Les recouvrements sont autorisés. Les cases ont toujours quatre cases voisines : les bords du tableau se rejoignent comme si le tableau était enroulé sur un cylindre vertical ou horizontal et les cases extrêmes d'une même colonne (resp. ligne) sont considérées comme adjacentes si elles sont à 1. Les cases isolées restent telles quelles.

Si nous reprenons l'exemple précédent, la retranscription de la table de vérité donne le tableau de Karnaugh suivant (figure 2-16). Nous retrouvons bien sûr les cases à 1.

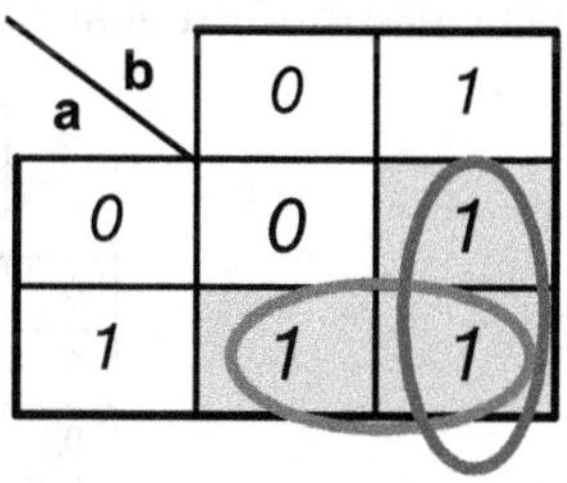

Figure 2-16

Diagramme de Karnaugh, fonction OR

La simplification procède à des regroupements verticaux ou horizontaux d'ensembles de 1 dont le cardinal est une puissance de 2. Les seuls regroupements possibles sont ici ceux visualisés par l'ellipse verticale et l'ellipse horizontale. Le cas {a = 1 ; b = 1} est un recouvrement, il correspond à l'union des deux ensembles. Le regroupement horizontal correspond au cas a = 1, alors que le regroupement vertical correspond au cas b = 1. La fonction est à 1 pour l'un ou l'autre des cas d'où le résultat final escompté S = a + b.

Dans le cas de la fonction des 3 variables, la table vérité avait mené à l'équation :

$$S = \overline{abc} + \overline{a}b\overline{c} + abc$$

Le tableau de Karnaugh construit à partir de la table de vérité fait apparaître un regroupement possible : les cases extrêmes de la première ligne sont à 1 et adjacentes. Le terme de la seconde ligne reste isolé et constitue un groupe à lui seul (figure 2-17).

Figure 2-17

Diagramme de fonction à 3 variables

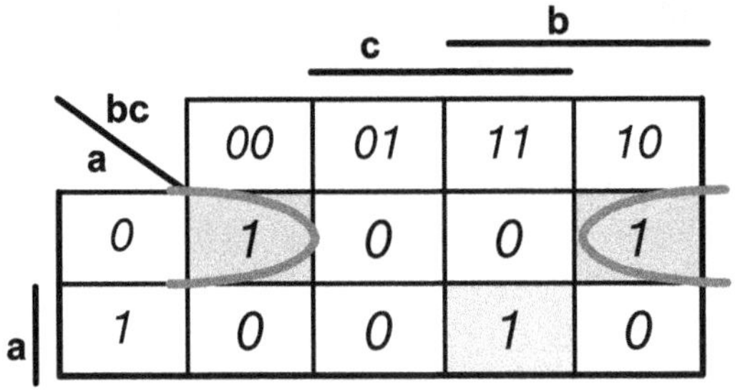

Le résultat simplifié est maintenant : $S = \overline{a}c + abc$.

On notera la disposition de l'énumération des valeurs de bc {00, 01, 11, 10} qui correspond au code de Gray. Les traits horizontaux et verticaux au-dessus et sur le côté gauche du tableau permettent de repérer et visualiser plus rapidement les valeurs à 1 d'une variable.

Cas des conditions impossibles, cases à valeurs indifférentes

L'illustration du cas des configurations particulières est faite sur la base de la conception du circuit « voteur ». Le voteur correspond à une fonction qui décide s'il y a une majorité de 1 ou de 0 sur un ensemble impair de bits. Soit M la variable majorité : M = 1 s'il y a une majorité de 1 et M = 0 dans le cas contraire. La synthèse est faite dans le cas d'une suite de 3 bits. La table de vérité est donnée dans la partie gauche de la figure 2-18.

a	b	c	M
0	0	0	0
0	0	1	0
0	1	0	0
0	1	1	1
1	0	0	0
1	0	1	1
1	1	0	1
1	1	1	1

Figure 2-18

Synthèse du circuit « voteur »

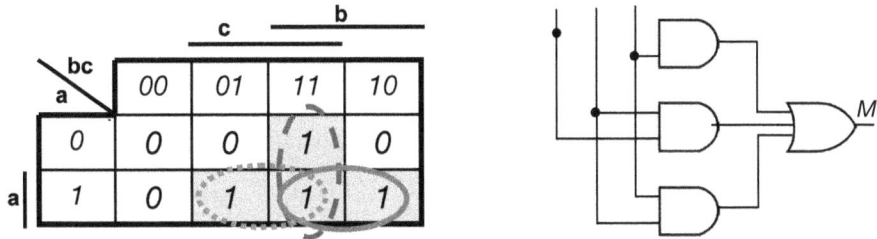

Trois regroupements sont effectués, chaque groupe ayant 2 éléments. Il n'est pas possible de faire un groupe de 4. Le regroupement de 3 éléments de la ligne inférieure n'est pas autorisé, le nombre d'éléments n'étant pas une puissance de 2.

Il arrive dans certains cas que la table de vérité comporte des cases qui sont indifférentes du point de vue de leur contenu. Jusqu'à présent, la spécification d'une fonction booléenne comporte une partie « gauche » de la table qui consiste à décrire systématiquement toutes les combinaisons d'entrées.

Les entrées de la fonction étant généralement les sorties d'autres fonctions, il se peut que certaines configurations d'entrées soient impossibles (elles n'arriveront jamais). Dans ce cas on peut mettre n'importe quelle valeur dans la case correspondante. Pour marquer cette indifférence, nous mettrons X comme contenu de la case. Ces cases indifférentes, *don't care cells*, peuvent aussi survenir de par la spécification de la fonction. Par exemple, dans le cas d'un voteur à 4 entrées, il y 3 cas de sortie (majorité de 1, majorité de 0 et égalité), nous avons donc 2 variables binaires de sortie avec des cas non utilisés.

Lors des regroupements dans le tableau de Karnaugh, il peut alors être intéressant de regarder si en affectant à certains X la valeur 1 cela n'aurait pas pour effet de simplifier la fonction.

Ainsi dans l'exemple de la figure 2-19, il y a avantage à remplacer le X de la première ligne par un 1 et celui de la seconde ligne par un 0.

On réalise ainsi le plus grand regroupement possible et donc la meilleure simplification.

Figure 2-19

Cases à valeurs indifférentes

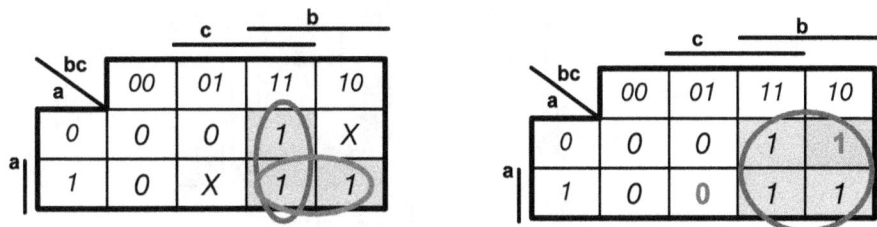

Fonctions utiles et unité arithmétique et logique

Le premier objectif, qui consistait à montrer que l'on peut synthétiser n'importe quelle fonction booléenne, étant atteint, décrivons maintenant quelques fonctions de calcul binaire fréquemment utilisées dans un processeur. Elles devront être intégrées dans son unité de calcul appelée UAL (Unité arithmétique et logique).

L'additionneur binaire

La première fonction qui peut venir à l'esprit est l'additionneur. Une fois défini, il sera réutilisable pour d'autres opérations arithmétiques (figure 2-20).

Figure 2-20

Additionneur 1 bit

a	b	Re	S	Rs
0	0	0	0	0
0	0	1	1	0
0	1	0	1	0
0	1	1	0	1
1	0	0	1	0
1	0	1	0	1
1	1	0	1	0
1	1	1	1	1

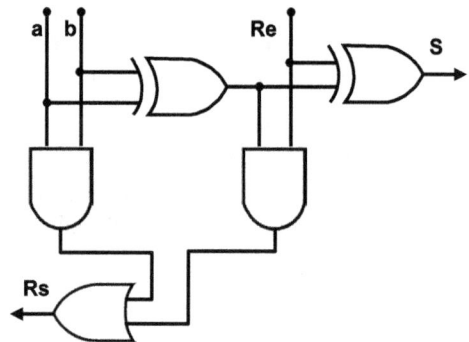

La cellule élémentaire à concevoir est l'additionneur 1 bit : il comporte 2 sorties (la somme et la retenue de sortie) et 3 entrées (les 2 variables a et b ainsi qu'une retenue d'entrée). Pour réaliser un additionneur 8 bits, par exemple sur des nombres codés en complément à deux sur 8 bits, il faudra chaîner 8 de ces cellules élémentaires en connectant la retenue de sortie d'une cellule à la retenue d'entrée de sa voisine de gauche. La spécification de l'additionneur 1 bit donne la table de vérité de la figure 2-20.

Le circuit résultant n'est pas donné sous la forme réduite au sens du diagramme de Karnaugh, mais avec des portes XOR. Cela est souvent le cas dans la représentation des circuits pour lesquels la fonction fait intervenir une somme (comme par exemple dans le calcul d'une parité).

Figure 2-21

Additionneur 4 bits

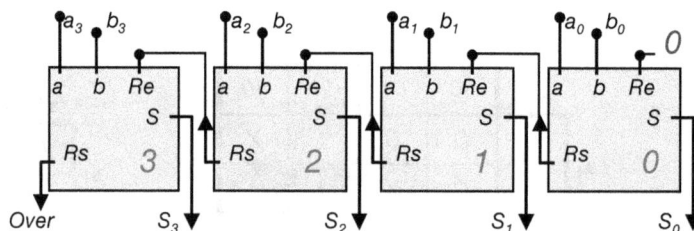

La figure 2-21 donne le circuit d'un additionneur de mots de 4 bits. Il faut chaîner 4 cellules d'additionneur 1 bit. La retenue d'entrée de la cellule la plus à droite (poids faible) est fixée à 0 et la retenue de sortie de la cellule la plus à gauche (poids fort) devient un indicateur de débordement de l'addition (*over*).

Ce circuit additionneur n'effectue pas réellement toutes les additions de bits en parallèle. Chaque additionneur élémentaire demande un certain temps pour faire l'addition (temps de commutation et temps pour la propagation à travers toutes les portes). L'addition sur le deuxième bit ne donne un résultat juste qu'après l'obtention de la première retenue. C'est un additionneur à propagation de retenue et le résultat met un temps non négligeable pour se stabiliser. Il existe d'autres manières de réaliser un additionneur pour pallier ce problème.

Le générateur de parité impaire

Le générateur de parité impaire est un dispositif qui ajoute à une suite de bits un bit qui sert de clé de protection vis-à-vis des erreurs. Dans le cas d'une parité impaire, ce bit supplémentaire est calculé de sorte que le nombre total de bits à 1 (bit de parité y compris) soit impair. L'exemple traité concerne un ensemble de trois bits {a, b, c} pour lequel on calcule le bit de parité impair P. La table de vérité est donnée figure 2-22.

Les minterms appliqués à la table de vérité donnent :

$$P = \overline{abc} + \overline{a}bc + a\overline{b}c + ab\overline{c}$$
$$= \overline{a}(\overline{bc} + bc) + a(\overline{b}c + b\overline{c})$$
$$= \overline{a}(\overline{b \oplus c}) + a(b \oplus c)$$

Figure 2-22

Générateur de parité impaire

a	b	c	P
0	0	0	1
0	0	1	0
0	1	0	0
0	1	1	1
1	0	0	0
1	0	1	1
1	1	0	1
1	1	1	0

La réduction de l'expression a été faite algébriquement par rapport à un résultat à exprimer sous la forme de portes XOR.

Le comparateur

Un comparateur de deux bits délivre trois sorties à partir de deux entrées. En fonctions des deux entrées a et b, les sorties donnent les indications suivantes : une variable pour signifier l'égalité, une pour signifier que a > b et une pour indiquer que a < b. On pourrait bien sûr diminuer le nombre de variables de sortie à cause de la redondance ou des impossibilités, en particulier entre les deux dernières variables.

Figure 2-23

Comparateur

a	b	E	Sup	Inf
0	0	1	0	0
0	1	0	0	1
1	0	0	1	0
1	1	1	0	0

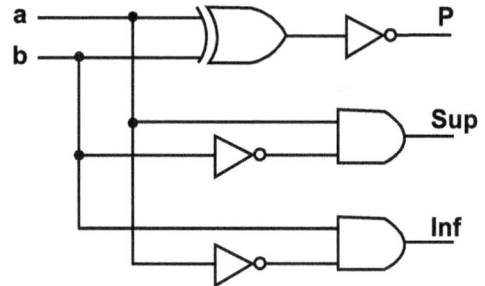

L'objectif est ici de « visualiser » à l'aide de trois indicateurs ou drapeaux (*flag*) les différents résultats de la comparaison.

Cette technique des indicateurs est très utilisée dans le processeur : de tels indicateurs sont positionnés lors de chaque opération arithmétique et logique et permettent au programmeur de tester les résultats d'une manière synthétique, en particulier pour les instructions de branchements conditionnels.

Le multiplexeur

Une autre fonction importante est celle qui consiste à opérer un choix entre plusieurs variables d'entrées. Le multiplexeur est un circuit qui, à l'aide de variables de commande, fait une sélection d'une des variables d'entrées pour l'aiguiller vers la sortie. Une commande à n variables binaires (n bits) permet de faire la sélection parmi 2^n entrées.

La table de vérité prend cette fois une forme légèrement différente : la sortie ne s'exprime pas directement sous la forme d'un 0 ou d'un 1, mais elle correspond à la valeur de la variable d'entrée. Par exemple, si a vaut 1 et b vaut 0 alors la sortie S reproduit la valeur de la variable D_2.

La fonction de sortie s'écrit comme pour une table de vérité classique. Cependant il faut considérer que la combinaison d'entrée d'une ligne doit générer une sortie à 1 pour sélectionner l'entrée D correspondante. La sortie sera à 0 dans tous les autres cas.

On obtient alors la fonction définissant le multiplexeur :

$$S = \overline{a}\,\overline{b}\ D_0 + \overline{a}b\ D_1 + a\overline{b}\ D_2 + ab\,D_3$$

Ce circuit est très souvent utilisé, en particulier dans une unité arithmétique et logique (figure 2-24).

Figure 2-24

Multiplexeur

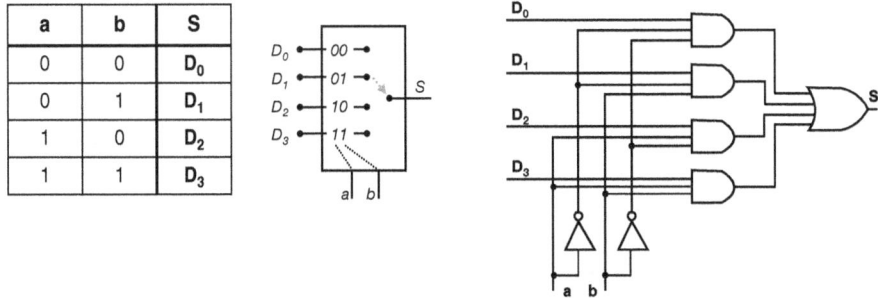

a	b	S
0	0	D_0
0	1	D_1
1	0	D_2
1	1	D_3

Le démultiplexeur

Le multiplexeur joue un rôle important dans tous les circuits liés à la communication des données.

Figure 2-25

Démultiplexeur

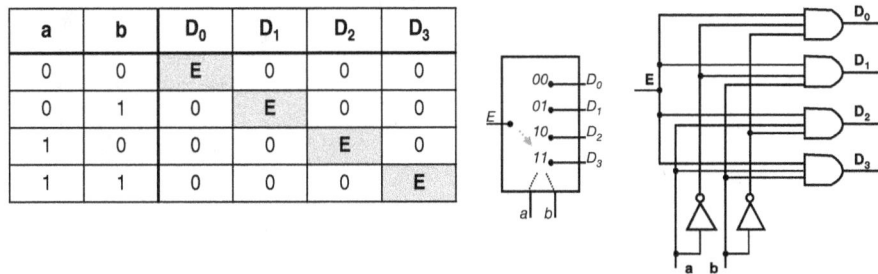

a	b	D_0	D_1	D_2	D_3
0	0	E	0	0	0
0	1	0	E	0	0
1	0	0	0	E	0
1	1	0	0	0	E

La principale fonction du multiplexage est l'utilisation d'une voie unique de communication pour faire passer « simultanément » (de fait, à tour de rôle) plusieurs communications : le support est ainsi alloué successivement aux différentes communications. Le support voit donc passer un « mélange » de communications qu'il faudra démultiplexer à l'arrivée.

Le démultiplexeur, ou aiguillage, est un circuit à une entrée et 2^n sorties : l'entrée E est aiguillée vers la sortie adéquate en fonction des n variables de commande (a,b) du circuit (figure 2-25).

Unité arithmétique et logique : UAL

Une UAL est l'entité qui, dans un processeur, effectue tous les traitements des données. Elle est constituée d'un ensemble de circuits comme ceux des sections précédentes, mais à une échelle de complexité nettement supérieure. Elle doit être capable d'effectuer la plupart des opérations requises pour l'exécution d'un programme sur un ordinateur. Ces opérations sont toutefois relativement élémentaires comme les quatre opérations arithmétiques sur les entiers, les opérations logiques, les comparaisons, les décalages, les opérations de lecture et d'écriture avec la mémoire centrale. Leur nombre varie d'un processeur à l'autre, mais l'ordre de grandeur est la centaine d'opérations qui, pour ne pas simplement les assimiler à du calcul, sont appelées *instructions*.

Le choix d'une opération est fait en fournissant à l'UAL le code d'une instruction appelé le *code opératoire*. Le code opératoire d'une instruction du processeur Z80 est décrit sur 8 bits, celui du 68000 l'est sur 16 bits, ce qui ne signifie d'ailleurs pas que le Z80 ait 256 instructions et que le 68000 en ait 65536 ! Nous verrons ultérieurement que le code opératoire est structuré et qu'en conséquence toutes les configurations ne sont pas utilisées.

Figure 2-26

UAL : unité arithmétique et logique

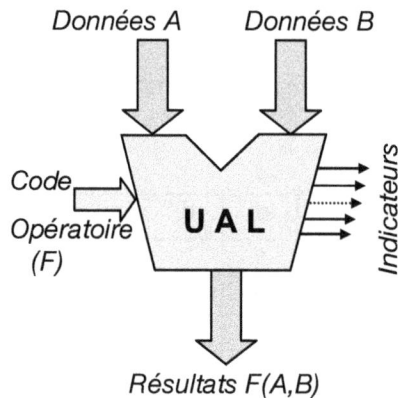

Le symbolisme graphique utilisé pour représenter une UAL est décrit dans la figure 2-26. L'instruction d'un processeur est elle-même une structure de données constituée du code opératoire suivi d'un ou plusieurs paramètres qui représentent les opérandes. Généralement, l'instruction traite deux opérandes (Données A et B) et produit un résultat F(A, B). L'UAL est ainsi le passage obligé sur le chemin des données : toutes les données à traiter passeront finalement par cette unité de calcul. Il est à noter que les instructions purement arithmétiques et logiques positionnent des indicateurs à la manière du comparateur de la figure 2-23. Ils sont associés aux états du résultat obtenu (résultat positif avec le drapeau P, nul avec Z, négatif avec N, débordement...). Ces indicateurs sont accessibles au programmeur et peuvent être réutilisés par l'UAL pour l'exécution d'instructions conditionnelles (instructions du type SI condition ALORS...).

L'UAL est un composant essentiel pour l'exécution d'une instruction, mais pour aboutir à un processeur il faut la compléter par une unité capable d'enchaîner automatiquement les instructions d'un programme. Cette unité est un automate appelé *séquenceur*, ou aussi *unité de commande*.

Revenons également sur un point déjà évoqué : les résultats d'un calcul ne sont pas obtenus instantanément. Cela signifie que les données à traiter doivent être maintenues à leur valeur pendant toute la durée du traitement. Un processeur devra donc comporter un minimum de capacité de mémorisation interne : ces *mémoires* sont appelées *registres*.

Un circuit combinatoire prend immédiatement en compte les signaux d'entrées et les sorties varient plus ou moins instantanément en conséquence. Les résultats du circuit peuvent donc être sensibles, soit au fait que toutes les données d'entrées ne sont pas forcément présentes au même instant, soit à un bruit parasite pouvant se superposer momentanément au signal. Des opérations de synchronisation temporelle sont alors indispensables : elles permettent de définir la simultanéité (intervalle de temps pendant lequel on considère que deux événements sont simultanés) et les relations de causalité du type événement-action (un événement provoque une action avec un écoulement de temps entre les deux).

La notion de simultanéité

La notion de simultanéité est liée à des périodes d'observabilité. Par exemple, pour les personnes qui dorment la nuit, tous les événements arrivés au cours de la nuit peuvent être considérés comme simultanés, car elles n'ont pas pu les observer séparément durant cette période.

Les circuits mémoire et les automates finis relèvent de la *logique séquentielle*.

Logique séquentielle

Le dénominateur commun entre le séquenceur et la mémorisation est la notion de temps.

La notion de temps

Le temps est une notion très difficile à expliciter et à mesurer. Il est souvent défini comme un flux qui s'écoule inexorablement et la mesure du temps fait intervenir une horloge. On fait la distinction entre un temps logique et un temps physique. Dans un temps logique, l'horloge logique est composée d'une succession énumérative d'événements sans notion de durée entre deux événements successifs. Notre mémoire humaine ancienne est logique : nous nous souvenons d'un événement par rapport à un autre et pas par sa date réelle. Le temps physique est mesuré par rapport à des événements périodiques de référence comme les tops réguliers d'une horloge à quartz ou un balancier d'horloge franc-comtoise. Les premiers ordinateurs ne faisaient intervenir qu'un temps logique pour exprimer une succession ; depuis la nécessité de faire travailler un ordinateur dans un environnement externe physique, il utilise une horloge physique.

Comment introduire cette notion dans les circuits ? La mémorisation implique que l'on puisse mettre un matériau physique dans un état donné, que ce matériau y reste alors un temps suffisant pour restituer ultérieurement la donnée mémorisée. Des matériaux très divers peuvent être ainsi utilisés : l'aimantation de composants ferromagnétiques, du papier avec des encoches perforées ou non, ou encore la propagation d'une onde. Ainsi, au début des calculatrices de bureaux, les mémoires à semi-conducteur sont très onéreuses (ou n'existent pas encore) et utilisent des circuits basés sur la propagation des ondes acoustiques dans des fils métalliques avec une capacité de l'ordre du kilo-octet.

Pour créer des circuits de mémorisation « dynamique », il faut créer un effet de rétroaction qui réinjecte une sortie sur l'entrée de manière à « entretenir » la mémoire. Prenons le circuit le plus simple : l'inverseur. Peut-il servir de mémoire ? Directement non, car il n'a qu'une seule sortie et qu'une seule entrée. Si on relie la sortie à l'entrée, l'inverseur ne pourra plus inverser longtemps et choisira de manière définitive et fatale la sortie ou l'entrée… !

Par contre, si on associe deux inverseurs en « tête-bêche », on dispose de deux sorties et deux entrées. La sortie d'un inverseur ne pourrait-elle pas être connectée à l'entrée de l'autre ? On aurait ainsi un moyen de créer cette rétroaction voulue.

Relions la sortie de l'inverseur du haut à l'entrée de l'inverseur du bas (figure 2-27). Supposons que cette sortie soit à 0. En l'injectant sur l'entrée du circuit inférieur, la sortie de cet inverseur passe à 1. Pouvons-nous relier cette sortie à l'entrée du circuit supérieur ? Oui, car si la sortie de l'inverseur est à 0, son entrée est forcément à 1. On peut donc, sans dommage, établir ce lien (les niveaux de tension électrique sont compatibles). Le circuit est dans un état stable : il mémorise indéfiniment le 1 de l'entrée de l'inverseur du haut sur la sortie de l'inverseur du bas.

Figure 2-27

Base d'un bistable

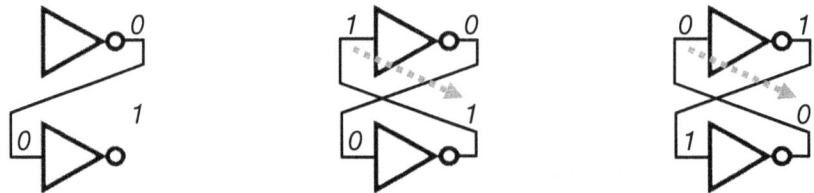

Le même raisonnement se répète si l'on part de la sortie de l'inverseur du haut à 1. Le circuit a donc un deuxième état stable. Dans le second état, le circuit mémorise un 0 de la même manière qu'il avait mémorisé un 1. Ce circuit, aussi appelé « verrou » (*latch*) mémorise une valeur, mais aussi son complément sur l'autre sortie.

Bistable et automate

Ce circuit, appelé « bistable » (ou flip-flop), est celui qui est à la base des fonctions de mémorisation et de séquencement. Le circuit a cependant deux inconvénients majeurs. Il est impossible de dire dans quel état il va se mettre à la mise sous tension et une fois qu'il est dans cet état, il est tellement stable qu'il ne peut plus en sortir ! S'il est possible de le piloter pour le mettre dans un état voulu à la demande, on aura alors réalisé une mémoire d'un bit. Ce pilotage est obtenu en remplaçant l'inverseur par un circuit équivalent du point de vue de la logique de l'inversion, mais avec une entrée supplémentaire comme le NOR (on peut procéder de la même manière avec des portes NAND). Ainsi naît le bistable RS.

Le bistable RS

Le bistable RS est la première évolution du circuit mémoire à base d'inverseurs. Il a deux entrées de commande qui permettent de mettre le bistable dans l'un ou l'autre des états : R (*Reset*) met le bistable à 0, c'est-à-dire Q = 0, alors que S (*Set*) met le bistable à 1 (Q = 1). La valeur mémorisée est accessible sur la sortie Q.

Comme une fonction logique, le bistable a sa table de vérité (figure 2-28).

Figure 2-28

Bistable RS : circuit et table de vérité

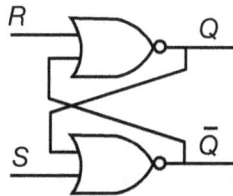

R	S	Q	Q+	
0	0	0	0	Q+ = Q
0	0	1	1	Q+ = Q
0	1	0	1	mise à 1
0	1	1	1	mise à 1
1	0	0	0	mise à 0
1	0	1	0	mise à 0
1	1	0	X	indéterminé
1	1	0	X	indéterminé

C'est un circuit à mémoire, c'est-à-dire qu'il mémorise un état avec la particularité que cet état est aussi la sortie du circuit, Q en l'occurrence. Q est l'état à l'instant t courant, au moment où l'on applique les commandes R ou S et Q^+ est l'état futur, à l'instant t+1. L'équation caractéristique du bistable RS est :

$$Q^+ = \overline{R}S + \overline{RS} \cdot Q$$

Tant que R et S restent à 0, le circuit continue de mémoriser la valeur précédente. La commande S met la mémoire à 1 et la commande R la met à 0. Le fait de lancer les deux commandes simultanément donne lieu à une indétermination. Il faut proscrire cette possibilité.

Remarque

Les appels de service dans les hôpitaux sont souvent basés sur ce principe : l'appel et la réinitialisation ne se font pas dans le même lieu (donc ce ne sont pas deux commandes pouvant être activées simultanément).

Le circuit est dit asynchrone car il n'est piloté par aucun signal d'horloge. En effet les commandes R et S sont prises en compte à tout moment et on peut donc avoir les mêmes problèmes de sensibilité au bruit ou de durée de propagation que les circuits de la logique combinatoire classique.

Les bistables RSC et JK

Par rapport au bistable RS, le bistable RSC (C = *Clock*, horloge) introduit une validation des commandes par le signal C (figure 2-29). Les commandes R et S ne sont prises en compte que lorsque C est à 1.

Figure 2-29

Bistable RSC

Le bistable JK est une variante du bistable RS qui gère le cas R = S = 1. Les entrées sont J et K (sans la moindre signification pour les lettres). Elles jouent le même rôle que R et S, mais si J = K = 1 alors la sortie Q est complémentée (Q+ devient le complément de Q).

Le bistable D

Par rapport au bistable RS, le bistable D (*Data*) répond aux deux besoins : éviter d'une part l'indétermination et d'autre part, permettre la mémorisation d'une donnée D quelle que soit sa valeur (et non plus seulement forcer un 1 ou 0 dans la mémoire).

Figure 2-30

Bistable D

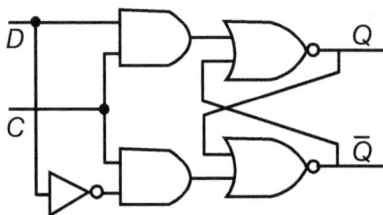

On veut donc trouver, à la validation près, une relation de la forme $Q^+ = D$. Le bistable D (figure 2-30) est une évolution du bistable RSC en effectuant une complémentation entre les entrées R et S par un inverseur. Les lignes en grisé de la table de vérité de la figure 2-31 sont celles qui correspondent à la fonction de mise en mémoire (C = 1). L'équation caractéristique est :

$$Q^+ = DC + \overline{C} \cdot Q$$

Comme pour le bistable RS, l'équation caractéristique du bistable D exprime que l'état futur Q^+ (qui est aussi la sortie) est une fonction de l'état présent et des entrées.

Figure 2-31

Bistable D : table de vérité

D	C	Q	Q+
0	0	0	0
0	0	1	1
0	1	0	0
0	1	1	0
1	0	0	0
1	0	1	1
1	1	0	1
1	1	1	1

Le bistable D est l'unité élémentaire de mémorisation d'un bit. Il est largement utilisé dans les registres (mémoires internes aux processeurs) et dans certaines mémoires rapides comme les mémoires cache. Tel que représenté dans sa réalisation en portes logiques (figure 2-30), il a trois couches de circuits avec un total d'environ une dizaine de transistors. La mémorisation prendra un temps qui dépend du cycle d'horloge. Le circuit est synchrone et il faut attendre le prochain niveau « haut » de C pour valider la donnée D, plus le temps de propagation à travers les couches du circuit. Le bistable D est représenté avec le symbolisme de la figure 2-32 suivant la manière dont l'entrée d'horloge valide la mémorisation.

Figure 2-32

Bistable D, validation

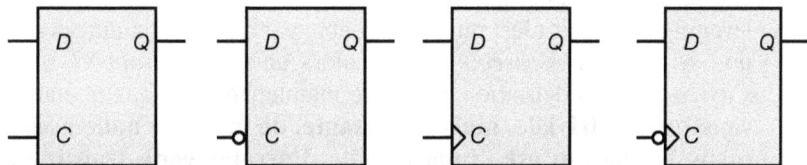

Dans l'ordre, et de gauche à droite, la mémorisation est faite sur le niveau haut de C, le niveau bas, un front de montée de C et enfin un front de descente. Les opérations qui peuvent être faites vis-à-vis de cette mémoire sont l'écriture (la mémorisation) et la lecture (sans effet sur le contenu de la mémoire).

Pour un processeur 8 bits qui travaille de manière privilégiée sur des mots de 8 bits (l'octet), la structure de la figure 2-33 représente l'entité standard de mémorisation interne : le registre.

Ce registre range les données par les entrées D et les restituent sur les sorties O. Il présente aussi la particularité de pouvoir être mis directement à 1 ou à 0. L'opération de re-initialisation à 0 d'une variable étant une chose courante, il peut être intéressant de prévoir directement cette opération (instruction RAZ, *clear,* d'un processeur) au niveau d'un registre.

Figure 2-33

Les 8 bits de l'octet

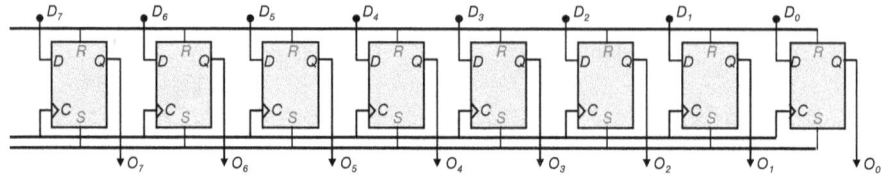

Synthèse d'un automate

Un automate est un dispositif qui reproduit des séquences d'actions entièrement prédéterminées par rapport à son environnement. Nous prenons l'automate au sens d'un modèle mathématique qui décrit son comportement, c'est-à-dire la manière dont il effectue la transition d'un état à l'état suivant. Un état est l'ensemble des valeurs des paramètres permettant de décrire ce que fait l'automate dans une situation donnée.

L'état de l'automate a une durée : l'automate y reste un certain temps alors que la transition, qui permet de passer d'un état à un autre, se fait en temps nul. La modélisation dépend concrètement de la granularité du temps d'observation. Par exemple, si on résume l'état d'une personne à sa position assise ou debout, il n'y a que deux états, *est debout* et *est assis*, si on admet que le temps mis pour se lever ou s'asseoir est faible (par rapport à la durée de la position assise ou debout). Si on change d'échelle de temps parce que la personne alterne fréquemment entre les deux positions, le temps consacré à se lever et à s'asseoir n'est plus négligeable par rapport aux durées des positions. La transition *se lever* ou *s'asseoir* devient alors un état *en train de se lever*, ou *en train de s'asseoir*. La modélisation comporte maintenant bien quatre états au lieu de deux. **Une conséquence triviale, mais importante, de la durée nulle associée à une transition (dans le modèle) est l'impossibilité d'arrêter cette transition.** Prenons l'exemple d'une barrière d'entrée de parking. La barrière possède a priori les deux états *levée* et *abaissée* ce qui implique que l'on admet que les temps de montée et de descente sont nuls. Dans la réalité, ce n'est pas le cas, et si l'on ne veut pas que la barrière continue à se baisser alors qu'une voiture passe et ainsi se retrouver dans l'état *barrière détruite*, il faudra bien ajouter les deux nouveaux états *en train de se lever* et *en train de s'abaisser*. L'arrêt du mouvement de la barrière devient alors possible sur la détection d'un événement approprié. On ne peut sortir que d'un état, pas d'une transition.

La réalisation d'un automate pose plus de problèmes au niveau de sa spécification qu'à celui de sa conception.

Les automates abordés dans ce chapitre sont les automates finis, ou plus exactement les automates à nombre fini d'états. Comme l'algèbre de Boole est à la base de la logique combinatoire, la logique séquentielle s'appuie, elle, sur la théorie des automates finis (FSM, *Finite State Machines*).

Un automate fini est un être mathématique à nombre fini d'éléments pour mémoriser les paramètres associés à un état particulier. C'est la quantité de mémoire de l'automate qui permet de définir le nombre d'états : ainsi pour une mémoire de n bits, l'automate pourra avoir 2^n états.

Au sens des circuits, l'automate comporte une entrée E (ou un ensemble d'entrées), une sortie S (ou un ensemble de sorties) et un état Q (ou un ensemble d'états). L'automate est une machine séquentielle qui fait intervenir le temps : le temps s'écoule en temps discret $\{t-1, t, t+1\}$ sur la base d'une horloge physique.

Le comportement de l'automate est décrit par les relations qui lient entrées, états et sorties. Il y a différentes manières de l'exprimer : fonctions, diagrammes et tables.

- Fonctions de transfert :
  Les sorties et états futurs sont définis en fonctions des entrées et états actuels.
  $S(t+1) = f[Q(t), E(t)]$ et
  $Q(t+1) = g[Q(t), E(t)]$.
  Pour simplifier les notations on remplacera $Q(t+1)$ par Q^+ et $S(t+1)$ par S^+.

- Le diagramme états-transitions est une représentation graphique où les états sont représentés par des cercles et les transitions par des arcs orientés. Ce symbolisme visuel est très intéressant pour la spécification. Cercles et arcs sont annotés par les noms donnés aux états et aux transitions.

- Les tables d'états et de transitions constituent un symbolisme proche des tables de vérité qui permet, par là-même, de faire la synthèse et la simplification pour la partie combinatoire du circuit.

Pour la modélisation des automates, deux approches sont possibles : l'automate de Moore et l'automate de Mealy. Nous resterons sur des principes très généraux concernant ces modèles en nous limitant aux principales différences dans l'approche de modélisation qu'ils proposent. Une comparaison plus fine relève de la théorie des automates. Nous donnerons cependant un exemple de synthèse d'automate dans chacun des cas.

Synthèse d'un automate de Moore

Dans l'automate de Moore, la sortie est une image directe des états : les variables de sorties s'obtiennent par une logique combinatoire, donc sans délai, de l'état du système. L'état actuel est combiné avec les entrées pour définir l'état futur Q^+ (figure 2-24). Le bistable D, vu précédemment, est un exemple d'automate de Moore où la sortie est égale à l'état.

La première étape de la réalisation d'un automate est sa spécification : il s'agit de décrire avec des phrases (ou dessins, schémas) les moins ambiguës possibles, le comportement de l'automate.

Dans un deuxième temps, il faut donner à cette spécification une représentation formelle sur laquelle s'appuyer pour une réalisation aussi conforme que possible à la description initiale (figure 2-34).

Figure 2-34

Automate de Moore

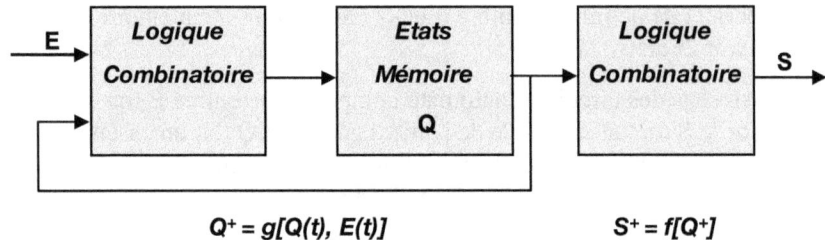

$$Q^+ = g[Q(t), E(t)] \qquad\qquad S^+ = f[Q^+]$$

Illustrons la synthèse avec l'exemple d'un testeur de parité impaire.

Spécification informelle

C'est le sujet de l'exercice : *réaliser un circuit qui vérifie la parité impaire calculée au fil de l'eau sur une suite de bits*.

Cette spécification est textuelle et semi-formelle : elle n'est pas très précise et peut laisser envisager plusieurs interprétations.

Spécification formelle

Nous utilisons le formalisme graphique du diagramme états-transitions. La définition des états est une phase primordiale dans la synthèse : il faut énumérer l'ensemble des états, sans en oublier. Regardons alors d'un peu plus près ce que doit faire le testeur. Il doit analyser les bits qui arrivent et au fur à mesure de leur arrivée, il va évaluer la parité, parité qu'il doit garder en mémoire pour calculer la nouvelle parité à l'arrivée du bit suivant. L'automate a ainsi deux états que l'on peut appeler « pair » et « impair » au vu de la valeur de la dernière parité calculée.

Figure 2-35

Diagramme états-transitions

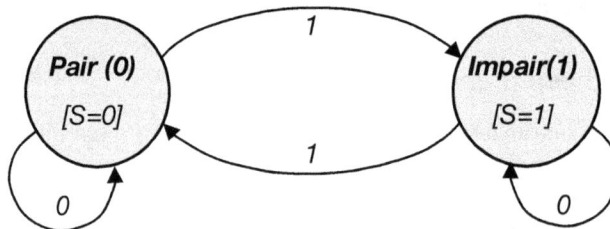

Un tel diagramme met en avant les états et les transitions plutôt qu'une description classique d'un système avec les entrées d'un côté et les sorties de l'autre. Les entrées sont les événements qui font réagir l'automate pour le faire passer d'un état vers un autre. Elles sont représentées en association avec une transition et sont prises comme une condition d'activation de cette transition. Dans le cas du testeur, la donnée en entrée fait réagir le testeur de la manière suivante :

- Si le nombre qui précède 1 est pair (état pair), alors un 1 en entrée fait passer le testeur dans l'état impair.

- Si le nombre précède 1 est pair (état pair), alors un 0 en entrée fait rester le testeur dans l'état pair (boucle de l'état sur lui-même).

- Si le nombre qui précède 1 est impair (état impair), alors un 1 en entrée fait passer le testeur dans l'état pair.

- Si le nombre qui précèdent 1 est impair (état impair), alors un 0 en entrée fait rester le testeur dans l'état impair (boucle de l'état sur lui-même).

Les quatre conditions/actions énumérées ci-dessus sont visualisées par les arcs orientés des transitions de la figure 2-35.

La valeur de sortie qui nous intéresse doit nous permettre de savoir si les bits à 1 sont en nombre impair : cette valeur correspond à la lecture directe de l'état. Nous avons donc affaire à un automate de Moore. Les valeurs de sortie sont alors indiquées au niveau des états, sous la forme [S = 0|1] (figure 2-35).

Cette spécification formelle doit permettre de vérifier que le problème que nous allons résoudre est bien celui qui a été posé. On remarque qu'il n'y a pas de début et de fin : le testeur travaille « au fil de l'eau » et donne à tout instant la parité de tous les bits déjà passés. Le testeur ne fonctionne pas sur une analyse d'un mot de n bits, mais sur une suite continue. On constate également qu'il n'y a pas moyen de réinitialiser le système, ce qui est sûrement une indication de manque de précision dans l'énoncé initial.

Codage des états et des sorties

Admettons cependant que cette spécification soit bonne et passons alors à l'étape de la représentation symbolique des états avec leur nom à une représentation codée sous forme binaire. Le passage à une modélisation binaire a pour objet de nous ramener à un outillage déjà connu comme les tables de vérités. Pour le testeur, le codage est immédiat : l'état pair est codé par un 0, l'état impair par un 1. Il en est de même pour la sortie (S = 0 si le résultat est pair et S = 1 si le résultat est impair).

Figure 2-36

Transitions d'états

Q,S \ E	0	1
0	0	1
1	1	0

État actuel | État futur **Q⁺**

L'étape suivante est la transcription du diagramme des états vers une table des transitions d'états.

Table des transitions d'état

La table des transitions d'état se limite dans notre cas à la fonction $Q(t + 1) = g[Q(t), E(t)]$ car la sortie est identique à l'état actuel $(S = Q)$.

Les deux valeurs d'états possibles pour notre automate correspondent à une quantité d'information égale à 1 bit. Elles peuvent être stockées dans un bistable D. L'état futur Q^+ devient l'entrée du bistable D de sorte qu'au prochain top sur l'entrée *Clock* du bistable cet état sera mémorisé pour devenir le nouvel état actuel.

Synthèse de la logique combinatoire

Pour cette synthèse, il est préférable de transformer la table des transitions d'état en une table de vérité pour appliquer la méthode des minterms et le cas échéant pour effectuer des simplifications.

Figure 2-37

Table de vérité

E	Q	Q^+
0	0	0
0	1	1
1	0	1
1	1	0

Le passage à la table de vérité est immédiat (figure 2-37) et celle-ci montre que l'état futur est le XOR entre l'entrée et l'état actuel.

Schéma final

Il suffit maintenant de faire le lien entre la logique combinatoire (qui définit l'état futur en fonction de l'état actuel et de l'entrée), le bistable de mémorisation de l'état et la logique combinatoire définissant la sortie en fonction de l'état actuel, ici réduit à la fonction identité (figure 2-38).

Figure 2-38

Schéma final

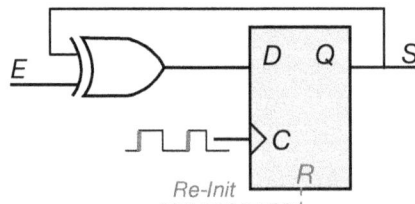

On notera que ce circuit intervient sous forme de variante dans le circuit CRC correspondant à la détection d'erreurs par les codes cycliques.

Nous avons choisi de corriger la spécification initiale en rendant possible la réinitialisation du testeur.

Cette réinitialisation peut être simplement faite en prenant un bistable D avec une commande R(eset). Le diagramme états-transitions est corrigé en conséquence : le symbole utilisé pour la ré-initialisation indique que la transition peut venir de n'importe quel état (figure 2-39).

Figure 2-39

Diagramme états-transitions modifié

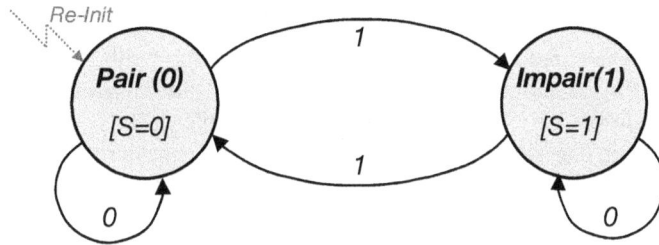

Synthèse d'un automate de Mealy

Dans l'automate de Mealy (figure 2-40), les nouveaux états et les sorties sont calculés parallèlement. À la différence de l'automate de Moore où les sorties sont associées aux états, les sorties sont liées aux transitions.

Dans le diagramme états-transitions, les arcs de transitions sont alors annotés par les nouvelles valeurs des sorties.

Figure 2-40

Automate de Mealy

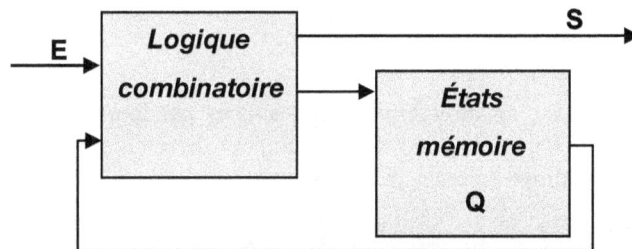

$$Q^+ = g[Q(t), E(t)] \; ; \; S+ = f[Q(t), E(t)]$$

Nous procédons de la même manière que pour la synthèse d'un automate de Moore, en précisant, lorsque cela est nécessaire, quelles sont les différences.

La question peut d'ailleurs se poser de savoir pourquoi choisir un modèle plutôt qu'un autre. Disons, qu'en première approche, il est plus aisé de travailler avec un automate de Moore lorsque les états sont immédiatement visibles (sorties), et plus facile d'utiliser l'automate de Mealy lorsque l'état est une variable interne dont la visibilité n'est pas nécessaire.

Prenons l'additionneur série comme exemple de synthèse d'automate de Mealy.

Spécification semi-formelle

L'addition de deux nombres E1 et E2 est faite en série, c'est-à-dire que les bits des deux nombres arrivent par paire de bits de même rang. Les bits sont additionnés, le résultat S est affiché et on mémorise la retenue pour l'addition des 2 bits suivants.

Spécification formelle

Nous spécifions l'additionneur à l'aide d'un diagramme états-transitions : les sorties sont annotées sur les arcs de transitions et non plus sur les états (figure 2-41).

Trois valeurs annotent ces transitions : les deux premières représentent le nouvel ensemble de bits en entrée {$E1_i$, $E2_i$} des nombres à additionner et la troisième est le résultat de l'addition à lire sur la sortie S_i. D'un couple de bits à l'autre, l'additionneur série 1 bit produit une sortie correspondant à la somme et garde éventuellement une retenue pour l'addition suivante. Il y a deux états, donc il suffit d'un bit (bistable D) pour les mémoriser.

Figure 2-41

Diagramme états-transitions, Additionneur série

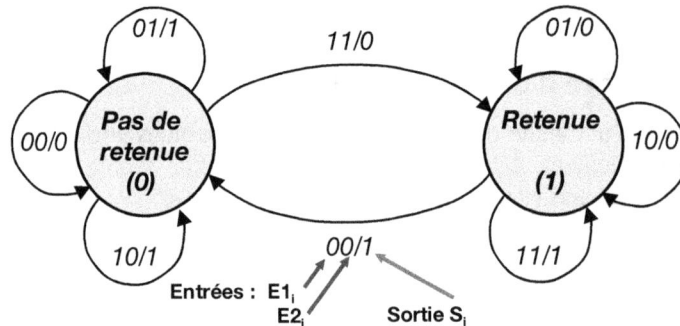

Codage des états et des sorties

Les sorties sont directement représentées par leur valeur résultante de la somme sous forme de 0 et 1, et l'état de retenue peut directement être codé sous sa forme utilisable dans l'addition (retenue = 1, 0 sinon).

Table des transitions d'états

On exprime l'état futur (la retenue suivante) et la sortie (somme) en fonction des deux variables d'entrées et de la retenue actuelle.

Figure 2-42

Transitions d'états

$E1_i E2_i$ / Q	0 0	0 1	1 0	1 1
0	0/0	0/1	0/1	1/0
1	0/1	1/0	1/0	1/1

retenue   retenue future Q⁺ / Somme

Le passage à cette table (figure 2-42) sert de tremplin pour passer à la table de vérité.

Table de vérité

La table de vérité (figure 2-43) comporte trois colonnes d'entrées (E1, E2 et Q) et 2 colonnes de résultats des fonctions définissant l'état suivant et la somme. La table étant un peu plus compliquée que dans le cas précédent, regardons si l'application du diagramme de Karnaugh permet de réduire les fonctions logiques.

Figure 2-43

Table de vérité

E1	E2	Q	Q⁺	Somme
0	0	0	0	0
0	0	1	0	1
0	1	0	0	1
0	1	1	1	0
1	0	0	0	1
1	0	1	1	0
1	1	0	1	0
1	1	1	1	1

La forme canonique de Q^+ peut être réduite (figure 2-44) et devient :

$Q^+ = Q \cdot E1 + Q \cdot E2 + E1 \cdot E2$

La forme canonique de la somme S ne peut pas être réduite ; nous restons donc avec la forme initiale de sa table de vérité :

$S = \overline{E1 \cdot E2} \cdot Q + \overline{E1} \cdot E2 \cdot \overline{Q} + E1 \cdot \overline{E2} \cdot \overline{Q} + \overline{E1} \cdot \overline{E2 \cdot Q}$

Figure 2-44

Réduction des fonctions

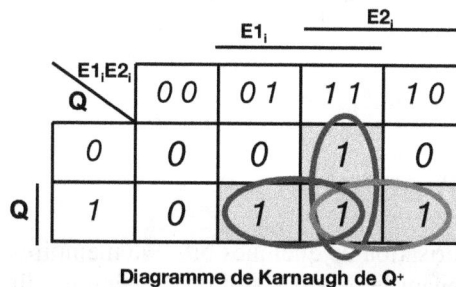

Diagramme de Karnaugh de Q⁺

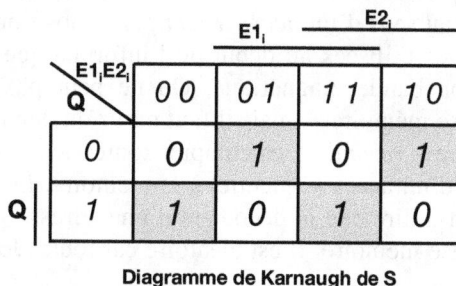

Diagramme de Karnaugh de S

Schéma final

Le schéma du circuit final (figure 2-45) est obtenu en faisant le lien entre la logique combinatoire produite par la table de vérité et de la mémorisation de la retenue avec un bistable D. On peut tout aussi bien imaginer des solutions avec d'autres types de bistables. Dans ce cas, la logique combinatoire sera certainement modifiée.

Figure 2-45

Logigramme de l'additionneur série

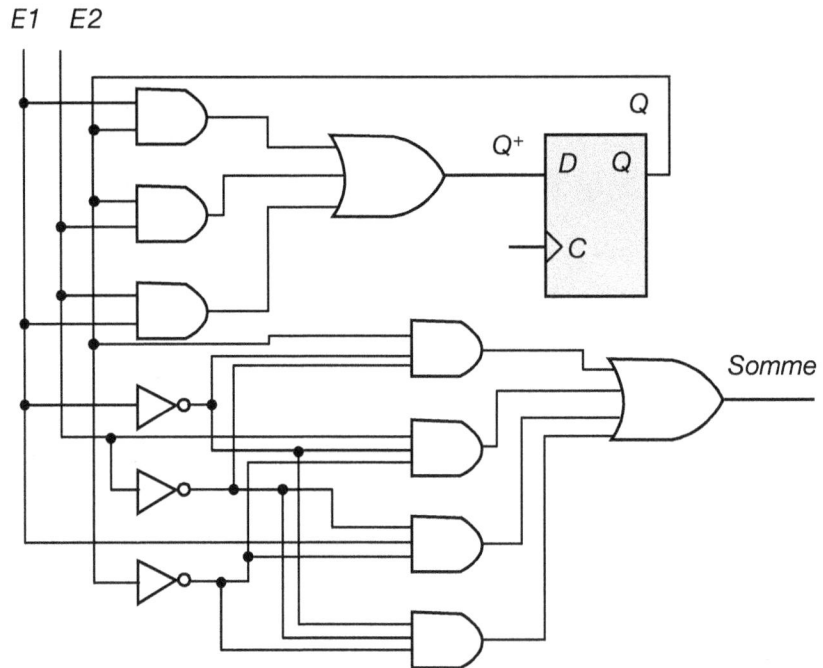

Mémoires et automates

De la mémorisation de quelques bits à la mémoire de taille plus conséquente, franchissons maintenant le pas. Il s'agit de la mémoire dite centrale. La mémoire centrale est souvent appelée RAM (*Random Access Memory*). Le terme aléatoire (*random*) est à prendre ici au sens d'un *accès direct* par opposition à un *accès séquentiel*. La plupart des mémoires utilisées au début de l'informatique sont des mémoires de type ruban de papier ou bande magnétique. On ne peut pas accéder directement à n'importe quelle « case mémoire », mais il faut partir du début de la bande (par une opération de rembobinage – *rewind* –) et compter toutes les cases jusqu'à arriver à la bonne. On parle alors d'un accès séquentiel à la mémoire. Les mémoires RAM sont à adressage direct, c'est-à-dire que le décodage d'une adresse permet de sélectionner directement la bonne case mémoire. Il est aléatoire car toutes les « cases » sont accessibles en une opération.

RAM, SRAM et DRAM

Le bistable D pourrait être le composant idéal pour la fabrication de mémoires à semi-conducteurs. Ces circuits, lorsqu'ils sont optimisés, donnent effectivement de bonnes performances en temps d'accès. Malheureusement, ils sont très gourmands en transistors et sont donc relativement onéreux. Appelée SRAM (S comme *Static*), ce type de mémoire est donc réservé à celles qui sont les plus proches du processeur (les mémoires cache) et aux mémoires internes du processeur (les registres). À cause de leur coût, les SRAM sont en général limitées en capacité.

RAM statique et RAM dynamique

Le terme *statique* signifie que le circuit mémoire reste dans un état stable dès lors que la mémorisation est faite (ce qui est quand même normal pour un bistable!). Nous allons voir que ce n'est pas le cas pour les RAM dites *dynamiques*. Le qualificatif de statique s'oppose ainsi à celui de dynamique.

La mémoire centrale de l'ordinateur, c'est-à-dire celle qui contient les programmes et les données en cours d'exécution, demande maintenant une grande capacité, de quelques centaines de mégaoctets à quelques giga-octets. Une autre solution, moins onéreuse, est donc nécessaire pour atteindre de pareils sommets.

Dans les DRAM, c'est-à-dire les RAM dynamiques, les très grandes capacités mémoires sont obtenues en réduisant le plus possible le nombre de composants électroniques requis pour la mémorisation d'un bit, surtout au niveau des transistors.

Ce résultat a été obtenu, non pas avec des bistables ou des bascules, mais en utilisant un seul transistor et un condensateur comme circuit mémoire. Le condensateur chargé représente un 1 et un 0 s'il est déchargé. Si le principe est bon, la réalité des condensateurs fait qu'ils ont toujours des courants de fuites : un condensateur chargé fini toujours par se décharger plus ou moins rapidement.

Pour tenir compte de ces caractéristiques technologiques, un tel circuit n'est réellement utilisable comme mémoire qu'en le « rafraîchissant » régulièrement en y réécrivant la donnée. La mémorisation n'est pas un état stable et il faut alors ajouter des circuits annexes qui, périodiquement, rechargent les condensateurs si besoin est (d'où le nom de RAM dynamique). Demandant peu de composants par bit de mémoire, les DRAM sont peu onéreuses, par contre les temps d'accès sont d'un ordre de grandeur supérieur à ceux des SRAM.

La mémoire centrale est aussi parfois appelée *mémoire vive*, par opposition cette fois à *mémoire morte*. La mémoire RAM est une mémoire vive dans le sens où son contenu est modifiable à volonté et à tout moment, en particulier pour recevoir les modifications des variables des programmes. La RAM est aussi dite *volatile*, c'est-à-dire que son contenu est perdu en l'absence d'alimentation électrique. À la mise sous tension d'une RAM, le contenu est a priori indéterminé. La technologie change et certaines RAM sont maintenant non volatiles.

ROM, PROM, EEPROM et mémoire flash

Une mémoire ROM (*Read Only Memory*) est une mémoire dite *morte* au sens où son contenu a été inscrit à la fabrication du composant et n'est ensuite plus modifiable. On ne peut que lire ce contenu. À quoi peut bien servir une ROM ? Pour apporter des réponses, il faut penser à deux situations particulières : le démarrage d'un processeur et l'informatique embarquée. Le processeur est un automate qui exécute les instructions d'un programme. Une fois son initialisation faite, il exécute ces instructions les unes après les autres sans jamais s'arrêter. Il faut donc qu'au démarrage il y ait dans la mémoire centrale un programme préexistant à la mise sous tension. Ce programme réside dans une partie de la mémoire centrale où il y a de la mémoire ROM. L'exécution du programme de cette ROM peut ensuite conduire à d'autres programmes (par exemple un système d'exploitation) sur un autre support (mémoire secondaire) comme un disque dur (dans le cas d'un PC on dit que la ROM contient un logiciel qui s'appelle le BIOS).

L'informatique embarquée ou « enfouie » (*embedded* en anglais), est l'informatique que l'on trouve intégrée dans des équipements autonomes (*stand alone*) comme un téléphone, une machine à laver, un appareil photo ou un compteur électrique. Dans ces équipements, il faut bien sûr une mémoire ROM pour assurer le démarrage du processeur, mais il faut aussi ce type de mémoire pour jouer le rôle de mémoire secondaire lorsqu'il n'y en a pas d'autres. Tous les programmes nécessaires au fonctionnement de l'appareil sont donc présents en mémoire sous forme de ROM. La mémoire vive sert principalement pour la manipulation des variables.

Les mémoires PROM (*Programmable Read Only Memory*) sont une variante des ROM. Alors que le contenu des ROM est défini à leur fabrication, les PROM sont des mémoires mortes qui sont reprogrammables avec un dispositif ad hoc externe appelé programmateur de PROM. Il faut donc extraire la PROM de son support pour la reprogrammer. Une PROM est l'équivalent des CD-Rom réinscriptibles par rapport aux CD-Rom classiques. Les boîtiers sont reprogrammables, mais il faut d'abord effacer le contenu précédent. Une des techniques d'effacement consiste à exposer le boîtier aux rayons ultraviolets au travers d'une petite fenêtre localisée sur le dessus du composant. L'écriture se fait en envoyant des impulsions électriques de tension suffisante pour mettre un bit dans l'état voulu.

Les mémoires EEPROM (*Electrical Erasable Programmable Read Only Memory*) sont des mémoires PROM effaçables et programmables électriquement in-situ : elles peuvent donc être reprogrammées sans les enlever du support. Alors qu'une PROM doit être reprogrammée en totalité, la mémoire EEPROM peut être mise à jour partiellement avec la granularité de l'octet. Les opérations de lectures sont une dizaine de fois plus lente qu'une DRAM, par contre les opérations d'écriture sont vraiment très lentes : de l'ordre d'une centaine de microseconde. Du point de vue écriture, une EEPROM est à considérer comme une mémoire secondaire où l'on met des informations de paramétrage que l'on doit garder d'une exécution d'un programme à l'autre. Elle peut aussi servir à stocker du code de programme qu'il sera ensuite possible de mettre à jour pour les opérations de maintenance. Même si un programme peut être exécuté directement à partir d'une EEPROM, il est souvent préférable de recopier le contenu de la mémoire dans une DRAM. L'exécution en sera plus rapide, car le temps de lecture des instructions est nettement plus court. Si le programme n'est utilisé qu'une seule fois, au démarrage par exemple, cela n'a pas une grande importante. La différence devient significative si le code est appelé de nombreuses fois. La durée de rétention de l'information est d'environ 10 ans.

Les mémoires Flash sont une évolution des EEPROM permettant des capacités importantes avec des opérations de lecture et écriture relativement rapides. Dans un certain nombre d'applications, elles remplacent avantageusement le disque comme mémoire secondaire. L'organisation interne est d'ailleurs assez proche de celle d'un disque. L'inconvénient majeur des mémoires Flash est qu'elles ont un cycle de vie limité par rapport au nombre d'effacements. Les mémoires Flash connaissent un grand succès au niveau des cartes mémoires pour appareil photo et dans les clés USB.

Suivant le type de portes logiques utilisées dans la cellule de stockage, il y a deux configurations de mémoires Flash.

La mémoire Flash NOR, introduite par Intel en 1988, a un fonctionnement voisin des RAM : l'accès est aléatoire au niveau de l'octet. Par contre, les caractéristiques en temps de lecture et d'écriture sont bien différentes, particulièrement l'effacement qui peut prendre des secondes. Elles viennent donc en remplacement des EEPROM traditionnelles. Les capacités varient généralement entre 1 et 32 Mo. La durée de vie en nombre de cycles d'effacement est comprise entre 10 000 et 100 000. Elles sont utilisées à grande échelle dans les équipements électroniques domestiques, dans les systèmes embarqués mobiles, dans les circuits BIOS des PC. Les cartes *Compact Flash*, *SmartMedia* sont des mémoires Flash NOR.

La mémoire Flash NAND, introduite par Toshiba en 1989, a un fonctionnement (logique) voisin de celui d'un disque. La densité d'intégration est nettement plus grande qu'avec les Flash NOR ce qui a pour conséquence que les circuits de gestion de l'adressage ne permettent plus un accès à la mémoire avec la granularité de l'octet. Les écritures et les lectures se font en mode rafales par bloc de 512 octets (soit l'équivalent d'un secteur sur le disque). Les capacités varient entre quelques dizaines de Mo et le giga-octet ce qui leur permet de remplacer les disques durs dans les applications où la consommation électrique et la tenue aux chocs est importante. En effet, il n'y a pas de pièces mobiles dans une mémoire flash. L'effacement est assez rapide, de l'ordre de quelques millisecondes, soit 1 000 fois plus rapide que les Flash NOR. La durée de vie en nombre de cycles d'effacement est aussi 10 fois supérieure. Les mémoires flash sont essentiellement utilisées pour le stockage de données. Les cartes MultiMedia, *Memory Stick*, *Xd Card* sont des mémoires Flash de type NAND.

Certains fabricants proposent des dispositifs DoC, *Disk on Chip*, intégrant des mémoires Flash NOR pour le stockage de code et de la mémoire flash NAND pour le stockage des données. Ils sont idéaux pour les applications embarquées où ils permettent de lancer des systèmes d'exploitation avec la technique XiP, *eXecute in Place*.

Le contrôleur de mémoire et organisation de la mémoire

Revenons à la mémoire centrale en général. Quel que soit son type, elle demande à être organisée. Depuis les processeurs 8 bits, la mémoire est généralement construite sur la base de l'octet, du moins en ce qui concerne l'expression de sa taille. Cela signifie que la granularité de mémorisation est l'octet : on lit ou on écrit, de manière insécable, un octet à la fois.

Les mémoires chauffent

Il faut 8 composants pour mémoriser un octet et l'on pourrait penser que les 8 bits d'un octet se trouvent dans le même circuit. Ce n'est pas le cas car les opérations d'écriture et de lecture créent localement un échauffement sur les composants concernés. Pour mieux répartir cette chaleur, les 8 bits d'un octet sont répartis dans 8 boîtiers différents. Ceci explique que, quelle que soit la quantité de mémoire, elle est physiquement organisée en rangées de 8 boîtiers (et 9 s'il y a une gestion de bit de parité pour la détection d'erreur).

La « case mémoire » contient un octet et son adresse est une adresse d'octet. Une adresse sur 10 bits donne ainsi un adressage de 1024 adresses d'octets.

Granularité et adresses

Si la granularité de mémorisation était le bit, il faudrait alors, à capacité égale, 13 bits (8192 adresses de bits).

Dans cette perspective, la mémoire centrale est vue comme un plan mémoire s'appuyant, avec la technologie actuelle, sur un ensemble de « barrettes mémoires » connues sous le nom de SIMM ou DIMM (*Single-Dual-Inline Memory Module*). Les DIMM ont les composants soudés des deux côtés de la barrette.

Figure 2-46

Contrôleur mémoire et plan mémoire

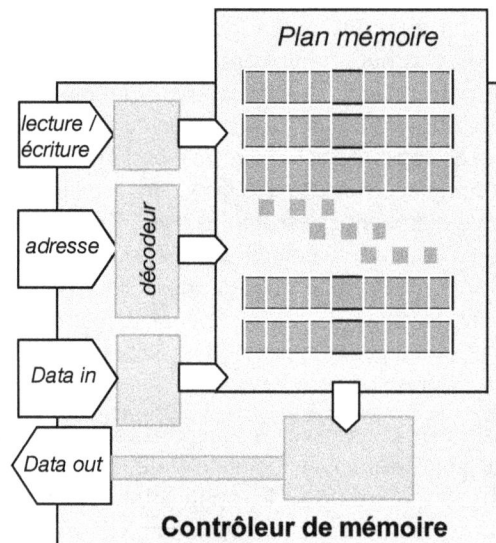

Ce plan mémoire n'est qu'un ensemble de cases mémoire et ne peut rien faire de lui-même. À l'instar d'un magasin d'entreprise géré par un magasinier, les cases mémoire doivent aussi être gérées et cette gestion est assurée par un dispositif appelé *contrôleur mémoire*. Lors d'une écriture en mémoire, c'est lui qui réceptionne les données et les range dans la case dont l'adresse lui a été communiquée. Lors d'une lecture, il s'occupe de fournir les données qu'il a récupérées à l'emplacement défini.

Les ordres d'écriture et de lecture viennent du processeur, ce qui signifie que le contrôleur de mémoire est un partenaire privilégié du processeur du point de vue communication. Le travail est coopératif. Le principe d'une écriture est de ranger le contenu d'un registre du processeur vers une case mémoire définie par son adresse Pour la lecture, il s'agit pour le contrôleur de récupérer les données d'une adresse mémoire et de les transmettre au processeur pour rangement dans un registre interne. Comme toute communication, celle entre le processeur et le contrôleur de mémoire, est régie par un ensemble de règles appelé *protocole* (le chapitre 3, « Communication et protocoles », traite ce sujet).

Dans une version minimale, le contrôleur de mémoire est à considérer comme une unité de traitement spécialisée dans les seules opérations de lecture et d'écriture en mémoire centrale.

Le circuit peut être relativement simple : quelques circuits de décodage d'adresse pour sélectionner les bonnes cases et une logique de commande des mémoires élémentaires pour l'opération de mémorisation. Dans le cas d'une RAM dynamique, le contrôleur comporte aussi l'électronique de rafraîchissement.

Dans d'autres cas, le contrôleur de mémoire peut être d'un niveau de complexité bien supérieur, surtout si on confère une certaine intelligence à ce « magasinier ». Les principes de localité (que nous verrons au chapitre 7) indiquent, dans les grandes lignes, qu'en cours d'exécution d'un programme, on reste approximativement dans un même voisinage de mémoire, le contrôleur de mémoire peut alors, tout comme un magasinier, essayer d'anticiper les demandes du processeur. La complexité du contrôleur sera alors toute différente.

Le schéma du contrôleur de mémoire (figure 2-46) présente ici de manière symbolique l'interface de communication avec le processeur : des bits pour décrire l'opération à faire (lecture ou écriture), des bits pour définir une adresse mémoire, des bits pour l'entrée des données (*data in*) lors d'une écriture, des bits (*data out*) pour la restitution des données lors d'une opération de lecture. Comme on ne fait pas de lecture et d'écriture simultanée, on utilise physiquement un même paquet de fils électriques pour les deux ensembles de bits.

Quand un processeur effectue une lecture ou une écriture, il donne l'adresse de l'octet en mémoire qu'il veut atteindre. Suivant sa capacité d'adressage, cette adresse est fournie sur 16, 24, 32 ou 64 bits.

Il appartient au contrôleur de mémoire de décoder l'adresse pour sélectionner l'octet correspondant dans tout l'espace adressable.

La figure 2-47 donne le schéma de principe du fonctionnement de l'accès en lecture et en écriture à un bit mémoire. L'accès à un octet est similaire en regroupant 8 circuits de ce type. Pour qu'un accès se fasse, il faut qu'un décodeur d'adresse génère un signal de validation comme l'entrée AE (*Address Enable*) du circuit de la figure 2-47.

Figure 2-47

Accès au bit mémoire

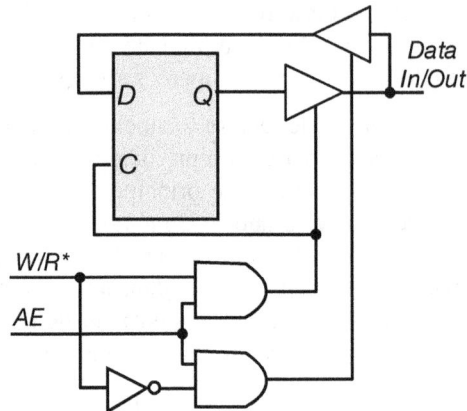

La distinction entre une lecture et une écriture par le signal de commande W/R* (écriture si W est à vrai, c'est-à-dire le signal à 1 et lecture si R* est à vrai, c'est-à-dire le signal à 0). L'entrée et la sortie du bit de donnée (entrée sur D et sortie sur Q) se partagent, à tour de rôle, le même fil du bus de données.

L'utilisation du même fil pour transférer un bit dans un sens ou dans l'autre est opérée à l'aide des deux circuits appelés *tampon 3 états* (*tri-state Z buffer*). La sortie du tampon est égale à l'entrée si le circuit est validé. Dans le cas contraire, le circuit est placé dans un état « haute impédance », état dans lequel il ne transmet rien et ne consomme rien sur ce fil.

Toute la mémoire d'un ordinateur n'est pas constituée d'un seul tenant, mais comporte généralement plusieurs blocs appelés bancs mémoire. Le décodage d'une adresse 32 bits devrait théoriquement utiliser un circuit décodeur à 32 entrées avec 2^{32} 'fils' de sorties pour sélectionner le bon octet !

Concrètement, le décodage ne se fait pas en une seule étape, mais en plusieurs phases parallèles et hiérarchiques, chaque phase validant la suivante. Le décodeur est un circuit à n entrées et 2^n sorties ainsi qu'une entrée de validation (*Enable*). La figure 2-48 décrit la table de vérité et le circuit d'un décodeur simple 2 vers 4.

Figure 2-48

Décodeur d'adresse

E	a	b	CS0	CS1	CS2	CS3
1	0	0	1	0	0	0
1	0	1	0	1	0	0
1	1	0	0	0	1	0
1	1	1	0	0	0	1

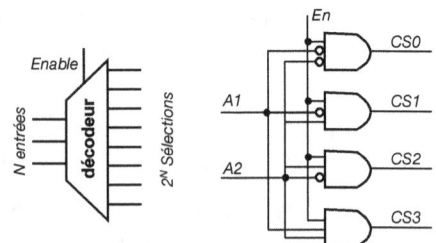

En général, le dernier étage de la suite de décodeurs est interne au contrôleur de mémoire et porte sur 20 ou 24 bits (décodage par blocs de 1 Mo ou 16 Mo).

Les mémoires RAM magnétiques : MRAM

Les SRAM et DRAM utilisées présentent l'inconvénient d'être volatiles : à l'arrêt de la machine toutes les informations sont perdues.

Il existe bien les mémoires Flash non volatiles, mais leur lenteur de cycle d'écriture et la nécessité d'utiliser des tensions élevées les réservent à des applications particulières, par exemple l'initialisation d'un système ou la sauvegarde des paramètres de configuration d'une exécution à l'autre dans le cas d'équipements embarqués (robotique).

Le souhait de tout temps a été d'obtenir une mémoire centrale non volatile avec des caractéristiques semblables en taille et niveau d'alimentation à celles des SRAM ou DRAM.

Cette technologie tant voulue est apparemment en train d'émerger. Il s'agit des mémoires MRAM (*Magnetoresistive Random Access Memory*) qui utilisent les propriétés magnétiques de certains composants. Au lieu de garder une charge électrique dans un microcondensateur comme les DRAM, une cellule MRAM stocke une information sous la forme d'une orientation de champ magnétique. Cette mémoire est donc non volatile et par voie de conséquence n'a pas besoin de circuit de rafraîchissement, d'où une économie d'énergie non négligeable.

Les travaux de recherche en ce domaine ont été entamés dès 1974 par IBM et se sont d'abord traduits par d'énormes progrès dans les capacités de stockage des disques. Depuis quelques années, les progrès sur les matériaux utilisés en microélectronique ont permis de réaliser les premiers prototypes de cellules mémoire basées sur un transistor et une structure de jonction à tunnel magnétique MTJ (*Magnetic Tunnel Junction*).

Le principe de la jonction MTJ est relativement simple. C'est une structure « sandwich » de trois matériaux (figure 2-49). Les deux couches externes sont magnétiques : l'une présente une orientation fixe, l'autre peut avoir une orientation libre. La couche interne est un isolant servant de « barrière tunnel », c'est-à-dire un élément laissant passer plus ou moins de courant suivant les orientations magnétiques des couches externes. Cette structure multicouche MTJ est reliée à un transistor qui permet de programmer la cellule en mode lecture ou en mode écriture. L'électrode supérieure permet de récupérer le courant de la jonction et ainsi de faire la lecture de l'information. La sélection de la cellule est définie par l'intersection d'une « ligne bit » avec une « ligne mot » orthogonale à la première. Lorsque l'orientation des deux couches magnétiques est *parallèle*, le tunnel présente une résistance dite *faible*, dans le cas contraire (orientation *antiparallèle*) la résistance est dite *élevée*. En fait, toute la difficulté technologique consiste à avoir des différences de résistances significatives et homogènes sur l'ensemble du composant.

Figure 2-49

Cellule mémoire
MRAM

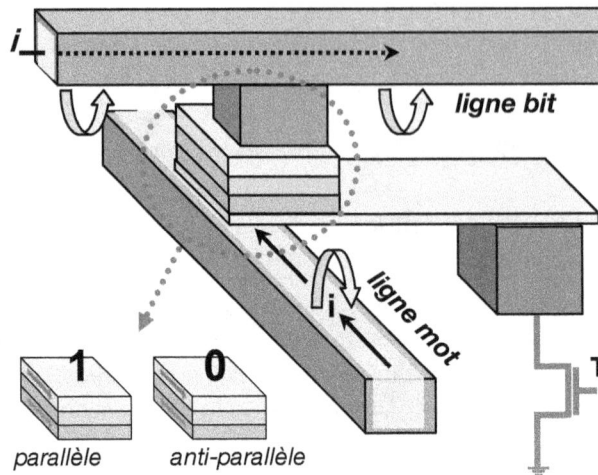

En 2004, les premiers composants MRAM sont disponibles en boîtiers 4 Mb chez Motorola Semiconductors (maintenant Freescale Corp.) et 16 Mb chez Infineon (en collaboration avec IBM).

Les caractéristiques intrinsèques de ces composants, comme la faible consommation pendant les cycles d'écriture, la non consommation pour la conservation des données, la robustesse des circuits et des temps d'accès (~15 ns) proches de ceux des SRAM, font qu'ils sont particulièrement intéressants pour tous les systèmes embarqués et nomades. Les portables, téléphones ou ordinateurs, sont les premiers clients potentiels.

Le marché étant virtuellement énorme, de nombreux « fondeurs de silicium » ont acquis les licences et les problèmes de processus de fabrication à grande échelle devraient bientôt être résolus.

Les changements induits dans l'usage de l'informatique seront importants, les systèmes n'auront plus besoin d'être chargés et redémarrés à la mise sous tension, et on verra des ordinateurs redémarrer dans l'état où ils ont été arrêtés, comme un téléviseur qui repart avec la même programmation que celle en service lors de son dernier arrêt.

Le processeur : architecture simplifiée de base

Nous venons de voir comment la logique séquentielle et les automates nous ont amenés aux registres internes d'un processeur, à la mémoire centrale et son contrôleur. Il faut se préoccuper maintenant de la manière de réaliser le cadencement, c'est-à-dire de l'enchaînement automatique de l'exécution des instructions.

Avant son exécution, une instruction se trouve en mémoire centrale. En première approche, le déroulement d'une instruction comporte 4 phases principales : la lecture du code opératoire de l'instruction et son décodage, la lecture des opérandes, l'exécution à proprement parlé et enfin l'écriture des résultats.

Notion de séquenceur

Le rôle du séquenceur, ou unité de commande, est d'enchaîner ces phases et d'envoyer les microcommandes aux circuits concernés par une phase donnée. Lorsque l'exécution d'une instruction est terminée, le séquenceur (figure 2-50) doit ensuite réitérer le cycle avec l'instruction suivante dans le programme. Il utilise pour cela un compteur d'instructions conçu de manière à ce que, à la fin de l'exécution d'une instruction, il donne toujours l'adresse de l'instruction suivante. Ce compteur, implémenté sous la forme d'un registre (c'est-à-dire une mémoire interne au processeur) est appelé *compteur de programme* (*Program Counter* ou *PC*). Le terme compteur est abusif vis-à-vis des instructions. En effet, il ne les compte pas, il pointe sur l'adresse en mémoire de la prochaine instruction à exécuter.

Figure 2-50

Séquenceur, Unité de commande

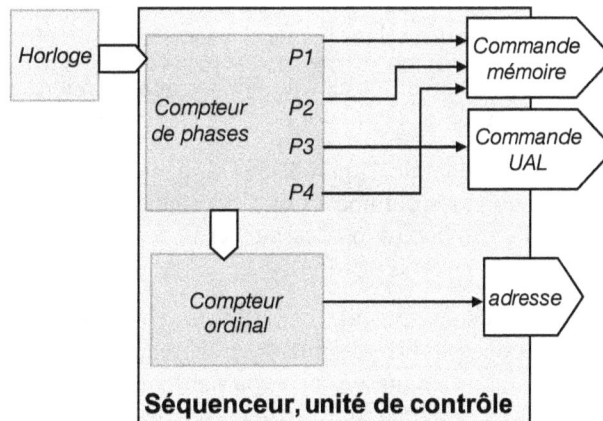

Le cadencement initial (rythme temporel) est fourni par une horloge physique externe généralement construite autour d'un oscillateur à quartz pour obtenir un signal périodique d'une bonne précision et stabilité en fréquence.

Pour les circuits logiques du processeur, ce signal d'horloge (figure 2-51) est vu comme une variable logique qui prend alternativement les valeurs 0 et 1 pendant une durée finie. Cette succession de 0 et de 1 peut alors servir d'entrée à différents circuits compteurs, ou autres, en agissant par les niveaux ou par les fronts.

Figure 2-51

Signal d'horloge

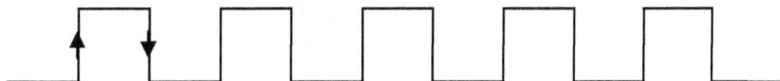

Pour faire la distinction entre l'horloge physique (le circuit à quartz) et l'horloge logique, la terminologie anglo-saxonne utilise les termes de *cristal* et *clock*.

> **Ordinateurs et horloges**
>
> En théorie, il n'est pas indispensable que le processeur soit cadencé sur une base périodique. Les premiers ordinateurs fonctionnaient sans horloge, la fin d'une opération enclenchant la suivante. Mais pour les besoins de communications et de synchronisation avec l'environnement externe, tous les processeurs travaillent maintenant avec des horloges à périodicité fixe et précise.

Ébauche de processeur

L'objectif de ce chapitre – qui était de montrer que le traitement des données d'une part et leur stockage d'autre part, peut être entièrement décrit par des fonctions logiques – est atteint, au moins dans les grandes lignes. Actuellement, ce sont les mêmes technologies à base de semi-conducteurs qui permettent de réaliser l'un et l'autre et éventuellement intégrer l'un dans l'autre : il est parfaitement courant d'intégrer une mémoire assez importante directement dans le microprocesseur).

Nous sommes donc en mesure de donner une première idée de l'architecture générale d'un ordinateur.

L'architecture générale (figure 2-52) fait apparaître des unités, dont certaines sont maintenant connues comme l'unité de contrôle et l'UAL (regroupées en un module appelé *unité centrale*, ou processeur) et le contrôleur de mémoire (avec sa ROM et sa RAM).

D'autres unités sont nouvelles : ce sont les contrôleurs d'entrées-sorties. Un ordinateur n'a d'intérêt que s'il est possible de lui communiquer les données sur lesquelles il doit travailler et s'il est en mesure de retourner le résultat de ses traitements. Cet aspect de la communication implique la mise en œuvre de dispositifs particuliers appelés *périphériques* (écran, clavier, modem…). Tout comme la mémoire centrale a besoin d'un contrôleur de mémoire, les périphériques demandent des unités de gestions appelées *contrôleurs* ou *coupleurs d'entrées-sorties*.

Figure 2-52

*Ordinateur :
architecture
générale*

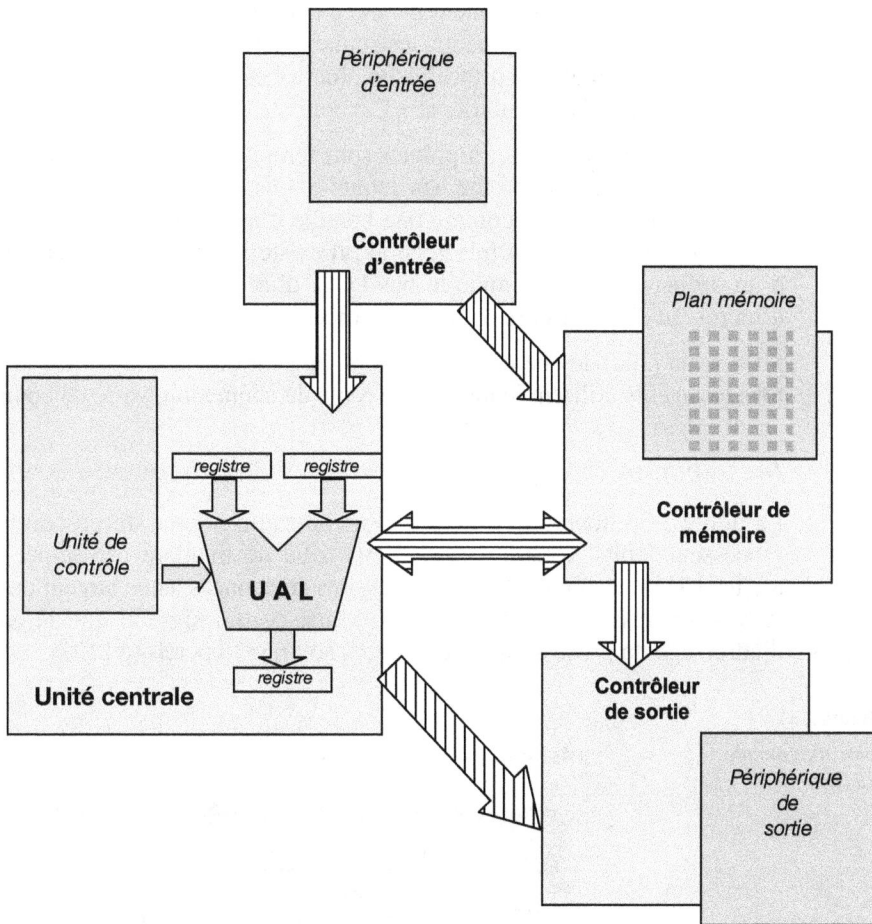

Ces coupleurs sont d'autant plus indispensables que les périphériques travaillent dans une échelle de temps totalement différente de celle du processeur et que l'information ne requiert pas forcément le même codage. Le coupleur d'entrées-sorties a une fonction d'adaptation de rythme et de transcodage.

Notion de bus

Les différents modules sont reliés par des liaisons (ensemble de fils) qui permettent le transfert de bits d'information d'un module à l'autre. A priori, on ne dispose ces liaisons bi-points (elles ne relient que les modules 2 à 2) qu'entre les modules qui le nécessitent. Elles sont efficaces car elles sont « privées » à deux modules et sont donc toujours disponibles. Elles sont aussi efficaces car des données peuvent circuler en parallèle sur plusieurs liaisons.

Il y a cependant un inconvénient majeur à la mise en œuvre de ce type de connectivité. Si le nombre de modules augmente, les connexions augmentent encore plus pour finalement tendre à utiliser toute la surface disponible. Elles deviennent inextricables et constituent un frein majeur à la modularité et à l'évolutivité de l'ordinateur.

Toutes ces liaisons « point à point » sont remplacées par un moyen de communication unique, une sorte d'autoroute, sur laquelle tous les modules viennent se brancher avec une connexion standard comme une bretelle d'autoroute. Ce moyen de communication est le *bus*. Le concept est très général : il existe aussi bien à l'intérieur d'un processeur, d'un ordinateur (par exemple le bus PCI), d'un périphérique (bus SCSI) qu'au niveau d'un réseau d'ordinateurs (réseau Ethernet).

Suivant un point de vue « ensembliste », on peut dire que le bus est le lieu des points où tous les agents utilisent le même protocole de connexion, voire de communication.

Architecture d'un processeur simple : le processeur 8 bits Intel 8080

La figure 2-53 donne un aperçu de l'architecture interne du processeur 8080. C'est un processeur 8 bits, c'est-à-dire qu'il travaille de manière privilégiée sur des mots de 8 bits : l'UAL manipule des octets et le bus de données a une largeur de 8 bits. Par contre, le bus d'adresse a une largeur de 16 bits, ce qui signifie que la capacité maximale d'adressage du processeur est 2^{16} octets, soit 65536 octets (64 Ko).

Figure 2-53

Bloc diagramme du 8080

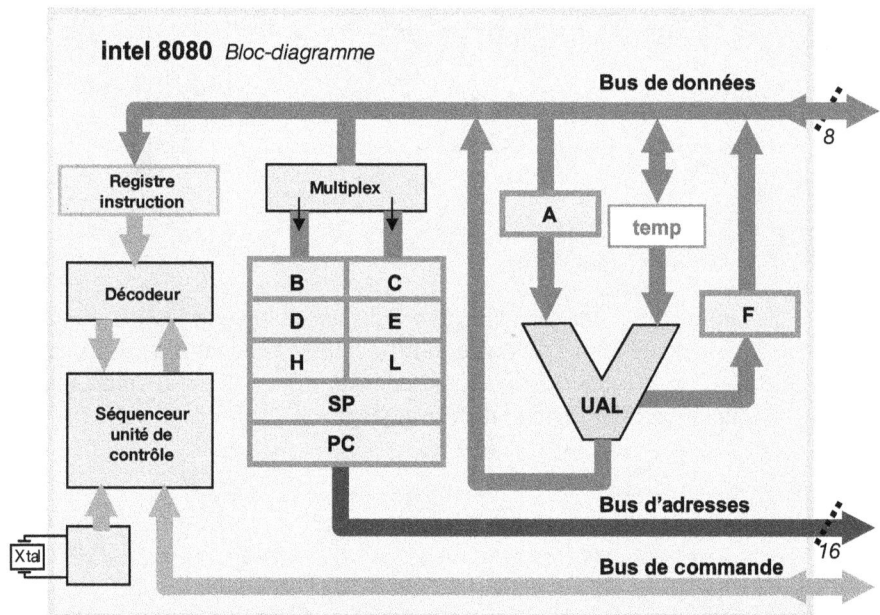

Toutes les opérations arithmétiques et logiques sont faites par le biais du registre A (Accumulateur) et un registre temporaire non accessible au programmeur. Le registre des drapeaux F (*Flags*) héberge les indicateurs d'opérations comme le débordement, valeur nulle, positive, négative… Certains registres sont des registres 8 bits mais peuvent être appariés pour constituer un registre de 16 bits, c'est le cas de BC, DE et HL. Enfin, il y a deux registres de 16 bits directement liés aux adresses mémoire : PC (*Program Counter* ou compteur ordinal) et le pointeur de pile (*Stack Pointer*) dont nous verrons l'utilité ultérieurement.

La première remarque qui s'impose est que le processeur 8080 ne comporte que très peu de registres (une dizaine). Toutes les données traitées par un programme devront passer par ces quelques registres. D'autre part, le processeur va chercher dans la même mémoire les instructions et les données : cette architecture est dite architecture de von Neumann.

Le processeur 8080

Le processeur 8080 (Intel 1974) comporte 6000 transistors sur la puce (gravure de 6 µ), fonctionne avec une horloge de 2 MHz et valait 150 \$. Le processeur 8080 est à l'origine de toutes les générations de processeur Intel de la famille des x86, qui s'achève avec le processeur Pentium.

Carte unité centrale

La figure 2-54 donne les composants caractéristiques d'une carte unité centrale (souvent appelée *carte mère* dans un PC) assurant les fonctionnalités de base d'un ordinateur : l'unité de traitement, la mémorisation et la communication avec le monde extérieur. Elle est architecturée autour d'un bus.

Figure 2-54

Carte unité centrale

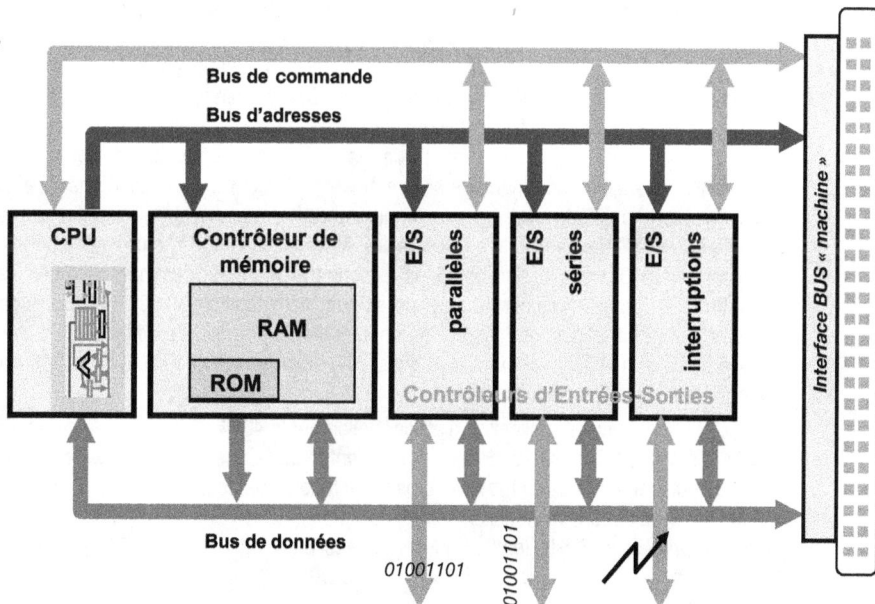

Le bus interne du processeur définit le moyen de connexion du processeur avec ses contrôleurs compagnons : contrôleur de mémoire, coupleurs d'entrées-sorties. Ce bus est relié, via une interface, au bus « machine », c'est-à-dire un bus défini pour un ordinateur et non plus dédié à un processeur, par exemple le bus PCI, VME…

À l'aide de ce bus on pourra ensuite créer des extensions à l'ordinateur, extensions qui seront indépendantes du processeur de la carte unité centrale (comme une carte d'extension graphique avec un processeur de traitement de signal).

Le bloc diagramme de la carte unité centrale fait apparaître trois catégories de contrôleurs d'entrées-sorties. Les *entrées-sorties parallèles* sont faites pour transférer simultanément un ensemble de bits (8, 12, 16, 32) sur un canal de communication pour obtenir le débit le plus important possible (interfaces disques, imprimantes…). Par contre cette possibilité n'est offerte que sur des distances courtes (quelques dizaines de centimètres à quelques mètres suivant le débit et la technologie). Les *entrées-sorties séries* servent à transmettre les données bit après bit sur une liaison à « un fil ». Les distances peuvent alors être beaucoup plus grandes. Les *entrées-sorties par interruption* correspondent à la signalisation de l'occurrence d'un événement. Par exemple, le passage d'un badge devant un lecteur signale l'événement « détection d'une carte » par l'intermédiaire d'une interruption, les informations de la carte pouvant ensuite être lues par un coupleur entrée-sortie parallèle.

Nous aurons l'occasion de développer tous ces points dans les chapitres suivants.

Le premier microprocesseur, le 4004 d'Intel

En 1968, Gordon Moore, Robert Noyce (qui ont travaillé avec William Shockley un des inventeurs du transistor) et Andrew Grove, des « anciens » de Fairchild, fondent la société Intel avec pour but de fabriquer à moindre coût des mémoires à semi-conducteurs alors que cette technologie est, à l'époque, beaucoup plus coûteuse que les mémoires à tores de ferrite alors en usage. La vente des mémoires démarrant difficilement, Intel accepte des travaux sur des circuits à façon. Ainsi, en 1969, Busicom, un fabricant japonais commande à Intel une famille de calculateurs programmables à circuits intégrés. Ted Hoff, ingénieur fraîchement embauché, conçoit, avec l'aide de Federico Faggin, les quelques circuits multifonctions demandés et y ajoute une mémoire programmable. Plutôt que de réaliser autant de circuits que de fonctions nécessaires, Ted Hoff a trouvé plus intéressant de concevoir un circuit à usage général programmable à partir de données mises en mémoire. Ainsi naquit le 4004, le premier microprocesseur, avec une mémoire de 640 octets, un jeu de 45 instructions travaillant sur des mots de 4 bits, cadencé à 108 KHz, intégrant 2300 transistors sur 14 mm^2 de silicium pour environ 60 000 opérations par seconde (le tout pour 200 $). Pour l'anecdote, la société japonaise était propriétaire des droits du circuit, mais les physiciens d'Intel, qui étaient apparemment aussi déjà de bons gestionnaires, rachetèrent les droits lorsque la société eut des difficultés financières…

Concrètement aucune application n'utilise réellement le 4004 en tant que version miniaturisée d'un ordinateur. Fin 1971, Gary Kildall découvre, en lisant le magazine Electronic News, la publicité faite par Intel pour le 4004 et eut l'idée de franchir ce pas. Il achète un processeur, contacte Intel et conçoit pour eux les premiers développements logiciels, en particulier le langage PL/M. En 1972, la société peut proposer son premier processeur 8 bits, le 8008 qui sera bientôt suivi, en 1974, du 8080 et un environnement de développement.

Federico Faggin, l'un des concepteurs du 8080, quitte Intel pour fonder, en 1974, la société Zilog et réaliser un compatible amélioré du 8080 avec l'introduction de registres d'index, de transfert en bloc... C'est le début du Z80. Celui-ci supplante rapidement le processeur d'Intel : le Z80 et le Z8 sont vendus à plus d'un milliard d'exemplaires (incorporés par exemple dans les télécommandes de téléviseurs).

Ce qu'il faut retenir quand vous aurez tout oublié

Tous les traitements à effectuer par un ordinateur peuvent être réalisés à l'aide de circuits binaires dont la synthèse se fait en 3 étapes. La première est la spécification de la fonction, qui donne sa description sous la forme d'une table de vérité, la deuxième est la synthèse du circuit (avec une méthode du type minterm), la dernière concerne la réduction ou simplification du circuit obtenu (avec, par exemple, la méthode du diagramme de Karnaugh). On parle de logique combinatoire.

La logique séquentielle permet de faire la synthèse des automates et en particulier les éléments de mémorisation comme les bistables.

L'unité centrale ou processeur est organisée autour d'une Unité Arithmétique et Logique et d'une Unité de Commande qui permet d'enchaîner les instructions d'un programme.

La mémoire centrale est gérée par un contrôleur de mémoire qui est un partenaire privilégié du processeur avec lequel il communique grâce à un bus.

Une carte Unité Centrale comporte les éléments vitaux de l'ordinateur comme le processeur, la mémoire et son contrôleur ainsi que les coupleurs d'entrées-sorties assurant le dialogue avec les périphériques.

3

Communication et protocoles

Du synchrone et de l'asynchrone

Qui parle ?

Le chapitre 2 s'est terminé par une ébauche de la carte d'unité centrale ainsi que l'expression des besoins de communications entre les différentes unités. Cette communication demande à être formalisée.

L'objectif du chapitre 3 est de décrire les principes sous-jacents à toute communication de données informatiques, tout en ayant à l'esprit que deux objectifs contradictoires sont recherchés. L'idéal est une transmission qui ne prend pas de temps et qui se fait sans la moindre erreur.

La première partie du chapitre s'intéresse au transport physique des données en accordant une attention particulière à l'adaptation d'un signal au support de transmission et aux techniques de codage binaire à signal.

Dans notre contexte, la communication couvre deux sens : d'une part l'action de transmettre une information à un destinataire, et d'autre part ce qui permet de joindre, mettre en relation deux entités.

L'action de transmettre un élément implique une notion de déplacement, de mouvement, et donc de temps. La transmission est caractérisée quantitativement sur les données transportées (les bits) et son comportement temporel (débit).

La mise en relation concerne les infrastructures, les voies de communications : supports, média. On parle de canal de communication.

La dernière partie du chapitre introduit la notion de protocole. Un protocole est un ensemble de règles qu'il faut respecter pour que la communication puisse se faire.

L'application de ces règles concerne les entités impliquées dans la communication : généralement une entité source et une entité destination.

Communication : principes généraux

L'ordinateur est une machine de traitement et de stockage de l'information, mais aussi de communication, soit pour les échanges internes à la machine, soit pour ceux avec le monde extérieur.

Le mot communication, dans le contexte qui nous intéresse, couvre deux sens : d'une part l'action de transmettre une information à un destinataire, et d'autre part les moyens qui permettent de joindre, mettre en relation deux entités.

L'action de transmettre un élément implique une notion de déplacement, de mouvement, et donc de temps. La transmission est caractérisée quantitativement sur les données transportées (les bits) et son comportement temporel (débit).

La mise en relation concerne les infrastructures, les voies de communications : supports, média. On parle de *canal de communication*.

Plaçons-nous sur un plan plus général et même terre à terre. Pour effectuer un transport, il faut un véhicule qui assure le déplacement et une voie de circulation. La communication est d'autant plus performante (en vitesse et sûreté) que le véhicule est bien adapté au support. Cela est vrai pour nos moyens de locomotion (vélo, voiture, camion…) qui sont conçus en fonction des voies de circulation (chemins, routes, autoroutes…), mais cela l'est aussi pour toutes les technologies de communication. Cette question de l'adaptation du véhicule au support est un des points clés abordés dans ce chapitre.

Nous parlerons d'abord des voitures et des routes, puis nous aborderons le « code de la route », c'est-à-dire le *protocole* ou procédure à respecter pour une circulation sûre ou au moins cohérente.

Qu'est-ce qu'un protocole ? En se référant au dictionnaire, le protocole est un ensemble de règles à observer en matière d'étiquette, de préséances dans les cérémonies et les relations officielles. Remarquons que cette définition un peu neutre, laisse sous-entendre qu'en cas de non-respect de ces règles, la cérémonie ou la relation risque de mal tourner. Si nous adaptons la définition à notre question de transport de l'information, nous pouvons retenir qu'un protocole est bien un ensemble de règles qu'il faut respecter pour que la communication puisse se faire. L'application de ces règles concerne les entités impliquées dans la communication : généralement une entité source et une entité destination. Avant l'établissement d'une communication, il est nécessaire que ces entités se soient (ou aient été) mises d'accord sur le protocole à mettre en œuvre.

Cette problématique de la transmission de données est la même quelle que soit l'échelle où l'on se place, que ce soit :

• au niveau d'un processeur pour la transmission des bits entre des registres et l'UAL ;

- au niveau du bus de la carte unité centrale pour les relations entre le processeur et le contrôleur de mémoire ;

- au niveau des communications distantes entre ordinateurs via des réseaux locaux.

Le lecteur pourra également considérer ce chapitre comme une introduction à un cours de réseaux, au moins en ce qui concerne la couche physique.

Pour transmettre des données, il faut les déplacer entre une source et une destination, il faut les véhiculer. Le moyen actuellement privilégié pour cette transmission est le signal, c'est-à-dire une onde qui se propage sur un support donné. Ce « signal-véhicule » se déplace à la vitesse de l'onde associée, soit électromagnétique, soit optique.

Vitesse de propagation et vitesse de transmission

Il ne faut pas confondre vitesse de propagation et vitesse de transmission. Dans un cas extrême, par exemple une très grosse quantité d'information stockée sur des dizaines de cartouches magnétiques à transférer de Lyon à Paris, on peut trouver plus performant de transporter l'ensemble des cartouches dans le coffre d'une voiture que de les transmettre par les voies modernes de la téléinformatique (le débit binaire apparent peut être supérieur avec la voiture...).

Dans toute la suite, nous considérerons que la transmission est faite à l'aide de signaux. La chaîne de communication (figure 3-1) laisse apparaître deux niveaux de codage-décodage. Le premier est dédié au codage de l'information en données et le second à celui du codage des données en signaux (et inversement à la réception).

Figure 3-1

De l'information à... l'information

Le signal

Un signal, noté s(t), est une variation, au cours du temps, d'une grandeur physique mesurable qu'elle soit électrique, optique ou sonore. La variation est indispensable. Une constante a une quantité d'information nulle et c'est l'ensemble des valeurs possibles d'un signal qui détermine la quantité d'information qu'il peut véhiculer.

Tout signal a besoin d'un support pour se propager. Par la suite, nous raisonnerons essentiellement sur les signaux électriques, les résultats étant transposables aux autres types d'ondes (c'est-à-dire les ondes de pression pour la communication acoustique). Le support agit de manière apparemment contradictoire vis-à-vis du signal : le signal ne peut exister que par son support, et d'un autre point de vue, le support va dégrader le signal tout au long de sa propagation. De la même manière qu'il faut une route pour faire circuler une voiture, cette route va aussi contribuer, par exemple, à l'usure de ses pneus et dans certains cas à sa destruction…

Il nous faut caractériser à la fois le signal et le support pour évaluer la manière dont se fera l'interaction. On peut penser que, meilleure sera l'adaptation du signal au support, meilleure sera la conservation du signal au cours de sa propagation et meilleure sera sa réception.

Caractérisation d'un signal

La caractérisation d'un signal consiste à représenter le signal par un modèle mathématique possédant des paramètres significatifs pour le triplet {données à transmettre, signal et support}.

Le signal est une fonction du temps, mais aussi des données à transmettre et sa caractérisation exacte paraît donc impossible. La modélisation ne va pouvoir tenir compte que de données « moyennes » sans liaison directe avec l'information effectivement à transmettre. Le signal est caractérisé par un *comportement moyen*.

Ce point est important et vaut la peine d'être illustré par un exemple. Si on visualise le signal correspondant à un enregistrement musical, il est impossible de caractériser le morceau de musique avec seulement quelques paramètres : il faut en écouter une séquence continue plus ou moins longue. Par contre, il est possible de donner des caractéristiques de comportements moyens comme : il y a beaucoup de sons graves (ou aigus), il y a peu de pauses, le rythme, avec ou sans chant…

Figure 3-2

Un signal analogique quelconque

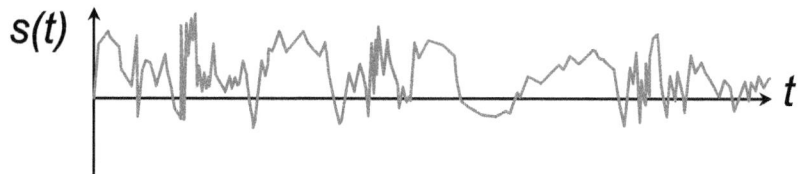

L'observation d'un signal est une certaine forme de caractérisation : elle n'est pas formelle, non utilisable d'un point de vue mathématique, mais elle est cependant riche d'informations. Le signal de la figure 3-2 montre d'abord que le signal est continu : à tout instant t il a une valeur (il n'y a pas de « trous » dans le temps). D'autre part, le signal est à valeurs continues : les valeurs prises par le signal le sont dans une plage continue de valeurs. Dans ce cas, on parle de signal analogique. De visu, le signal montre des évolutions plus ou moins rapides.

Figure 3-3

Un signal numérique binaire

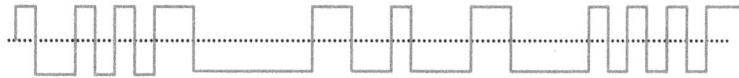

Lorsque le signal ne prend qu'un nombre fini de valeurs, on parle de signal numérique. Avec deux valeurs, le signal est dit binaire. Le signal est toujours continu dans le temps, mais il n'y a pas de possibilité de jouer sur l'amplitude en dehors des deux valeurs fixées. Cela signifie qu'à un instant donné, un signal numérique transporte, a priori, moins d'information qu'un signal analogique. Dans le cas numérique, le niveau d'une des valeurs doit être maintenu suffisamment longtemps pour qu'elle soit reconnaissable du côté de la réception.

Caractérisation formelle d'un signal

Obtenir une représentation exacte d'un signal comme une fonction du temps mathématique exploitable, est quasi impossible, à moins de l'observer pendant un temps infini. Il existe cependant un cas particulier, celui du signal périodique pour lequel une seule période d'observation suffit. Notons aussi qu'un tel signal, une fois la première période passée, ne transporte plus d'information car il y a répétition infinie du cycle sans le moindre changement.

Cette remarque demande des précisions. Un signal ne peut transporter une information que par ses variations, mais les variations d'un signal ne transmettent pas obligatoirement de l'information. Dans l'exemple de la figure 3-4 : le signal varie bien, mais toujours de la même manière. Il ne peut rien transmettre en dehors de sa période. C'est un signal d'horloge.

Figure 3-4

Horloge : signal binaire périodique

Nous avons donné une représentation d'un signal en fonction du temps t. Or, il est aussi possible de représenter le signal dans le domaine inverse 1/t, c'est-à-dire avec une abscisse en fréquence. Cette représentation est dite fréquentielle.

La représentation fréquentielle repose sur un modèle élaboré par Joseph Fourier, modèle dans lequel tout signal est considéré comme le résultat de la superposition d'une infinité de signaux sinusoïdaux ayant chacun une fréquence différente.

Figure 3-5

Signal sinusoïdal

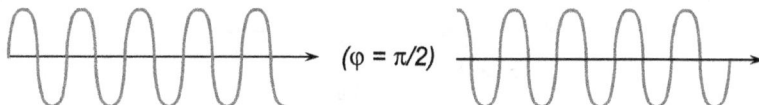

($\varphi = 0$)   ($\varphi = \pi/2$)

Chacune des sinusoïdes est considérée comme une composante du signal qui apporte sa contribution énergétique, à la manière de la lumière blanche, considérée comme la superposition d'une infinité de lumières, chacune à une longueur d'onde différente. Un signal sinusoïdal pur correspond au modèle mathématique :

$$s(t) = a \sin(2\pi ft + \varphi) = a \sin(\omega t + \varphi)$$

Les coefficients a, f, φ et ω sont les paramètres de la fonction sinus. Le paramètre a définit l'amplitude maximale du signal, f (ou la pulsation $\omega = 2\pi f$) correspond à la fréquence du signal, c'est-à-dire le nombre de périodes par seconde. La phase φ donne, sous la forme d'un angle, l'origine de la courbe au temps $t = 0$.

En résumé, a, f et φ sont les paramètres spécifiant totalement le signal sinusoïdal. Pour un jeu de paramètres donné, la sinusoïde évolue indéfiniment de la même manière et ne contient ainsi aucune information. Des variations dans la forme de la sinusoïde ne peuvent arriver qu'en introduisant des variations sur l'un et/ou l'autre de ses paramètres. Ce sont ces variations qui peuvent être associées à une information. La création de ces variations au niveau des paramètres de la sinusoïde est appelée une *modulation*. La *modulation d'amplitude* consiste à faire varier l'amplitude de la sinusoïde en fonction de l'information à transmettre. La *modulation de fréquence* effectue le même travail en agissant sur la fréquence. La phase est aussi modulable.

Modulation d'amplitude et modulation de fréquence

La modulation d'amplitude et la modulation de fréquence sont utilisées l'une et l'autre dans la diffusion radiophonique (Grandes Ondes et FM), chacune avec ses avantages et ses inconvénients : meilleure qualité pour la FM, mais faible portée et inversement pour les GO.

Représentation spectrale

La représentation fréquentielle, appelée *spectre de puissance* ou spectre de raies, trace la courbe de l'énergie d'une composante en fonction de sa fréquence. Pour un signal quelconque, cela revient à visualiser la valeur de l'amplitude (ou plus exactement son carré pour être homogène à une énergie ou à une puissance) en fonction de la fréquence. Dans le cas d'une sinusoïde pure, ce tracé ne comporte évidemment qu'une seule « raie » pour sa fréquence d'oscillation (figure 3-6).

Pour être complet au niveau de la représentation fréquentielle, il faudrait aussi représenter les variations de la phase en fonction de la fréquence, mais nous nous limiterons ici au spectre de puissance.

Figure 3-6

Une sinusoïde et son spectre de raies

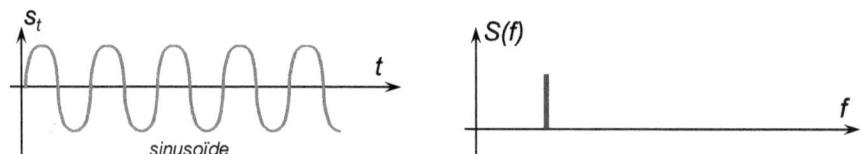

sinusoïde

Fourier a montré que toute fonction f(t) périodique de période T (T = 1/f) peut se mettre sous la forme d'une série dite de Fourier :

$$f(t) = \frac{1}{T} \sum_{k=-\infty}^{+\infty} C_k e^{j2k\pi t/T} \quad \text{avec} \quad C_k = \frac{1}{T} \int_{-T/2}^{T/2} f(t).e^{-j2k\pi t/T} dt$$

On montre ainsi que l'énergie du signal est concentrée sur les fréquences f = k/T (la contribution énergétique est nulle pour toutes les autres valeurs de fréquence) et cette énergie est égale à $|C_k|^2$.

Le spectre de puissance d'une fonction périodique (figure 3-7) est ainsi un ensemble de raies aux fréquences multiples. La première raie correspond à une fréquence appelée le *fondamental*, qui est l'inverse de la période de cette fonction. Les multiples du fondamental sont appelés *harmoniques*.

Le spectre d'un signal continu est le module de sa transformée de Fourier.

Figure 3-7

Signal périodique et son spectre de raies

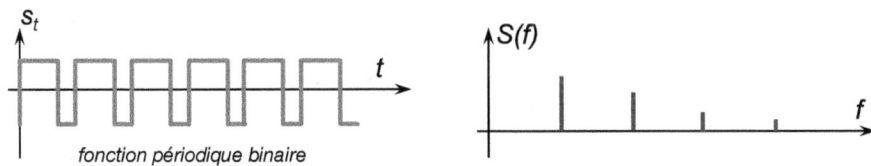

fonction périodique binaire

Dans le cas d'un signal quelconque (figure 3-8), toutes les fréquences sont représentées : le signal est considéré comme la superposition d'une infinité de sinusoïdes de fréquences différentes. La sommation de Fourier devient une intégrale et le spectre de raies devient une densité de raies.

Figure 3-8

Signal quelconque et sa densité spectrale

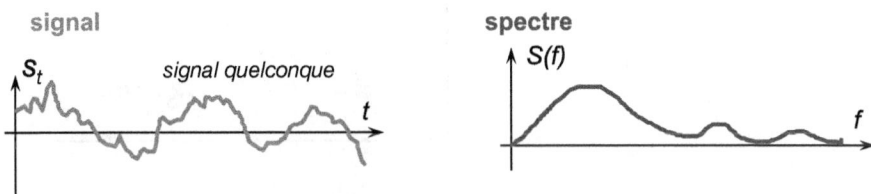

Toutes les fréquences étant présentes en continuité, le spectre de raies est une fonction continue appelée *densité spectrale*. Pour trouver la puissance générée par une plage de fréquences, il faut calculer l'intégrale de la fonction sur l'intervalle de fréquence fixé.

Dans le cas de la transmission de données informatiques, le signal n'est ni un signal périodique ni tout à fait un signal quelconque : il dépend de l'information à transmettre et de la règle de codage utilisée. Son comportement moyen sera toutefois décrit par sa densité spectrale : la densité donne la bande de fréquence dans laquelle est concentrée la majeure partie de l'énergie. Notons au passage que nous avons maintenant à notre disposition une représentation qui caractérise de manière « statique » le signal qui lui, évolue de manière continue au cours du temps.

L'objectif étant de vérifier l'adéquation des caractéristiques du signal à celles du support, il faut maintenant trouver une caractérisation du support qui permette de faire la comparaison.

Caractérisation du support

Le support, ou canal de transmission, n'est pas un dispositif parfait, c'est-à-dire sans effet sur le signal transporté. Plus précisément, il ne se comporte pas de façon identique pour toutes les fréquences. Certains supports laissent mieux passer les fréquences basses, pour d'autres ce sont les hautes fréquences qui passent mieux. Dans tous les cas, il n'existe pas de support laissant intactes toutes les fréquences possibles d'un signal. On dit que le support agit comme un filtre qui peut être plutôt passe-bas, passe-haut voire passe-bande, en fonction des plages de fréquences qu'il laisse intactes. Le support est alors caractérisé par sa *bande passante*, bande de fréquences qu'il transmet sans perte ou déformation notable. La bande passante ne dépend que des caractéristiques physiques du support (matériau, taille…) et non du signal véhiculé.

La bande passante est définie par les fréquences dites de coupure qui délimitent la bande. L'atténuation du signal étant progressive et non brutale, il se pose alors la question de la définition de ces fréquences. Au lieu de dire que la fréquence de coupure est la fréquence qui fait passer le gain à 0, il faut faire un choix en fixant un seuil d'atténuation standard pour que différents filtres soient comparables.

Figure 3-9

*Coupure
à 3 et 6 dB*

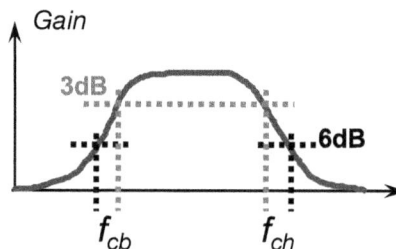

Les valeurs retenues correspondent soit à une atténuation par deux au niveau de la puissance, soit une atténuation par deux au niveau de l'amplitude (c'est-à-dire une atténuation de 4 au niveau de la puissance) du signal.

L'atténuation (ou le gain) pouvant prendre des valeurs sur une étendue très grande, elle est exprimée en échelle logarithmique, soit :

Gain = 10 log P_E/P_S en déciBels (dB).

P_E est la puissance d'entrée, P_S celle de sortie. La valeur la plus communément utilisée est une atténuation par deux de la puissance, ce qui équivaut à 3 dB. L'atténuation est de 6 dB si elle divise par deux l'amplitude du signal.

Par exemple, on estime que pour transmettre correctement voix et musique il faut qu'une chaîne Hi-Fi ait une bande passante à 3 dB de 20 Hz à 20 kHz. Pour le téléphone analogique, le canal de transmission se comporte comme un filtre passe-bande de 300 Hz à 3 400 Hz.

Comparaison spectre/bande passante

Nous avons maintenant en main les éléments pour faire la comparaison entre le signal et le support et ainsi savoir si le premier est adapté au second. En première approximation, l'adaptation est bonne si la densité spectrale « rentre » dans la bande passante du support (figure 3-10).

Figure 3-10

Bande passante et spectre

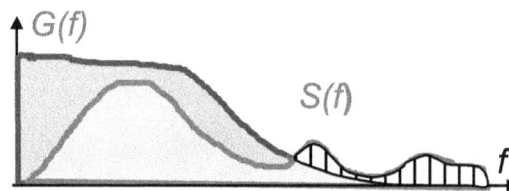

Dans la réalité, il n'y a pas que l'atténuation des fréquences qui déforme un signal, il y a aussi la distorsion de phase : toutes les fréquences ne se propagent pas dans le support à la même vitesse. Cela signifie que toutes les composantes d'un signal n'arrivent pas en même temps au niveau de la réception, d'où des distorsions.

La figure 3-11 montre le signal réel obtenu sur un réseau Ethernet à partir d'une suite alternée de 0 et de 1 en codage de Manchester.

Figure 3-11

Signal « Ethernet » théorique et réel observé

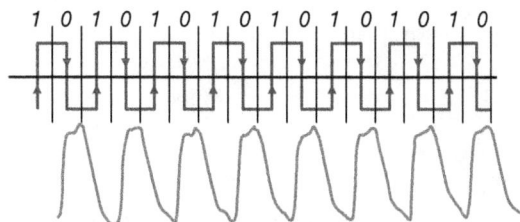

On observe le fait que les fronts parfaits de montée ou de descente n'existent pas, que le support agit bien comme un filtre passe-bas ayant tendance à lisser le signal. De plus, le signal est décalé sur la figure par rapport au signal théorique d'origine : ce décalage est dû au temps de propagation sur le support.

Les techniques de modulation

Physiquement le signal sinusoïdal est assez facile à générer par un circuit oscillateur et est donc largement utilisé pour la transmission de données. Dans le domaine analogique les modulations sont essentiellement la modulation d'amplitude et la modulation de fréquence (figure 3-12).

Figure 3-12

Modulation d'amplitude et modulation de fréquence

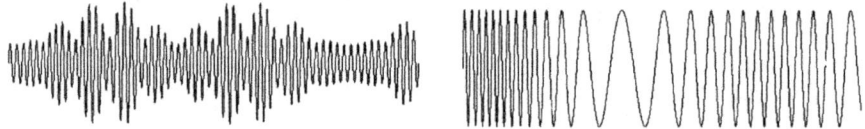

Dans la suite nous nous limiterons aux techniques de modulation définies dans le monde du numérique et, plus précisément, les techniques adaptées à la transmission de données binaires. Pour une modulation en amplitude ou en fréquence, cela signifie par exemple que l'on va associer deux amplitudes ou deux fréquences à la valeur du bit à transmettre.

Notion de rapidité de modulation

Dans le cas des données binaires, les valeurs de modulation sont en nombre fini. Avec un seul bit, cela signifie que l'on donne une valeur de modulation pour le 1 et une valeur de modulation pour le 0. Cette valeur, ce paramètre de la sinusoïde, doit être maintenue un temps minimal. Quel est ce temps ? De quoi dépend-il ?

On appelle *moment élémentaire T*, la durée pendant laquelle on maintient constant les paramètres de modulation. La *rapidité de modulation R*, qui s'exprime en *bauds*, est le nombre de variations des paramètres de modulation par seconde. T et R sont liés par la relation $R = 1/T$ Bauds.

Les données sont transmises d'autant plus rapidement que la rapidité de modulation est élevée. Comme nous venons de le voir, il est assez intuitif de penser que cette rapidité est limitée par les caractéristiques du support, et précisément par sa bande passante. Nyquist a montré que la rapidité maximale de modulation R_{max} est donnée par la relation :

$$R_{max} = 2\,W$$

Où W, en Hz, est la largeur de la bande passante du canal de transmission non bruité.

Canal de transmission

Pour le téléphone analogique, le canal de transmission se comporte comme un filtre passe-bande de 300 Hz à 3 400 Hz, la rapidité de modulation maximale est ainsi de 6 200 bauds ($= (3\,400 - 300) \times 2$).

Nous avons fait une première hypothèse restrictive : un changement de bit génère un changement de paramètres de modulation. Or, s'il y a suffisamment de valeurs de paramétrage possibles, alors on peut très bien associer plusieurs bits à un seul changement de paramètres.

Par exemple, en combinant la modulation d'amplitude (avec 2 valeurs a_1 et a_2) et la modulation de fréquence (avec 2 valeurs f_1 et f_2), nous obtenons 4 valeurs de paramètres de modulation (a_1f_1, a_1f_2, a_2f_1, a_2f_2). La quantité d'information associée à ces 4 valeurs est de 2 bits, ce qui signifie que les bits de données peuvent être codés par 2 durant un moment élémentaire. Le débit binaire est doublé en associant ainsi chaque combinaison de 2 bits à une combinaison de 2 paramètres : a_1f_1 pour 00, a_1f_2 pour 01, a_2f_1 pour 01 et a_2f_2 pour 11. Un tel codage est appelé multi-symbole. Ce type de codage se retrouve dans les liaisons téléphoniques numériques (RNIS, Réseau Numérique à Intégration de Service) sous le nom de 2B1Q (2 bits et 1 symbole Quaternaire, donc 4 valeurs de niveau).

Les valeurs de rapidité de modulation sont normalisées. 110, 300…, 1200, 2400, 3600, 4800, 9 600… bauds, sont des valeurs standards.

Valence

La valence v d'une modulation est le nombre de valeurs possibles des paramètres de cette modulation. Le nombre n de bits que l'on peut transporter par moment élémentaire, c'est-à-dire le nombre de bits par baud, est alors donné par la relation :

$n = \log_2(v)$ (cf. définition de la quantité d'information).

Débit binaire

Le débit binaire D, exprimé en bits par seconde, est le nombre effectif de bits transmis par seconde sur le canal. La relation entre rapidité de modulation, valence et débit binaire est :

$$D = R * \log_2 (v) \text{ bit/s}$$

Le débit binaire est égal à la rapidité de modulation multipliée par le nombre de bits transportés par baud.

Canal bruité

Les résultats précédents ont été obtenus avec l'hypothèse d'un canal non bruité. Dans la réalité, le signal est non seulement déformé par le filtrage, mais le canal de transmission génère ou capte aussi du bruit agissant comme un signal parasite ajouté au signal d'information.

Dans le cas d'un canal non bruité, il paraît simple d'obtenir de très hauts débits : il suffit d'augmenter d'autant la valence. Avec une valence de 4, on multiplie le débit par 2, avec une valence de 1024, on multiplie le débit par 10. Or, on peut aussi comprendre que, plus la valence est grande, plus le signal arrivant à la réception sera sensible au bruit car les écarts entre les valeurs du signal seront devenus très faibles. Supposons que l'on transmette des données binaires à l'aide des 2 tensions 0 V et 5 V avec un bruit moyen sur le support de l'ordre de quelques millivolts. Le bruit peut être considéré comme négligeable et ne créera pas de soucis majeurs à la réception. Par contre, si l'on veut multiplier le débit par 10, il faut une valence de 1024, c'est-à-dire que les niveaux de tensions à l'émission ne diffèrent que de 5 millivolts pour deux configurations voisines. On est dans le même ordre de grandeur que l'amplitude du bruit et l'on aura forcément beaucoup d'erreurs à la réception.

Ce raisonnement montre qu'il existe une limite supérieure à la valence pour un canal bruité donné. Cette limite est calculable à condition que l'on connaisse la nature du bruit sur le canal et sa puissance moyenne. Le bruit est un signal, c'est-à-dire qu'il est également caractérisable par son spectre.

Le *bruit blanc*, dénomination donnée par analogie avec la lumière blanche, possède un spectre uniformément plat : toutes les fréquences dans la bande de fréquence du support ont la même énergie. Ce bruit est dit stationnaire si ses caractéristiques de moyenne et de variance restent constantes au cours du temps. En matériel Hi-Fi, ce type de bruit s'appelle le *souffle*.

Le bruit blanc est à opposer au *bruit impulsif* qui correspond à des parasites occasionnels, imprévisibles et de forte amplitude ; en Hi-Fi on parle de *parasites* ou de *crachotements*.

Le bruit blanc génère des erreurs isolées alors que le bruit impulsif génère des erreurs groupées multiples.

Si le bruit est blanc et de puissance moyenne faible, alors les interférences du bruit sur le signal sont très occasionnelles. Les erreurs sont relativement rares et isolées. Par contre, le bruit impulsif perturbe brutalement le signal pendant un laps de temps important. Les erreurs sont nombreuses et rapprochées.

Capacité d'un canal bruité, relation de Shannon

Le canal de transmission bruité par un bruit blanc, est caractérisable par la puissance moyenne de bruit P_E comparativement à la puissance moyenne du signal P_S transmis. On définit ainsi le canal par son rapport signal/bruit (S/B) qui s'exprime également sur une échelle logarithmique :

$$S/B_{dB} = 10 \log_{10} (P_S/P_E)$$

Shannon a montré que la valence maximale permettant de distinguer, à la réception, deux valeurs voisines sur un canal bruité par un bruit blanc est donnée par la relation :

$$v = (1 + P_S/P_E)^{1/2}$$

Si nous combinons maintenant la limite de Nyquist concernant la rapidité de modulation et celle de Shannon concernant la valence, nous obtenons la capacité maximale du canal, ou débit binaire maximal, par la relation de Shannon :

$$D_{max} = W \log_2 (1 + P_S/P_E) \text{ bits/s}$$

Reprenons l'exemple de la liaison téléphonique analogique (RTC). La largeur de bande passante W est égale à 3 100 Hz. On admet généralement que le rapport signal sur bruit est d'au moins de 30 dB. Pour l'utilisation de la relation de Shannon, il faut transformer le rapport logarithmique en rapport linéaire des puissances.

$30 \text{ dB} = 10 \log_{10} (P_S/P_E)$ d'où :

$P_S/P_E = 1\ 000$

Le débit binaire maximal possible est dans ces conditions d'environ 31 000 bits/s. Cette valeur est un peu pessimiste car le rapport S/B est en général meilleur que celui annoncé, mais ce débit correspond assez bien à ceux observés réellement au niveau des modems.

Voyons maintenant les équipements impliqués dans une transmission de données.

Des principes de communication aux normes

Afin d'assurer un minimum d'interopérabilité entre des équipements de communication, il est nécessaire d'introduire quelques éléments structurants, appelés *interfaces*, dans notre schéma de communication.

La première distinction à faire entre les équipements qui interviennent dans la communication, est de prendre, d'une part les équipements qui génèrent ou reçoivent les données binaires et d'autre part, ceux qui sont en prise directe avec le canal de communication.

Figure 3-13
ETTD, ETCD et jonctions

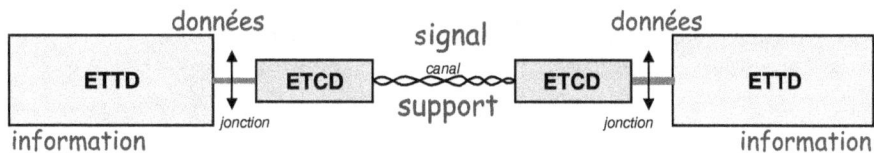

L'ETTD, *Equipement Terminal de Traitement de Données*, est le dernier (premier) équipement qui traite les données avant émission (après réception). Cela peut aussi bien être un ordinateur, qu'un terminal de saisie, une imprimante ou un capteur.

Les ETCD, *Equipement de Terminaison de Circuit de Données*, sont les équipements situés aux extrémités du canal de communication. Ils sont en charge de l'adaptation du signal au support, c'est-à-dire du codage (resp. décodage) binaire à signal (resp. signal à binaire). Le modem est un exemple d'ETCD. La terminologie anglaise fréquemment utilisée, plus facile à prononcer, est DTE pour *Data Terminal Equipment* et DCE pour *Data Communication Equipment*.

La notion de jonction entre un ETTD et un ETCD se concrétise physiquement par les connecteurs ou prises qui sont standardisées d'un point de vue mécanique, électrique et fonctionnel. L'interface RS232 permet la connexion entre un ordinateur (prise COM1 sur un PC) et un modem externe.

Synchronisation des horloges

Les bits de données sont transmis avec un cadencement défini par la rapidité de modulation et donc par la durée du moment élémentaire T. Il est implicite dans un protocole de transmission que cette durée T est parfaitement stable à l'émission et qu'elle a la même valeur à la réception. À cette fin, les ETCD comportent des horloges pilotées par des quartz de même fréquence. L'ETCD récepteur procède à un échantillonnage du signal avec une périodicité T, puis décode la valeur de tension lue avec la règle appropriée. L'horloge de réception devrait bien sûr être la plus voisine possible de celle d'émission. Dans la pratique, le récepteur va être confronté à un certain nombre de difficultés pour restituer correctement les données. En premier lieu, cette égalité des périodes des horloges est impossible à réaliser à coût raisonnable et les horloges sont données égales à une marge près. Ensuite, un quartz a, pour une fréquence donnée, une stabilité de l'ordre de 10^{-5}. Même si les quartz sont choisis avec des références identiques, il pourra y avoir une dérive d'un bit au bout de 10^5 bits transmis.

Une dernière difficulté à prendre en compte vient de la distance parcourue par le signal entre l'émetteur et le récepteur. Celle-ci est a priori indéterminée, le récepteur pouvant se trouver n'importe où, comme par exemple sur un réseau local. Il lui est donc impossible de savoir quand le premier bit arrive. Même en connaissant la période, le récepteur ne sait pas « quand » procéder à l'échantillonnage. Toute erreur sur l'instant d'échantillonnage provoque des erreurs à la réception.

Le récepteur doit résoudre le problème du calage ou *mise en phase* de son horloge de réception sur celle de l'émission. Deux techniques principales sont possibles.

La première consiste à transmettre séparément sur un autre support, mais de mêmes caractéristiques, l'horloge d'émission. Comme le signal d'horloge et le signal de données se propagent à la même vitesse, le récepteur utilise directement cette horloge pour échantillonner au bon moment. Cette solution fonctionne bien, mais présente l'inconvénient majeur d'utiliser des canaux de communication supplémentaires juste pour transmettre l'horloge.

La seconde technique, la seule que nous allons décrire, essaie de transmettre sur le même canal l'horloge et les informations par un multiplexage entre la transmission des bits d'information et la transmission de l'horloge. L'émetteur envoie d'abord une séquence d'horloge, alternance de 0 et de 1 appelée *synchronisation bit*, que le récepteur utilise pour repérer les fronts de montées et de descentes et ainsi réaliser la mise en phase.

L'escalier mécanique

Pour illustrer cette notion, faisons une analogie dans la vie courante. Un escalier mécanique roulant en marche continue effectue un déplacement de type synchrone : c'est à la personne d'attendre et de prendre la marche au bon moment par rapport à « l'horloge » de l'escalier, sinon... gare à la chute. La personne observe inconsciemment l'avance de quelques marches pour effectuer cette synchronisation et mettre le pied au bon endroit au bon moment. C'est l'équivalent de la synchronisation bit.

Après ce calage, le récepteur peut échantillonner au meilleur instant le signal pour acquérir les bits de données, mais… seulement pour un certain temps. En effet, comme les horloges ont forcément des dérives, la désynchronisation arrivera rapidement. Il faudra alors que la suite de bits (aussi appelée *trame*) se termine suffisamment tôt avant cette désynchronisation, ou que le codage des données permette d'entretenir la synchronisation pendant toute la durée de la transmission.

Transmissions synchrones et asynchrones

Une transmission est synchrone si le récepteur utilise la même horloge que l'émetteur. Soit les deux entités travaillant ensemble sont suffisamment proches pour être connectées à la même horloge physique (comme sur un bus machine), soit l'horloge est transmise avec un canal de transmission équivalent de manière à ce que l'horloge d'émission soit transportée conjointement avec la trame de données. La transmission synchrone permet de bien déterminer l'instant d'échantillonnage du signal, car la phase de l'horloge à la réception est maintenue pendant toute la durée de la réception. La transmission peut aussi être synchrone par émission permanente de bits qui correspondent soit à l'horloge, soit à la trame de données, c'est le cas par exemple de la procédure HDLC (*High level Data Link Control*) utilisée en téléinformatique. Dans ce cas, lorsque l'émetteur n'a pas de données à transmettre, il transmet un signal d'entretien de l'horloge.

Dans le mode asynchrone, en dehors de l'émission du train de bits de la synchronisation bit (parfois réduit à un seul bit), la transmission peut commencer n'importe quand et se fait sans horloge pour régler l'échange.

L'escalier asynchrone

Un escalier en mode asynchrone correspond à un escalier qui « attend » (il est au repos) le passager, celui-ci pouvant arriver n'importe quand. Il démarre à son arrivée, signalée par un capteur.

Il est alors souvent accompagné d'un mécanisme de signalisation temporel appelé *poignée de main* (*handshake*). Cette technique est quelquefois utilisée avec la mémoire, car elle permet d'adapter une opération de lecture (soit deux transmissions à l'alternat) au temps de cycle différent de plusieurs composants mémoire (DRAM et ROM).

Cette description des modes synchrones et asynchrones correspond aux définitions des mots synchrone et asynchrone dans le monde de l'électronique des composants (circuits) et dans le domaine du temps réel.

En téléinformatique, ces qualificatifs sont utilisés avec une signification un peu différente. Par exemple, une transmission est synchrone si la mise en phase est maintenue pendant toute la transmission, même si l'envoi du premier bit peut se faire n'importe quand et donc nécessiter l'envoi d'un préambule de bits de synchronisation de l'horloge. De fait, en mode synchrone, le récepteur effectue une synchronisation d'horloge en phase et en fréquence. Suivant cette définition, Ethernet travaille en mode synchrone.

Le mode asynchrone, qu'il faudrait plutôt appeler *arythmique*, est confondu en pratique avec l'émission en mode *caractères* : le temps s'écoulant entre l'émission de deux caractères est quelconque et chaque caractère est précédé d'un bit de démarrage (*start bit*) prévenant de l'arrivée des 7 bits du caractère et du bit de parité. Émetteur et récepteur travaillent avec des horloges convenues suffisamment voisines en valeur l'une de l'autre. Le *start bit* sert uniquement alors à faire la synchronisation de phase. Ensuite, il n'y a pas d'entretien de l'horloge de réception car la stabilité de l'horloge est suffisante sur une courte durée de transmission, par exemple une dizaine de bits pour la transmission d'un caractère.

Voies et modes de transmission

Les transmissions de données dans l'ordinateur sont cadrées sur la taille de son mot (8, 16, 32 bits). Cela se passe ainsi au niveau du bus du processeur, voire du bus de l'ordinateur, où l'on met à disposition de la communication, un ensemble de fils. Le *bus*, pour assurer le transfert simultané d'un mot complet, utilise une transmission *parallèle*. Elle nécessite autant de fils que la taille du mot, mais requiert en général aussi des fils supplémentaires pour transmettre l'horloge de synchronisation, l'adresse du destinataire, les signaux de commandes (lecture, écriture, acquittement, etc.). Ce nombre de fils est alors parfois très important (bus avec des centaines de lignes).

La transmission parallèle est celle qui est la plus rapide, mais les lois de la physique découragent une utilisation tout azimut de ce mode. Le cadencement du bus, c'est-à-dire la fréquence d'envoi d'un mot en parallèle, est en général très élevé pour obtenir un très haut débit binaire. Or, plus les fréquences sont élevées, plus les lignes d'une certaine longueur se comportent comme des antennes qui rayonnent et qui réceptionnent, ce qui se traduit par beaucoup d'interférences entre les voies et finalement beaucoup d'erreurs dans la transmission. En fin de compte, si l'on veut obtenir une certaine fiabilité dans la transmission, il faut se limiter soit sur la fréquence, soit sur la distance (autrement dit : « Qui veut aller loin, ménage sa monture… »). D'autre part, sur un plan économique, une liaison parallèle est coûteuse.

Par exemple, un bus interne de processeur avec une horloge à quelques gigahertz limite la communication parallèle à une zone de quelques centimètres. Le bus d'un ordinateur (quelques centaines de mégahertz) est limité à quelques dizaines de centimètres. Les bus parallèles pour des appareils de mesure, comme IEEE 488 ont une longueur maximum de 20 m pour un débit maximum de 1 Mo/s. À technologie égale, le produit de la bande passante par le débit est constant. Les valeurs des exemples précédents ne sont pas directement comparables entre elles car les technologies associées, l'électronique en particulier, ne sont pas identiques.

Les liaisons parallèles sont donc essentiellement utilisées pour des débits très élevés sur de très courtes distances (bus AGP pour les cartes vidéo, bus SCSI pour les disques rapides).

À l'extérieur de l'ordinateur, la transmission se fait généralement en série. Il s'agit en fait d'éliminer tous les problèmes d'interférences des fils en torons ou en nappes, en n'en gardant dans l'idéal… qu'un seul. Les bits doivent donc être transmis les uns à la suite des autres dans un ordre déterminé, d'où la dénomination de *transmission série*. Dans le cas idéal, une liaison série n'utilise qu'un seul « fil » de transmission. En pratique, et en particulier pour la transmission de signaux électriques, il faut un conducteur supplémentaire (retour de masse, terre). C'est le cas du câble coaxial ou l'âme centrale transporte le signal et le retour de masse se fait par une tresse entourant l'isolant. Par contre, avec les fibres optiques, une seule fibre est suffisante.

La liaison série a toujours été réputée lente par opposition à la liaison parallèle, mais on peut admettre qu'avec les progrès technologiques, les très hauts débits sont maintenant également atteints aussi bien au niveau des supports que de l'électronique associée.

Comme de grandes distances peuvent être parcourues avec une transmission série, il est utile de bien faire la différence entre la vitesse de propagation du signal et le temps de transmission d'un bit (débit binaire) et entre le temps de propagation (parfois appelé *latence*) et le temps de transmission.

Temps de propagation

Le temps de propagation est le temps mis par le signal pour se propager de la source à la destination sur le support. Pour des signaux électriques ou électromagnétiques, la vitesse de propagation dans un métal conducteur est de 200 000 Km/s.

Structuration d'un message, encapsulation, notion de trame

En mode série ou en mode parallèle, les données d'information ne circulent pas toutes seules sur le canal de transmission. Nous avons déjà vu que pour être en mesure de détecter une erreur, il fallait adjoindre aux données une clé de contrôle (CRC). La plupart du temps, les supports de communications sont multipoints (plusieurs agents sont connectés sur le bus ou le réseau local) : il est alors indispensable d'accompagner les données avec l'identificateur ou *adresse* du destinataire, éventuellement complétée de celle de l'émetteur. Enfin, dans le cas d'une liaison série, les données doivent être précédées, comme nous l'avons vu, d'une suite binaire pour la mise en phase de l'horloge de réception (synchronisation bit).

Cela signifie que les données d'information sont émises sous la forme d'un bloc structuré, soit suivant les fils d'un bus parallèle (données, adresse, commande), soit sous la forme d'une suite contiguë de bits appelée *trame*. La structure générale d'une trame est décrite en figure 3-14. La trame constitue une sorte d'enveloppe qui permet de réaliser le transport à bon port des données. Le champ commande Cmd permet de faire la distinction entre les trames transportant uniquement de l'information et les trames de services. Un exemple de trame de service est une trame ARQ de demande de renvoi de données en cas de détection d'erreur.

Figure 3-14

Structure générale d'une trame

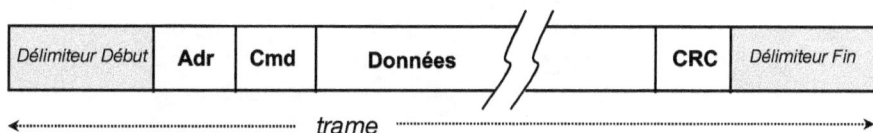

Délimiteur Début	Adr	Cmd	Données		CRC	Délimiteur Fin

← ··· *trame* ··· →

L'opération de création de ce bloc structuré est appelée *encapsulation*. L'ETCD d'émission réalise une encapsulation et l'ETCD de réception extrait les données du bloc reçu.

Sens de transmission

Entre des équipements d'extrémités A et B, il existe plusieurs manières de définir le sens de la transmission au niveau physique.

Dans une liaison en mode *simplex*, si A est l'émetteur alors B ne peut être que récepteur. Le mode de transmission est unidirectionnel, il n'y a pas de retour possible de B vers A. Ce mode de liaison correspond par exemple à la diffusion télé.

Pour les communications bidirectionnelles, deux fonctionnements sont possibles : l'alternat ou *Half Duplex* et le bidirectionnel intégral ou *Full Duplex*.

Dans une liaison *Half Duplex*, les trames circulent alternativement dans un sens puis dans l'autre. Une ligne à 2 fils (transmission et masse) est suffisante, mais évidemment les deux extrémités ne peuvent pas envoyer des trames simultanément. Il faut déterminer des trames permettant de définir le tour de parole. Pour passer d'un sens à l'autre, il y a un temps de commutation de la fonction de réception à celle d'émission, ce temps est appelé *temps de retournement*. Les radios amateurs ont des liaisons en mode alternat. La communication entre le processeur et le contrôleur de mémoire se fait à l'alternat.

Dans le mode *Full Duplex*, les trames peuvent circuler simultanément dans les deux sens. Cela suppose qu'entre les ETCD il y a au moins deux voies de communication, un fil dans un sens et un second pour l'autre, ou alors que le support est partagé par exemple suivant des bandes de fréquences différentes (multiplexage fréquentiel).

Partage de support, multiplexage et démultiplexage

Le support de communication est aussi en fin de compte… un élément coûteux qu'il est intéressant de rentabiliser au niveau de son utilisation. Cela est vrai aussi bien pour le bus processeur que pour les câbles de communication à plus grandes distances, où les travaux de génie civil sont très largement plus onéreux que les équipements de terminaison et le support. Pour fixer un ordre de grandeur, la pose d'une fibre optique coûte environ 20 € le mètre si le cheminement existe, et environ 200 € le mètre si le terrassement est à faire.

Le partage du support de transmission, pour permettre la simultanéité apparente ou réelle de plusieurs transmissions, est une opération appelée *multiplexage*.

Le multiplexage fréquentiel est le partage du support en plusieurs canaux travaillant dans des bandes de fréquences différentes. Chaque transmission utilise son propre canal avec une longueur d'onde (fréquence porteuse) bien spécifique. Chaque transmission n'utilise qu'une partie du support, mais peut le faire indéfiniment. Il y a réellement simultanéité dans les transmissions. Un exemple bien connu de multiplexage fréquentiel est l'utilisation de la bande de fréquence FM pour différentes stations radio émettrices.

Le multiplexage temporel est le partage dans le temps du support : celui-ci est alternativement attribué à différents émetteurs pendant un laps de temps déterminé. Par contre, pendant ce laps de temps, la transmission peut utiliser le support dans l'intégralité de sa bande passante. Il n'y a pas de réelle simultanéité, c'est le temps qui est partagé entre les différentes transmissions. Le multiplexage temporel est le plus efficace pour les communications internes à l'ordinateur. Quelques éléments supplémentaires vont devoir être précisés.

Comment multiplexer un signal ou des bits ? Le circuit de base est un circuit logique à 2^n entrées et une sortie. En fonction d'une entrée « commande de sélection » sur n bits, le circuit dirige l'entrée choisie vers la sortie. Si le circuit est synchronisé avec une horloge, alors le circuit réalise un multiplexage temporel cyclique sur les 2^n signaux d'entrées. Du côté du récepteur, l'opération inverse est réalisée par un circuit démultiplexeur.

Quelques exemples de débits	
Sonde Viking, sous-marins	quelques bits/s
Premiers Télex	50 bits/s
Minitel (montée)	75 bits/s
Liaisons imprimantes	10-20 Kbits/s
Ethernet	100 Mbits/s
Fibre optique	1-10 Gbits/s

Exemples de temps de propagation	
Traversée d'un circuit intégré	0,2 ns
Traversée d'un câble Ethernet	5 µs
Paris-Lyon en fibre optique	1 ms
Traversée Atlantique (en câble)	25 ms
Terre-Lune	1,3 s
Terre-Mars	3 min
Terre-Pioneer (16 bits/s) aux confins du système solaire	9 h

Exemple de multiplexage fréquentiel : l'ADSL

L'ADSL, *Asymetric Digital Subscriber Line*, propose d'utiliser la ligne téléphonique entre usager et central téléphonique pour faire passer simultanément une liaison téléphonique classique et une liaison informatique pour une connexion Internet. La ligne a une bande passante de l'ordre du MHz, voire plus. Elle peut être nettement plus élevée suivant la distance entre l'abonné et le central ainsi que la qualité de la ligne.

Cette bande est partagée en trois grandes parties. La bande inférieure à 4 KHz est réservée au téléphone analogique et reste donc compatible avec le fonctionnement habituel de celui-ci. Le reste de la capacité (de 20 KHz à 1 MHz) de la ligne est pris pour la liaison ADSL. L'ADSL, à l'instar du Minitel, différencie de manière asymétrique le trafic montant (de l'usager vers le réseau) du trafic descendant (du réseau vers l'usager).

L'usager étant supposé consommer davantage de données qu'il n'en produit, la plus grande partie de la bande passante est dédiée au trafic descendant.

Figure 3-15

Multiplexage en ADSL

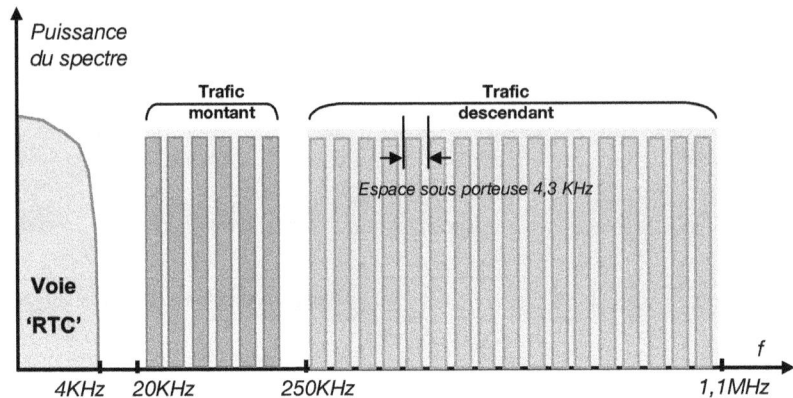

Le codage binaire à signal

Le but de cette partie est de décrire quelques-unes des nombreuses techniques de généra-tion d'un signal à partir d'une suite de données binaires. On donnera les propriétés de ces signaux, ce qui permettra de vérifier que le signal est bien adapté au canal.

Pour une même suite de bits, il y a différents codages possibles qui génèrent ainsi des signaux différents, c'est-à-dire avec des densités spectrales différentes. Afin d'obtenir une meilleure transmission de données par rapport à un canal donné, il faut donc trou-ver le codage pour lequel la densité spectrale « rentre » au mieux dans la bande passante.

C'est au niveau de l'ETCD qu'est réalisée cette fonction de codage. On distingue deux grandes catégories de modulation : la *modulation large bande* et la *modulation en bande de base*.

Modulation large bande

La modulation large bande utilise un signal appelé « porteuse » qui est une sinusoïde avec une fréquence fixée. Le signal peut alors être modulé en amplitude, en fréquence et en phase. Dans la pratique des transmissions de données numériques, en particulier celle des modems, la modulation d'amplitude est combinée avec la modulation de phase car cette combinaison offre la meilleure discrimination à la réception pour reconstituer les valeurs binaires. Cette technique est appelée Modulation en Amplitude à porteuse en Quadrature (MAQxx). MAQ 8 utilise une valence de 8 : 2 valeurs d'amplitude et 4 valeurs de phases.

Modulation en bande de base

Le codage binaire le plus fréquemment utilisé dans les communications informatiques (hors télécommunications) utilise la modulation dite en bande de base. Elle peut être considérée comme un cas particulier de la modulation large bande avec une porteuse de fréquence nulle.

Les seules modulations possibles sont celle de l'amplitude, on parle de codage par niveaux, et celle de phase, on parle de codage par fronts ou transitions. Comme il n'y a pas de manipulation de fréquence, les circuits associés sont assez simples à réaliser en électronique digitale. Les données binaires sont simplement converties en niveaux ou changements de tension.

Les caractéristiques des codages sont données avec l'hypothèse toujours implicite de l'équiprobabilité et l'indépendance des 1 et des 0 des bits à transmettre. Cette hypothèse a déjà été introduite pour la définition de la quantité d'information.

Tous les bits sont également codés sur la même durée, le moment élémentaire T (inverse de la rapidité de modulation).

Les codages NRZ

Le codage NRZ simple, Non Retour à Zéro, est le plus simple et celui qui paraît le plus naturel. C'est le codage utilisé implicitement dans le chapitre 2. La règle de codage est :

- 1 codé par un niveau d'amplitude a V (volt) ;
- 0 codé par 0 V (volt).

Avantages/inconvénients : la densité spectrale est composée d'une densité et d'une raie pour la fréquence 0 (ce qui dénote l'existence d'un niveau continu).

$$S(f) = \frac{a^2 T}{4} \left[\frac{\sin(\pi f T)}{\pi f T} \right]^2 \left[1 + \frac{1}{T} \delta(f) \right] \text{ où } \delta(f) \text{ est la fonction de Dirac.}$$

Ce codage ne demande quasiment pas de circuits car les données sont déjà présentes sous cette forme. Le signal produit un niveau moyen non nul (a/2) ce qui est un inconvénient : une partie de l'énergie du signal se transforme en chaleur. D'autre part, il n'est pas possible de faire la différence entre un 0 logique et une coupure de ligne.

Le codage NRZ bitension (figure 3-16) est une variante du NRZ simple où l'on se dégage des deux inconvénients cités précédemment. Il utilise les deux niveaux +a et −a, avec la règle de codage :

- 1 codé par un niveau d'amplitude a ;
- 0 codé par −a.

Avantages/inconvénients : ce codage est aussi relativement simple. Le spectre de puissance du signal NRZ (avec les hypothèses données précédemment) est :

$$S(f) = a^2 T \left[\frac{\sin(\pi f T)}{\pi f T} \right]^2$$

qui indique que la plus grande part de la puissance se trouve dans les fréquences basses. C'est un codage qui pose des problèmes de synchronisation (tout comme le NRZ) car une longue suite de 0 (ou de 1) garde le signal au même niveau. Pendant tout ce temps il n'y a pas de variations permettant le maintien de la synchronisation de l'horloge de réception.

Figure 3-16

NRZ bitension

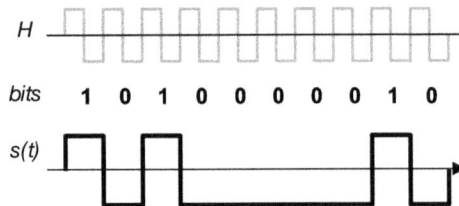

Le codage biphasé ou codage de Manchester

Le codage biphasé comporte deux niveaux (+a et –a), mais le codage se fait par transitions : c'est un codage par changement de phase. La règle de codage est :

- 0 est codé par un front descendant en milieu de période ;

- 1 est codé par un front de montée en milieu de période.

Les fronts, s'ils existent, en fin (début) de période sont des fronts de « raccords ». Ils ne sont donc pas significatifs pour l'information (figure 3-17).

Avantages/inconvénients : ce codage est excellent pour la synchronisation car il y a un changement de front à chaque milieu de période. Une fois la synchronisation faite, elle est facilement maintenue. On peut dire que ce code transmet à la fois les données et l'horloge. Le code de Manchester est très utilisé, c'est le code retenu pour le réseau local Ethernet où il permet le maintien de la synchronisation d'horloge sur les 1 500 octets de la trame.

Figure 3-17

Codage de Manchester

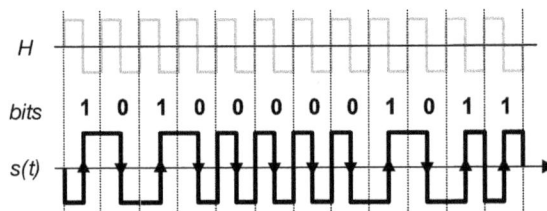

Discussion Manchester/NRZ

La densité spectrale est plus riche dans les fréquences élevées que celle du NRZ, ceci s'explique par le fait que le signal donne à chaque période une indication de synchronisation. La densité spectrale du code de Manchester est donnée par :

$$S(f) = a^2 T \frac{\sin^4(\pi fT/2)}{(\pi fT/2)^2}$$

La figure 3-18 donne la représentation comparée des deux densités spectrales. L'essentiel de l'énergie d'un signal NRZ se trouve dans les basses fréquences : le fait que la densité n'est pas nulle à la fréquence 0 est du aux possibilités de longues séquences de 1 faisant momentanément apparaître un niveau continu. Le maximum d'énergie du codage Manchester se trouve plutôt du côté de la fréquence 1/T : une longue séquence de 0 ou de 1 fait apparaître momentanément l'horloge.

Figure 3-18

Comparaison des densités spectrales pour les systèmes Manchester vs NRZ

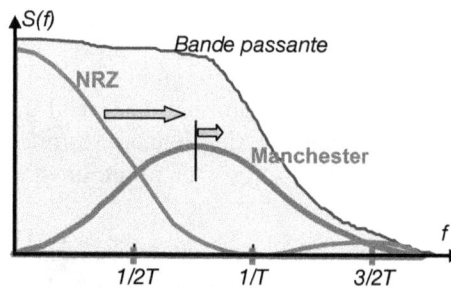

Soit maintenant un canal de transmission se comportant comme un filtre passe bas de fréquence de coupure $f_c = 1/T$. Pour ce support, les deux codages génèrent des signaux qui passent bien le canal : leurs densités spectrales sont à l'intérieur du gabarit de bande passante du support.

Par contre, si on cherche à augmenter la rapidité de modulation dans les deux cas (par exemple la doubler), les deux densités spectrales vont se déplacer vers la droite (vers les fréquences plus élevées). Pour le même canal, le signal Manchester aura la majorité de son énergie en dehors de la bande passante, le signal sera complètement déformé et donc inexploitable. Par contre, le signal NRZ aura encore toute son énergie utile dans la bande passante du canal et sera ainsi encore pleinement utilisable.

Pour un support (passe bas) donné, on peut, en moyenne, transmettre en NRZ deux fois plus rapidement que le code de Manchester, mais avec un risque non négligeable de désynchronisation de l'horloge.

Les deux codes décrits ne sont que des exemples pour illustrer la manière de faire un choix de codage en fonction d'un support déterminé et des objectifs retenus pour la transmission. Il existe bien d'autres codages comme les codages bipolaires ou multiniveaux, pour ne citer que ceux-là.

Notions de protocole de communication

Dans cette partie, nous abordons les principes généraux concernant les protocoles de communication. Ces principes s'appliquent à l'ensemble des protocoles de communication décrits dans le modèle OSI (*Open System Interconnection*) en 7 couches, mais nous traiterons plus particulièrement les éléments d'un protocole au niveau de la couche physique, c'est-à-dire proche du matériel.

Le modèle OSI

Le modèle OSI de l'ISO (Organisation internationale de normalisation) est un modèle de référence pour la structuration des logiciels et équipements réseaux afin d'assurer l'interopérabilité des systèmes de communications informatiques.

ISO n'est pas un acronyme pour « International Standards Organisation », mais est le préfixe *iso* du grec « égal ». Le sigle est ainsi le même dans toutes les langues.

Un protocole est un ensemble de règles que les agents communicants doivent respecter pour le bon fonctionnement de la communication. La notion de bon fonctionnement en communication de données informatiques tend à viser deux objectifs plus ou moins contradictoires : à la réception, les données restituées sont identiques à celles qui ont été émises, c'est-à-dire sans erreur (ou un minimum d'erreurs), et le transfert doit prendre un minimum de temps.

Différents groupes d'agents peuvent utiliser des protocoles de communications différents, choisis en fonction de certains critères de performance, mais à l'intérieur d'un groupe, c'est le même protocole qui doit être respecté.

Un protocole, ensemble de règles

Tout protocole de communication fait apparaître quatre ensembles de règles, illustrant quatre points-clés du protocole.

Une communication s'appuie sur un langage de communication, un mécanisme de tour de parole, une gestion des erreurs et un mécanisme de contrôle de flux.

Le langage de communication

Les ETCD aux extrémités doivent être conçus pour effectuer le transfert physique en utilisant les mêmes symboles à la réception qu'à l'émission. Dans une communication de bas niveau, le langage dont il est question, n'est ni plus ni moins que l'un des codages « binaire à signal » vus dans les sections précédentes.

La notion de langage inclut ici également la notion de débit : il faut que la rapidité de modulation soit la même à l'émission et à la réception. Il ne suffit pas de parler la même langue pour se comprendre, il faut encore que le débit soit le même. Il suffit d'écouter un enregistrement sonore (chanson, discours) à une vitesse de défilement différente de celle de l'enregistrement pour que le message entendu soit totalement incompréhensible. Les équipements d'extrémités se doivent de travailler avec une horloge de mesure du temps à la réception la plus voisine possible de celle de l'émission. La même fréquence est nécessaire, mais évidemment et surtout la bonne phase est indispensable pour que le récepteur échantillonne le signal au moment le plus favorable. Le langage du protocole englobe alors aussi les mécanismes de synchronisation (« synchronisation bit » et « synchronisation trame »).

Un mécanisme de tour de parole

Au niveau physique, la communication s'appuie sur la transmission de signaux. Sur un canal de communication donné, la règle de base à respecter est qu'à un instant donné, s'il y a plusieurs agents communicants sur le canal, il n'y en a qu'un seul qui puisse émettre. Dans le cas contraire, les signaux vont se mélanger et ne seront plus interprétables. Par contre, plusieurs agents peuvent être à l'écoute du message émis. Un support de transmission peut éventuellement avoir plusieurs canaux qui, eux, fonctionnent simultanément et indépendamment par multiplexage.

Un **arbitrage** est à réaliser pour assurer que le droit d'émission n'est attribué qu'à un seul agent. Cet arbitrage est centralisé ou réparti. Dans un arbitrage centralisé, un agent, dit primaire, joue le rôle d'arbitre et distribue ce droit de parole (à la manière d'un président de séance dans une assemblée), les autres agents n'ayant intrinsèquement pas droit à l'émission, sauf sur demande expresse du primaire. Dans ce mode, il n'y a pas de communication directe entre agents secondaires. Sur une carte unité centrale d'un ordinateur, ce type de mécanisme est utilisé sur le bus pour la communication entre le processeur et le contrôleur de mémoire centrale : c'est le processeur qui est maître des échanges de données (lecture ou écriture).

Lorsque l'arbitrage est réparti, c'est chaque agent qui agit pour qu'il n'y ait pas de conflit. Les tours de parole sur des réseaux locaux comme Ethernet ou Token Ring sont des exemples d'arbitrages répartis. Tous les agents peuvent prendre l'initiative de la demande de prise de parole.

Une gestion des erreurs

Aucun canal de transmission n'étant parfait, ni par sa bande passante, ni par le bruit ajouté au signal, le signal à l'arrivée est différent de celui qui a été émis. Si le support est suffisamment long, on peut noter que tous les agents sur le support ne voient pas le signal arriver avec les mêmes déformations car le signal se dégrade avec la distance.

Quelle que soit l'origine de ces dégradations, le résultat palpable au niveau de la transmission est un *taux d'erreurs* et pour un taux donné, le risque d'une réception entachée d'erreurs est d'autant plus grand que le message reçu est long.

La gestion des erreurs est une politique de tolérances aux fautes, qui définit ce qui doit être fait lorsqu'il y a une erreur. Il faut évidemment d'abord être en mesure de détecter l'existence d'une erreur (bit de parité, code de Hamming, codes cycliques CRC). Après cette détection, il faut éventuellement mettre en œuvre un mécanisme de correction (par répétition du message ARQ ou autocorrection).

Un mécanisme de régulation ou supervision du trafic (contrôle de flux)

Un mécanisme de régulation de trafic est un ensemble de règles qui permettent de structurer l'échange de données dans le temps. Cela couvre aussi bien le contrôle de flux classique pour la congestion ou la saturation du destinataire, que la supervision (régulation) des échanges de données comme les mécanismes d'acquittement (appelés aussi dans certains protocoles la « poignée de main »).

Cette supervision, si elle existe, implique que les agents échangent des informations (physiques ou logiques et dans ce dernier cas, on parle de *trames de services*) de gestion de ce trafic pour signaler les bonnes ou mauvaises réceptions (signaux ACK, NACK), les demandes d'arrêt momentané d'émission pour limiter la congestion…

L'illustration que nous proposons pour la mise en place d'un protocole au niveau physique concerne la gestion des échanges entre un processeur et son contrôleur de mémoire.

Les échanges mémoire par l'exemple

Les communications entre un processeur et le contrôleur de mémoire, appelés « échanges mémoire », se résument à des requêtes d'écriture et des requêtes de lectures du processeur vers le contrôleur. Seul le processeur a l'initiative de l'échange : le contrôleur quand il parle ne fait que répondre. Le tour de parole est donc de type arbitrage centralisé. Dans les deux exemples que nous prenons, il n'y a pas de gestion des erreurs et les contrôles de flux se font de manières différentes. Les protocoles sont représentés par une visualisation sous la forme de chronogramme des échanges.

Exemple asynchrone : le 68020

Pour décrire un cycle de lecture effectué par le processeur 68020 (Motorola), il faut introduire quelques-uns des signaux du bus intervenant dans l'échange. Le processeur 68020 est le premier de la famille 68000 à être un processeur complètement 32 bits, aussi bien en adressage qu'au niveau de la largeur du bus de données. Nous limitons la description des signaux aux éléments nécessaires à la compréhension du cycle de lecture. Le codage binaire à signal utilisé est le NRZ simple, mais l'horloge est transportée séparément.

La figure 3-19 décrit le chronogramme d'un cycle de lecture en mémoire centrale d'un mot long de 32 bits. Les lignes fléchées décrivent la causalité : le rond représente l'origine, la cause, l'événement et la flèche pointe sur l'action qui en découle. C'est une autre forme de représentation d'un diagramme état-transition.

Figure 3-19

*Chronogramme
d'un cycle
de lecture, 68020*

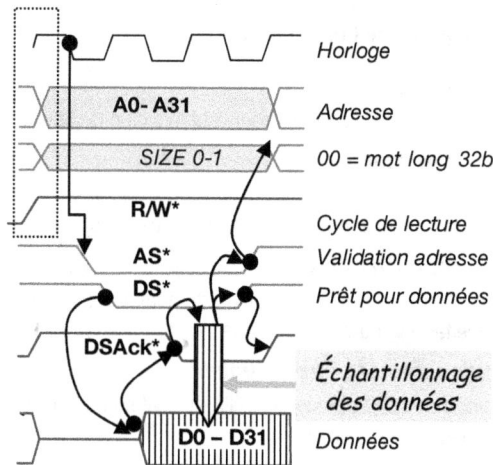

Le processeur initialise le cycle en positionnant toutes les informations nécessaires à la lecture (adresses A0 à A31, SIZE0 et SIZE1 à 0, R/W*). Après stabilisation des signaux, il effectue la validation d'adresse AS* et se déclare ainsi prêt à recevoir la donnée en positionnant le signal DS*. Cette validation entraîne la réaction du contrôleur de mémoire qui, après un laps de temps, dépose les données sur le bus. Le contrôleur valide son dépôt pour indiquer que les données sont prêtes à être lues (DSAck* positionné).

Le processeur échantillonne alors les valeurs sur le bus, puis relâche les signaux qui ont établi la demande de lecture. La lecture est alors terminée et un nouveau cycle peut commencer… Le cycle dont nous venons de décrire le déroulement, sert aussi bien à lire une donnée qu'une instruction. De ce point de vue, le transfert est banalisé.

Le processus de lecture se déroule comme une succession d'événements s'enchaînant les uns les autres avec des acquittements temporels.

Bien que toutes les opérations soient parfaitement rythmées par une horloge, on parlera ici d'un échange asynchrone : les actions peuvent être calées sur fronts d'horloges, mais entre deux actions, le nombre de coups d'horloge n'est pas défini.

Le contrôleur peut répondre quand il veut (ou plutôt quand il est prêt), mais ses actions seront ensuite obligatoirement calées sur les fronts d'horloges. L'avantage de ce système est que le protocole est indépendant du temps d'accès mémoire utilisé. C'est un protocole à acquittement par « poignée de main » (contrôle de flux).

Quelques signaux du bus du 68020

A0 à A31. Bus d'adresse

Le bus d'adresse fournit l'adresse complète lors d'un cycle bus.

D0 à D31. Bus de données

Ce bus, bi-directionnel, permet l'échange de données sur 32 bits, mais les échanges peuvent aussi se faire avec des largeurs inférieures (voir SIZ0/1 ci-après).

SIZ0-SIZ1. Taille du transfert

Ces signaux indiquent la taille de l'opérante à faire circuler sur le bus de données. Les deux niveaux à 0 indiquent une taille par défaut de 32 bits.

AS*. Validation adresse (*Adress Strobe*)

Ce signal indique que l'adresse, la taille et R/W sont maintenant des informations valides sur le bus et qu'un contrôleur peut les utiliser.

DS*. Validation de données (*Data Strobe*)

Ce signal indique, dans le cas d'une lecture, que le contrôleur concerné par l'échange doit prendre possession du bus de données, le processeur signalant par-là qu'il est prêt à recevoir la donnée. Dans le cas d'une écriture, ce signal indique que le 68020 a déposé une donnée valide sur le bus de données.

DSACKx*. Acquittement de transfert (*Data Transfer and Size Acknowledge*)

Ces deux entrées (x = 0,1) indiquent au 68020 qu'un transfert est terminé avec la taille correspondant à celle donnée par la taille du transfert. Dans un cycle de lecture, le 68020 échantillonne les données sur le bus lorsqu'il reconnaît les signaux DSACKx, puis termine le cycle bus.

R/W*. Lecture/Écriture. Read/Write

Cette sortie définit le sens du transfert de données. Le niveau haut indique une lecture, alors que le niveau bas indique une écriture.

* *Le niveau du bas du signal est actif.*

Exemple synchrone : cycle de lecture du Z80

Le Z80 est un processeur 8 bits avec un bus d'adresse de 16 bits. Il fait la distinction entre deux espaces d'adressage : l'espace mémoire et l'espace des entrées-sorties en utilisant le même bus d'adresse (ce mécanisme est décrit plus en détail dans le chapitre 6 traitant des entrées-sorties). Il y a donc nécessité de signaux supplémentaires pour faire la distinction entre ces deux espaces. Le codage binaire à signal est le NRZ simple avec une transmission séparée de l'horloge.

Le cycle de lecture se fait en 3 coups d'horloge. Toutes les étapes intermédiaires sont entièrement pilotées par l'horloge : les actions primitives sont générées par les fronts de montées ou de descentes des tops.

Le déroulement de l'opération est totalement synchrone : au bout de 3 tops d'horloge, le processeur va lire le résultat, que celui-ci soit prêt ou non. Ce n'est pas un protocole à poignée de main : le contrôle de flux est forcé par le maître du tour de parole.

Au cours de la première période T1, le processeur positionne l'adresse mémoire sur le bus d'adresse, puis, après le temps d'établissement des signaux sur ce bus, il valide ces

Figure 3-20

Chronogramme d'un cycle de lecture, Z80

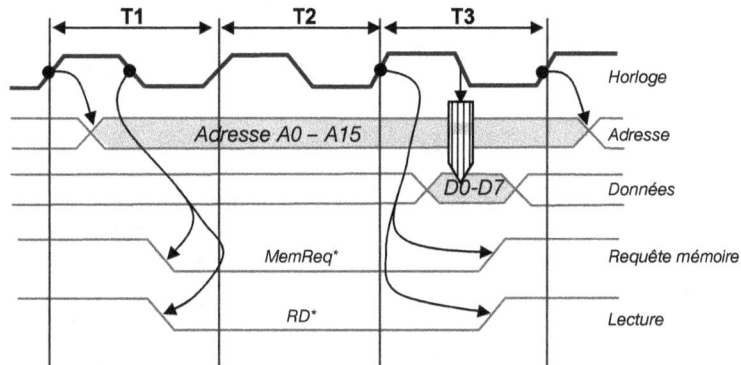

signaux en précisant qu'il s'agit d'une opération de lecture dans l'espace mémoire. Le contrôleur mémoire est supposé pouvoir réagir au cours de la période T2, sachant que, quoi qu'il arrive, le processeur va échantillonner le bus de données pour la lecture au front descendant de la période T3. Dans la foulée, le processeur invalide MemReq* et RD*, un nouveau cycle peut commencer.

Ce mode de fonctionnement implique que les caractéristiques de temps d'accès des boîtiers mémoire sont parfaitement adaptées à la fréquence d'horloge du processeur. Dans le cas où la mémoire (ou une partie de la mémoire) ne peut répondre dans le temps imparti, le contrôleur de mémoire (ou le contrôleur d'entrées-sorties) doit « figer » le processeur pour qu'il ne voit pas passer le temps (les tops de l'horloge). Ceci est prévu par le positionnement du signal Wait* qui peut faire attendre le processeur jusqu'à la mise à disposition des données sur le bus de données. Le processeur reste « maître », mais il ne voit plus le temps passer !

Quelques signaux du bus du Z80

A0 à A15. Bus d'adresse

Le bus d'adresse fournit l'adresse complète lors d'un cycle bus.

D0 à D7. Bus de données

Ce bus bi-directionnel permet le transfert des données sur 8 bits.

MemReq* (Memory Request), IORQ (Input Output Request)

Le processeur positionne MemReq* lorsqu'il s'agit d'un échange avec la mémoire et le signal IORQ dans le cas d'un échange dans l'espace des entrées-sorties.

RD*

Le processeur positionne ce signal pour effectuer une opération de lecture. La sélection de l'écriture se fait avec un autre signal (WR*).

Wait*

Le processeur possède l'entrée Wait* qui permet d'invalider le fonctionnement interne de l'horloge. Quand ce signal est positionné le processeur reste dans l'état où il était au moment de l'invalidation. Il reprend ses transitions dès que le signal est dépositionné.

* Le niveau bas du signal est actif.

Ce qu'il faut retenir quand vous aurez tout oublié

La transmission de données informatiques est faite à l'aide de signaux se propageant sur des supports.

Pour que cette transmission se fasse dans de bonnes conditions, il faut que le signal utilisé soit adapté au canal de communication. Les possibilités du canal sont limitées par sa bande passante et par le niveau de bruit attaché à ce support.

C'est le choix du codage de transformation des données en signal binaire qui permet de faire cette adaptation. Pour une information donnée, le signal obtenu avec un codage particulier est caractérisé par son spectre de fréquence. C'est la comparaison entre la bande passante du support et le spectre du signal qui définit l'adaptation.

Les données sont transmises par des techniques de modulation d'un signal de base qui modifient les paramètres de ce signal (amplitude, fréquence ou phase). La rapidité de modulation, exprimée en bauds, est la vitesse (en nombre de fois par seconde) où l'on fait varier ces paramètres. Suivant le nombre de valeurs des paramètres, on peut coder plus ou moins de bits par baud et le résultat obtenu est le débit binaire.

Le problème essentiel à la réception étant de bien synchroniser et maintenir l'horloge, les différents codages (Manchester, NRZ...) permettent de faire les choix de compromis. Soit le codage permet d'atteindre des débits élevés (NRZ) et alors il sera difficile de maintenir la synchronisation, soit cette dernière est facile à faire et les débits seront limités (Manchester).

La transmission s'appuie sur un ensemble de règles appelé *protocole*. Le protocole intègre le type de codage utilisé, la notion de tour de parole, une gestion des erreurs et un mécanisme de contrôle de flux pour la régulation du trafic.

4

Processeurs et jeux d'instructions

De l'instruction au programme.

Ou comment jouer avec les instructions ?

L'objectif de ce chapitre est de réaliser la transition du matériel au logiciel, dans le but de faire évoluer le petit automate qu'est le processeur vers un ordinateur d'usage général. Ce passage repose sur le modèle de programmation du processeur qui en est la vue offerte au programmeur : les registres, le jeu d'instructions et le modèle mémoire.

Le modèle de programmation est l'ossature pour la définition du premier niveau de langage de programmation d'un processeur, c'est-à-dire le langage assembleur.

Nous avons montré, dans les chapitres précédents, comment il est possible de construire un processeur à partir de briques élémentaires, voyons-en maintenant le fonctionnement avant d'aborder son utilisation au travers du logiciel.

La deuxième partie du chapitre est une introduction au jeu d'instructions d'un processeur particulier et à son langage assembleur. Le processeur 680x0 de Motorola est pris comme exemple pour son bon compromis entre simplicité et lisibilité. La programmation fait rapidement apparaître le besoin de structuration et de réutilisation que tous les langages modernes de haut niveau intègrent. Ce besoin est concrétisé par la notion de procédure.

La dernière partie est dédiée à la procédure et en particulier à la relation entre une procédure (ou fonction) dans un langage de haut niveau (ici le langage C) et son implémentation au niveau d'un langage assembleur. Seront alors illustrées toutes les implications de l'utilisation d'une procédure aussi bien au niveau de la gestion d'une pile que des techniques de passages de paramètres. Les illustrations porteront sur des processeurs d'architectures bien différentes, aussi bien CISC (*Complex Instruction Set Computer*), comme le 680x0 et le Pentium, que RISC (*Reduced Instruction Set Computer*) comme le MIPS, le SPARC et le PowerPC.

Le modèle de programmation d'un processeur

Le but visé est l'abandon progressif de tous les aspects physiques (architecture interne, circuits logiques) d'un processeur au profit des caractéristiques d'une machine plus abstraite destinée à supporter l'exécution des programmes de l'utilisateur. Cet utilisateur lancera une application (traitement de texte, courrier électronique, navigateur, etc.), en sélectionnant la bonne icône sur une interface graphique. L'application résout le problème réel de l'utilisateur, par exemple récupérer son courrier, en chargeant et en faisant exécuter un programme écrit généralement dans un langage dit *évolué* ou de haut niveau. Ainsi, Java, Fortran, C, C++, ou autres, sont des langages conçus pour faire abstraction du processeur physique de la machine qui fait tourner l'application. Le programmeur écrit des programmes avec des instructions virtuelles (celles du langage et pas celles du processeur) et sur des variables abstraites au lieu des registres du processeur ou des cases mémoires. Mais en fin de compte, toute application, tout programme de haut niveau est traduit en un programme en *langage assembleur* qui est exécuté en s'appuyant directement sur les caractéristiques matérielles du processeur : le jeu d'instructions et les registres. Le langage assembleur est un langage dit *de bas niveau*, c'est-à-dire le plus proche des instructions du processeur. Dans la suite, quand nous parlerons de programmeur, nous le situerons dans le contexte d'une programmation en langage assembleur.

Le *modèle de programmation* est l'interface « matériel/logiciel » qui permet cette transition. Aussi appelé *Instruction Set Architecture (ISA)*, il repose sur trois éléments principaux :

- Les *registres*. Le processeur a besoin de mémoires internes pour stocker les données sur lesquelles il travaille. Ces mémoires, appelées *registres*, sont les éléments que le programmeur doit connaître et manipuler pour programmer l'exécution d'un algorithme. TOUTES les données d'un programme passeront par les quelques registres du processeur. Ceux-ci peuvent être de deux natures : généraux ou dédiés. Le Pentium a des registres dédiés, c'est-à-dire réservés à des fonctions spécifiques, tandis que le MIPS possède des registres généraux banalisés. Le 680x0 est dans une situation intermédiaire : il a des registres généraux de données et des registres généraux d'adresses.

- Le *jeu d'instructions*. Le processeur est accessible à la programmation par l'intermédiaire de son jeu d'instructions c'est-à-dire l'ensemble des instructions qu'il est capable d'exécuter. Celles-ci correspondent en général à des opérations vraiment élémentaires comme nous avons pu en présenter lors de la description d'une unité arithmétique et logique. Développer un programme consiste à traduire un algorithme avec un langage de programmation (ici l'assembleur) dont les verbes sont pris dans le jeu d'instructions et dont les substantifs sont les variables ou constantes mappées en mémoire ou dans les registres. Une instruction comporte souvent deux parties : le code opératoire qui définit le type d'opération à réaliser et les paramètres (optionnels) qui définissent les opérandes sur lesquels porte l'opération.

• Le *modèle mémoire*. Il s'agit ici de la relation entre le contenu d'un registre et le contenu en mémoire à une adresse donnée. L'adressage de la mémoire se fait en général sur la base de l'octet. Dans le cas d'un processeur 8 bits, les registres de données sont de 8 bits. Pour faire un chargement de la mémoire vers un de ces registres, il suffit de donner l'adresse de l'octet en mémoire. Par contre si l'on travaille sur une donnée occupant plus d'un octet en mémoire, par exemple un entier codé sur 16 bits ou une adresse, la variable occupe deux octets en mémoire centrale. Deux possibilités se présentent alors. Dans l'une, l'adresse en mémoire est l'adresse de l'octet de poids faible (convention *little endian* comme le Z80 ou les processeurs x86 d'Intel), dans l'autre, l'adresse en mémoire est l'adresse de l'octet de poids fort (convention *big endian,* comme par exemple le processeur 680x0). Nous reviendrons sur ces points.

Avant d'aborder les détails d'un modèle de programmation, il est utile de décrire, dans un cas simple, le fonctionnement d'un processeur. Le processeur est vu sous l'angle d'un automate exécutant un programme comme un enchaînement d'instructions. Chaque instruction est elle-même décomposée en phases plus élémentaires impliquant le cas échéant des cycles de lecture ou écriture en mémoire.

Le fonctionnement du Z80

Prenons l'exemple du Z80.

Naissance du Z80

La naissance du Z80 est étroitement liée à celle de son aîné, le 8080 d'Intel. Federico Faggin, après son doctorat de physique à Padoue en Italie, est embauché en 1968 par Fairchild pour développer les premiers circuits en technologie MOS. Il participe ensuite, avec Tedd Hoff chez Intel, à la conception du 4004, et devient l'architecte du 8080, sorti en 1974. En 1975, il fonde, avec Masatoshi Shima (ancien de Busicom, la société japonaise ayant commandé les circuits à l'origine du 4004), la société Zilog avec l'idée de réaliser une version améliorée du 8080, ce qu'il n'avait pu faire chez Intel. Le Z80 doit être compatible ascendant en exécutant toutes les 78 instructions du 8080 de la même manière que ce dernier. L'amélioration portera sur un jeu d'instructions plus étendu, plus de registres, une gestion intégrée de la mémoire (rafraîchissement dynamique), une amorce de pipeline. Il fonctionne à une fréquence de 2,5 MHz. Il est mis sur le marché en juillet 1976 : une vraie réussite technique et commerciale, il est toujours sur le marché et coûte... 1 €. La dernière version Z80e intègre la pile de protocole TCP/IP sur la puce.

La figure 4-1 donne l'architecture générale et simplifiée du Z80 : il y a des registres organisés autour du bus interne de données et du bus interne d'adresses, deux unités arithmétiques et logiques (une pour les opérations sur les données, l'autre pour du calcul d'adresses), un décodeur d'instruction et un séquenceur aussi appelé *unité de contrôle* ou *unité de commande.*

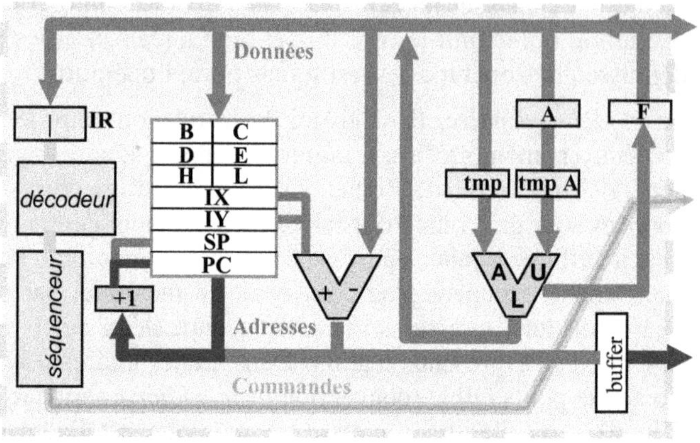

Figure 4-1

*Architecture
générale
du processeur Z80*

Les registres du processeur Z80

Le bus de données a une largeur de 8 bits et est bidirectionnel : c'est le même chemin qui est utilisé pour les transferts en lecture ou en écriture. Les deux opérations ne s'effectuant jamais en même temps, il n'y a pas de conflits sur ce bus. Le bus d'adresse a une largeur de 16 bits, ce qui confère au processeur une capacité maximale d'adressage de mémoire centrale de 64 Ko (65 536 octets, $1K = 2^{10} = 1\ 024$). Le bus d'adresse est unidirectionnel : seul le processeur peut déposer une adresse sur ce bus et le tampon (*buffer*) en sortie de processeur permet de maintenir une adresse vers l'extérieur tout en déterminant une nouvelle adresse en interne.

L'architecture présentée est simplifiée, c'est-à-dire réduite aux éléments minimaux nécessaires à la compréhension du fonctionnement du processeur. Cela concerne en particulier les registres. Le Z80 possède 8 registres 8 bits : A, F, B, C, D, E, H et L. Le registre A (Accumulateur) est le registre dédié aux opérations arithmétiques et logiques : toutes les opérations se font par « accumulation » sur ce registre. F est le registre des indicateurs d'opérations (*flags* ou *drapeaux*) permettant de mémoriser de manière synthétique (1 seul bit) un résultat positif, négatif, nul, débordement... Il est utilisé comme valeur de condition dans les instructions de saut conditionnel. L'ensemble de ces registres est complété par des registres dits alternés A' à L' permettant de permuter très rapidement, si nécessaire, les alternés avec les primaires A à L. Les registres alternés ne sont pas représentés.

Les registres (B, C), (D, E) et (H, L) peuvent être appariés pour réaliser quelques opérations (addition, soustraction, incrémentation, décrémentation) sur les entiers de 16 bits, ils sont alors dénommés BC, DE et HL. La paire HL joue un rôle particulier comme pointeur (adresse) de données en mémoire centrale.

Il y a quatre registres de 16 bits. Ils servent exclusivement à l'adressage. IX et IY sont des registres d'index qui correspondent aux indices de données structurées (tableaux) dans les langages de haut niveau. Ils servent de déplacement (*offset*) par rapport à un pointeur (HL) et en accélèrent l'accès. SP, *Stack Pointer*, est le *pointeur de pile* indispensable pour la gestion des appels de procédures. SP permet, avec deux instructions spécifiques Push et Pop (empiler et dépiler), de gérer une zone de mémoire centrale comme une *pile*, c'est-à-dire une file d'attente de type LIFO, *(Last In-First Out*, dernier arrivé premier servi). Le registre PC (*Program Counter*) est le plus important pour l'explication du fonctionnement du processeur, donc pour le déroulement d'un programme quel qu'il soit. C'est le compteur de programme.

Déroulement de l'exécution d'une instruction

Le Z80 suit l'architecture von Neumann : le programme (code) et les données sur lequel ce programme travaille se trouvent dans la même mémoire et sont donc accessibles via le même chemin, le bus.

Programmes et données se trouvent ainsi initialement en mémoire centrale. Physiquement, une instruction est une suite d'octets (comprenant le code opératoire et les éventuels opérandes). Pour être exécutée par le processeur, elle doit être repérée par son adresse en mémoire. Avant l'exécution d'une instruction, le processeur doit donc connaître cette adresse : c'est le registre PC qui la contient. D'un point de vue automate, le contenu du registre PC définit les conditions initiales pour l'ordonnancement de l'exécution de l'instruction par le processeur.

Pour le Z80, le déroulement d'une instruction se fait en deux grandes étapes cadencées par l'horloge du processeur.

La première étape appelée *fetch* consiste à *aller chercher* en mémoire centrale le code opératoire (1 octet) de l'instruction à l'adresse spécifiée par le registre PC, puis le stocker dans un registre particulier appelé *registre d'instruction*. Pour toutes les instructions, la phase *fetch* se déroule sur trois coups d'horloge et correspond à un cycle de lecture en mémoire (figure 4-2).

Registre d'instruction

Nous n'avons pas présenté ce registre avec les autres, car il ne fait pas partie du modèle de programmation du Z80 dans la mesure où il n'est pas directement accessible au programmeur.

La seconde étape est celle de l'exécution qui s'écoule sur un nombre variable de coups d'horloge en fonction principalement des opérandes à lire ou à écrire en mémoire. L'instruction est décodée, puis opérée.

Pour illustrer le déroulement d'une instruction, nous prenons l'exemple de l'instruction ADD A, [HL] dont l'objectif est d'ajouter au contenu du registre A (qui vaut $B5_h$) le contenu (de valeur 08_h) d'une variable en mémoire dont l'adresse est donnée par le registre HL (2323_h). L'instruction elle-même est à l'adresse 5000_h.

Le codage de l'instruction est une notation orientée langage de programmation, c'est-à-dire avec une syntaxe de l'instruction basée sur des mnémoniques. L'instruction a deux paramètres (A et HL) de description des opérandes, mais comme il s'agit de registres, il faut peu de bits pour les coder et ceux-ci peuvent être intégrés directement au code opératoire. L'instruction tient de la sorte sur un octet et son code est 86_h.

Avant l'exécution de l'instruction, soit à la fin de l'instruction précédente, le compteur ordinal PC contient la valeur 5000_h, adresse à laquelle il faut aller chercher le code opératoire de notre instruction.

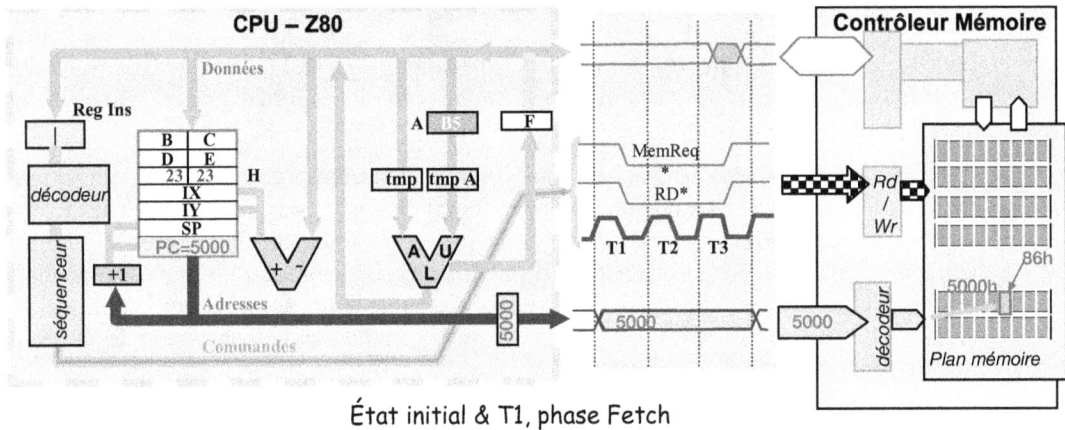

État initial & T1, phase Fetch

Figure 4-2

État initial et T1 phase Fetch

Au front montant de la période d'horloge T1, le processeur dépose le contenu 5000_h sur le bus d'adresse, valeur qui est maintenue temporairement dans un tampon. La valeur de l'adresse se propage sur le bus d'adresse jusqu'au décodeur du contrôleur de mémoire. Au front descendant de la demi-période, on est sûr que les valeurs sont stabilisées sur le bus et le processeur active l'ordre de lecture vers le contrôleur de mémoire en positionnant au niveau bas le signal RD* et le signal de requête mémoire MemReq*.

Le contrôleur de mémoire peut maintenant activer le processus de lecture et il a toute la période T2 pour récupérer la donnée (dans ce cas c'est le code d'une instruction).

En fin de période, le contrôleur doit être en mesure de produire la donnée lue à l'adresse 5000_h. On notera ce point intéressant au niveau du processeur : pendant cette période d'inactivité pour lui, il prépare l'avancement du programme en incrémentant le compteur de programme qui pointe maintenant et jusqu'à la fin de l'instruction, sur l'adresse 5001_h de la prochaine instruction à exécuter. Le tampon de sortie isole momentanément le bus interne du bus externe.

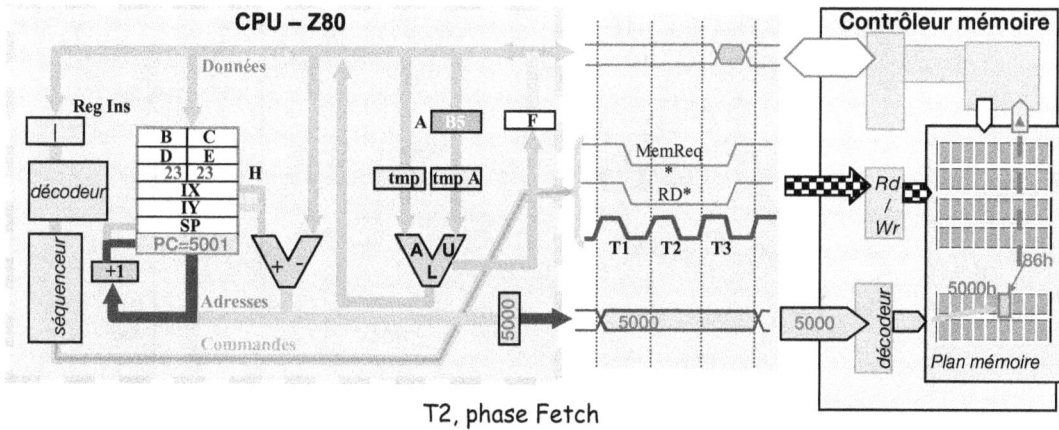

T2, phase Fetch

Figure 4-3

T2 phase Fetch

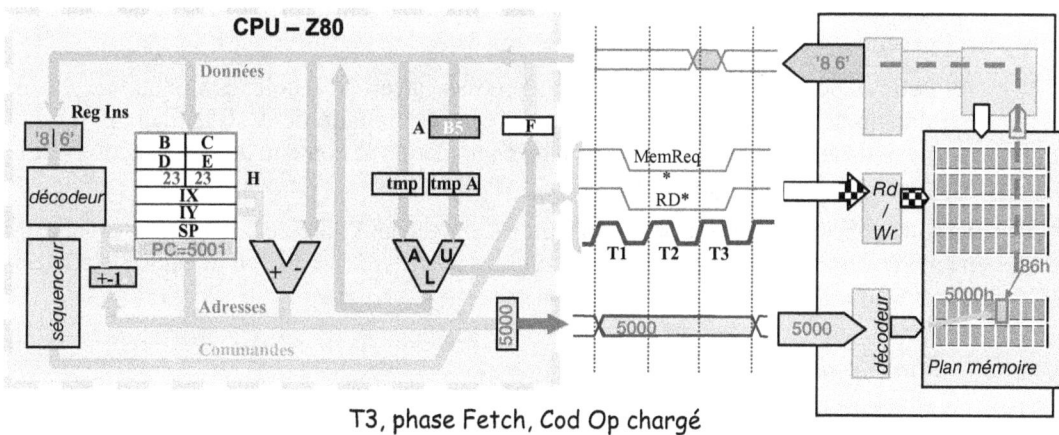

T3, phase Fetch, Cod Op chargé

Figure 4-4

T3 phase Fetch, Code Opératoire chargé

Le cycle de lecture de la phase fetch est légèrement différent de celui concernant les données ou les opérandes vus dans le chapitre précédent. Les données sont échantillonnées au tout début de la période T3. Ceci permet d'utiliser une partie de T3 et la totalité de T4 pour le décodage du code opératoire et pour procéder au rafraîchissement de la DRAM géré dans le cas du Z80 par le processeur.

La valeur lue, grâce à l'échantillonnage, comme code opératoire est transférée dans le registre d'instruction en vue de son décodage.

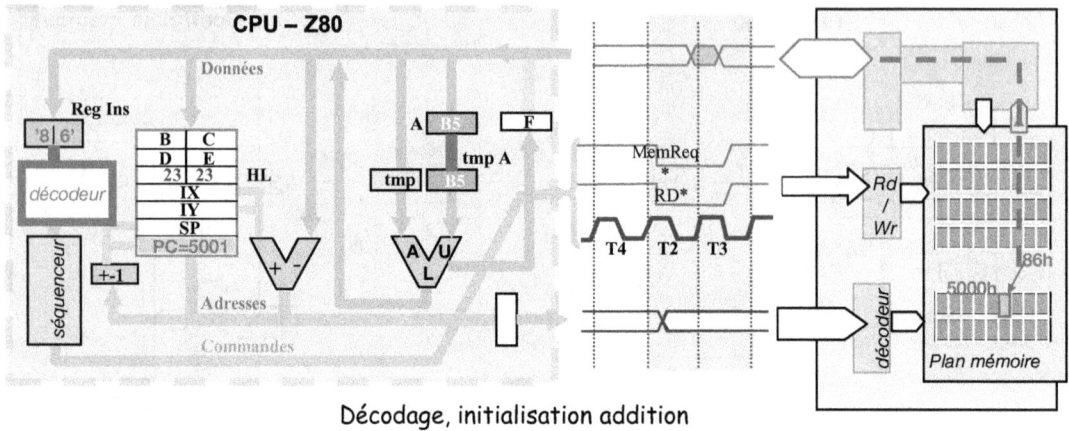

Décodage, initialisation addition

Figure 4-5

Décodage et initialisation de l'addition

La suite du déroulement de l'instruction concerne maintenant la préparation de l'addition et l'exécution de celle-ci.

À l'issue du décodage de l'instruction, le processeur sait qu'il doit additionner une valeur au contenu du registre A. Il fait alors une copie temporaire de A ($B5_h$) dans le registre *tmp_A*, puisqu'au cours de l'exécution de l'instruction le contenu de A sera écrasé par le résultat de l'addition (figure 4-6).

La suite concerne l'utilisation du registre HL contenant l'adresse 2323_h de la variable en mémoire centrale. Le travail du processeur est d'aller rechercher en mémoire le contenu de cette adresse.

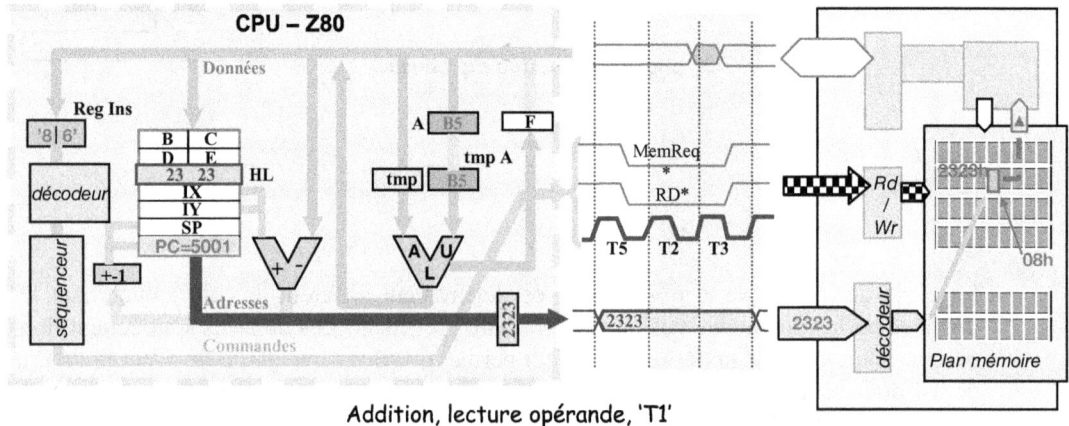

Addition, lecture opérande, 'T1'

Figure 4-6

Addition, lecture de l'opérande, T1

Le processeur lance un nouveau cycle mémoire, cette fois-ci pour récupérer un opérande. Au cours de la première période (T5) de ce nouveau cycle de lecture, le processeur fait basculer sur le bus d'adresse le contenu du registre HL, c'est-à-dire l'adresse 2323$_h$. Celle-ci est transmise vers le décodeur d'adresse du contrôleur de mémoire.

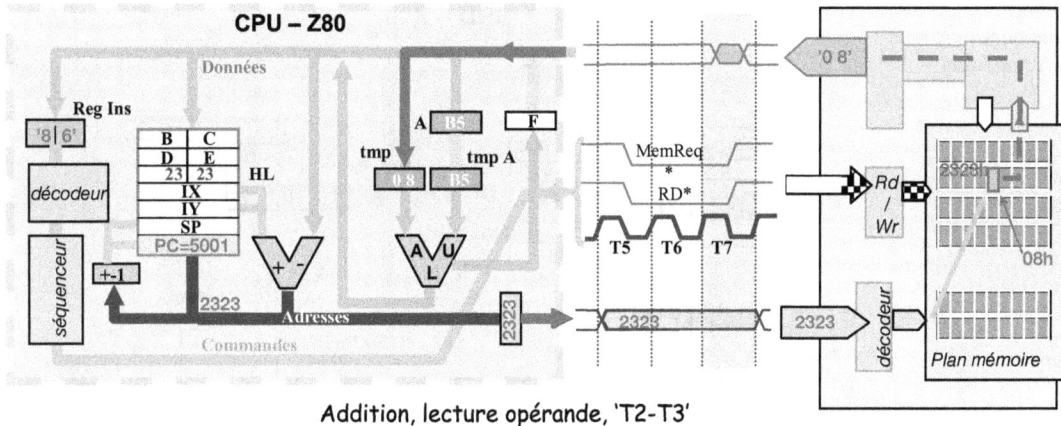

Addition, lecture opérande, 'T2-T3'

Figure 4-7

Addition, lecture de l'opérande T2-T3

Le processus de lecture est ensuite quasi identique (à la position temporelle de lecture sur le bus de données près) au cycle de lecture précédent. Le contenu de l'adresse 2323$_h$ (la valeur 08) est déposé sur le bus de données. Par contre, la destination finale est différente : cette fois la donnée échantillonnée sur le bus de données est déposée dans le registre *tmp*.

Récapitulatif

Le processeur est un automate qui enchaîne les instructions sans jamais s'arrêter : le programme (suite « cohérente » d'instructions) doit donc, en permanence, l'alimenter avec des instructions.

L'exécution d'un programme est totalement déterministe : il est toujours exécuté de la même manière.

On note aussi que, au cours de l'exécution d'une instruction vue dans son intégralité, le processeur passe l'essentiel du temps à gérer les échanges avec la mémoire. Le temps de l'opération, à proprement parler quand il s'agit d'une fonction de calcul, va de 10 à 30 % du temps d'exécution total de l'instruction. Globalement, un processeur passe beaucoup plus de temps à transférer les données d'un endroit à un autre qu'à faire des traitements.

On note aussi que, au cours de l'exécution d'une instruction vue dans son intégralité, le processeur passe l'essentiel du temps à gérer les échanges avec la mémoire. Le temps de l'opération, à proprement parler quand il s'agit d'une fonction de calcul, va de 10 à 30 % du temps d'exécution total de l'instruction. Globalement, un processeur passe beaucoup plus de temps à transférer les données d'un endroit à un autre qu'à faire de vrais traitements.

L'état final du processeur vis-à-vis de l'exécution du programme est donné dans la figure 4-8 avec l'ensemble des valeurs des registres. Le résultat de l'addition est dans le registre A et PC pointe sur la nouvelle instruction à exécuter.

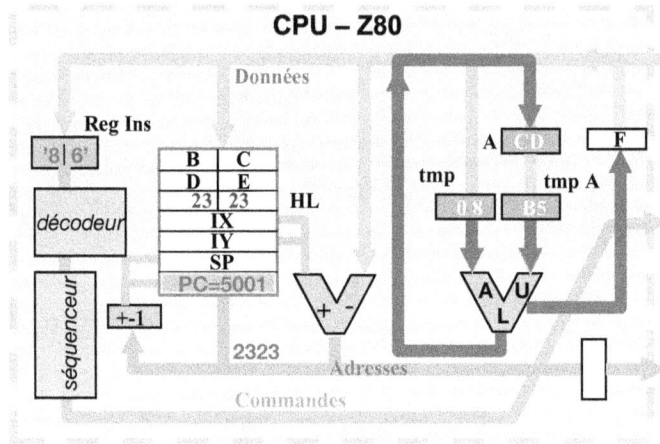

Addition & résultat dans A

Structuration, organisation générale des instructions

Les instructions du Z80 ont une longueur variable allant de 1 à 4 octets suivant leur complexité. Les instructions utilisées le plus fréquemment sont optimisées pour tenir sur 1 octet ce qui est un facteur déterminant dans la vitesse d'exécution.

Les instructions d'un processeur sont classées en plusieurs catégories.

• Les instructions *arithmétiques et logiques*. Dans le cas du Z80, ces instructions sont assez rudimentaires : elles concernent les opérations élémentaires sur 8 bits et quelques opérations sur 16 bits. La multiplication et la division d'entiers 16 bits, et a fortiori 32 bits, sont forcément réalisées par programmation en logiciel. Il en est bien sûr de même pour les opérations sur les réels. Avec des processeurs plus récents, les opérations sur les entiers 32 bits et les réels sont effectuées directement au niveau interne par des unités de calcul spécialisées.

• Les instructions de *chargement et mémorisation*. Ce sont les instructions qui permettent d'effectuer les mouvements de données entre registres et entre « registres et mémoire centrale », ou de « bloc de mémoire à bloc de mémoire ». Dans le cas général et donc d'un processeur à un autre, elles sont d'une grande diversité, principalement par la variété des modes d'adressage mis en œuvre. Elles s'appellent *Load*, *Store*, *Move*, *Mov* suivant les processeurs, *LD* sur le Z80.

- Les instructions de *contrôle de flux* ou instructions de *branchement*. Le but de ces instructions est de donner la possibilité de rompre la stricte linéarité du déroulement d'une suite d'instructions, linéarité due au passage automatique du processeur à l'instruction suivante en mémoire. Les instructions de branchement sont celles qui permettent de modifier le contenu du compteur de programme PC et ainsi de changer le parcours des instructions d'un programme. Ce sont des instructions de type GoTo, *Aller_à* une adresse de programme particulière. Suivant les processeurs, elles s'appellent, JMP (*jump*), JP, Bra (*Branch*)... Une classe particulière des instructions de branchement est constituée des instructions de branchement conditionnel : la modification du compteur de programme n'est faite que si une condition est vraie, sinon c'est l'instruction normalement prévue en séquence qui est exécutée. Dans le cas du Z80, ce sont les drapeaux, c'est-à-dire les bits du registre F, qui servent d'indicateurs de condition. L'association de certains drapeaux du registre F et d'une instruction de branchement conditionnel permet de réaliser les constructions algorithmiques de la forme *SI condition ALORS... SINON...* Le principe est le suivant : la condition résulte en général d'une opération de comparaison faite avec une instruction arithmétique ou logique. L'exécution de celle-ci (comparaison, soustraction...) positionne un drapeau dans le registre F, par exemple le drapeau Z si le résultat de l'opération est nul. Une instruction de type JMP Z Adresse1 exploite la valeur du drapeau Z : s'il est à vrai, le processeur met la valeur *Adresse1* dans le registre PC et la prochaine instruction exécutée sera celle qui se situe à cette adresse. Si Z est à faux, alors c'est l'instruction normalement prévue et immédiatement derrière qui est exécutée.

- Un autre ensemble particulier d'instructions de branchement est constitué par les instructions d'*appel et de retour de procédure* (Call, Ret pour le Z80). Nous décrirons dans une section suivante les implications de leur mise en œuvre.

- Les *instructions diverses*. Comme dans toute classification, il reste quelques instructions plus ou moins inclassables. Ce sont les instructions concernant les entrées/ sorties, les interruptions ou autres instructions diverses dont certaines feront l'objet d'une étude plus détaillée dans d'autres chapitres.

Figure 4-9

Format des instructions du Z80

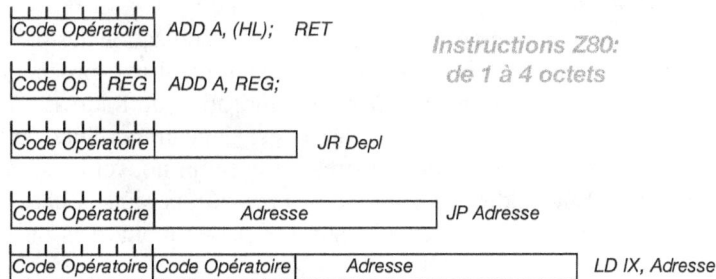

| Code Opératoire | ADD A, (HL); RET |
| Code Op | REG | ADD A, REG; |

Instructions Z80: de 1 à 4 octets

Code Opératoire		JR Depl
Code Opératoire	Adresse	JP Adresse
Code Opératoire	Code Opératoire	Adresse	LD IX, Adresse

La procédure : un élément de structuration

Les premiers développements logiciels ont rapidement fait apparaître une nécessité de structuration dans l'élaboration des programmes, spécialement pour la réutilisation de morceaux de codes déjà écrits. La création de bibliothèques de fonctions écrites et testées une fois pour toutes, s'avère utile pour la fiabilité et la rapidité du développement de grosses applications.

Même pour le développement d'un seul programme, il est intéressant de bien isoler les parties de code réutilisable. Une première forme de réutilisation de code déjà écrit est la « recopie » de lignes de codes (on dirait maintenant faire du *copier-coller*) dans les macro-assembleurs. Le procédé consiste à répliquer autant de fois que nécessaire un morceau de code ; le programme augmente en taille avec le nombre de réplications. Ce mode comporte aussi tous les dangers du « copier-coller », c'est-à-dire l'extraction de quelque chose hors de son contexte. La forme la plus pratiquée et la plus sûre de réutilisation est l'écriture de procédure.

Une *procédure* est une suite d'instructions correspondant à une fonction bien précise. Un des premiers (au sens historique) intérêts de la procédure est que son code, dans le programme, n'est présent qu'une seule fois en mémoire procurant ainsi un gain de place non négligeable en occupation mémoire.

La procédure est un morceau de code qui se trouve en mémoire centrale à une adresse déterminée. Son utilisation est, de prime abord, facile : il suffit d'une instruction de branchement inconditionnel de type GoTo début_de_procédure pour que le processeur passe à son exécution. Le compteur de programme PC voit son contenu écrasé et remplacé par l'adresse du début de la procédure. Cette dernière passe alors dans sa phase d'exécution.

Un problème se pose à la fin de cette exécution : il est nécessaire de définir cette fin et surtout, il faut pouvoir revenir à l'endroit du programme d'où l'on est venu pour exécuter la procédure. Une procédure est *appelée* et il faut « marquer » la fin du code par une instruction spécifique de terminaison RET (*return*, *retour*) qui génère le retour au programme appelant. L'instruction qui fait l'appel de procédure doit en conséquence mémoriser, dans un registre par exemple, l'adresse de retour, adresse qui sera prise en compte par l'instruction RET.

Cependant, le problème se complique à la généralisation des procédures : il serait normal de pouvoir appeler une procédure à l'intérieur d'une procédure et ainsi de suite. La complication tient au niveau de la mémorisation de l'adresse de retour ou plutôt, cette fois-ci, « des » adresses de retour. Il est donc impossible de mémoriser simplement l'adresse de retour dans un registre, car avec un nouvel appel à l'intérieur de la procédure, la première adresse de retour sera écrasée, perdue. À chaque appel de procédure, il faut maintenir une sorte de fil d'Ariane par la mémorisation successive de toutes les adresses de retour. Le retour à l'appelant initial se fera en employant toutes ces adresses dans l'ordre inverse de leur stockage.

Concrètement, ce stockage correspond à une file d'attente d'adresses de retour gérée en LIFO : la dernière adresse entrée dans la file est la première qui sera retirée et utilisée.

Cette structure de données en file d'attente résidant en mémoire centrale et gérée en LIFO est appelée une *pile*.

Initialement, la pile est vide. Elle est seulement définie par son adresse de base BP (*Base Pointer*) qui marque le début de la zone en mémoire centrale qui lui est réservée. La pile va « monter ou descendre » (grandir/diminuer) au fur et à mesure des empilements ou des dépilements : elle est alors définie par son *pointeur de pile* (SP, *Stack Pointer*) qui donne l'adresse du sommet de pile. À l'initialisation SP est égal à BP (la pile est vide). La pile est une structure de données à taille dynamique.

La « main tenant le fil d'Ariane » du mécanisme de gestion (appel et retour) d'une procédure est le pointeur de pile SP. Au moment de l'appel de procédure, le processeur doit avoir à sa disposition le pointeur de pile pour mémoriser dans la pile l'adresse de retour contenue dans le registre PC. Dans le cas du Z80, c'est le registre SP, dont nous avons parlé lors de la présentation des registres de ce processeur, qui contient ce pointeur.

Voyons maintenant plus en détail le fonctionnement d'un appel de procédure.

Appel de procédure (Z80), instructions CALL et RET

La description d'un appel de procédure est faite sous l'angle du modèle de programmation, en abandonnant totalement la description physique. La vue est purement logicielle.

Les conditions initiales sont les suivantes : le processeur exécute un programme et à la fin de l'exécution d'une instruction, le pointeur de pile SP vaut 3002_h et le compteur de programme PC vaut $1A47_h$. Cette valeur pointe sur la prochaine instruction à exécuter, soit l'instruction Call 2135_h (de code opératoire « CD_h »).

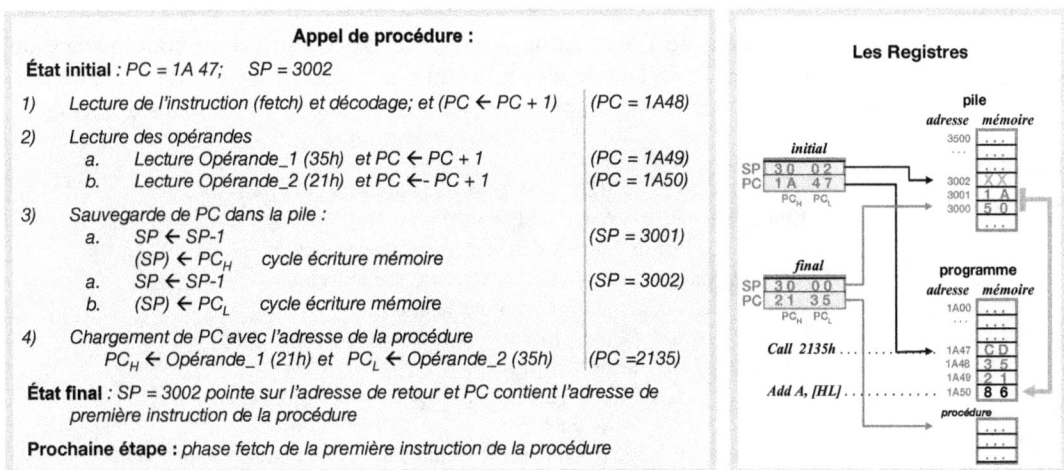

Figure 4-10

Appel de procédure

Les différentes phases de cet appel sont décrites dans la figure 4-10. La partie droite visualise les registres PC et SP ainsi que les deux zones mémoires impliquées par l'appel : une zone de mémoire pour la pile et la zone mémoire de code contenant les instructions.

La zone mémoire pour la pile est réservée avant l'exécution d'un programme. La convention d'utilisation d'une pile est telle qu'elle augmente (monte) avec les adresses qui diminuent. L'adresse de base est 3500_h et l'adresse contenue dans le pointeur de pile est décrémentée au fur et à mesure du stockage dans la pile. Chaque opération d'empilement décrémente le pointeur de pile et range la valeur à la nouvelle adresse obtenue. C'est une convention universellement adoptée. Une opération de dépilement effectue la lecture de la valeur puis incrémente le pointeur de pile.

Au cours de la phase fetch (récupération du code opératoire « CD ») de l'instruction Call 2135_h le processeur incrémente PC qui pointe maintenant sur l'opérande de l'instruction. Cet opérande est l'adresse de début de la procédure (2135_h). On remarque que l'adresse de l'opérande pointe sur l'octet de poids faible (valeur 35_h) de cette adresse. Cette convention d'organisation de la mémoire vis-à-vis des variables de plus d'un octet est appelée *little endian* ou *petit boutiste* : l'adresse de la variable donne l'adresse de l'octet de poids faible. C'est la convention adoptée sur le Z80.

Les deux octets de l'opérande sont lus, mis dans un registre temporaire et le compteur de programme PC est incrémenté. À la fin des deux lectures, PC vaut $1A50_h$ et pointe sur la prochaine instruction (de code 86 - ADD A, [HL]) à exécuter lors du retour de l'appel de procédure.

Cette adresse est mise dans un registre temporaire, en attendant que le compteur de programme soit sauvegardé dans la pile. Cette sauvegarde se fait octet par octet avec un pointeur de pile décrémenté en conséquence. Le sommet de pile vaut 3002_h à la fin de la sauvegarde. Le compteur de programme peut maintenant accueillir l'adresse de la procédure stockée momentanément dans le registre temporaire.

Le bilan du déroulement de l'instruction d'appel de procédure est en conséquence un simple changement de la valeur de PC avec une sauvegarde de l'adresse de retour. L'ensemble nécessite cependant, simplement pour faire l'appel, 17 périodes d'horloge.

Figure 4-11

Retour de procédure

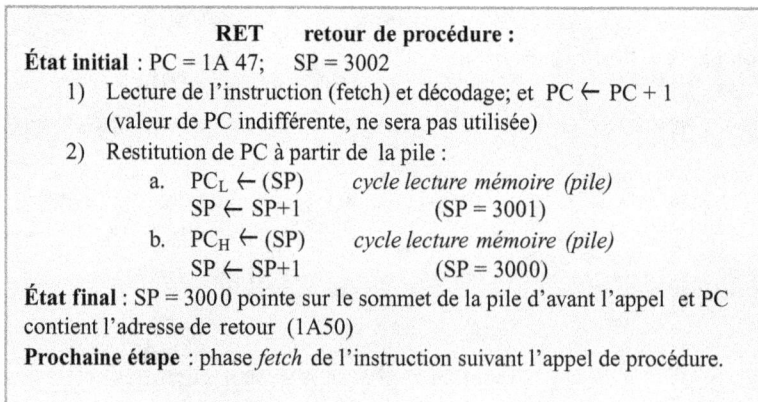

RET   **retour de procédure :**

État initial : PC = 1A 47;   SP = 3002

1) Lecture de l'instruction (fetch) et décodage; et PC ← PC + 1 (valeur de PC indifférente, ne sera pas utilisée)

2) Restitution de PC à partir de la pile :

     a.   PC$_L$ ← (SP)   *cycle lecture mémoire (pile)*
            SP ← SP+1   (SP = 3001)

     b.   PC$_H$ ← (SP)   *cycle lecture mémoire (pile)*
            SP ← SP+1   (SP = 3000)

État final : SP = 3000 pointe sur le sommet de la pile d'avant l'appel et PC contient l'adresse de retour (1A50)

Prochaine étape : phase *fetch* de l'instruction suivant l'appel de procédure.

La procédure peut maintenant s'exécuter. À la fin de cette exécution, la procédure comporte l'instruction RET sans paramètres. Plus précisément, son paramètre est implicite : c'est le sommet de pile dont il faudra prendre le contenu pour le mettre dans PC. Le pointeur de pile est incrémenté et le programme reprend alors normalement son cours.

L'instruction RET demande 10 périodes d'horloge : l'ensemble des frais généraux (*overheads*) générés par l'appel de procédure (sans pour l'instant se préoccuper du passage de paramètres) est de 27 périodes d'horloge, ce qui n'est tout de même pas négligeable.

Organisation des données (Endianess - Boutisme)

Nous venons de rencontrer pour la deuxième fois la notion de représentation d'un registre vers un autre support. La première fois, il s'agissait de la transmission série de bits sur un support de transmission avec deux choix possibles : envoyer d'abord le bit de poids fort ou d'abord celui de poids faible. La question se repose, mais cette fois-ci pour « transférer » les données des registres vers la mémoire (et bien sûr pour le transfert inverse) et avec la granularité de l'octet au lieu de celle du bit. L'organisation de base de la mémoire est une suite contiguë d'octets où un octet particulier est référencé par son adresse. Pour cet octet, il n'y a aucune ambiguïté par rapport à un registre de 8 bits : l'ordre des 8 bits d'un registre est le même que celui des 8 bits de l'octet en mémoire.

Par contre, lorsque le processeur travaille sur un registre de 16 bits et si celui-ci est à transférer dans une variable en mémoire, il faut définir à quel octet du registre correspond l'adresse de la variable, soit OF l'octet de poids fort (bits 8 à 15) du registre, soit Of l'octet de poids faible.

Convention Little Endian *ou* petit boutiste

Dans la convention appelée *Little Endian* ou *petit boutiste*, utilisée dans le Z80 (et dans les processeurs de la famille Intel x86 y compris le Pentium), l'adresse en mémoire d'une variable 16 bits est celle de l'octet Of : c'est l'octet Of qui est rangé en premier. L'octet OF le suit à l'adresse +1. L'intérêt de cette convention est d'éviter toute opération réelle dans une conversion sur des entiers de tailles différentes (8 ou 16 bits) : la conversion devient implicite car l'adresse de la variable est l'adresse de l'octet de poids faible.

Par contre, cette convention ne facilite pas la lisibilité humaine : alors que la visualisation de la mémoire est consécutive, il faut permuter l'ordre des octets pour assurer une lisibilité par rapport à nos conventions classiques habituelles.

Cette convention est peu à peu abandonnée dans les processeurs modernes.

Convention Big Endian *ou* grand boutiste

C'est la convention dominante maintenant : les octets sont rangés dans l'ordre décroissant des poids. L'octet de poids fort est le premier octet à être rangé, les autres le suivent dans l'ordre « naturel » de lisibilité.

Au fur et à mesure que nous verrons des exemples de programmes en assembleur, nous ferons régulièrement mention à ces conventions.

La figure 4-12 reprend le codage de l'appel de procédure du Z80 où l'adresse de la procédure est donnée avec la convention *Little Endian* et le met en comparaison avec l'instruction équivalente BSR (*Branch Subroutine*) d'un processeur comparable, le 6809 de Motorola, utilisant la convention *Big Endian* (figure 4-12).

Figure 4-12

Little et Big Endian

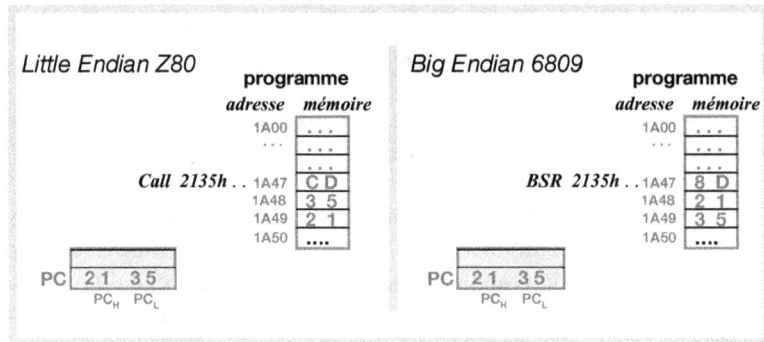

Le problème de lisibilité du *Little Endian* se complique encore lorsqu'on passe à une représentation d'une valeur sur 32 bits : il faut intervertir les mots de 16 bits de poids forts et ceux de poids faibles et refaire la même intervention des octets de poids forts et faibles à l'intérieur de chaque mot de 16 bits. Par exemple, si l'on regarde l'implantation en mémoire du nombre décimal 439 041 101 codé en complément à 2 et dont la valeur est $1a2a3a4d_h$, alors on obtient les représentations suivantes :

$1a\ 2b\ 3c\ 4d_h$ avec un 68020

$4d\ 3c\ 2b\ 1a_h$ avec un 386 (ou Pentium)

Gestion de pile

L'organisation d'un logiciel sur la base des procédures est un premier niveau de structuration en programmation. Elle concerne le code. La structuration peut aussi être introduite au niveau des données : il s'agit de manipuler un ensemble de données homogènes comme un objet unique. La donnée se verra alors affecter un traitement comme élément appartenant à cet objet. Le calcul scientifique est friand de ce genre d'abstraction, les plus courantes étant les vecteurs et les tableaux. La donnée est alors référencée par sa position (son indice) dans l'objet vecteur ou l'objet tableau. La structure en langage C est une autre manière d'organiser les données : chaque donnée est un « champ » de la structure. Dans ce cas, les données peuvent être hétérogènes. Dans le chapitre 3, nous avions également défini la trame comme une structure constituée de champs.

La pile dont nous avons besoin pour la gestion des appels de procédure est une liste d'attente, c'est-à-dire une liste de données mémorisées en vue d'un usage ultérieur. Les opérations faites sur une liste sont des opérations plus complexes qu'une simple lecture ou écriture : la mémorisation est une écriture qui augmente la taille de la liste alors que la « lecture » est de fait une lecture avec consommation, c'est-à-dire un retrait de la liste. On ne peut pas lire deux fois la même valeur. Plutôt que de parler de lecture et écriture, on utilisera les termes d'insertion et d'extraction.

De telles listes sont des files d'attente auxquelles il est nécessaire d'associer un mode de gestion. L'un de ceux-ci, bien connu dans la vie quotidienne, est le mode FIFO (*First In First Out*, premier arrivé premier servi) qui est le modèle adopté et en général accepté, pour la gestion des files d'attente dans la plupart des services publics ou commerciaux (caisses, guichets, télésièges…). La pile, quant à elle, est une liste d'attente gérée en mode LIFO (*Last In Fist Out*, dernier arrivé premier servi).

La bonne gestion d'une pile est déterminante pour le déroulement d'un programme et il faut absolument veiller à ce que le pointeur de pile soit cohérent tout au long du déroulement d'un programme. Les erreurs de manipulation de la pile sont fatales à la fois pour le programme (fausse adresse de retour…), mais éventuellement aussi pour le système d'exploitation de la machine. Pour prévenir ce risque, la plupart des processeurs prévoient la gestion de deux piles différentes, une pour les applications des utilisateurs, une autre pour les programmes du système d'exploitation.

Motorola introduit ainsi, dès son processeur 8 bits 6809, 2 registres pointeurs SP_U et SP_S (Utilisateur et Système). Nous les retrouvons dans le 680x0 que nous allons prendre comme cas d'illustration pour les techniques d'adressage.

Les techniques d'adressage

Nous avons introduit la mémoire centrale comme un espace à adressage linéaire continu. La mémoire est effectivement une suite linéaire d'octets, chaque octet est repéré par son adresse et les octets se « suivent » avec des adresses continues. Les adresses sont à valeurs entières et l'on passe d'un octet au suivant par l'incrémentation de l'adresse.

Pourquoi parler de techniques d'adressage, puisque pour accéder à un octet en mémoire, il faut et il suffit de donner son adresse. Une instruction du type *lire source vers destination* devrait suffire. Par exemple « lire 5000_h vers A » est suffisante pour faire le transfert de l'octet en mémoire à l'adresse 5000_h dans le registre A du processeur. Une telle instruction est effectivement suffisante, mais demande beaucoup de manipulation au programmeur pour déterminer l'adresse d'un élément dans des structures de données. Les constructeurs ont donc proposé un paramétrage de l'adressage destiné à faciliter la lisibilité du programme et surtout le travail du programmeur développant en assembleur. Lorsque le programme est écrit dans un langage de haut niveau, les critères de facilité et de lisibilité n'interviennent plus puisque c'est le langage qui s'en charge et le compilateur qui fait la traduction en code machine. Par contre, le paramétrage de l'adressage a pour effet de compacter le code exécutable, ce qui était intéressant lorsque la mémoire était chère.

Ce paramétrage concerne les différentes manières d'accéder à un élément en mémoire centrale. À chaque technique d'adressage correspond une manière de calculer une adresse à partir des paramètres donnés dans l'instruction.

Nous allons décrire quelques-unes de ces techniques avec le processeur 68000 car les exemples sont assez simples à introduire.

Description succincte du 68000

Le MC68000 de Motorola est un processeur 16 bits mais conçu dès l'origine avec des registres 32 bits de manière à assurer une compatibilité ascendante future. Il est à la base de la famille 680x0 (x = 2, 3, 4, 5…) dont le 68020 est la première implémentation en vrai 32 bits (registres et bus d'adresse et de données sur 32 bits). La taille des opérandes est définie de la manière suivante : l'octet fait 8 bits, le mot 16, le mot long 32 et le double long 64.

Il possède de nombreux modes d'adressage. Les modes d'adressage sont les différentes manières d'indiquer au processeur la façon d'accéder à une donnée en mémoire vis-à-vis d'une structure de données d'un langage évolué (vecteurs, tableaux, structures, etc.). L'objectif des concepteurs a été d'intégrer dans les instructions arithmétiques et logiques des schémas de description de lecture ou d'écriture des opérandes relativement avancés. Les instructions deviennent très puissantes, car en peu de lignes de code, on peut réaliser des opérations relativement complexes.

L'organisation des données dans les registres

Les 8 registres de données peuvent prendre en charge des données de 1, 8, 16, 32 et 64 bits, des adresses de 16 ou 32 bits, ainsi que des champs de bits de 1 à 32 bits. Les 7 registres d'adresses, A0 à A6, et le registre pointeur de pile (A7) manipulent des adresses sur 16 ou 32 bits (figure 4-13).

Figure 4-13

Les registres du 68K

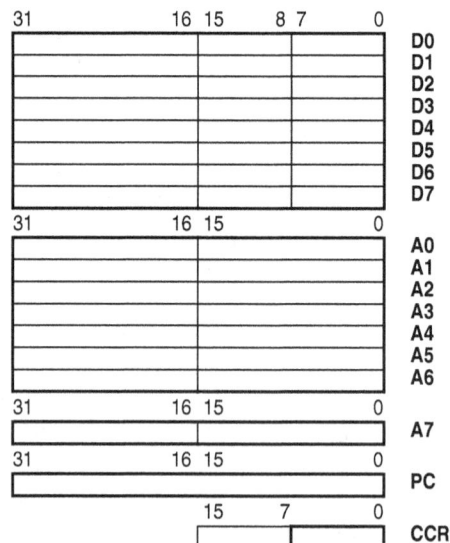

Les registres de données : D0 à D7

Chaque registre de données a une taille de 32 bits. Les opérandes de type *byte* occupent les 8 bits de poids faible, ceux de type *word* occupent les16 bits de poids faible et les *longs* occupent la totalité d'un registre. Dans la programmation en assembleur, la différentiation de la taille des opérandes est faite en suffixant l'instruction par `.b`, `.w`, `.l` respectivement (*Byte*, *Word*, *Long*).

Le registre CCR (*Code Condition Register*) est associé aux registres de données : il mémorise les résultats synthétiques des opérations logiques et arithmétiques pour être utilisés comme condition dans les instructions de branchement conditionnel (il est l'équivalent du registre F du Z80).

Les registres d'adresses A0 à A7

Une adresse est donnée sur 32 bits ce qui procure un espace adressable de 4 Go. En pratique, le 68000 n'a qu'un bus physique d'adresses de 24 bits, soit un adressage réel de 16 Mo. Le registre A7 joue un rôle particulier : c'est le pointeur de pile appelé aussi USP, *User Stack Pointer* (pointeur de pile utilisateur). Le processeur a deux modes de fonctionnement : dans le mode User, A7 est le pointeur de pile USP et dans le mode Superviseur (réservé à l'exécution du système d'exploitation), A7 est le pointeur de pile SSP, *Supervisor Stack Pointer*.

Les instructions du 68000 et les notations de l'assembleur

Les instructions comportent un code opératoire sur 16 bits et un nombre variable d'opérandes. Les instructions ont des longueurs variables. Lorsqu'elles font apparaître des opérandes source et destination, la convention Motorola donne le premier opérande comme la source et le second pour la destination.

Les modes d'adressage du 68000

Décrivons quelques-uns des adressages les plus utilisés. Pour chacun des modes, nous prendrons un exemple d'instruction impliquant ce mode. Il sera visualisé avec les mouvements de données induits sur les registres, la mémoire où se trouve le code et celle où se trouvent les données. Nous utilisons le type de représentation bien pédagogique proposé Kanes, Hawkins et Leventhal dans leur présentation de ce processeur.

Adressage direct de registre de données

Notation : `Dn, taille : b,w,l (8,16,32)`. L'opérande est le contenu de Dn

L'adressage direct de registre de données est un adressage qui concerne uniquement les registres.

L'instruction `ADD D4, D0` additionne le contenu du registre D4 à celui de D0.

L'instruction demande un seul accès en mémoire pour la lecture du code opératoire (D0 40). La zone mémoire de données n'est pas affectée par cette opération.

Figure 4-14

*Adressage direct
de données*

ADD D4, D0

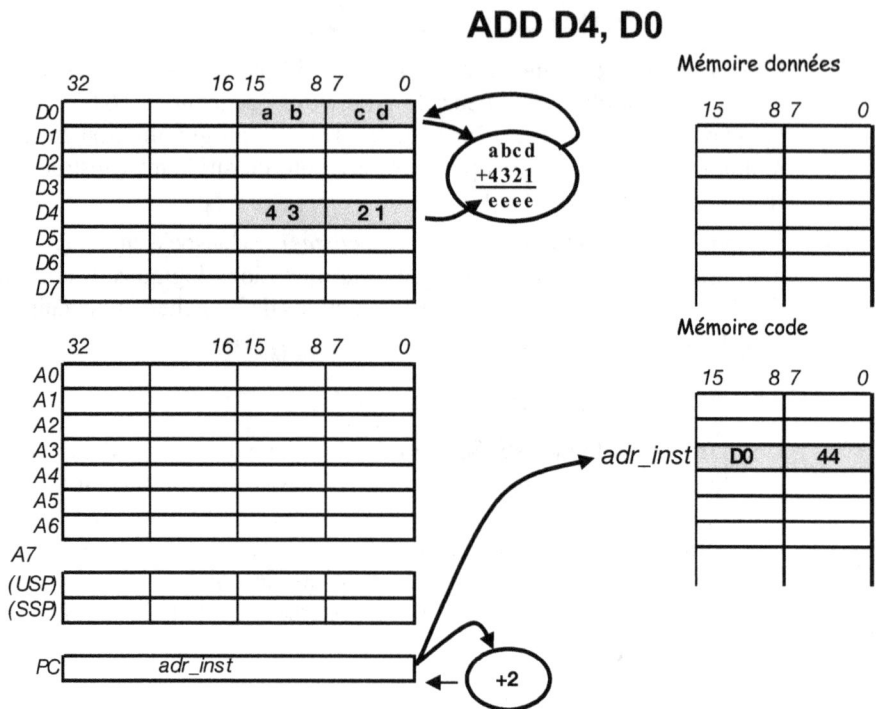

À la fin de l'exécution de l'instruction, le compteur de programme est incrémenté de 2 pour pointer sur l'instruction suivante (figure 4-14).

Adressage direct de registre d'adresse

Notation : `An, taille : w,l (16,32)`. **L'opérande est le contenu de An**

Dans cette instruction l'opérande source est un registre d'adresse An et le registre destination un registre de données Dn.

Le contenu du registre A1 est additionné au contenu du registre D1 (figure 4-15).

L'instruction ne demande qu'un seul cycle mémoire (phase `fetch`) et à l'issue de l'exécution de l'instruction, le compteur de programme est incrémenté de 2.

Adressage immédiat

Notation : `#valeur, taille : b,w,l (8,16,32)`. **L'instruction fournit la valeur de l'opérande**

L'instruction `ADDI #$eeee, D0` ajoute la valeur $eeee_h$ au contenu du registre D0.

L'adressage immédiat indique que l'opérande est placé en mémoire juste derrière le code opératoire de l'instruction. Cet opérande est forcément une constante. L'adressage immédiat est spécifié par le symbole #.

Figure 4-15

Adressage direct d'adresse

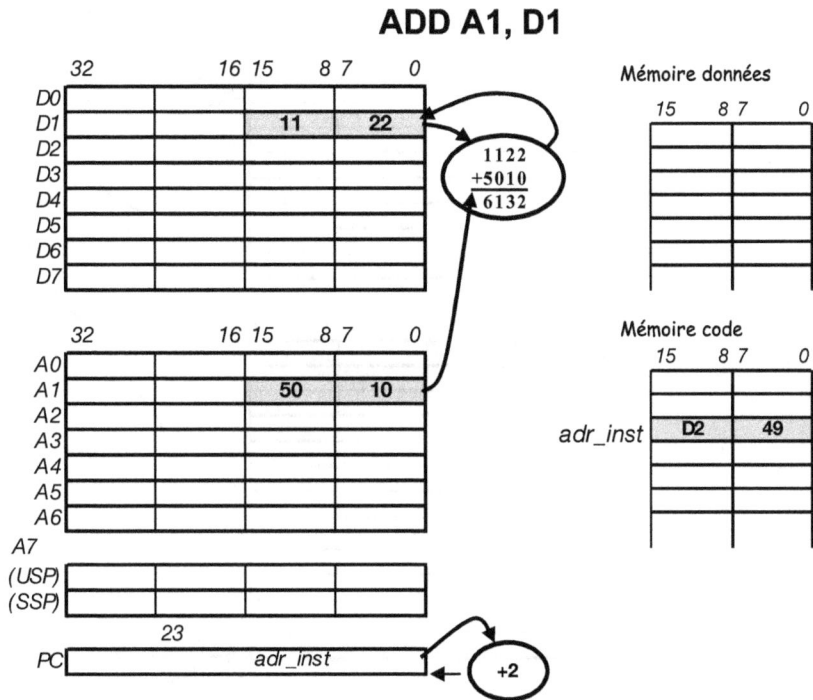

ADD A1, D1

Le nombre à ajouter peut être décrit en différentes bases. La base par défaut est 10 et le symbole $ de l'exemple indique un nombre en base 16.

L'instruction demande deux cycles de lecture mémoire (la phase fetch et la lecture de l'opérande). L'opérande étant sur 16 bits, le compteur de programme est incrémenté de 4 (figure 4-16).

Adressage absolu

Notation : valeur_adr, taille : w,l (16,32). **L'instruction fournit l'adresse de l'opérande**

Le premier opérande de cette instruction n'est pas une donnée (pas de signe #), mais une adresse décrite en valeur hexadécimale (signe $).

Le contenu de la variable à l'adresse 5010_h, soit 5678_h est ajouté au contenu du registre D0 (figure 4-17).

L'instruction demande trois cycles de lecture mémoire (la phase fetch, la lecture de l'opérande adresse, puis celle de la donnée). L'opérande étant sur 16 bits, le compteur de programme est incrémenté de 4.

Figure 4-16

Adressage immédiat

ADDI #$eeee, D0

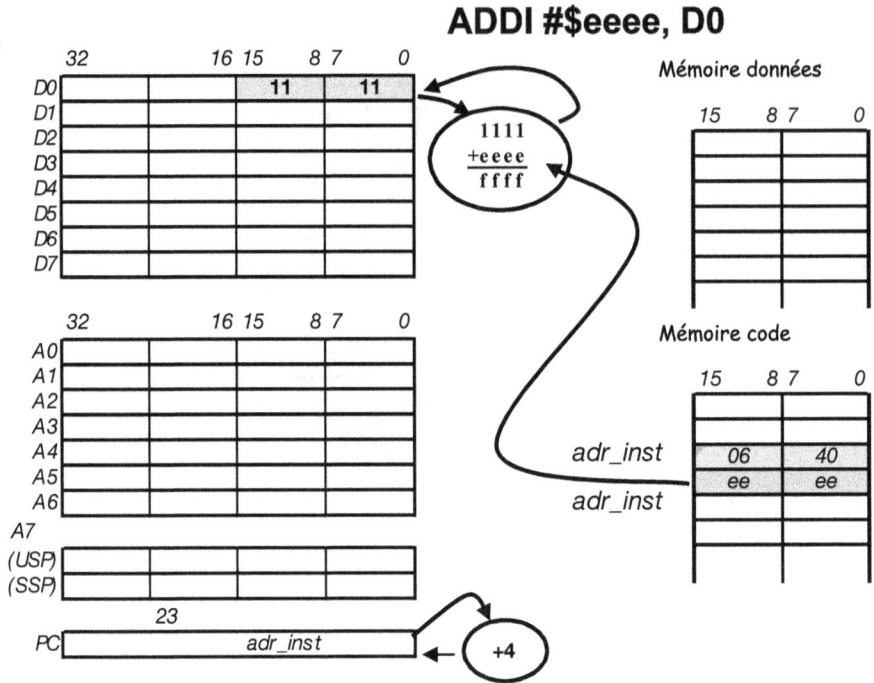

Figure 4-17

Adressage absolu

ADD $5010, D0

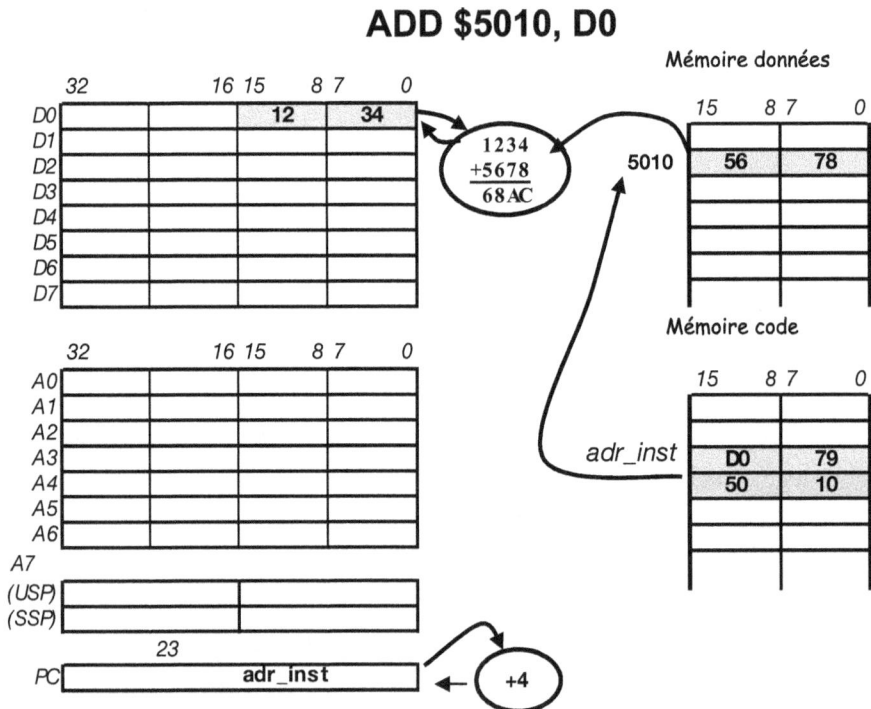

Adressage indirect sur registre d'adresse

Notation : (An), **taille :** b,w,l (8,16,32). **An contient l'adresse de l'opérande : l'opérande est en mémoire à l'adresse pointée par An**

L'adressage indirect sur registre d'adresse utilise le contenu d'un registre d'adresse, ici A0, comme adresse mémoire où se trouve la donnée à additionner au contenu du registre de données D0.

Figure 4-18

Adressage indirect sur registre d'adresse

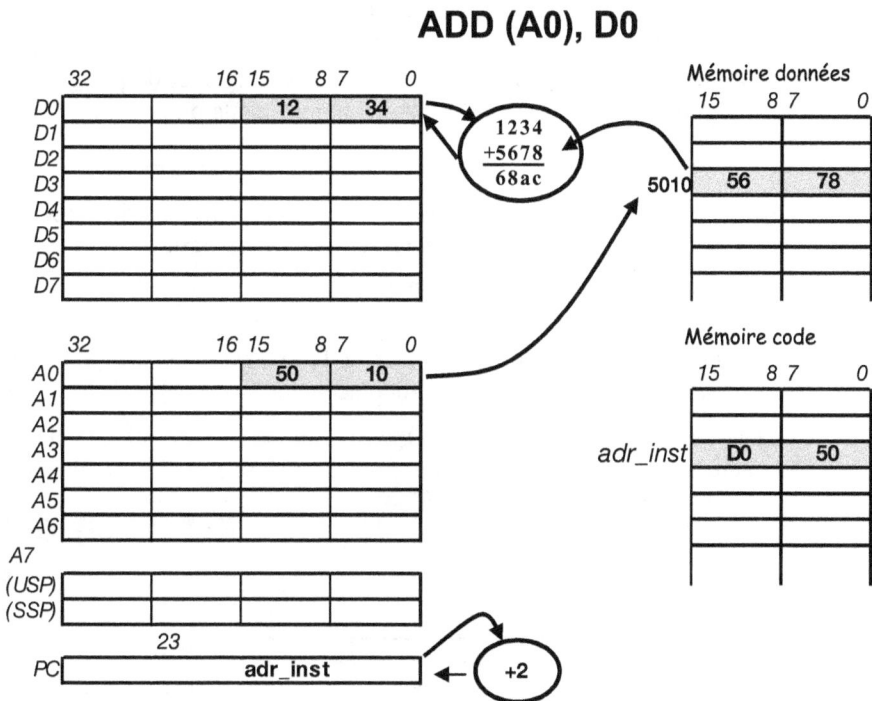

ADD (A0), D0

L'instruction demande deux cycles de lecture mémoire (la phase fetch et la lecture de la donnée). L'instruction n'ayant pas d'opérande explicite en mémoire, le compteur de programme est incrémenté de 2.

Adressage indirect sur registre d'adresse avec prédécrément : -(An) ; avec postincrément : (An)+

Ce mode d'adressage est destiné à faciliter la manipulation d'une pile. Ce processeur n'a pas d'instructions de type Push ou Pop spécifiques et la gestion de l'empilement ou du dépilement se fait simplement avec ce mode d'adressage. Il peut s'appliquer à tous les registres d'adresses, mais c'est le registre A7 qui est le registre pointeur de pile pour les appels de procédures.

Notation : -(An), taille : b,w,l (8,16,32), **On soustrait d'abord à An la taille de l'opérande. L'opérande est alors en mémoire à l'adresse pointée par An**

La valeur du registre d'adresse est d'abord décrémentée et l'opérande est en mémoire à la nouvelle adresse pointée par An. Si on utilise cet adressage lors d'un rangement en mémoire, cela revient à insérer une donnée en sommet de pile : le pointeur de pile An est décrémenté puis on range la donnée.

Notation : (An)+, taille : b,w,l (8,16,32), **L'opérande est en mémoire à l'adresse pointée par An. On ajoute ensuite à An la taille de l'opérande**

La valeur du registre d'adresse est d'abord incrémentée et l'opérande est en mémoire à la nouvelle adresse pointée par An. Si on utilise cet adressage lors d'une lecture en mémoire, cela revient à enlever une donnée en sommet de pile : la donnée est lue et le pointeur de pile pointe sur la prochaine donnée de la pile.

Adressage indirect sur registre avec déplacement

Notation : d16(An), taille : b,w,l (8,16,32). **Adresse de l'opérande : contenu de An + déplacement 16 bits signé, codé dans l'instruction**

Le dernier mode d'adressage que nous décrivons est l'adressage indirect sur registre avec un déplacement. L'adressage est relatif à une base.

Le registre d'adresse sert de pointeur de base à un élément, par exemple un tableau ou une structure, auquel on ajoute un déplacement.

L'instruction ADD $11(A0), D0 prend le contenu du registre A0 auquel est ajouté le déplacement de valeur 11_h pour obtenir l'adresse de la donnée à ajouter au contenu du registre D0.

Figure 4-19

Adressage indirect sur registre et index

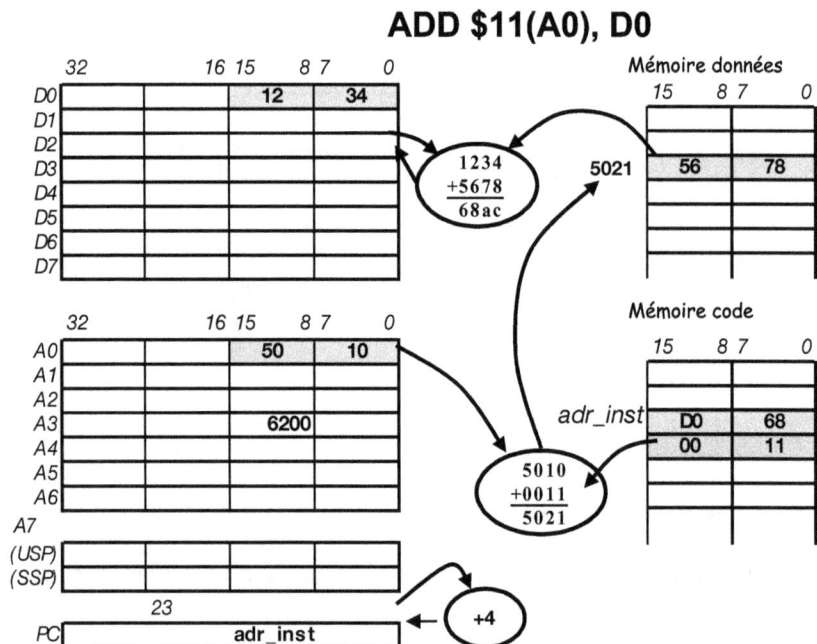

ADD $11(A0), D0

L'instruction demande trois cycles de lecture mémoire (la phase `fetch`, la lecture de l'opérande index puis la lecture de la donnée). L'opérande étant sur 16 bits, le compteur de programme est incrémenté de 4 pour pointer sur l'instruction suivante.

Introduction au langage assembleur

Dans le cadre de notre démarche ascendante, nous allons maintenant aborder une introduction à la programmation en assembleur. Il s'agit d'en donner les principes de base et de montrer comment le modèle de programmation du processeur est l'interface qui rend possible toutes les abstractions de niveau supérieur. Nous commençons par des exemples triviaux et la fin de la section est consacrée aux mécanismes plus complexes sous-jacents à l'appel de procédure.

Les premiers exemples sont de petits programmes très simples écrits en langage C et nous demandons au compilateur de traduire ce programme en un programme assembleur pour le processeur 68000. Nous prendrons ensuite la même démarche et les mêmes exemples avec un processeur de conception assez différente, le MIPS.

Les exemples sont illustrés par un tableau présentant conjointement le programme C, le programme correspondant en assembleur et le code binaire exécutable généré qui met en œuvre le jeu d'instruction.

La partie gauche de la figure est le programme C qui ne comporte que des affectations simples. La colonne de droite est le programme assembleur 68000 généré automatiquement par le compilateur C.

La partie centrale est le code objet du programme (binaire), tel qu'il peut être chargé en mémoire centrale pour son exécution. La visualisation est faite en notation hexadécimale, 2 digits hexadécimaux décrivant un octet. La colonne de gauche marquée *ad* donne les adresses d'implémentation en mémoire. Ainsi, dans le premier exemple du tableau 4-1, le code du programme commence à l'adresse 06 et se termine à l'adresse 25. La zone de données où sont stockées les variables commence à l'adresse 00 et se termine à l'adresse 05. Seuls les digits de poids faible de l'adresse sont visualisés.

Le début du programme assembleur concerne la déclaration des variables pour lesquelles il faut réserver de la place en mémoire. Par convention, les noms des variables en C gardent le même nom mais précédé du caractère « _ ». Les `int` (entiers) en C deviennent pour ce compilateur des mots de 16 bits (suffixe `.w`) et sont déclarés sous forme de suite de 2 octets.

Dans la partie centrale, on constate que la variable _a possède pour adresse 00 et la dernière adresse occupée par _a est l'adresse 01.

Le nom `main` en C est le nom d'une procédure particulière habituellement appelée *programme principal*. Ce nom devient un *label* ou *étiquette* en assembleur (_main). Un label est suivi du caractère « : » et prend pour valeur celle de l'adresse de l'instruction qui suit. Ainsi _main est égal à 06 qui est l'adresse de la première instruction du programme. Une étiquette est généralement utilisée comme le paramètre de destination dans une instruction de saut conditionnel ou inconditionnel.

Figure 4-20

Assembleur 68000,
exemple 1

```
/*Exemple 1:
Prog.  C           ad  Contenu mémoire    Assembleur 68000

int a,b,c;
                   00  0000              _a: ds.b   2
                   02  0000              _b: ds.b   2
                   04  0000              _c: ds.b   2
main ()
{                                        _main:
                   06  4E56 0000            link    A6,#0
a = 2;
                   0A  31FC 0002 0000       move.w #2,_a
b=3;
                   10  31FC 0003 0002       move.w #3,_b
c= a+b;
                   16  3038 0000            move.w _a,D0
                   1A  D078 0002            add.w  _b,D0
                   1E  31C0 0004            move.w D0,_c
}
                   22  4E5E                 unlk    A6
                   24  4E75                 rts
```

La première instruction, link, est spécifique à la gestion d'une procédure et nous l'ignorons dans un premier temps. Nous y reviendrons plus longuement par la suite. L'affectation $a = 2$; en C devient en assembleur move.w #2, _a, dont la signification est : transférer un mot de 2 octets (suffixe w) de valeur 2 vers la variable _a. L'instruction move.w utilise ici un adressage immédiat avec pour l'opérande source la constante 2. Le code binaire de l'instruction est 31fc 0002 0000.

Le code opératoire est 31fc et les 2 octets qui suivent (0002) contiennent le codage en complément à 2 (type int en C) de la constante 2. Les 2 octets suivants désignent l'adresse de la variable _a, soit 00. On note que la constante 2 a pour adresse 0c (première adresse après le code opératoire) et que cette adresse est l'adresse de l'octet de poids fort de la constante : la convention de représentation mémoire utilisée par le 68000 est de type *Big Endian*. L'instruction occupe 6 octets lus par groupe de 2 (le bus de données du 68000 a une largeur de 16 bits). Le déroulement de l'instruction demande 3 cycles de lectures en mémoire et un cycle d'écriture pour l'exécution (rangement à l'adresse de _a).

La deuxième affectation est identique dans sa forme à la valeur de la constante et de la variable près. L'instruction $c = a + b$ en C nécessite plusieurs instructions assembleur : l'addition ne peut se faire que sur un registre.

Optimisation

Pour l'anecdote : a et b sont des constantes, donc la somme c est une constante. Un bon compilateur, faisant un minimum d'optimisation aurait dû traduire les instructions :

$a = 2$;	en	move.w #2, _a
$b = 3$;		move.w #3, _b
$c = a + b$;		move.w #5, _c .

Le compilateur a choisi le registre D0, mais il aurait pu choisir n'importe quel registre de données. L'addition est faite en trois temps : rangement de _a dans le registre D0, addition de la variable _b au contenu de D0, puis enfin le rangement de D0 à l'adresse de la variable _c.

Nous n'allons pas détailler chaque instruction, mais faisons cependant une exception pour l'instruction move.w _a, D0. Son code est 3038 0000. Alors que le mnémonique en langage assembleur de l'instruction est le même que le move précédent, il n'a pas la même signification vis-à-vis de la technique d'adressage. Il s'agit toujours d'un transfert, mais les paramètres ne sont pas les mêmes : l'opérande source est une adresse mémoire alors que l'adresse destination est un registre. Autre caractéristique de cette instruction : elle est plus courte, seule l'adresse mémoire apparaît explicitement dans l'instruction. L'opérande destination étant un registre, il est codé directement dans le code opératoire car 4 bits suffisent.

Variables dans la pile

L'exemple 2 est une variante du programme précédent où la déclaration des variables est interne à la procédure main. Les variables deviennent « locales » à la procédure et sont allouées dynamiquement au moment de l'appel de la procédure main. La place sera rendue, libérée à la sortie de la procédure. L'instruction link A6, #-6 effectue cette réservation de mémoire. Si au moment de l'appel de la procédure, le pointeur de pile USP vaut 10b8, l'instruction va réserver la place nécessaire pour les 3 variables a, b et c dans la pile. La réservation se fait simplement en diminuant USP de 6 et vaut maintenant 10b2. USP est susceptible d'évoluer, en particulier si, dans la procédure, il y a un autre appel. USP étant par essence variable, les variables a, b et c ne peuvent être référencées par rapport à USP. Il faut donc, avant la réservation de la zone, mémoriser la valeur du pointeur de pile (ici 10b8) dans un registre. Les variables pourront ensuite être référencées sans problème par rapport à la valeur fixe de ce registre.

Figure 4-21

C et assembleur 68000, exemple 2

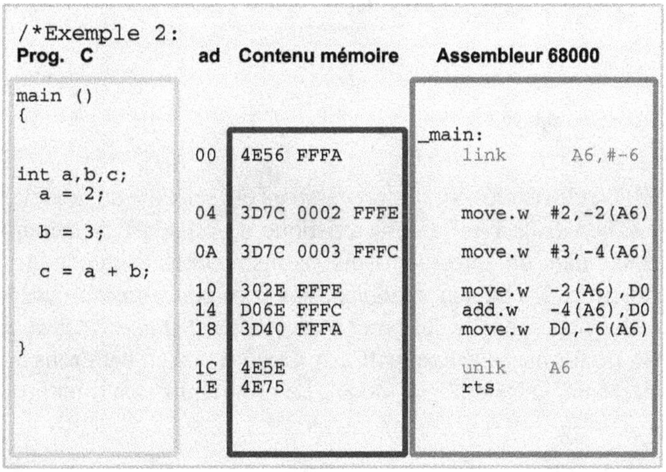

```
/*Exemple 2:
Prog. C              ad  Contenu mémoire    Assembleur 68000

main ()
{
                                           _main:
                     00  4E56 FFFA              link    A6,#-6
int a,b,c;
   a = 2;            04  3D7C 0002 FFFE         move.w  #2,-2(A6)

   b = 3;            0A  3D7C 0003 FFFC         move.w  #3,-4(A6)

   c = a + b;        10  302E FFFE              move.w  -2(A6),D0
                     14  D06E FFFC              add.w   -4(A6),D0
                     18  3D40 FFFA              move.w  D0,-6(A6)
}
                     1C  4E5E                   unlk    A6
                     1E  4E75                   rts
```

Dans l'exemple 2 (figure 4-21), l'instruction link se sert du registre d'adresse A6 pour effectuer cette mémorisation. L'adresse de la variable a est à −2 par rapport à A6, b à −4 et c à −6 (FFFE, FFFC, FFFA dans le code des instructions sont les valeurs −2, −4 et −6 en complément à 2). On peut noter que ce programme sera plus efficace en temps d'exécution car il implique moins d'accès à la mémoire.

L'exemple 3, figure 4-22, est le même que la première version, mais compilé pour un processeur 68020, c'est-à-dire la première version entièrement 32 bits du 680x0.

Les différences principales tiennent dans les entiers représentés en 32 bits, de même que les adresses. Le compilateur a fait un choix différent du premier : il fait commencer le programme à l'adresse 00 et met la zone de données à la suite du code.

Comme les adresses sont sur 32 bits, les instructions qui comportent une adresse de variable sont maintenant plus longues. Cela est compensé par le fait que la lecture en mémoire peut se faire par mot long de 32 bits.

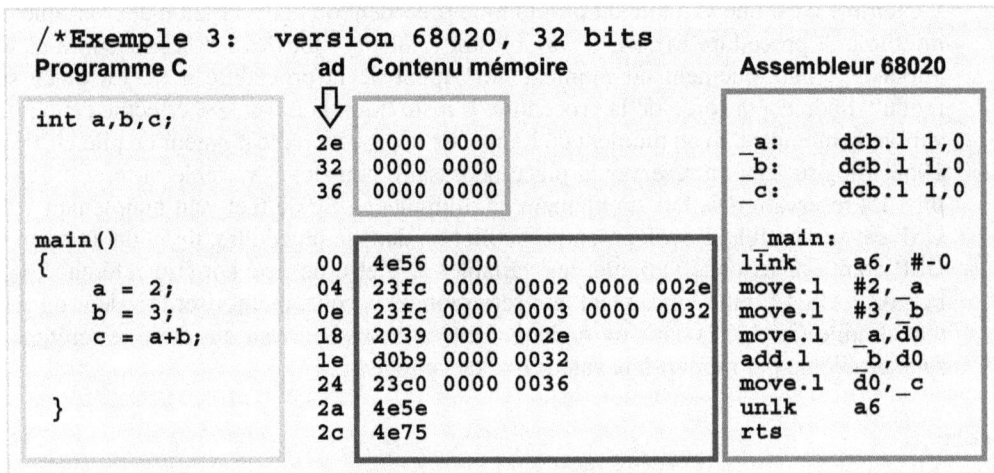

```
/*Exemple 3:    version 68020, 32 bits
Programme C          ad  Contenu mémoire                    Assembleur 68020

int a,b,c;           2e  0000 0000                            _a:    dcb.1 1,0
                     32  0000 0000                            _b:    dcb.1 1,0
                     36  0000 0000                            _c:    dcb.1 1,0

main()                                                        _main:
{                    00  4e56 0000                            link   a6, #-0
    a = 2;           04  23fc 0000 0002 0000 002e            move.1 #2,_a
    b = 3;           0e  23fc 0000 0003 0000 0032            move.1 #3,_b
    c = a+b;         18  2039 0000 002e                       move.1 _a,d0
                     1e  d0b9 0000 0032                       add.1  _b,d0
                     24  23c0 0000 0036                       move.1 d0,_c
                     2a  4e5e                                 unlk   a6
}                    2c  4e75                                 rts
```

Figure 4-22

Assembleur 68000, exemple 3

Le Z80 et le 68000 sont des processeurs qui relèvent du modèle CISC (*Complex Instruction Set Computer*), avec la caractéristique de posséder beaucoup de modes d'adressage, de pouvoir faire un adressage dans les instructions arithmétiques et logiques et d'avoir des instructions à longueur variable. Sans faire pour l'instant une discussion sur les raisons de la suprématie actuelle des processeurs RISC (*Reduced Instruction Set Computer*) au niveau de la performance par rapport aux CISC (nous en parlerons au chapitre 8), nous donnons maintenant un exemple de modèle de programmation d'un processeur RISC.

Modèle RISC « Load and Store »

La performance en vitesse d'exécution est actuellement basée sur la recherche de la simplicité et de la régularité dans le processeur. C'est une des caractéristiques des processeurs RISC : il y a un grand nombre de registres généraux, très peu de modes d'adressage mémoire et les accès en mémoire se font indépendamment des opérations arithmétiques par les deux seules instructions de lecture et d'écriture appelées *load* et *store*. Les instructions ont toutes la même longueur.

À partir des années 80, plusieurs études ont montré que la complexité des CISC (avec la puissance des instructions correspondantes) devenait incompatible avec un bon niveau de performance. C'est la simplicité et la régularité, qui avec la diminution du coût des mémoires, deviennent les critères majeurs. La plupart des programmes cibles étant générés par des compilateurs (et non écrits directement en assembleur), ces études ont mis en évidence que, seules 20 % des instructions d'un processeur de type CISC sont utilisées pendant plus de 80 % du temps d'exécution d'un programme.

La conception des processeurs est revue et les critères pris en compte sont alors :

• un jeu réduit d'instructions simples ayant toutes la même longueur et facilement décodables au niveau du processeur ;

• un nombre réduit de modes d'adressage ;

• les accès à la mémoire se font uniquement avec deux instructions : *load* (transfert de mémoire à registre) et *store* (transfert de registre à mémoire) ;

• un nombre élevé de registres pour diminuer la fréquence des échanges avec la mémoire ;

• la décomposition systématique des instructions en nombre fixe de phases élémentaires permettant une forme de parallélisme interne avec l'exécution de chacune des phases sur une unité appelée étage de pipeline (chapitre 8).

Le processeur MIPS (en version 32 bits)

Prenons le processeur MIPS pour expliciter le modèle de programmation dans une architecture RISC.

Figure 4-23

Registres généraux du processeur MIPS

R0	zéro	constante 0		R16	s0	callee saves
R1	at	reserved assembler		....		l'appelé doit sauvegarder
R2	v0	évaluation d'expression &		R23	s7	
R3	v1	résultat de fonction		R24	t8	temp.
R4	a0	arguments		R25	t9	
R5	a1			R26	k0	réservé OS
R6	a2			R27	k1	
R7	a3			R28	gp	pointeur de zone globale
R8	t0	temp. Appelant sauve		R29	sp	stack pointer
....		l'appelé peut écraser		R30	fp	frame pointer
R15	t7			R31	ra	adresse retour (hw)

Son modèle est relativement simple. Il comporte un ensemble de 32 registres généraux notés R0 à R31, mais tous ne sont quand même pas indifféremment utilisables. Par exemple, comme dans la plupart des processeurs RISC, le registre R0, en lecture seule, est « précâblé » à la valeur 0. L'initialisation à 0 d'une variable, opération courante en programmation, est ainsi très rapide.

Les registres ont aussi des « petits noms » pour une utilisation plus standardisée au niveau logiciel (a0, a7, …, t0, t7) (figure 4-23).

Les instructions ont toutes la même longueur de 32 bits (figure 4-24). La distinction des instructions est faite suivant trois types de format. Le format R correspond aux instructions arithmétiques. Le format s'appelle R, comme registre, car ces opérations ne se font que sur des registres. Le format I correspond aux instructions immédiates (opérande immédiat), de transfert et branchement et le format J correspond aux instructions de saut.

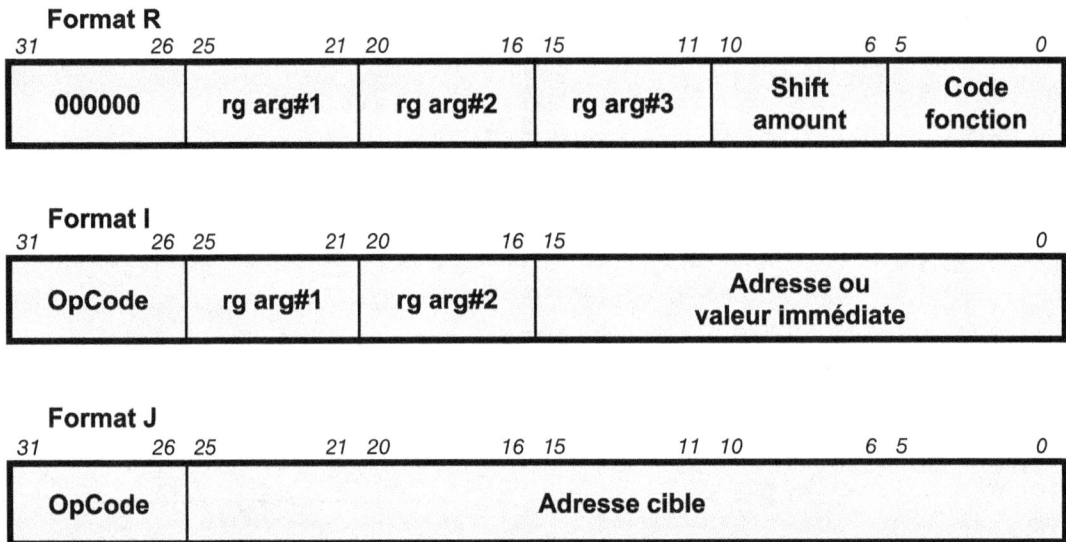

Format R

31 26	25 21	20 16	15 11	10 6	5 0
000000	rg arg#1	rg arg#2	rg arg#3	Shift amount	Code fonction

Format I

31 26	25 21	20 16	15 0
OpCode	rg arg#1	rg arg#2	Adresse ou valeur immédiate

Format J

31 26	25 0
OpCode	Adresse cible

Figure 4-24
Formats d'instructions du processeur MIPS

Les instructions de format R

Les instructions arithmétiques n'ont que des registres en arguments (pas de variables en mémoire). Le premier argument est le registre destination et les deux suivants sont les opérandes sources. Par exemple, une addition sera décrite par :

Add $s0, $s1, $s2   ce qui revient à faire l'opération :

$s0 = $s1 + $s2   ($ est un caractère de spécification de registre).

Les instructions de format I

L'interprétation des 3 arguments est contextuelle : elle dépend du code opératoire. Dans le cas d'une addition nous aurons par exemple :

Addi $v0, $zero, 1 ce qui met à 1 le registre $v0. $v0 est l'opérande destination, $zéro (R0) est un registre source et 1 est une valeur immédiate (une constante).

Dans le cas d'une instruction de branchement conditionnel, les deux registres font l'objet de la comparaison de décision pour le branchement et le dernier champ donne l'adresse de débranchement sous la forme d'un offset. Par exemple, l'instruction :

bne $t3, $zero, label0 fait le branchement à l'étiquette label0 si le contenu de $t3 est différent de 0 (*bne = branch if not equal*). On remarque qu'il n'y pas de registre de drapeaux mis à jour automatiquement par l'UAL : l'instruction fait la comparaison et le saut (à la différence du Z80 et du 68000 vus précédemment).

Le format I comporte également les deux seules instructions de transfert mémoire/registres. L'instruction load, notée lw, effectue un chargement depuis la mémoire vers un registre ; l'instruction store, notée sw, se charge du rangement d'un registre vers la mémoire. L'instruction :

Lw $t0, 48($t1) est équivalente à *t0 = mem[t1 + 48]*. Le registre t0 est le registre de destination (chargement, load, lecture), t1 est un registre source auquel on ajoute la valeur immédiate 48 pour obtenir l'adresse mémoire d'où se fait le chargement.

Sw $t0, 48($t1) est une instruction de rangement du registre t0 vers la mémoire.

Les instructions de format J

L'instruction caractéristique du format J est l'instruction de saut (goto). Elle se présente sous la forme j étiquette, où étiquette est une adresse sur 26 bits.

CISC et RISC

En 1980, David Patterson, de l'université de Berkeley, définit une architecture de machine susceptible de répondre au cahier des charges précédent. Il lui attribue le nom de RISC, *Reduced Instruction Set Computer*, architecture à jeu réduit d'instructions. À partir d'études statistiques menées sur un grand nombre de programmes contemporains et écrits en langage de haut niveau sur les processeurs de l'époque (appelés depuis CISC, *Complex Instruction Set Computer*), il prend en compte les faits suivants :

– L'instruction call est celle qui prend le plus de temps (en particulier sur un processeur VAX, un standard de l'époque fabriqué par Digital Equipment Corp).

– 80 % des variables locales sont des scalaires.

– 90 % des structures de données complexes sont des variables globales.

– La majorité des procédures possèdent moins de 7 paramètres (entrées et sorties).

– La profondeur maximale de niveau d'appels de procédure est généralement inférieure ou égale à 8.

Patterson développe ainsi le RISC I, puis le RISC II, projet universitaire qui débouche ensuite sur l'architecture SPARC (*Scalable Processor ARChitecture*) de Sun.

À la même époque, les chercheurs de l'université de Stanford, dont les travaux portent sur le parallélisme et les structures en pipeline, proposèrent la machine MIPS (*Machine without Interlocked Pipeline Stages*). L'idée maîtresse de John Hennessy, le père du MIPS, est de mettre en évidence dans le jeu d'instructions toutes les activités du processeur qui peuvent affecter les performances afin que les compilateurs puissent réellement optimiser le code. John Hennessy fonde ensuite la société MIPS. Ce processeur est utilisé dans les stations de travail SG (Silicon Graphix).

Les modes d'adressage

Il y a quatre modes d'adressage pour le processeur MIPS. Dans ce domaine également, c'est la simplicité qui prime. Le nombre de modes d'adressage offert est assez réduit.

L'*adressage par registre*. C'est l'adressage le plus simple et le plus efficace : l'opérande de l'instruction est contenu dans le registre désigné.

add $s0, $s1, $s2 est une instruction dont les paramètres sont des noms de registres, l'opérande est dans le registre désigné.

L'*adressage immédiat*. C'est un adressage où l'opérande est une constante directement donnée dans l'instruction.

addi $v0, $zero, 1 est une instruction à adressage immédiat dans le cas du dernier paramètre, la valeur du paramètre est l'opérande.

L'*adressage indexé* ou adressage avec déplacement. L'opérande se trouve à l'emplacement mémoire d'adresse égale au contenu d'un registre dont on ajoute un déplacement contenu dans l'instruction elle-même.

lw $t0, 24($t1) correspond au chargement d'un élément en mémoire qui se trouve à l'adresse contenue dans le registre t1 à laquelle est ajoutée la constante 24. Le déplacement peut aussi être fait par rapport au compteur de programme PC.

Les appels de procédures

Il y a deux instructions pour gérer les appels de procédures. Pour les comprendre, il faut avoir à l'esprit que le paradigme RISC est basé sur une utilisation maximale des registres au détriment de la mémoire et en particulier de la pile.

```
procA :
        ...
        jal     procB
procB
        ...
        sub $sp, $sp, 4
        sw  $ra, 0($sp)
        jal procC
        lw  $ra, 0($sp)
        add $sp, $sp, 4
        ...
        jr $ra
procC
        ...
        ...
        jr $ra
```

Figure 4-25
Procédures MIPS

C'est donc au programmeur (ou plutôt au compilateur) de gérer le problème de l'écrasement de l'adresse de retour, dans un registre libre. Ce n'est que lorsqu'il n'y a plus de registres de libre que le mécanisme de la pile en mémoire est mis en œuvre. L'instruction `jal proc1` (*jump and link*) fait le débranchement vers l'adresse proc1 de début de la procédure et mémorise l'adresse de retour dans le registre ra (*return address* ou R31). La procédure se termine par l'instruction `jr` (jump register) avec comme argument ra : `jr $ra`.

L'exemple de la figure 4-25 illustre les appels de procédure MIPS. La procédure A fait appel à la procédure B. Supposons qu'au moment de cet appel toutes les sauvegardes nécessaires sont faites. L'instruction `jal procB` fait la sauvegarde de l'adresse de retour dans le registre $ra. La procédure B, après un certain nombre d'instructions, appelle la procédure C.

Mais avant cet appel, il est nécessaire de sauvegarder le registre $ra, sinon l'adresse de retour de B est perdue. Dans cet exemple, la sauvegarde est faite dans la pile (elle aurait pu être faite dans un autre registre libre). La gestion de la pile n'est pas automatique, elle est de la responsabilité du programmeur. La première instruction décrémente le pointeur de pile pour accueillir une adresse sur 32 bits. Après l'ajustement du pointeur de pile, le registre $ra est rangé au sommet de la pile. L'appel à la procédure C peut alors être fait en toute sécurité pour le retour ultérieur à la procédure A (instruction `jr $ra` à la fin de la procédure B).

La procédure C ne faisant aucun appel de procédure, il n'y a pas de sauvegarde à faire et dans ce cas on gagne le temps d'une sauvegarde automatique inutile.

Procédures et passage de paramètres

La procédure est, nous l'avons introduite ainsi, le premier niveau de structuration d'un programme et elle requiert pour son utilisation, une encapsulation d'un ensemble d'instructions correspondant à la résolution d'une fonction déterminée. D'une certaine manière, la procédure est aussi « isolée » ou protégée du reste du programme. Elle peut avoir des variables internes de travail non visibles à l'extérieur qui sont les variables *locales* aussi appelées *privées*. Par contre, il faut bien sûr, pour que la procédure serve à quelque chose, pouvoir lui transmettre des données et pouvoir récupérer les résultats de la fonction. On parle alors de *passage de paramètres*, avec les paramètres d'entrées et les paramètres de retour.

Pour effectuer ce passage de paramètres, différentes techniques sont possibles. Nous allons en décrire quelques-unes et les illustrer avec les deux modèles de programmation que nous venons de voir, celui du 68000 et celui du MIPS.

Une technique simple consiste à transmettre les données de manière implicite : ce sont les *variables globales*. Les variables sont en mémoire centrale avec une adresse statique (fixe) et rendue visible à toutes les procédures. On utilise alors simplement les variables sans les déclarer à l'intérieur de la procédure. La technique est assez dangereuse car n'importe quelle procédure peut modifier la variable, sans parler du fait qu'une variable globale est potentiellement, dans un système multitâche, une ressource critique qui peut être lue et modifiée en quasi-simultanéité (ce point sera discuté plus en détail dans le chapitre 5). Cette technique est vivement déconseillée par tous les bons guides de programmation et doit être réservée à des situations exceptionnelles. Alors, promis et juré, nous le ferons qu'une seule fois, juste pour voir…

De la lisibilté d'un programme

On peut penser que cette programmation est plus difficile pour un programmeur que dans le cas d'un processeur CISC où il suffit d'appeler les instructions `call` et `ret`. C'est effectivement le cas, les RISC sont conçus avec un jeu réduit d'instructions plus simples, la programmation est donc plus laborieuse. Il faut aussi tenir compte d'une autre évolution, celle des compilateurs. À la pleine époque du CISC, on pensait que la programmation la plus efficace en temps d'exécution était la programmation en assembleur : un compilateur de langage évolué apportant de son côté une surcharge en code au programme assembleur généré automatiquement.

Les processeurs RISC sont conçus avec l'hypothèse que c'est le compilateur, qui, avec des possibilités d'optimisation, est le mieux à même de générer un programme optimal vis-à-vis du processeur. Au programmeur, est laissé le développement d'une application avec un langage de haut niveau, et on laisse au bon soin du compilateur de traduire le plus efficacement possible ce programme en langage assembleur. Finalement, la lisibilité n'est pas un critère fondamental. Patterson donne des exemples où un programme C est plus rapide qu'un programme directement écrit en assembleur. La plupart des compilateurs C, C++ actuels sont réellement performants du point de vue de l'efficacité du code cible.

La technique classique est de ménager une ouverture autorisée, une sorte de guichet de dépôt ou de retrait. Dans la plupart des langages de programmation ce guichet est symbolisé par une liste de noms de paramètres mise entre deux parenthèses après le nom de la procédure : `somme (a, b, c)`. Dans certains cas, la distinction est nette entre les paramètres d'entrées et les paramètres de sorties. Lorsqu'il y a un paramètre de sortie considéré comme principal, la procédure renvoie une valeur. C'est alors une fonction utilisable dans une expression comme une variable ou un élément de tableau. Dans notre exemple, nous utiliserons la fonction `som` qui, appliquée aux paramètres a et b, renvoie la valeur c :
`c = som (a, b)`

La notation précédente avec les parenthèses existe dans les langages de haut niveau, mais pas au stade du modèle de programmation du processeur.

Pour l'assembleur, le nom de la procédure n'est ni plus ni moins qu'une simple étiquette, c'est-à-dire une adresse. Il faut passer des paramètres entre l'appelant et l'appelé et vice versa. Par où et comment passent alors les paramètres ? Par où ? Le paramètre est mis dans une unité de stockage où il peut être récupéré : c'est en mémoire centrale, dans la pile ou dans les registres.

- **Passage par les registres**. C'est le passage le plus rapide, mais il est limité par le nombre de registres disponibles. Le paramètre est référencé par le nom du registre.

- **Passage par la pile**. Le paramètre est référencé en dynamique par rapport au pointeur de pile, mais la donnée est en mémoire centrale. Le passage est moins rapide que par les registres, mais il n'y a pas de limitation en nombre de paramètres.

- **Passage par référence explicite de la variable**. C'est de fait une technique de variable globale.

Renommage de registres

Il existe une technique variante du passage par registre qui utilise le renommage de registre avec une gestion de fenêtre de registres (processeur SPARC de Sun et Itanium de Intel et HP). Nous la traiterons à part.

Comment passer le paramètre ?

- Le paramètre est passé *par valeur*. Dans ce cas on transmet une copie de la donnée et l'original reste intact dans le programme appelant. Le paramètre ne peut être que « lu » dans la procédure appelée.

- Le paramètre est passé *par référence*, autrement dit par son adresse. Dans ce cas le paramètre peut être « lu » et « modifié ». Tout paramètre de sortie doit être passé par référence. D'une certaine manière, le passage par référence revient à rendre partiellement globale la variable, d'où des dangers équivalents à ceux des variables globales.

Variables locales et ré-entrance

La ré-entrance est la propriété que doit présenter une procédure pour être appelable plusieurs fois sans que les exécutions précédentes soient terminées. C'est le cas des bibliothèques de procédures dans les systèmes multitâches où un même code est appelé à différents moments par plusieurs applications. Dans ce cas, chaque instance d'exécution de la procédure doit travailler sur une zone de données différente, gérée idéalement en mettant toutes les données locales dans la pile.

Dans les exemples qui suivent, nous aurons une illustration de ces différents points : variable globale, variable locale, différentes techniques de passage de paramètres.

Les procédures et le 68000 (variables locales, pile, instructions `Link` et `Unlink`)

Les concepteurs du processeur 68000 ont introduit l'instruction `link` pour faciliter la mise en œuvre de l'allocation dynamique de mémoire pour les variables locales à une procédure. L'instruction est relativement complexe et demande quelques explications.

La valeur du pointeur de pile est prise à l'entrée de la procédure. À partir de cette valeur, on peut réserver une zone pour la déclaration des variables locales, place qui sera récupérable à la sortie de la procédure. Comme nous l'avons déjà indiqué, le pointeur de pile ne peut pas servir de référence aux variables car il est amené à évoluer dans la suite de l'exécution de la procédure. La valeur originale du pointeur de pile est mémorisée dans un registre d'adresse qui sert ensuite d'adresse de base pour les variables locales.

L'instruction `Unlink`, utilisée à la fin de la procédure, libère la zone en remettant simplement le pointeur de pile à sa valeur initiale d'avant la réservation.

L'exemple de la figure 4-26 donne une version des programmes précédents où l'addition est faite dans une fonction chargée de l'addition de deux entiers (fonction som en C et procédure _som en assembleur). L'exemple n'a évidemment qu'une valeur illustrative du principe de passage de paramètres avec un cas simple. Dans ce cas et d'un point de vue efficacité, il serait un peu abusif d'utiliser réellement une telle procédure puisque cela consisterait à remplacer les 3 instructions de l'addition originelle par les mêmes plus un surcoût de 8 instructions nécessaires pour la mise en œuvre de la procédure.

```
int a,b,c;
                    _a:    ds.b2
                    _b:    ds.b2
                    _c:    ds.b2
int som (a, b)
{                   _som:  link    A6,#-2
int k;
k= a+b;
                           move.w  8(A6),D0
                           add.w   10(A6),D0
                           move.w  D0,-2(A6)
return k;
                           move.w  -2(A6),D0
}                          unlk    A6
                           rts
main ()
{                   _main:
                           link    A6,#0
a = 2;
                           move.w  #2,_a
b=3;
                           move.w  #3,_b
c = som (a,b); --------------------------
                           move.w  _b,-(A7)
                           move.w  _a,-(A7)
                           jsr     _som
                →          add.l   #4,A7
                           move.w  D0,_c
  }                        unlk    A6
                           rts
```

Figure 4-26

Som « 68000 »

Le début du programme reste identique pour l'affectation des constantes 2 et 3 aux variables a et b. Ces dernières, paramètres de la procédure som, sont passées par la pile. Rappelons que le registre A7 est le registre pointeur de pile, aussi appelé USP. L'instruction de préparation du passage move b, -(A7) utilise l'adressage indirect sur registre d'adresse avec pré-décrémentation : le pointeur de pile est décrémenté de la taille de b (2 octets), puis *b* est rangé à l'adresse mémoire pointée par A7. La même opération de transfert dans la pile est faite avec *a* : avant l'appel à la procédure (jsr _som) la variable *a* est en sommet de pile et *b* juste derrière. Les variables *a* et *b* sont donc des paramètres passés par valeur. Voyons maintenant le corps de la procédure. Dans la fonction C, nous avons déclaré, alors qu'elle n'est pas utile, une variable locale (*int k*) afin de voir l'utilisation conjointe de la pile pour le passage de paramètres et le stockage d'une variable locale. Lors de l'appel, l'instruction jsr sauvegarde en sommet de pile l'adresse de retour et le pointeur de pile est diminué de la taille de l'adresse. À l'entrée de la procédure, une réservation de 2 octets est faite en sommet de pile pour accueillir la variable k et la base de la zone mémoire de stockage dynamique est mémorisée dans le registre A6 (figure 4-27).

Dans le corps de la procédure, les variables et paramètres peuvent maintenant être référencés par rapport à cette base fixe dans la pile. Examinons maintenant la préparation de l'addition. L'instruction move.w 8(A6) met *a* dans le registre D0. A6 vaut 1008 et le déplacement de 8 fait remonter dans la pile à l'adresse 1016 qui est l'adresse où *a* a été empilée. L'instruction suivante fait l'addition à D0 du contenu de (A6 + 10) qui est l'adresse de la valeur de *b* dans la pile. Le résultat est rangé dans la variable locale (à -2 par rapport à A6). La procédure est construite comme une fonction et renvoie sa valeur via le registre D0 (au retour de la procédure som, la procédure main transfère le contenu de D0 à l'adresse de la variable *c*.)

Figure 4-27

Som « 68000 »,
la pile

	@$_{10}$	contenu pile	
SP anc	1020	---------------	
movew b, -(A7)	1019	valeur de b	
	1018	valeur de b	← @dépil. de b
movew a, -(A7)	1017	valeur de a	
	1016	valeur de a	← @dépil. de a
jsr _som	1015	@ retour	
	1014	@ retour	
	1013	@ retour	
	1012	@ retour	← @dépil. @ret
link A6, #-2	1011	A6	Sauveg. de A6
	1010	A6	
	1009	A6	
@dépil. A6→	1008	A6	et A6 ← 1008
	1007	local k	
SP nouv	1006	local k	← @ . de k

La dernière instruction, Unlink, libère la place réservée pour la variable locale : le pointeur de pile est remis à 1012, c'est-à-dire à la valeur qu'il avait avant cette réservation. L'instruction rts récupère l'adresse de retour dans la pile et remonte le pointeur de pile à sa valeur d'avant l'appel de procédure (1016).

Dernier point : quel est le rôle de l'instruction add.1 #4, A7 ? On remarque qu'avant l'appel à la procédure, il a fallu réserver 4 octets dans la pile pour le passage des paramètres *a* et *b*. L'ajout de 4 à A7 revient à remonter le pointeur de pile de 4, ce qui libère la place correspondante. Cette libération est indispensable, sinon, à chaque appel de la procédure, la pile croît d'autant jusqu'à son débordement (*stack overflow*) par rapport à la taille initialement réservée pour elle.

Version Pentium

Le modèle de programmation du Pentium est, à quelques différences mineures près, celui du processeur 386, premier 32 bits de la famille de processeurs x86 d'Intel. Ce modèle est relativement complexe : les registres sont spécialisés pour tenir compte de la gestion par segmentation de la mémoire. À ce stade, seuls les registres et les instructions requis pour la compréhension de l'exemple sont décrits.

Remarque

Les processeurs de la famille x86, du 80386 au Pentium, font partie d'une architecture maintenant appelée IA32 par Intel-, et sont l'aboutissement (et probablement la fin) de l'architecture CISC. Le processeur va jusqu'à contenir des éléments du noyau d'un système d'exploitation.

Les registres dits « généraux » sont des héritages en longue filiation du 8080 : les registres 8 bits *A*, *B* et *C* sont devenus les registres 16 bits *AX*, *BX* et *CX* du 8086 (X comme extension) puis *EAX, EBX* et *ECX* (E comme extension…) en 32 bits du 386 (figure 4-28). Ces registres servent aux opérations classiques, mais ils ne sont pas tous indifférents vis-à-vis des instructions qui les utilisent. Le registre *ESP* est le pointeur de pile et le registre *EBP* (*Extended Base Pointer*) est le pointeur de base dans la pile pour référencer les variables locales. *EIP* (*Extended Instruction Pointer*) est le compteur de programme.

Ces processeurs ont des instructions spécifiques pour la manipulation de la pile : push est l'instruction empiler et pop est celle qui dépile.

Par rapport au 68000, les paramètres sources et destinations sont inversés. Une instruction mov arg1_dest, arg2_src se lit comme « transférer dans arg1 depuis arg2 ».

Intel et Motorola

Les deux constructeurs Intel et Motorola ont souvent pris des conventions inverses l'un de l'autre : représentation *little endian*, modèle de mémoire segmenté, opérande destination depuis source, ordre de priorité par nombre décroissant pour Intel ; et pour Motorola : *big endian*, modèle de mémoire linéaire, opérande source vers destination, ordre de priorité par nombre décroissant…

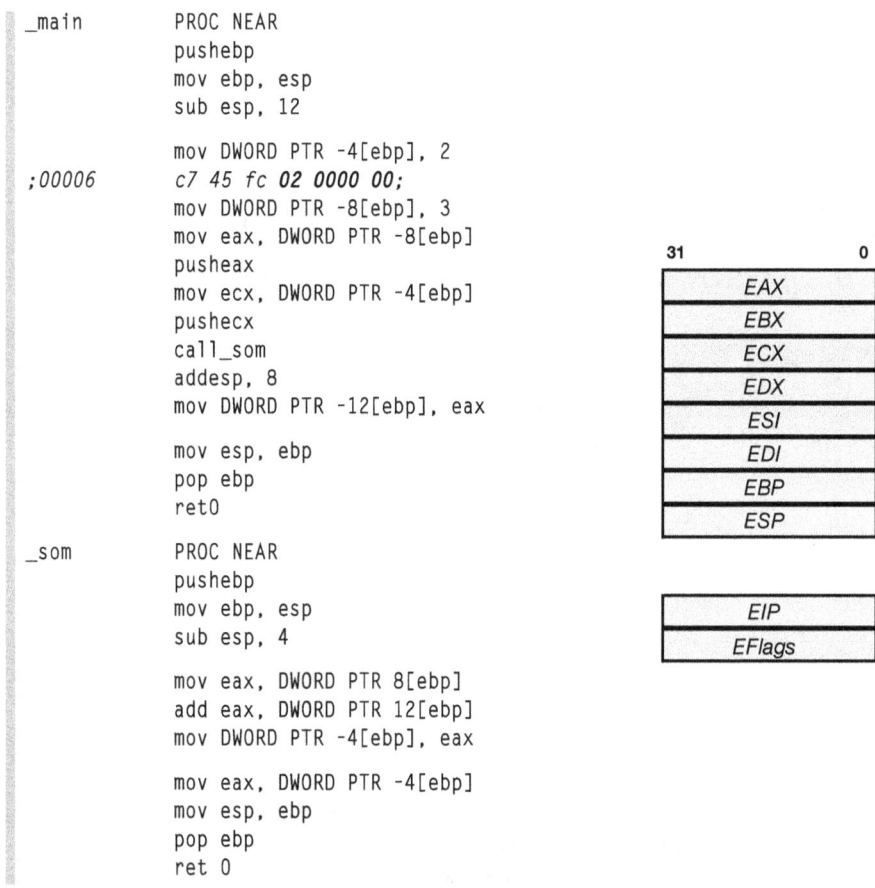

```
_main       PROC NEAR
            pushebp
            mov ebp, esp
            sub esp, 12

            mov DWORD PTR -4[ebp], 2
;00006      c7 45 fc 02 0000 00;
            mov DWORD PTR -8[ebp], 3
            mov eax, DWORD PTR -8[ebp]
            pusheax
            mov ecx, DWORD PTR -4[ebp]
            pushecx
            call_som
            addesp, 8
            mov DWORD PTR -12[ebp], eax

            mov esp, ebp
            pop ebp
            ret0

_som        PROC NEAR
            pushebp
            mov ebp, esp
            sub esp, 4

            mov eax, DWORD PTR 8[ebp]
            add eax, DWORD PTR 12[ebp]
            mov DWORD PTR -4[ebp], eax

            mov eax, DWORD PTR -4[ebp]
            mov esp, ebp
            pop ebp
            ret 0
```

31	0
	EAX
	EBX
	ECX
	EDX
	ESI
	EDI
	EBP
	ESP

	EIP
	EFlags

Figure 4-28

Som « Pentium » et Registres

Dans la procédure main (figure 4-28), le compilateur a réservé 12 emplacements pour les 3 variables *a*, *b* et *c* (3 entiers 32 bits). Les variables *a* et *b* sont mises à 2 et à 3 comme dans le programme du 68000. Le code binaire, inséré comme un commentaire dans le programme, montre que la constante 2 est représentée en *little endian*, c'est-à-dire 02 00 00 00. Pour notre lecture classique des entiers, il faut intervertir les 2 mots de 16 bits et les 2 octets à l'intérieur du mot. Les paramètres *a* et *b* sont passés par valeur dans la pile. Ils sont copiés depuis la zone locale vers le registre *EAX* puis *EAX* est copié dans la pile.

Après l'appel de la procédure som, la place utilisée dans la pile pour les deux arguments est libérée en additionnant 8 au pointeur de pile. Le résultat de la fonction est passé par le registre *EAX* et ensuite transféré dans la variable *c*. La valeur initiale du pointeur de pile, mémorisée au début dans *EBP,* est restituée. *EBP* est ensuite dépilé pour retrouver sa valeur initiale. La procédure main effectue ainsi son retour au programme appelant, en l'occurrence le système d'exploitation.

Le même mécanisme de gestion de la pile est aussi utilisé dans le corps de la procédure som. Les paramètres sont passés par la pile : ils sont référencés en positif par rapport à *EBP* qui est la copie du pointeur de pile en entrée de procédure. La variable locale est dans la nouvelle zone allouée et est donc référencée en négatif (– 4) par rapport à la base *EBP*. Le résultat de l'addition est retourné par le registre *EAX*.

Le principe général reste très voisin de celui vu, en détail, pour le 68000.

La version MIPS

Le processeur MIPS privilégie les registres par rapport à la pile en mémoire. Les registres sont visibles de la procédure « appelante » et de la procédure « appelée ». Autrement dit, les procédures partagent les mêmes registres qui jouent le rôle de variables globales matérielles. Cette situation, par ailleurs valable pour tous les processeurs, impose que la procédure appelée sauvegarde les registres qu'elle modifie de manière à ce que l'appelante puisse récupérer les registres dans l'état où elle les avait laissés. Cette technique, si elle est sûre, peut amener à faire beaucoup de sauvegardes inutiles. Dans l'assembleur du MIPS, une convention d'utilisation des registres a été définie pour répartir le travail de sauvegarde entre l'appelante et l'appelée. Le respect de ces conventions permet de compiler séparément les procédures. Attention : cette convention n'est pas une propriété du processeur, mais une caractéristique d'un compilateur ou d'une famille de compilateurs.

- Le passage de paramètres : la procédure appelante passe les 4 premiers paramètres de la procédure appelée par les registres $a0 à $a3 (R4-R7). S'il y a plus de paramètres, il faut les passer par la pile. Les registres $v0 et $v1 (R2, R3) servent à retourner les valeurs des procédures fonctions.

- Les variables temporaires de l'appelée sont mises dans les registres $t0 à $t9. L'appelée utilise comme elle veut ces registres : si nécessaire, ils sont sauvegardés par l'appelante.

- Les registres $s0 à $s7 sont sauvegardés, le cas échéant, par l'appelée.

- Le registre $sp (R29) est le pointeur de pile et $bp (R30) est le pointeur de cadre (ou de bloc) utilisé en général pour les variables locales.

Le programme

Au premier abord, le programme (figure 4-29) est nettement plus long, au sens où il comporte bien davantage de lignes d'instructions que les versions CISC précédentes. Les procédures main et som ont des prologues et des épilogues pour la gestion de la pile en entrée et en sortie de procédure.

```
som:                              main:
    subu$sp,$sp,32                    subu$sp,$sp,40
    sw   $fp,8($sp)                   sw   $ra,36($sp)
    move$fp,$sp                       sw   $fp,32($sp)
    sw   $a0,16($fp)                  move$fp,$sp
    sw   $a1,20($fp)                  li   $v0,12
    lw   $v1,16($fp)                  sw   $v0,A
    lw   $v0,20($fp)                  li   $v0,13
    addu$v0,$3,$2                     sw   $v0,B
    sw   $v0,0($fp)                   lw   $a0,A
    lw   $v0,0($fp)                   lw   $a1,B
    move$sp,$fp                       jal  som
    lw   $fp,8($sp)                   sw   $v0,C
    addu$sp,$sp,32                    move$sp,$fp
    j    $ra                          lw   $ra,36($sp)
                                      lw   $fp,32($sp)
.comm   A,4                           addu$sp,$sp,40
.comm   B,4                           j    $ra
.comm   C,4
```

Figure 4-29

Som « MIPS »

La décrémentation du pointeur de pile n'est pas automatique : $sp est décrémenté de 40 pour préparer les sauvegardes et la place pour les variables locales dans le bloc pointé par $fp. L'adresse de retour et le pointeur de cadre sont sauvegardés.

On remarque que l'adresse de retour n'est pas sauvegardée dans le prologue de som. La procédure est une procédure dite « feuille », c'est-à-dire qu'elle ne contient pas d'appel de procédure et le registre $ra n'a pas besoin d'être sauvegardé.

Les corps des procédures main et som sont assez simples à lire. Les données sont transmises et récupérées par les registres $a0 et $a1 et le résultat de la somme est retourné par le registre $v0. On notera également, qu'à la fois dans main et dans som, il y a manifestement du code inutile. Ceci est du au fait que le compilateur a fait une traduction standard sans la moindre optimisation.

La version SPARC

Le SPARC est un processeur RISC conçu, dans les grandes lignes, suivant des principes voisins à ceux du MIPS. Beaucoup d'instructions sont donc très semblables. L'originalité du SPARC réside dans la manière dont sont gérés les registres, en particulier pour les appels de procédures. Partant d'hypothèses déjà données sur le nombre moyen de paramètres d'une procédure et sur le niveau de profondeur moyen d'appels de procédure, le SPARC offre à chaque procédure, lors de son appel, un ensemble de 32 registres « logiques » qui constituent une fenêtre glissante sur un ensemble plus conséquent (par exemple 128) de registres.

Sur les 32 registres vus par une procédure, on a la répartition suivante :

- 8 registres globaux, %g0 à %g7, sont vus par toutes les procédures. Ils peuvent contenir des variables globales. Ces registres globaux sont donc, pour ainsi dire, dans une fenêtre fixe. %g0 est câblé à la valeur 0.

- Les 24 autres registres constituent la fenêtre glissante. Elle va changer d'un appel de procédure à l'autre. L'objectif recherché par ce mécanisme de fenêtrage est triple :

  - isoler et protéger les variables locales propres à une procédure ;

  - permettre une communication pour passer des paramètres entre les procédures ;

  - garder le lien dans les appels pour le retour à l'appelant.

  Les 24 registres se répartissent en trois catégories, certains parmi eux jouent un rôle particulier.

- 8 registres d'entrées, %i0 à %i7, sont destinés à contenir les paramètres entrants de la procédure à laquelle est associée la fenêtre. Le registre %i0 est en général aussi utilisé pour retourner une valeur dans le cas d'une procédure appelée de type fonction.

- 8 registres locaux, %l0 à %l7, sont destinés à contenir les variables locales de la procédure à laquelle la fenêtre est associée.

- 8 registres de sortie, %o0 à %o7, sont destinés à contenir les paramètres sortants de la procédure. Le registre %o6 est le pointeur de pile, désigné également par %sp, courant de la procédure appelante. Dans la procédure appelée, il s'appelle %i6 devient le pointeur de cadre %fp de la procédure appelée. fp est le pointeur de base servant de référence dans la pile pour la procédure courante (équivalent du registre intervenant dans l'instruction link du 68000).

La fenêtre glissante (figure 4-30) procède par recouvrement : 8 registres sont en recouvrement pour deux procédures consécutives de manière à ce que les paramètres sortants, %o0 à %o7, de la procédure appelante soient en correspondance avec les paramètres entrants, %i0 à %i7, de la procédure appelée.

Lorsqu'une fenêtre est en position pour une procédure donnée et définie dans le registre CWP (*Current Window Pointer*), l'appel d'une nouvelle procédure fait glisser la fenêtre de 16 registres, laissant 8 registres physiques en commun et « protégeant » les variables locales de la procédure appelante en les rendant invisibles. Le registre CWP est modifié en conséquence.

Figure 4-30

Fenêtre glissante

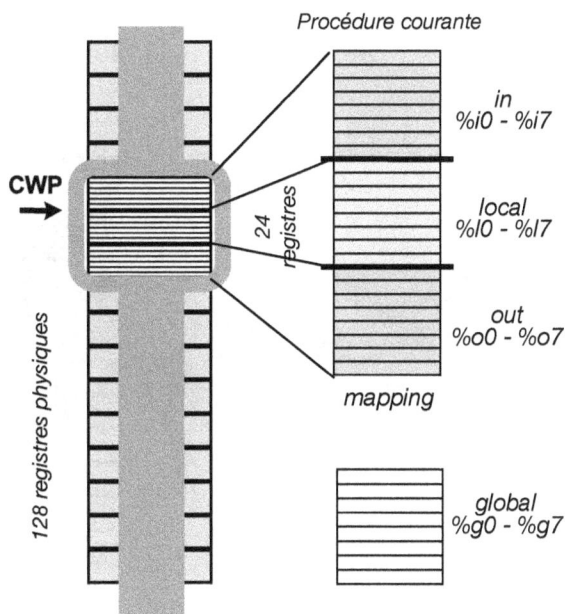

Instructions d'appel de procédure

D'une manière générale, les instructions de saut du SPARC sont « retardées » : elles sont suivies d'une instruction vide nop. C'est le bon fonctionnement du pipeline du processeur qui impose cette règle de programmation. Ce point sera repris dans le chapitre 8.

Les instructions de gestion des procédures ont des particularités liées au mécanisme de fenêtre glissante. L'instruction call label réalise un saut inconditionnel à l'étiquette label, mais avant que le saut ne soit réellement fait, la valeur courante (celle de l'instruction call) du compteur de programme %pc est mémorisée, non pas dans la pile, mais dans le registre %o7 de la fenêtre en cours au moment de l'appel.

L'instruction ret n'existe pas (sauf sous la forme d'une macro) et le retour se fait par une instruction de saut jmpl (*JuMP and Link*) avec lien qui réalise un saut à l'adresse indiquée en paramètre et recopie la valeur courante de %pc dans le registre de destination : *jmpl adresse, regdest*. La macro ret trouvée dans un programme en assembleur SPARC est équivalente à jmpl [%i7 + 8], %g0. Au moment de l'appel, la valeur courante du compteur de programme est copiée dans %o7 et au moment du retour cette valeur est accessible dans %i7. La valeur +8 provient du fait que la valeur de %pc sauvegardée est celle de l'instruction d'appel (et non l'instruction suivante comme dans les CISC) et qu'une instruction de saut, y compris un call, est suivie par une instruction nop. La prochaine instruction à exécuter au retour est donc à +8 par rapport à l'appel. jmpl mémorise l'adresse courante (dernière instruction de la procédure appelée) dans %g0, mais n'étant pas utilisée, elle pourra être perdue.

Figure 4-31

Fenêtre de registres
SPARC

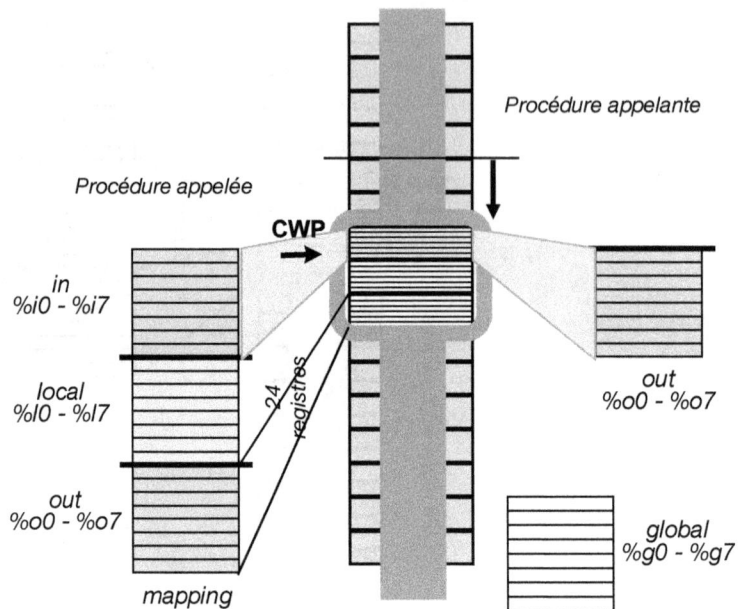

Lors d'un appel de procédure, rien n'est fait automatiquement, en dehors du saut et la mémorisation du %pc courant. Il faut explicitement effectuer le glissement de la fenêtre et revenir à la situation initiale avant le retour à la procédure appelante (figure 4-31).

L'instruction save %sp, taille, %sp est équivalente à une addition de la taille au registre %sp avec en parallèle une décrémentation du registre CWP de 1. Ce déplacement de la fenêtre revient à « sauver » les registres de l'appelante. La modification de %sp décale d'autant le sommet de pile et correspond à une réservation de place de la valeur de *taille* mots dans la pile pour d'éventuelles sauvegardes. Le premier paramètre %sp est le pointeur de pile de la procédure appelante. Au cours de l'exécution de l'instruction save le pointeur de pile change : le dernier paramètre %sp est de fait le pointeur de pile dans la fenêtre de la nouvelle procédure. L'instruction restore fait l'opération inverse de save. La position de cette instruction est dans le *delay slot* c'est-à-dire juste après l'instruction de saut ret (ce point sera détaillé dans le dernier chapitre).

L'instruction sethi

Toutes les instructions font 4 octets, cela pose donc des problèmes pour manipuler dans certains cas un adressage de 32 bits. L'adresse 32 bits est décomposée en deux parties : la partie haute de 22 bits et la partie basse de 10 bits. Les opérateurs hi (*high*) et lo (*low*) permettent d'extraire ces deux champs à partir d'une adresse complète. L'instruction sethi permet de positionner à une valeur donnée les 22 bits d'un registre destination.

Le programme

Le programme main est une procédure qui se voit affecter une fenêtre de registre avec une réservation de place dans la pile pour d'éventuelles sauvegardes. Ce sont les trois instructions sethi, mov et st qui effectuent cette tâche. Les 22 bits de poids fort de l'adresse de *a* sont mis dans %o0 par l'instruction sethi, les 10 bits de poids faible sont à 0. La valeur 2 est rangée dans le registre dans le registre %o1 par l'instruction mov.

```
som:                                    main:
   save %sp,-120,%sp                        save    %sp,-112,%sp
   st   %i0,[%fp+68]                        sethi   %hi(a),%o0
   st   %i1,[%fp+72]                        mov 2, %o1
   ld   [%fp+68],%o0                        st  %o1,[%o0+%lo(a)]
   ld   [%fp+72],%o1                        sethi   %hi(b),%o0
   add  %o0,%o1,%o0                         mov 3, %o1
   st   %o0,[%fp-20]                        st  %o1,[%o0+%lo(b)]
   ld   [%fp-20],%o0                        sethi   %hi(a),%o0
   mov  %o0,%i0                             sethi   %hi(b),%o1
   ret                                      ld  [%o0+%lo(a)],%o0
   restore                                  ld  [%o1+%lo(b)],%o1
                                            call    som
                                            nop
                                            sethi   %hi(c),%o1
                                            st  %o0,[%o1+%lo(c)]
                                            ret
                                            restore
```

Figure 4-32

Som « SPARC »

L'instruction st range le contenu du registre %o1 (valeur 2) à l'adresse pointée par le registre %o0 auquel il faut ajouter les 10 bits de poids faible de l'adresse de *a*. Le même travail est effectué pour l'affectation de la valeur 3 à *b*.

Les 4 instructions qui suivent font le passage de paramètres par les registres *out* (%o0 et %o1) de la fenêtre de la procédure main, registres qui deviendront les registres *in* (%i0 et %i1) de la procédure appelée som. Le passage de paramètre est fait par pointeur : ce sont les adresses des variables *a* et *b*. La technique de dépôt d'une adresse dans un registre est la même que pour les affectations précédentes (sethi).

Toujours pour les mêmes raisons de bon fonctionnement du pipeline, l'instruction call doit être suivie d'une instruction vide (nop). Au retour de l'appel, la procédure fonction renvoie la valeur du résultat dans le registre %o0, valeur que la procédure som aura mise dans son registre %i0. Le résultat de la somme est enfin rangé à l'adresse de la variable *c*.

Dans la procédure som, une nouvelle fenêtre de registre est affectée avec également une réservation de place dans la pile pour des variables locales ou d'éventuelles sauvegardes. La zone de variables locales est référencée par rapport au *frame pointer* %fp. Le compilateur se sert ainsi de deux emplacements dans la zone locale (%fp +68 et +72) pour récupérer les valeurs des variables à partir des adresses passées en paramètres et obtenues dans les registres in (%i0 et %i1). L'addition est faite, le résultat est mis dans %o0. Ce résultat est rangé dans la variable locale *k* dont l'adresse est référencée par rapport au pointeur de cadre *fp*, puis est mis dans le registre %i0 pour être récupérable par la procédure appelante après le restore et le return (l'interversion constatée des deux instructions est également imputable à la gestion interne du pipeline).

La version PowerPC et optimisation du compilateur

Pour terminer ce panorama de traduction de programme C vers un assembleur, nous illustrons un travail d'optimisation de code fait par le compilateur. La plupart des compilateurs modernes savent faire ce type de travail.

Nous profitons de ce denier exemple pour présenter le code obtenu pour le processeur PowerPC G4 (Motorola, IBM, base installée Mac Apple).

L'avenir du 68000

Ce processeur est de la génération des processeurs qui a remplacé chez Motorola la gamme 680x0. Cette gamme s'était arrêtée au 68060 comme processeurs d'usage général. Le cœur des 680x0 fait toujours l'objet de développements en tant que microcontrôleur pour les systèmes embarqués. La base installée de processeurs 680x0 est très importante dans les applications industrielles.

Les processeurs PowerPC, dont le 601 est la première implémentation, ont été introduits par IBM en 1993, en prolongement du RS/6000 dans le cadre de l'architecture POWER. Ils sont également fabriqués par Motorola. Le PowerPC est venu remplacer les processeurs de la famille 68000 (68030, 68040) comme support du système d'exploitation Mac OS d'Apple. Les PowerPC sont liés à l'évolution de Mac OS (et vice versa) tout comme les Pentium le sont à celle de Windows.

L'architecture retenue pour le PowerPC 601 est en RISC 32 bits. L'accès à la mémoire est de type *load and store*, il comporte 32 registres généraux. Le registre GPR1 sert de pointeur de pile. Il dispose aussi de 32 registres pour le traitement des réels en simple précision. À la différence des autres processeurs RISC, le registre GPR0 est figé matériellement à 0.

Le PowerPC 620 est la première implémentation 64 bits de l'architecture. Toutes les versions supérieures permettent une compatibilité native avec le mode 32 bits. Les générations ultérieures sont connues avec code G3, G4 et la dernière est le G5 (dénomination Apple).

Le modèle de programmation du PowerPC est assez voisin de celui du MIPS ou du Sparc vus précédemment : la programmation fait donc intensivement appel aux registres.

```
_main:                                              _som:
    nflr r0                                             stmw r30,-8(r1)
    stmw r30,-8(r1)                                     stwu r1,-64(r1)
    stw r0,8(r1)                                        mr r30,r1
    stwu r1,-80(r1)                                     stw r3,88(r30)
    mr r30,r1                                           stw r4,92(r30)
    bcl 20,31,"L1$pb"                                   lwz r2,88(r30)
"L1$pb":                                                lwz r0,92(r30)
    mflr r31                                            add r0,r2,r0
    addis r2,r31,ha16(L_a$non_lazy_ptr-"L1$pb")         stw r0,32(r30)
    lwz r2,lo16(L_a$non_lazy_ptr-"L1$pb")(r2)           lwz r0,32(r30)
    li r0,2                                             mr r3,r0
    stw r0,0(r2)                                        lwz r1,0(r1)
    addis r2,r31,ha16(L_b$non_lazy_ptr-"L1$pb")         lmw r30,-8(r1)
    lwz r2,lo16(L_b$non_lazy_ptr-"L1$pb")(r2)           bl
    li r0,3
    stw r0,0(r2)
    addis r2,r31,ha16(L_a$non_lazy_ptr-"L1$pb")         .comm _a,4
    lwz r9,lo16(L_a$non_lazy_ptr-"L1$pb")(r2)           .comm _b,4
    addis r2,r31,ha16(L_b$non_lazy_ptr-"L1$pb")         .comm _c,4
    lwz r2,lo16(L_b$non_lazy_ptr-"L1$pb")(r2)
    lwz r3,0(r9)
    lwz r4,0(r2)
    bl _som
    mr r0,r3
    addis r2,r31,ha16(L_c$non_lazy_ptr-"L1$pb")
    lwz r2,lo16(L_c$non_lazy_ptr-"L1$pb")(r2)
    stw r0,0(r2)
    mr r3,r0
    lwz r1,0(r1)
    lwz r0,8(r1)
    mtlr r0
    lmw r30,-8(r1)
    blr
    lwz r9,lo16(L_a$non_lazy_ptr-"L1$pb")(r2)
    addis r2,r31,ha16(L_b$non_lazy_ptr-"L1$pb")
    lwz r2,lo16(L_c$non_lazy_ptr-"L1$pb")(r2)
    stw r0,0(r2)
    mr r3,r0
    lwz r1,0(r1)
    lwz r0,8(r1)
    mtlr r0
    lmw r30,-8(r1)
    blr
```

Figure 4-33

som version « PowerPC » G4

Il n'y a qu'un seul mode d'adressage des instructions load et store. C'est par registre avec déplacement et il faut, là aussi, gérer le problème de la constitution d'une adresse sur 32 bits alors que l'instruction ne se fait aussi que sur 32 bits. Il faut donc procéder en deux instructions pour constituer cette adresse. Les 16 bits de poids forts et les 16 bits de poids faibles sont entrés séparément. Habituellement, les 16 bits de poids forts sont mis dans un registre avec l'instruction addis (*Addition Immediate Shifted*) avec l'opérateur ha16 (exp) qui prend les 16 bits de poids forts de exp et effectuer un décalage de 16 rangs.

Concernant les appels de procédure, le PowerPC n'a pas d'appel spécifique à une procédure. À l'instar du Sparc, il n'y a que des instructions de branchements. L'appel d'une procédure se fait avec l'instruction bl, *branch with link*, qui, avant de charger le compteur de programme avec l'adresse du début de procédure, enregistre l'adresse de retour dans le registre de lien, *link register*, dont la gestion est du ressort du programmeur. Le retour en fin de procédure est fait avec l'instruction blr, *branch to link register*, qui utilise l'adresse contenue dans le registre de lien pour revenir à l'appelant.

Le programme de la figure 4-33 est le résultat d'une compilation brute sans la moindre optimisation. On remarquera ainsi toutes les instructions de la procédure _som pour la seule instruction d'addition effectivement utile.

Dans la figure 4-34, le programme est le résultat d'une compilation avec un niveau d'optimisation maximal.

```
_main:                                          _som:
                                                    add r3,r3,r4
    mflr r2                                         blr
    bcl 20,31,L1$pb
L1$pb:                                           .comm _a,4
    mflr r3                                      .comm _b,4
    li r9,2                                      .comm _c,4
    addis r10,r3,ha16(L_a$non_lazy_ptr-L1$pb)
    addis r7,r3,ha16(L_b$non_lazy_ptr-L1$pb)
    addis r5,r3,ha16(L_c$non_lazy_ptr-L1$pb)
    lwz r8,lo16(L_a$non_lazy_ptr-L1$pb)(r10)
    lwz r3,lo16(L_c$non_lazy_ptr-L1$pb)(r5)
    li r0,3
    lwz r6,lo16(L_b$non_lazy_ptr-L1$pb)(r7)
    li r4,5
    mtlr r2
    stw r9,0(r8)
    stw r0,0(r6)
    stw r4,0(r3)
    blr
```

Figure 4-34

Som version « PowerPC » avec optimisation

L'affectation des variables est faite comme dans les autres versions de programmes RISC. Par contre l'optimisation faite est assez intéressante : dans la `main` il n'y a plus d'appel à la procédure `som`. Le compilateur s'est aperçu d'une part que les deux valeurs passées à la procédure sont des constantes (2 et 3) et, d'autre part que la procédure `som` ne fait que l'addition de ces deux paramètres.

En conclusion, le compilateur affecte la valeur 5 directement, autrement dit : le programme ne sert à rien…

Nous donnerons, dans le dernier chapitre, un aperçu plus détaillé de l'architecture du PowerPC 970 de la dernière génération G5.

Ce qu'il faut retenir quand vous aurez tout oublié

Un processeur est utilisable par le biais de son modèle de programmation qui est défini par l'ensemble de ses registres, son jeu d'instructions et le modèle de relation avec la mémoire.

L'instruction d'un processeur est constituée d'un code opératoire et d'éventuels opérandes. Le processeur passe l'essentiel de son temps à effectuer des échanges mémoires.

Le langage assembleur est le premier niveau de programmation du processeur. Peu de programmeurs écrivent maintenant directement des programmes en assembleur, mais tous les programmes en langage de haut niveau sont finalement traduits en programmes assembleurs.

La programmation assembleur permet le premier niveau de structuration d'un programme par l'utilisation des procédures. Dans la plupart des processeurs, la gestion des procédures est intimement liée à la gestion de la pile, tant du point de vue du mécanisme de retour que des passages de paramètres.

5

Les interruptions

De l'événement au processus.

Celui qui n'attend pas l'inattendu ne le décèlera pas. (Héraclite)

L'objectif de ce chapitre est la description du mécanisme des interruptions et la présentation des implications sur la gestion des entrées-sorties, le fonctionnement d'un système d'exploitation et la programmation événementielle multitâche.

Le passage du matériel au logiciel avec l'introduction du modèle de programmation du processeur, faite dans le chapitre précédent, nous permet de travailler avec une machine capable d'exécuter un programme. Une fois le programme lancé, le processeur exécute les instructions à son propre rythme, sans tenir compte de l'environnement extérieur.

Le mécanisme des interruptions, parfois aussi appelées *exceptions*, donne la possibilité d'interrompre l'exécution d'un programme pour effectuer une autre tâche liée à un événement externe et probablement plus prioritaire. Dans un ordinateur, l'exécution des programmes est dépendante de l'occurrence d'événements externes en provenance des périphériques.

Dans la première partie du chapitre nous décrivons le principe de l'interruption d'un programme (et de sa reprise ultérieure) ainsi que la manière de gérer des arrivées quasi simultanées d'événements. La généralisation de ce principe conduit à la programmation multitâche.

La deuxième partie est consacrée à une introduction à l'outillage nécessaire (test and set, sémaphore) pour gérer les ressources critiques que constituent les entités susceptibles d'être utilisées en même temps par plusieurs programmes.

La dernière partie pose les bases de l'architecture d'un système d'exploitation.

Les interruptions

Le chapitre 4 nous a permis d'aboutir à une machine programmable. Le modèle de programmation donne la possibilité de s'abstraire partiellement de la constitution physique du processeur. Toutefois, l'écart est encore important entre les possibilités assez rudimentaires d'un processeur au travers de son jeu d'instructions et la résolution d'un problème complexe de traitement de l'information, tel qu'un homme s'attend à le voir traiter. Deux facettes manquent à cette machine pour être un ordinateur moderne.

Il faut un niveau d'abstraction encore supérieur pour rendre la machine facilement opérable par un utilisateur final. Le système d'exploitation (VMS, DOS, Unix, Windows, Linux, Mac OS, etc.) est le logiciel procurant cette d'abstraction : il s'agit d'un logiciel destiné à exploiter au mieux le matériel sous-jacent et à rendre plus aisée l'utilisation de la machine par le biais une interface homme-machine (IHM), généralement de type graphique utilisant les fenêtres et les icônes.

La seconde facette concerne la prise en compte du temps. Le processeur est un automate qui, à partir de conditions initiales données, s'en tient toujours exactement à la même séquence d'exécution. La seule opportunité de faire intervenir le temps est une vue logique du temps sous la forme de succession déterministe d'instructions. Par contre, le temps n'exerce aucune influence sur l'exactitude du résultat d'un traitement : seul importe le respect de l'ordre logique de succession des actions, en bonne séquence. Tout le reste est affaire de performances.

Le processeur est piloté par une horloge à base de quartz : il compte ses tops en toute autonomie et donc de manière indépendante du temps qui nous gouverne. Au niveau microscopique son temps est mesurable par ses tops d'horloges, au niveau macroscopique les événements qui marquent son temps sont les fins d'exécutions des instructions. On dit que le processeur est piloté par les instructions, sans aucun lien avec le monde extérieur et la programmation est de type *contrôle de flot* d'instructions. Le déroulement du programme est totalement déterminé par les conditions initiales : pour un jeu de paramètres donné, le déroulement du programme ne peut tenir compte que de l'évolution des variables internes au programme grâce aux directives de « contrôles de flots » des langages de programmation (*si ... alors ... sinon ... ; pour ... ; tantque ...*).

Ce type de programmation n'est pas naturel : il relève d'un total déterminisme et considère que tout est prédéterminé. Dans notre vie quotidienne, nous réagissons à des événements et il nous arrive de mener en parallèle plusieurs activités. En fonction des événements que nous percevons, nous passons d'une activité à une autre sans que la précédente soit forcément terminée.

Une machine imitant ce type de comportement devra proposer une programmation dite *événementielle*. Dans ce mode de programmation, la machine doit réagir, lancer une activité, à partir d'un événement de l'environnement extérieur, c'est-à-dire un événement qu'elle n'a pas provoqué elle-même. Notre processeur doit alors être en mesure d'interrompre l'exécution d'un programme au profit d'un autre suivant les stimuli reçus. Nous dirons que cet événement est asynchrone par rapport au fonctionnement du processeur qui ne peut pas connaître, a priori, la date de son occurrence.

Une modification de l'unité de contrôle du processeur est donc nécessaire pour qu'elle puisse « avoir un œil sur le monde extérieur » : l'exécution d'une instruction reste insécable, mais à la fin de l'exécution, l'unité offre le choix de passer à l'instruction suivante du même programme ou de passer à une instruction d'un autre programme.

C'est un signal électrique binaire, en provenance de l'environnement extérieur, et lu par l'unité de contrôle qui déterminera ce choix. La liaison entre le monde du processeur et l'environnement n'est pas directe : des dispositifs physiques, appelés *coupleurs d'entrées-sorties* sont utilisés pour faire l'interfaçage. Ces coupleurs, aussi appelés *contrôleurs d'entrées-sorties*, sont des dispositifs « observateurs » de l'environnement qui sont en charge de générer ce signal d'interruption à destination du processeur. L'étude de ces coupleurs fait l'objet du chapitre 6.

Le mécanisme des *interruptions*, que nous allons largement développer, permet à un processeur de changer d'activité en interrompant celle en cours, passer à la nouvelle et revenir éventuellement à l'activité précédente.

Ce mécanisme est fondamental pour effectuer toute synchronisation entre le déroulement d'un processus dans le monde du processeur et les événements du monde extérieur.

Processus et programme

Un processus est une instance d'exécution d'un programme, de la même manière qu'une interprétation est une exécution d'une partition musicale. Dans un système dit multitâche, il peut y avoir conjointement plusieurs processus en exécution à partir d'un même programme.

Le mécanisme des interruptions est également à la base du fonctionnement d'un système d'exploitation du plus rustique, au plus sophistiqué, en lui donnant une perception de notre temps.

Lorsqu'il y a un besoin de synchronisation entre un processus et l'environnement externe, c'est le signe d'une interaction. Un événement externe est signalé et le processus va répondre par une action comme la lecture d'une donnée et/ou l'envoi d'une commande. Si l'interaction est contrainte par le temps, le processus est dit *temps réel* : il y a une limite de durée entre la date d'occurrence de l'événement, la lecture de la donnée et l'éventuelle commande. Tout dépassement de temps est alors considéré comme une faute du programme : un résultat exact mais arrivé en dehors des délais, est considéré comme faux (c'est un peu comme aux examens…).

L'occurrence d'un événement n'a pas de durée, elle est *signalée* parce qu'elle est arrivée. Par contre, elle doit être mémorisée car il n'est pas sûr que sa signalisation puisse être prise en compte instantanément.

> **Exemple**
>
> La sonnerie d'un téléphone est un exemple de signalisation d'occurrence d'événement mémorisé : le correspondant compose le numéro. L'appel est signalé par la sonnerie, signal qui doit être maintenu suffisamment longtemps pour que l'appelé ait le temps de décrocher. Si la durée de la sonnerie est insuffisante (mémorisation trop courte), l'appel est perdu.

En fin du traitement associé à l'événement, il faut « effacer » la signalisation. Une nouvelle occurrence est alors mémorisable, et le déroulement des interactions continue et ainsi de suite. Un outil très simple de mémorisation d'une occurrence est par exemple un bistable RS. L'occurrence de l'événement positionne le bistable (commande S). L'effacement est fait par programmation dans le processus traitant les événements en agissant sur la commande R (Reset) qui autorise par voie de conséquence une nouvelle mémorisation. La sortie du bistable devient le signal envoyé à l'unité de contrôle du processeur. Ce bistable est, en fin de compte, la forme la plus élémentaire de coupleur d'entrées-sorties que l'on peut imaginer.

On voit émerger une forme de travail coopératif entre l'environnement qui signale l'événement et le processus qui traite et « acquitte » la perception de l'événement venant du monde extérieur.

Comment et surtout quand prendre connaissance d'un événement extérieur ? Répondons d'abord à la question : qui doit en prendre connaissance ? Nous avons introduit le mécanisme d'interruption pour que le processeur puisse passer d'une activité à une autre. Cela signifie que la mémoire contient plusieurs programmes que le processeur exécute de manière alternée. On peut dire que les processus sont multiplexés sur le processeur (ils partagent la ressource processeur), tout comme des communications sont multiplexées sur un même support. Si l'alternance se fait suffisamment rapidement, alors on aura l'impression d'un parallélisme d'exécution des processus, même si le processeur ne peut exécuter qu'une seule instruction à la fois. Un des processus, P_{ext}, est lié à l'interaction avec l'environnement : c'est à lui de réagir à un stimulus de ce dernier. On est face à un dilemme : à un instant donné le processeur exécute un processus P quelconque. P_{ext} ne doit s'exécuter que suite au stimulus, ce qui signifie qu'il n'est donc pas actif au moment de l'arrivée de celui-ci. Comment le processus P_{ext} est-il prévenu de l'occurrence de l'événement, alors qu'il n'est pas actif ? On dit que le processus est en attente de l'événement.

Si le processus P_{ext} est le seul à être exécuté (cas d'un système monotâche), il n'est pas nécessaire d'introduire un mécanisme d'interruption. La technique la plus simple est celle de la scrutation : périodiquement, le processeur exécute une procédure d'examen de l'état du coupleur d'entrées-sorties. Si un événement est signalé, alors la procédure effectue le traitement approprié, sinon il ne se passe rien pendant le reste de la période. Lorsqu'on dit qu'il ne se passe rien, cela signifie que le processeur exécute continûment l'instruction « vide » (NOP, *No OPeration*) juste pour consommer le temps jusqu'à la fin de la période.

La condition de bon fonctionnement est que la périodicité de scrutation respecte les délais en toutes circonstances : la période doit être supérieure au temps de service de l'événement, sinon il y aura perte d'occurrence. La période doit aussi être suffisamment courte pour que l'événement puisse être pris en compte le plus rapidement après son occurrence. Cette réactivité est mesurée par le *temps de latence*, à savoir le temps qui sépare l'occurrence de l'événement de la première instruction qui le prend en compte dans un processus.

La scrutation, qui donne les temps de latences les plus faibles, n'est envisageable que pour des applications dédiées. Cela se pratique dans des automatismes programmés plutôt simples, où le processeur, toutes proportions gardées, est très surdimensionné pour la densité d'événements auxquels il doit faire face, (paiement de parking, distributeur de boissons, acquisition automatique de données, etc.). Mais dans les ordinateurs d'usage général, il est impossible de s'en tenir à une telle pratique.

La solution est alors de renverser l'initiative des échanges avec l'environnement, en procédant par *interruptions*. Ce n'est plus au processeur de passer son temps à scruter les périphériques externes par le biais des coupleurs ; au contraire, ce sont eux qui l'alertent lorsqu'ils requièrent son intervention. Le coupleur envoie au processeur un signal d'interruption. Les coupleurs sont les « mandataires » du processeur auprès des périphériques.

À chaque type d'événement est associée une procédure de traitement spécifique appelée *routine d'interruption*, *serveur d'interruption* ou *ISR* (*Interrupt Service Routine*). Le processeur réagit à un signal d'interruption par l'exécution de la routine appropriée.

Si la date d'occurrence d'un événement n'est pas connue à l'avance, la routine de traitement associée à cet événement est en revanche prévue, « ... à moins qu'il ne se passe rien, auquel cas nous ne manquerions de vous tenir informés. » *Le vrai faux journal* France Inter, 1991, Claude Villers.

La vue macroscopique des phases d'une gestion d'une interruption donne alors :

1. Le processeur exécute un processus P.

2. L'événement est signalé au coupleur qui le traduit en un signal d'interruption envoyé au processeur.

3. Le processeur intercepte le signal et arrête l'exécution du processus P.

4. Le processeur identifie l'interruption et lance la routine associée par un débranchement à l'adresse correspondante.

5. Le processeur exécute la routine d'interruption qui, entre autre, acquitte l'événement.

6. Enfin il retourne à l'exécution du processus P sans que les résultats de celui-ci en soient affectés.

Le processus P interrompu reprend là où il a été stoppé et le seul effet éventuellement perceptible de l'exécution du programme est le temps d'exécution.

La vue macroscopique cache un certain nombre de mécanismes : comment le processeur perçoit-il le signal d'interruption, comment arrête-t-il le déroulement d'un processus pour le reprendre ultérieurement ?

Le signal d'interruption est positionné par un coupleur et arrive physiquement sur le processeur, dans le cas le plus simple, sous la forme d'un fil sur le bus de commande (broche INTR sur le Z80 ou x86). Le processeur ne le prend pas en compte immédiatement : il termine d'abord l'exécution de l'instruction en cours, puis seulement consulte son entrée de signalisation d'interruption.

Si l'interruption est autorisée (non masquée), le processeur entame un cycle de gestion d'interruption. À cet instant, l'état du processeur est entièrement caractérisé par les valeurs de ses registres : les registres généraux reflètent l'état des variables en cours de traitement dans le processus interrompu et le compteur de programme est positionné sur la prochaine instruction du processus en cours.

Pour être en mesure de reprendre ultérieurement le processus interrompu, il est nécessaire de sauvegarder l'ensemble des paramètres du processus. Cet ensemble est appelé le *contexte du processus* et sa sauvegarde est analogue dans les grandes lignes à celle d'un appel de procédure, elle se fait également dans la pile.

La routine d'interruption est une variété de procédure qui n'est jamais « appelée » (pas de call explicite), mais elle est activée directement par le processeur comme suite au signal d'interruption. La routine d'interruption pourra elle-même être interrompue.

Le processeur assure la gestion de l'arrêt momentané du processus en cours : c'est à lui de réaliser la sauvegarde des registres qu'il va modifier en passant le contrôle à la routine d'interruption. Il sauvegarde ainsi le compteur de programme PC et le registre d'état. Nous avions déjà vu que le registre d'état, ou SR (*State Register*) contient les drapeaux de l'UAL, mais il comporte aussi, nous allons le voir, des indications relatives aux interruptions et au mode de fonctionnement du processeur.

Le processeur pourrait très bien se charger de la sauvegarde de tous les registres, mais il ne faut pas oublier que celle-ci se fait en mémoire centrale et demande donc autant d'accès mémoire. Le temps de latence à une interruption s'en verrait augmenté en conséquence.

On peut se demander maintenant quels sont les registres réellement à sauvegarder, en dehors des registres directement modifiés par le processeur lors de la prise en compte d'une interruption. La réponse est simple : doivent être sauvés les registres qui sont utilisés par la routine d'interruption sur le point d'être activée. Comment et quand faut-il faire la sauvegarde ? Le seul à connaître les registres utilisés par la routine d'interruption est l'auteur de cette routine ! À lui alors de programmer la sauvegarde de ces seuls registres en tout début de routine. À la manière de la technique de passage de paramètres des procédures MIPS que nous avons introduite dans le chapitre précédent, il y a une répartition des tâches de sauvegarde entre l'appelant (ici le processeur, suite à l'interruption) et l'appelée, ici la routine d'interruption.

Avant le « retour » à l'appelant, la routine devra restaurer les registres sauvegardés. La routine d'interruption comporte ainsi un prologue de sauvegarde du contexte et un épilogue de restauration.

Cycle de reconnaissance d'interruption

Lorsque le processeur a effectué sa part de sauvegarde, il démarre une phase appelée *cycle de reconnaissance d'interruption*. Si le processeur a accepté la prise en compte d'une interruption par le signal présenté sur son entrée INTR, il n'a, par contre, aucun élément à disposition pour identifier le type d'interruption et activer en conséquence la bonne routine. Est-ce une interruption en provenance du clavier, du disque, de la carte réseau ?

Pour résoudre ce problème, le processeur lance alors une demande d'identification de la source d'interruption en effectuant une opération de lecture particulière : la demande correspond à « qui est-ce ? » et le coupleur responsable de la signalisation de l'interruption doit répondre avec l'identifiant (et pas simplement dire « c'est moi ! »).

De la part du processeur, c'est une transaction de lecture particulière, dont un signal d'accompagnement – IntAck pour *interrupt acknowledge* – indique qu'il s'agit de l'acquisition d'un identifiant d'interruption, et non pas d'une lecture ordinaire dans l'espace mémoire. Plusieurs coupleurs de périphériques étant susceptibles d'interrompre le processeur, il est à leur charge, ou à celle d'un arbitre indépendant, de résoudre le conflit de plusieurs candidats potentiels. Il est peu vraisemblable que deux coupleurs fassent des demandes simultanées d'interruption, mais il est aisé d'imaginer que la prise en compte d'une interruption prend un certain temps, temps pendant lequel d'autres coupleurs peuvent vouloir générer une interruption. Dans cette situation, l'arbitrage doit désigner, par des moyens adéquats, un coupleur gagnant. C'est ce coupleur gagnant qui a pu envoyer l'interruption et qui renvoie l'identifiant de l'interruption.

Cet identifiant, généralement défini sur un octet, est appelé le *vecteur d'interruption*. Il constitue pour le processeur un index dans la *table de descripteurs de routines d'interruption* où il trouvera l'adresse de la routine à exécuter. L'adresse du début de la table, située en mémoire centrale, est soit fixe, soit contenue dans un registre particulier tel que l'IDTR (*IDT Interrupt Descriptors Table Register)* sur les processeurs Intel x86 et le VBR (*Vector Base Register*). Chaque élément descripteur donne accès à l'adresse de la routine, directement dans sa version la plus simple et par le biais d'un mécanisme d'indirection dans des implémentations plus complexes. La table est aussi appelée *table des vecteurs d'interruption*.

À la fin du cycle de reconnaissance d'interruption, le processeur obtient ainsi, avec un cycle de lecture en mémoire cette fois-ci, l'adresse du point d'entrée de la routine d'interruption qu'il met maintenant dans le registre PC, comme s'il s'agissait d'un banal appel de procédure.

La routine d'interruption

La *routine d'interruption* est une procédure présentant quelques particularités, la principale étant de ne pas être appelée par un programme ou une autre procédure. C'est le processeur qui l'appelle directement suite à une interruption signalant un événement périphérique. **Elle ne peut donc pas avoir de paramètres passés par un programme et ne peut lui renvoyer de valeur**.

Que fait la routine ? La réponse est générique. L'autre appellation de cette routine est *serveur d'interruption* ou ISR (*Interrupt Service Routine*). Elle correspond bien à cette définition : il s'agit d'assurer le service requis par la signalisation d'un événement. D'une manière générale, l'interruption est un événement auquel est associée une information et le rôle de la routine d'interruption est de garantir sa capture dans les délais prévus, l'action à produire peut, elle, être plus ou moins différée.

Le coupleur de clavier demande à ce que l'on vienne récupérer le code d'une touche qu'un opérateur a actionnée ; le coupleur Ethernet indique qu'une trame est arrivée ; l'imprimante signale un manque de feuilles dans le magasin ou la fin d'impression d'un document et qu'elle est, par conséquent, prête à accepter un nouveau travail d'impression. Le service est propre au type d'événement périphérique géré. L'action différée est, par exemple, la visualisation d'une chaîne de caractères, l'enregistrement d'une trame sur le disque, l'intervention d'un opérateur pour remettre du papier dans le magasin de l'imprimante.

Pour compléter cet aperçu, il ne faut pas oublier que notre événement périphérique a été « signalé », c'est-à-dire mémorisé. Tant que cet événement n'aura pas été « désignalé », toute nouvelle occurrence du même type d'événement ne pourra pas être prise en compte. Il est du devoir de la routine d'interruption d'*acquitter l'événement* au niveau du coupleur pour valider l'occurrence servie par « effacement » de l'événement. Dans un cas simple, il suffira de positionner Reset sur un bistable RS ; dans d'autres cas, il faudra indiquer explicitement par une écriture dans le coupleur que l'interruption a été servie. Le coupleur de clavier est acquitté automatiquement par la lecture du code caractère. En première approche, l'acquittement est fait en écrivant une valeur déterminée dans une mémoire interne du coupleur.

La fin du service est complétée par l'épilogue de restauration du contexte.

Reste le retour, non pas à l'appelant puisqu'il n'y en a pas, mais au processus interrompu. À l'instar d'une procédure qui se termine par une instruction de type return, une routine d'interruption indique explicitement sa fin par une instruction de *fin de service d'interruption*, instruction dénommée par exemple IRET (*Interrupt RETurn*) ou RETI (*RETurn from Interrupt*). Cette instruction remet le compteur de programme et le registre d'état dans les conditions d'avant interruption et le processus interrompu reprend sa progression comme si de rien n'était… Le travail collaboratif entre matériel (processeur) et logiciel (ISR) est résumé dans la figure 5-1.

Figure 5-1

Interaction Processeur – Routine d'interruption

Processeur	Logiciel, routine ISR
1. Acceptation de l'IT	
2. Identification de l'IT	
3. Sauvegarde PC, SR	
4. Activation routine IT	
	1. sauvegarde registres (push)
	2. traitement spécifique
	3. acquittement IT
	4. restitution registre (pop)
	5. return_from_IT (restaure PC, SR)
5. Retour exécution du programme interrompu	

L'arbitrage des demandes d'interruptions

Plusieurs événements périphériques peuvent attendre simultanément d'être servis par le processeur. Chaque événement associé est alors à mémoriser pour être perçu et l'information correspondante est stockée dans le périphérique ou le coupleur en attendant d'être lue.

Lorsque la ressource processeur est libérée pour le traitement d'une nouvelle interruption, laquelle de celles mises en attente sera servie en premier ? D'une manière ou d'une autre, les différents événements ont été mis dans une file d'attente. La politique d'arbitrage consiste alors à définir le mode de gestion de cette file. Par exemple, le mode FIFO donne pour gagnant le « premier arrivé » alors que la variante LIFO (pile) sert d'abord le dernier arrivé. Mais comme ni l'une, ni l'autre n'est capable de respecter des contraintes de temps, on préfère utiliser une gestion en priorité mieux à même de maîtriser ces notions d'urgence et d'échéances, à défaut de savoir directement tenir compte du temps.

Chaque type d'événement ou interruption se voit attribuer, à l'avance, un niveau sur une échelle de priorité. Lorsque plusieurs événements sont en attente de service, la file d'attente ordonne les événements suivant leur priorité : lorsqu'un nouvel événement est signalé, l'arbitre met en tête de file, l'événement le plus prioritaire. S'il y a plusieurs événements sur le même niveau, ils sont gérés en FIFO.

L'attribution d'une priorité à un événement est faite en fonction du degré d'urgence imposé par le traitement associé à ce type d'événement. Cette attribution est statique, elle est faite avant le démarrage de la machine et fait partie du paramétrage de la gestion d'une interruption.

Le traitement d'une interruption est lui-même susceptible d'être interrompu. Pour être cohérent sur l'ensemble des priorités, il est nécessaire que lorsque l'interruption en tête de liste est plus prioritaire que celle associée au traitement en cours, ce dernier soit arrêté au profit du service de la nouvelle interruption.

Une *hiérarchie de niveaux de priorité* commune aux traitements et aux demandes d'interruption répond à cette exigence.

Ainsi le processeur 680x0 possède 8 niveaux de priorité : il reçoit la demande d'interruption sous la forme d'un niveau codé sur les trois broches IPL0 à IPL2 (*Interrupt Pending Level*). Par convention, le niveau 0 représente l'absence de demande et correspond à la priorité faible du travail dit de fond, toujours susceptible d'être interrompu. Il reste 7 niveaux effectifs de priorité d'interruption. A contrario, un traitement de niveau 7 ne peut pas être interrompu ; une demande d'interruption de ce niveau capte toujours le processeur (c'est une demande d'interruption non *masquable*). Le niveau de priorité du traitement courant est décrit par les 3 bits I0, I1, I2 du registre d'état, bits qui forment aussi le *masque d'interruption*. Cette notion de masquage sera développée plus loin. À la fin de l'exécution de l'instruction courante, l'unité de commande du processeur fait la comparaison entre le niveau courant (décrit par le masque d'interruption dans le registre d'état) et le niveau de la demande en attente. Si la demande est prioritaire sur le traitement en cours, ce dernier est préempté et le processeur entre dans la séquence de service de la nouvelle interruption. Le contenu du registre d'état du processeur est immédiatement copié dans un registre temporaire à sauvegarder plus tard, et son masque d'interruption est aussitôt aligné sur le niveau de la demande qui vient d'être acceptée.

Figure 5-2

Coupleurs d'entrées-sorties, PIC et CPU

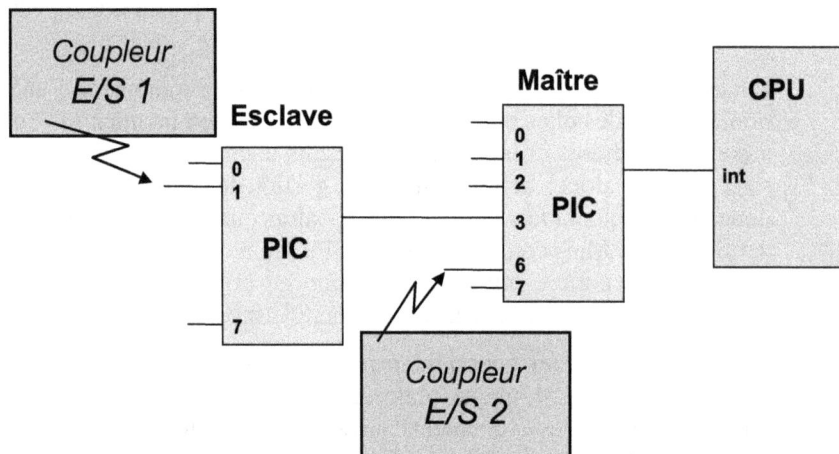

Pour les processeurs de la famille Intel x86, l'arbitrage est réalisé à l'extérieur du processeur. Comme dans le cas du 680x0, il s'agit d'un *arbitrage centralisé*, mais les demandes des coupleurs sont départagées par un dispositif séparé externe appelé *contrôleur d'interruption* (*PIC, Programmable Interrupt Controller*). Le PIC établit une hiérarchie entre 8 sources d'interruptions de niveaux différents et transmet la plus prioritaire sous la forme d'un seul bit de demande d'interruption IRQ sur l'entrée INTR du processeur.

Seul le masquage général des interruptions est fait au niveau du processeur : un bit, le bit de masquage d'interruption du registre d'état, indique si le processeur accepte la demande ou ne l'accepte pas. Le processeur ne consulte pas l'entrée INTR en fin d'exécution de l'instruction courante si le bit de masquage est positionné à vrai (*Interrupt Desable*).

Figure 5-3

Les niveaux d'interruptions IRQ du PC

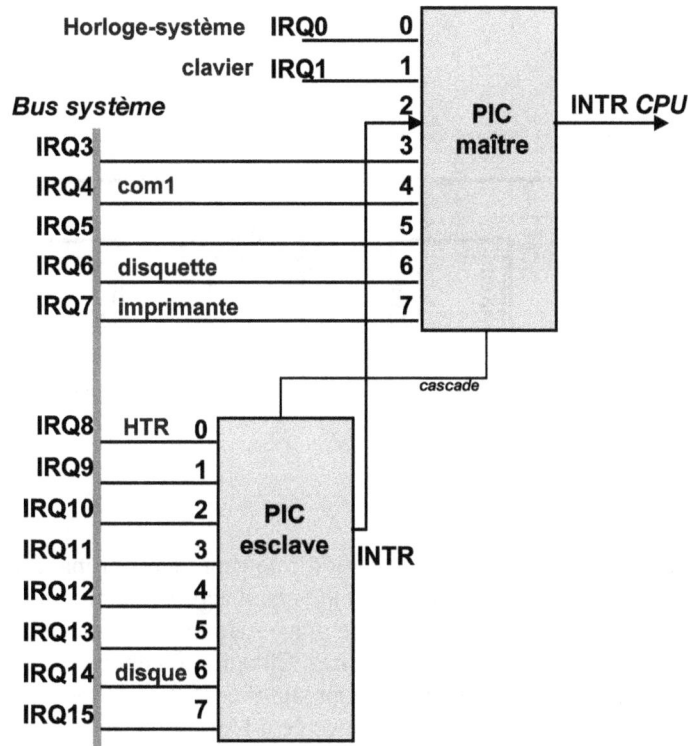

Le contrôleur d'interruption est programmable ou plus exactement configurable : on lui indique la stratégie et les priorités à adopter. Il centralise les demandes, fait l'arbitrage et transmet la demande sélectionnée au processeur. Une hiérarchisation supplémentaire est possible car le contrôleur d'interruption peut, sur chacune de ses entrées, répercuter la sortie d'un autre contrôleur dit « esclave ». Les coupleurs de périphériques d'entrées-sorties sont connectés soit à une entrée de contrôleur esclave, soit directement sur une entrée du contrôleur maître. C'est le contrôleur d'interruption qui est mandaté par les coupleurs pour renvoyer le vecteur d'interruption. La figure 5-3 décrit le standard PC d'utilisation des niveaux d'interruption pour différents périphériques. Cette information sera reprise dans le chapitre 6 des entrées-sorties.

Une autre forme de sélection est l'*arbitrage réparti* : chaque coupleur applique localement la même règle. Un exemple d'arbitrage réparti est la *guirlande*, ou *daisy chain*. Elle consiste à créer un arbitrage entre coupleurs de périphériques selon leur position dans une guirlande. Chaque coupleur communique avec les deux coupleurs adjacents pour former une chaîne. L'une des extrémités de la chaîne est reliée au processeur. Le coupleur adjacent au processeur est le plus prioritaire et le plus éloigné est le moins prioritaire. La demande d'interruption est propagée vers le processeur, mais c'est seulement le coupleur le plus prioritaire qui est habilité à fournir son vecteur d'interruption.

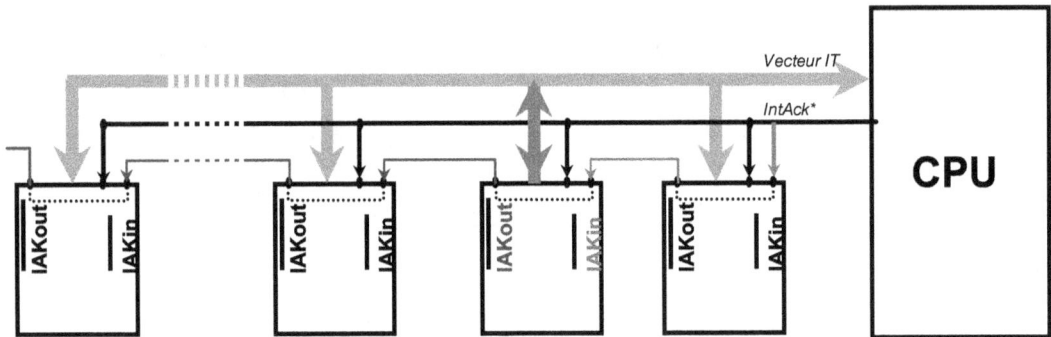

Figure 5-4
Guirlande ou Daisy Chain

L'autorisation à fournir le vecteur d'interruption est propagée, depuis le CPU, de proche en proche jusqu'à atteindre un intervenant actif sur le niveau appelé par le processeur. Ce dernier fournit son vecteur; et ne relaie naturellement pas l'autorisation au-delà, vers les coupleurs en aval moins prioritaires. Chaque élément de la guirlande a une entrée IAckIn ("*Interrupt Acknowledge In*") pour signifier l'autorisation de fournir le vecteur interruption, et une sortie IAckOut connectée à IAckIn du suivant. Le coupleur situé en tête de guirlande reçoit IAckIn toujours actif sur appel de vecteur.

Cette technique est surtout utilisée pour hiérarchiser différentes cartes sur un bus machine, par exemple le bus VME que l'on trouve sur grand nombre d'ordinateurs industriels.

Le paramétrage de la gestion d'une interruption

Le paramétrage de la gestion d'une interruption est la création du lien entre les différentes entités impliquées dans une gestion d'interruption : le coupleur, le niveau de priorité, le vecteur d'interruption, la routine d'interruption.

Le lien physique entre le coupleur et le dispositif d'arbitrage est évidemment matériel et relève donc du câblage spécifique d'un type d'ordinateur donné (PC, Mac, Sun…). Les informations relatives à ce lien sont obtenues en consultant les notices techniques de l'ordinateur correspondant. Dans certains cas, l'architecture matérielle impose définitivement les niveaux de priorités.

Comment se fait le lien entre le vecteur d'interruption et le serveur d'interruption ? Et comment le coupleur ou le contrôleur d'interruption connaît-il le vecteur d'interruption qu'il doit retourner au processeur lors du cycle de reconnaissance ?

Ce travail incombe au programmeur lors de la conception de l'application. Le programmeur écrit la routine d'interruption et la place en mémoire à une adresse déterminée. Le programmeur choisit un vecteur d'interruption, c'est-à-dire un emplacement libre dans la table des descripteurs d'interruption, et place l'adresse de début de la routine dans l'emplacement choisi. La relation est faite entre le vecteur et le serveur (figure 5-5).

Le coupleur, quant à lui, ne peut transmettre le vecteur d'interruption que si celui-ci lui a été fourni préalablement. C'est encore une tâche qui revient au programmeur. Il doit « écrire » dans une mémoire (registre) du coupleur ce vecteur. C'est ce dernier que le coupleur présentera systématiquement lorsqu'il sera sollicité dans un cycle de reconnaissance d'interruption.

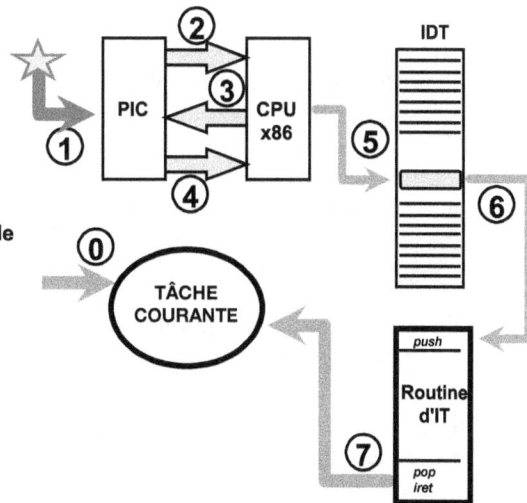

Figure 5-5

Routines et tables de vecteurs d'interruption

Concrètement, le programmeur écrit un programme dont l'exécution met en place le paramétrage de l'interruption : installation de la routine en mémoire, remplissage de la table des vecteurs d'interruption, configuration du coupleur d'entrées-sorties concerné. Cette configuration est souvent faite à l'aide de fonctions (procédures) proposées ou imposées par les systèmes d'exploitation.

Interruptions et exceptions, interruptions logicielles

Les interruptions ont été définies comme des événements périphériques externes asynchrones avec le fonctionnement du processeur. Il est parfois nécessaire de gérer des événements qui sont purement internes : on parle alors d'exceptions. Une *exception* est un « signal » provoqué par l'exécution d'une instruction d'un processus et qui amène à interrompre celui-ci, soit pour remédier à une anomalie de fonctionnement, soit pour l'arrêter définitivement. Ainsi, la division par zéro provoque une exception fatale au déroulement d'un processus.

Parmi les autres exceptions, signalons le défaut de page, indispensable à la mise en place de la mémoire virtuelle et les appels systèmes (demandes de service au système d'exploitation). Le mode « pas à pas » pour la mise au point d'un programme assembleur fait également appel à une exception.

Remarquons qu'aucun coupleur d'entrées-sorties n'étant à l'origine d'une exception, le processeur ne peut pas réclamer à l'un de ceux-là le vecteur d'interruption. L'exception est le résultat ou la conséquence de l'exécution d'une instruction, c'est au processeur lui-même ou à l'instruction, de fournir les vecteurs réservés à ces événements singuliers.

Une forme particulière d'exception est l'*interruption logicielle* : le jeu d'instructions d'un processeur met à disposition du programmeur une instruction de débranchement spéciale qui génère une interruption. L'instruction INT nn des processeurs x86 (TRAP en 680x0) génère une interruption pour laquelle nn est le vecteur d'interruption. Il est ainsi possible d'activer une routine d'interruption par programmation : cette technique est utilisée pour les appels systèmes, c'est-à-dire les appels aux services du système d'exploitation ; nous en verrons l'intérêt dans la section suivante. Une interruption logicielle est générée par une instruction et n'est donc pas masquable.

Nous avons cité l'exception du mode « pas à pas ». Quelques explications s'imposent. Lorsqu'on met au point un programme en assembleur, il est utile de visualiser la progression du processus instruction par instruction pour vérifier la conformité de son déroulement par rapport à l'algorithme. Cette visualisation requiert que le processeur « s'arrête » après chaque instruction pour donner la main à une routine de présentation du contenu des registres et/ou des variables en mémoire centrale. L'activation du bit Trap dans le registre d'état du processeur a pour effet de générer une exception à la fin de l'exécution de chaque instruction. Le contrôle est alors passé à une routine du logiciel de « déverminage » (debug) qui réalise la visualisation de l'état du processus et permet la modification manuelle des registres et des variables. Ce type d'outil de mise au point est absolument indispensable à la programmation en assembleur.

Pour résumer ces aspects de vocabulaire, le terme interruption est associé à un événement externe et asynchrone (*l'événement finit par arriver, mais n'importe quand*) ; le terme exception correspond à un événement interne et synchrone au déroulement d'un programme (*l'événement, s'il se produit, arrive à un moment parfaitement prévisible*). Mais, suivant les constructeurs, la sémantique peut différer : par exemple pour le 680x0, il n'y a que des exceptions.

Masquage/démasquage d'interruption

Toutes les interruptions ne sont pas bonnes à prendre à tout moment ; il peut y avoir de bonnes raisons pour ignorer momentanément la signalisation d'une interruption (on laisse parfois sonner le téléphone...). On peut soit décider de perdre l'événement parce qu'il sera remplacé ultérieurement par un autre plus récent (comme prendre le prochain bus si on a raté le précédent), soit décider de différer simplement la prise en compte. Cette opération, qui consiste à ignorer momentanément le signal d'interruption, est appelée le *masquage d'interruption*. Le masquage peut être *global* ou *local*. Il est dit global lorsque toutes les interruptions sont masquées : le masquage est géré au niveau du processeur en agissant, par exemple, directement sur le registre d'état par une instruction de type Disable (CLI en x86), le démasquage relevant d'une instruction de type Enable (STI en x86). Dans le cas du 680x0, il se fait en fonction du code de priorité défini par les 3 bits de niveau de priorité du registre d'état.

Lorsque le masquage (et démasquage) est local, il est sélectif et réalisé au niveau du coupleur de périphérique ou du contrôleur d'interruption par l'envoi des mots de commande appropriés.

Les interruptions non masquables

La plupart des processeurs disposent d'autres entrées (par exemple NMI et Reset) de signaux d'interruption destinées à gérer les événements associés au bon fonctionnement de la machine. Ces interruptions ne sont pas masquables.

• L'entrée NMI, *Non Masquable Interrupt*, est le moyen de faire parvenir au processeur une interruption signalant une défaillance matérielle (défaut mémoire, défaut bus...).

• L'entrée RESET effectue un redémarrage « à chaud » du processeur qu'il faut réserver à des situations de blocage de la machine. Le processeur est alors remis dans un état voisin de celui de la mise sous tension. Il crée une adresse de démarrage qu'il dépose dans le compteur de programme avant de commencer l'exécution de la première instruction. Cette adresse est fixée par le constructeur et doit correspondre au début d'un programme chargé en mémoire morte. Ce programme de démarrage, généralement petit, sert pour l'essentiel à l'initialisation de l'environnement proche du processeur. Il effectue ainsi l'initialisation :

– du pointeur de pile pour être en mesure d'effectuer le premier appel de procédure ;

– d'un certain nombre de coupleurs d'entrées-sorties pour charger, le cas échéant, à partir d'un disque, un autre programme plus conséquent comme un système d'exploitation.

La terminologie pour ce programme varie d'une machine ou d'un système à l'autre, en allant du *bootstrap loader* au *bios* des PC. Certains de ces programmes chargeur, comme *lilo* (Linux loader) laisse à l'utilisateur de la machine le soin de choisir manuellement le système d'exploitation, on parle alors de système *multiboot*. Ces notions sont développées dans la section sur les disques.

Interruption, exception et système d'exploitation

Il a été question des appels aux services du système d'exploitation par le biais des interruptions logicielles. Mais la question de l'accès au système d'exploitation est bien plus générale.

Le système d'exploitation est un programme qui doit rendre plus facile l'utilisation de la machine : c'est à lui de lancer le programme d'un utilisateur final et de mettre à disposition sous une forme logique les ressources matérielles de la machine. Le programme utilisateur se déroule complètement sous le contrôle du système d'exploitation. Cela signifie concrètement qu'à un instant donné au moins deux programmes sont en concurrence pour l'obtention du processeur et les ressources mémoire.

C'est le mécanisme des interruptions qui permet le passage de l'exécution d'un programme à un autre sans le perturber autrement qu'au niveau de la durée d'exécution. La commutation d'un processus à l'autre est déclenchée avec des interruptions matérielles générées par une horloge ou avec les interruptions logicielles. Elle attribue du temps processeur alternativement au système d'exploitation et au programme utilisateur. La généralisation de ce mécanisme de partage de temps processeur à plusieurs tâches conduit aux systèmes multitâches et si l'alternance est suffisamment rapide, l'utilisateur a une impression de parallélisme : on parle de *pseudo-parallélisme*. À ce stade, le processeur physique monotâche devient une machine virtuelle multitâche.

La conséquence du partage du processeur entre le système d'exploitation et le programme utilisateur est que ce dernier ne doit pas interférer avec le premier dans son bon fonctionnement. Un minimum de séparation et de protection est nécessaire pour assurer au système d'exploitation une tolérance aux fautes du programme utilisateur : une anomalie de déroulement de ce programme ne doit pas mettre en défaut le fonctionnement du système d'exploitation.

Dans une école d'informaticiens, il est facile d'imaginer que les programmes écrits par ces élèves ne fonctionnent bien qu'une seule fois… : la dernière ! Tout le reste du temps, le programme est en cours de test et peut provoquer des dysfonctionnements plus ou moins graves. Par exemple, si un programme de tri de données comporte une erreur dans le critère d'arrêt, ce programme peut alors trier, trier et continuer à tout trier, y compris, s'il n'y a pas de protection, une partie du système d'exploitation. C'est évidemment inacceptable et heureusement tous les systèmes d'exploitation modernes sont tous tolérants vis-à-vis de ce type d'erreurs involontaires de nos apprentis informaticiens. La protection du système doit aussi être assurée par rapport à des fautes volontaires comme les attaques sournoises des programmes virus, vers et autres bestioles informatiques mal intentionnées, mais cela est une autre histoire.

La base de cette protection est l'introduction au niveau du processeur de deux modes de fonctionnement : *superviseur* et *utilisateur*. Le mode utilisateur ne donne accès qu'à un droit d'usage limité du processeur en interdisant les opérations estimées dangereuses pour la vie du système d'exploitation. Le programme exécuté en mode superviseur a accès, sans restriction aucune, à toutes les ressources de la machine. Seul le système d'exploitation, ou plus précisément la partie centrale au cœur du système d'exploitation appelée *noyau* ou *kernel*, utilise ce mode privilégié. La gestion des interruptions, qui est une partie vitale du système d'exploitation, requiert les privilèges du mode superviseur. C'est un bit du registre d'état qui indique le mode courant de fonctionnement du processeur, par exemple le bit U/S (*User/Supervisor*) du 680x0.

Comment passer d'un mode à l'autre ? Lorsque le processeur est dans le mode superviseur, il est facile de passer au mode user : il suffit de modifier avec une instruction adéquate le bit U/S du registre d'état. Ainsi, quand le système d'exploitation « passe la main » au programme utilisateur, il procède de la sorte.

Par contre, pour le passage du mode utilisateur au mode superviseur, le bit U/S n'est pas accessible et encore moins l'instruction appropriée. Si une instruction permettait de passer directement au mode superviseur, il n'y aurait évidemment plus de protection possible.

Le passage en mode superviseur n'est pas fait directement par une instruction, mais indirectement par le biais du matériel au moment de la prise en compte d'une interruption. Lorsqu'une interruption est acceptée, le processeur se met automatiquement en mode superviseur (en positionnant lui-même le bit de mode U/S sur S).

Le corollaire de ce type de passage est que TOUTE la gestion des interruptions est faite dans le système d'exploitation, que ce soit la routine d'interruption, la gestion de la table des vecteurs d'interruptions ou la gestion des coupleurs d'entrées-sorties.

Les modes User et Supervisor du 680x0

Les restrictions du mode User concernent aussi bien les limites d'utilisation de certains registres et instructions du processeur que l'accès strictement contrôlé à la mémoire centrale, en particulier pour les zones de codes, de données et de pile du système d'exploitation.

Pour assurer au mieux la séparation entre le mode User, avec ses restrictions, et le mode Superviseur, mode privilégié, le 680x0 donne des indications sur son mode courant de fonctionnement par le biais de 3 signaux de code de fonction (FC0 à FC2) destinés à l'électronique de commande de la carte unité centrale.

Ces trois sorties divulguent à l'électronique de la carte unité centrale l'état du processeur (superviseur ou utilisateur) ainsi que l'espace d'adressage du cycle bus en cours d'exécution. Elles peuvent être utilisées pour installer des « barrières » électroniques matérielles sur différentes zones mémoires pour en proscrire les accès non autorisés.

Le code {1, 1, 1} est réservé à l'espace dit « CPU » qui représente l'environnement « proche » de fonctionnement du processeur (figure 5-6). Cet espace lui sert à communiquer de manière privilégiée avec un coprocesseur spécialisé ou comme dans notre cas à effectuer le cycle de reconnaissance d'interruption. La distinction entre les différents éléments de cet espace particulier est faite par un repérage de sous-espace codé sur les 4 bits A_{16} à A_{19} du bus d'adresse. Le numéro de sous-espace attribué au cycle de reconnaissance d'interruption est 15 (bits A_{16} à A_{19} à 1).

Figure 5-6

Les espaces de travail du 68000

FC0	FC1	FC2	Type de cycle bus
0	0	0	Non Défini, Réservé
0	0	1	Espace Données Utilisateur
0	1	0	Espace Programme Utilisateur
0	1	1	Non Défini, Réservé
1	0	0	Non Défini, Réservé
1	0	1	Espace Données Superviseur
1	1	0	Espace Programme Superviseur
1	1	1	Espace CPU (Interruption)

Les routines d'interruption sont référencées dans une table de vecteurs à 256 entrées. Certains des points d'entrées sont prédéfinis par le constructeur et réservés à des usages précis (division par zéro, instruction illégale, coprocesseur mathématique, etc.) définis par le constructeur. Le 680x0 laisse toutefois à l'utilisateur 192 points d'entrée libres (vecteurs 64 à 255), soit autant de types d'interruption vus par le processeur par le biais des 7 niveaux d'interruptions.

Une interruption est présentée au processeur en codant son niveau n en 3 bits sur les trois broches IPL0 à IPL2. Il ne la prend en compte que s'il n'y a pas de traitement en cours de niveau de priorité au plus égal à n − 1, niveau stocké dans 3 bits du registre d'état. Le signal d'interruption est porteur d'un niveau de priorité mais sans identification de son type pour trouver la bonne routine à activer. Lorsque le processeur accepte la nouvelle interruption, il affirme le signal de sortie IPEND (interruption en cours) qui initie le cycle de reconnaissance d'interruption (IACK, *Interrupt ACKnowledge sequence*), cycle pendant lequel le processeur n'est pas interruptible.

Après cette récupération du vecteur d'interruption, le processeur recopie le registre d'état dans un registre temporaire, puis passe en mode superviseur en affirmant le bit S. Les bits (T0 et T1) du mode Trace (debug, pas à pas) sont infirmés de manière à ne pas engendrer une exception à la fin de chaque cycle instruction. Le registre d'adresse A_7 est le pointeur de pile. En réalité, ce registre est dédoublé car il y a un pointeur de pile par mode de fonctionnement du processeur. USP est le pointeur de pile pour le mode User et SSP est le pointeur de pile en mode Superviseur. La valeur du bit de mode U/S du registre d'état indique la pile active. Cette précaution de dédoublement de la pile évite qu'un programme d'application ne perturbe la pile du système d'exploitation, à la condition impérative qu'il y ait un espace mémoire strictement réservé au système d'exploitation.

Figure 5-7

Le format 0 d'empilement

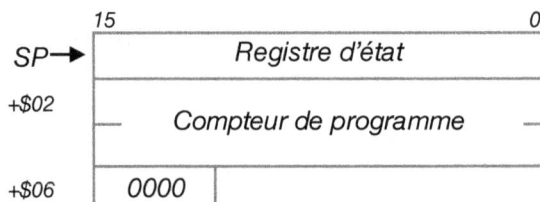

15		0
SP→	Registre d'état	
+$02	— Compteur de programme —	
+$06	0000	

Pour l'obtention du vecteur d'interruption, le processeur lance un cycle de lecture ciblé sur le coupleur à l'origine de l'interruption, mais c'est au coupleur de se reconnaître. Il positionne les bits FC0 à FC2, A_{16} à A_{19} à 1 (c'est l'indication du cycle de reconnaissance d'interruption). Pour que le dispositif émetteur de l'interruption se reconnaisse et puisse clore le cycle en déposant sur le bus de données son vecteur d'interruption, le processeur recopie sur les bits d'adresse A_1 à A_3 le niveau d'interruption présenté sur ses broches IPL0 à IPL2. La valeur retournée, multipliée par 4, sert d'index (offset) dans la table des vecteurs d'interruptions. L'adresse de début de la table a été positionnée, lors du lancement du système d'exploitation, dans le registre VBR (*Vector Base Register*).

Les signaux et registres de gestion des interruptions

IPL0 à IPL2. Demande d'interruption (*Interrupt Priority Level*)

Ces entrées indiquent au processeur qu'un dispositif externe fait une demande d'interruption. Le niveau de priorité de cette interruption est codé sur ces trois bits. Le niveau zéro indique qu'il n'y a pas de demande d'interruption. Le niveau 7 est le niveau d'interruption le plus élevé et ne peut être masqué.

IPEND*. Interruption en Instance (*Interrupt Pending*)

Cette sortie indique que le niveau de l'interruption actif présenté sur IPL0-IPL2 est supérieur au niveau de priorité du traitement courant et qu'en conséquence elle est prise en compte. Elle peut également indiquer qu'une interruption non masquable a été reconnue.

Le **registre VBR** (*Vector Base Register*) fournit l'adresse de début de la table des vecteurs d'interruption. Dans le 68000, la table des vecteurs d'interruption est physiquement imposée à l'adresse 0. Pour se dégager de cette contrainte physique, le 68020 se sert d'une table de vecteurs d'interruption dont la base est contenue dans le registre VBR. La modification du registre VBR donne ainsi une possibilité de changement dynamique de table d'interruption.

Le processeur lit dans la table l'adresse de début du serveur d'interruption et passe à la phase de sauvegarde du registre d'état et du compteur de programme, juste avant de modifier ce dernier.

Pour cette sauvegarde, le processeur se sert d'une *structure d'empilement* (*Exception Stack Frame*) dont le format détermine les registres à sauvegarder. En fonction du type d'exception (interruption, division par zéro, exception coprocesseur, défaut cycle bus, etc.) le processeur ne sauvegarde pas les mêmes éléments et utilise pour cela différents formats de structure d'empilement. Ainsi, le format 0 (figure 5-7) des interruptions « physiques » précise un stockage de 4 mots contenant le registre d'état, le compteur de programme, le numéro de format et l'offset issu du vecteur d'interruption. Lorsque l'empilement est effectué, le processeur range le résultat de l'addition (VBR + Offset) dans le compteur de programme.

La prochaine phase fetch revient alors à rechercher la première instruction de la routine d'interruption. Il est temps maintenant de sauvegarder les registres qui seront modifiés par la routine. Cela peut se faire avec, par exemple, une instruction de rangement multiple comme `MOVEM.L A0-A3/D0, -(SP)` (empiler les registres A0 à A3 et D0). L'adressage `-(SP)` correspond à une prédécrémentation pour gérer une pile *(voir chapitre 4)*.

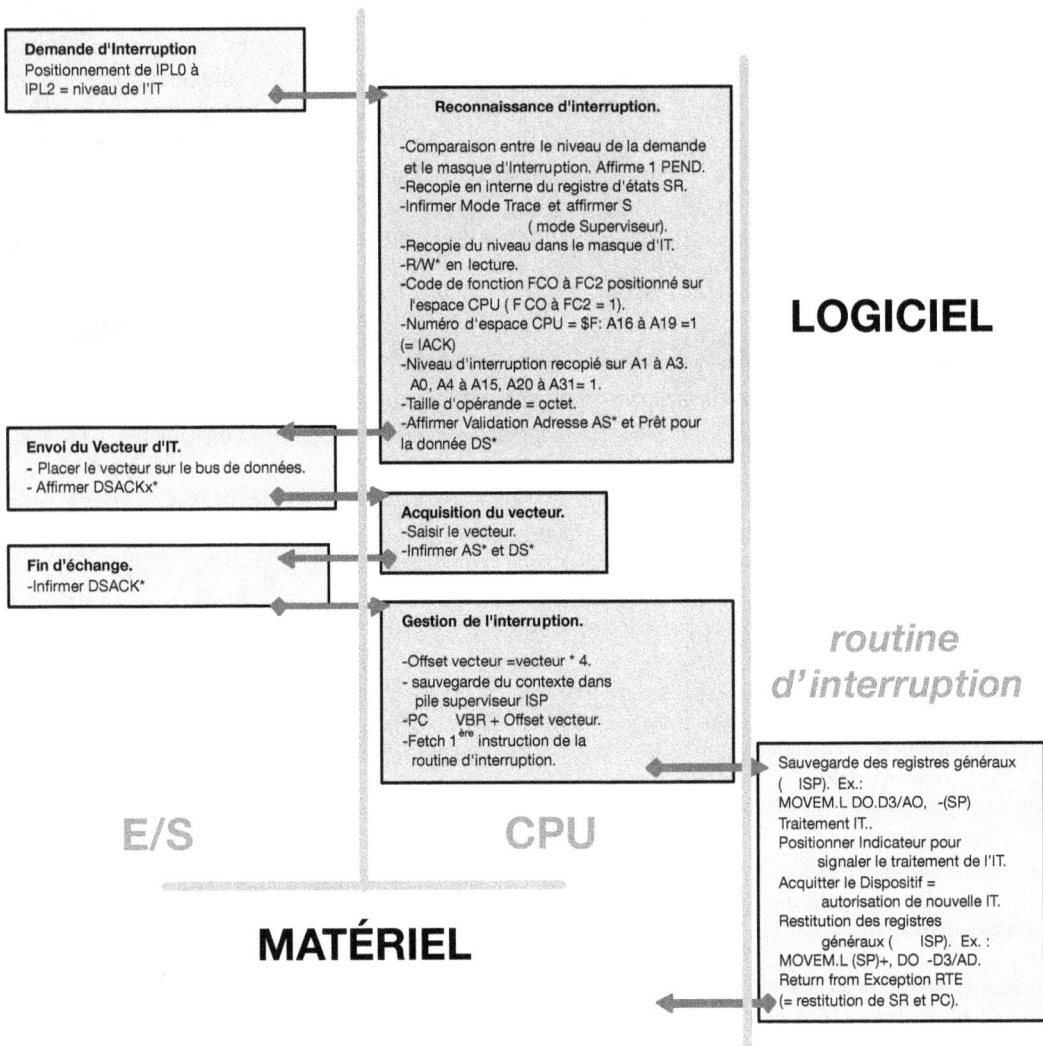

Demande d'Interruption
Positionnement de IPL0 à
IPL2 = niveau de l'IT

Reconnaissance d'interruption.

-Comparaison entre le niveau de la demande
et le masque d'Interruption. Affirme 1 PEND.
-Recopie en interne du registre d'états SR.
-Infirmer Mode Trace et affirmer S
                (mode Superviseur).
-Recopie du niveau dans le masque d'IT.
-R/W* en lecture.
-Code de fonction FCO à FC2 positionné sur
 l'espace CPU (F CO à FC2 = 1).
-Numéro d'espace CPU = $F: A16 à A19 =1
(= IACK)
-Niveau d'interruption recopié sur A1 à A3.
  A0, A4 à A15, A20 à A31= 1.
-Taille d'opérande = octet.
-Affirmer Validation Adresse AS* et Prêt pour
la donnée DS*

LOGICIEL

Envoi du Vecteur d'IT.
- Placer le vecteur sur le bus de données.
- Affirmer DSACKx*

Acquisition du vecteur.
-Saisir le vecteur.
-Infirmer AS* et DS*

Fin d'échange.
-Infirmer DSACK*

Gestion de l'interruption.

-Offset vecteur =vecteur * 4.
- sauvegarde du contexte dans
  pile superviseur ISP
-PC   VBR + Offset vecteur.
-Fetch 1ère instruction de la
  routine d'interruption.

*routine
d'interruption*

Sauvegarde des registres généraux
(ISP). Ex.:
MOVEM.L DO.D3/AO, -(SP)
Traitement IT..
Positionner Indicateur pour
   signaler le traitement de l'IT.
Acquitter le Dispositif =
   autorisation de nouvelle IT.
Restitution des registres
   généraux (ISP). Ex. :
MOVEM.L (SP)+, DO -D3/AD.
Return from Exception RTE
(= restitution de SR et PC).

E/S   **CPU**

MATÉRIEL

Figure 5-8
Cycle complet d'interruption du 68020

Le retour au mode User peut éventuellement se faire en modifiant le bit U/S du registre d'état avec des instructions privilégiées du type MOVE to SR, ANDI to SR ou encore EORI to SR.

Le retour à la tâche interrompue se fait avec l'instruction RTE (*ReTurn from Exception*) de fin de routine d'interruption. RTE fait examiner au processeur le format de la dernière structure d'empilement dans la pile système : le compteur de programme et l'ancienne version du registre d'état SR sont alors restitués. Ce chargement de SR remet le processeur dans le mode User si cela n'a pas déjà été fait explicitement.

Lorsqu'un programme d'application en mode User a besoin d'une ressource système, il ne doit pas y accéder directement. L'accès doit être demandé sous la forme d'une requête soumise au système d'exploitation. Cette requête est faite par une interruption logicielle avec l'instruction TRAP n, où n est un numéro de vecteur d'interruption pointant indirectement vers un des points d'entrée du système d'exploitation. L'accès au système d'exploitation est ainsi totalement contrôlé.

Corollaire

Le système d'exploitation (ou du moins son noyau) est un logiciel fonctionnant en mode superviseur et dont les points d'entrées sont des routines d'interruptions accessibles *via* les interruptions logicielles.

Lorsque dans un programme en langage de haut niveau, on fait appel à une fonction système comme l'affichage à l'écran avec, par exemple, les fonctions `cout` ou `printf`, cet appel est en réalité transmis par une interruption logicielle paramétrée avec les caractères à éditer.

Interruptions et sections critiques

La fonction première de la gestion des interruptions est de mettre en œuvre une relation d'ordre de type événement/action avec l'environnement externe du processeur. En première approche, l'événement est assimilable à une lecture de données dans le monde externe activée par un signal d'interruption et l'action qui doit en découler est assimilable à une écriture vers ce monde extérieur.

L'occurrence de l'événement est à l'origine du signal d'interruption et la lecture des données associées est faite dans la routine d'interruption. C'est à la routine de garantir l'acquisition des données associées et de ne pas « perdre » d'événements. L'action qui découle de l'événement peut, dans la majorité des cas, être un tant soit peu différée et n'est donc pas exécutée à partir de la routine elle-même, mais à partir d'un processus séparé. Ce processus-action, parfois appelé « tâche de fond », effectue un travail dont le déroulement est piloté par les données acquises en asynchrone dans la routine d'interruption. Par exemple, la prise de photo par un radar automatique est déclenchée par le signal d'interruption « dépassement de vitesse » ; le processus-action correspondant, c'est-à-dire la reconnaissance optique de la plaque d'immatriculation et le transfert des résultats en télématique vers un « centre agréé » peut tolérer un léger différé…

Routine-événement et processus-action doivent communiquer puisque le premier récupère les données dont le second a besoin. Cette communication s'appuie sur une structure de données commune à la routine et au processus. Dans ces conditions, la structure de données est une variable globale.

Une variable globale est potentiellement une *ressource critique*, c'est-à-dire une variable susceptible d'être consultée (lue) alors qu'elle est en cours de modification. Lorsque l'accès est purement séquentiel, la gestion d'une variable globale ne pose aucun souci de cohérence. Une ressource est dite *critique* si elle vérifie les trois conditions suivantes :

• Elle est potentiellement accédée par plusieurs processus.

- L'un au moins d'entre eux l'accède en modification (lecture-écriture).

- Un accès en consultation et un accès en modification sont potentiellement simultanés.

On ne sait pas gérer une telle situation : il faut obligatoirement *interdire* la simultanéité pour se ramener au cas des accès séquentiels.

Un exemple classique est la mise à jour de l'affichage des horaires d'arrivée de trains ou d'avions. Ces dispositifs élaborent les caractères à partir de segments dont le positionnement prend parfois quelques secondes : si on lit une ligne de l'affichage pendant la modification, on lira des caractères intermédiaires non formés, c'est-à-dire quelque chose d'illisible dans le meilleur des cas et faux dans le pire. Dans un système binaire, toutes les variables n'étant formées que de 1 et de 0, on est forcément dans le second cas. Il faut attendre la fin de l'écriture avant de lire !

Une variable (structure de données) partagée entre une routine-événement et un processus-action est susceptible d'être une ressource critique : les trois critères sont vérifiés. La routine opère la modification et le processus se charge de la lecture. La simultanéité est possible à cause du caractère asynchrone de l'événement.

Il y a cependant deux situations différentes. La routine est normalement plus prioritaire que le processus et lorsqu'elle est active pour modifier la variable globale, elle ne peut être préemptée par le processus : le processus doit attendre la fin d'exécution de la routine. L'accès à la ressource par le processus est rendu séquentiel automatiquement et la ressource n'est plus critique. Par contre, lorsque le processus lit la variable (et cela peut prendre plusieurs instructions si la variable est une structure de données complexe), il peut être interrompu par la routine au cours de cette lecture. Cette situation n'est pas acceptable, sous peine de résultats faux : il faut rendre explicitement l'accès séquentiel. Un seul moyen : il faut interdire la prise en compte de l'interruption pendant l'opération de lecture. Les instructions d'accès en lecture définissent une zone appelée *section critique* qu'il est nécessaire de faire précéder par une instruction de masquage de l'interruption et suivre par une instruction de démasquage. Le temps de masquage de l'interruption doit évidemment être négligeable par rapport au temps minimal séparant deux interruptions successives.

Introduction aux processus parallèles

Il est temps maintenant de généraliser le mécanisme événement-action introduit dans les sections précédentes. Il n'est pas difficile d'imaginer qu'un ordinateur complet destiné à l'usage professionnel ou domestique est une machine entièrement orientée sur ce paradigme en multipliant à l'infini les couples événement-action.

Les systèmes modernes, Windows, Unix et Mac OS parmi d'autres, qui supportent ce genre de fonctionnement sont des systèmes d'exploitation dits « multitâche » (*multithread*). Ils permettent une progression parallèle de plusieurs processus en quasi-simultanéité. Dans une situation mono-processeur (un seul processeur par machine), le même processeur est « partagé » à tour de rôle entre les différents processus et nous parlons de pseudo-parallélisme ou parallélisme logique. Avec une vue macrosco-pique des choses, l'impression donnée est celle de plusieurs processus se déroulant simultanément. Au niveau microscopique, c'est-à-dire vu de près et en ne s'y attardant pas, il y a régulièrement des interruptions pour permettre de passer d'un processus à un autre, en sauvegardant à chaque fois le contexte d'un processus pour le retrouver ulté-rieurement.

La progression se fait avec la granularité minimale d'une instruction : un processus ne peut être interrompu qu'à la fin de l'exécution d'une instruction. L'interruption est provo-quée par une horloge matérielle définissant le rythme temporel élémentaire du système d'exploitation, c'est-à-dire la période à laquelle le système est réactivé, même s'il ne se passe rien. C'est la manière de compter le temps pour le système d'exploitation. Elle peut aussi être générée par le processus courant qui fait un « appel système » par le biais d'une interruption logicielle.

Si deux processus sont totalement indépendants, c'est-à-dire qu'ils n'ont aucune donnée commune ou qu'ils ne communiquent pas entre eux, alors chacun suit sa propre progres-sion sans la moindre interférence autre que le ralentissement réciproque. Mais il arrive aussi que des processus ne soient pas indépendants. Le cas le plus simple est celui où ces processus ont une variable en commun, variable qui devient alors une ressource critique potentielle comme celle de la structure de données commune entre la routine-événement et le processus-action. C'est le cas pour le programme de traitement de texte, utilisé pour la saisie de ce texte, qui partage les phrases saisies avec un programme de vérification orthographique et grammaticale.

Si deux ou plusieurs processus ont des variables communes, il est vraisemblable que les programmes correspondants ont été écrits par le même programmeur. Pour que ce programmeur puisse concevoir les programmes de manière à éviter les incohérences possibles générées par une ressource critique, il doit avoir à sa disposition un mécanisme permettant de rendre séquentiels les accès à ces ressources.

Nous allons illustrer l'utilisation d'un tel mécanisme avec un exemple trivial de deux processus partageant une variable de comptage nommée *cpt*.

Le processus P1 est considéré comme un producteur : à chacune de ses activations il incrémente le compteur *cpt*. Le processus P2, dit consommateur, décrémente le même compteur chaque fois qu'il est actif. La gestion du compteur est simplifiée : il ne déborde pas, c'est-à-dire, qu'un dépôt d'une unité alors que le compteur a atteint le maximum, laisse le compteur inchangé. De même, un retrait d'une unité alors qu'il est à 0, le laisse à 0.

Aucun des processus n'est directement lié à la gestion d'une interruption, il n'est évidemment pas possible de gérer le problème de la ressource critique en masquant temporairement une quelconque interruption. On ne saurait pas laquelle, et l'on ne va tout de même pas les masquer toutes, y compris l'horloge. Une solution qui peut paraître raisonnable pour sérialiser les accès au compteur *cpt* est de lui attribuer un « gardien » qui détient une *clé unique* d'accès au compteur.

Lorsque le gardien a donné la clé à un processus P, le compteur est considéré comme occupé par ce processus et aucun autre processus ne peut recevoir la clé. Lorsque le processus P, détenteur de la clé, a terminé son travail sur la ressource, il doit rendre la clé au gardien et la ressource (le compteur) devient libre d'accès pour un autre processus.

Donnons une première mise en forme algorithmique de la solution. Soit *accès_cpt* une variable booléenne représentant le gardien donnant l'accès au compteur *cpt*. Cette variable a pour valeur *libre* ou *occupé* (0 ou 1).

Si *accès_cpt* vaut *occupé*, le processus demandeur doit attendre la libération de la ressource ou tester la valeur d'*accès_cpt* jusqu'à la trouver *libre*.

Si *accès_cpt* vaut *libre*, alors le processus demandeur a gain de cause pour l'accès au compteur et doit l'indiquer en mettant *accès_cpt* à *occuper*. Le processus peut maintenant faire son travail sur le compteur en toute sécurité, puis libérer la ressource en mettant *accès_cpt* à *libre*.

Adapté à nos deux processus P1 et P2, l'algorithme s'exprime dans les termes suivants.

P1, le producteur qui alimente le compteur avec des unités, utilise la fonction « incrémenter » définie dans l'encadré de la figure 5-9.

```
incrémenter (cpt)
boucle :lire accès_cpt
        si accès_cpt = occupé alors aller à boucle/il faut essayer à nouveau/
        accès_cpt ← occupé          / la ressource était libre /
        si cpt ≤ n_max alors cpt ← cpt +1 /gestion du compteur/
        accès_cpt ← libre           /libération de la ressource /
fin_incrémenter
```

Figure 5-9

Version de base « incrémenter » en assembleur 68000

P2, le producteur qui consomme les unités du compteur, utilise la fonction « décrémenter » (figure 5-10).

```
décrémenter (cpt)
boucle :lire accès_cpt
        si accès_cpt = occupé alors aller à boucle/il faut essayer à nouveau/
        accès_cpt ← occupé          / la ressource était libre /
        si cpt > 0 alors cpt ← cpt -1      /gestion du compteur/
        accès_cpt ← libre            /libération de la ressource /
fin_décrémenter
```

Figure 5-10

Version de base « décrémenter » en assembleur 68000

Au stade de l'implémentation, *accès_cpt* est une variable en mémoire centrale accessible par les deux processus, d'ailleurs au même titre que *cpt*…

La figure 5-11 donne une première implémentation en assembleur 680x0. Les deux instructions de la boucle d'attente constituent ce qui est appelée une *attente active*, ce qui signifie que le processeur est utilisé pour exécuter ces deux instructions jusqu'à ce que la condition soit vraie. Cela n'est évidemment pas une solution très élégante (le processeur ne travaille que pour attendre !), mais pour l'instant et, à défaut de mieux, elle sera gardée. Lorsque la ressource est accédée, la valeur 1 est rangée dans la variable *accès_cpt*.

```
incrémenter :
        linkA6, #0
        moveD0, -(A7)
boucle :
        move.1    _acces_cpt, D0
        bne boucle
        addq.1    #1, D0
        move.1    D0, _acces_cpt
        move.1    _cpt,D0
        cmp.1     _nmax,D0
        bgt suite
        move.1    _cpt,D0
        addq.1    #1,D0
        move.1    D0,_cpt
suite:
        clr D0
        move.1    D0, _acces_cpt
        move      (A7)+, D0
        unlkA6
        rts
```

Figure 5-11

Incrémentation, version de base

Les six instructions entre les lignes grisées du programme dans l'encadré de la figure 5-11 correspondent à l'incrémentation du compteur.

Les deux lignes après le label *suite* réalisent la libération de la ressource. Au traitement de décrémentation près, la fonction du processus P2, s'écrira de la même manière : l'accès et la libération de la ressource sont identiques.

Sans même tenir compte du manque d'élégance d'une attente active, cette solution n'est pas acceptable. Il était à prévoir que le problème de la gestion du compteur en tant que ressource critique *cpt* a simplement été déplacé sur la variable de gardiennage *accès_cpt*. Le processus P1 peut être interrompu et préempté par P2 alors qu'il est en train d'exécuter la séquence d'accès (première zone grisée de la procédure). L'interférence entre les deux processus est alors totale et la gestion de la variable de gardiennage est incohérente.

Instruction TAS opérande (*Test and Set an Operand*)

Cette instruction teste et positionne (*Test and Set*) l'octet opérande destination en mémoire. La valeur de l'octet est testée et les indicateurs de codes de conditions N et Z sont positionnés en fonction de cette valeur. Une instruction de branchement conditionnel peut se servir de ces codes de conditions. Le bit de poids fort de l'opérande destination est mis à 1. L'opération est indivisible (utilisation d'un cycle lecture-modification-écriture) : aucun autre contrôleur ou processeur ne peut accéder à l'octet pendant l'opération.

Il faudrait en fait que l'ensemble de ces instructions soit une suite insécable, et donc non interruptible. La solution est forcément matérielle pour ne pas être contournable. La plupart des processeurs modernes proposent des instructions de lecture-modification-écriture en mémoire **indivisibles** qui répondent à ce besoin. Ce sont les instructions de type TAS. Dans le cas du 680x0, l'instruction s'appelle effectivement TAS (voir encadré à droite de la figure 5-11).

L'instruction lit l'opérande en mémoire, positionne certains bits de condition et met le bit de poids fort à 1, c'est-à-dire rend le nombre négatif (codage en complément à 2). Pour appliquer cette instruction au cas de la séquence à rendre indivisible, il faut considérer que la variable opérande *accès_cpt* est négative lorsque la ressource est occupée et nulle lorsqu'elle est libre.

TAS acces_cpt rend la variable négative : si la ressource était déjà occupée cela ne change rien à la variable *accès_cpt*. C'est le test des bits de condition qui permet de savoir si la ressource est déjà occupée. Si la ressource est libre, alors elle est immédiatement prise : la variable *accès_cpt* est positionnée à « occupé » (valeur négative). Le bit de condition Z est synonyme de ressource accédée. La procédure *incrémenter* est alors celle donnée dans la figure 5-12.

La solution est cette fois-ci bonne du point de vue de la cohérence de la gestion de la ressource critique. Dans une version améliorée, il restera toutefois à se débarrasser de l'attente active qui utilise le processeur à ne rien faire, mais cela sort pour l'instant un peu du cadre de cette introduction à la gestion des variables partagées.

Nous venons de construire une solution de base au problème de la gestion d'une ressource critique aussi connue sous le nom d'*exclusion mutuelle*. Par contre, cette solution n'est applicable qu'en langage assembleur (les instructions de type TAS n'existent pas dans les langages évolués et sont spécifiques à une architecture matérielle). Ainsi, pour les processeurs x86 l'indivisibilité est obtenue en préfixant les instructions appropriées, comme BTS, *Bit Test and Set*, par la pseudo-instruction lock qui verrouille la séquence de lecture-modification-écriture de l'instruction qui suit.

```
incrémenter :
        link    A6, #0
        move    D0, -(A7)
boucle :

        tas     _acces_cpt

        bne boucle

        move.l  _cpt,D0
        cmp.l   _nmax,D0
        bgt suite
        move.l  _cpt,D0
        addq.l  #1,D0
        move.l  D0,_cpt
suite:

        clr D0

        move.b  D0, _acces_cpt

        move    (A7)+, D0
        unlkA6
        rts


décrémenter :
        link    A6, #0
        move    D0, -(A7)
boucle :

        tas     _acces_cpt

        bne boucle

        cmp.l   #0,_cpt
        ble suite
        move.l  _cpt,D0
        sub.l   #1,D0
        move.l  D0,_cpt
suite:

        clr D0

        move.b  D0, _acces_cpt

        move    (A7)+, D0
        unlkA6
        rts
```

Figure 5-12

Test and Set en 680x0

Pour une programmation des ressources critiques avec des langages plus évolués, c'est au système d'exploitation de fournir des services équivalents aux instructions de type Test and Set. Cela est fait par le biais d'objets comme le *sémaphore d'exclusion mutuelle* ou le *sémaphore à compte* de Dijskra. Ces objets suppriment également l'attente active qui occupe le processeur à ne rien faire en reportant cette gestion d'attente au niveau du noyau du système d'exploitation. Voyons comment des objets systèmes de Windows permettent de résoudre notre problème avec un langage de haut niveau.

Exemple de programmation avec l'API win32 de Windows

Le *mutex* de Windows est un objet qui peut convenir à la gestion de notre compteur partagé entre les deux processus, en l'occurrence nous pourrions parler ici de deux threads ou tâches. Le mutex est une version simplifiée d'un sémaphore à compte : il est décrémenté de 1 lors de l'accès à la ressource et est augmenté de 1 lors de la libération. La valeur minimale est 0 et la valeur maximale est 1. Un objet mutex est créé par la fonction CreateMutex qui renvoie un identificateur de l'objet ; le mutex est initialisé implicitement à 1. La fonction de retrait (ou d'accès à la ressource) est WaitForSingleObject sur le mutex créé : elle « emprunte » une unité au mutex. La fonction ReleaseMutex libère la ressource et « rend » l'unité empruntée précédemment. Les deux fonctions « incrémenter » et « décrémenter » de la section précédente s'exprime alors simplement en langage C par les fonctions décrites en figure 5-13 (seul le squelette du programme est fourni et les paramètres non utiles pour la compréhension sont remplacés par des points de suspension).

```
int cpt, n_max ;
handle acces_cpt ;
acces_cpt = CreateMutex(…, …, …) ;

incrémenter ()
{
status = WaitForSingleObject (acces_cpt, att_infinie);
if (cpt <= n_max) cpt++ ;
status = ReleaseMutex(acces_cpt) ;
}
décrémenter ()
{
status = WaitForSingleObject (acces_cpt, att_infinie);
if (cpt <= n_max) cpt++ ;
status = ReleaseMutex(acces_cpt) ;
}
```

Figure 5-13
Version API Windows

Le processus qui veut avoir un accès à la ressource critique fait appel à la primitive WaitForSingleObject qui tente de retirer une unité du mutex. Si le mutex est « plein », on dit aussi « signalé », alors la tâche appelante passe immédiatement à l'instruction suivante : elle a obtenu son accès à la ressource. Si le mutex est « vide », on dit aussi « non signalé », alors la tâche appelante est mise dans un état de « sommeil » par le système d'exploitation jusqu'à ce que le mutex devienne « signalé », temps d'attente maximal indiqué dans l'exemple par le paramètre attente_infinie.

Système d'exploitation et ordonnancement

L'ordinateur est une machine d'usage général et suffisamment souple pour pouvoir s'adapter à une grande variété d'applications. Le système d'exploitation et les services qu'il propose par le biais de programmes déjà installés ou de programmes à créer avec une chaîne de développement (compilateur, éditeur de liens) ont pour but de mettre à disposition une machine logique, sorte de processeur virtuel indépendant des spécificités matérielles d'un ordinateur donné.

Cette séparation, entre l'ordinateur matériel et le logiciel du système d'exploitation, est intéressante en soi car elle permet une évolution indépendante des deux. De cette manière, il peut y avoir des systèmes d'exploitation différents sur une même base matérielle, comme les systèmes Windows et Linux sur une base PC. Le système d'exploitation fait évoluer les applications, les services, l'ergonomie et la machine matérielle fait évoluer les performances. Parfois l'un appelle l'autre, mais il est actuellement plus facile de faire évoluer le matériel que le logiciel. C'est l'interface entre le matériel et le logiciel qui permet un certain glissement entre les deux. Ces interfaces, éléments du système d'exploitation et appelés *pilotes* ou *drivers*, sont les composants qui permettent de changer un élément matériel, comme une imprimante, voire un processeur, tout en gardant inchangées les fonctionnalités de la machine virtuelle.

Comment est organisé un système d'exploitation ? La représentation dite en *pelures d'oignons* (figure 5-15) correspond à une succession de couches logicielles, sortes de strates, « dépôts ou sédiments » logiciels qui donnent à chaque couche un niveau d'abstraction plus élevé. La couche la plus élevée ou externe est en principe la seule partie visible pour un utilisateur de la machine.

Le système d'exploitation est lui-même un programme ayant été développé avec un langage déterminé. Les couches les plus « basses », c'est-à-dire proches du processeur sont nécessairement écrites en langage assembleur du processeur pour tenir compte des particularités de celui-ci (appels de procédures et passages de paramètres différents entre un CISC et un RISC, gestion des interruptions, test and set...). Le rôle de la première couche est alors de réaliser une interface entre le processeur physique et le reste du système d'exploitation qui est complètement développé en langage évolué de type C ou C++. Ceci est très important car un système d'exploitation moderne d'usage général peut s'appuyer sur des millions de lignes de code de programmation et seul un langage de haut niveau peut fournir les outils pour une bonne maintenance corrective et évolutive (documentation, génération automatique de code, gestionnaire de version, etc.). Dans Windows, ce rôle d'interface est dévolu au module HAL, *Hardware Abtraction Level*, qui rend le système portable sur d'autres processeurs que le Pentium.

Le noyau

La première couche réellement fonctionnelle d'un système d'exploitation est le *noyau* (*kernel*) Dans un système dit *multitâche*, une des fonctions principales du noyau est de mettre en place le pseudo-parallélisme de l'exécution de plusieurs programmes. L'exécution des programmes en monotâche est, sauf cas particuliers de machines spécialisées, une très mauvaise utilisation du processeur. La plupart des programmes ont besoin, à un moment ou un autre, d'attendre des informations en provenance des périphériques. Utiliser un processeur pour faire cette attente dite *active* n'est pas très efficace, il vaut mieux pouvoir faire progresser un autre programme pendant ce laps de temps. Statistiquement, il y a une meilleure utilisation de la machine si plusieurs programmes s'exécutent simultanément. Si on ne dispose que d'un seul processeur, celui-ci est attribué à tour de rôle aux différents processus en compétition. Le processeur devient lui-même une ressource critique dont l'accès par les différents processus doit être parfaitement maîtrisé et sérialisé. Un arbitrage, comme le gardien de la ressource critique vue précédemment, est donc nécessaire. Ne disposant que d'un seul processeur, l'arbitrage ne peut être déporté ou distribué sur les processus en compétition car il leur faut le processeur pour travailler ! L'arbitrage est alors forcément centralisé et réalisé sous la forme d'un processus indépendant appelé *ordonnanceur* (*scheduler*). Ce processus, lorsqu'il est actif, c'est-à-dire lorsqu'il a lui-même gagné la ressource processeur, peut alors décider du processus à élire pour le prochain tour. Mais comment l'ordonnanceur peut-il devenir actif puisque c'est lui qui attribue le processeur ? Ne pouvant s'activer lui-même, l'activation doit être matérielle et indépendante des autres processus en compétition. Le dispositif matériel adapté est une horloge qui génère périodiquement une interruption et l'ordonnanceur peut être implémenté comme une routine d'interruption. L'activation périodique de l'ordonnanceur donne la fréquence du multiplexage des processus actifs sur le processeur.

Horloge et horloge

L'horloge introduite pour l'ordonnanceur est appelée *horloge système*. Elle permet au système d'exploitation d'égrener le temps à un rythme qui est en général de 1 ms. Son comptage permet la datation des événements du système comme la création d'un fichier, la mesure d'une durée de connexion…

Cette horloge est totalement indépendante de l'horloge du processeur qui elle rythme les phases de l'exécution d'une instruction à une cadence qui peut atteindre l'ordre du gigahertz.

Comment se fait ce choix ? Différentes techniques sont possibles, mais la plus simple est celle dite du *partage de temps* : chaque processus se voit affecté équitablement (en durée) le processeur de manière à ce que chacun puisse progresser au même rythme. Les processus en attente sur des événements d'entrées-sorties ne doivent évidemment pas entrer dans la compétition, il ne faut pas leur donner du temps processeur pour attendre. Les processus interviennent dans l'ordonnancement suivant leur état.

Programmes et processus

Un programme est une suite d'instructions issue du codage dans un langage donné de l'algorithme associé à la résolution d'un problème. Un programme peut être traduit d'un langage vers un autre, généralement dans le sens du plus évolué, le plus proche de l'humain, vers le plus élémentaire, c'est-à-dire le code binaire machine. Mais il est aussi possible de remonter du code binaire vers l'assembleur… On appelle cela le désassemblage ou la rétro ingénierie.

Un programme, tout comme une partition musicale, n'a aucune activité ou état.

Un processus est un programme en cours d'exécution accompagné de son contexte (état des registres, valeur du compteur de programme, occupation de la mémoire et gestion des entrées-sorties). Un même programme peut donner lieu à plusieurs processus : à un instant donné il y a alors plusieurs instances d'exécution avec à chaque fois un contexte différent. À l'opposé du programme, le processus a une activité définie par des états qui évoluent au cours du temps. Vis-à-vis de l'ordonnancement trois états principaux sont attribués au processus.

- L'*état actif* est le seul état dans lequel le processus peut progresser dans l'exécution des instructions. Dans cet état, le processeur dispose de la ressource processeur. On dit aussi que le processus est dans l'état *élu* ou *running*. À un instant donné, un seul processus peut être dans l'état actif.

- L'*état activable*, prêt, éligible ou *ready*, est l'état dans lequel se trouve un processus auquel il ne manque que la ressource « processeur » pour devenir actif. Plusieurs processus peuvent être dans l'état éligible, en conséquence plusieurs processus sont donc en attente d'obtention du processeur.

- L'*état suspendu* ou bloqué est celui pendant lequel le processus est en attente sur une ressource autre que le processeur (requête d'entrées-sorties, accès à une ressource critique, etc.). Plusieurs processus peuvent être dans l'état suspendu et le type d'attente sur lequel ils sont bloqués est inscrit dans son contexte.

Le changement d'état est toujours une action provoquée par l'ordonnanceur, mais les événements qui en sont à l'origine sont très divers. Une interruption générée par l'horloge système peut marquer la fin du quota de temps alloué à un processus : celui-ci passe alors dans l'état éligible et un nouveau processus actif est élu.

Un processus actif peut demander au système d'exploitation une opération d'entrées-sorties. Dans ce cas, le processus fait lui-même appel, par le biais d'une interruption logicielle, à l'ordonnanceur pour être mis dans l'état suspendu en attendant que l'opération d'entrées-sorties soit terminée. La fin de cette opération sera signalée à l'ordonnanceur qui mettra alors le processus dans l'état éligible.

Figure 5-14

*États
d'un processus*

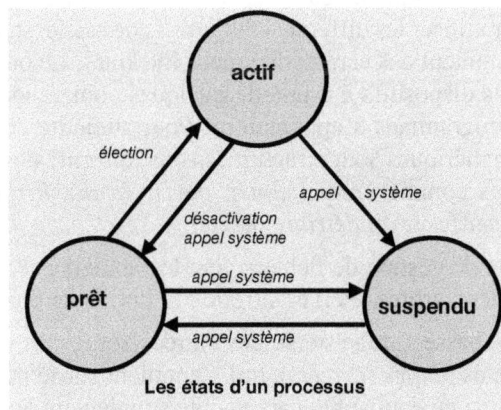

Les états d'un processus

De manière générale, chaque fois qu'un processus requiert un service du système d'exploitation, l'appel système correspondant répercute cette demande sur l'ordonnanceur qui de ce fait est le vrai moteur de l'activité du système d'exploitation ou de l'ordinateur.

La gestion des états des processus est faite à l'aide de files d'attentes, une file pour les processus suspendus et une file pour les processus activables. C'est le mode de gestion de la file d'attente des processus activables qui fixe la technique d'ordonnancement. La méthode du *temps partagé*, (avec l'algorithme du tourniquet ou Round Robin), alloue à tour de rôle le processeur à chaque processus pour un quota de temps déterminé, de l'ordre de quelques millisecondes.

D'autres techniques basées sur des priorités affectées aux processus génèrent un ordonnancement de type préemptif par priorités : à tout instant c'est le processus activable le plus prioritaire qui est actif. C'est le cas des systèmes d'exploitation temps réel (VxWorks, RT-Linux).

Lorsque plusieurs processus sont en compétition pour le processeur, ils le sont forcément aussi pour la mémoire. Le noyau est donc composé d'un ordonnanceur mais aussi d'un *gestionnaire de mémoire*. Son rôle est de virtualiser la mémoire de manière à ce qu'il en ait assez pour l'exécution de tous les processus même si physiquement la mémoire est relativement limitée. Nous détaillerons ce point (celui de la mémoire virtuelle) dans le chapitre 7.

En complément de l'ordonnancement et de la gestion de la mémoire, le noyau offre d'autres services nécessaires dans la programmation multitâche. Cette programmation est aussi parfois appelée « programmation système ». De ce point de vue, le noyau est une sorte de trousse à outils que le programmeur système peut utiliser à sa guise.

Des objets comme les sémaphores, les messages et les boîtes aux lettres sont ainsi des services mis à sa disposition pour réaliser des fonctions d'exclusion mutuelle, de communication ou de synchronisation entre différents processus.

Les entrées-sorties et le système de gestion de fichiers

Le système d'exploitation permet de transformer le processeur en une machine virtuelle ou logique. Le même niveau d'abstraction doit être opéré sur les périphériques. Il s'agit de pouvoir utiliser les différents dispositifs de saisie, stockage et visualisation de données indépendamment des caractéristiques physiques. Le but est d'être en mesure de manipuler tous ces dispositifs à l'aide de quelques commandes de base directement utilisables dans les programmes d'applications. Pour atteindre cet objectif, toutes les données des divers périphériques sont structurées sous la forme de *fichiers* auxquels on applique les commandes comme *créer* (*create*), *ouvrir* (*open*), *lire* (*read*), *écrire* (*write*), *positionner* (*seek*), *fermer* (*close*) et *détruire* (*delete*).

Le système de gestion de fichiers gère les fichiers avec une certaine organisation (répertoire, dossiers, arbres, etc.) et introduit la notion de droits d'accès et d'utilisateurs.

La partie « basse » du système des entrées-sorties est constituée d'un ensemble de logiciels, appelés *pilotes* (*drivers*), qui s'appuient sur le noyau pour transformer chacun des dispositifs en un équipement accessible simplement au travers des fichiers.

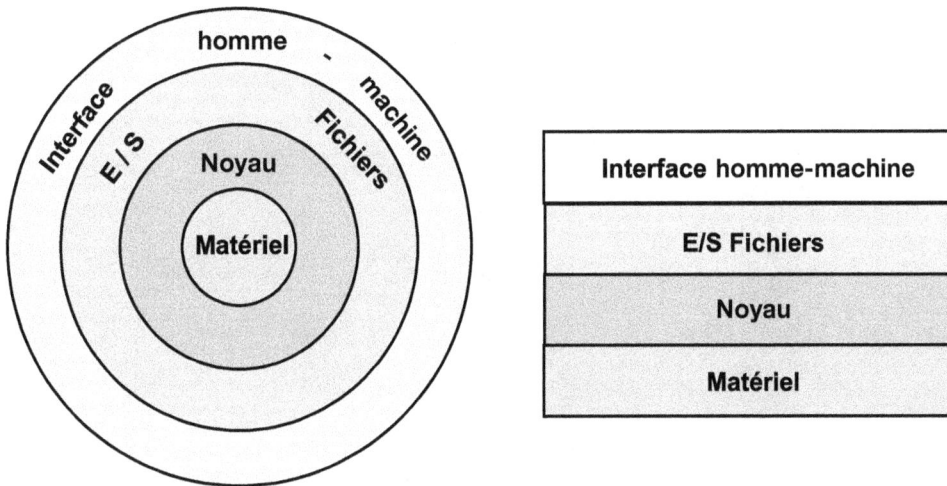

Système d'exploitation représentation simplifiée
« en pelures d'oignons »   ;   « en couches »

Figure 5-15
Structuration en couches d'un système d'exploitation

L'interface homme-machine

L'interface homme-machine (IHM) est la couche supérieure ou externe par laquelle l'utilisateur final voit et accède à la machine.

Cette couche est constituée par un ensemble de processus en attente de commandes utilisateur. La partie externe est maintenant généralement un système de présentation graphique basé sur le fenêtrage (Unix, Windows, Mac OS, etc.) comme par exemple servant à finir l'ouvrage dans les délais impartis (figure 5-16).

Les applications peuvent être lancées par l'activation d'une icône, par la validation d'une ligne de commande en texte ou par des procédures automatiques appelées procédures cataloguées ou scripts.

Figure 5-16

Interface graphique IHM

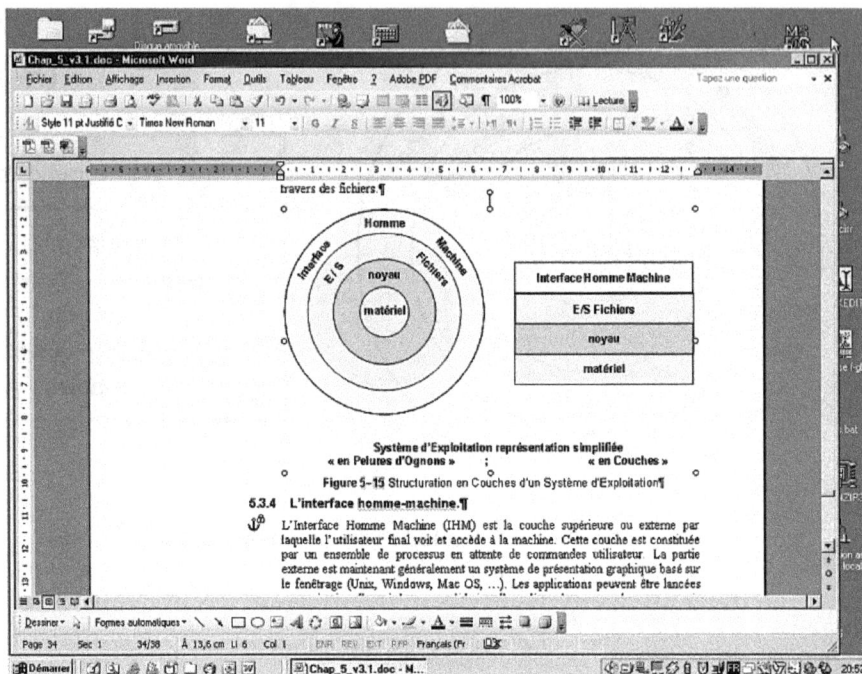

Le lancement du premier programme…

Le démarrage d'un ordinateur à la mise sous tension a été à l'origine un problème complexe du fait du manque de mémoire non volatile directement accessible par le processeur.

Le processeur était mis en attente jusqu'au chargement d'un premier programme qui pouvait ensuite en charger un suivant… Ce programme binaire était « chargé » manuellement « aux clés » sur le panneau de contrôle de l'ordinateur. Les clés sont des interrupteurs permettant de forcer les bits d'un mot du processeur à 0 ou à 1. Le programme initial était donc chargé dans l'ordinateur manuellement bit par bit et mot par mot. Pour éviter les erreurs de saisie, il était donc souhaitable qu'il fût le plus court possible. Le lancement de ce programme qui constitue la première phase du démarrage, permettait ensuite de lire une seconde amorce de programme sur un support de type carte ou ruban perforé.

Dans cette deuxième phase, avec un programme plus conséquent, le processeur pouvait lire sur une mémoire secondaire soit le programme d'application à exécuter, soit le système d'exploitation.

Ainsi, en plusieurs étapes, le processeur « pulls itself up by its bootstraps », expression toute faite signifiant qu'il arrive à se hisser tout seul dans un état de fonctionnement correct pour le lancement des programmes de l'utilisateur.

Aujourd'hui l'amorçage, le « boot », se fait automatiquement avec un programme installé en ROM, PROM ou mémoire Flash. Au début, le processeur se « fabrique » lui-même une adresse de début de programme qu'il met dans le compteur de programme. Ce programme va lire le secteur de boot sur le disque où il trouvera l'amorce du système d'exploitation à charger.

Processus, tâches et threads

Les termes processus, tâches et threads sont des vocables dont le sens est souvent contextuel. Par exemple dans le monde Unix, on dit que le système est multitâche parce qu'il réalise un ordonnancement temps partagé sur les processus.

Au niveau des algorithmes d'ordonnancement, en particulier temps réel (*Rate Monotonic Analysis, Earliest Deadline*) processus et tâches sont des termes équivalents.

Les premiers systèmes multitâches ou de multiprogrammation permettaient simplement d'exécuter de manière concourante plusieurs applications ou programmes et chaque instance d'exécution d'un programme est un processus.

Dans la plupart des systèmes d'exploitation récents, chaque application peut elle-même être réalisée à l'aide de plusieurs tâches construites avec des procédures. On peut alors faire du parallélisme de tâches à l'intérieur d'un processus. Ce dernier est alors davantage une sorte de coquille appelée *contexte de travail* qu'une unité de programme en cours d'exécution. Ce n'est plus le processus qui est ordonnancé, mais ce sont les tâches de ce processus qui le sont.

Quant les tâches partagent le même espace mémoire, le terme maintenant consacré est le thread (un fil, un bout de code).

Ce qu'il faut retenir quand vous aurez tout oublié

L'interruption est le mécanisme fondamental pour une exploitation efficace de toutes les ressources d'un ordinateur.

La gestion d'une interruption est définie par son niveau de priorité et un vecteur d'interruption qui donne l'adresse d'une procédure à activer.

Une interruption est signalée par un coupleur, le processeur la prend en compte en interrompant le processus courant et en activant la procédure de service prévue pour cette interruption. Le contexte du processus interrompu doit être sauvegardé dans la pile système et restitué lorsque le contrôle lui est redonné.

Ce mécanisme génère un problème dit de *ressource critique* parce qu'une structure de données risque d'être lue alors qu'elle est modifiée. On ne sait résoudre ce problème qu'en « sérialisant » les accès à cette ressource. Au niveau assembleur cela se fait avec les instructions du type `Test & Set`, alors que dans les langages évolués on a recours aux objets systèmes comme le *mutex* ou le sémaphore.

Les interruptions sont les événements qui rythment l'activité du système d'exploitation en stimulant le noyau de celui-ci. Grâce à l'ordonnanceur du noyau, le système d'exploitation devient multitâche, c'est-à-dire qu'il fait tourner en simultanéité apparente plusieurs processus.

6

Les entrées-sorties

De l'octet au message.

Les objets deviennent communicants... on ne va plus savoir ce qu'ils savent...

L'objectif de ce chapitre, consacré aux entrées-sorties, est de décrire les mécanismes mis en œuvre dans les échanges avec le monde extérieur par l'intermédiaire des périphériques. Après la description des principes de fonctionnement des coupleurs d'entrées-sorties, des canaux de communication utilisés pour ces périphériques, le but final est celui d'une abstraction analogue à celle recherchée pour le processeur. Il s'agit de la transformation des périphériques physiques en des entités logiques vues comme des structures de données dans un espace d'adressage ou de nommage.

Le début du chapitre décrit l'architecture générale d'un coupleur et la notion d'adressage et d'espace mémoire d'entrées-sorties. Ces coupleurs d'entrées-sorties, aussi appelés *contrôleurs*, sont l'interface entre le processeur et les périphériques. Ceux-ci travaillant à des rythmes totalement différents de celui du processeur, il est nécessaire de réaliser une adaptation de synchronisation.

Nous verrons ainsi les coupleurs séries, parallèles, le timer et le DMA. Mais nous aborderons aussi les entrées-sorties du monde analogique avec une introduction à la conversion analogique/numérique et numérique/analogique.

La dernière partie traite des bus spécialisés dans l'interconnexion des périphériques. Une attention particulière est donnée aux bus USB, *Universal Serial Bus*, et *Firewire*, IEEE 1394 qui deviennent les standards de connexion des périphériques. Ils sont intéressants pour l'utilisateur final car ils sont autoconfigurants (*Plug and Play*) et permettent le branchement à chaud (*hot plug*).

Architecture d'un coupleur d'entrées-sorties

La relation entre le monde du processeur et le monde extérieur est une interface entre l'information et le monde physique ou le monde de la physique. Elle requiert des dispositifs particuliers, appelés *périphériques*, pour :

- La saisie (importation) de données déjà numériques, en provenance par exemple d'un autre ordinateur, ou d'autres origines qui sont analogiques, en provenance de capteurs, et qui doivent donc être numérisées. Le périphérique d'entrée part d'une action physique et produit une donnée d'information à destination du processeur.

- L'exportation de données pour la transmission, la présentation (visualisation), le stockage ou la transformation d'une information en travail (au sens énergétique du terme) dans le cas d'un actionneur. Le périphérique de sortie a pour entrée les données d'information en provenance du processeur et produit en sortie une action physique.

Les deux mondes évoluent suivant des échelles de temps très différentes et les comportements respectifs sont donc totalement asynchrones. Dans ces conditions, et si, de plus, il doit y avoir interaction, il faut impérativement qu'entre les deux entités soit interposé un dispositif de *stockage temporaire*, appelé *coupleur*. C'est une sorte de file d'attente, pour absorber les différences de rythme de fonctionnement des deux mondes. L'interaction implique que, dans une relation de type producteur-consommateur, le rythme de consommation soit en moyenne inférieur ou égal au rythme de production, sinon il y a débordement de la file d'attente et vraisemblablement perte d'information. Elle implique également l'introduction d'un mécanisme de synchronisation pour réaliser un contrôle de flux comme par exemple l'attente sur une file d'attente vide. Le coupleur peut aussi jouer un autre rôle. La file d'attente contient les données échangées entre le processeur et le périphérique. Or, nous avons vu qu'une information est représentée par une donnée résultant d'un codage choisi en fonction de l'utilisation qui en est faite. Le codage au niveau du processeur est donc vraisemblablement différent de celui requis au niveau du périphérique, du canal de communication ou du support de stockage. La fonction de stockage temporaire du coupleur est donc très souvent complétée par une *fonction de transcodage*.

Nous avons déjà introduit, par le biais des interruptions (chapitre 5), la problématique de l'asynchronisme entre le monde externe, celui des périphériques, et le monde du processeur. Les événements externes sont signalés au processeur qui les prend en compte par le mécanisme des interruptions : c'est au coupleur d'effectuer cette signalisation.

Architecture générale d'un coupleur d'entrées-sorties

Partant de cette base, le coupleur est en quelque sorte un processeur spécialisé dans le dialogue entre le processeur central et un périphérique. D'un côté, il communique avec le processeur et de l'autre avec le ou les périphériques qu'il pilote (figure 6-1). En interne, il doit pouvoir réaliser des opérations de codage sur des données en cours de transit. Le stockage se faisant dans des registres, le coupleur peut effectivement être vu comme un processeur spécialisé avec des instructions relatives à l'émission et à la réception des données. Par contre, la différence essentielle entre un processeur et un coupleur est que le processeur enchaîne automatiquement et indéfiniment une suite d'instructions, un programme, alors que le coupleur *travaille à la demande*, une demande qui vient soit du processeur, soit du périphérique. Son mode de fonctionnement est typiquement événementiel (paradigme événement-action).

La définition du coupleur comme interface de communication synchronisée entre processeur et périphérique apporte une indépendance vis-à-vis des périphériques : il est possible d'écrire des logiciels pilotes « génériques » pour une même catégorie de périphériques homogènes du point de vue de la communication. Un coupleur de liaison série sur un PC (port COM1) peut servir pour une imprimante, une souris, un téléphone GSM…

Figure 6-1

Coupleur d'E/S

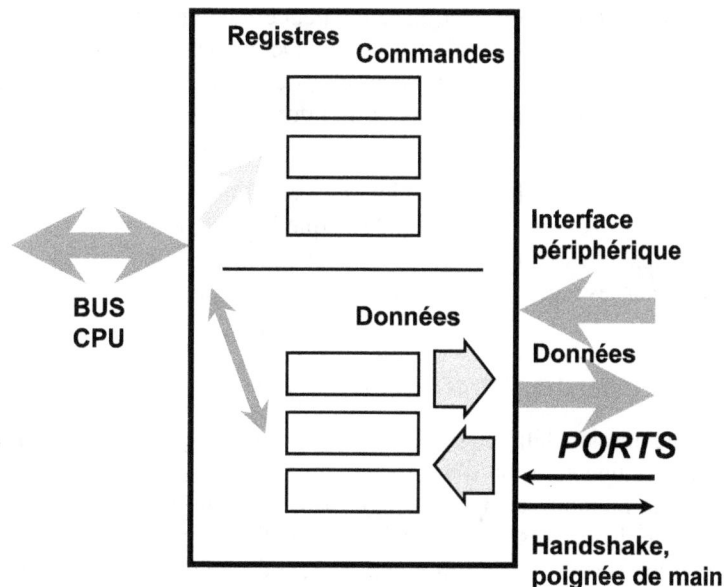

La complexité d'un coupleur va d'un simple bistable mémorisant une occurrence d'événements, à la carte contrôleur dite *intelligente* avec son propre processeur, sa mémoire et ses coupleurs locaux spécialisés, voire avec son système d'exploitation. On parle de microcontrôleur lorsque la carte « coupleur » avec son processeur se réduit à un seul circuit intégré doté parfois d'un logiciel système embarqué avec un mini-langage de commande.

Le modèle de programmation d'un coupleur est réduit à l'utilisation de ses registres. Le coupleur effectue le travail demandé lorsque celui-ci est spécifié dans un registre de commande, homologue du registre d'instructions d'un processeur. À la différence du processeur qui alimente lui-même ce registre à partir du compteur de programme, le coupleur attend qu'une instruction soit transférée dans son registre de commande. Suivant la complexité de l'instruction, des registres de paramétrage accompagnent le registre de commande.

Un autre registre est en général dédié à la représentation de l'état du coupleur, il est l'équivalent du registre d'état d'un processeur. Les registres de données servent au stockage temporaire des données entre le processeur et le périphérique.

Le jeu d'instructions du coupleur est réduit : ce sont des instructions de configuration et des instructions de type lecture ou écriture. Sauf cas particulier, on ne dispose généralement pas d'un langage de programmation et il faut « programmer » le coupleur directement en binaire : le programmeur doit composer lui-même le code de l'instruction à partir des notices du constructeur. Ce dernier point constitue l'une des difficultés de la programmation d'un coupleur d'entrées-sorties.

Le chargement d'une instruction dans un registre de commande est fait sur l'initiative d'un programme en exécution sur le processeur. C'est donc l'exécution d'une instruction au niveau du processeur qui, seule, peut effectuer le chargement d'une instruction dans le registre de commande d'un coupleur. De manière générale, les registres du coupleur sont vus comme des mémoires accessibles en écriture pour les registres de commande et de configuration et en lecture-écriture pour les registres de données.

Nous venons de voir que les registres du coupleur sont vus par le processeur comme des cases mémoires. Il se pose alors un problème au niveau de l'adressage. Nous avons vu, dans l'introduction à l'assembleur, que les instructions du type move ont comme paramètres des adresses en mémoire centrale. Il n'y a, dans ces conditions, rien de prévu pour adresser les registres des coupleurs.

Communication, ports et espace d'adressage

Toute adresse délivrée sur le bus est interprétée par le contrôleur de mémoire. Il faut donc trouver une solution d'adressage qui permette de faire la distinction entre un transfert vers la mémoire centrale et un transfert vers un coupleur. Une possibilité, pour accéder aux registres, réside dans la création d'un espace « mémoire » particulier dédié aux entrées-sorties, c'est-à-dire séparé et indépendant de la mémoire centrale. La création d'un tel espace, appelé *espace des entrées-sorties*, impose en corollaire la création d'un nouveau chemin de données, ou bus, reliant cet espace au processeur et constitué d'un bus de données et d'un bus d'adresse.

L'espace séparé

Vu le nombre de connexions supplémentaires qu'il faudrait ajouter au niveau du brochage du processeur, l'économie générale de l'architecture incite à utiliser le bus existant, donc à ne pas multiplier les chemins de données. Cela signifie toutefois qu'il ne peut y avoir accès simultané à la mémoire et aux entrées-sorties. L'espace d'entrées-sorties est alors introduit par l'équivalent d'un bit d'adresse supplémentaire qui, ajouté au bus d'adresse, effectue de fait la sélection entre l'espace mémoire et l'espace des entrées-sorties. Ce bit supplémentaire, appelons-le Mem*/IO, est positionné par le processeur, suivant l'espace considéré, et c'est soit le contrôleur de mémoire qui réagit, soit l'un des coupleurs (figure 6-2).

Reste à savoir maintenant comment activer le signal Mem/IO. L'instruction move, *a priori* destinée à un transfert avec la mémoire, positionne le signal Mem* à vrai. Il faut alors une instruction particulière de type move IO pour positionner IO à vrai. C'est la solution retenue par Intel pour les processeurs x86. Les registres des coupleurs ayant leurs adresses dans un espace d'entrées-sorties séparé, ces processeurs disposent d'instructions spécifiques in et out pour les transferts avec les coupleurs d'entrées-sorties. Les transferts se font « depuis » et « vers » le registre AX du x86 :

- out @E/S, AX correspond à l'écriture depuis le registre AX du CPU vers le coupleur.

- in AX, @E/S correspond à la lecture depuis le coupleur vers le registre AX.

Ce choix d'architecture a pour conséquence de ne pas pouvoir effectuer de transfert direct entre l'espace mémoire et l'espace des entrées-sorties. Le transfert d'une donnée d'un registre d'un coupleur vers une adresse en mémoire centrale demande deux instructions processeur de lecture/écriture : lecture du coupleur vers le registre CPU puis écriture du registre CPU vers la mémoire centrale. Sachant que chaque instruction peut demander plusieurs cycles mémoire, l'adressage séparé n'est pas très efficace lorsqu'il s'agit de transférer une grande quantité de données.

Figure 6-2

Espace d'adressage séparé

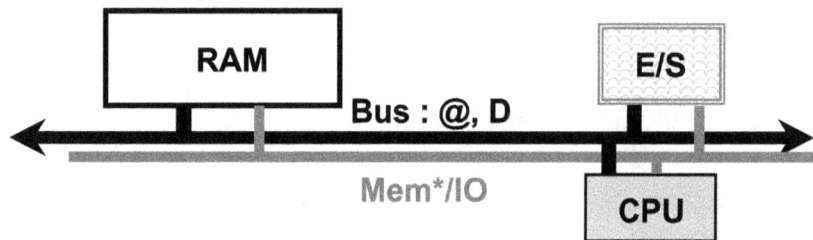

Par contre, l'espace des entrées-sorties peut être d'une taille identique à celle de l'espace mémoire. Cette technique est intéressante lorsque la capacité d'adressage est faible, par exemple avec des processeurs 8 bits et un bus d'adressage de 16 bits. Le fait d'avoir un espace séparé préserve l'intégralité dans la capacité RAM.

L'espace intégré

La seconde solution envisageable est celle de l'espace intégré où l'espace des entrées-sorties est contenu dans l'espace mémoire centrale : cela signifie qu'une zone de la RAM est neutralisée et réservée pour les entrées-sorties (figure 6-3). Pour que le contrôleur de mémoire n'utilise pas à tort cette zone, celle-ci doit être invalidée du point de vue adressage mémoire. Cette invalidation est faite « en dur » au niveau de l'électronique de la carte unité centrale.

La technique de l'espace intégré est utilisée dans la plupart des architectures modernes, y compris celles d'Intel. L'avantage principal réside dans le fait qu'une seule instruction de type move sert aux deux adressages. La réalisation du processeur en est simplifiée, la programmation également.

L'inconvénient majeur de cette technique est qu'une partie de la mémoire centrale est perdue au profit des entrées-sorties. Cela est particulièrement sensible sur les bus à faible capacité d'adressage. Par contre, dans le cas de processeur à 32 bits, cette perte de mémoire, de l'ordre de quelques dizaines de kilo-octets, est négligeable.

Figure 6-3

Espace d'adressage intégré

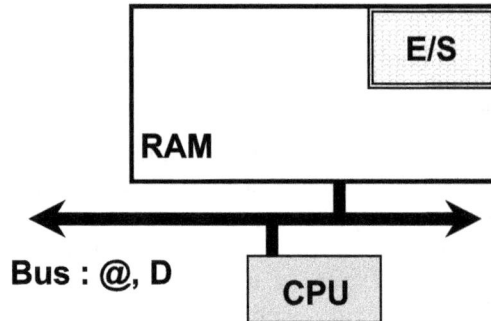

Taille et densité de l'espace des entrées-sorties

Les besoins en capacité de l'espace des entrées-sorties sont définis par l'ensemble des coupleurs qu'il est possible de connecter au processeur et par le nombre de registres de chacun d'entre eux. Pratiquement, le nombre total de registres est, dans la quasi-totalité des cas, inférieur à quelques milliers.

La largeur d'un bus d'adresse étant en général un multiple de 8, il faut un adressage sur 16 bits, soit une capacité d'adressage 64 Ko, largement suffisante pour couvrir les besoins des entrées-sorties. On comprend maintenant que la solution d'un espace séparé est intéressante dans le cas d'un processeur 8 bits.

L'espace RAM est un espace *dense* : tous les octets de la mémoire sont contigus et se trouvent donc à des adresses successives : l'adressage de la RAM est linéaire. Cela est une nécessité imposée par la construction des programmes et la structuration des données. On passe d'une instruction à la suivante qui se trouve implicitement derrière l'instruction en cours. Si tel n'était pas le cas, il faudrait après chaque instruction donner l'adresse de la suivante ! Si la mémoire RAM n'était pas contiguë, il faudrait mettre les instructions aux différents endroits où il y a physiquement des boîtiers mémoire. La conséquence serait désastreuse pour la performance du processeur car chaque instruction devrait être préfixée par une instruction de saut à l'adresse de la prochaine instruction. Aucune anticipation ne serait possible. À la capacité d'intégration d'une technologie donnée, toute la RAM peut éventuellement se trouver dans un même boîtier.

L'espace des entrées-sorties est par construction un espace *épars* car les registres sont physiquement localisés, répartis dans les différents coupleurs, dont on ne peut *a priori* pas prévoir complètement le type et le nombre : l'adressage des entrées-sorties est un *adressage géographique* et non plus un adressage linéaire.

Un adressage géographique est assez naturel. Comme pour une adresse postale, il comprend implicitement le chemin pour atteindre la destination : sous une forme plus ou moins hiérarchique l'adresse géographique précise la destination au fur et à mesure que l'on décrypte les différents champs de l'adresse : pays, département, ville, rue, N°, etc.

Les 16 bits d'adresse sont structurés en champs associés à des *zones géographiques* (figure 6-4) permettant de localiser le registre d'entrées-sorties dans le calculateur. Ainsi, les bits de poids forts donnent le numéro de la carte (mère ou carte d'extension sur le bus machine), les bits suivants donne un numéro de coupleur sur la carte précédemment définie, les bits de poids faible positionnent finalement le registre dans le coupleur.

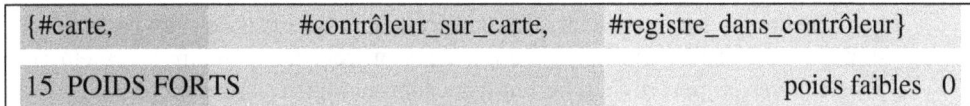

{#carte,	#contrôleur_sur_carte,	#registre_dans_contrôleur}
15 POIDS FORTS		poids faibles 0

Figure 6-4

*Décodage d'adresse
d'entrées-sorties*

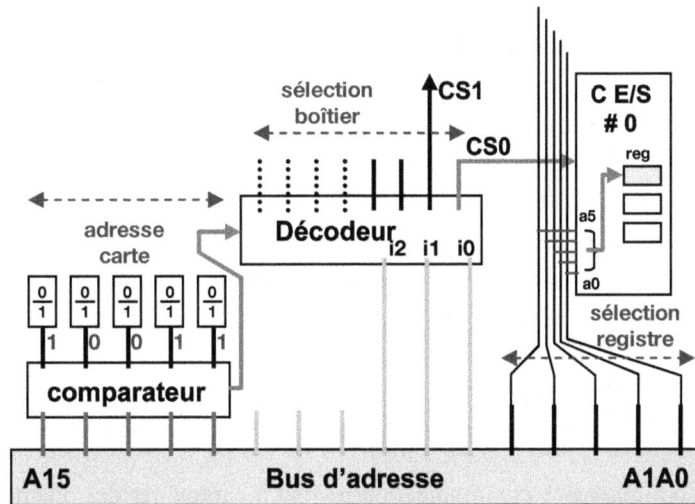

Quelle que soit la technique utilisée, adressage intégré ou séparé, l'espace d'entrées-sorties reste un espace épars, c'est-à-dire réparti au sens où les registres adressés se trouvent physiquement dans des boîtiers (coupleurs) séparés. Le décodage d'adresse, qui pour la mémoire RAM est centralisé au niveau du contrôleur de mémoire, se doit alors aussi d'être réparti : chaque coupleur a son propre système de décodage d'adresse. Ce décodage est généralement hiérarchique et suit le schéma de la figure 6-4.

Les ports d'entrées-sorties

Pour la connexion avec le périphérique, le coupleur dispose d'un certain nombre de broches permettant d'établir la liaison physique. Ces liaisons sont soit parallèles, soit séries. Même dans le cas série, un fil de liaison n'est généralement pas suffisant. À toute communication est associé un protocole, ne serait-ce que pour gérer le contrôle de flux, et cela se traduit souvent par des fils supplémentaires pour la gestion de mécanismes comme la poignée de main (*handshake*).

L'ensemble de ces « fils » de liaison du coupleur définit vers le périphérique des voies d'entrées et des voies de sorties. Ces voies sont appelées *ports*, à la manière des ports où l'on accoste, embarque et débarque des marchandises. Ces ports sont habituellement reliés physiquement à des connecteurs pour le câblage interne ou externe des machines, ce sont les ETCD (Équipement terminal de circuit de données) de la couche physique du modèle OSI pour les architectures de communication.

Ces ports ne sont pas directement accessibles à la programmation. Ce sont les registres qui constituent des images bit à bit des ports qui donne l'accès aux ports. Une modification du port génère une modification dans un registre et réciproquement. L'action de *programmer* un port revient de fait à accéder au registre associé et lorsque l'on parle de l'adresse d'un port, c'est l'adresse du registre dont il s'agit.

Figure 6-5

Ports d'entrées-sorties du PC

Principales adresses des ports E/S sur PC :
• 060h — clavier
• 1F0h/3F6h — contrôleur IDE primaire (disque)
• 220h — carte son
• 300h — carte réseau
• 330h — carte adaptatrice SCSI
• 3F2h — contrôleur de lecteur de disquettes
• 3F8h — COM1
• 2F8h — COM2
• 378h — LPT1

Configurer une communication revient à paramétrer des bits dans les registres de configuration pour que les fils des ports correspondants soient convenablement gérés. C'est la seconde difficulté de programmation des coupleurs d'entrées-sorties. Il faut lire méticuleusement, comprendre et respecter les notices de programmation des coupleurs et pour le choix des adresses, il faut se conformer strictement à la documentation du système d'exploitation de la machine concernée.

Pour une machine et un système d'exploitation donnés, les adresses des ports E/S respectent des valeurs standardisées définies par le constructeur. La figure 6-5 donne quelques exemples de valeurs pour l'architecture PC. L'existence de ces standards permet à des fabricants de proposer des cartes d'extension déjà préconfigurées pour les cas courants. L'installation d'une carte réseau se fait sans problème puisqu'elle est configurée en usine avec l'adresse 0x300. Par contre, si on installe une deuxième carte, il résulte forcément un conflit d'adressage avec deux cartes réseaux ayant la même adresse. Il faudra donc configurer manuellement la seconde à une adresse différente.

La configuration de l'adresse d'une carte est réalisée en fixant une suite de bits à 0 ou 1 à l'aide de cavaliers reliés aux tensions électriques correspondantes (Vcc ou 0 V). À l'origine, cette opération était faite à l'aide de pinces et tournevis en intervenant physiquement, avec tous les risques de détérioration que cela impliquait, sur les cavaliers de la carte coupleur. À l'heure actuelle, le paramétrage est réalisé à l'installation du pilote du coupleur par un logiciel *ad hoc* : les cavaliers ont disparu et la valeur de l'adresse est simplement chargée dans une mémoire non volatile de type Flash.

Figure 6-6

Paramétrage d'un pilote

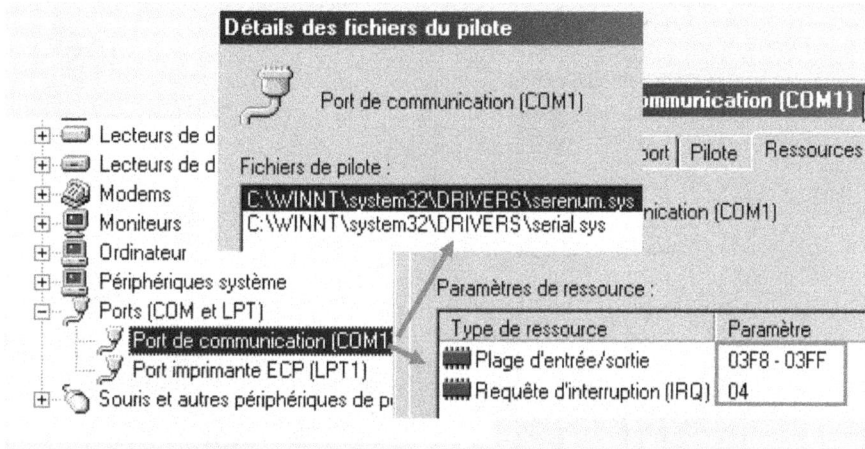

Pour accéder à la carte E/S, il faut d'autre part, que le logiciel connaisse son adresse. C'est le paramétrage logiciel du pilote (driver) du coupleur au niveau du système d'exploitation qui renseigne cet adressage. Suivant les caractéristiques du pilote, le paramétrage est statique (il faut re-compiler le noyau du système) ou dynamique et c'est le logiciel d'installation de la carte prévu pour le système d'exploitation concerné qui fait le paramétrage. La figure 6-6 montre le paramétrage réalisé, en Windows 2000, pour le port de liaison série COM1. On retrouve bien l'adresse de base fixée définie dans le standard, le niveau d'interruption IRQ = 4 est celui également préconisé par le standard PC.

Mémoire partagée, Dual Port Memory

Lorsque la quantité et le débit des informations d'un coupleur d'entrées-sorties sont importants, la relative lenteur des transferts de données par les registres des ports E/S est rédhibitoire. Une carte E/S avec son propre CPU, voire son propre système d'exploitation peut alors s'avérer indispensable.

Le transfert de données s'appuie alors sur un mécanisme de mémoire partagée à double accès, *Dual Port Memory* ou DPM.

Le principe général de la DPM (figure 6-7) est de rendre directement visible au CPU, maître de la carte Unité Centrale, un segment de mémoire RAM de la carte E/S, mémoire normalement seulement accessible par le CPU local.

La carte UC comporte un CPU appelé *maître* parce qu'il est considéré comme maître dans l'accès au bus machine. Son contrôleur de mémoire RAM gère une mémoire dans laquelle un « trou » (ou fenêtre) a été ménagé : un segment de mémoire est invalidé, c'est-à-dire non reconnu par le contrôleur. C'est de fait une variante de la technique de l'espace mémoire intégré qui est appliquée à la mémoire partagée.

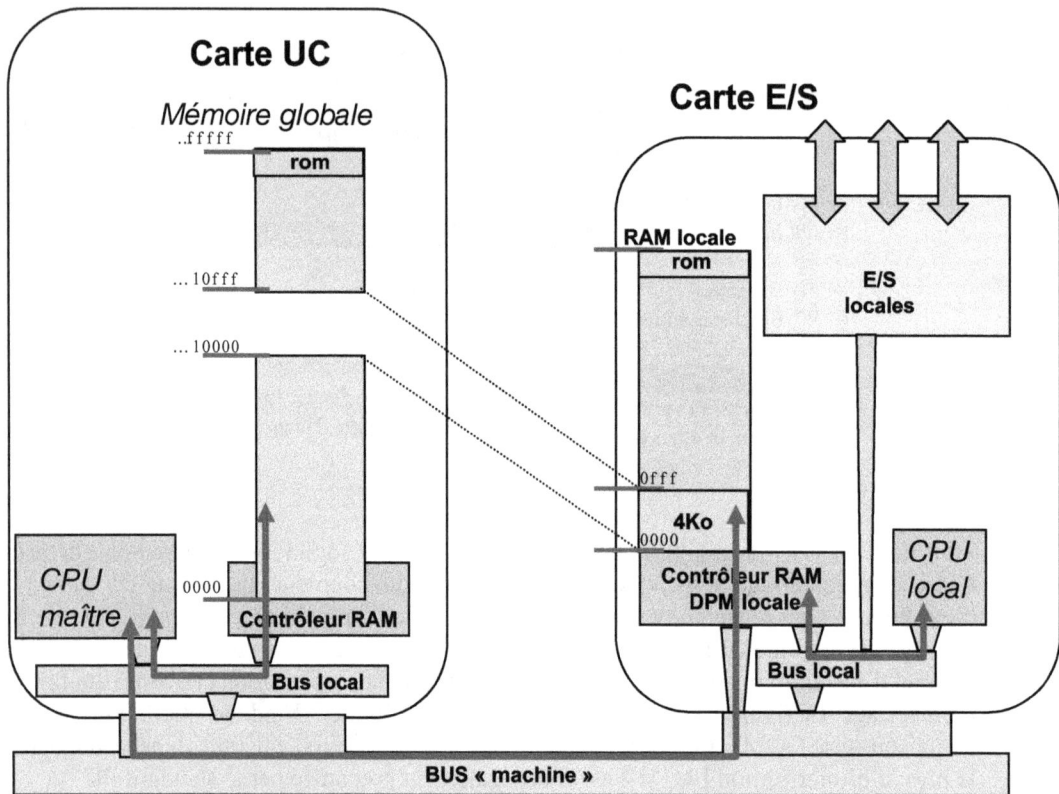

Figure 6-7
Mémoire à double accès, DPM

La carte E/S comporte un CPU local avec son propre contrôleur de mémoire. Celui-ci a la particularité d'accepter des requêtes de deux sources. La première est évidemment le CPU local qui a accès à la totalité de la RAM locale via le bus local ; la seconde est le CPU maître qui a accès, via le bus machine, au segment de mémoire RAM locale qui est partagé. Ce segment est une fenêtre fixe donnant une vue sur la RAM locale, mais elle peut aussi être glissante dans sa position locale. La fenêtre est définie par une adresse basse et une adresse haute dans la mémoire locale (0000 à 0FFF pour une taille de 4 Ko dans l'exemple) et par un autre couple dans la RAM de l'unité centrale (10 000 à 10FFF).

Physiquement la mémoire d'échange DPM est sur la carte E/S. Le processeur local fait exécuter les programmes de gestion des entrées-sorties spécifiques de la carte (acquisition, prétraitement, etc.), puis place les résultats dans la DPM pour les mettre à la disposition du programme demandeur du côté maître.

Figure 6-8

Exemple de DPM

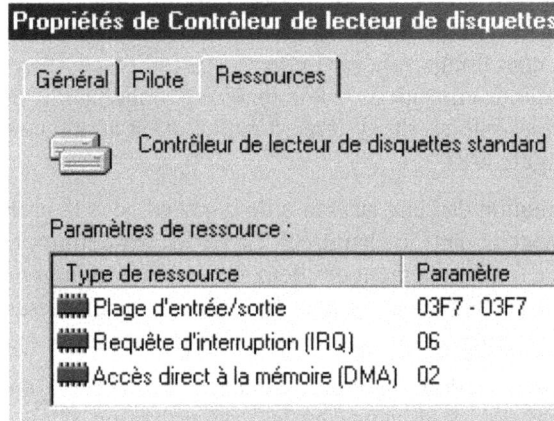

DPM et mémoire vidéo

Un exemple de DPM bien connu est la **mémoire vidéo du DOS PC**. Dans sa version de base du 8086 avec l'adressage de 1 Mo, les 640 premiers Ko de RAM sont destinés au système d'exploitation DOS. Au-delà de cette frontière, des plages d'adresses sont réservées aux mémoires d'échanges et à la ROM-BIOS. En notation d'adresses segmentée 8086, la mémoire du PC est organisée ainsi :

Adresse	Description
0000:0000 - 9000:FFFF	RAM conventionnelle, 640 Ko
	DOS et Applications
A000:0000 - A000:FFFF	RAM Vidéo (mode VGA), 64K (D P M)
....	....
....	....
F000 :0000 - F000:FFFF	ROM-BIOS

Les 64 Ko de DPM sont une fenêtre de 64 Ko ouverte et glissante sur une mémoire vidéo pouvant être d'une taille très grande (fonction de la résolution de l'écran).

Le système d'exploitation DOS n'est pas protégé (les applications fonctionnent avec le même niveau de privilège que le système d'exploitation) et il n'était pas rare qu'une erreur dans un programme soit directement perceptible au niveau de l'écran parce qu'elle modifiait indûment la mémoire vidéo…

La gestion d'une mémoire d'échange demande beaucoup de précautions. Sa position locale est parfois paramétrable dynamiquement en logiciel : la carte est alors accessible par des registres de l'espace E/S du processeur maître. Vu du côté système maître, la fenêtre doit obligatoirement avoir un positionnement fixe défini à la configuration du système d'exploitation. En effet, cette zone mémoire est à considérer comme strictement réservée pour l'usage des entrées-sorties : le système d'exploitation doit l'exclure de la plage RAM qu'il pourrait utiliser pour lui-même ou installer des programmes d'application.

Pour un programme, en l'occurrence ici un pilote du système d'exploitation, fonctionnant sur le système maître, la zone DPM est gérée comme une variable, une structure de donnée dont il faut imposer l'adresse, ce qui ne peut être fait qu'en mode superviseur du processeur. L'utilisation de la mémoire partagée DPM est donc réservée à des programmes, ici les pilotes, du système d'exploitation au même titre que la gestion des interruptions (figure 6-8).

L'exploitation de cette structure de données pose la problématique de la ressource critique introduite dans le chapitre 5. La DPM, par définition, peut être lue et écrite des deux côtés. Le fonctionnement des deux processeurs étant *a priori* non synchrone, il y a effectivement un risque de simultanéité d'un accès en lecture avec un autre en écriture. Le logiciel d'exploitation de la carte E/S doit alors fournir un mécanisme de sémaphore.

Le mécanisme de la mémoire d'échange DPM reste, en dehors de la nécessité, somme toute normale, de rigueur dans la programmation. C'est un moyen très efficace d'échanger des données pour les entrées-sorties et il est largement utilisé.

Le DMA : Direct Memory Access

Les contrôleurs E/S les plus simples s'appuient sur l'utilisation de leurs registres pour l'échange de données avec un périphérique. Du côté du processeur, le transfert demande l'exécution de deux instructions pour compléter l'opération. Lorsque les données sont peu nombreuses et que le débit est faible, cette solution est acceptable. On remarque toutefois qu'elle est coûteuse en temps. En effet, si on regarde de près le transfert d'une donnée du contrôleur vers la mémoire centrale, on s'aperçoit qu'il demande un nombre important de cycles mémoire. Le transfert passant par le processeur, il faut deux instructions pour le réaliser, par exemple :

```
in AX, @E/S
move AX, @RAM
```

La première instruction demande 2 cycles de lecture mémoire (code opératoire et adresse du registre) et 1 cycle de lecture de la donnée. La seconde instruction nécessite 2 lectures et une écriture vers la mémoire. Au total et sans compter les éventuelles instructions de comptage, cela fait 6 cycles mémoire pour effectuer le transfert, alors que théoriquement un seul pourrait suffire. Dans ce type de transfert, c'est le processeur, pas très bien adapté à ce genre de tâche, qui devient un goulet d'étranglement.

Le DMA (*Direct Memory Access controller*) est un coupleur spécialement conçu pour opérer les transferts de données en grand nombre. Il suffit de lui donner les paramètres du transfert – adresse source, adresse destination et nombre de mots – pour qu'il s'occupe entièrement du transfert.

Cette configuration de l'échange est faite à l'aide des registres du DMA, eux-mêmes accessibles par le mécanisme général d'accès aux registres des coupleurs d'entrées-sorties. Le transfert est effectué en un seul bloc, le DMA faisant le décompte des octets ou mots à transférer, l'incrémentation de l'adresse mémoire et le dialogue avec le coupleur de périphérique. Finalement, le DMA envoie une interruption pour signaler la fin du transfert.

Si cette solution est séduisante, elle pose cependant un sérieux problème pour l'accès au bus. Jusqu'à présent, seul le processeur était maître du bus, c'est-à-dire le seul à pouvoir initialiser un échange et donc le seul à déposer une adresse sur le bus. Si l'opération de transfert est déportée sur le DMA, il devient nécessaire que celui-ci puisse aussi devenir maître sur le bus et y initier un transfert. L'installation d'un DMA donne ainsi au bus le statut de ressource critique : le DMA entre en conflit avec le processeur pour la maîtrise du bus (figure 6-9).

Figure 6-9
DMA

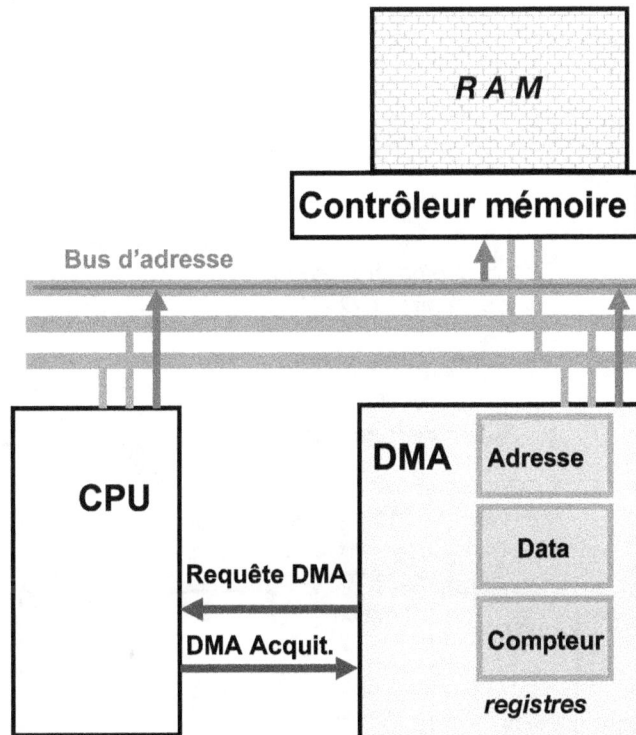

Les différents modes de transfert proposés par un DMA correspondent aux différentes manières de gérer l'accès au bus comme une ressource critique.

Transfert en mode bloc (*burst*, rafale)

C'est le mode de transfert le plus rapide. Le travail est totalement délégué du processeur vers le DMA qui opère le transfert de la suite contiguë d'octets en une seule séquence ininterrompue. Ce mode impose l'arrêt du processeur pour laisser travailler le DMA, cela n'est pas très gênant puisque le transfert se fait plus rapidement. Mais comment « arrêter » le processeur ?

Lorsque le DMA est sur le point d'effectuer le transfert, il va forcer l'accès au bus en déposant une *Requête_DMA* que le processeur ne peut refuser. Le processeur est ainsi mis dans un état de suspension (*DMA breakpoint*) : tout se passe comme si l'horloge du processeur était stoppée pendant le travail du DMA. Le principe est analogue à celui déjà mentionné dans le mécanisme d'attente (*Wait State*) du processeur avec une mémoire lente où la progression du processeur est gelée le temps nécessaire à la réponse du contrôleur de mémoire. Avant d'entrer dans cet état suspendu, le processeur acquitte la demande pour signifier au DMA l'autorisation d'utiliser le bus (positionnement de *DMA_Acquit*). Il faut noter que le processeur reste dans cet état tant que la requête est maintenue ; lorsque la requête est relâchée le processeur reprend de suite son activité. Le principe est donc beaucoup moins pénalisant que la prise en compte d'une interruption : il n'y a pas de changement de contexte. Le processeur s'est simplement arrêté parce qu'il ne voit plus l'écoulement du temps.

Figure 6-10

Étapes d'un transfert DMA

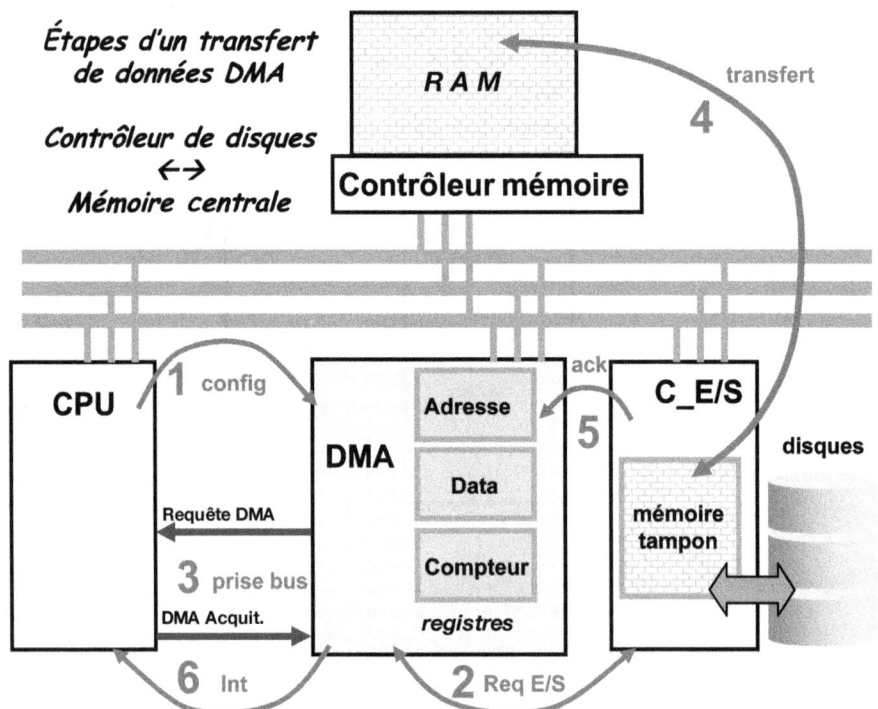

La succession des étapes d'un transfert complet avec utilisation d'un DMA est décrite en figure 6-10. Le détail fin des opérations est spécifique à un DMA donné et sort du cadre de ce chapitre, mais les aspects généraux sont communs à tous. Une voie de communication, entre la mémoire et un contrôleur de périphérique comme elle vient d'être présentée, est appelée un *canal DMA* et est configurée comme tel au niveau des pilotes d'un système d'exploitation.

Un canal DMA est défini par le jeu de registres utilisés pour le configurer et est référencé par un numéro de canal (par exemple le canal 2 de la figure 6-11). Un contrôleur DMA propose généralement de deux à quatre canaux.

Figure 6-11

Paramétrage d'un DMA

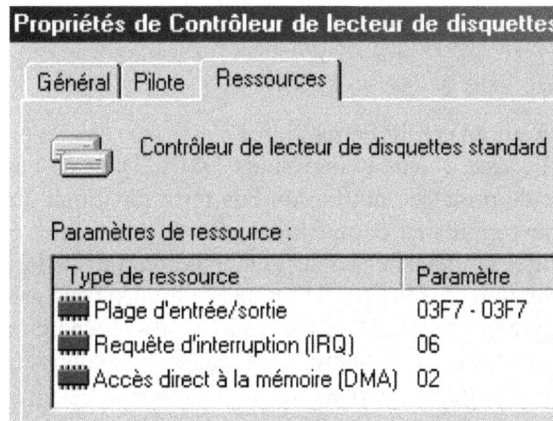

Le transfert peut se faire de deux manières :

- Soit directement du coupleur d'E/S vers la mémoire (ou inversement), solution offrant le débit maximal.

- Soit en passant par un registre de données : le débit est moindre (deux cycles bus), par contre la solution est plus souple d'utilisation. Il est alors possible de faire des transferts de coupleur à coupleur sans passer par la mémoire centrale.

La fin du transfert est déclenchée soit sur le passage à 0 du compteur du DMA, soit sur un dépassement de temps du périphérique. Le DMA relâche alors la *Requête_DMA* pour permettre au processeur de reprendre son cycle d'horloge et la reprise du bus est signalée au DMA par le relâchement de *DMA_Acquit*. Le processeur ayant repris son activité – sortie de l'état suspendu – le DMA peut maintenant lui signifier la fin complète du transfert avec une interruption. Les frais généraux imputables à la gestion de cette interruption sont ainsi répartis sur un nombre important de données transférées, alors que sans DMA, il y aurait beaucoup plus d'interruptions.

Transfert en mode vol de cycle (*cycle stealing*)

Dans ce mode, le DMA ne prend pas le contrôle du bus, mais « vole » à l'occasion des cycles d'horloge sur le bus. Le processeur est « suspendu », comme précédemment, dans son activité, mais juste pour un cycle d'horloge. Le transfert est fait mot par mot et se déroule donc en « temps-bus partagé » avec l'activité du processeur : on peut imaginer un cycle sur deux par exemple. Mais le DMA peut aussi utiliser avantageusement le bus au cours des phases de déroulement d'une instruction où le processeur ne requiert pas le bus (phase « exécution »). Le transfert est moins rapide que dans le mode bloc, mais le processeur n'est pas totalement suspendu pendant le transfert. Par contre, il n'est pas possible de garantir au préalable un temps pour l'exécution du transfert. La technique du vol de cycle ne convient donc pas aux applications temps réel où des contraintes de temps sont définies pour le transfert.

Prise de bus et Daisy Chain

Le DMA est en conflit de ressource sur le bus avec le processeur, mais il peut aussi être en conflit avec d'autres contrôleurs DMA. Dans ce cas, et vis-à-vis du processeur, le principe de prise de contrôle du bus reste identique, mais à un instant donné, un seul DMA peut entrer en compétition avec le processeur. S'il y a plusieurs DMA, il faut hiérarchiser les demandes d'accès au bus comme il a déjà fallu hiérarchiser les demandes d'interruption (chapitre 5). Il faut un arbitre. Une des solutions fréquemment utilisées est la structure de la guirlande. Un chaînage de proche en proche établit une hiérarchie de priorités en fonction de la proximité de l'arbitre central qui est soit le processeur dans les cas simples, soit un composant spécialisé dans la gestion du bus (figure 6-12).

DMA_2 et DMA_3 qui demandent l'accès au bus émettent un signal BR (*Bus Request*) envoyé à l'arbitre de bus (OU logique des différents BR).

L'arbitre, s'il peut attribuer le bus, délivre le signal BG (*Bus Grant*) sur la guirlande. L'autorisation de prise de bus est transmise de proche en proche jusqu'au premier DMA ayant fait une demande BR, en l'occurrence DMA_2 qui ne propage plus l'autorisation.

DMA_2 active le signal *Bus_Busy* pour signifier sa possession du bus, stoppe le processeur et effectue le transfert.

À la fin de son travail, le DMA désactive *Bus_Busy* pour autoriser une nouvelle compétition sur le bus.

Figure 6-12
DMA et Daisy Chain

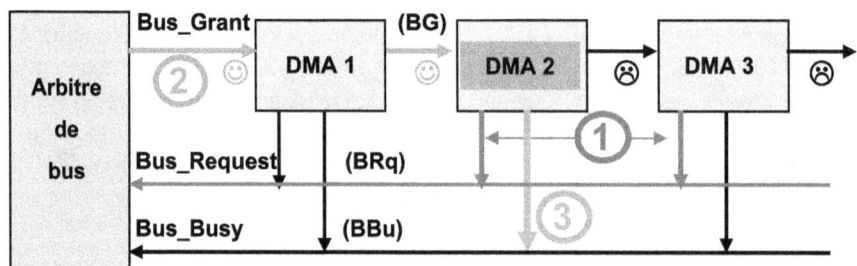

Les coupleurs d'entrées-sorties de base

Étudier un boîtier coupleur d'entrées-sorties est un peu comme étudier un processeur. Les contrôleurs modernes, comme les processeurs, bénéficient de tous les progrès en termes d'architecture et de d'intégration : ils sont embarqués et intégrés dans des composants plus importants pour former des coupleurs multifonctions. Pour illustrer l'étude de quelques coupleurs, il nous paraît plus aisé, sans toutefois nuire à la généralité, de s'appuyer sur quelques coupleurs de base très simples et connus depuis longtemps, même si maintenant ils sont moins utilisés car dépassés en terme d'intégration.

Le timer (temporisateur), Intel 8254

Le temporisateur, plus communément appelé *timer*, est un contrôleur d'entrées-sorties un peu particulier : il est chargé de la gestion d'une horloge physique pour mettre à disposition de l'ordinateur un mécanisme de mesure du temps sous forme d'horloge logique. Le 8254 d'Intel est un des boîtiers *timer* très courants. Il se présente sous la forme d'un circuit intégré (figure 6-13).

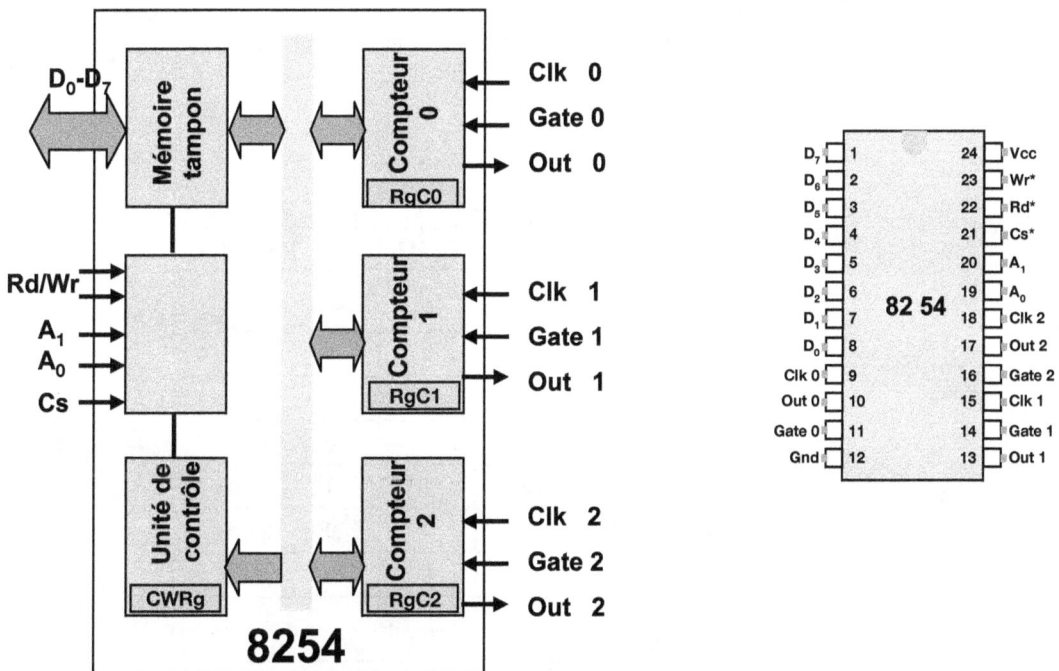

Figure 6-13

Timer 8254 et son bloc diagramme

Du côté de l'interface avec le bus, la figure 6-13 donne une représentation simplifiée de connexion en se limitant aux signaux de sélection des registres du contrôleur et au bus de données. Les bits A0 et A1 – du bus d'adresse – sélectionnent l'un des quatre registres internes : un registre par compteur et registre de commande et d'état. Le bit *Cs* (*Chip select*) est le résultat du décodage d'adresse des autres bits du bus d'adresses.

Le circuit comporte trois unités fonctionnelles identiques, appelées compteurs, axées sur le comptage du temps.

Un compteur comporte deux entrées matérielles de signal d'horloge (*Clk*, *clock*) et *Gate* (porte de validation) et une entrée logicielle, le registre-compteur *RgC*. L'entrée *Clk* reçoit des impulsions qui peuvent être périodiques ou non.

Gate est une entrée matérielle de validation du comptage. Le registre 16 bits *RgC* est accessible par programmation et peut être pré-positionné à une certaine valeur. Chaque impulsion sur l'entrée *Clk* décrémente le compteur. La sortie *Out*, initialement au niveau logique 0, passe au niveau 1 lorsque la décrémentation du compteur *RgC* le fait passer par la valeur 0.

À partir de l'initialisation du registre compteur, le 8254 propose 6 modes de fonctionnement (figure 6-14). C'est l'écriture d'un mot de commande dans le registre *CWRg* (*Control Word Register*) qui configure le fonctionnement d'une unité. SC0 et SC1 définissent, dans le mot de commande, l'unité de comptage faisant l'objet du paramétrage. Le mode est précisé par les valeurs des bits M0 à M2 ; WR0 et WR1 définissent le mode de transfert des données (8 bits ou 16 bits). Finalement, le bit BCD donne la possibilité d'effectuer le comptage en mode binaire codé décimal.

Figure 6-14

Configuration du timer 8254

CWRg							
D_7	D_6	D_5	D_4	D_3	D_2	D_1	D_0
SC1	SC0	RW1	RW0	M2	M1	M0	BCD

M2	M1	M0	
0	0	0	Mode 0
0	0	1	Mode 1
X	1	0	Mode 2
X	1	1	Mode 3
1	0	0	Mode 4
1	0	1	Mode 5

RW1	RW0	
0	0	Counter Latch Command
0	1	R/W LSB only -8 bits-
1	0	R/W MSB only -8 bits-
1	1	R/W LSB, MSB -16 bits-

Quelques modes de fonctionnement du timer 8254

Notre objectif n'est pas de décrire tous les modes de ce coupleur particulier. Nous limitons la description à deux modes qui illustrent bien la fonction d'un timer.

Le mode 0 : *interrupt on terminal count*

Ce mode est conçu pour le comptage d'événements. Après avoir programmé l'unité de comptage grâce au registre de commande et initialisé le compteur, la sortie *Out* génère un front descendant lorsque le compteur de l'unité passe par 0. Le compteur est décrémenté à chaque événement signalé par une impulsion sur l'entrée *Clk*. *Out* reste alors au niveau haut jusqu'au chargement d'une nouvelle valeur dans le registre compteur. La sortie *Out* peut servir de signal d'interruption pour signaler un décompte d'événements ou de temps si l'entrée horloge est périodique. L'acquittement de l'interruption devra recharger une nouvelle valeur dans le registre pour qu'un nouveau comptage de temps puisse se faire.

Ce mode sert dans les mécanismes de temporisation de chien de garde (*watchdog*). Le compteur est armé à une valeur initiale égale à la durée limite fixée, puis avec un signal d'horloge de périodicité adéquate, la sortie *Out* sert de signal d'interruption pour indiquer l'événement « dépassement de temps ».

Le mode 3 : générateur de baud

Ce fonctionnement est proche de celui du mode 0 à la différence près que le registre compteur est remis automatiquement à sa valeur initiale après le passage à 0. Le module fonctionne alors comme un diviseur de fréquence : si la fréquence du signal d'entrée est f et si le registre compteur est initialisé à 10, alors la fréquence du signal de sortie obtenu sur *Out* a une fréquence de f/10. De plus, le signal est « carré » : les demi-cycles sont de durées égales.

Ce signal de sortie peut être re-dirigé vers un coupleur de liaison série pour définir le *temps bit* élémentaire. Par l'intermédiaire de la programmation du registre compteur, on définit ainsi en logiciel le paramétrage de la rapidité de modulation d'une liaison série.

Exemple de programmation

À titre d'exemple, détaillons la manière de configurer le compteur 1 du boîtier 8254 en générateur de bauds (figure 6-15).

Supposons que 5ba0 soit l'adresse de base du contrôleur dans l'espace des entrées-sorties. Les registres occupent alors les adresses 5ba0 à 5ba3 (4 valeurs sélectionnées par les bits A0 et A1 du bus d'adresse).

Supposons que pour une rapidité de modulation donnée, il faille diviser la fréquence d'entrée sur *Clk* par 16. La configuration du mot de commande se fait alors en renseignant ses différents champs de la manière suivante : 2 bits (de valeur 01) pour définir l'unité ou le numéro de compteur auquel s'applique la configuration, le fonctionnement en mode 8 bits, les 3 bits pour le choix du mode (011) et le bit DCB est mis à 0 pour effectuer le comptage en binaire classique. Il suffit ensuite de charger le registre compteur avec la valeur 16.

```
; assembleur x86                              / suite /
....                         .    ; constitution du mode commande :
ad_base EQU 5ba0                  ; compteur 1 → SC1,SC0 = 01, wr =01,
RgC0    EQU ad_base + 0           ; mode = 011, DCB =0.
RgC1    EQU ad_base + 1               mov CWrg, #'01 01 011 0'B
RgC2    EQU ad_base + 2           ; compteur en diviseur par 16
CWRg    EQU ad_base + 3           ...
Div16   EQU 16                        mov RgC1,#16
; mettre compteur 1 en mode 3     ; maintenant Out1 génère le signal
```

Figure 6-15

Configuration en générateur de bauds

Un contrôleur de liaison série, Motorola ACIA 6850

Le premier circuit coupleur qui participe réellement à l'échange de données avec le monde extérieur que nous voyons est le contrôleur de liaison série. Ce composant transfère une suite de bits en utilisant un codage binaire à signal comme par exemple le NRZ et est destiné à gérer une liaison de type RS232C (comme les ports COM1 et COM2 sur les PC). Ces composants sont aussi dénommés par le sigle générique UART (*Universal Asynchronous Receiver Transmitter*) ou USART avec S comme *Synchronous*. L'UART effectue généralement une transmission en mode caractère : le caractère émis est encapsulé avec un bit « *start* » pour assurer la synchronisation bit à la réception, un éventuel bit de contrôle de parité et un bit « *stop* » pour marquer la fin de transmission. La figure 6-16 donne un exemple de liaison RS232C simplifiée et réduite à 3 fils.

Figure 6-16

Liaison série simplifiée à 3 fils

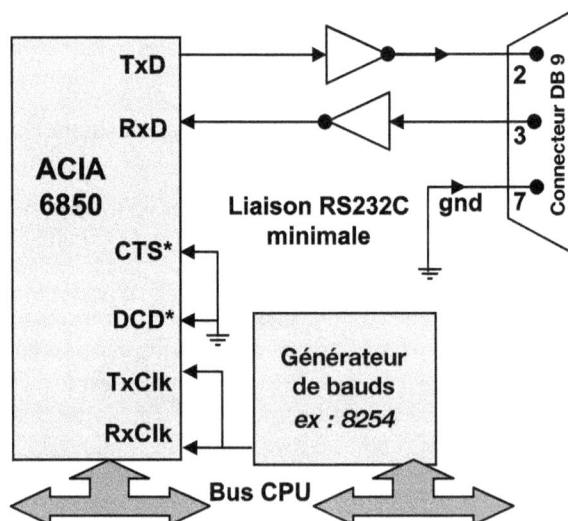

Le boîtier décrit, l'ACIA (*Asynchronous Communication Interface Adapter*) 6850 de Motorola est également connu depuis longtemps, mais a l'avantage d'avoir un fonctionnement simple à présenter, comme le timer 8254 d'Intel.

Schématiquement, le circuit effectue des opérations de transfert (lecture et écriture) avec une conversion parallèle à série en direction du canal de communication et une conversion série vers parallèle en direction du bus processeur.

Figure 6-17

L'émission

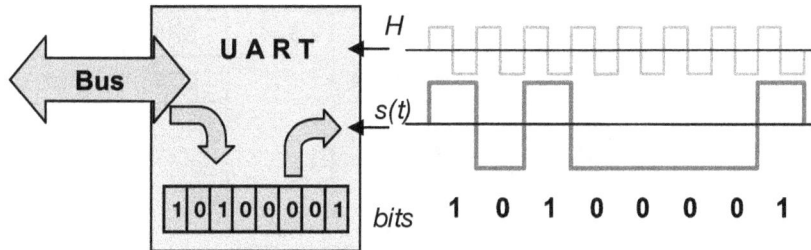

La conversion parallèle vers série consiste à recevoir les données du processeur par bus de données, les mettre dans un registre temporaire. Les bits sont ensuite transférés dans un registre à décalage à partir duquel ils sont émis un à un avec le codage binaire à signal approprié, habituellement en NRZ.

Figure 6-18

La réception

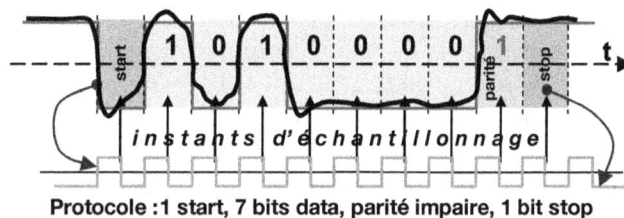

Protocole : 1 start, 7 bits data, parité impaire, 1 bit stop

Au fur et à mesure de l'émission des bits de données (figure 6-17), le bit de parité est calculé et émis en dernier. La programmation d'une émission de données consiste à tester la disponibilité du registre *TDR* (*Transmit Data Register*). S'il est vide, alors on peut y écrire l'octet à émettre, puis, lorsque le registre à décalage d'émission est vide, les bits du registre *TDR* sont transférés vers le registre à décalage pour être émis à leur tour un à un. Un octet est ainsi mis en attente pendant que le précédent est en cours de transmission.

La réception demande des circuits un peu plus complexes. Le signal *Rx* entrant est un signal analogique qu'il faut échantillonner, c'est-à-dire mesurer la valeur au bon moment (au milieu du temps bit). Cela nécessite une synchronisation d'horloge qui est faite à l'aide de la réception du bit *start*. Après une période d'inactivité sans réception, le front descendant du bit *start* déclenche l'horloge d'échantillonnage pour lancer les mesures en milieu de période. Par comparaison avec des seuils prédéterminés, les valeurs mesurées sont ensuite transformées en valeurs binaires déposées dans le registre à décalage de réception. Le contrôle de parité est effectué en fin de réception et le résultat du test est stocké dans le registre *SR* (*Status Register* Bit 6 : *Parity Error*) (figure 6-19). Les bits reçus sont ensuite transférés dans le registre *RDR* (*Register Data Register*) où le processeur pourra les obtenir par une opération de lecture. La fin de réception est confirmée par un bit *stop*, c'est-à-dire par une période de repos d'au moins un temps-bit ; elle provoque l'arrêt de l'horloge d'échantillonnage.

Figure 6-19
ACIA,
le registre d'état

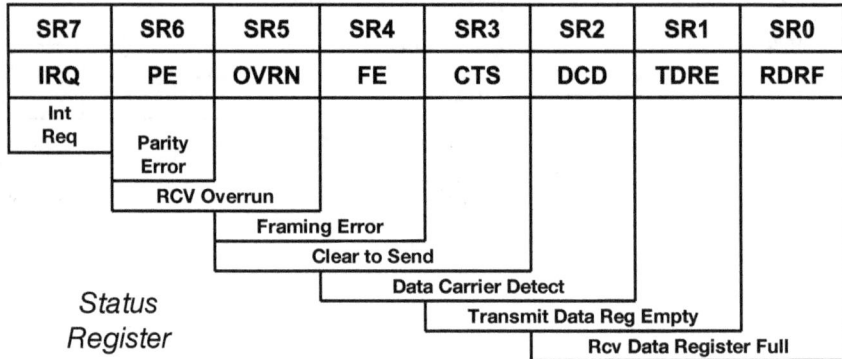

SR7	SR6	SR5	SR4	SR3	SR2	SR1	SR0
IRQ	PE	OVRN	FE	CTS	DCD	TDRE	RDRF

Int Req
Parity Error
RCV Overrun
Framing Error
Clear to Send
Data Carrier Detect
Transmit Data Reg Empty
Rcv Data Register Full

Status Register

Fonctionnement en mode interruption

L'échange de données est généralement asynchrone. La réception d'un caractère dépend par exemple de la réactivité d'un opérateur devant son terminal et l'émission d'un caractère est fonction de la disponibilité du périphérique de sortie (imprimante…). Le fonctionnement le plus efficace au niveau de l'échange sur le contrôleur série est alors obtenu en s'appuyant sur le mécanisme de signalisation des interruptions.

Un coupleur génère une interruption généralement pour signaler une fin d'activité et il indique par là même qu'il est prêt pour une nouvelle activité.

L'ACIA génère ainsi une interruption lorsqu'un caractère vient d'être émis (*TDR* est devenu vide) ou lorsque le contrôleur a achevé la réception d'un caractère dans le registre *RDR*. La consultation du registre *SR* lève l'ambiguïté concernant la cause de l'interruption (Bit 0 : *Receive… Full*, Bit 1 : *Transmit… Empty*).

Le signal d'interruption est transmis par la broche de sortie *IRQ*. L'interruption est aussi signalée au logiciel par le positionnement du bit *IRQ* dans le registre *SR*. Cette technique permet à la routine d'interruption de vérifier que c'est bien l'ACIA qui est à l'origine de l'interruption.

La programmation de l'ACIA se fait en déposant un mot de commande dans le registre de contrôle (*CR*) (figure 6-20).

Les bits CR0 et CR1 déterminent le rapport entre la rapidité de modulation de l'émission et de la réception par rapport aux signaux d'horloge fournis au boîtier sur les broches TxCK et RxCK. Ce rapport vaut 1, 16 ou 64. La combinaison CR0 = CR1 = 1 effectue la réinitialisation du circuit.

Le bit CR7 sert à valider la génération des interruptions de réception de caractères alors que les bits CR5 et CR6 définissent les conditions de génération d'une interruption de l'unité de transmission.

Figure 6-20

ACIA, le registre de commande

Control Register

CR7	CR6	CR5	CR4	CR3	CR2	CR1	CR0
Receiver IRQ	Transmitter Control bits		Word Select bits			Counter divide	

Word Select bits			Bits émis		
CR4	CR3	CR2	Taille	Parité	Stop Bits
0	0	0	7	Paire	2
0	0	1	7	Impaire	2
0	1	0	7	Paire	1
0	1	1	7	Impaire	1
1	0	0	8	Sans	2
1	0	1	8	Sans	1
1	1	0	8	Paire	1
1	1	1	8	Impaire	1

L'adressage de l'ACIA est un peu particulier : une combinaison spéciale de CS0, CS1, CS2* (1,1,0) effectue la sélection du boîtier. Le bit RS fait la sélection entre les registres de données (*Transmit* et *Receive*, RS = 1) et les registres de commande et d'état (RS = 0). Cela ne fait que 2 possibilités alors qu'il y a quatre registres. De fait deux registres (*CR* et *TDR*) sont en écriture seule et les deux autres, *SR* et *RDR*, sont en lecture seule : le signal lecture/écriture en provenance du bus permet donc de faire cette sélection. Au niveau de la programmation *CR* et *SR* ont ainsi la même adresse ; il en est de même pour *TDR* et *RDR*.

```
; assembleur 68000            / suite /
ad_CR_SR      EQU  $XXXX      init_acia :
                  ...              move.b    #reset_acia, ad_CR_SR
                                   move.b    mode_xmit, ad_xmit_rcv
ad_xmit_rcv   EQU  $XXXX      init_acia : rte
                             ; routine d'interruption
reset_acia    EQU  $03       isr_acia :
mode_xmit     EQU  $a9 ;          movem.l   D0/A0, -(SP)
; $a9 : 7 bits, 1 bit stop,        move.b    ad_xmit_rcv, D0
;        en parité paire           move.b    D0, (A0)
; division par 16,                 movem.l   (SP)+, D0/A0
; IT émission et réception    end_isr :  rte
                                  ...
```

Figure 6-21

Routine d'interruption, ACIA

Le programme 6-21 est une version simplifiée de la programmation de la réception de caractères en provenance de la liaison série. La réception est faite en mode interruption. Lorsque le registre *RDR* est plein, l'ACIA envoie un signal d'interruption, le caractère pouvant alors être récupéré dans la routine d'interruption par lecture du registre.

Le programme comporte une routine d'initialisation où, entre autres choses, le circuit est réinitialisé (`reset`). La valeur $a9 est ensuite déposée dans le registre de contrôle *CR* pour configurer le protocole de communication avec les paramètres suivants : la taille du caractère est de 7 bits, il y a 1 bit stop et 1 bit de parité paire. Les bits 5, 6 et 7 sont positionnés pour autoriser les interruptions de réception et d'émission.

Lorsque le registre de réception *RDR* est plein, le bit *DRDF* est positionné à vrai. Si le bit IRQ de *SR* est à 0 alors l'ACIA génère l'interruption et positionne le bit IRQ à vrai. La routine d'interruption `isr_acia` débute par la sauvegarde dans la pile des registres D0 et A0. L'instruction `move.b ad_xmit_rcv, D0` de la deuxième ligne lit le caractère depuis le registre *DRD* de l'ACIA pour le mettre dans le registre D0. La lecture du caractère provoque en interne la remise à faux du bit IRQ, ce qui signifie l'acquittement de l'interruption et ainsi une nouvelle interruption est autorisée.

Le caractère est ensuite déposé à l'adresse mémoire pointée par le registre d'adresse A0 où un programme d'application pourra le traiter.

Dans une version plus complète, il faudrait tenir compte de la gestion des erreurs prévue dans le protocole (bit de parité).

Un contrôleur de liaison parallèle, Zilog PIO

Le contrôleur de liaison parallèle Z8420 de Zilog décrit dans la suite est un circuit « compagnon » du processeur Z80. Il est plus communément connu sous le nom de PIO (*Parallel Input/Output*).

Figure 6-22

PIO et son bloc diagramme

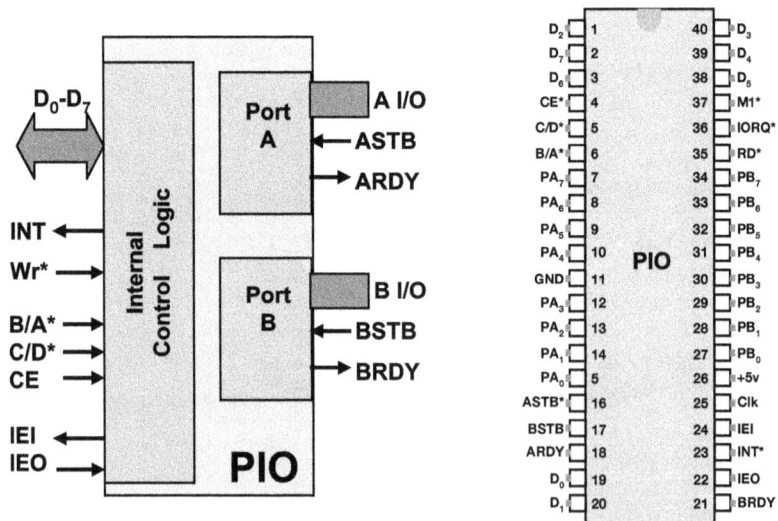

Le PIO (figure 6-22) est un circuit destiné à l'interfaçage parallèle de périphériques. Pour cela il propose deux ports parallèles, dénommés Port_A et Port_B (figure 6-25). Chaque port est constitué d'un ensemble de 8 bits, P0-P7, et de deux signaux de « poignée de main » (*handshake*), *RDY* et *STB*, pour la gestion du contrôle de flux entre le PIO et le périphérique. *RDY (Ready)*, est un signal de sortie qui signifie au périphérique que le port est prêt pour un transfert. *STB (Strobe)* est une entrée par laquelle le périphérique indique qu'un transfert a eu lieu.

Figure 6-23

Chronogramme PIO : poignée de main

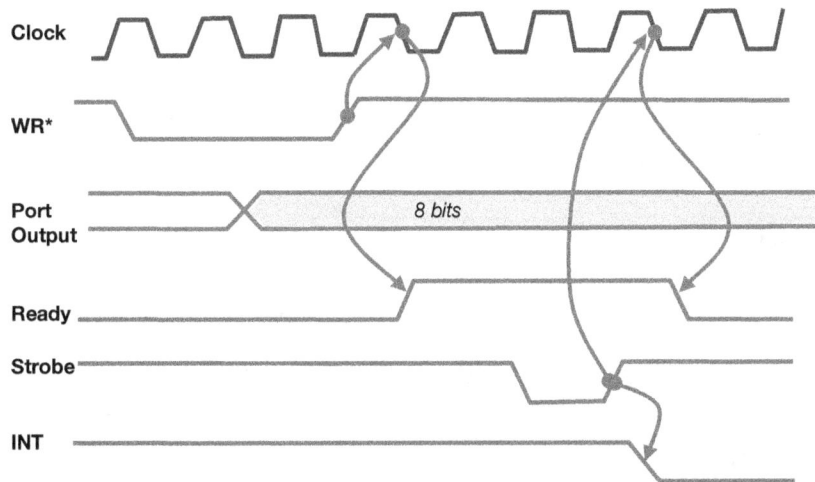

Les ports du PIO sont programmables dans 4 modes différents.

- Le mode 0 (comme *O*utput) où tous les bits (fils) sont en sortie pour des transferts unidirectionnels du PIO vers le périphérique. La figure 6-23 illustre le fonctionnement du mode 0 avec le mécanisme de *handshake*. On remarque que c'est finalement l'acquittement (*Strobe*) du périphérique, qui après réception de l'octet, provoque la génération de l'interruption de fin de transfert.

- Le mode 1 (comme *I*nput) où tous les bits (fils) du port sont configurés en entrée pour des transferts unidirectionnels du périphérique vers le PIO.

- Le mode 2 (comme *bi*directionnel) autorise des transferts bidirectionnels. Ce mode nécessite l'utilisation des quatre signaux de *handshake* et n'est applicable qu'au Port_A. Quand A est en mode 2, B doit forcément être configuré en mode 3. Le fonctionnement du mode 2 est une combinaison des modes 0 et 1. En mode sortie, le mode 2 est similaire au mode 0 avec utilisation du signal *Strobe* du Port_A ; en mode entrée, ce sont les signaux de *handshake* du Port_B qui sont utilisés.

- Le mode 3 permet de configurer individuellement la direction des bits de chacun des ports. Chaque bit est utilisable comme une entrée-sortie « Tout ou rien » (TOR) indépendante des autres. Les signaux de *handshake* sont inopérants dans ce mode.

Chaque port a ses propres registres d'entrées et de sortie de données. Le décodage d'adresse sélectionne le boîtier par l'entrée CE* et lorsque celle-ci est validée, le circuit utilise l'entrée C/D* (*Control or Data select*) pour faire la différence entre un octet destiné au registre de commande et une donnée d'entrées-sorties. Les registres des ports A et B sont sélectionnés à l'aide de l'entrée B/A*.

Le PIO dispose de deux signaux *IEI* (*Interrupt Enable In*) et *IEO* (*Interrupt Enable Out*) utilisables pour créer une guirlande pour l'arbitrage des interruptions (priorités par positionnement).

Le modèle de programmation du PIO

Le PIO a été conçu pour fonctionner directement avec le processeur Z80 et en particulier du point de vue des interruptions. Un vecteur d'interruption doit être stocké dans le PIO afin qu'il puisse le restituer lors du cycle de reconnaissance.

Figure 6-24
Modèle de programmation du PIO

Chargement vecteur d'interruption : Bit 0 à 0							
V7	V6	V5	V4	V3	V2	V1	0
Chargement du mode (0, 1, 2, 3) : Bit 0-3 à 1							
M1	M0	X	X	1	1	1	1
Numéro du mode donné directement par M1, M0							
Configuration des bits de port (mode 3)							
IO7	IO6	IO5	IO4	IO3	IO2	IO1	IO0
Input = I = 1 Output = O = 0 pour chaque bit							

Les éléments principaux du modèle de programmation du PIO sont représentés dans le tableau de la figure 6-24. Lorsqu'un octet est chargé dans le registre de commande, ce sont les bits de poids faibles qui définissent le type de paramétrage à effectuer. Le bit 0 à 0 indique le chargement du vecteur interruption dans les 7 bits restants. Les 4 bits de poids faibles définissent le mode de fonctionnement du port sélectionné par l'entrée B/A*.

Lorsqu'un port est configuré dans le mode 3, l'octet de configuration suivant donne le paramétrage en entrée ou en sortie de chaque bit : il suffit de remplacer dans le bit correspondant « Input par 1 » et « Output par 0 ».

Un circuit horloge temps réel (Real-Time Clock)

Ce dispositif a une fonction d'horodateur : il est l'équivalent d'une montre. Il donne en permanence, avec une résolution qui va de la seconde au dixième de milliseconde, la date et l'heure par le biais de ses registres. Il peut aussi fonctionner en mode alarme. Le boîtier est autosuffisant dans le sens où il dispose de sa propre référence de temps par une horloge interne, de ses propres compteurs (de secondes, minutes, heures, jour, etc.). L'intégration d'une batterie interne au lithium lui assure d'autre part une autonomie de fonctionnement d'une dizaine d'années. Le circuit dont nous donnons les principales caractéristiques est le DS12887 (Dallas Semiconductor).

Le circuit affiche les variables de dates dans une NVRAM (mémoire non volatile, secourue sur batterie) aux adresses relatives 0 à 9 (tableau de la figure 6-25) et dont une partie est disponible à la programmation. Sur les PC, le BIOS se sert de cette mémoire pour garder dans cette NVRAM des informations concernant des caractéristiques de la machine.

Figure 6-25

Le temps : date et heure dans l'horodateur

Adresse nvRAM	Fonctions
0	Secondes
1	Alarme Secondes
2	Minutes
3	Alarme Minutes
4	Heures
5	Alarme Heures
6	Jour de semaine
7	Jour de mois
8	Mois
9	Année

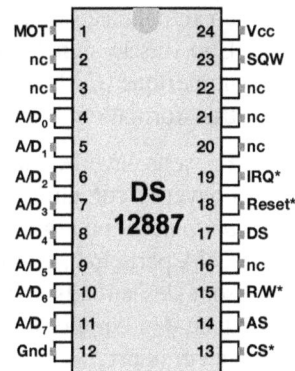

La NVRAM a une capacité totale de 128 octets organisés de la manière suivante : 10 octets pour la lecture de la date et pour la configuration des alarmes, 4 octets de registres de commande (registres A à D aux adresses 10 à 13) et 114 octets à usage général. Dans la description des broches du circuit, il est à remarquer que les bits d'adresse et de données sont multiplexés. Cela diminue la taille du composant par diminution du nombre de broches, mais cela complexifie légèrement l'interfaçage du circuit. Cela explique aussi qu'il y a apparemment 8 bits d'adresse alors que la capacité est de 128 octets.

La centaine d'octets d'usage général sont à disposition du BIOS ou du système d'exploitation pour y stocker des informations concernant certaines caractéristiques physiques de périphériques comme les disques, ou des informations contribuant à la sécurité du système (mot de passe au démarrage de l'ordinateur, par exemple).

Les entrées-sorties analogiques

Les interfaces de communication vues précédemment sont dédiées aux échanges de données avec des périphériques numériques. Or lorsqu'un ordinateur est en prise avec le monde réel, il faut aussi accepter les contraintes et les réalités de celui-ci. Ce monde est analogique : les grandeurs physiques que nous percevons sont définies dans des domaines continus. La continuité est celle des valeurs dans une plage donnée alors que l'ordinateur travaille dans le domaine des valeurs discrètes en nombre fini. Ce monde est aussi celui de la continuité temporelle : à tout instant la grandeur possède une valeur. Dans l'ordinateur, le temps est discrétisé avec une résolution minimale qui est celle de l'horloge du processeur : il n'y a pas de temps perceptible ou mesurable entre deux tops d'horloge.

Un ordinateur en interaction avec l'environnement physique doit alors comporter des interfaces capables d'opérer des conversions de l'analogique vers le numérique et réciproquement. Une grandeur physique (force, vitesse...) est transposée, en vue d'une numérisation ultérieure, en un signal électrique dont l'évolution modélise le mieux possible celle de la grandeur. Cette opération de transformation d'une grandeur physique en un signal électrique analogique est faite par un dispositif appelé *transducteur* ou *capteur*. Une fois le signal obtenu, il faut le numériser à l'aide d'un convertisseur analogique-numérique (CAN). D'une certaine manière, on peut dire que l'on effectue globalement la transformation d'une énergie en une information.

En sens inverse, une donnée numérique est transformée en signal électrique par un convertisseur numérique-analogique (CNA). Le signal résultant peut alors piloter un *actionneur* pour générer une grandeur physique. De la même manière, on peut dire qu'un CNA participe à la transformation d'une information en une énergie. Ces convertisseurs sont des circuits mixtes (hybrides) : ils comportent à la fois une électronique digitale avec des circuits logiques et une électronique analogique avec des amplificateurs, des intégrateurs...

La transformation d'un signal en une valeur numérique se fait fatalement avec une perte d'information : on ne peut représenter toutes les valeurs possibles, et encore moins mesurer des valeurs à tout instant. Les paramètres fondamentaux caractérisant une numérisation sont ainsi la résolution, nombre de bits de codage de la valeur, et la période d'échantillonnage, intervalle de temps séparant deux mesures successives. Il faut veiller à ce que cette résolution et cette période (ou son inverse, la fréquence) d'échantillonnage soient compatibles avec la précision voulue sur les traitements. Ainsi la numérisation d'un signal téléphonique est faite avec une résolution de 8 bits et une fréquence d'échantillonnage de 8 kHz : cela est suffisant pour le transport et la restitution de la voix. Pour un signal audio (musique) de qualité Hi-Fi, il faut 16 bits pour la résolution et une fréquence de 44 kHz par voie.

Par contre, la perte d'information initiale, si elle est bien maîtrisée, est largement compensée par tous les avantages du monde numérique : une fois la numérisation faite, il n'y a quasiment plus de dégradation ou d'usure lors du stockage par exemple ou du transport.

La conversion analogique/numérique

La conversion analogique numérique associe à un intervalle continu de tension une plage en nombre fini de valeurs discrétisées définissant ainsi un pas de quantification. La représentation de la valeur numérique en fonction de la tension d'entrée est donc une fonction en escalier (figure 6-26). Généralement, on cherche à obtenir une échelle linéaire (toutes les marches de l'escalier ont la même taille), mais dans certains cas l'on procède différemment. Par exemple, la numérisation du téléphone se fait en 8 bits mais avec une échelle logarithmique : on souhaite plus de sensibilité pour les chuchotements que pour les cris…

Figure 6-26

*Fonction
de conversion
en escalier*

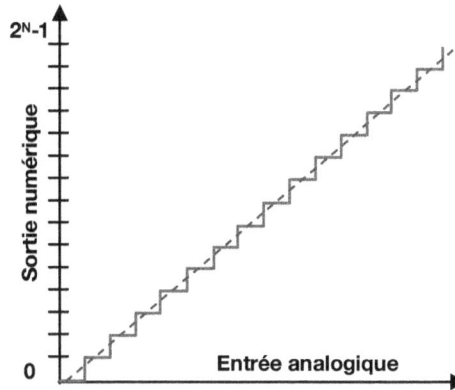

La fréquence d'échantillonnage doit tenir compte de deux éléments. Le premier découle du temps nécessaire à la conversion analogique/numérique : celle-ci n'est pas instantanée et il n'est donc pas possible (ou cela est inutile) d'échantillonner avec une périodicité inférieure à ce temps de conversion.

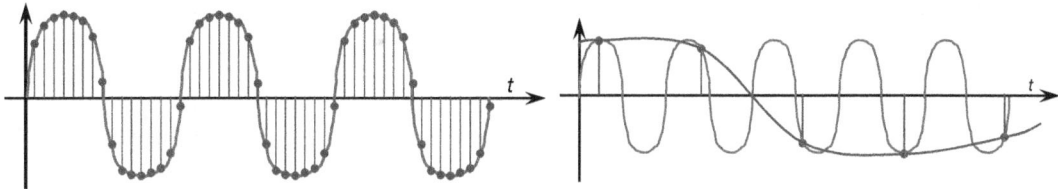

Figure 6-27

Influence de la période d'échantillonnage

La seconde contrainte est que la période d'échantillonnage doit être adaptée au signal que l'on observe. La figure 6-27 montre, dans la partie gauche, un exemple de période d'échantillonnage correcte, c'est-à-dire nettement inférieure, par rapport à la période du signal d'entrée. L'ensemble des points d'échantillonnage permet de représenter et reconstituer assez fidèlement le signal d'origine.

La courbe de droite illustre le choix d'une mauvaise fréquence d'échantillonnage : la période est nettement supérieure à celle du signal d'entrée. La représentation du signal reconstitué en joignant les mesures successives est donc totalement erronée. Cette contrainte sur la fréquence d'échantillonnage est exprimée par le théorème de Shannon-Nyquist.

Théorème de Shannon- Nyquist

Un signal peut être reconstruit à partir de ses échantillons à condition qu'il ne contienne aucune composante de fréquence supérieure à la moitié de la fréquence d'échantillonnage.

Exprimé autrement, ce théorème indique que pour être en mesure de reconstituer correctement une fréquence donnée d'un signal, il faut échantillonner à une fréquence au moins double de cette fréquence.

Ce théorème justifie les fréquences d'échantillonnage pour le téléphone et l'audio citées précédemment. Pour transmettre un maximum de communications téléphoniques sur un même support, il faut que la voie occupe un minimum de bande passante, tout en étant encore compréhensible à l'autre bout. Un standard a ainsi été fixé à la fréquence de 4 000 Hz. Pour respecter ce standard, il faut échantillonner à une fréquence de 8 000 Hz. Pour les signaux audio en qualité Hi-Fi, il faut être capable de reconstituer correctement toute la bande de fréquence audible par l'oreille humaine. La fréquence maximale étant de l'ordre de 20 kHz, la fréquence standardisée d'échantillonnage a été fixée à 44 kHz.

Les jours vus par Shannon

Pour se rendre compte de l'existence de la notion de jour, il faut ouvrir les yeux au moins deux fois par jour à intervalle régulier : une fois la journée et une fois la nuit.

Le principe de conversion

Il existe trois grandes catégories de convertisseurs analogiques numériques : les convertisseurs à intégration, les convertisseurs à approximations successives et les convertisseurs parallèles.

Les convertisseurs à intégration (convertisseurs à rampe)

Peu coûteux, ces convertisseurs sont très répandus et donnent une résolution élevée (16 à 18 bits). Par contre, ils sont lents car le temps de conversion est, par le principe même de la rampe, élevé.

Le signal Vs à convertir est intégré pendant une durée fixe T1 mesurée par une horloge. L'intégration se fait grâce à un circuit classique RC et le résultat est une tension $V = Vm = Vs/RC$.

On procède ensuite à la décharge en mettant l'entrée à une tension de référence Vr. La tension passe à 0 au bout d'un temps T2 tel que :

$$Vm = VrT2/RC \quad \text{d'où} \quad T_2 = Vs/Vr \cdot T_1 \quad \text{avec} \quad Vr \text{ et } T_1 \text{ prédéterminés.}$$

On obtient donc un temps T_2 proportionnel à la valeur du signal Vs à convertir. Il suffit alors de faire un comptage numérique de ce temps avec une horloge d'une résolution suffisante (figure 6-28).

La précision est d'autant meilleure que le temps de comptage est élevé, mais il faut alors maintenir le signal d'entrée stable pendant toute la durée de cette conversion. La fréquence d'échantillonnage obtenue est de l'ordre du kHz (figure 6-29). C'est le type de convertisseur que l'on trouve dans les voltmètres de poche.

Figure 6-28

Rampes

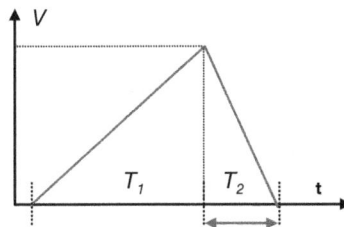

Figure 6-29

*Convertisseur
à rampes*

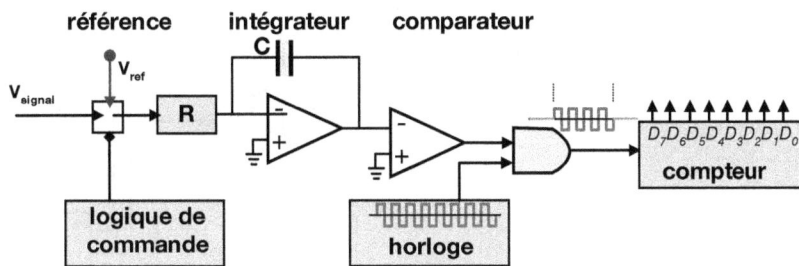

Les convertisseurs à approximations successives

Ce sont les convertisseurs les plus courants : ils ont une résolution de 12 à 16 bits pour des fréquences d'échantillonnage de 50 kHz à quelques MHz.

La tension à convertir est appliquée à l'entrée d'un comparateur de tension (figure 6-30). L'autre tension provient de la sortie d'un convertisseur numérique analogique. Tant que le comparateur détecte une différence, la logique de commande procédera à une approximation en affichant une valeur dans le registre. Cette valeur est convertie en un signal analogique qui est comparé au signal d'entrée. L'approximation est généralement du type dichotomique : la logique fixe à 1 le bit de poids forts et regarde si le signal est supérieur (le bit est remis à 0) ou inférieur (le bit est maintenu à 1) à la tension Vs. Le circuit répète ce processus pour l'ensemble des bits.

Figure 6-30

*Convertisseur
à approximations
successives*

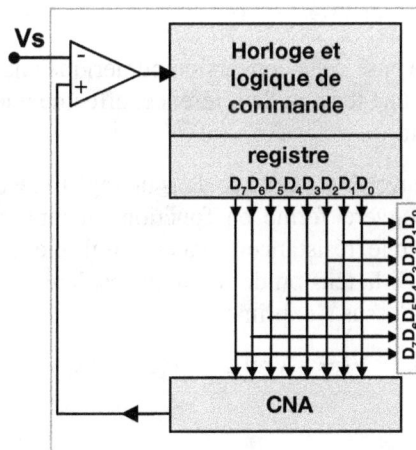

Les convertisseurs parallèles (flash)

Ce sont les convertisseurs les plus rapides. La tension d'entrée à convertir est comparée simultanément à 2^N-1 tensions de référence (figure 6-31). En une seule comparaison, la conversion est faite, mais il faut 2^N-1 comparateurs (255 pour un convertisseur 8 bits). Ils sont limités à des applications de 6 à 8 bits. La fréquence d'échantillonnage est très élevée (elle peut atteindre quelques centaines de MHz), le prix aussi...

Figure 6-31
CNA flash

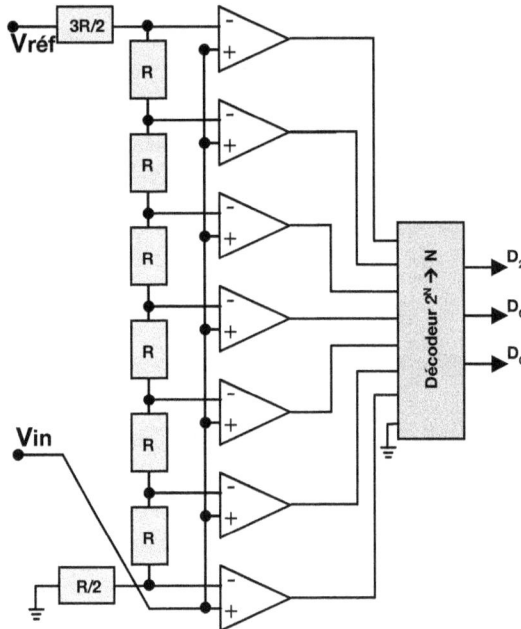

La conversion numérique analogique

Le principe de base de la conversion numérique analogique s'appuie sur un amplificateur qui, à partir d'une tension de référence, effectue une sommation pondérée par les bits du mot à convertir.

La valeur à convertir est stockée dans un registre. Chaque bit de ce registre commande un interrupteur (ouvert, fermé en fonction du bit 0 ou 1) qui laisse passer (ou non) un courant dans une résistance à valeur multiple de la puissance de 2 associée au bit (figure 6-32). Si la tension de référence est Vref, alors la tension de sortie du convertisseur N bits ci-dessus s'exprime par :

$$Vs = -\,Vref/2^{(N-1)}\,[2^{(N-1)}D_0 + 2^{(N-2)}D_1 + \ldots + D_{N-1}].$$

Figure 6-32

*Conversion
par Sommation
Pondérée*

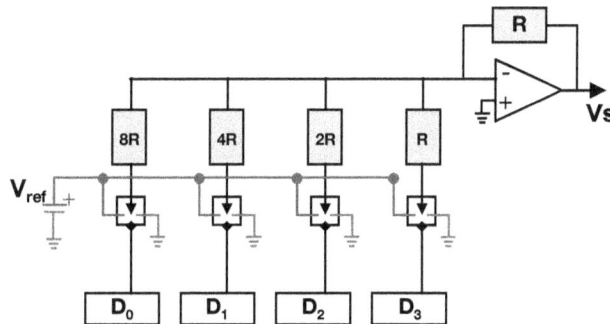

Si le principe est extrêmement simple en théorie, la réalisation en est plus difficile quand on veut faire une intégration à grande échelle. Il faut en effet être capable de fabriquer des résistances qui sont le plus exactement possible dans les rapports des puissances de 2. Pour les convertisseurs à grande résolution, donc avec un nombre de bits élevé, la réalisation se traduit par une grande imprécision et une non-linéarité de la conversion.

Figure 6-33

*Conversion par
Circuit en Échelle*

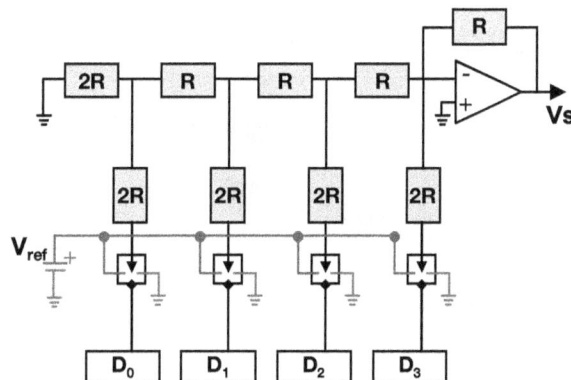

On utilise alors le montage appelé « Circuit en échelle » (figure 6-33). Le principe est identique, mais le montage est fait de manière à n'utiliser que deux valeurs de résistances : R et 2R, ce qui est beaucoup plus facile à réaliser.

Les cartes d'acquisition de données

Les entrées-sorties analogiques sont rarement manipulées de manière isolée. En général les fonctionnalités de conversion sont rassemblées sur une carte dite *carte d'acquisition de données*. Une telle carte, (voir schéma fonctionnel figure 6-34), est multifonction : elle propose la conversion analogique numérique sur plusieurs canaux d'entrées, quelques (souvent 2) conversions numériques analogiques, des entrées-sorties de type TOR (Tout ou rien) et des signaux pouvant servir d'horloge ou de temporisateur.

La chaîne d'acquisition fait intervenir un convertisseur analogique numérique qui est un circuit coûteux en argent et en surface : il n'y a donc généralement qu'un seul convertisseur pour plusieurs signaux à acquérir. La solution économique consiste à mettre en début de chaîne un multiplexeur analogique : correctement programmé, il sélectionne une des voies d'entrées vers la suite de la chaîne de conversion.

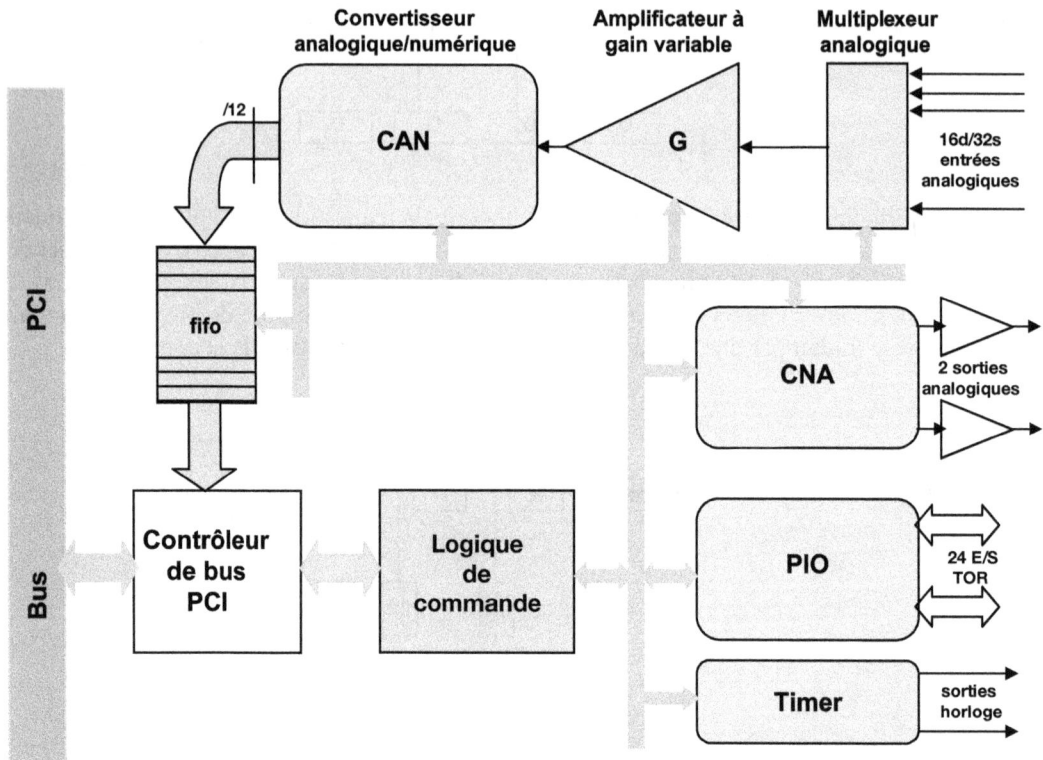

Figure 6-34

Bloc diagramme d'une carte d'acquisition de données

Il s'ensuit que toutes les mesures sur les différents canaux d'entrées ne peuvent pas être faites simultanément, mais seulement au plus vite, au temps de conversion près de convertisseur. Ce défaut peut être compensé en introduisant un circuit *échantillonneur bloqueur* (*sample and hold*) qui échantillonne au même instant toutes les voies, stocke les valeurs en analogique pour ensuite les faire passer à tour de rôle dans le convertisseur. La logique de commande permet de définir un groupe de canaux (*scan group* défini par les numéros des canaux) qui est périodiquement appliqué au multiplexeur. La période d'échantillonnage pour une voie est égale à T et le décalage minimal entre deux voies consécutives est égal à τ (figure 6-35). τ est de l'ordre de 1 à quelques µs pour des convertisseurs milieu de gamme. T est au minimum égal à τ, dans ce cas on n'échantillonne plus qu'une seule voie.

Le multiplexeur est suivi par un amplificateur à gain variable et programmable. Son rôle est de pouvoir ramener tous les signaux d'entrées dans la même plage de numérisation et ainsi avoir une précision équivalente sur toutes les voies. Le convertisseur fait la conversion et dépose ensuite la valeur numérique dans une file d'attente gérée en FIFO. Celle-ci est accessible au programme sur le processeur par le biais d'une adresse de registre, voire d'une mémoire DPM.

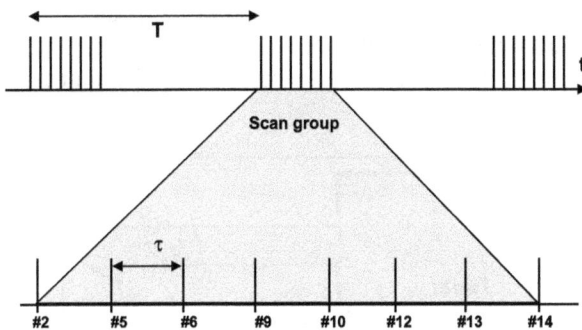

Figure 6-35
Instants d'échantillonnage et carte d'acquisition de données

La carte propose un convertisseur numérique analogique : en écrivant une donnée numérique dans un registre, le CNA la convertit en un signal analogique maintenu à une valeur donnée jusqu'à la prochaine demande de conversion : le signal de sortie est continu dans le temps mais évolue par paliers.

Les dispositifs de conversion sont accompagnés par des entrées-sorties TOR gérées par un circuit d'interface parallèle de type PIO. La plupart des cartes d'acquisition sont également en mesure de fournir des signaux d'horloges avec un circuit de type timer.

La logique de commande de la carte peut être assez simple et relever d'une simple synthèse d'automate, mais elle peut aussi intégrer une unité centrale avec éventuellement des processeurs spécialisés pour le traitement du signal (DSP, *Digital Signal Processeur*).

Les microcontrôleurs

Dans certaines applications très simples, il faut embarquer un minimum d'intelligence et de gestion des entrées-sorties. Pour satisfaire les contraintes de coût et de place, on intègre alors sur une même puce le microprocesseur, sa ROM avec les programmes embarqués, sa RAM et ses contrôleurs d'entrées-sorties. Ce dispositif intégré prend le nom de *microcontrôleur*.

La puissance de calcul requise est en général faible, une largeur de bus de 8 ou 16 bits est largement suffisante, ce qui fait que ces microcontrôleurs sont construits sur une base largement éprouvée comme le 8080, le Z80 pour le 8051 ou le 6800 de Motorola pour le 68HC11.

Le schéma de la figure 6-36 représente le bloc diagramme fonctionnel du microcontrôleur 68HC11. Il est constitué autour d'un cœur processeur autonome 8 bits avec ses éléments primaires associés (RAM, ROM, bus, gestion des interruptions). L'ensemble est intégré dans un seul boîtier avec des coupleurs d'entrées-sorties. Le circuit est destiné à être embarqué dans des applications dites *autonomes* appelées aussi *stand alone*. Il est en général implanté sur une carte unité centrale suffisante pour l'ensemble de l'application. Le coût est faible à la fois du point de vue financier et énergétique (quelques dizaines de mA pour le microcontrôleur à comparer à des ampères pour les processeurs).

Figure 6-36

Bloc diagramme
Microcontrôleur
68HC11

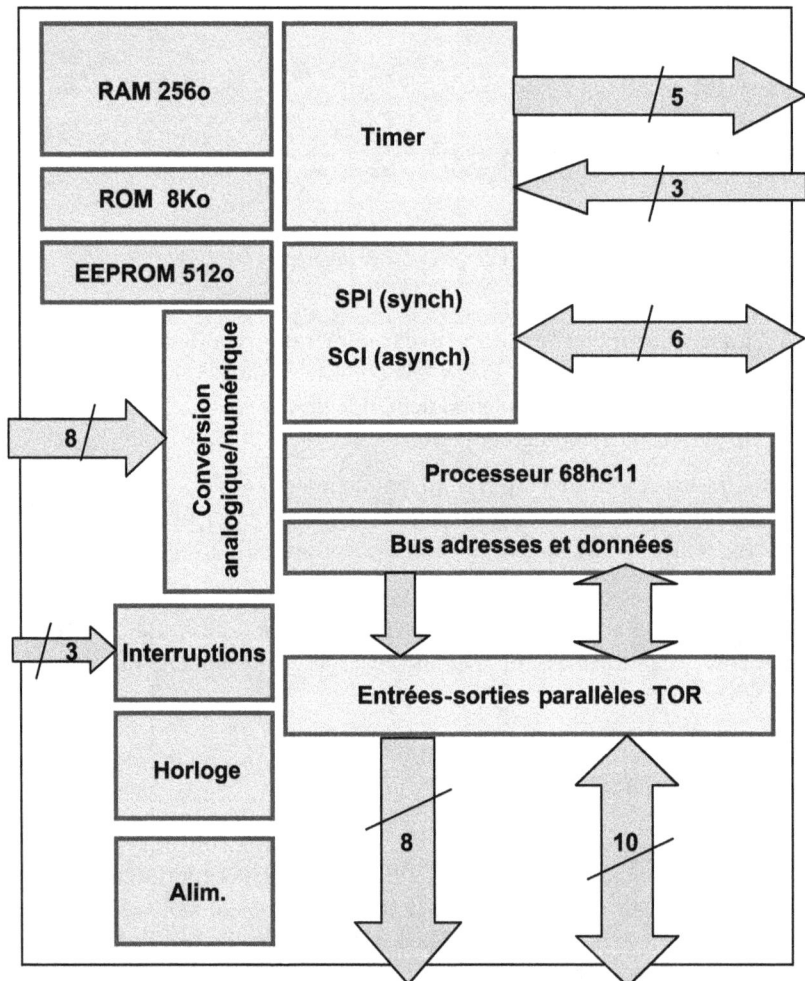

La ROM est programmée pour le démarrage du système, le reste des programmes pouvant être récupéré dans une mémoire auxiliaire du type mémoire flash. La faible quantité de RAM ne contiendra que les variables et non les programmes. L'EEPROM permet de garder des paramètres de programme d'une exécution à l'autre. Le microcontrôleur comporte tout le nécessaire pour les entrées-sorties : signaux temporisés (timer), liaisons séries synchrone et asynchrone, liaisons parallèles (TOR, Tout ou rien) ainsi que 8 entrées analogiques multiplexées.

La plupart des microcontrôleurs sont construits sur le même principe : à partir d'un cœur processeur donné, les constructeurs proposent une famille de microcontrôleurs « scalables » aux applications. Il en est ainsi également de la famille des microcontrôleurs PIC du constructeur Microchip, particulièrement riche dans les gammes de fréquences d'utilisation et en boîtiers compagnons de périphériques.

Il existe bien évidemment aussi des microcontrôleurs 32 bits.

Les bus

Le bus est un moyen de communication : c'est le lieu des points où tous les agents utilisent le même protocole de communication. Ce bus peut se réduire physiquement à des éléments très simples comme une simple paire de fils électriques. Ainsi, la distribution électrique du 220 V est un bus très simple qui, au problème de puissance près, permet de distribuer du courant à n'importe quel appareil disposant d'une prise conforme. Il y a des prises prévues, mais si nécessaire l'on peut en rajouter en n'importe quel point du bus.

Un bus peut être plus qu'un simple canal de transmission et devenir un vrai système de communication avec une intelligence pour la gestion du trafic aussi bien pour résoudre les problèmes d'acheminement, de congestion que pour la prise en charge du « client ».

Nous avons déjà vu le bus comme un moyen de communication entre le processeur et ses coupleurs compagnons comme le contrôleur de mémoire et les contrôleurs d'entrées-sorties. Nous l'avons considéré comme une simple nappe de fils avec trois composantes : le bus de données pour véhiculer l'information codée, le bus d'adresse pour indiquer dans l'espace d'adressage commun quelles sont les sources et/ou les destinations et le bus de commande servant à la gestion effective du bus : signaux d'écriture, de lecture, horloge, cycle mémoire ou entrées-sorties, etc. Dans les architectures simples que nous avons vues, le bus de commande est géré par le processeur. L'ancien bus « AT » des PC relève de ce niveau de bus.

Dans les architectures plus avancées, en particulier les systèmes multiprocesseurs, le bus est considéré comme une ressource de communication partagée, potentiellement critique, dont il faut protéger l'accès avec un mécanisme d'arbitrage centralisé ou réparti à base de microcontrôleurs dédiés.

Nous limitons la description des bus aux bus de périphériques, c'est-à-dire à ceux destinés à la connexion des périphériques. Nous n'aborderons pas les réseaux de communication entre ordinateurs comme les réseaux locaux, même si la philosophie n'en est pas très éloignée.

Les premiers ordinateurs n'étaient dotés que de peu de périphériques et l'on réfléchissait à sa connectivité au coup par coup. Chaque périphérique a son propre mécanisme de communication et son propre câble avec un connecteur dédié sur l'ordinateur. Il en résulte les difficultés suivantes :

- la limitation du nombre de périphérique par celui des connecteurs ;

- le câblage « en spaghetti » à l'arrière des machines ;

- la configuration une à une des périphériques pour les adresses d'entrées-sorties et les interruptions avec tous les conflits qui peuvent en résulter ;

- l'introduction au niveau du système d'exploitation d'autant de pilotes que de périphériques avec des risques vis-à-vis de la sécurité du système et sa stabilité ;

- la difficulté pour un utilisateur non informaticien de compléter son ordinateur avec une nouvelle fonctionnalité en périphérique.

Les bus de périphériques ont beaucoup évolué et si l'on peut considérer que le principal objectif de cette évolution est la recherche de la facilité de connexion, cet objectif peut se décliner sur plusieurs points.

Objectifs

Un des premiers buts recherchés est la facilité de connexion d'un nouveau périphérique par l'utilisateur final. L'aboutissement actuel en est la technique du « Plug and Play » –PnP – (brancher et jouer) qui permet de simplement brancher l'appareil pour qu'il « joue ». Un plus est obtenu avec le *Hot Plug*, l'insertion à chaud qui permet d'installer et d'utiliser immédiatement l'appareil sans avoir à réinitialiser l'ensemble des équipements sur le bus.

> **Anecdote**
>
> Plug and play, abrégé en PnP, a été dénommé par les détracteurs du système d'exploitation Windows en *Plug and Pray* pour se moquer des premiers dysfonctionnements qu'a connus la mise au point de ce système.

- Le Plug and Play autorise une reconnaissance automatique du périphérique : il est donc nécessaire que le « bus » ou son contrôleur puisse faire ce travail en mettant en place un mécanisme, centralisé ou réparti, de *découverte* des équipements.

- Les périphériques embarquent plus d'intelligence pour effectuer un pré-traitement local de l'information et décharger d'autant le travail de l'ordinateur. Au lieu de transférer simplement des données brutes, il est possible d'échanger des données élaborées et structurées sous forme de messages ou de fichiers d'application.

- Une meilleure protection pour le système d'exploitation et une intégration plus aisée est un avantage supplémentaire. Au lieu d'installer autant de pilotes que de périphériques, on passe à l'utilisation d'un seul pilote pour le bus de communication. Il suffit de bien tester le pilote du bus pour garantir la stabilité et la sécurité du système d'exploitation. L'utilisation d'un pilote unique minimise aussi le nombre de source d'interruption et limite les conflits d'accès au processeur.

- Globalement, ces bus permettent aussi de se dégager des caractéristiques physiques des périphériques pour se rapprocher du niveau des applications : peu importe la marque ou les caractéristiques d'un appareil photo, il suffit que ce dernier soit compatible, par exemple IEEE 1394, pour que l'on puisse travailler directement sur une photo.

Bus internes

Le bus que nous avons introduit comme un moyen de communication entre le processeur et ses contrôleurs mémoires et d'entrées-sorties n'est efficace que si tous les éléments connectés travaillent à peu près à la même vitesse et s'ils sont peu nombreux. On trouvait ce type de bus, entièrement géré par le processeur, sur une architecture de machine personnelle comme le PC (bus AT appelé ISA, *Industry Standart Architecture*, proposé au début des années 1980).

Le grand succès des interfaces graphiques et une forte demande des applications multimédia interactives ont conduit les constructeurs à développer des architectures de communications plus spécialisées avec une séparation nette en fonction des types de transferts.

Le résultat est une architecture de communication multiniveau où il y a des chemins particuliers pour l'accès du processeur à sa mémoire RAM et/ou cache (bus système ou *frontside*), des chemins de données (bus *AGP*) pour les cartes graphiques grandes consommatrices de données et des chemins pour les périphériques (bus *PCI*). Globalement, la solution définit différents bus de communication, bus reliés entre eux par des ponts ou passerelles. Les bus aux débits les plus élevés sont ceux qui sont le plus proche du processeur, les plus faibles débits sont ceux qui en sont le plus éloignés.

Le bus du PC a subi des évolutions par étapes en gardant une compatibilité ascendante. Les changements s'étant opérés assez rapidement, nous n'allons pas décrire le cheminement pour passer du bus ISA au bus PCI, mais retenir les principes essentiels. La figure 6-37 donne une illustration possible d'une architecture multiniveau de bus.

La partie droite est dédiée au processeur et à sa mémoire. Le processeur accède à la mémoire centrale par le biais du contrôleur de mémoire, grâce à un bus local, parfois appelé *bus système* ou *frontside bus*. Vu les fréquences d'horloges pratiquées au niveau du processeur, ce bus est trop lent pour l'alimenter efficacement. Un bus local particulier *backside bus* est un moyen d'accélérer l'accès aux données avec d'une part une mémoire cache (mémoire temporaire très rapide et gérée par un contrôleur de mémoire cache) et d'autre part avec l'utilisation d'une voie privée très rapide.

Figure 6-37

Architecture de communication multiniveau

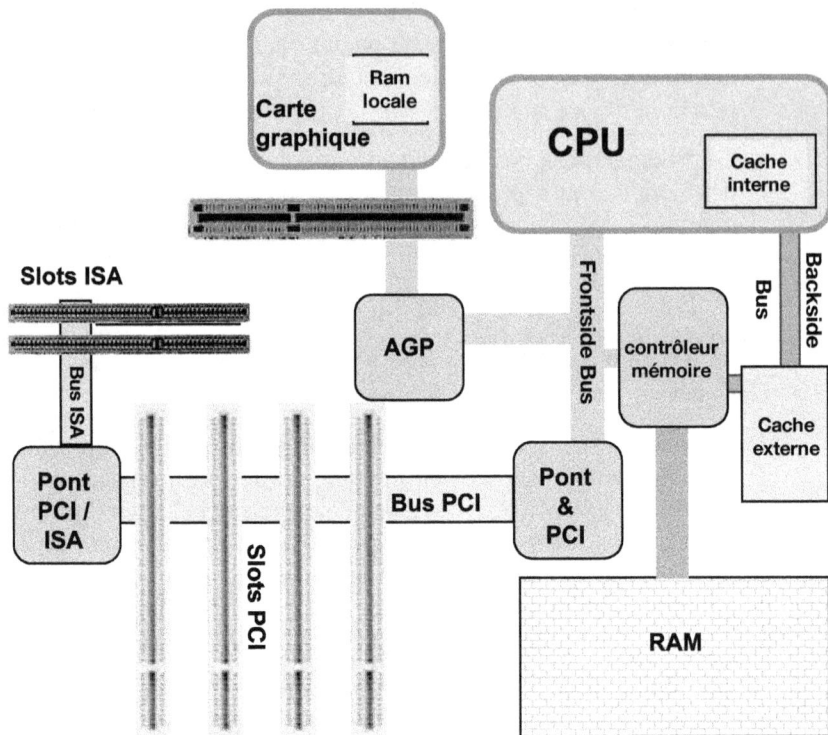

Le bus AGP (*Accelerated Graphics Port*), qui n'a d'ailleurs de bus même pas le nom…, est en réalité un port de connexion pour connecter une carte graphique pouvant atteindre un débit de plus de 500 Mo/s. Par contre, ce port est doté de possibilités de communication pour utiliser au mieux la mémoire dans la restitution d'images et de présentations graphiques.

Une passerelle crée le lien entre le bus local et le bus des périphériques, il s'agit ici du bus PCI (*Peripheral Component Interconnect*). Celui-ci a une bonne autonomie de fonctionnement de manière à ne pas impliquer le processeur dans tous les échanges de données. Une certaine simultanéité des transferts est ainsi possible : le processeur accède à des données en mémoire cache, la carte graphique travaille sur des textures en mémoire centrale et des périphériques peuvent échanger des données sur le bus PCI.

Les principes généraux qui ont servi à la définition des nouveaux bus sont :

- Un débit élevé pour augmenter de manière significative la vitesse de transfert des données.

- La simplification dans l'installation des équipements pour les intégrateurs (diminution des coûts) avec des mécanismes d'autoconfiguration des niveaux d'interruptions, des adresses d'entrées sorties…

- L'augmentation du niveau d'abstraction dans la communication en :

– passant des données brutes sous formes de bits à la notion de messages et de paquets indépendants du matériel dans les protocoles de communication (définition de standards) ;

– associant au bus un espace mémoire qui lui est propre, indépendant de l'espace mémoire processeur mais avec des fenêtres d'accès sur celui-ci.

Le bus PCI (*Peripheral Component Interconnect*)

Le PCI, mis sur le marché par Intel au début des années 1990, est un bus à 32 bits de données et d'adresses cadencé à une fréquence de 33 MHz. Son débit de base, aussi appelé abusivement bande passante, est alors de 132 Mo/s ($33 \times 32/4$). Des versions plus récentes améliorent ce débit en passant la fréquence à 66 MHz et la largeur du bus à 64 bits.

En dehors de ces aspects débits, le bus PCI se caractérise principalement par :

• Le *bus mastering*, c'est-à-dire une autonomie de fonctionnement qui permet à des cartes PCI de communiquer directement entre elles en prenant le contrôle total du bus.

• L'existence d'un contrôleur passerelle (*Bridge Host*), doté d'une capacité de mémoire tampon, qui permet d'accéder directement à la mémoire centrale sans passer par le processeur.

• Une certaine autoconfiguration (*Plug and Play*) des cartes PCI sur le bus en tenant compte des informations spécifiques stockées sur les cartes et en utilisant les programmes du BIOS du PC.

• Étant donnée la large diffusion de ce bus (donc un coût faible) et la très grande diversité des cartes compatibles PCI existantes sur le marché, ce bus est aussi installé dans des architectures non PC.

Bus externes

Les bus externes sont ceux qui connectent des périphériques situés effectivement à l'extérieur de l'ordinateur. Trois bus sont ainsi décrits : le bus SCSI destiné aux dispositifs de stockages secondaires comme les disques, le bus USB orienté vers les périphériques multimédia classiques et le bus Firewire orienté vers les applications vidéo. Les performances de ces deux derniers bus s'améliorant en permanence, ceux-ci sont maintenant capables de satisfaire la plupart des besoins et se concurrencent dans les applications. Ils font l'objet d'une analyse plus approfondie.

Le bus SCSI

Le bus SCSI (*Small Computer System Interface*, se prononce *scuzzy* en anglais) propose une interface rapide pour des périphériques de stockage de masse. Ce bus se connecte sur le bus machine (PCI, VME…) à l'aide d'un adaptateur appelé hôte SCSI. Alors qu'un contrôleur de disque interne classique des machines personnelles du type

IDE-ATA pilote un nombre restreint de disques et lecteurs de disquettes, le bus SCSI propose, suivant les versions, de connecter de 7 à 15 périphériques. La carte hôte SCSI prend l'identificateur 0, les autres périphériques, disques durs, lecteurs de cartouches magnétiques, lecteurs et graveurs de CD-Rom, scanners, prenant les numéros à partir de 1. L'attrait essentiel de ce bus est, ou a été, sa vitesse de transfert et la possibilité de transferts directs de disque à disque, solution intéressante dans les systèmes de sauvegarde.

Le bus définit un standard physique de connexion, mais laisse toute latitude aux fabricants de fournir leur propre version de pilote ce qui rend parfois impossible les connexions. Par exemple, les scanners sont souvent livrés avec leur propre pilote SCSI ne supportant pas les disques. On trouve ce bus essentiellement sur un serveur de fichiers auquel est reliée une batterie de disques rapides et de grande capacité.

SCSI est un bus parallèle avec un câblage de gestion des priorités en guirlande et qui se clôt par une terminaison passive (comme de simples résistances) ou active pour éviter les réflexions de bout de ligne.

Le premier standard, adopté en 1986, se focalise davantage sur les standards mécaniques et électriques que sur les fonctions logiques. Ce défaut a été corrigé sur la version SCSI 2 (1994) qui définit un ensemble de commande de base à implémenter sur tous les périphériques SCSI. Ces commandes, au nombre de 18, constituent le CCS, *Common Command Set*.

Suivant les différentes versions, en largeur 8 bits (version *Narrow*) ou 16 bits (version *Wide*), les débits obtenus sont :

Figure 6-38

Les débits du bus SCSI

Largeur	Standard	Fast SCSI	Ultra SCSI	Connecteur
8-bit	5 MB/sec	10 MB/sec	20 MB/sec	50-pin
16-bit	10 MB/sec	20 MB/sec	40 MB/sec	68-pin

En SCSI 3, la version Ultra 320 permet d'atteindre 320 Mo/s en 16 bits avec une fréquence de 80 MHz. Cette version apporte également des améliorations au niveau du transfert des données en introduisant la notion de paquets et plusieurs commandes peuvent être transmises dans la même connexion. Une seule commande peut aussi lancer un lot de données, ce qui correspond à un mode *streaming*.

Configuration et adressage

Chaque appareil SCSI a un identificateur ID qui correspond à une priorité d'accès vis-à-vis du bus. La carte hôte a pour ID la valeur 0 ce qui correspond à la priorité la plus faible. Cette numérotation des périphériques est faite, en un codage binaire, manuellement en positionnant des cavaliers, codage qui n'est pas standardisé chez tous les fabricants.

Ce bus parallèle semble cependant arriver à ses limites : le grand nombre de fils du câble limite la longueur du bus aux fréquences élevées. De ce point de vue, il est sérieusement concurrencé par les nouveaux bus séries comme les bus USB et IEEE 1394.

Le bus USB

L'USB, *Universal Serial Bus*, est un standard de bus de périphériques développé par des entreprises leader du marché des PC et des télécommunications pour permettre de réaliser des connexions à chaud (*hot plugging*) et plug and play de différents périphériques. Le bus USB permet de connecter jusqu'à plus d'une centaine d'équipements incluant tous les périphériques classiques du PC.

Son débit est de 12 Mbit/s, avec un sous-canal à 1,5 Mbit/s pour les périphériques lents comme les périphériques de type interactif (clavier, souris, jeux, etc.) ou des périphériques à vitesse moyenne comme la téléphonie numérique, audio et vidéo de qualité moyenne. Le débit est partagé entre tous les périphériques.

La version 2.0 propose un débit à haute vitesse à 480 Mbit/s pour concurrencer le bus IEEE 1394 (*Firewire*) dans les applications vidéo.

Plug and Play

Ce système permet d'insérer à chaud un périphérique sur un ordinateur sans avoir à faire d'intervention logicielle ou matérielle, autre que le seul branchement. L'hôte détecte ce branchement qui lui est signalé par un contrôleur appelé hub puis attribue une adresse à ce dispositif. Ce dernier fournit alors à l'hôte les informations (fonctions, vendeur…) permettant de charger et d'activer le pilote logiciel correspondant. Le périphérique est alors prêt à l'emploi. Le débranchement du périphérique provoquera la déconnexion et la libération des ressources sur la machine hôte.

Architecture générale

Le bus USB fonctionne pour l'accès au support en mode maître/esclave : un agent maître est à l'initiative de tous les échanges. Cet agent maître est appelé l'*hôte* et est en général installé sur l'ordinateur auquel sont raccordés les périphériques. Si la topologie logique est un bus (toute trame de données émise est vue par tous les agents), la topologie physique est une topologie en étoile par étage. Certains dispositifs connectés sur le bus jouent ainsi le rôle de concentrateur (*hub*), soit une sorte de multiprise nœud d'une étoile de niveau inférieur. Cette hiérarchisation physique est imposée par le fait que le bus USB fournit un courant d'alimentation aux appareils qui en sont dépourvus (souris…). Un hub distribue, si nécessaire, l'alimentation électrique aux équipements qui lui sont rattachés.

L'hôte

Le bus est entièrement contrôlé par un hôte unique, généralement implanté sur un ordinateur. En externe, cet hôte est accessible par un hub, le hub racine, avec un ou plusieurs ports. Il peut y avoir en cascade jusqu'à 5 hubs en plus du hub racine (structure étagée).

À la connexion d'un appareil, l'hôte identifie celui-ci et lui assigne une adresse unique : c'est la phase *d'énumération*. Lors de la connexion d'un hub, il y a énumération de tous les appareils situés en aval.

L'hôte ayant la maîtrise totale du bus, il attribue également la bande passante en fonction des types de transfert demandés par les appareils.

Le hub

Tout dispositif USB doit être connecté sur le port d'un hub. La connectivité est simplifiée à l'extrême pour l'utilisateur. Ce hub intervient dans la distribution de l'alimentation, mais il a également un rôle clé dans la logique de connexion/déconnexion d'un dispositif USB. Il se charge de la signalisation de ces événements à l'hôte USB pour le bon fonctionnement du mécanisme. Par contre, sous l'angle du transfert de données, le hub est totalement transparent : tous les appareils sont logiquement connectés en étoile à l'hôte.

Le hub présente des prises de connexions physiques appelés ports. Les ports dirigés vers les appareils sont appelés ports *descendants* et ceux dirigés vers l'hôte sont les ports *montants*. Chaque hub contient un contrôleur qui surveille les différents ports et en rend compte à l'hôte. Celui-ci interroge les contrôleurs de hubs afin de prendre en compte les connexions et déconnexions d'appareils. Il permet d'isoler un trafic haute vitesse d'un trafic basse vitesse.

Le hub est constitué de deux parties : *hub controller* et *hub repeater*. Le répéteur est un commutateur entre le port montant et les ports descendants. Le contrôleur est un contrôleur de communication « classique » accessible depuis l'hôte par une interface de registres.

Figure 6-39

Hubs et dispositifs

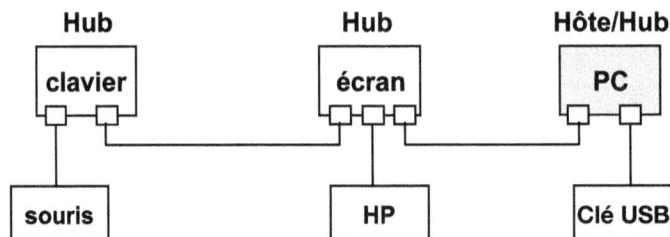

Dispositif, appareil

Tout équipement USB qui n'est pas un hôte est *a priori* un dispositif ou appareil USB. Un appareil fournit des services à l'aide de fonctions USB. Un dispositif peut être soit auto-alimenté, soit alimenté par le bus.

La figure 6-39 donne un exemple de branchement de périphériques. L'ordinateur PC est l'hôte maître du système de communication. Il dispose de 2 ports dont un utilisé pour une clé mémoire et l'autre pour connecter l'écran qui sert lui-même aussi de hub. Le « hub-écran » donne un point de connexion aux hauts parleurs (HP) et un autre sert au clavier. Le clavier, également hub, dessert la souris.

Un appareil USB est P&P : après sa mise sous tension, il ne répond à aucune transaction avant d'avoir reçu un signal de réinitialisation (reset) du bus. Dès lors, il est accessible par son adresse par défaut et l'hôte procède à l'énumération, opération qui consiste à repérer l'appareil, l'identifier et lui affecter une adresse dans l'espace d'adressage USB. Au raccordement, le hub, auquel l'appareil vient d'être branché, informe l'hôte d'un changement dans son état de connexion.

L'hôte interroge alors le hub sur la nature de ce changement et lui demande de faire le reset qui permet d'activer l'appareil. Lors de cette phase, chaque appareil USB doit fournir un *descripteur d'appareil* décrivant ses possibilités de fonctionnement sur le bus. Pour amorcer le processus de communication et de configuration, tout appareil USB sait répondre à un ensemble minimal et commun de requêtes. Ces requêtes sont transportées par un « transfert de contrôle » sur un canal par défaut toujours accessible avec une transaction appelée SETUP.

Le bus

Le câble USB doit avoir une longueur inférieure à 4 mètres. Il comporte 4 fils dont deux distribuent l'alimentation (masse et Vbus : 5 V nominal). Les deux autres transmettent les données en différentiel (pour une meilleure immunité au bruit) et avec un codage NRZI (*Non-Return to Zero Inverted*). Trois débits sont disponibles : la basse vitesse à 1,5 Mbit/s, la pleine vitesse à 12 Mbit/s et la haute vitesse à 480 Mbit/s.

Architecture logique, modèle logique

USB propose un modèle de communication en couches facilitant son intégration au niveau du système d'exploitation. La couche basse est dédiée aux aspects physiques de la communication et est donc spécifique à un contrôleur USB particulier. Du côté de l'hôte, la couche suivante joue le rôle d'un pilote qui abstrait le bus USB et permet à la couche application d'utiliser des connexions ou voies de communication logiques : les périphériques distants sont vus au travers de mémoires tampons (*buffers*). L'homologue du pilote, côté périphérique USB, est un dispositif logique « débarrassé » des détails du protocole physique de communication appliqué au niveau du bus.

La communication est alors totalement logique entre des *buffers* sur l'hôte et des interfaces de fonctions sur les périphériques. Cette couche dite « application » met en relation par le canal logique un « logiciel client » côté hôte et une « fonction » côté périphérique.

L'appareil USB communique avec un logiciel client installé sur l'hôte de manière totalement transparente par rapport au fonctionnement physique du bus. La communication est totalement logique au travers des canaux virtuels.

Du point de vue du modèle de programmation des entrées-sorties, la programmation habituelle par le chargement des registres du coupleur, vue dans les sections précédentes, est remplacée par une interface logique, abstraite fonctionnant sur la base de l'échange de messages.

Fonctions et terminaisons

Une fonction USB est une vue logique du service fourni par le périphérique : imprimante, scanner, joystick, clé mémoire, etc. Elle est constituée d'un ensemble d'interfaces qui régissent les fonctionnalités de l'appareil. À chaque interface, est associée une terminaison (*EndPoint* EP), mémoire tampon locale qui est la source ou la destination logique des données.

La communication avec une fonction est assurée par un tampon (8 octets en général) qui appartient à la terminaison. Les terminaisons sont effectivement les puits et les sources de données vis-à-vis d'un canal de communication reliant des mémoires tampons du côté hôte pour le logiciel client et des mémoires tampons du côté périphérique pour son logiciel embarqué.

Tous les appareils doivent prendre en charge la terminaison 0 sur laquelle arrivent les commandes et les demandes d'états des appareils.

Canaux virtuels de communication (*pipe*)

Le système USB crée des canaux virtuels pour les différents flux de données qui connectent un logiciel client et une terminaison associée à une fonction. Tous les canaux passent par le dispositif logique de la couche intermédiaire qui fait le multiplexage à la manière d'une couche transport en réseaux. Un appareil possède plusieurs terminaisons et y fait donc passer autant de canaux.

Un canal particulier doit pré-exister, c'est le canal par défaut qui est associé à la terminaison 0. Il est bidirectionnel et gère le trafic de contrôle-commande pour la configuration de l'appareil.

Pour les autres terminaisons, il est possible d'avoir 2 canaux unidirectionnels, l'un montant et l'autre descendant ; la combinaison de l'adresse de l'appareil, du numéro de la terminaison et de la direction est unique. Les caractéristiques de fréquence, de bande passante, de taille de tampon, de type de transfert (Commande, Bloc, Isochrone ou Interruption) et de sens de flux (IN, OUT) déterminent les propriétés de chaque terminaison.

La norme USB définit deux classes de canaux :

• Les canaux libres (*Stream Pipes*) correspondent à des flux de données non structurés par rapport à USB : les données sont celles des applications et du périphérique et circulent dans un sens prédéfini en mode Bloc, Isochrone ou Interruption.

• Les canaux de messages (*Message Pipes*) font circuler des messages dans un format USB défini et entièrement contrôlé par l'hôte. Ces canaux sont destinés aux transferts de type contrôle et pourront accessoirement procéder à un transfert de données dans le sens voulu par la commande de contrôle. Les canaux de messages sont bidirectionnels.

Quand un canal est fermé (fin d'application ou débranchement de l'appareil) la bande passante allouée à ce canal est libérée et redistribuée si nécessaire aux autres canaux.

Périphérique logique USB ou dispositif logique

Un « périphérique logique USB » est un ensemble de terminaisons indépendantes les unes des autres. À chaque terminaison est attribué un numéro de terminaison unique à la fabrication du dispositif. Le dispositif logique reçoit aussi une adresse de dispositif à l'issue du processus d'énumération. Sur le bus, une terminaison est donc adressée de manière unique par le couple (@dispositif, @terminaison physique sur le dispositif).

En dehors de la terminaison 0 qui joue un rôle particulier, une terminaison est unidirectionnelle de type IN (transfert dispositif vers hôte) ou OUT (transfert hôte vers dispositif). Pour une communication bidirectionnelle, il faut utiliser deux terminaisons. Chaque terminaison ne peut, d'autre part, avoir qu'un mode de transfert parmi les 4 possibles, ce qui fixe les caractéristiques vis-à-vis de l'utilisation de la bande passante.

La terminaison établit une liaison point à point unidirectionnelle entre un logiciel d'application sur la machine hôte et une fonction sur le dispositif. Cette liaison est appelée canal (*pipe*).

Tout dispositif USB doit supporter la gestion d'un canal par défaut associé à la terminaison 0. Ce canal ne gère que le mode de transfert « control » pour la configuration du dispositif.

Le protocole USB

Toute transaction est initialisée par l'hôte et implique la transmission de 1 à 3 paquets. Un paquet commence par un champ *Sync* de 8 ou 32 bits, selon la vitesse, pour permettre la synchronisation bit et se termine par un champ EOP (*End Of Packet*). Une transaction d'information USB commence lorsque le coupleur hôte envoie un paquet indiquant le type et le sens de la transaction ainsi que l'adresse du dispositif logique et le numéro de terminaison. Ce paquet est appelé Paquet Jeton (*Token Packet*). La source peut ensuite procéder à l'émission de paquets de données et le destinataire termine en général le dialogue avec un paquet de *Handshake* pour signifier le succès ou l'échec du transfert. Au total, on distingue 4 types de paquets :

- Les *paquets jeton*. Toute transaction commence par un paquet jeton que l'hôte diffuse périodiquement sur le bus. Le paquet jeton décrit le type et le sens de la transaction, l'adressage du dispositif et la fonction USB concernée. Le paquet contient quatre champs (figure 6-40) :

  - Le champ *PID*, *Packet Identifier*, indique le type de paquet jeton avec les 4 possibilités suivantes :

    IN pour une lecture de données depuis le dispositif ;

    OUT pour une écriture vers le dispositif ;

    SOF, *Start Of Frame*, pour indiquer le début d'une trame USB (frame) ;

    SETUP pour indiquer qu'un paquet de données de contrôle-commande suit.

  - Le champ *ADDR* donne l'adresse sur 7 bits du dispositif USB. L'adresse 0 n'est pas valide : un dispositif venant d'être installé et qui n'a pas encore d'adresse attribuée doit répondre aux paquets envoyés avec l'adresse 0.

  - Le champ *ENDP*, *endpoint* ou terminaison, correspond à une sous adresse de fonction sur le dispositif.

  - Le paquet est terminé par un CRC de 5 bits.

- Les *paquets de données* DATA. Les paquets de données suivent en général un paquet jeton de type IN (lecture), OUT (écriture) ou SETUP. Le sens de lecture et d'écriture est toujours déterminé par rapport à l'hôte. Le paquet est une structure à 3 champs (figure 6-40) :

  – Le champ PID prend les deux valeurs DATA0 et DATA1 pour un contrôle de flux minimal en comptage modulo 2 (détection de perte de paquet).

  – Le champ Data doit avoir une longueur multiple de 8 bits.

  – Le champ CRC est sur 16 bits.

- Les *paquets de Handshake* (poignée de main) sont les paquets de services pour les acquittements. Ils ont pour valeur ACK, NACK ou STALL. Un NACK indique que la terminaison n'est pas prête pour un échange de données, soit pour recevoir des données de l'hôte, soit qu'elle n'a pas de données à transmettre. Un paquet STALL est le signe d'un dysfonctionnement sérieux d'une fonction d'un dispositif et indique que la fonction est dans un état bloqué. Seul un paquet SETUP peut faire sortir la fonction de cet état.

- Les *paquets spéciaux* : le paquet spécial PRE (*PREamble*) signale à un hub qu'une transaction basse vitesse (1,5 Mbit/s) va suivre. Le paquet SPLIT est introduit dans USB 2.0 pour gérer un débit montant à haute vitesse à partir d'un hub gérant des équipements basse et pleine vitesse.

Figure 6-40

Paquets Token et Data

	8 bits	7 bits	4 bits	5 bits			8 bits	0-1023 bits	16 bits
Token	PID	ADDR	ENDP	CRC5		**Data**	PID	DATA	CRC16

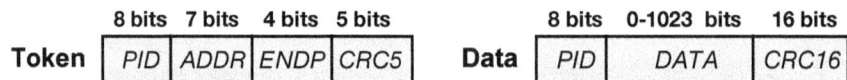

Les types de transferts

Ils sont au nombre de quatre : *Bulk*, *Control*, *Interrupt*, *Isochronous* et correspondent à des utilisations bien différentes du bus.

Les transferts en bloc (*Bulk*)

Les transferts en bloc effectuent un transfert fiable (sans erreurs) entre l'hôte et une terminaison dans un dispositif. Elle est initiée après un jeton IN ou OUT fait par l'hôte. La réponse de la fonction est soit ACK, NAK ou STALL. La gestion des erreurs est faite avec une détection par un CRC16 de polynôme $X^{16} + X^{15} + X^2 + 1$ et avec un mécanisme intégré de retransmission de type ARQ.

Ces transferts ne bénéficient pas d'une bande passante garantie : ils utilisent ce qui reste de la bande passante laissée par les autres types de transactions. Ils sont destinés aux transferts de données de masse sans contraintes de temps (un disque ou une clé USB, une imprimante, un scanner…). Le flux de données est unidirectionnel et ne s'applique qu'aux modes pleine et haute vitesse. La taille du paquet de bloc est au maximum de 64 octets en pleine vitesse et de 512 octets en haute vitesse.

Les transferts de commandes (*Control Transfer*)

Les transferts de commandes transmettent les messages de contrôle/commande entre l'hôte et une fonction, en particulier pour l'installation et le paramétrage des appareils. Un transfert de contrôle implique plusieurs étapes : SETUP, DATA, STATUS. Tout transfert de contrôle commence par une étape de SETUP (figure 6-41). S'il y a une étape de données (DATA), alors celle-ci se fait en mode bloc (*bulk*). L'étape d'état (*status*) est réalisée avec un IN ou un OUT suivant le type des données précédentes (OUT ou IN).

Figure 6-41

Chronogramme de communication

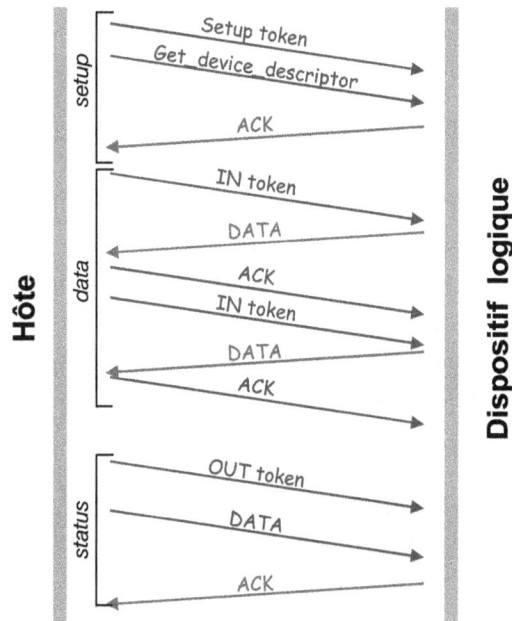

Les transferts d'interruption

Il est destiné aux appareils transmettant peu de données (souris, clavier, pointeur, etc.) mais pour lesquelles un délai garanti est souhaitable (applications interactives). Un appareil ayant une information à signaler à l'hôte ne peut en aucun cas le faire directement. Il ne peut répondre qu'à une interrogation faite par scrutation avec une périodicité définie lors de l'installation de l'appareil. Cette scrutation est faite par l'hôte en envoyant un paquet Token IN au dispositif qui répond le cas échéant par un paquet de données ou par un paquet NAK ou STALL.

Les transferts isochrones

Les transferts isochrones respectent les contraintes de temps strictes imposées par les applications audio et la téléphonie en garantissant une bande passante constante. La synchronisation peut se faire, entre autre solution, en détectant le paquet "SOF" de chaque conteneur. Ces transferts se font sans acquittement et les applications concernées se doivent d'être tolérantes aux erreurs de transmission. Le CRC permet de détecter les erreurs, mais il n'y a pas de possibilité de les corriger (un paquet perdu passera inaperçu pour une application audio ou vidéo). La détection des erreurs n'a qu'une valeur statistique pour qualifier la qualité de la transmission.

Les « conteneurs » USB (*USB Frames*)

Les transferts sont pilotés par l'hôte sur la base de conteneurs qu'il génère toutes les 1 ms. Dans chaque conteneur, le temps est discrétisé et alloué à chaque type de transaction avec un ordre de priorité décroissant du transfert *isochrone*, puis *l'interrupt*, le *control* et enfin s'il reste de la place le transfert en *bloc*.

Chaque conteneur débute avec un paquet SOF (*Start of Frame*) avec son numéro de conteneur sur 11 bits et se termine par un temps mort EOF (*End Of Frame*). Les transferts sont ensuite servis dans l'ordre défini ci-dessus.

Bus Firewire, IEEE 1394

Le bus normalisé sous la référence IEEE 1394 est également connu sous le nom de *FireWire* qui est une marque déposée par Apple, inventeur du dispositif.

Ce bus est à l'origine conçu pour l'échange de données entre périphériques à haut débit, sur des distances courtes dans le mode Peer to Peer (poste à poste) c'est-à-dire sans intervention d'un serveur.

Peer to Peer

Peer to Peer (Poste à Poste) est un réseau dans lequel tous les postes de travail ont les mêmes possibilités de communication, de telle sorte que ceux-ci peuvent s'échanger des données ou partager les mêmes ressources, sans l'aide d'un serveur spécialisé ou de tout autre équipement d'interconnexion.

Il n'y a pas de relation maître/esclave ou primaire/secondaire pour l'accès au support : celui-ci est basé sur un principe d'équité pour les applications sans contraintes de temps. Les applications visées sont l'audio et la vidéo en réalisant l'interconnexion éventuellement directe d'équipements sans forcément nécessiter un ordinateur.

Quelques ordres de grandeurs de débits

Vidéo Haute Déf. : 30 trames/s * 640 x 480 pels * 24 bits coul/pel	= 221 Mbit/s
Vidéo Moy. Déf. : 15 trames/s * 320 x 240 pels * 16 bits coul/pel	= 18 Mbit/s
Audio Hi-Fi : 44 100 échantillons/s * 16 bits échant. Stéréo	= 1,4 Mbit/s
Audio standard : 11 050 échantillons/s * 8 bits échant. Mono	= 0,1 Mbit/s

---

Le bus est série, fonctionne avec plusieurs débits binaires (100 Mbit/s pour le standard S100, 200 Mbit/s pour S200 et 400 Mbit/s pour le mode S400) et distribue une alimentation continue.

> **Remarque**
>
> Les valeurs réelles pour ces standards sont : 98 304, 196 608 et 393 216 MHz.

Les distances sont de l'ordre de 4 à 5 mètres et la transmission utilise deux paires torsadées : une pour les données et l'autre pour la synchronisation. L'installation est de type P&P avec insertion à chaud, ce qui implique que chaque dispositif « 1394 » est doté du logiciel embarqué approprié de configuration. Les points de raccordement sont les nœuds.

Deux types de transferts de données sont proposés : le transfert isochrone avec garantie de bande passante pour l'audio et la vidéo et le transfert asynchrone avec garantie de qualité (CRC et retransmission ARQ). Jusqu'à 80 % de la bande passante peut être allouée au mode isochrone.

Les nœuds et la topologie

La topologie présente quelques particularités qui sont intéressantes à développer.

Un nœud est un dispositif connecté au bus 1394 ayant embarqué un logiciel permettant à ce nœud de communiquer avec tous les autres nœuds du réseau. Il est également capable de gérer la méthode d'accès au support pour les transferts asynchrones. Un nœud dispose de ports de connexion. Certains nœuds peuvent être de simples répéteurs.

Les équipements sont connectés suivant une topologie en arbre de branchement sans boucle (graphe acyclique). Les paquets de bits transportés sur le bus sont propagés de proche en proche : chaque « relais » est appelé saut (*hop*).

Les câbles de connexions ont une longueur maximale de 4,5 m. Le chaînage est limité par le nombre de sauts maximal qu'il peut y avoir entre la source et la destination. Ce nombre est de 16 et la longueur maximale du bus est donc de 72 m. Un bus comporte au maximum 63 nœuds et il est possible de relier des bus 1394 entre eux avec un pont 1394. Le câble 1394 comporte une distribution d'alimentation pour que le bus fonctionne même avec des nœuds « éteints ». Pour une meilleure immunité au bruit et occupation de la bande passante, données et synchronisation sont transmises sur deux paires torsadées séparées (figure 6-42). PT_A transmet les bits en codage NRZ et PT_B transmet le signal *Strobe* pour la reconstitution de l'horloge à la réception. À l'émission, le signal *Strobe* est le OU Exclusif entre l'horloge d'émission et les données. À la réception l'opération OU Exclusif entre les bits de données et le signal *Strobe* reconstitue l'horloge. De cette manière, le meilleur profit est tiré du codage NRZ pour l'occupation de la bande passante : l'horloge est « répartie » sur les deux canaux.

Figure 6-42

Câble 1394 et transmission des signaux

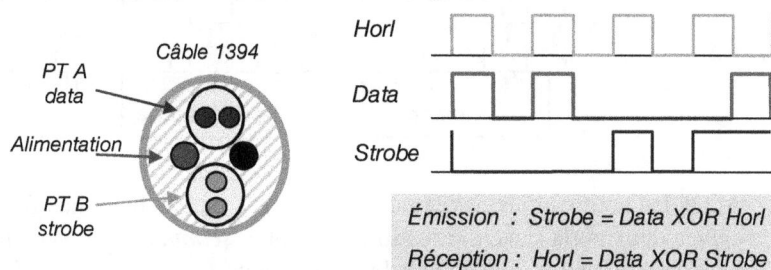

Émission : Strobe = Data XOR Horl

Réception : Horl = Data XOR Strobe

La figure 6-43 montre un exemple de bus Firewire interconnectant des équipements suivant le principe du chaînage en guirlande.

Figure 6-43

Exemple d'interconnexion Firewire

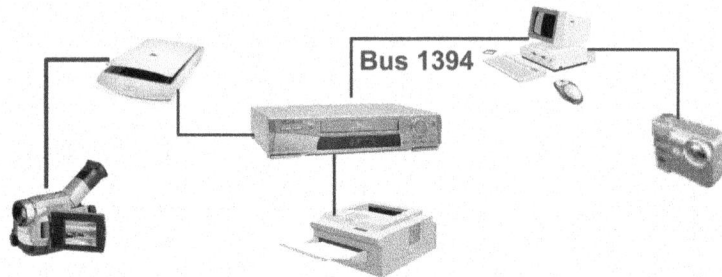

Numérotation des nœuds

Pour les besoins de la communication, ce chaînage doit être transformé en un arbre construit à partir d'un nœud racine (*Root Node*). Cette transformation est faite automatiquement à la réinitialisation du bus. Cette dernière est aussi relancée lorsqu'on adjoint un nouvel équipement (nouveau nœud) sur le bus. La construction de l'arborescence logique avec la désignation du nœud racine est autonégociée. L'adressage des nœuds est également réalisé au cours de cette phase.

Chaque nœud sait, en fonction de ses branchements, s'il est nœud « feuille », c'est-à-dire qu'il ne propage pas la chaîne. Chaque nœud feuille signale sur sa connexion une notification *Parent_Notify*. *Caméscope* (figure 6-44) envoie une notification à *scanner*, *photo* le fait vers le *PC* et *imprimante* en envoie une à *magnétoscope*. Les nœuds qui reçoivent ces notifications sont des nœuds « branches » (*branch node*). Lorsque le nœud branche reçoit la notification sur un de ses ports, il étiquette ce port comme ayant un nœud fils (*Child Node*) et envoie une *Child Node* notification au nœud feuille. Le nœud feuille accepte cette notification en étiquetant son port comme Parent (c'est-à-dire connecté à un nœud parent). Les ports sont numérotés arbitrairement pendant cette phase.

Figure 6-44

Numérotation : étape 1

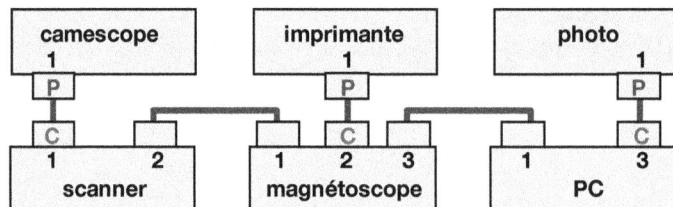

Après les notifications des nœuds feuilles, les nœuds branches font le bilan. *magnétoscope* a deux ports sans notification « parent », *scanner* et *PC* ont chacun un port sans ce type de notification. Les nœuds branches ayant un seul port non étiqueté se considèrent comme fils et envoie une notification *Parent_Notify* comme le ferait un nœud feuille. À l'issue de cette étape, *magnétoscope* marque ses deux ports restant comme *Child*, les deux nœuds branches étant confirmées dans leur état « ayant un parent ». Tous les ports de *magnétoscope* étant maintenant étiquetés C (*Child*), le nœud *magnétoscope* est désigné *Root Node*. En cas d'égalité, toujours possible, un choix aléatoire est appliqué.

Figure 6-45

*Numérotation :
étapes 2 et 3*

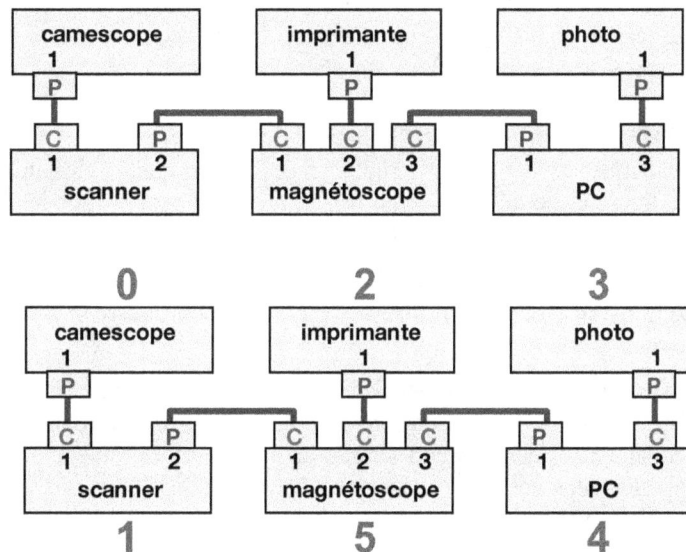

Lorsque l'arborescence est construite, le bus passe à l'étape de l'auto-identification, étape au cours de laquelle chaque équipement s'attribue un numéro unique d'identification de nœud. Ce processus fonctionne de la manière suivante. À l'origine tous les nœuds s'attribuent le numéro 0. Le nœud racine envoie sur son port de plus petit numéro une « permission d'arbitrage » (*Arbitration Grant*), permission qui est propagée de la même manière (plus « petit » port) jusqu'à un nœud feuille. Ici, c'est *Caméscope* qui reçoit cette première permission. *Caméscope* s'attribue ainsi le numéro ID 0 et fait remonter au nœud racine cette information sous la forme d'un paquet *Self-ID* contenant ce numéro 0 maintenant affecté. Le nœud racine propage ensuite cette information à tous les nœuds qui la mémorisent et incrémentent l'auto-numérotation initiale. *Caméscope* reçoit ainsi une confirmation pour son identificateur.

Le nœud racine recommence alors avec une nouvelle « permission d'arbitrage » : elle est traitée de la même manière et *scanner* s'attribue ainsi ID 1. La répétition du processus amène à la numérotation finale de la figure 6-45. Le nœud racine a le numéro d'identification le plus élevé.

Pour les transferts de données à temps contraint (vidéo), le bus a besoin d'un nœud responsable de la gestion des ressources isochrones. Il est appelé IRM (*Isochronous Resource Manager*). Chaque nœud ayant la possibilité de faire ce travail et souhaitant devenir gestionnaire transmet cette demande dans son *Self_ID*. Le gagnant pour ce poste est le nœud candidat de numéro le plus élevé.

Protocole de communication et transfert de données

Le bus supporte deux modes de transferts de données. Les transferts isochrones sont destinés à l'audio et à la vidéo ; les transferts asynchrones sont dédiés aux transferts non contraints en temps. Les transferts se font sous la forme d'envoi et de réception de paquets de données ou de commande, chaque paquet étant lui-même constitué d'unité de données de 32 bits appelées *quadlet*.

Les paquets et leur format

Un paquet est une suite structurée de bits contenant des informations de commande, d'adresse et de données. Une fois émis, il est vu par tous les nœuds du bus. Le paquet débute par un en-tête de 2 ou plus *quadlets* décrivant l'utilisation et la charge utile du paquet. Il y a deux types de paquets.

Le transfert isochrone utilise des paquets isochrones. Un paquet isochrone n'attend pas de réponse.

Les paquets asynchrones servent au transfert fiable de commandes et de données, donc avec un mécanisme d'acquittement et de gestion d'erreurs. L'ensemble constitué d'un paquet émis par un nœud source et de son acquittement par le nœud destinataire est appelé « sous-action » (*subaction*). Deux sous-actions asynchrones constituent une transaction asynchrone.

Figure 6-46

Format du Paquet Asynchrone

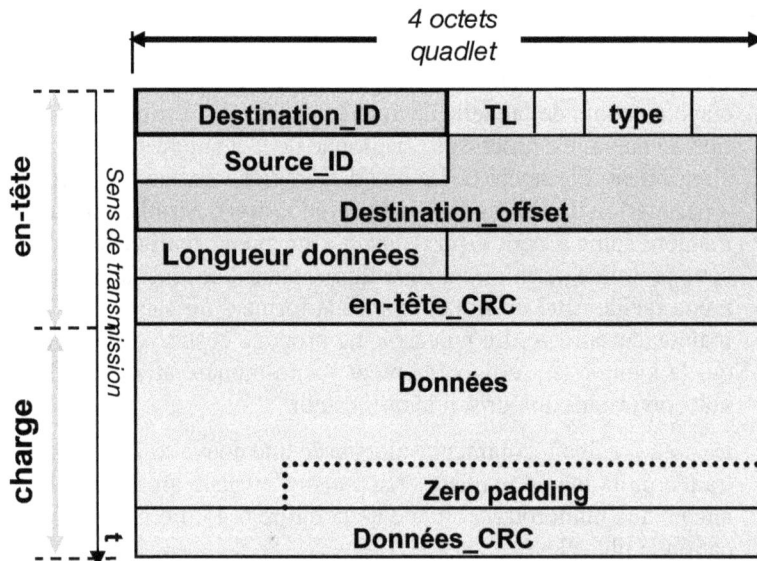

Le format de la figure 6-46 donne les principaux champs d'un paquet asynchrone. Le champ *type* indique la fonction de paquet : *Cycle Start* (départ de cycle), requête de lecture de données, requête d'écriture, réponse de lecture, réponse d'écriture, etc. L'ensemble *Destination_ID* et *Destination_offset* forme l'adresse absolue dans l'espace d'adressage du bus 1394. Le champ TL (*Transaction Label*) est un numéro attribué dans une sous-action de requête. Ce numéro est repris dans la réponse pour constituer la transaction. Cet indicateur permet d'associer de manière sûre une réponse à sa question d'origine.

Le paquet CS, *Cycle Start*, contient dans sa charge utile l'heure « système » diffusée par l'IRM à tous les nœuds pour la synchronisation du temps.

Le paquet isochrone comporte un en-tête réduit (figure 6-47). Le champ type contient l'indicateur de paquet isochrone et les seules informations qui sont alors nécessaires au transfert sont le numéro de canal et le nombre d'octets de données. Les champs CRC de détection d'erreurs ne servent qu'à faire ignorer à la réception les paquets erronés. Il n'y a pas de champ identificateur de nœud : les données sont distribuées sur un canal et tous les équipements qui écoutent ce canal récupèrent les données. D'autres transmissions peuvent avoir lieu simultanément sur un autre canal, dans la limite de la bande passante disponible.

Figure 6-47

Paquet Isochrone

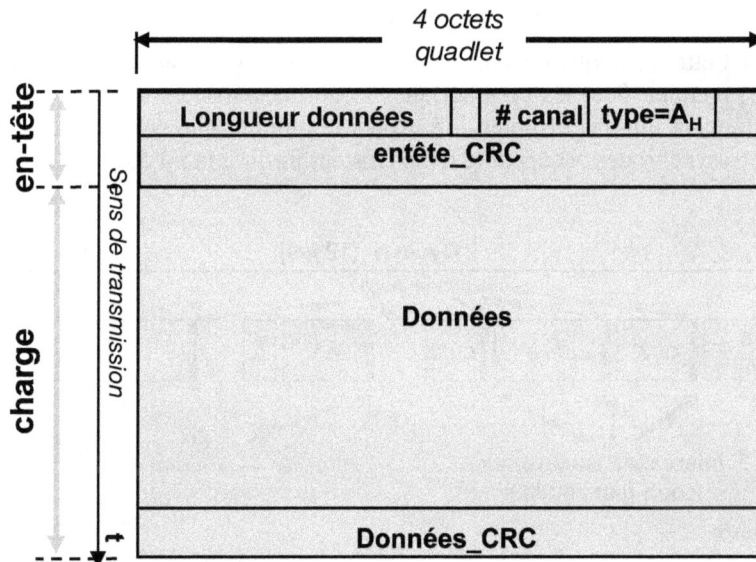

Transferts isochrones

En transmission isochrone, l'IRM fournit un paquet de signalisation du temps pour générer le cadencement nécessaire à ce type de données. C'est la même référence temporelle que celle retenue en téléphonie numérique qui est utilisée : une signalisation à 8 kHz pour une restitution correcte des fréquences de 4 kHz (théorème d'échantillonnage de Shannon). Cette signalisation, faite à l'aide d'un paquet de données appelé CSD (*Cycle*

Start Data), définit des intervalles ou cycles de 125 µs (inverse de la fréquence de signalisation). À l'intérieur d'un cycle, des tranches temporelles synchronisées sur le CSD sont allouées aux canaux de transferts isochrones. Ceux-ci, transmis en priorité, garantissent ainsi une bande passante et peuvent occuper jusqu'à 80 % du cycle, soit 80 % de la bande passante.

Le reste du temps peut être consacré aux transactions asynchrones, c'est-à-dire celles pouvant démarrer n'importe quand dans l'intervalle et donnant lieu à des messages d'acquittement du récepteur.

Le cycle (figure 6-48), lancé par le paquet CS de synchronisation, est un intervalle temporel où les différents périphériques peuvent entrer en compétition pour l'accès au bus et transmettre les données. Les canaux A, B et C ont été réservés auprès de l'IRM. La largeur d'un canal isochrone est fonction de la demande faite par le périphérique et la tranche de temps correspondante est intégralement utilisée pour la transmission isochrone : pas d'acquittements ou récupérations d'erreurs. L'espace vide (*gap*) entre deux canaux est bref.

Un périphérique « isochrone » réagit immédiatement au constat d'un tel gap, tandis qu'un périphérique « asynchrone » ne réagit pour l'acquisition du bus que lorsqu'il constate un gap suffisamment grand.

Cette technique revient de fait à favoriser les transferts isochrones qui sont effectués en premier. Seul les périphériques isochrones arrivent à « voir » les petits gaps et remarquent ainsi la disponibilité. Après le premier gap suffisamment grand, les transactions asynchrones occupent le temps restant jusqu'à la fin du cycle.

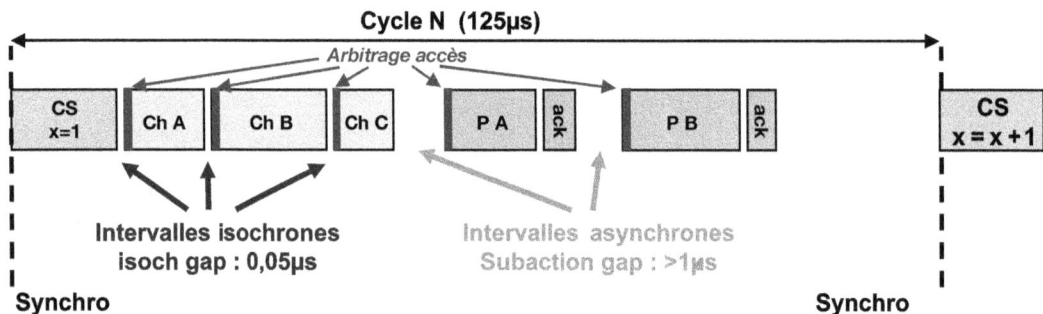

Figure 6-48
Cycles de transferts de données

Gestion des canaux

Les canaux isochrones sont gérés par l'IRM qui dispose d'un registre appelé *BandWidth_Available* indiquant aux nœuds à fonction isochrone la bande passante disponible pour de nouveaux canaux.

À la réinitialisation du bus, ou lors du branchement d'un nouveau nœud isochrone, *camés-cope* fait une requête d'environ 30 Mbit/s. L'IRM alloue cette bande passante en terme d'unités élémentaires de temps, appelée unité d'allocation, dont la durée est égale à environ 0,02 µs. C'est le temps nécessaire à l'émission d'un quadlet transmis sur un bus 1 394 avec le débit maximum de 1 600 Mbit/s. Il y a ainsi 6 144 unités d'allocations dans un cycle de 125 µs et comme 20 %, c'est-à-dire 25 µs, du cycle est réservé pour les transferts asynchro-nes, il reste 4 915 unités d'allocation pour les canaux isochrones. Le débit maximal binaire réel sur le bus est donc de 32 bits × 4 915 unités × 8 000 cycles soit environ 1 260 Mbit/s (soit environ 80 % de 1 600 Mbit/s). Pour un bus S1600, notre *camescope* qui demande 30 Mbit/s, devra déposer une requête pour (4 915 × 30)/1 260 unités S1600, soit environ 120 unités. Pour un bus réel S400, il devra demander 480 unités ((120 × 1 600)/400).

Transferts asynchrones

Un transfert asynchrone est fait sous la forme de transactions, c'est-à-dire de demandes suivies des réponses associées. Chaque sous-action comporte un acquittement. Dans l'exemple de la figure 6-48, le nœud A demande, avec le paquet P_A, des données au nœud B. L'ordonnancement des opérations est le suivant : lorsque le nœud A gagne l'accès au bus, il dépose le paquet P_A. Après un certain laps de temps, le paquet arrive au nœud B qui en acquitte immédiatement la bonne (mauvaise) réception. Le nœud B peut ensuite, lorsqu'il aura accès au bus, répondre en envoyant le paquet P_B. À la récep-tion de ce paquet, A répond par un acquittement (accusé de réception). Comme le nœud A peut lancer plusieurs demandes, il y aura plusieurs réponses. Les nœuds concer-nés ne répondant pas tous avec le même délai, les réponses doivent être correctement associées : cela est fait à l'aide du champ TL (*Transaction Label*) que le récepteur reco-pie dans la réponse avec la valeur initiale fournie par l'émetteur.

L'arbitrage d'accès au bus

L'arbitrage d'accès au bus devient intéressant car un même nœud peut avoir plusieurs fois accès au bus pour émettre des données. Prenons par exemple le réseau de la figure 6-49 et supposons que les nœuds 0 et 2 veulent procéder à une émission. Ils entrent en compétition pour l'accès au bus et l'arbitrage est fait par le nœud racine.

Figure 6-49

Accès au bus, arbitrage phase 1

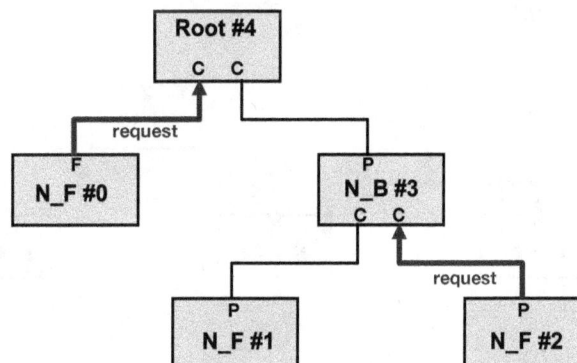

Dans une première phase, les nœuds demandeurs transmettent leur requête vers leur nœud parent. Le premier arrivé au nœud racine gagnera l'accès. Voyons les différentes étapes.

Lorsqu'un nœud parent reçoit une requête, il envoie un refus (*deny*) sur tous ses autres ports enfants pour ne pas recevoir d'autres requêtes : la première requête arrivée sur un nœud invalide celles susceptibles d'arriver sur les autres ports (figure 6-50).

Lorsque le nœud parent est le nœud racine, celui-ci accorde l'octroi (*grant*) au nœud qui est arrivé à lui faire parvenir la requête (figure 6-50). Dans notre cas, le nœud N_F #0 sait ainsi qu'il a gagné l'arbitrage. Parallèlement, le nœud N_F #2 reçoit le signal de refus lui signifiant de retirer sa requête du bus et donc d'attendre une autre opportunité.

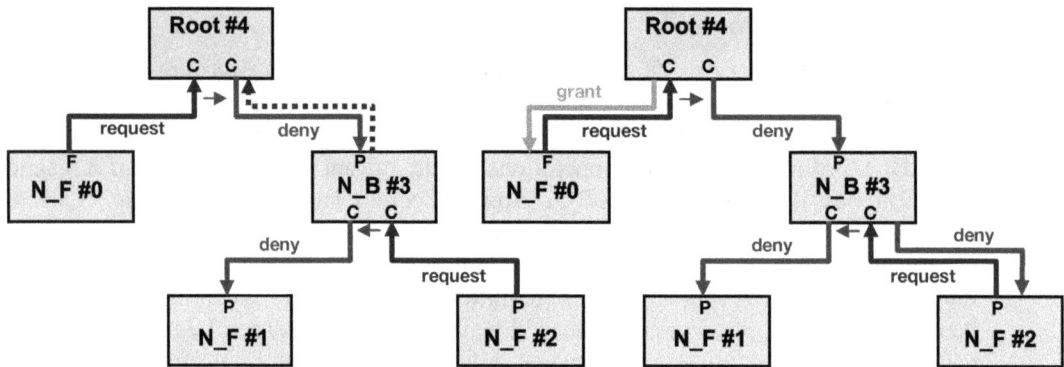

Figure 6-50

Arbitrage phases 2 et 3

La topologie physique en arbre avec un arbitrage à la racine fait toujours gagner le nœud le plus proche de cette racine : c'est une priorité de topologie.

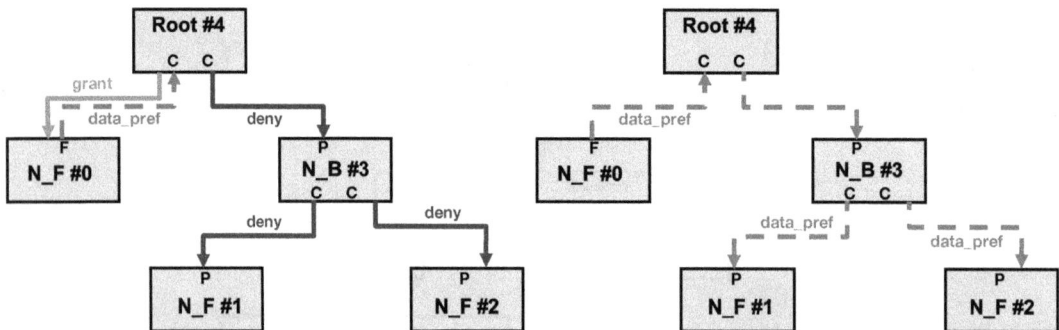

Figure 6-51

Arbitrage phases 4 et 5

Le nœud N_F #0 ayant gagné l'accès au bus, émet un préfixe de données (*Data_Prefix*) signalant le début de transmission de données au nœud Root qui le propagera (figure 6-51). Sur les autres nœuds, où les refus sont de fait considérés en entrées comme des préfixes de données, les données peuvent maintenant être réceptionnées et le bus est totalement libre pour le nœud N_F #0.

L'intervalle d'équité

Nous avons vu que la topologie donne toujours comme vainqueur de la compétition le nœud le plus proche de la racine. Cela est plutôt gênant si le même nœud veut émettre à plusieurs reprises dans le cycle courant, ce qui est parfaitement son droit. Ce nœud risque donc d'accaparer l'accès au bus. Le mécanisme d'équité (*fairness*) est destiné à mettre momentanément hors compétition le plus proche de la racine et laisser ainsi une meilleure chance aux autres nœuds en compétition. Ce mécanisme définit l'intervalle d'équité comme la durée nécessaire pour que chaque nœud compétiteur ait acquis un, et un seul, accès au bus. Lorsqu'un nœud a l'accès au bus et dépose son paquet asynchrone, il invalide son indicateur d'autorisation d'arbitrage et ne peut ainsi plus participer à un nouvel arbitrage.

Par contre, tous les autres nœuds compétiteurs laissent leur indicateur en position validée. À la fin de la transmission du nœud gagnant, un nouveau nœud plus éloigné de la racine peut alors gagner l'accès : il invalide dès lors son indicateur d'autorisation d'arbitrage. Il en va ainsi pour les autres nœuds.

L'intervalle d'équité se termine lorsque tous les nœuds en compétition auront été servis : cette fin est « signalée » par un silence (*Arbitration Rest Gap*) plus important que les autres gaps. Tous les nœuds revalident alors leur indicateur d'autorisation d'arbitrage et une nouvelle compétition et un nouvel intervalle d'équité peuvent commencer.

La structuration en couche

La structuration en couche (figure 6-52) est *a priori* la même sur tous les nœuds du bus puisqu'il n'y a pas de nœud maître. La couche supérieure est la couche application qui comporte les fonctionnalités ou services accessibles à l'utilisateur.

En fonction du type d'application, cette dernière fait appel aux services de la couche transaction lorsqu'il s'agit d'utiliser les transferts asynchrones et s'adresse directement à la couche liaison de données pour le trafic isochrone.

La couche transaction gère le protocole des transactions asynchrones. La couche liaison est chargée de la mise en paquets et intervient dans les opérations de configuration et de gestion du bus. La couche physique gère l'accès au bus et le transfert effectif des paquets sur le support.

Figure 6-52

*Modèle en couches
IEEE 1394*

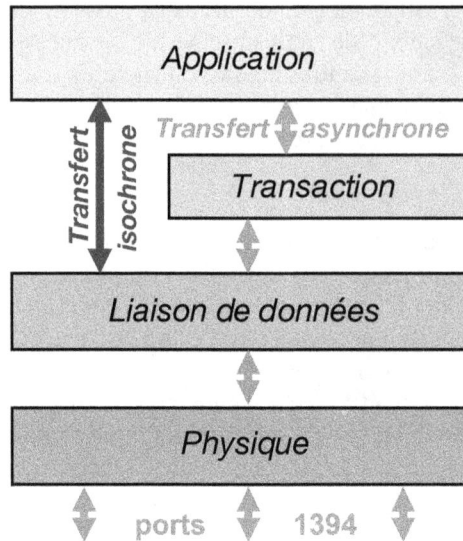

L'espace d'adressage

L'espace d'adressage du bus 1394 suit la norme d'architecture de registre de commande et d'état CSR (*Control Status Register*) IEEE 1212 pour l'interconnexion d'un ensemble de bus. Cet espace utilise une adresse sur 64 bits avec trois principaux champs. Les 10 bits de poids forts donnent un numéro de bus et les 6 bits suivants définissent un numéro de nœud sur un bus donné pour 63 équipements (l'adresse avec tous les bits à 1 étant réservée). Dans le cas d'un seul bus, le numéro de bus est à 0. Les 48 bits restant sont destinés à l'adressage pour l'usage interne d'un nœud. Cet espace d'adressage est une généralisation de l'espace d'entrées-sorties introduit au début de ce chapitre. Toutes les applications, quel que soit le réseau de communication des entrées-sorties, accèdent ainsi au même espace mémoire.

Bluetooth

Bluetooth est un réseau sans fil conçu pour transmettre des données avec un débit de 1 Mbit/s dans un voisinage d'une dizaine de mètres. Il a été inventé par la société Ericsson pour permettre la connectivité d'équipements mobiles comme les téléphones, les assistants personnels, les appareils photos, etc. pour des connexions éphémères ou ponctuelles. L'objectif est de contribuer à l'ubiquité ou à l'informatique pervasive, informatique omniprésente réalisant elle-même les connexions nécessaires en fonction de l'environnement. Son débit relativement faible ne permet pas d'aborder la vidéo.

Les dents bleues

Le nom de Bluetooth est celui d'un roi viking, grand mangeur de myrtilles, qui a réussi à réunifier plusieurs provinces scandinaves.

Les dispositifs Bluetooth forment, en s'associant, des petits réseaux ad hoc appelés *piconet*. Un réseau ad hoc est un réseau qui se met en place en fonction de son environnement. À l'intérieur d'un piconet, il y a un maître et au maximum 7 autres dispositifs (adressage MAC sur 3 bits). Plusieurs piconets peuvent se recouvrir et constituer ainsi un ensemble épars de réseaux appelé scatternet.

La transmission utilise la bande des 2,4 GHz et procède par « saut » d'une fréquence à une autre, parmi 79 possibles à raison de 1 600 sauts (*hops*) par seconde. Les transmissions sont synchrones pour des transferts audio (64 kbit/s pour le téléphone) et asynchrones pour les équipements non audio. Dans ce dernier cas, le débit peut ne pas être symétrique (différence entre débit « ascendant » et débit « descendant »).

Les technologies et les principes mis en œuvre sont ceux de tous les réseaux sans fil comme le WiFi (normes 802.11), les problèmes aussi, en particulier ceux relatifs à la sécurité. Les explications concernant le fonctionnement plus détaillé de Bluetooth relèvent donc davantage d'un ouvrage spécialisé sur les réseaux locaux.

InfiniBand

Les bus comme USB, Firewire et Bluetooth répondent à des besoins de communications d'entrées-sorties pour les périphériques que l'on pourrait appeler « grand public ». Le bus PCI répond à des besoins de communications internes à l'ordinateur et le bus SCSI à des besoins de communications avec des dispositifs de stockage de masse internes ou externes. Tous ces bus répondent donc à des besoins plus ou moins spécifiques dont l'inconvénient majeur sont les problèmes de « scalabilité ».

Les besoins en débit pour les transferts de données sont de plus en plus importants, qu'il s'agisse des liaisons entre des mémoires de machines parallèles, des disques sur des serveurs ou des systèmes de sauvegarde. Il faut aussi tenir compte du fait que si d'un côté l'on dispose de processeurs travaillant au-delà du gigahertz et de réseaux optiques dépassant aisément le gigabit/s, d'un autre côté, il a un vrai goulet d'étranglement au niveau intermédiaire des communications sur les bus standards.

Ces bus sont donc amenés à évoluer fréquemment, peut-être trop fréquemment. En 2000, un certain nombre de leaders du marché de l'informatique posent les bases d'une architecture de communication pour les entrées-sorties généralisées appelées IBA : *InfiniBand Architecture* (*InfiniBand* pour *Infinite Bandwith*).

L'architecture IBA s'appuie sur un système central autonome de commutation permettant de mettre en relation les agents à connecter par des voies virtuelles. InfiniBand est une architecture point à point commutée. Le bus n'est plus globalement une ressource critique pour chacun des agents. Le système central de commutation, *Switch Fabric*, est chargé de cette mise en relation et agit comme une matrice de connexion avec un objectif de débit de quelques gigabits/s.

Sur un ordinateur, la connexion physique est réalisée à l'aide d'un HCA (*Host Channel Adapter*) ayant accès directement à la mémoire de l'ordinateur. Du côté des périphériques, la connexion se fait avec un TCA (*Target Channel Adapter*) adapté au périphérique concerné.

IBA correspond aussi à une architecture d'interconnexion de réseaux : les éléments rattachés à une centrale de commutation constituent un sous-réseau. Les sous-réseaux sont interconnectés avec un protocole IPV6 et permettent aussi la liaison avec l'Internet.

L'architecture détaillée d'InfiniBand, tout comme celle de Bluetooth, nécessite une bonne connaissance des protocoles réseaux (couches réseaux et transport).

Ce qu'il faut retenir quand vous aurez tout oublié

Les coupleurs ou contrôleurs d'entrées-sorties sont les dispositifs qui se situent à l'interface entre le processeur et les périphériques. Leur rôle est de réaliser une adaptation de vitesse et éventuellement un transcodage des données.

Les contrôleurs sont accessibles à la programmation par l'intermédiaire de registres dont les adresses sont définies dans l'espace des entrées-sorties. Ils travaillent à la demande et interagissent avec le processeur par le mécanisme des interruptions.

Les contrôleurs sont spécialisés dans la manière dont ils gèrent la communication avec le périphérique, par exemple série ou parallèle, ou en accès direct comme dans le cas du DMA.

La tendance actuelle est l'interconnexion des périphériques par un bus ou mini-réseau permettant de banaliser le branchement des périphériques par le mécanisme du Plug and Play et de faciliter la communication d'application à application (USB, Firewire).

7

Stockage et mémoire virtuelle

Du disque au cache.

Où sont les données ?

L'objectif de ce chapitre est de décrire les mécanismes mis en œuvre dans la gestion de la mémoire quel que soit l'endroit où elle se trouve : le disque, la RAM de la mémoire centrale ou la mémoire cache.

L'idée générale est de passer du modèle de représentation physique de l'octet vers une notion plus abstraite et structurée comme les fichiers sur les disques, la page en mémoire centrale.

Nous débuterons le chapitre par l'organisation des données sur le disque. Les bases sont posées pour l'introduction d'un système de fichiers comme la FAT utilisée en Windows et l'UFS des systèmes Unix.

La même démarche est reprise pour l'organisation de la mémoire centrale. L'introduction de la mémoire virtuelle contribue à se dégager complètement des limites physiques de la mémoire centrale, en particulier à l'aide de la pagination.

La dernière partie du chapitre est consacrée, toujours suivant le même principe, à la gestion des mémoires caches pour finalement aboutir à l'architecture générale de la mémoire d'un ordinateur.

La hiérarchie des mémoires

La mémoire a été vue jusqu'à présent comme un simple moyen de stocker un ensemble de bits d'information sous la forme de mots de 8, 16 ou 32 bits. La mémoire centrale est

ainsi une suite contiguë de mots numérotés consécutivement. Cela correspond implicitement à leur adresse. Pour mémoriser une information, il faut écrire la donnée correspondante à une adresse mémoire déterminée et il est nécessaire de se « souvenir » de cette
adresse pour relire la donnée. Dans les langages de programmation, assembleur ou autre,
le maintien de cette adresse est fait en donnant un nom à une variable et la mémorisation
de l'adresse peut se faire physiquement sous forme d'opérande d'une instruction. Nous
avons vu par ailleurs qu'un programme occupe trois zones en mémoire centrale : une
zone de code, une zone de données et une zone pour la pile. L'adresse d'une donnée est
souvent mémorisée dans la zone de code alors que la donnée elle-même est évidemment
stockée dans la zone de données.

Ce mécanisme de base de gestion de la mémoire, par adressage direct (ou aléatoire,
RAM) ne pose en soit pas de problème particulier du point de vue fonctionnel tant qu'il
n'est pas tenu compte des contraintes physiques et économiques.

Les caractéristiques les plus contraignantes imposées par les mémoires sont la taille
effective et le temps d'accès.

Figure 7-1

*Vitesse CPU
et Vitesse RAM*

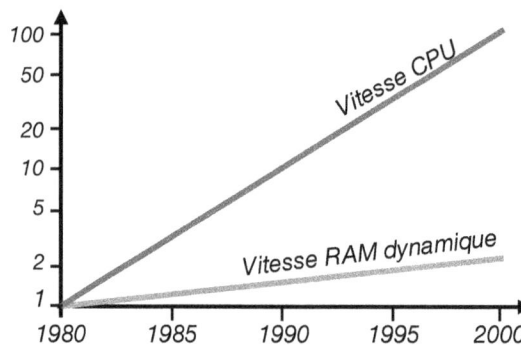

Les programmes des utilisateurs ont toujours eu une tendance à avoir une taille supérieure à la capacité mémoire disponible dans l'ordinateur. Augmenter la taille de celle-ci
est parfois possible mais se traduit généralement, pour des raisons économiques, par des
mémoires plus lentes. Ce dernier point est encore aggravé par le fait que les vitesses des
mémoires RAM augmentent moins vite que celles des processeurs, l'écart est d'environ
50 % par an (figure 7-1).

La mémoire centrale est donc toujours à la fois trop petite pour les programmes et trop
lente pour le processeur. Pour résoudre le problème de la lenteur, il est possible d'insérer,
entre le processeur et la RAM, une mémoire plus rapide mais qui, en contrepartie, sera
nécessairement beaucoup plus petite. Ce type de mémoire est appelé mémoire cache.
Pour résoudre le problème de la taille, on cherche une extension de mémoire du côté du
disque où l'on dispose de tailles d'ordre de grandeur supérieur, mais avec une vitesse
d'accès beaucoup plus lente.

Mémoire cache, mémoire centrale et disque intègrent un schéma dit de *hiérarchie de mémoire,* visualisé sous la forme d'une pyramide dont le sommet est la mémoire la plus rapide, la plus petite, c'est-à-dire les registres du processeur. À la base se trouvent les mémoires de capacité infinie, d'accès lent et peu onéreux comme par exemple les cartouches magnétiques (figure 7-2).

La hiérarchie selon Burks

« L'idéal serait de disposer d'une capacité mémoire illimitée pour que tout... mot puisse être immédiatement disponible... Nous devons... nous contenter de la possibilité de construire une hiérarchie de mémoires, chacune d'elles ayant une capacité supérieure à celle de la précédente, mais un accès moins rapide. » A.W. Burks, H.H. Goldstine et J. von Neumann. 1946

Figure 7-2

Hiérarchie de mémoires

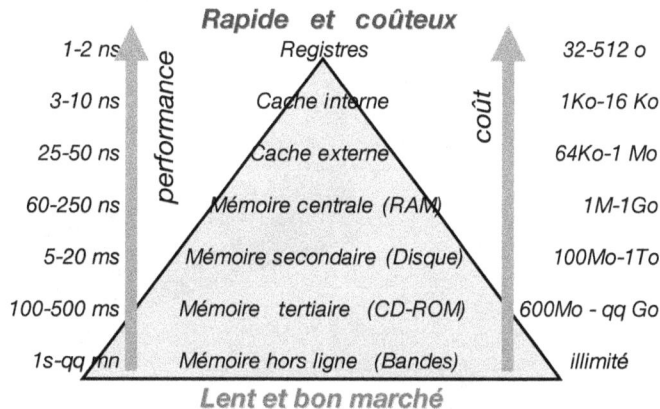

La mémoire centrale a une taille physique généralement inférieure à la capacité d'adressage du processeur. Le système d'exploitation chargé de l'exécution des gros programmes ou des programmes en quasi-simultanéité (multiprogrammation) trouve dans ce constat une contrainte forte. Par contre, l'ensemble {mémoire centrale – disque} est en mesure de couvrir la capacité d'adressage du processeur, ce qui suggère l'idée de faire croire au système d'exploitation qu'il dispose de la totalité de la capacité d'adressage : c'est la *mémoire virtuelle.* On peut même faire croire que chaque processus dispose de la capacité totale.

Nous débutons la présentation par la description du fonctionnement et de l'organisation du stockage des données sur le disque. Le lecteur étant certainement plus familier avec l'organisation d'un disque, nous commençons par là, puis nous reprendrons le même raisonnement, appliqué cette fois-ci à la mémoire centrale et aux mémoires cache. Nous passerons très rapidement sur les principes physiques pour centrer l'essentiel de la discussion sur la structuration et l'organisation des données, c'est-à-dire sur les fichiers. Nous décrirons ensuite les principes gouvernants de la mise en œuvre de la mémoire virtuelle.

Les disques

Le disque dur, aussi appelé *disque Winchester*, est un support de masse élaboré avec des matériaux magnétiques. La mémorisation d'un bit d'information est faite par l'orientation dans un sens ou dans un autre d'un micro-aimant. Le disque est constitué d'un ensemble de plateaux circulaires superposés et tournant autour d'un axe central à une vitesse fixe de quelques milliers de tours par minute. Les plateaux sont utilisables sur les deux faces. Une tête de lecture-écriture se déplace, sans contact, en radial par rapport aux plateaux (figure 7-3).

Figure 7-3

Disque Winchester

L'écriture et la lecture des bits d'information sont faites à l'aide d'un minuscule électroaimant situé dans la tête. Le passage du courant dans la bobine crée un champ magnétique qui oriente, suivant le sens du courant, les particules magnétiques du support dans un sens ou dans l'autre. Pour la lecture, les particules magnétiques du plateau en mouvement de rotation induisent un courant électrique dans la bobine de la tête, courant dont la polarité dépend de l'orientation des particules magnétiques défilant sous la tête. La technologie a été mise au point par IBM au début des années 1970. Plus tard, avec l'avènement des supports optiques (CD-Rom), il semblait que ceux-ci allaient sonner le glas des supports magnétiques, en particulier les disques durs. Il n'en fut rien. La densité de stockage sur les disques magnétiques suit une croissance exponentielle à la manière de celle des mémoires à semi-conducteurs.

La dimension des premiers disques est de 14 pouces pour une capacité de quelques dizaines de mégaoctets, la technologie actuelle permet maintenant des tailles d'un pouce et des capacités de centaines de gigaoctets.

À la fabrication du support, celui-ci comporte une couche de matériau magnétique dont les particules sont orientées au hasard. Le désordre résultant constitue une surface uniforme sans repérage pour le stockage des données.

Figure 7-4

Préformatage du Disque

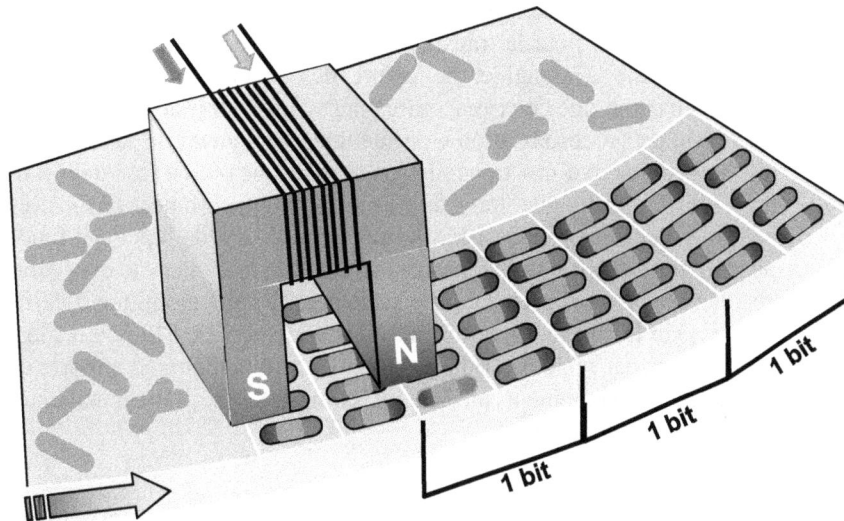

Un plateau doit donc être préparé en y mettant en place un repérage magnétique qui sera ensuite utilisable comme guide pour l'écriture et la lecture des données à des emplacements précis. Cette opération est appelée le préformatage du disque : elle consiste à marquer sur ces plateaux circulaires des cercles concentriques, appelés pistes, sur lesquels la tête pourra laisser des traces et les relire ensuite. Comme le montre la figure 7-4, l'élément de stockage d'un bit occupe une surface dont l'une des dimensions est caractéristique de l'épaisseur de la piste et l'autre permet de définir le nombre de bits enregistrables sur une piste. La figure représente un enregistrement dit « longitudinal », c'est-à-dire que l'orientation magnétique se fait en tangentiel de la piste, mais il existe aussi un enregistrement dit « radial » où l'orientation est perpendiculaire à la piste. La densité la plus importante est obtenue grâce à une troisième solution qui est l'orientation verticale.

Le premier disque dur

Le premier disque dur magnétique date de 1957 et fait partie de l'IBM RAMAC 305. Le disque est constitué de 50 plateaux de diamètre 24' (soit environ 60 cm) pour une capacité de 5 Mo. Son coût de location est de 35 000 $ par an... Mais à ce prix là, le logiciel « 350 File System » est inclus. Le concepteur de cette « armoire », Alan Shugart fonde la société Seagate et propose en 1979 un disque de 5 Mo... plus de dix fois moins cher. Ces disques deviennent les standards « Personal Computer » des années 80.

Winchester est devenu un terme générique pour désigner un type de disque dur magnétique scellé hermétiquement dans lequel la tête de lecture/écriture se déplace sur un coussin d'air. Le premier disque de ce type, développé par IBM en 1973, comporte deux plateaux, l'un fixe, l'autre amovible et chacun d'une capacité de 30 Mo (IBM 3340). La petite histoire veut que le nom de Winchester a été retenu par analogie ou référence au fusil Winchester 30-30 où ces nombres représentent d'une part le calibre et d'autre part le poids de poudre noire exprimé en « grains » (7 000 grains = 1 livre).

Les techniques mises en œuvre pour le stockage des données binaires sont très proches de celles décrites pour la transmission de données. Le niveau physique fait apparaître le codage binaire à signal et la lecture des données génère les mêmes problèmes de synchronisation que ceux rencontrés dans la transmission série (chapitre 3). Il n'y a pas de « piste de synchronisation » permettant exactement de savoir où se situe une suite de bits. À la manière d'une transmission asynchrone où il a été vu qu'il n'est pas possible de transmettre une longue suite de bits sans re-synchronisation, il n'est également guère possible d'écrire sur une piste un seul bit ni autant de bits qu'il faudrait pour remplir la piste. L'écriture est faite par morceaux de taille fixe : la piste est découpée en parts égales appelées *secteurs* (figure 7-5). Le secteur est l'unité atomique d'écriture et de lecture de données sur le disque. La taille en est généralement de 512 octets : les lectures et les écritures se font par secteurs complets (même si un fichier ne comporte qu'un seul caractère, il occupe physiquement un secteur complet). Le préformatage réalise également le marquage de ces secteurs.

Figure 7-5

Structure du disque

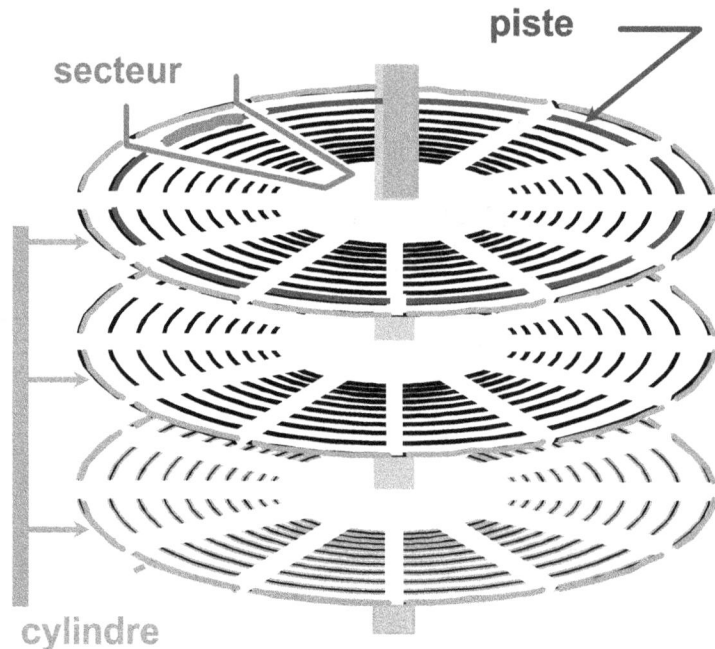

L'ensemble des pistes de même diamètre (sur les deux faces des plateaux) est appelé un *cylindre*. Au plus proche du matériel, l'adresse physique d'un secteur est donné par le triplet {#cylindre, #tête, #secteur_de _piste} ou {Cylinder, Head, Sector} ou {C, H, S}.

La capacité totale de stockage S du disque est donc égale à :

S = (nbr_cylindre × nbr_têtes × nbr_secteur_de_piste × nbr_octets_par_secteurs).

Notons que la longueur d'un secteur de piste n'est pas la même sur le bord du disque et vers l'intérieur. Pour des raisons de simplicité, les premières versions de disques avaient toutes des secteurs de taille identique, peu importe le positionnement vers l'extérieur ou le centre, et le nombre de têtes était le double du nombre de plateaux. La technologie ayant évolué, elle tire maintenant le meilleur parti de la densité magnétique quelle que soit la position du cylindre. Il s'ensuit que si l'on donne toujours les caractéristiques d'un disque sous la forme du triplet {C, H, S}, le nombre de têtes n'a plus de sens physique. Par exemple, un disque classique de 8 Go est décrit par le triplet {1024, 255, 63}, mais il est évident qu'il n'a pas 255 têtes de lecture !

Contrairement à une donnée en mémoire centrale dont le temps d'accès est identique quelle que soit son adresse, l'accès à une donnée sur le disque dépend de la proximité du secteur concerné par rapport à la dernière position de la tête. On parle d'un temps moyen d'accès.

Accès au disque et ordonnancement des tâches

Vis-à-vis du processeur, le disque dur est un dispositif lent. Cela signifie que l'exécution d'un programme (ou de plusieurs programmes dans le cas d'un système d'exploitation multitâche) peut aboutir à ce que le disque reçoive plusieurs requêtes de lectures avant qu'il n'ait pu terminer la première. Voyons ce qui se passe dans un tel cas. La notation CHS a l'avantage de mettre en évidence cette problématique du déplacement de la tête de lecture. Supposons que notre disque ait 100 cylindres, numérotés de 0 à 99. À un instant donné, la tête est positionnée sur la piste 33. Des demandes de lectures se sont accumulées pour les cylindres 81, 95, 48, 10, 56, 8.

Ces demandes ont été enregistrées par le contrôleur de disque et il est légitime de se poser la question de la gestion de la file d'attente de ces demandes. La tête devant se déplacer pour effectuer une lecture d'un cylindre à un autre, il faut tenir compte du temps de déplacement de la tête pour tous ces cylindres. En première approximation, et en admettant, pour simplifier les choses, que les secteurs à lire sont sur la même radiale, la durée de lecture est liée aux déplacements de la tête. Pour la quantifier indépendamment de la mécanique, nous mesurons ces déplacements en nombre de pistes (cylindres).

La méthode de gestion la plus simple de la file d'attente, en FIFO, revient à traiter les demandes dans l'ordre de leur arrivée. Le nombre total de déplacements, calculé en nombre de pistes à franchir est alors de 241 pistes. Ce nombre est assez élevé : la tête « court » tout azimut sur le disque, mais toutes les demandes seront traitées, en particulier si de nouvelles demandes arrivent, elles sont simplement ajoutées en queue de liste.

Il est possible de raccourcir le chemin en favorisant les déplacements les plus courts au détriment de ceux qui sont les plus longs. Cet ordonnancement du plus court temps de recherche met les demandes dans l'ordre suivant : 48, 56, 81, 95, 10, 8. Cet ordre est celui qui, à chaque étape, donne la distance la plus petite en nombre de pistes. Le nombre total de déplacements passe alors à 154 pistes. Ce mode de gestion apporte une amélioration notable mais il y a cependant un risque dit *de famine* (*starvation*). Si de nouvelles demandes arrivent et qu'elles correspondent toutes à un même voisinage, les cylindres les plus éloignés sont toujours repoussés et des demandes peuvent ne pas être traitées.

Pour éviter cet inconvénient, une variante fait déplacer la tête de l'extérieur vers l'intérieur et exécute les demandes correspondantes dans la file, puis lorsque le cylindre minimal est atteint, le déplacement est effectué vers l'extérieur et ainsi de suite. L'insertion d'un nouveau cylindre est prise en compte soit directement si son numéro est dans le sens du déplacement, soit au mouvement suivant.

Il est ainsi toujours possible d'améliorer, éventuellement en fonction de situations précises, ces algorithmes, en tenant par exemple aussi compte de la position du secteur sur la piste.

Pour la transmission de données, le disque utilise une interface parallèle. Les premiers standards d'interface (ST 506) pour les machines personnelles étaient basés sur un contrôleur de disque disposé sur la carte mère avec les signaux amenés sur l'électronique de commande du disque par une nappe de fils. Cette solution a rapidement trouvé ses limites à cause de la transmission de signaux analogiques sur quelques décimètres.

Une amélioration notable est apportée avec le standard IDE (*Integrated Drive Electronic*) où toute l'électronique de pilotage est intégrée directement dans le carter du disque. La version EIDE (Enhanced IDE), une amélioration de IDE est le standard le plus utilisé pour les machines personnelles et permet un débit de 4 à 16 Mo/s. De fait, la dénomination IDE comme interface pour le disque est abusive car elle implique simplement, comme son nom l'indique, que l'électronique de commande est intégrée au disque. Le standard d'interface correspondant s'appelle en réalité ATA pour *Parallel Advanced Technology Attachment*.

Le standard SCSI (*Small Computer System Interface*) est plus performant et se retrouve sur les serveurs de fichiers, le débit atteint 40 Mo/s et 80 Mo/s en version 3. Ces standards sont de plus en plus concurrencés par les interfaces séries. On assiste actuellement à la transition entre la version P-ATA (*Parallel ATA*) vers la version S-ATA (*Serial ATA*) qui peu à peu donne de meilleurs débits.

De l'organisation physique vers une organisation logique

Le disque est un support de données particulier avec parfois un rôle réellement spécifique. Il sert à stocker données et/ou programmes et contient, au moins pour l'un d'entre eux, le programme qui permet de l'exploiter. Non seulement, il contient le système d'exploitation de l'ordinateur mais il contient aussi le programme de gestion (système de gestion de fichiers et pilotes) qui permet d'utiliser le disque. Un tel disque est parfois appelé « disque système ». Le processus de démarrage de l'ordinateur est donc assez curieux : l'ordinateur doit à chaque démarrage, faire une sorte de « mue » permettant de transformer le processeur en une machine virtuelle et universelle par le biais de son système d'exploitation. Cette « autotransformation » se fait en plusieurs étapes.

À la réinitialisation, le processeur démarre un programme situé en mémoire morte. Ce programme réalise l'initialisation des différents composants proches du processeur (quelques contrôleurs d'entrées-sorties) puis doit accéder au disque pour chercher un nouveau programme qui va lui-même charger le système d'exploitation qui gérera ensuite le disque à sa manière.

Nous prendrons comme exemple une organisation de disque compatible avec les machines de type PC, indépendamment du système d'exploitation.

Le Master Boot Record

Le programme en mémoire morte (ROM) assurant le démarrage du processeur doit donc être en mesure de lire une information sur le disque indépendamment du système d'exploitation à charger par la suite. Ainsi, pour qu'une même machine puisse être opérée par plusieurs systèmes d'exploitation (pas en même temps bien sûr !), le disque présente un secteur particulier servant d'amorce pour la lecture de la suite du disque. Ce secteur est appelé MBR, *Master Boot Record* (Secteur d'amorçage principal) et est repéré en notation CHS par le triplet (0,0,1). Ce secteur garde une organisation physique – il est toujours repéré de cette manière – et les informations qu'il contient permettent de voir la suite du disque comme une (des) partition(s) logique(s).

Pour faire une analogie, si on voit le pré-formatage comme l'assemblage d'un ensemble d'étagères, les partitions peuvent être vues comme l'organisation de ces étagères en une ou plusieurs « armoires ». Chaque armoire peut éventuellement correspondre à un système d'exploitation particulier. Le premier secteur, le MBR, contient les descripteurs de ces armoires (partitions) et le programme qui permet d'ouvrir l'armoire du système d'exploitation choisi et ensuite de le charger. Le chargement terminé, le système de gestion de fichiers du système d'exploitation est alors en mesure de gérer le reste des fichiers de la partition (programmes et données). Les 446 premiers octets du MBR contiennent le code de « boot », les 64 octets suivants sont destinés à contenir 4 descripteurs de partition (ce qui définit donc la limite du nombre de partitions). Les deux derniers octets contiennent un code appelé « nombre magique » de valeur AA55 indiquant que les 446 premiers octets contiennent un programme d'amorçage valide. Chaque descripteur de partition occupe 16 octets qui indiquent :

- Octet 0 : 80_h si la partie est active, 00_h sinon. Une seule partition est active à la fois. Le programme en ROM considère que cette partition active contient le système d'exploitation à charger.
- Octets 1, 2, 3 : début de partition (*head, sector, cylinder*).
- Octet 4 : type de partition (DOS, OS/2, Windows, Linux, etc.).
- Octets 5, 6, 7 : fin de partition (*head, sector, cylinder*).
- Octet 8 : offset boot, si le système d'exploitation n'est pas dans le premier secteur.
- Octets 9 à 15 : taille en secteurs de la partition.

En général, les autres secteurs de la même piste que le MBR restent inoccupés (à moins que des virus s'y installent bien à l'abri…) et la première partition commence à {C = 0,

H = 1, S = 1}. Le code d'amorçage automatique peut aussi être remplacé par un chargeur multisystème d'exploitation comme LiLo (*Linux Loader*).

Dans la suite, nous utiliserons la notation LBA (*Logical Block Addressing*) où les secteurs logiques sont numérotés de 0 à N (N étant la capacité du disque en nombre de secteurs) indépendamment de leur position physique. Cette notation simplifie la description de l'organisation du disque, par contre elle masque le positionnement réel physique des secteurs et ne permet donc plus de donner précisément les temps d'accès aux données.

Les coussins d'air d'un disque dur

Un disque dur est un dispositif d'une extrême précision dans son fonctionnement physique. Le plateau, généralement en alliage d'aluminium, a une épaisseur inférieure au millimètre et est recouvert des deux côtés par un film de matériau magnétique pris en sandwich entre des matériaux de protection pour une épaisseur de l'ordre de 0,1 µm. La capacité de stockage est de l'ordre de quelques Gigabits par cm^2. L'ensemble des plateaux tourne à une vitesse de l'ordre de 10 000 tr/min. La tête de lecture, qui porte un capteur magnétorésistif, se déplace en relatif au-dessus des plateaux à une vitesse supérieure à 100 Km/h sur un coussin d'air d'épaisseur voisine de 0,01 µm. Mis à l'échelle, c'est comme si un Airbus A320 volait à une altitude constante d'environ 1 millimètre... au-dessus de la piste.

Les disques sont fabriqués en salle blanche et font l'objet d'un préformatage permettant de repérer les secteurs. Ce marquage, fait en utilisant un code de Gray, est détecté par la tête de lecture pour réaliser un servo positionnement (et synchronisation) extrêmement précis sur le plateau. La tête ne peut écrire qu'après avoir lu ces codes et ne peut donc pas les effacer ou écrire par-dessus.

Revenons au stockage de données. Le premier niveau d'organisation est le suivant : le disque est un volume constitué d'une ou de plusieurs partitions et le secteur MBR contient les informations sur la taille et l'emplacement de ces partitions. Chaque partition peut avoir une organisation particulière liée au système d'exploitation qui lui est associé et le premier secteur de chaque partition correspond à l'amorçage de celle-ci. Ce secteur, de numéro 0, donne toutes les indications sur la méthode utilisée pour la structuration des données dans la partition.

Créer des partitions : la commande FDisk

Le partitionnement du disque est fait sur l'initiative d'un technicien lors de la préparation de la machine. La préparation du disque implique de démarrer (*booter*) sur un autre support de masse (disquette, CD-Rom, clé USB) pour avoir le maximum de liberté de manœuvre. Dans la plupart des systèmes d'exploitation, il existe une commande appelée FDISK permettant de faire ce partitionnement, nous prendrons comme exemple la commande FDISK du DOS. La préparation logique de chaque partition (son formatage) doit cependant être réalisée avec le système d'exploitation qui l'utilisera.

DOS : les partitions et les unités logiques

Le stockage des fichiers est organisé suivant une hiérarchie arborescente décrite à l'aide de répertoires. Un répertoire principal contient plusieurs répertoires, chacun d'entre eux pouvant contenir plusieurs sous-répertoires et ainsi de suite. Chaque répertoire possède un nom et la suite concaténée des noms de répertoires conduisant, à partir de la racine, à la branche finale de l'arbre où se trouve le fichier, est appelée le *chemin d'accès du fichier*.

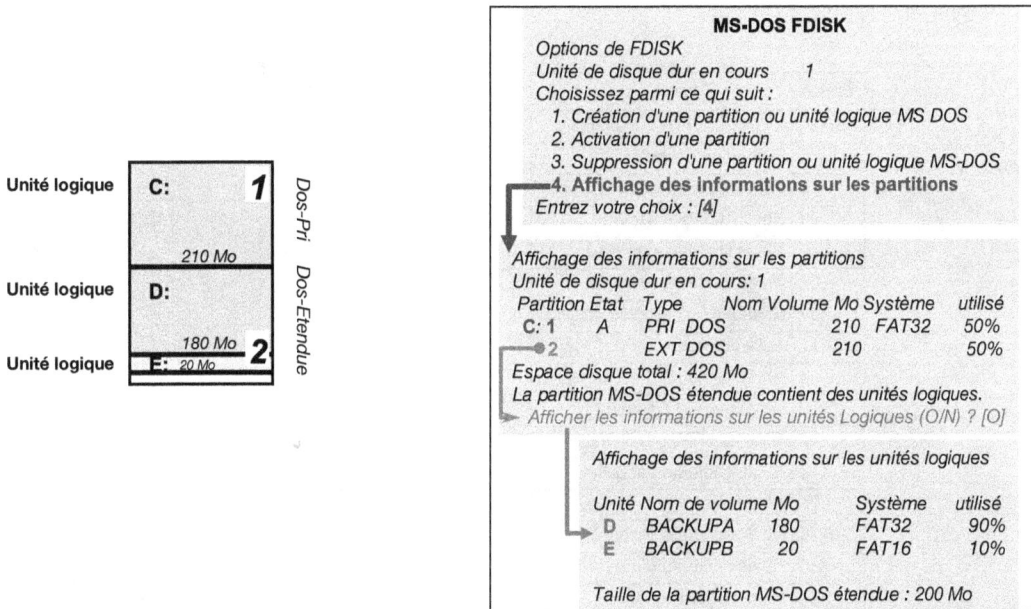

Figure 7-6

Partitions d'un disque (FAT)

La structuration du système de gestion de fichiers de DOS peut être définie comme un ensemble d'arbres constituant autant d'arborescences. À chaque arborescence est associée une « Unité Logique » nommée par une lettre suivie du caractère « **:** » (C:, D:, … A:). Les unités A et B sont réservées pour les lecteurs de disquettes et C pour l'unité logique de démarrage (*boot*) du système à partir du disque.

Une unité logique est contenue dans une partition. Il y a deux types de partitions DOS. La partition DOS primaire qui contient forcément l'unité C et la partition étendue (*extented*) qui n'est pas bootable.

Une unité logique, aussi appelée volume logique, peut être formatée logiquement de manière différente en fonction des possibilités du système d'exploitation. Un fichier est une suite d'octets occupant des secteurs dans la partition. Les différents morceaux de fichiers sont adressables par des numéros de secteurs LBA. Ces adresses de secteurs du fichier sont décrites dans une table (*File Allocation Table*, FAT) qui donne les adresses, sous la forme d'une liste chaînée, des secteurs utilisés. Le nombre qui suit la FAT, 12, 16 ou 32 (figure 7-6) est le nombre de bits utilisés pour coder une adresse de secteurs : une FAT 16 adresse ainsi 2^{16} secteurs (64 Ksecteurs).

La figure 7-6 donne un exemple de visualisation d'une configuration d'un disque à l'aide de la commande FDISK. La visualisation fait apparaître deux partitions. La partition 1 est primaire (contient l'unité logique C) et est organisée en FAT 32. Le reste du disque est une partition étendue découpée en trois parties. L'unité D (en FAT 32 comme C), l'unité E (en FAT 16) et une zone de 10 Mo non affectée. La taille utile de la partition étendue est de 200 Mo.

Figure 7-7

Structure d'une partition et secteur de boot (FAT)

Offset	Description	Taille	« hexa intel »	
hexa		octets		
0	Instruction de saut	3	EB3E90	
3	Nom & version OEM	8	MSWIN4.0	
0B	Nb d'octets par secteurs	2	00 02 (512)	**fichiers**
0D	Nb de secteurs par unité	1	01	
0E	Nb de secteurs réservés	2	0100 (1)	
10	Nb de FAT (original et copies)	1	02	
11	Taille du répertoire principal	2	E000 (224)	
13	Nb de secteurs (Petit Nbre)	2	400B (2880)	
15	Descripteur du disque	1	F0 (3")	
16	Taille des FAT (nb de sect)	2	0900 (9)	**Répertoire racine**
18	Nb de secteurs par piste	2	1200 (18)	
1A	Nb de têtes	2	0200 (2)	
1C	Nb de secteurs cachés	4	00 00 00 00	**Copie de F A T**
20	Nb de secteurs (Grand Nbre)	4	00 00 00 00	
24	Numéro du disque	1	00	**F A T**
25	Tête en cours	1	00	
26	Signature	1	29	**Secteur d'amorçage**
27	Numéro série du disque	4	4E0C D3 0F	
2B	Nom du volume	11	VOLUME_01	
36	Type de FAT (12, 16)	8	FAT12	
3E	Code d'amorçage	448		
1FE	Marqueur de fin de secteur	2	55AA	

La FAT de Gates

Le système de fichier FAT a été écrit, en langage BASIC, en Février 1976 par Bill Gates pour la gestion d'un disque souple (*floppy*). Ce système fut intégré par Tim Patterson dans un système d'exploitation destiné au processeur Intel 8086 (QDOS Quick & Dirty OS) pour *Seattle Computer Products*. Après maintes péripéties, le système fut racheté par Microsoft, petite entreprise qui venait de se monter, pour livrer MS-DOS à IBM.

En dehors du monde DOS, d'autres systèmes peuvent être installés en fonction du système d'exploitation : NTFS pour Windows, UnixFS pour Unix, etc.

Dans une première approche, nous allons expliciter le système de fichiers le plus simple d'entre eux, c'est le système FAT.

FAT, File Allocation Table

Prenons le cas du système FAT 12 appliqué au cas d'une disquette. Les adresses de secteurs logiques sont définies sur 12 bits (soit $2^{12} = 4\,096$ adresses). Avec un secteur de 512 octets, la capacité maximale d'une unité en FAT 12 est de 512×4096 soit environ 2 Mo.

Le premier secteur est le secteur d'amorçage (*boot*) de la partition. Nous allons ignorer la zone contenant le code de l'amorce pour nous focaliser sur l'organisation des fichiers. Le secteur de boot de la partition est le secteur 0 de cette partition (dans le cas d'une disquette, partition et unité logique sont confondues). Les secteurs suivants sont dédiés à la table FAT à proprement parler, cette dernière étant éventuellement suivie d'une copie.

Figure 7-8

Secteur 0, MBR (FAT), capture d'écran

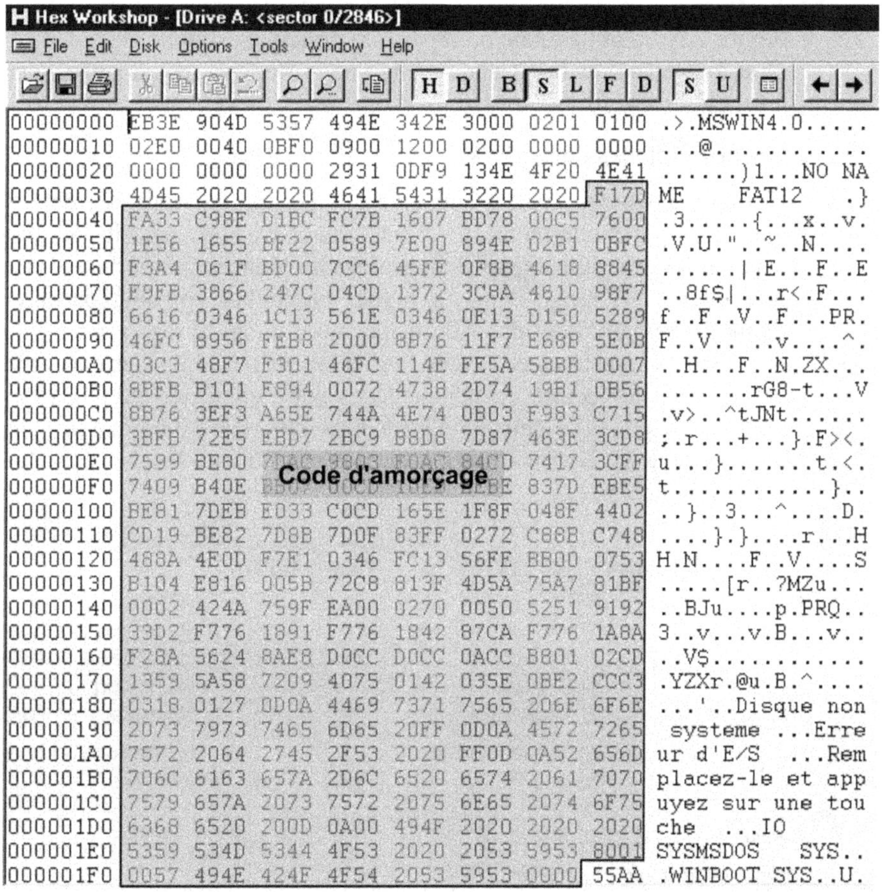

Captures d'écran

Cette capture d'écran, comme celles des pages suivantes, a été faite à partir du logiciel d'édition binaire de contenu HexWorkshop de la Société BreakPoint Software.

Commence alors la zone « répertoire racine », puis la zone de données. La taille de chacune de ces zones est définie dans le secteur d'amorçage (voir figure 7-7).

Le tableau de la figure 7-7 donne la signification des différents champs du secteur d'amorçage pour une disquette 3'' lus dans la capture d'écran de la figure 7-8. Les champs les plus importants sont en italique. Les valeurs entre parenthèses sont les valeurs décimales correspondant aux codages hexadécimaux en notation little endian.

Le nombre d'octets par secteur est égal à 512. La taille de la FAT est de 9 secteurs et l'unité logique contient deux tables, la seconde étant une copie de la première. La première FAT commence au secteur 1 et elle est du type FAT 12. Le répertoire principal, ou répertoire racine, commence donc au secteur 19. Sa taille est spécifiée par un nombre de descripteurs de fichiers, ici 224. Chaque descripteur ayant une taille de 32 octets (figure 7-9), la taille totale du répertoire principal est donc de 224×32 soit 7 168 octets, c'est-à-dire 14 secteurs. Cela signifie que le stockage des données commence effectivement au secteur 33 (19 + 14).

Les descripteurs de fichiers

L'arborescence des fichiers demande une description sous la forme d'une structure de données décrite elle-même dans un fichier. Chaque branche est ainsi un fichier qui contient les descripteurs des fichiers de cette branche de l'arborescence. L'ensemble des descripteurs est rangé dans un fichier particulier appelé répertoire. Un descripteur, figure 7-9, est un descripteur de fichier ou d'un autre répertoire fils. Le nom du fichier peut avoir 8 caractères et 3 caractères d'extension. L'attribut concerne les autorisations d'écriture et de lecture du fichier. Dans notre contexte, c'est l'index qui se trouve en position 26 qui est l'élément qui est le plus important : il permet de calculer le numéro du premier secteur (NPS = f(index)) du fichier et donne l'index dans la FAT du prochain secteur du fichier.

Pos.	Taille	Id	Pos.	Taille	Id
0	8	nom	12	10	réservée
8	3	extension	22	2	heure &
11	1	attribut :	24	2	date de dernière
		00 : aucun			modification
		01 : lecture seule	26	2	**index du 1ᵉ cluster**
		10 : répertoire			(secteur) **alloué**
		20 : archive	28	4	taille

Figure 7-9

Structure d'un descripteur de fichier

Un fichier occupe un nombre entier de secteurs mais dans des positions non consécutives. L'ensemble des numéros de secteurs est structuré sous la forme d'une liste chaînée où un élément donne l'index du secteur suivant. L'ensemble des listes chaînées de tous les fichiers constitue la table FAT.

Dans l'exemple de la figure 7-10, le disque contient trois fichiers décrits dans le répertoire sous la forme d'une suite de descripteurs résumés ici à son nom et à son NPS. L'index de début de Fichier_a est égal à 2. Par la fonction NPS = f(index_de_début), on accède au numéro du premier secteur. Pour accéder au secteur suivant, l'index est utilisé comme un pointeur dans la table FAT.

Figure 7-10

FAT : listes chaînées

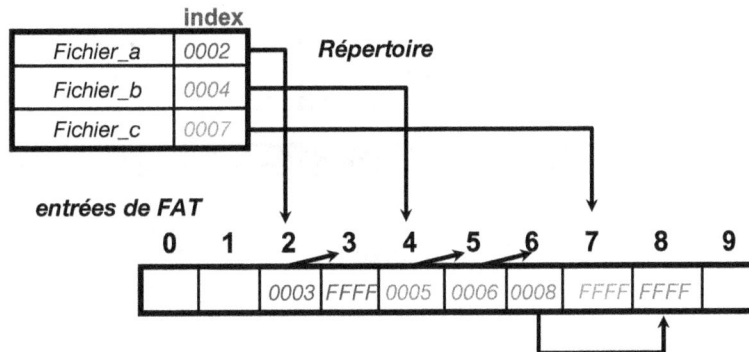

À l'index 2 de la FAT de la figure 7-10, on trouve la valeur 3 qui est l'index du secteur suivant et la relation f(3) donne le numéro de ce secteur. Dans la FAT, l'index 3 donne pour valeur FFFF (tous les bits à 1) qui est l'indicateur de fin de liste. Le fichier Fichier_a occupe donc deux secteurs, Fichier_c occupe un secteur.

L'expression de la fonction f est dépendante de l'organisation effective du disque (taille de la FAT, nombre de FAT et taille du répertoire racine). Pour l'exemple de la disquette, cette fonction s'exprime par f = 32 + (index-1), les données commençant au secteur 33. Le fichier Fichier_a, dont l'index vaut 2, a donc pour premier secteur le numéro 32 + (2 − 1), soit 33, ce qui équivaut au premier secteur libre pour les données tel qu'annoncé précédemment.

Voyons maintenant ce que l'on obtient avec une disquette réelle. Pour savoir ce qu'il y a sur la disquette, il faut examiner le contenu du répertoire racine. Ce répertoire commence au secteur 19, juste après la seconde table FAT. La capture d'écran de la figure 7-11 donne une vue partielle de ce secteur : il y a deux lignes, soit 32 octets, par descripteur de fichier ou de répertoire. La première ligne contient, entre autres, le nom du fichier ou du répertoire concerné. Le premier descripteur est consacré à l'unité logique elle-même et contient le nom du volume. Il y a deux autres descripteurs, celui d'un fichier IUTLOGO.DS4 et celui d'un répertoire MON_REP (la valeur « 10 » en position 11 (attribut) dans le descripteur indique que ce fichier est un répertoire). À l'offset 26 de chaque descripteur, on trouve l'index de chaque élément : 5 pour le premier fichier et 2 pour le répertoire. Le numéro de premier secteur du fichier IUTLOGO.DS4 est égal à 32 + (5 − 1), soit 36. Le premier secteur du répertoire MON_REP est le numéro 32 + (2 − 1), soit 33.

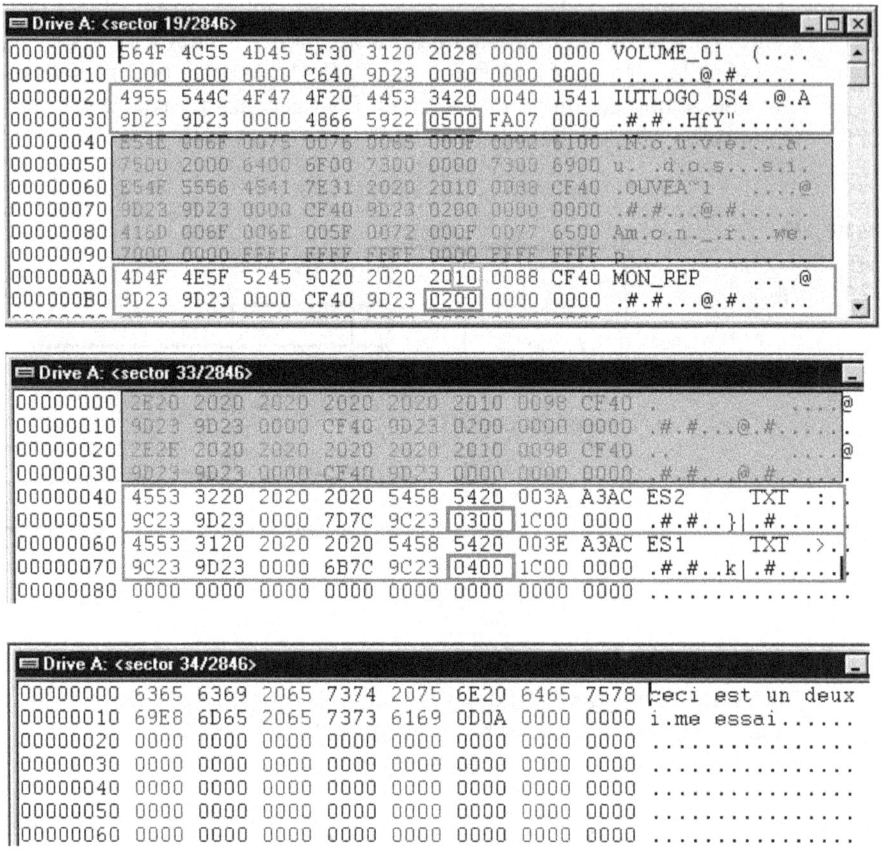

Figure 7-11

*Répertoires
et fichiers
de la disquette*

```
Drive A: <sector 19/2846>                                            _ □ ×
00000000  564F 4C55 4D45 5F30 3120 2028 0000 0000  VOLUME_01  (....
00000010  0000 0000 0000 C640 9D23 0000 0000 0000  .......@.#...
00000020  4955 544C 4F47 4F20 4453 3420 0040 1541  IUTLOGO DS4 .@.A
00000030  9D23 9D23 0000 4866 5922 0500 FA07 0000  .#.#..HfY"......
00000040  E54E 006F 0075 0076 0065 000F 0092 6100  .N.o.u.v.e....a.
00000050  7500 2000 6400 6F00 7300 0000 7300 6900  u. .d.o.s...s.i.
00000060  E54E 5556 4541 7E31 2020 2010 0088 CF40  .NUVEA~1   ....@
00000070  9D23 9D23 0000 CF40 9D23 0200 0080 0000  .#.#...@.#......
00000080  416D 006F 006E 005F 0072 000F 0077 6500  Am.o.n._.r...we.
00000090  7200 0000 FFFF FFFF FFFF 0000 FFFF FFFF  r...............
000000A0  4D4F 4E5F 5245 5020 2020 2010 0088 CF40  MON_REP    ....@
000000B0  9D23 9D23 0000 CF40 9D23 0200 0000 0000  .#.#...@.#......
```

```
Drive A: <sector 33/2846>                                            _
00000000  2E20 2020 2020 2020 2020 2010 0098 CF40  .          ....@
00000010  9D23 9D23 0000 CF40 9D23 0200 0000 0000  .#.#...@.#......
00000020  2E2E 2020 2020 2020 2020 2010 0098 CF40  ..         ....@
00000030  9D23 9D23 0000 CF40 9D23 0000 0000 0000  .#.#...@.#......
00000040  4553 3220 2020 2020 5458 5420 003A A3AC  ES2    TXT .:..
00000050  9C23 9D23 0000 7D7C 9C23 0300 1C00 0000  .#.#..}|.#......
00000060  4553 3120 2020 2020 5458 5420 003E A3AC  ES1    TXT .>..
00000070  9C23 9D23 0000 6B7C 9C23 0400 1C00 0000  .#.#..k|.#......
00000080  0000 0000 0000 0000 0000 0000 0000 0000  ................
```

```
Drive A: <sector 34/2846>                                            _
00000000  6365 6369 2065 7374 2075 6E20 6465 7578  ceci est un deux
00000010  69E8 6D65 2065 7373 6169 0D0A 0000 0000  i.me essai......
00000020  0000 0000 0000 0000 0000 0000 0000 0000  ................
00000030  0000 0000 0000 0000 0000 0000 0000 0000  ................
00000040  0000 0000 0000 0000 0000 0000 0000 0000  ................
00000050  0000 0000 0000 0000 0000 0000 0000 0000  ................
00000060  0000 0000 0000 0000 0000 0000 0000 0000  ................
```

Examinons le contenu du secteur 33. En dehors des deux premiers descripteurs qui permettent de définir le répertoire courant sous les noms « . » et « .. », les deux autres descripteurs sont ceux des deux fichiers ES1.TXT et ES2.TXT. L'index du fichier ES2.TXT vaut 3 : le contenu du fichier est dans le secteur 32 + (3 − 1), soit 34. Ce fichier est un fichier texte, il comporte 28 caractères, mais il occupe un secteur complet. Remarquons que pour accéder au premier secteur d'un fichier, il n'est pas nécessaire de se référer à la FAT.

Voyons maintenant le contenu de cette FAT (figure 7-12). Dans le cas particulier d'une FAT 12, la visualisation de la FAT présente quelques difficultés de lecture dues au fait que, pour des raisons d'économie de place, deux index consécutifs sont rangés dans trois octets ($2 \times 12 = 3 \times 8$) avec une lecture encore complexifiée par une représentation en *little endian*. La figure 7-12 donne le contenu de la FAT de manière directement exploitable, avec chaque index sur 12 bits. Il y a peu d'éléments dans la table car il y a peu de fichiers sur la disquette et un seul fichier donne lieu à un réel chaînage. Le fichier « IUTLOGO.DS4 » occupe 4 secteurs (36 à 39), les autres fichiers ou répertoire ont une taille inférieure à celle du secteur.

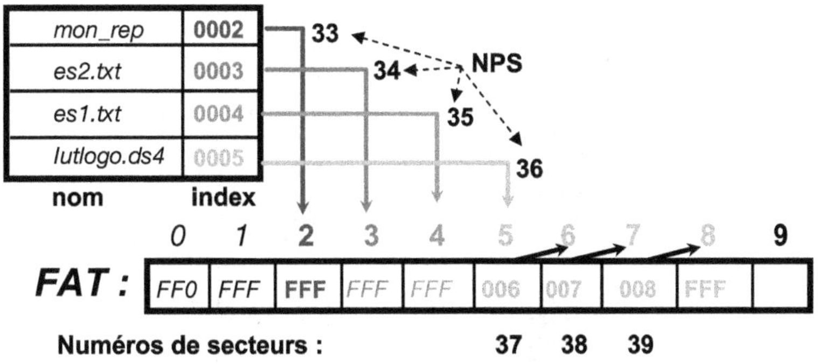

Figure 7-12

Exemple de FAT

Le mécanisme de la FAT est assez simple et a permis de montrer comment il est possible de passer d'un support physique de données à une organisation logique de ces données appelée système de fichiers. Le système de fichiers FAT ne comporte cependant pas de mécanismes de gestion de propriétaire d'un fichier, cela est un peu normal car à l'origine il est destiné à un ordinateur personnel, donc avec un seul utilisateur... Du point de vue performance, il faut noter que le chaînage fait dans la FAT génère de nombreux déplacements de la tête du disque : après la lecture d'un secteur du fichier, il faut aller lire l'index du secteur suivant dans la FAT avant de pouvoir se positionner sur ce secteur.

Unix : le système de fichiers UFS

Le passage d'un support physique de données à une organisation logique de ces données peut se faire de différentes manières. Chaque système d'exploitation a sa propre organisation de système de fichiers, certains peuvent même en proposer plusieurs. Suivant les critères recherchés, simplicité, gestions de droits d'accès et de notion de propriétaires de fichiers, de robustesse aux pannes (tenue de journal), le système de fichier sera plus ou moins complexe. La première approche prise, le système FAT, est celle de la simplicité.

Sur des bases équivalentes, nous allons décrire, mais de manière plus succincte, les mécanismes de UFS (*Unix File System*) mis en œuvre dans le système d'exploitation Unix et ses dérivés, y compris les différentes versions de Linux, par exemple le système de fichier *ext2fs*. Seuls seront abordés les points généraux, car il y a de nombreuses variantes.

Si nous partons à nouveau sur une base matérielle de type PC, l'organisation générale du disque est la même que vue précédemment. Le disque comporte un MBR (*Master Boot Record*) qui contient un programme d'amorçage et une table des partitions du disque. Dans le cas d'un système Linux, le programme d'amorçage est remplacé par celui de Linux : Lilo (*Linux Loader*).

La figure 7-13 donne la représentation du MBR d'un disque préparé par un utilitaire de type fdisk de Linux (ou par la procédure d'installation du système d'exploitation). Lors du démarrage de l'ordinateur, le programme qui s'exécute à partir du BIOS en ROM vient charger le programme Lilo du MBR. Ce dernier charge alors le noyau du système d'exploitation.

Figure 7-13

Master Boot Record en Linux

```
00000000  fa eb 32 90 a4 01 4c 49  4c 4f 01 00 16 03 00 00  |úë2. .LILO......|
00000010  00 00 00 00 40 c4 59 40  b6 00 00 00 00 03 91 3e  |....@ÄY@¶......>|
00000020  79 10 e0 18 01 3b 0f e0  18 01 01 c7 10 e0 18 01  |y.à..;.à...Ç.à..|
00000030  50 0f e0 18 01 e8 00 00  58 2d 38 00 8c cf c1 e8  |P.à..è..X-8..ÏÁè|
00000040  04 01 f8 8e d0 bc 00 08  fb 52 53 06 56 fc 8e d8  |..ø. ..ÛRS.Vü.Ø|
00000050  8e c0 b8 00 12 b3 36 cd  10 b0 0d e8 ae 00 b0 0a  |.À..²6Í.°.è®.°.|
00000060  e8 a9 00 b0 4c e8 a4 00  be 30 00 bb 00 02 53 e8  |è©.°Lè¤. 0.».Sè|
00000070  54 00 b4 99 66 81 7f fc  4c 49 4c 4f 75 31 5e cd  |T.´.f..üLILOu1^Í|
00000080  12 c1 e0 06 2b 06 1c 00  50 07 31 db e8 37 00 75  |.Áà.+..P.1Ûè7.u|
00000090  fb be 06 00 89 f7 66 a7  75 13 26 80 3d 02 75 0d  |û ...+f§u.&.=.u.|
000000a0  a7 a7 75 09 b0 49 e8 63  00 06 6a 00 cb b4 9a 51  |§§u.°Ièc..j.Ë´.Q|
000000b0  59 b0 20 e8 56 00 e8 43  00 31 c0 cd 13 fe 0e 00  |Y° èV.èC.1Àí. ..|
000000c0  00 75 a5 f4 eb fd ad 91  ac a8 60 75 0f 4e ad 89  |.u¥ôë >.¬`u.N>.|
000000d0  c2 09 c8 74 26 ac b4 02  cd 13 eb 1a 92 ad f6 c2  |Â.Èt&¬´.Í.ë..öÂ|
000000e0  20 75 02 30 e4 97 f6 c2  10 74 08 03 0e 10 00 13  | u.0ä.öÂ.t.....|
000000f0  3e 12 00 e8 22 00 72 b8  80 c7 02 c3 c1 c0 04 e8  |> .e" r .Ç AÁÀ.è|
00000100  03 00 c1 c0 04 24 0f 27  04 f0 14 40 50 53 bb 07  |..ÁÀ.$.'.ð.@PS».|
00000110  00 b4 0e cd 10 5b 58 c3  56 51 53 88 d3 80 e2 8f  |.´.Í.[XÃVQS.Ó.â.|
00000120  f6 c3 20 74 2d bb aa 55  b4 41 cd 13 72 24 81 fb  |öÃ t-».ªU´AÍ.r$.û|
00000130  55 aa 75 1e f6 c1 01 74  19 5b 59 66 6a 00 57 51  |Uªu.öÁ.t.[Yfj.WQ|
00000140  06 53 6a 01 6a 10 89 e6  b8 00 42 cd 13 8d 64 10  |.Sj.j..æ,.BÍ..d.|
00000150  eb 45 5b 59 53 52 57 51  06 b4 08 cd 13 07 72 39  |ëE[YSRWQ.´.Í..r9|
00000160  51 c0 e9 06 86 e9 89 cf  59 c1 ea 08 92 40 83 e1  |QÀé..é.ÏYÁê..@.á|
00000170  3f f7 e1 96 58 5a 39 f2  73 23 f7 f6 39 f8 77 1d  |?÷á.XZ9òs#÷ö9øw.|
00000180  c0 e4 06 86 e0 92 f6 f1  fe c4 00 e2 89 d1 5a 5b  |Àä..à.öñ Ä.â.ÑZ[|
00000190  86 f0 b8 01 02 cd 13 eb  09 59 5f eb 02 b4 40 5a  |.ð,..Í.ë.Y_ë..@Z|
000001a0  5b f9 5e c3 00 00 00 00  00 00 00 00 00 00 00 00  |[ù^Ã...........|
000001b0  00 00 00 00 00 00 4a 7c  ce ca ce ca 00 00 80 01  |......J|ÎÊÎÊ..^.|
000001c0  01 00 83 fe 3f 46 3f 00  00 00 48 67 11 00 00 00  |... ?F?...Hg....|
000001d0  00 00 00 00 00 00 00 00  00 00 00 00 00 00 00 00  |.G. ÿÿ.g..Sm>...|
000001e0  00 00 00 00 00 00 00 00  00 00 00 00 00 00 00 00  |...............|
000001f0  00 00 00 00 00 00 00 00  00 00 00 00 00 00 55 aa  |.............Uª|
```

Les 16 octets surlignés (figure 7-13) correspondent au descripteur de la première partition. Le code 80 indique que cette partition est active, les trois octets suivants donnent, en position absolue (H, S, C), le premier secteur de la partition et le code 83 signe une partition Linux native. Ensuite il y a trois octets qui définissent la fin de la partition. Les deux autres champs sont redondants avec les précédents. Les 4 octets {3f 00 00 00}, débarrassés de la notation *little endian*, deviennent {00 00 00 3f} ce qui est égal à 63 : c'est le décalage, ou le trou libre, entre le MBR et le premier secteur de la partition. Les 4 derniers octets {48 67 11 00} donnent la taille de la partition (00116748 = 1140552 secteurs, soit environ 550 Mo).

En Unix, tous les périphériques sont pris en compte par le système de fichiers, soit sous la forme d'un fichier physique alors appelé *device* ou dispositif, soit sous la forme d'un fichier logique. À chaque partition est associé un dispositif : si le disque est du type IDE, alors la première partition est associé au dispositif hda.

Une partition ext2fs est organisée en blocs (équivalent des clusters en FAT) de plusieurs secteurs. Le bloc a généralement une taille de 1 024, 2 048 ou 4 096 octets. Le premier bloc, ou « Super Bloc » de la partition donne les indications générales sur l'organisation physique du système de fichiers avec en particulier la taille du bloc, la taille du système de fichiers…

Pour simplifier, le reste de la partition est consacrée à une image –sous la forme d'une bitmap de 1 bit par bloc – des blocs libres, la table des « inodes » et finalement les blocs de données. La table des inodes est l'équivalent de la table FAT, bien que construite sur une organisation totalement différente. Un inode est un « nœud d'information » servant de descripteur de fichier : c'est un enregistrement de taille fixe (64 octets) décrivant totalement le fichier, sauf pour son nom. À chaque fichier, le système de gestion de fichiers, associe un numéro unique d'inode. L'arborescence du système de fichier est décrite par le mécanisme des répertoires. Le répertoire est un fichier particulier contenant la liste des noms des fichiers qu'il héberge avec le numéro d'inode associé à chaque nom de fichier.

Les informations contenues dans un inode concernent le propriétaire du fichier, son type (standard, répertoire…), les droits d'accès, la taille du fichier et une table de 13 adresses de blocs qui définissent la localisation de tous les blocs du fichier.

Alors que dans le système FAT, le descripteur de fichier ne donne que l'adresse du premier cluster (les autres devant être recherchés dans la liste chaînée de la table FAT), l'inode renseigne complètement la localisation de tous les blocs du fichiers. Le mécanisme est hiérarchique et favorise les petits fichiers. Les dix premières adresses sont directement les adresses des dix premiers blocs. La onzième adresse est une indirection de premier niveau, c'est-à-dire que cette adresse pointe sur un bloc qui contient les adresses des 256 blocs suivants. La douzième (respectivement treizième) adresse est une indirection à deux (respectivement trois) niveaux : l'adresse pointe sur un bloc d'adresses dont une adresse pointe sur les autres blocs du fichier. Pour les fichiers de grande taille, il faut trois lectures de blocs avant d'accéder aux données.

Figure 7-14

Inode et adresses
de secteurs

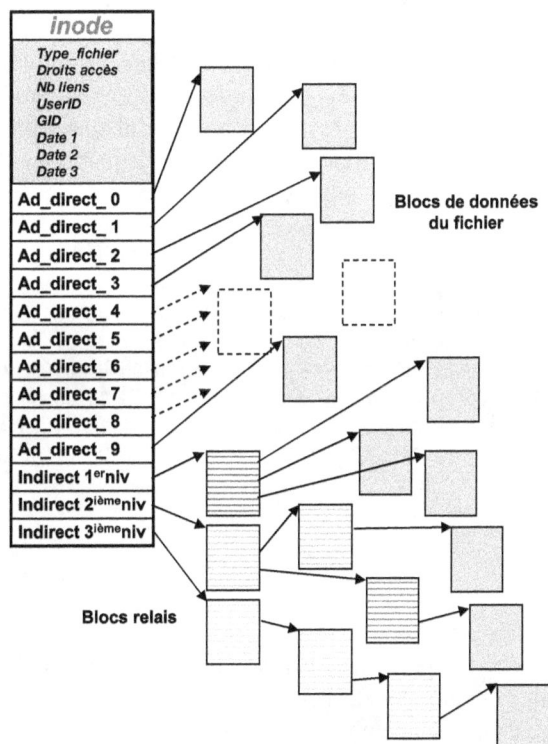

Le mécanisme d'adressage d'un fichier se résume de la manière suivante. Pour un programme d'application, un fichier est une suite d'octets adressés séquentiellement par un pointeur que nous appelons @octet (adresse d'octet). Au moment de l'ouverture de ce fichier, le système de fichier récupère dans le fichier répertoire l'inode du fichier concerné. Le numéro d'inode est un index dans la table des inodes qui donne accès à la structure qui décrit le fichier et en particulier à la liste des 13 adresses de blocs directs et indirects. Lorsque le programme accède à une adresse d'octet, la partie entière de la division de @octet par la taille du bloc fourni un numéro logique de bloc : #bloc_logique. Si nous supposons que la taille du bloc est de 1 024 octets et qu'une adresse de bloc est donnée sur 4 octets (c'est-à-dire qu'un bloc d'indirection contient 256 adresses de blocs), alors l'accès à un fichier dont la taille ne nécessite qu'une indirection de premier niveau peut être décrit de la manière suivante :

$$\#bloc\_logique = \lfloor @octet/taille\_de\_bloc \rfloor$$

- si #bloc_logique < 10 alors @bloc = inode.Ad_direct(#bloc_logique) :
le champ Ad_direct fournit directement l'adresse du bloc de données.

- *si $10 \leq \#bloc\_logique \leq 265$ alors*
@bloc = inode.Ad_direct(10) + (#bloc_logique – 10) × 4

Application à l'analyse d'une disquette version Linux

L'analyse qui suit concerne une disquette 1,4 Mo formatée avec un système Linux. Le système de fichier est *ext2_fs*. Pour cette analyse, il est nécessaire de connaître la manière dont sont structurées les différentes zones dans l'organisation de la disquette. Cette information est obtenue en Linux sous la forme d'un fichier C définissant toutes les structures (/usr/include/linux/ext2_fs.h). Nous reproduisons, lorsque cela est nécessaire, les structures requises pour illustrer l'analyse de la disquette. Les blocs (clusters) ont une taille de deux secteurs, soit 1024 octets.

```
00000400   b8 00 00 00 a0 05 00 00   48 00 00 00 74 05 00 00
00000410   aa 00 00 00 01 00 00 00   00 00 00 00 00 00 00 00
00000420   00 20 00 00 00 20 00 00   b8 00 00 00 ad c8 6b 40
00000430   b3 c8 6b 40 02 00 18 00   53 ef 01 00 01 00 00 00
00000440   2e c8 6b 40 00 4e ed 00   00 00 00 00 01 00 00 00
00000450   00 00 00 00 0b 00 00 00   80 00 00 00 00 00 00 00
00000460   02 00 00 00 01 00 00 00   53 3f d1 14 74 76 46 a2
00000470   b7 8b 84 a9 8f 0e f4 db   00 00 00 00 00 00 00 00
```

Figure 7-15
Super bloc UFS

Le tableau de la figure 7-15 représente le début du super bloc. Il est situé dans le bloc 1 de la disquette, à partir de l'adresse 400$_h$. La visualisation est faite à l'aide de l'utilitaire standard « hexdump » de Linux et l'adressage qui est utilisé (colonne de gauche) est absolu par rapport au début de la disquette.

L'organisation de ce bloc est donnée par la structure *ext2_super_block* dont une description partielle est donnée figure 7-16. Le lecteur pourra se reporter au fichier complet donné dans tout système Linux. Les données intéressantes pour l'analyse sont surlignées dans le tableau visualisant le bloc et reportées à la fin de la ligne correspondante dans la structure. Rappelons que les données visualisées le sont avec la représentation little endian. Par exemple, le nombre de bloc est a0 05 00 00 ce qui devient 00 00 05 a0, soit 1 440 en décimal.

```
struct ext2_super_block {
  __u32  s_inodes_count;        /* Inodes count */            b8 00              184
  __u32  s_blocks_count;        /* Blocks count */            a0 05 00 00   1440
  __u32  s_r_blocks_count;      /* Reserved blocks count */
  __u32  s_free_blocks_count;   /* Free blocks count */       74 05 00 00   1396
  __u32  s_free_inodes_count;   /* Free inodes count */
  __u32  s_first_data_block;    /* First Data Block */
  __u32  s_log_block_size;      /* Block size */
           . . .
  __u16  s_magic;               /* Magic signature */         53 ef
           . . .
  __u32  s_first_inode; /* First non-reserved inode */        0b 00 00 00        11
  __u16  s_inode_size; /* Size of inode structure  */         80 00             128

           . . .
```

Figure 7-16

Structure du super bloc UFS

La valeur « ef 53 » est une signature de reconnaissance de ce type de système de fichier. Le premier numéro d'inode libre est 0b soit 11 et la taille d'un inode est de 128 octets. Le nombre total d'inodes est égal à 184. La taille de la table des inodes est donc de 184×128 soit 23 552 octets (ou 23 blocs).

```
00000800   03 00 00 00 04 00 00 00   05 00 00 00 74 05 aa 00
00000810   03 00 00 00 00 00 00 00   00 00 00 00 00 00 00 00
00000820   00 00 00 00 00 00 00 00   00 00 00 00 00 00 00 00
```

Figure 7-17

Descripteur de groupe

Pour la suite de l'analyse, il faut disposer des informations suivantes : les inodes sont rangés à partir du bloc 6, c'est-à-dire à partir de l'adresse 0x1400 (= 5 × 1 024) et le répertoire racine commence au bloc 28, soit à l'adresse 0x7000, c'est-à-dire l'adresse de début de table 0x1400 augmentée des 23 blocs. Ces informations sont obtenues dans le descripteur de groupe dans le bloc 2 (adresse 0x0800, figure 7-17).

```
struct ext2_group_desc
{
__u32   bg_block_bitmap;       /* Blocks bitmap block */
__u32   bg_inode_bitmap;       /* Inodes bitmap block */
__u32   bg_inode_table;        /* Inodes table block */
__u16   bg_free_blocks_count;  /* Free blocks count */
__u16   bg_free_inodes_count;  /* Free inodes count */
__u16   bg_used_dirs_count;    /* Directories count */
__u16   bg_pad;
__u32   bg_reserved[3];
};
```

Figure 7-18

Structure de groupe

Ce bloc contient le répertoire racine, c'est-à-dire la liste des répertoires. Un répertoire contient toujours les deux descripteurs de noms par défaut notés « . » et « .. » pour le répertoire courant (lui-même) et le répertoire parent. D'autre part, le formatage crée automatiquement le répertoire *lost+found*.

```
struct ext2_dir_entry {
__u32   inode;                  /* Inode number */
__u16   rec_len;                /* Directory entry length */
__u8    name_len;               /* Name length */
__u8    file_type;              /* File Type */
        charname[NAME_LEN];     /* File name */
};
```

Figure 7-19

Structure ext2_dir_entry

Nous retrouverons ces informations dans la structure de données visualisée figure 7-20. La structure C permettant le déchiffrage est ext2_dir_entry (figure 7-19).

```
07000   02 00 00 00 0c 00 01 02  2e 00 00 00 02 00 00 00   |................|
07010   0c 00 02 02 2e 2e 00 00  0b 00 00 00 14 00 0a 02   |................|
07020   6c 6f 73 74 2b 66 6f 75  6e 64 00 00 0c 00 00 00   |lost+found......|
07030   d4 03 07 02 44 6f 73 73  69 65 72 00 00 00 00 00   |Ô...Dossier.....|
```

Figure 7-20

Analyse du bloc répertoire racine

Les répertoires « courant » et « parent » ont un statut spécial avec un inode particulier. L'analyse commence par le répertoire *lost+found*. Le descripteur débute à l'adresse 0x7018. On peut simplement remarquer que son inode est 0x0b, soit effectivement le premier numéro disponible donné dans le super bloc.

```
01980   ed 41 00 00 00 04 00 00   96 c8 6b 40 92 c8 6b 40
01990   92 c8 6b 40 00 00 00 00   00 00 02 00 02 00 00 00
019a0   00 00 00 00 00 00 00 00   29 00 00 00 00 00 00 00
019b0   00 00 00 00 00 00 00 00   00 00 00 00 00 00 00 00
```

Figure 7-21

Inode « dossier »

Le formatage de la disquette a été suivi par la création d'un répertoire appelé « dossier » dans lequel deux fichiers « texte » ont été créés. L'inode de « dossier » est 0x0c soit 12 et le type de fichier est 2 ce qui indique effectivement un type répertoire. Le contenu du fichier répertoire « dossier » peut être visualisé à partir de la connaissance de cet inode. La table des inodes commençant à l'adresse 0x1400 (5120) et le numéro d'inode étant 12 et la taille d'un inode étant égale à 128 octets, le contenu de la structure inode correspondante commence à l'adresse : $5120 + (12 - 1) \times 128 = 6528$ soit 0x1980 (figure 7-21).

Regardons le contenu de l'inode. Seuls les premiers champs significatifs sont visualisés. L'interprétation est faite en se référant à la structure C donnée en figure 7-22. Le champ i_block de l'inode contient les adresses de blocs de données. La taille en octets étant de 04 00 soit un bloc, il n'y a qu'une seule adresse de bloc dans le tableau i_block. Ce bloc a le numéro 0x29, ce qui correspond à l'adresse 0xa400 ; ($41 \times 1\,024 = 41\,984$, soit 0xa400) (figure 7-23).

```
/* Structure d'un inode sur le disque */
struct ext2_inode {
__u16   i_mode;            /* File mode */
__u16   i_uid;             /* Low 16 bits of Owner Uid */
__u32   i_size;            /* Size in bytes */
__u32   i_atime;           /* Access time */
__u32   i_ctime;           /* Creation time */
__u32   i_mtime;           /* Modification time */
__u32   i_dtime;           /* Deletion Time */
__u16   i_gid;             /* Low 16 bits of Group Id */
__u16   i_links_count;     /* Links count */
__u32   i_blocks;          /* Blocks count */
__u32   i_flags;           /* File flags */
__u32   i_reserv;          /* reserved */
__u32   i_block[N_BLOCKS]; /* Pointers to blocks */
        . . .
```

Figure 7-22

Structure d'un inode

Nous retrouvons dans ce bloc la même structuration des informations concernant un fichier répertoire : les deux premiers descripteurs sont associés au répertoire *courant* et au répertoire *parent*.

```
0a400   0c 00 00 00 0c 00 01 02   2e 00 00 00 02 00 00 00   |.................|
0a410   0c 00 02 02 2e 2e 00 00   0d 00 00 00 10 00 08 01   |.................|
0a420   66 69 63 68 69 65 72 31   0e 00 00 00 d8 03 08 01   |fichier1....Ø...|
0a430   66 69 63 68 69 65 72 32   00 00 00 00 00 00 00 00   |fichier2........|
```

Figure 7-23
Bloc a400

Par contre, à la suite de ces descripteurs de répertoire, il y a deux descripteurs de fichier (code 01) standard. Pour chacun des descripteurs, nous avons son inode et son nom {0x0d pour fichier1 et 0x0e pour fichier2).

```
01a00   a4 81 00 00 1a 00 00 00   96 c8 6b 40 84 c8 6b 40
01a10   84 c8 6b 40 00 00 00 00   00 00 01 00 02 00 00 00
01a20   00 00 00 00 00 00 00 00   2a 00 00 00 00 00 00 00
        * * *
01a80   a4 81 00 00 19 00 00 00   97 c8 6b 40 92 c8 6b 40
01a90   92 c8 6b 40 00 00 00 00   00 00 01 00 02 00 00 00
01aa0   00 00 00 00 00 00 00 00   2b 00 00 00 00 00 00 00
```

Figure 7-24
Bloc 1a00

Les données du fichier « fichier1 » sont dans le bloc 42 (valeur 2a dans le bloc adresse de l'inode, figure 7-24), soit l'adresse 0xa800 et celles de « fichier2 » dans le bloc 43 (valeur 2b dans le bloc adresse de l'inode), soit l'adresse 0xac00.

La visualisation des inodes 0x0d et 0x0e se fait de la même manière que précédemment en calculant leur adresse dans la table des inodes (0x1a00 et 0x1a80). Les contenus finaux sont maintenant accessibles (figure 7-25).

```
0a800   63 65 63 69 20 65 73 74   20 6c 65 20 70 72 65 6d   |ceci est le prem|
0a810   69 65 72 20 74 65 78 74   65 0a 00 00 00 00 00 00   |ier texte.......|
0a820   00 00 00 00 00 00 00 00   00 00 00 00 00 00 00 00   |................|
*
0ac00   63 65 63 69 20 65 73 74   20 6c 65 20 73 65 63 6f   |ceci est le seco|
0ac10   6e 64 20 74 65 78 74 65   0a 00 00 00 00 00 00 00   |nd texte........|
0ac20   00 00 00 00 00 00 00 00   00 00 00 00 00 00 00 00   |................|
```

Figure 7-25
Bloc a800

Les systèmes multiboot

Comment organiser un système multiboot, par exemple pour faire cohabiter Linux et Windows sur le même disque. Les informations relatives à la mise en place d'un système multiboot sont dans le secteur MBR. Dans le cas d'une machine multiboot, le code de démarrage est remplacé par un chargeur interactif qui permet de choisir le système à démarrer juste après la mise sous tension de la machine. Il existe différents chargeurs de ce type, plus ou moins flexibles. Lilo en est un, GRUB en est un autre.

```
fdisk -l /dev/hda/* visualisation du partitionnement par fdisk */
    Disk /dev/hda: 40.0 GB, 40007761920 bytes
    255 heads, 63 sectors/track, 4864 cylinders
    Units = cylinders of 16065 * 512 = 8225280 bytes

  Device    Boot  Start    End    Blocks   Id  System
  /dev/hda1          1     131   1052226   83  Linux
  /dev/hda2        132     262   1052257+  82  Linux swap
  /dev/hda3        263    3558  26475120    5  Extended
  /dev/hda4    *   3559    4864  10490445    7  HPFS/NTFS
```

Figure 7-26

Partitionnement multiboot

La figure 7-26 visualise un exemple d'organisation de disque d'un système multiboot. Les noms des partitions du disque sont donnés avec la syntaxe Unix. La figure 7.27 donne le contenu du MBR associé. Le chargeur multiboot est GRUB : le début du secteur contient le début du code de chargeur. Comme dans la visualisation du MBR vue précédemment avec la FAT, les dernières lignes donnent la description de chacune des partitions.

```
0000  eb 48 90 d0 bc 00 7c fb  50 07 50 1f fc be 1b 7c  |ëH.Ð¼.|.ûP.P.ü¾.||
0010  bf 1b 06 50 57 b9 e5 01  f3 a4 cb bd be 07 b1 04  |¿..PW¹å.ó¤Ë½¾.±.|
                  * * * * * * *
0160  00 eb 0e be 84 7d e8 38  00 eb 06 be 8e 7d e8 30  |.ë.¾.}è8.ë.¾.}è0|
0170  00 be 93 7d e8 2a 00 eb  fe 47 52 55 42 20 00 47  |.¾.}è*.ëþ GRUB G |
0180  65 6f 6d 00 48 61 72 64  20 44 69 73 6b 00 52 65  |eom.Hard Disk.Re |
0190  61 64 00 20 45 72 72 6f  72 00 bb 01 00 b4 0e cd  |ad. Error.»..´.Í |
01a0  10 ac 3c 00 75 f4 c3 00  00 00 00 00 00 00 00 00  |.¬<.uôÃ......... |
01b0  00 00 00 00 00 00 00 00  2a e0 2a e0 00 00 00 01  |........*à*à.... |
01c0  01 00 83 fe 3f 82 3f 00  00 00 84 1c 20 00 00 00  |...þ?.?..... ... |
01d0  01 83 82 fe 7f 05 c3 1c  20 00 c3 1c 20 00 00 00  |...þ..Ã. .Ã. ... |
01e0  41 06 05 fe ff ff 86 39  40 00 e0 f4 27 03 80 00  |A..þÿÿ.9@.àô'... |
01f0  c1 ff 07 fe ff ff 66 2e  68 03 9a 24 40 01 55 aa  |Áÿ.þÿÿf.h..$@.Uª |
```

Figure 7-27

MBR chargeur GRUB

Les deux premières partitions sont des partitions Linux : 83 est le système et la deuxième partition est la zone disque d'échange (swap) pour la mémoire virtuelle. La troisième partition est une partition Windows 95 et la dernière, celle qui sera active (code 80) au prochain lancement est une partition NTFS (Windows XP).

Les clés USB

Les clés USB sont des dispositifs de stockage utilisant le principe des mémoires Flash et suivant la norme du bus USB. Une clé USB est, à la base, un dispositif de stockage mais qui peut se décliner de mille et une façons. Cela va de la clé de stockage élémentaire, au lecteur MP3 en passant par des systèmes d'authentification à reconnaissance d'empreintes digitales et de transport de données cryptées.

Une clé de stockage fait apparaître une structure à trois composants de base :

- L'interface de connexion série au bus USB chargée de la gestion physique et logique des connexions USB.

- Un contrôleur de mémoire Flash remplissant les mêmes fonctionnalités qu'un contrôleur de disque (permettant de voir la mémoire locale comme des fichiers), le contrôleur doit être reconnu par le système de fichiers de l'ordinateur maître.

- Une mémoire Flash de type NAND pour obtenir des capacités importantes. Les mémoires Flash NAND sont gérées avec une granularité de 512 octets, c'est-à-dire la même que la taille du secteur sur un disque.

Figure 7-28

Clé USB

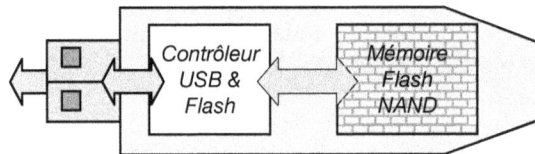

Les techniques d'intégration permettent de concentrer sur la même puce les fonctionnalités du réseau USB et du contrôleur de mémoire flash (figure 7-28). Le fonctionnement logique de la clé implique deux niveaux de reconnaissance pour le fonctionnement en mode P&P.

Le premier concerne la prise en compte sur le bus USB en appliquant le protocole d'installation vu au chapitre précédent : reconnaissance du descripteur de dispositif, mise en place du canal de communication par les terminaisons.

Le second niveau concerne le système d'exploitation de la machine hôte et plus précisément son système de gestion de fichiers qui doit accepter une terminaison USB comme un pilote de disque.

Dans ces conditions, la clé USB se comporte comme un disque faisant apparaître le même type d'arborescence de fichiers que celle des autres disques. Les clés USB simples sont généralement préformattées en FAT 16.

En reprenant le même type d'analyse que celle faite pour le support ZIP, les premiers octets du secteur de boot d'une clé USB donne les valeurs suivantes :

```
0000    EB3C 904D 5344 4F53 352E 3000 0208 0100    |.<.MSDOS5.0.....|.
0010    0200 0200 00F8 F400 3F00 FF00 2000 0000    |........?.......|
0020    E09F 0700 0001 29DC 7F51 AC4E 4F20 4E41    |......)..Q.NO NA|
0030    4D45 2020 2020 4641 5431 3620 2020 33C9    |ME    FAT16   3.|
```

On y trouve ainsi les éléments suivants :

- formatage par MS-DOS 5 ;

- nombre d'octets par secteur : 512 ;

- nombre de secteurs par unité (bloc) : 8 soit 4096 octets ;

- nombre de FAT : 2 ;

- taille du répertoire principal : 512, soit 16384 octets ou 32 secteurs ;

- descripteur de disque « F8 » (c'est le code d'un disque dur) ;

- taille de la FAT : 244 secteurs ;

- nombre de secteurs de la clé : E09F 0700 soit 499 680 secteurs (environ 256 Mo) ;

- type de FAT : FAT 16.

Des versions plus sophistiquées de clés, intégrant des mémoires Flash NOR (code) et NAND (données) peuvent « booter » un système d'exploitation complet avec ses applicatifs. Cela change la donne au niveau de l'utilisation des machines : on transporte sur une clé tout son système et la mobilité consiste à chercher une machine servant simplement de station d'accueil pour l'exécution.

Mémoire centrale et mémoire virtuelle

Le disque est une mémoire appelée secondaire : dans la hiérarchie de mémoires (figure 7-2) elle est immédiatement en dessous de la mémoire centrale et s'en distingue essentiellement sur trois points :

- Le disque est une mémoire non volatile.

- Les accès aux données sur le disque sont lents par rapport à la RAM (quasiment 1 000 000 fois plus lents).

- La capacité de stockage est « grande », quelques dizaines de gigaoctets.

La grande capacité de stockage d'un disque ne veut rien dire en soi, ce qui caractérise la différence entre la RAM et le disque est le fait que la mémoire centrale est toujours insuffisante alors que pour une génération de machine donnée, la taille des disques est généralement au-dessus des besoins de l'utilisateur. Les systèmes d'exploitation essaient de faire cohabiter en mémoire centrale toujours plus de programmes qui ont une taille de plus en plus importante.

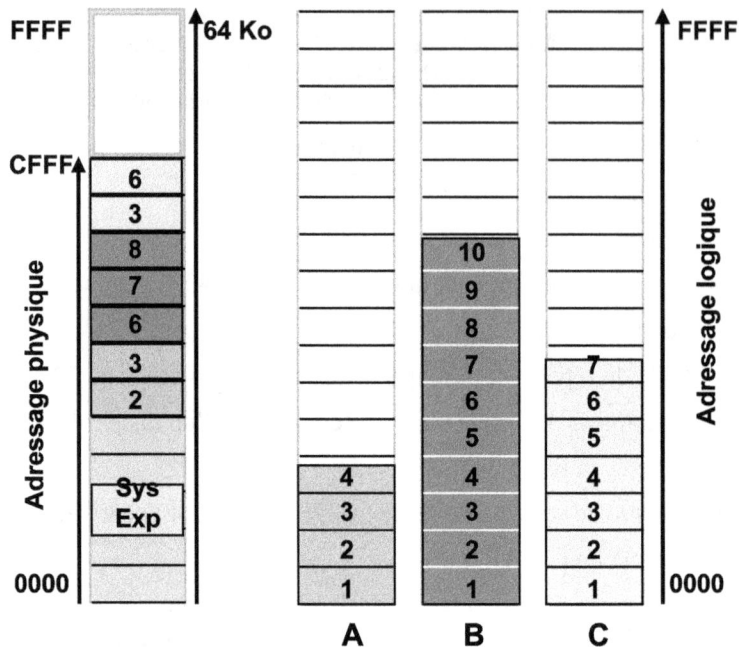

Il en a toujours été ainsi et il n'y a pas de raison que cela s'arrête. Le besoin d'une mémoire virtuelle est donc rapidement ressenti dans l'histoire de la gestion de mémoire centrale. Il s'agit de donner l'illusion d'une mémoire dont la taille est celle de la capacité totale du processeur. L'idée peut aller plus loin : le principe de la mémoire virtuelle peut allouer virtuellement toute la capacité d'adressage à un programme (processus). La figure 7-29 illustre en partie le principe de la mémoire virtuelle. Nous disposons d'une machine avec une mémoire centrale de taille 48 Ko avec un espace adressable de 64 Ko. Les trois programmes A, B et C ont été développés sans tenir compte de la taille physique de la mémoire mais uniquement de la capacité d'adressage du CPU (64 Ko). Chaque programme peut commencer à l'adresse 0 et occuper tout l'espace mémoire, tout en le partageant avec le système d'exploitation. Le système d'exploitation donne l'illusion que les trois programmes s'exécutent en simultané (pseudo-parallélisme).

En dehors des contraintes strictement physiques de taille d'espace mémoire, il y a d'autres points qui militent en faveur d'une autre méthode, moins physique, de gestion de la mémoire. Un développeur doit pouvoir écrire un programme sans se soucier de l'endroit en mémoire centrale où ce programme sera installé par le système d'exploitation. D'une exécution à l'autre, cet emplacement change et le programme doit donc pouvoir être « relogé » très simplement et de manière transparente pour le développeur : le code est alors translatable. Le second point est celui de la protection des zones mémoires. Dans un système multitâche, chaque programme ne doit en principe n'avoir accès qu'à ses propres données. Il est en particulier nécessaire de mettre en place une protection des zones mémoire allouées au système d'exploitation.

Pour atteindre l'objectif de la mémoire virtuelle, il faut s'appuyer sur deux principes. Le premier est celui de la *fragmentation* : le programme à exécuter et la mémoire doivent être découpés en morceaux de manière à pouvoir mettre un morceau de programme dans un morceau de mémoire. Si le programme ne peut entrer intégralement en mémoire, il faut pouvoir en charger un morceau dans un morceau équivalent de mémoire.

Le second principe est celui de la *localité*. Pour l'exécution d'un programme séquentiel, un programme peut s'exécuter par morceaux : il suffit de charger en mémoire un morceau de programme suffisamment grand pour que le processeur, à quelques exceptions près, puisse toujours trouver en mémoire la prochaine instruction. Implicitement, de par la conception des programmes (itérations, boucles, vecteurs et tableaux), les programmes suivent la règle des 90-10 : 90 % de l'exécution concerne 10 % du code. Cette localité se décline de deux manières. La *localité temporelle* fait que les éléments accédés récemment ont tendance à être à nouveau référencés dans un futur proche (itérations, récursivité, programmation structurée). Les instructions ont aussi tendance à être accédées à des adresses mémoires séquentielles. Dans cette *localité spatiale*, les éléments accédés ont tendance à être regroupés dans une même zone de l'espace mémoire (données structurées, vecteurs, tableaux). Les deux localités se combinent la plupart du temps pour se renforcer.

La conséquence essentielle est qu'un programme et ses données n'ont pas nécessairement besoin d'être en totalité en mémoire centrale pour être exécuté. Le programme peut être exécuté morceaux par morceaux.

Ce phénomène n'est pas nouveau : n'est-ce pas par le même principe qu'un programme est exécuté dans une machine von Neumann ? En effet, tout le programme, même s'il tient intégralement en mémoire centrale, est exécuté par morceaux élémentaires (une instruction) en ramenant le petit bout de programme atomique qu'est l'instruction dans le petit bout de mémoire dans le processeur que sont les registres.

Les trois techniques de base de fragmentation (l'overlay, la segmentation et la pagination) sont simplement trois manières différentes de découper un programme en morceaux plus ou moins petits et réguliers, mais avec des conséquences très différentes vis-à-vis des performances ou du modèle de programmation.

L'overlay

La plus ancienne technique de fragmentation est appelée *overlay* ou recouvrement. Elle repose sur un découpage en « gros » morceaux qui sont fonctionnels comme des modules ou des ensembles de procédures liées.

Le programme est constitué d'un programme principal et d'un ensemble de procédures. L'overlay consiste à appliquer à ce programme un graphe de partitionnement dont le programme principal PP est l'élément racine devant toujours être résident en mémoire pour permettre le passage d'une « branche » à l'autre (sur la figure 7-30 : {PP, A, C, D} ; {PP, B, C}). Chaque partition, ou module, est appelée par le programme principal et est alors, par un utilitaire logiciel du système d'exploitation, chargée en mémoire à la suite

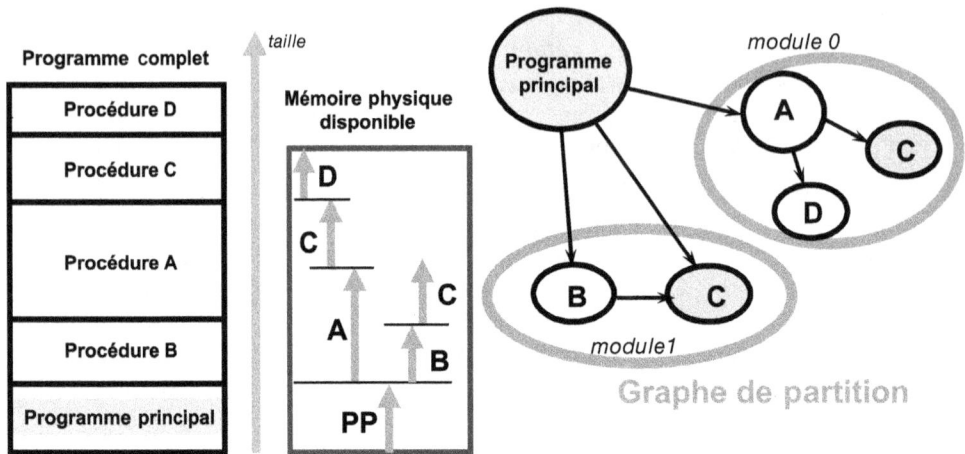

Figure 7-30
L'overlay

du programme principal. Le module est appelé lors d'un appel de l'une des procédures du module. La fin d'exécution du module devient le retour d'appel de cette procédure. Le programme principal peut alors faire appel à un autre module correspondant à une autre branche du partitionnement. Le nouveau module est chargé en écrasant le précédent. Les programmes construits de cette manière comportent ainsi un programme principal se limitant au strict minimum des appels de module et de rangement des variables globales.

La technique de l'overlay a été créée à l'origine pour pouvoir exécuter des programmes de taille relativement importante dans des machines à faible capacité mémoire (époque des mémoires à tores par exemple) sans modification matérielle au niveau de la machine ou du processeur. La technique est entièrement logicielle et si elle a apporté une solution au problème de la taille mémoire, elle comporte cependant énormément d'inconvénients. Il est du ressort du programmeur de réaliser un découpage pour qu'à tout instant le programme principal et l'un des modules tiennent en mémoire centrale. Certains inconvénients sont mineurs : par exemple lorsqu'une procédure est appelée dans deux modules, elle doit être présente dans les deux modules.

D'autres sont nettement plus gênants. Le partitionnement est fait à partir de la connaissance de la taille effective de la mémoire de la machine sur laquelle le programme final devra tourner : le programme n'est pas portable au niveau exécutable. Le programme ne peut tourner sur une machine ayant moins de mémoire.

L'impact de la maintenance du programme est aussi très ennuyeux. La maintenance curative, celle qui corrige les défauts du programme, et la maintenance évolutive, celle qui fait évoluer les fonctionnalités, amènent nécessairement à changer la taille du programme. Dans la plupart des cas, l'un au moins des modules ne « rentrera » plus en mémoire après la maintenance. Il faut alors refaire le partitionnement, ce qui conduit à modifier la structuration du programme. On effectue ainsi des modifications non justifiées par la maintenance initiale qui engendrent des risques accrus d'introduire de nouvelles erreurs de programmes.

A contrario, les deux autres techniques, la segmentation et la pagination, s'appuient sur des extensions matérielles pour rendre l'opération la plus transparente possible pour le développeur.

La segmentation – Pentium (architecture x86 ou IA32)

Un morceau de programme comporte des adresses dites *logiques* alors qu'un morceau de mémoire a une adresse physique. Lorsqu'un morceau de programme est mis dans un morceau de mémoire, il n'y a plus identité entre l'adresse logique et l'adresse physique : il faut donc établir une fonction de correspondance (*mapping*). Cette traduction d'adresse, faite concrètement à l'aide de tables de correspondance, est effectuée par un dispositif qui vient s'intercaler entre le processeur à adresses logiques du programme et le contrôleur de mémoire à adresses physiques de la RAM. En pratique, ce dispositif, appelé MMU (*Memory Management Unit*), est souvent intégré directement dans le processeur.

C'est le cas du processeur Pentium qui intègre un MMU implémentant la segmentation et la pagination. Nous prendrons ce processeur comme support d'illustration de la segmentation. L'architecture apparente est celle héritée du processeur 386 avec un bus externe d'adresses et de données de largeur 32 bits. L'espace d'adressage a donc une taille de 4 Go. Cette architecture est aussi appelée IA 32 *Intel Architecture 32 bits* pour la distinguer de l'IA 64 du processeur Itanium (chapitre 8) prévue comme architecture de remplacement.

La segmentation est basée sur un découpage de niveau plus fin, une granularité moindre que l'overlay, mais toujours construit sur des entités fonctionnelles : les procédures d'une part et les structures de données d'autre part. La caractéristique première de ce type de fragmentation est que les morceaux sont tous, a priori, de taille différente. La figure 7-31 donne un aperçu du principe de passage d'une adresse logique vers une adresse physique. Une adresse logique 386 est donnée sur 48 bits : la capacité d'adressage logique est nettement supérieure à la capacité d'adressage physique. Le processeur a donc forcément des registres spéciaux pour l'adressage logique, les registres de 32 bits ne pouvant convenir.

Les morceaux de programmes ou de mémoire sont appelés *segments*. Le segment mémoire est un morceau contigu de mémoire pouvant avoir toute taille (< 4 Go) et pouvant commencer n'importe où en mémoire centrale.

Le segment est décrit par un descripteur, quasiment à la manière d'un fichier sur le disque (voir sections précédentes). Il ne comporte pas de nom, mais le descripteur fournit cependant l'adresse de début du segment en mémoire centrale, sa taille, voire ses attributs de droits d'accès.

Figure 7-31

La segmentation

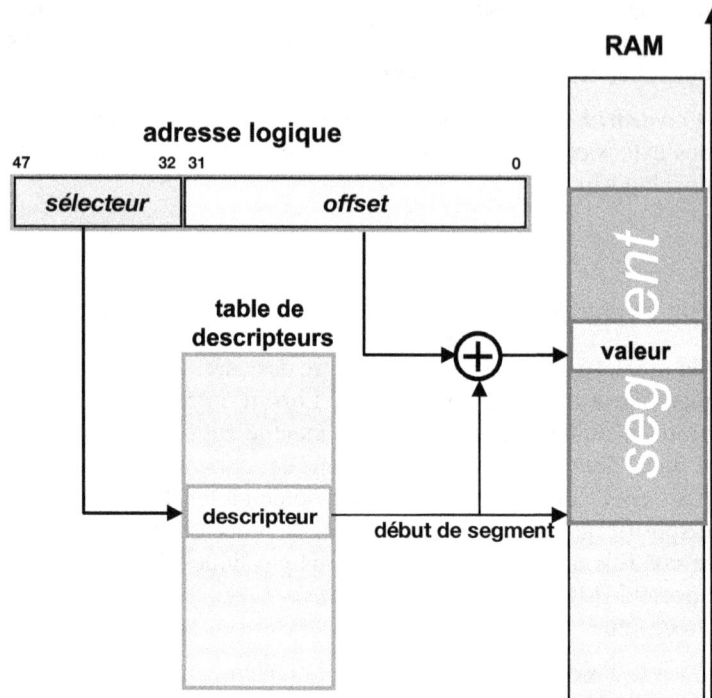

L'adresse logique sur 48 bits est interprétée comme une structure à deux champs. Le premier champ sur 16 bits, appelé « sélecteur » est considéré comme un index dans une table de descripteurs. Le sélecteur joue le rôle d'une clé d'accès à la zone mémoire physique. Théoriquement il y aurait ainsi 2^{16} segments possibles, chacun ayant une taille de 4 Go au maximum. Le descripteur pointé par le sélecteur fournit l'adresse du début du segment

Le second champ, l'*offset*, sur 32 bits, donne, lorsqu'il est ajouté à l'adresse de début du segment – ou adresse de base – obtenue avec le sélecteur, l'adresse physique sur 32 bits en mémoire centrale. Dans l'architecture IA 32, cette adresse physique est appelée « adresse linéaire ».

La traduction de l'adresse logique en adresse physique qui implique la consultation de la table des descripteurs puis l'addition de l'offset à la base est effectuée par le MMU. Mais où est donc cette table des descripteurs ? Un descripteur de segment est très comparable à un descripteur de fichier lui-même situé dans un fichier particulier appelé répertoire (cf. FAT). Comme un répertoire qui se trouve sur le disque, la table des descripteurs se trouve en mémoire centrale et peut donc elle-même être considérée comme un morceau de mémoire décrit comme un segment…

Pour tout calcul d'adresse, le MMU doit ainsi lire en mémoire les octets du descripteur (8 dans le cas du 386), puis faire l'addition pour que l'adresse soit ensuite exploitable par le contrôleur de mémoire. Le surplus de temps généré par le passage d'une adresse logique en une adresse physique n'est pas négligeable. En lieu et place d'une simple opération de lecture/écriture d'un mot (32 bits) en mémoire, il faut de fait en faire 3. Cela est peu tolérable du point de vue des performances temporelles : à la première utilisation le descripteur est donc recopié dans des registres internes au processeur pour avoir un accès rapide. Le principe de la localité stipule que le morceau de programme ou de données contenu dans le segment peut rester présent un certain temps en mémoire. Si au chargement du segment, la lecture du descripteur est obligatoire, il est alors intéressant d'en profiter pour le mémoriser dans ces registres spéciaux internes pour que le MMU ait ensuite un accès direct à ce descripteur sans recours aux accès mémoire.

La mémoire virtuelle n'a pas été le seul objectif recherché dans la segmentation. Dans une architecture von Neumann, la mémoire centrale est utilisée indifféremment pour le code et les données. Or nous avons vu qu'à un processus en cours d'exécution sont associées trois zones mémoires fonctionnellement différentes : la zone de code, la zone des données et la zone pour la pile. Les zones correspondent à des espaces physiquement situés en mémoire centrale, mais il serait plus intéressant de les voir comme des zones logiques différentes gérées avec des *droits* différents. Par exemple, une zone de code pourrait être définie par l'attribut *executable only*, ce qui empêcherait tout programme erroné d'écrire dans une zone de programme ou de la lire comme une donnée. La définition d'une *limite* à chaque zone permet aussi de protéger les autres processus ou données des éventuels débordements du processus en cours d'exécution. La segmentation répond aussi à ce besoin de voir la mémoire comme un espace multidimensionnel : un espace mémoire logique pour la zone de code, un pour les données et un pour la pile.

Dans la famille de processeurs x86, la segmentation fut introduite dans le processeur 16 bits 8086 avec un espace de dimension 4 : le code, la pile et deux zones de données. Les données faisant en général l'objet d'un traitement qui produit un résultat, il peut être utile de faire ainsi la différence entre un espace données *source* et un espace données *résultat*. Les concepteurs du 8086 y ont ainsi mis en place une segmentation à quatre espaces mémoire : la zone de code C, la zone de pile S, la zone de données D et la zone de données E(xtra). La dimension de l'espace de segmentation a été étendue à 6 avec l'architecture IA 32 par ajout de 2 espaces de données supplémentaires.

Un processeur IA 32 possède 6 paires de registres pour la manipulation des adresses de 48 bits dans chacun des espaces. Par exemple, le compteur de programme {CS : IP} est composé de deux registres, CS pour *Code Selector register* (16 bits) et IP pour *Instruction Pointer* sur 32 bits. CS permet de sélectionner le segment à exécuter et IP contient l'offset, c'est-à-dire l'adresse relative à l'intérieur du segment. Il en est de même pour la gestion du segment de pile faite avec le couple {SS : BP} où SS est le *Stack Selector register* et BP le *Base Pointer*.

À un instant donné, le processeur voit 6 segments : un par espace mémoire. Le découpage de la segmentation étant basé sur des unités fonctionnelles comme les procédures, on peut imaginer l'existence d'un segment par procédure. Dans ce cas, et tant que l'on reste à l'intérieur de la procédure, il n'y a pas de rupture dans l'exécution. Par contre, l'appel d'une nouvelle procédure demande alors un changement de segment.

Au niveau de la programmation, la segmentation a des incidences importantes comme l'existence de registres spécialisés et la notion de pointeur long et de pointeur court. Un pointeur long (48 bits) est requis pour l'appel d'une nouvelle procédure et passe par le descripteur du segment, alors qu'il suffit d'un pointeur court (32 bits) pour se déplacer à l'intérieur du segment. Tous les déplacements courts font cependant appel au calcul d'adresse (adresse de base de segment + pointeur_court) dont le premier opérande se trouve dans le descripteur de segment. L'utilisation d'un pointeur long provoque la mise en tampon temporaire dans des registres cachés du nouveau descripteur de segment.

Figure 7-32

Descripteur

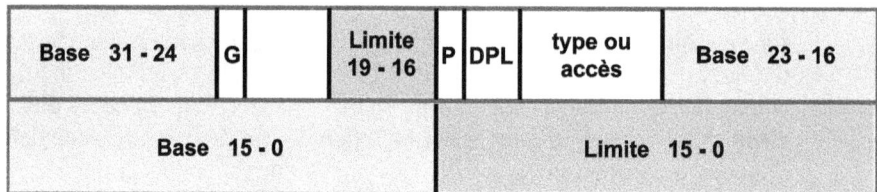

La figure 7-32 montre un descripteur de segment de code. Comme tous les descripteurs, il utilise 8 octets. Parmi les éléments importants, on note :

• La base du segment donnée sur 32 bits (adresse physique du début du segment).

• La limite exprimée sur 20 bits. Ce champ est à combiner avec le champ de granularité G qui indique si la limite est exprimée en octets (pour les segments courts) ou en morceaux de 4 Ko ; il est ainsi possible d'exprimer sur 20 bits une limite de segment allant jusqu'à 4 Go. Avec la fixation de cette limite, le MMU peut vérifier à chaque accès mémoire si celui-ci se fait bien à l'intérieur du segment.

• Le bit de présence P indique si le segment est présent en mémoire central ou non (mémoire virtuelle).

• Le champ type/accès indique la nature du segment : code, données, procédure, tâche… et/ou les droits d'accès associés.

• Le champ DPL, *Descriptor Privilege Level*, donne le niveau de privilège (User, Superuser…) requis pour accéder au segment décrit. Ce champ permet de faire la différence entre les segments réservés au système d'exploitation et ceux des utilisateurs.

L'adresse physique en mémoire de la table GDT (*Global Descriptor Table*) des descripteurs est contenue dans le registre GDTR (*Global Descriptor Table Register*). Pour des questions historiques de compatibilité ascendante la GDT a une taille maximale de 64 Ko. Chaque descripteur occupant 8 octets, la GDT peut contenir 8 192 descripteurs ce qui demande 13 bits pour l'indexation. Cela signifie que 13 bits sur les 16 d'un sélecteur servent d'index dans la table des descripteurs.

Ce nombre de descripteurs est trop faible, surtout si l'on souhaite que chaque processus travaille dans son espace logique propre, ce qui impose que chaque processus ait son propre ensemble ou table de descripteurs. La GDT est ainsi complétée par une table LDT (*Local Descriptor Table*) propre à chaque processus. Chaque LDT est elle-même contenue dans un segment de mémoire devant lui-même être décrit dans la GDT.

Figure 7-33

Pointeur long, sélecteur et offset

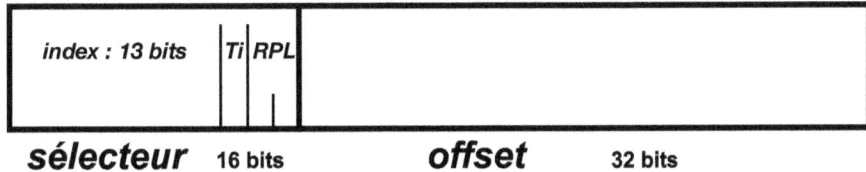

Finalement, la structure complète d'une adresse sur 48 bits (pointeur long) est donnée dans la figure 7-33. L'offset donne le déplacement court sur 32 bits et le sélecteur est constitué de trois champs : les 13 bits d'index permettant de référencer le descripteur du segment dans l'une des tables, le bit Ti, *Table Indicator*, précisant si le référencement se fait dans la GDT ou dans la LDT du processus courant. Le troisième champ, RPL *Resquestor Privilege Level*, précise le niveau de privilège du processus appelant le segment. S'il est inférieur à celui donné dans le descripteur, l'accès sera refusé (génération d'une exception de type « violation protection mémoire, *memory violation* »).

Protection sur les appels de procédures : « call gates » en IA 32

La segmentation IA 32 intègre un mécanisme de protection de l'accès à une procédure : les *call gates* ou porte de procédures. Cette protection présente deux aspects. Le premier concerne les droits d'accès avec la comparaison entre le niveau de privilège de l'appelant et le niveau de privilège de la procédure appelée.

La protection prend aussi un aspect de sûreté. Une procédure est caractérisée par son point d'entrée, c'est-à-dire une adresse en mémoire centrale. L'appel de procédure est au niveau assembleur une instruction call avec comme argument l'adresse du point d'entrée. Supposons que, suite à une faute d'un programme, cette adresse soit modifiée en cours d'exécution. Au moment de l'appel, le compteur de programme pointe alors quelque part à l'intérieur de la procédure et les conséquences peuvent être désastreuses pour la suite du programme. Les *call gates* constituent une indirection dont le principe consiste à ajouter le passage par un point de contrôle lors de l'appel. L'opérande de l'instruction call n'est plus une adresse mais un index vers un descripteur qui contient le point effectif d'entrée. La figure 7-34 montre le principe général de ce mécanisme. L'appel de procédure est un appel avec un pointeur long, mais dont seul le sélecteur est utile. Ce dernier a un index qui pointe sur un descripteur de porte (*gate*) qui pointe lui-même vers un descripteur de segment de code. Le segment de code référencé peut contenir plusieurs procédures (dans notre cas proc0, proc1, proc2,). C'est le descripteur de porte qui contient l'offset permettant au processeur d'obtenir l'adresse effective du point d'entrée de la procédure.

Figure 7-34

Call gate

call proc1

sélecteur

'call'	*Offset non utilisé*	index		rpl

gate descriptor

Executable segment descriptor

offset		dpl	count
selector		offset	

base		dpl	base
base			

offset

proc2

proc1

proc0

Segment de procédures

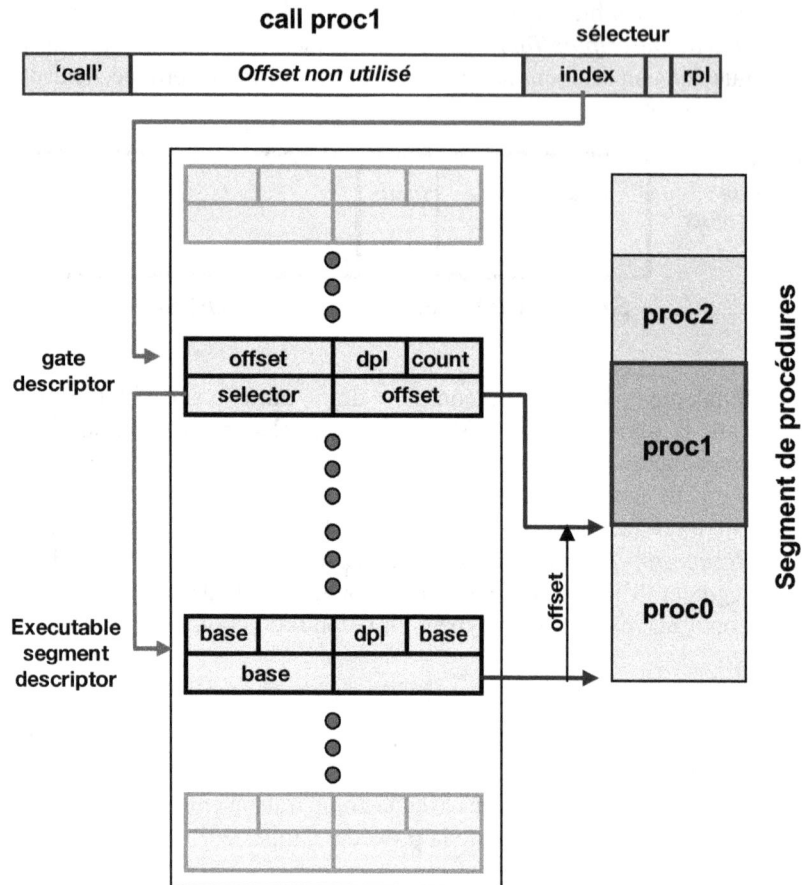

En reprenant la même hypothèse de faute sur l'opérande de l'instruction `call`, il n'y aurait pas les mêmes conséquences : on ne peut pas « entrer au milieu » d'une procédure. Au pire, on se « trompe » de procédure et si celle-ci est bien conçue, elle n'exécute aucun code si les paramètres d'entrées ne sont pas conformes à son utilisation standard.

Le même mécanisme est mis en place pour la gestion des routines d'interruptions accessibles par une table de descripteurs appelée IDT (*Interrupt Descriptor Table*).

La segmentation, de par son découpage adapté précisément à des entités fonctionnelles, facilite le partage de données entre des applications, le partage d'un même code, par exemple des bibliothèques communes.

La segmentation a effectivement répondu à un certain nombre des objectifs visés, mais ses inconvénients sont devenus trop pesants. La programmation est dépendante de ce mécanisme (utilisation de registres spécialisés) et impose beaucoup de contraintes (plusieurs modèles de compilation suivant que l'on mette une ou plusieurs procédures par segment) et un style de programmation plus compliqué même dans les langages de haut niveau. En ce qui concerne la mémoire virtuelle, le fait d'avoir des segments de tailles différentes rend la gestion des « trous » libres en mémoire difficile et donc coûteuse en temps. Sauf cas particulier, la segmentation n'est plus utilisée de cette manière.

La segmentation génère un phénomène appelé *fragmentation externe* : à cause de la taille différentes des segments, la mémoire est fragmentée en laissant des trous inutilisés. La libération d'un petit segment est difficilement récupérable pour un autre nouveau segment.

La pagination – Pentium (architecture x86 ou IA 32)

Avec la pagination nous abordons une technique spécifiquement dédiée à la mémoire virtuelle avec l'objectif d'une transparence totale pour le développeur. C'est la technique maintenant universellement adoptée.

L'idée de base de la pagination est le découpage en morceaux de taille fixe, appelés *pages*, sans tenir compte d'un quelconque aspect fonctionnel (procédure, données…). La mémoire est découpée en cadres de page (*page frames*), chaque cadre de page pouvant accueillir exactement une page de programme ou de données.

Comme la mémoire virtuelle consiste à faire jouer le même rôle à la mémoire centrale et à une partie du disque, cette notion de découpage en pages de taille fixe est à mettre en relation avec la taille fixe des blocs ou clusters sur le disque. Dans la notion de mémoire virtuelle, la taille de la page a une influence forte sur les performances temporelles. Un découpage en « grosses » pages demande moins d'échanges avec le disque mais avec des transferts plus importants, alors qu'un découpage en toutes « petites » pages (quelques octets par exemple) demande beaucoup d'échange mais sur des quantités faibles. Un optimum, tenant compte de la gestion du disque, doit exister sur une taille intermédiaire de pages. Depuis de nombreuses années, cet optimum est de l'ordre de quelques kilo-octets. Dans la pratique, beaucoup de systèmes de pagination ont adopté 4 Ko comme taille de page. C'est le cas des processeurs IA 32 que nous continuerons à prendre comme cas d'illustration. D'autres valeurs sont possibles : le processeur Alpha propose de son côté une page de 8 Ko. Elle peut aussi être configurable sur le MMU.

Lorsqu'une page est chargée en mémoire centrale, le morceau de programme (ou données) qui est référencé en adresse logique est alors adressable par l'adresse physique du cadre de page. La traduction, le mapping, d'une adresse logique en adresse physique est, comme pour la segmentation, réalisée par le MMU à l'aide d'une table, appelée *table de pages*, contenant les *descripteurs de pages*.

Principe de fonctionnement de la mémoire virtuelle avec la pagination.

La mémoire centrale dispose en général de nettement moins de cadres de pages que les programmes ne nécessitent de pages. Il est facile de conclure, sans grand risque de se tromper, qu'en dehors de la phase de démarrage du système d'exploitation, les cadres de pages sont normalement pleins (la mémoire est totalement occupée).

Lorsqu'un processus est en cours d'exécution, il utilise une page en mémoire centrale. Tant que l'instruction suivante est dans la même page, ou dans une autre page présente en mémoire centrale, le processeur peut continuer l'exécution du programme (le MMU arrive à faire la translation d'adresse).

Figure 7-35

Pagination

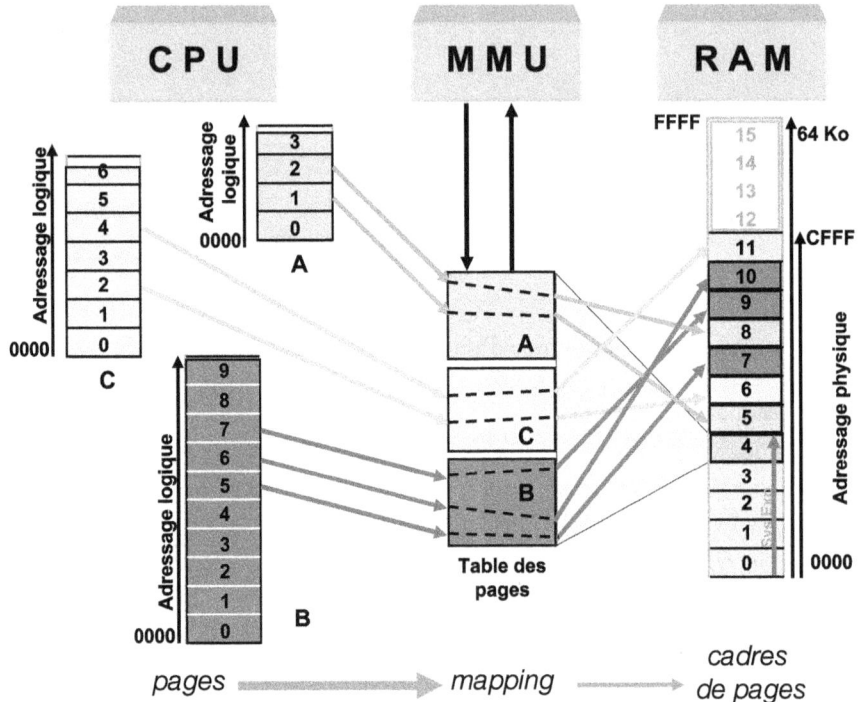

Un problème survient lorsque l'instruction référencée est dans une page absente de la mémoire. Le mapping tombe en défaut (« défaut de page »), l'instruction ne peut pas être exécutée et le MMU génère une exception qui interrompt le processus en cours. L'exception active une routine d'interruption du système d'exploitation dont la fonction est d'installer dans un cadre de page en mémoire centrale, la page manquante. Au retour du traitement de l'exception, le processeur est relancé sur l'instruction qui avait généré le défaut. Cette dernière peut maintenant être correctement gérée du point de vue de l'adresse par le MMU. Nous reviendrons ultérieurement plus en détail sur ce mécanisme de remplacement de page ou échange disque-RAM (aussi appelé « va-et-vient » ou *swap*).

La figure 7-35 détaille le principe de la pagination illustrant d'une part l'aspect mémoire virtuelle (trois programmes A, B et C ont une taille totale nettement supérieure à la mémoire physiquement présente) et d'autre part la mémoire logique appliquée aux trois programmes (ils ont tous la même adresse de départ).

L'exemple s'applique à un processeur ayant une capacité d'adressage de 64 Ko (16 bits d'adressage). La mémoire centrale est découpée en cadres de page de 4 Ko et les programmes sont découpés en pages de 4 Ko. Les pages 0 à 3 contiennent le système d'exploitation et la page 4 contient des tables de pages.

Pour gérer la mémoire logique, chaque processus a sa propre table de partition et lorsque le système d'exploitation bascule d'un processus à un autre, il doit changer de table de pages. Ainsi, d'un processus à un autre, la même adresse logique sera transformée en des adresses physiques différentes.

La partie gauche de la figure visualise les trois processus en exécution : ils résident sur le disque, mais les pages « actives » sont installées dans les cadres de pages en mémoire centrale. Ainsi la page 6 du processus B est installée dans le cadre de page 10. Dans ce cas, l'adresse logique 6000_h devient l'adresse physique $A000_h$.

Les deux processus A et C ont tous deux leur page 2 active en mémoire centrale. La page 2 de A est dans le cadre 8 alors que la page 2 de C est dans le cadre 6.

Si deux processus doivent partager une zone de données commune, il suffira de mapper les pages concernées des deux processus vers le même cadre de page. À la différence de la segmentation, la pagination génère une *fragmentation interne* de la mémoire : tous les cadres de pages sont utilisables, par contre les pages ne sont pas toutes pleines, comme par exemple dans le cas de la zone de données partagée entre deux processus.

Voyons maintenant de manière plus précise, toujours sur un exemple de mémoire 64 Ko et des pages de 4 Ko, comment se fait la traduction d'adresse (figure 7-36). Quelle est la taille d'un descripteur de table ? Quelle est la taille d'une table de pagess ? Nous verrons, dans un deuxième temps, que la mise à l'échelle ou « scalabilité » pose de sérieux problèmes techniques lorsqu'on passe d'un bus d'adresse de 16 bits à un adressage sur 32 bits, voire sur 64.

Le processeur a dans un registre une adresse « logique » (d'instruction, d'opérande ou de donnée) qu'il dépose sur le bus d'adresse. Cette adresse, $808A_h$, (32906_{10}) est interceptée par le MMU pour interprétation. Le MMU considère le premier champ comme un index dans la table de pages. La taille de la mémoire étant de 64 Ko et la page ayant une taille de 4 Ko, la table de pages possède 16 entrées numérotées de 0 à 15. Le champ d'index est donné par les 4 bits de poids forts de l'adresse logique. L'index qui vaut 1000_b (soit 8) pointe sur le 9e descripteur de la table. Le MMU lit en mémoire ce descripteur, teste le bit de présence pour savoir si la page correspondante est en mémoire. Ce bit étant positionné, le premier champ de 4 bits est interprété comme le numéro du cadre de page où la page a été précédemment installée. Le numéro de cadre vaut 1. Cela signifie que le cadre commence à l'adresse physique 4096. Le MMU n'a plus qu'à ajouter à ce début de cadre l'offset « 0000 1000 1010_b » (soit 138_{10}), ce qui donne pour adresse physique 4234_{10} ou $108A_h$. Le MMU dépose cette valeur sur le bus d'adresse pour être récupérée par le contrôleur de mémoire.

Adresse physique   **Adresse logique**

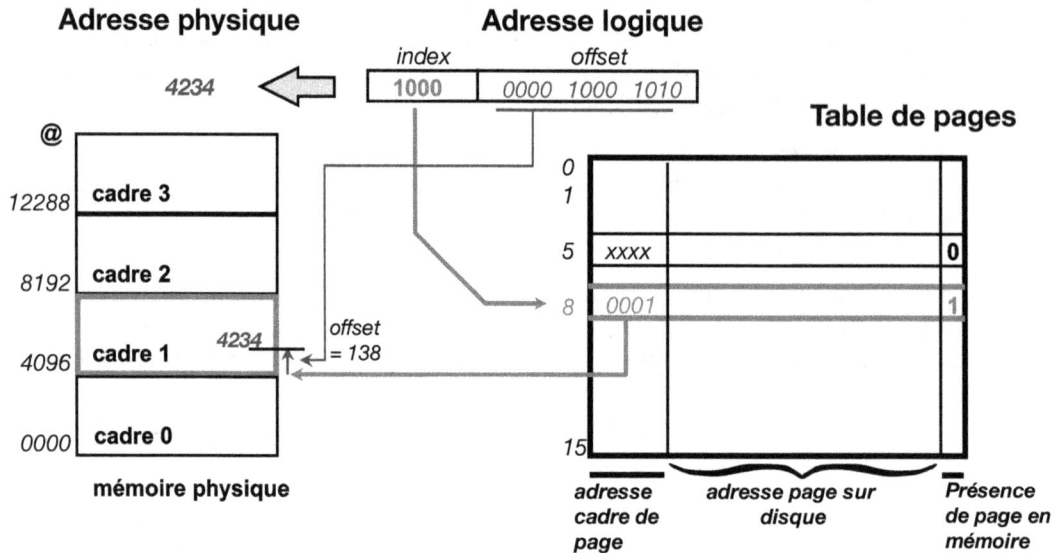

Figure 7-36

Table de pages et adresses

Les champs d'un descripteur de pages

Lorsque la page est en mémoire centrale, son descripteur contient le numéro de cadre de page et le bit de présence est positionné à vrai. Si la page n'est pas en mémoire centrale (bit de présence positionné à faux), le champ numéro de cadre ne sert à rien. Par contre, il faut un champ qui, d'une manière ou d'une autre, fournisse l'adresse de la page sur le disque (par exemple sous forme de numéro de cluster). Quand nous aborderons plus précisément la description du mécanisme de swap, nous verrons que le descripteur doit comporter quelques champs bits supplémentaires. En première approximation, on peut estimer qu'une taille de 4 octets pour le descripteur de pages est suffisante. On peut remarquer qu'il n'est pas nécessaire de préciser un champ limite puisqu'elle est implicitement fixée à la taille de la page, l'offset étant par construction toujours inférieur à la taille de la page (ce qui n'est pas le cas pour la segmentation).

À raison de 16 entrées de pages de 4 octets par descripteur, il faut 64 octets pour une table de pages. Cette dernière doit forcément être résidente (en permanence) en mémoire centrale, ce qui, vu sa taille, ne pose aucun problème.

La pagination sur les IA 32 (Intel Architecture 32 bits)

La scalabilité vers l'architecture IA 32 fait changer d'échelle la taille de la table de pages. L'espace adressable étant de 4 Go et la taille de la page étant de 4 Ko, le nombre de pages est égal à 2^{20} (4 Go/4 Ko) soit plus d'un million de pages.

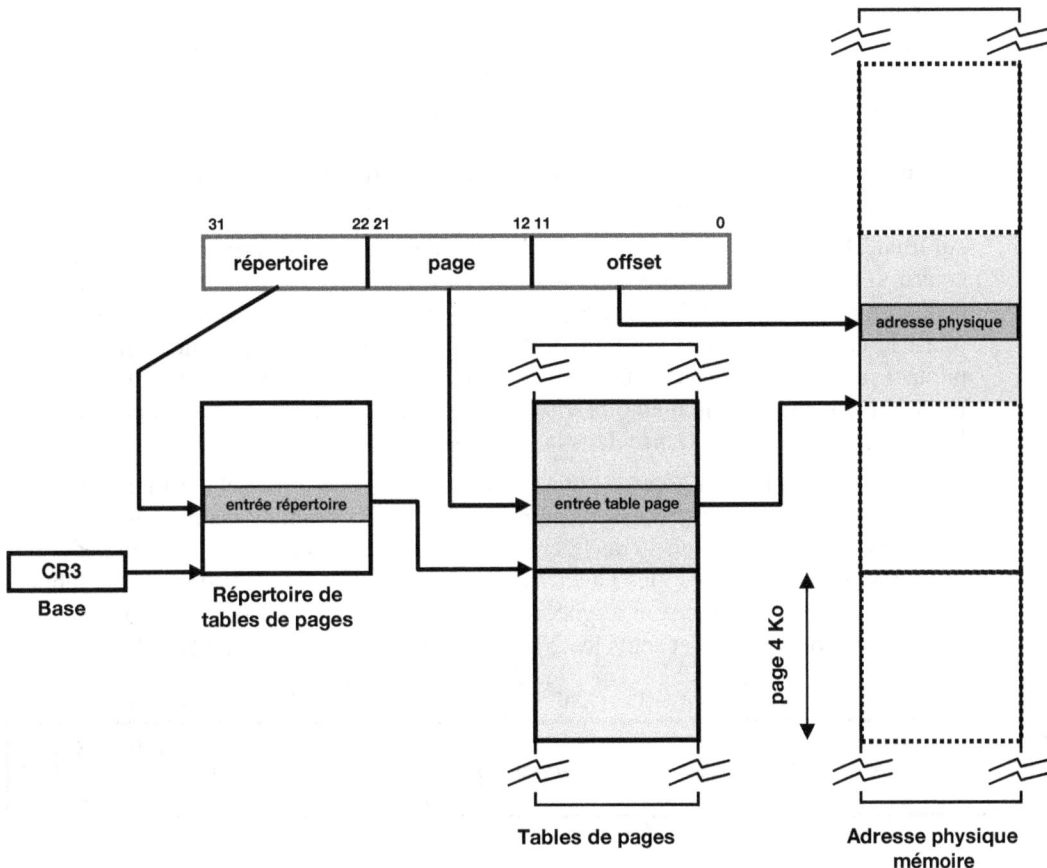

Figure 7-37

Table de pages et adresses

Une seule table de pages peut ainsi occuper 4 Mo en mémoire centrale. Si, à l'heure actuelle, une telle taille n'est pas impressionnante, il était inconcevable, dans les années 1980 où les premiers processeurs IA 32 ont été conçus, d'allouer autant de mémoire physique juste pour pouvoir mettre en place une mémoire virtuelle ! Pour contourner ce problème, il suffit d'appliquer le principe de la pagination à la table de pages elle-même. On procède alors en plusieurs niveaux, seule la table « racine » est obligatoirement présente en mémoire.

Ainsi en IA 32, les cadres de pages sont accessibles par un mécanisme en deux niveaux : le premier fournit une table de répertoire de tables de pages, le second concerne la table de pages définie par le premier niveau. Le mécanisme d'accès à l'adresse physique est hiérarchisé avec une répercussion de hiérarchisation dans la structuration de l'adresse logique. À l'instar de l'adressage géographique de l'adressage des entrées-sorties, une adresse paginée est structurée en plusieurs champs, trois dans le cas de l'IA 32.

Les pages ayant une taille de 4 Ko, le champ des 12 bits de poids faibles est l'offset dans la page. Par contre, le repérage de la page se fait en deux étapes. Les 20 bits restants sont partagés en deux champs de 10 bits, soit 1024 valeurs possibles pour chacun. Le champ des 10 bits de poids fort définit un index, c'est-à-dire une entrée dans la table répertoire des tables de pages. Cette table répertoire est elle-même une page de 4 Ko, indiquant par là que chaque entrée du répertoire est un descripteur de 4 octets. Pour les 1 024 entrées, le descripteur fournit le numéro correspondant de cadre de page de la table de pages.

Au total, il y a 1 024 tables de pages, chacune de ces tables décrivant 1 024 pages. Par contre, il n'est pas nécessaire que toutes les tables de pages soient nécessairement résidentes en mémoire centrale. Certaines sont vraisemblablement résidentes en permanence (c'est le cas de certains composants du système d'exploitation comme le noyau et les pilotes), d'autres tables peuvent elles-mêmes faire l'objet du mécanisme de remplacement implémenté pour la mémoire virtuelle. L'organisation générale de la pagination de l'architecture IA 32 est donnée dans la figure 7-37.

La base du système est l'adresse physique de la table répertoire : elle est contenue dans un registre spécialisé du processeur, le registre CR3. Examinons maintenant le contenu d'un descripteur. Mais avant de décrire les principaux champs, il faut rappeler une contrainte sur les adresses : les pages ayant une taille de 4 Ko, les adresses de début de page ou de cadre de page sont alignées sur des frontières de 4 Ko. Les 12 bits de poids faibles sont donc mis à 0 et seuls les 20 bits de poids forts seront significatifs.

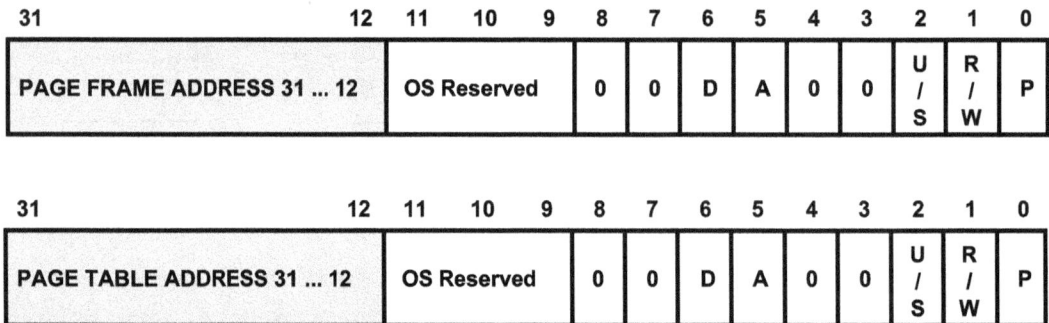

31 ... 12	11 ... 10	9	8	7	6	5	4	3	2	1	0
PAGE FRAME ADDRESS 31 ... 12	OS Reserved		0	0	D	A	0	0	U/S	R/W	P

31 ... 12	11 ... 10	9	8	7	6	5	4	3	2	1	0
PAGE TABLE ADDRESS 31 ... 12	OS Reserved		0	0	D	A	0	0	U/S	R/W	P

Figure 7-38

Entrée de tables et entrée de pages

La table répertoire comporte 1024 entrées décrivant ainsi sur 20 bits (ceux de poids forts) une adresse de cadre de page contenant une table de pages. Chaque table de pages contient 1 024 entrées décrivant, également sur 20 bits, l'adresse de début de la page physique adressée.

De manière générale, les deux types de descripteurs contiennent une adresse de page sur 20 bits et des bits de contrôle pour la gestion de la pagination. Certains de ces bits sont positionnés par le matériel (CPU-MMU). Ainsi :

• Le bit P, bit de présence, indique la présence en RAM de la page concernée.

• Le bit A (*Access*) est positionné à chaque accès (lecture ou écriture) à la page.

- Le bit D (*Dirty*) est spécifique d'un accès en écriture, c'est-à-dire qu'un élément de la page a été modifié.

Les autres bits sont positionnés par le système d'exploitation. Ainsi :

- Les bits U/S et R/W permettent au système d'exploitation de définir des attributs de protection de la page. U/S fait la distinction entre le mode Superviseur et le mode User. R/W sont les droits en lecture-écriture.

- Les bits *OS reserved* sont à disposition du système d'exploitation pour la gestion de la pagination (les algorithmes de remplacement de pages).

Nous avons maintenant en main tous les éléments pour décrire la gestion dynamique de la pagination.

En IA 32, le processeur émet une adresse logique sur 32 bits. Cette adresse est appelée « adresse linéaire » car elle est déjà le résultat de la segmentation. Le registre CR3 contient l'adresse du début de la table répertoire et nous supposerons que celle-ci est résidente en mémoire centrale.

Le fonctionnement de la pagination est un processus coopératif entre le matériel (MMU) et le logiciel (le système d'exploitation). Au vu de cet algorithme (encadré ci-dessous), il est évident que les exceptions de défauts de page ne doivent pas se produire trop fréquemment car le coût en temps des deux chargements à partir du disque pour les pages absentes est considérable. Il faut mettre en place une stratégie de remplacement des pages absentes qui minimise ce nombre d'exceptions.

Algorithme de pagination

Étape 1 :

Les 10 bits de poids fort de l'adresse linéaire servent d'index dans la table répertoire. Dans le descripteur correspondant le bit de présence est examiné :

Si P = 1 alors la page de la table de pages est présente et le MMU passe à l'étape 2.

Sinon le MMU génère une exception *page fault* (défaut de page) signalant au système d'exploitation que la page est absente et il doit donc procéder au chargement en mémoire de cette page. Après ce traitement par le système d'exploitation, il y a retour sur l'étape 1, mais le bit de présence est maintenant à 1.

Étape 2 :

Les 10 bits suivants de l'adresse linéaire servent d'index dans la table de pages trouvée au cours de l'étape 1. Dans le descripteur correspondant, le bit de présence est examiné :

Si P = 1 alors la page finale est présente et le MMU passe à l'étape 3.

Sinon le MMU génère une exception *page fault* signalant au système d'exploitation que la page est absente et qu'il doit procéder au chargement en mémoire de cette page. Chargement fait, il y a retour sur l'étape 2, mais le bit de présence est maintenant à 1.

Étape 3 :

L'étape finale est celle du calcul d'adresse en prenant l'adresse sur 20 bits du descripteur de l'étape 2, en la complétant par 12 bits à 0 en poids faible et en ajoutant les 12 bits de l'offset de l'adresse linéaire du début. L'adresse finale obtenue est l'adresse dite physique, celle qui est maintenant effectivement déposée sur le bus d'adresse à destination du contrôleur de mémoire centrale.

Quel est donc le rôle du système d'exploitation ? Tout d'abord, à son lancement, il doit mettre en place les tables de bases, celles qui seront toujours présentes en mémoire centrale ainsi que le fichier d'échange (*swap file*) sur le disque constituant le prolongement de la mémoire centrale pour la mémoire virtuelle. Notons au passage que ce fichier doit correspondre à une zone contiguë sur le disque sous peine de mauvaises performances dues à la fragmentation (nombreux déplacements de la tête de lecture). Ce fichier est traité à part et dans certains systèmes d'exploitation, il peut constituer une partition à lui tout seul. Le système d'exploitation doit également initialiser une « carte » des cadres de pages libres pour savoir où il en est dans la gestion des pages.

Figure 7-39

*Segmentation
et Pagination de
l'architecture IA 32*

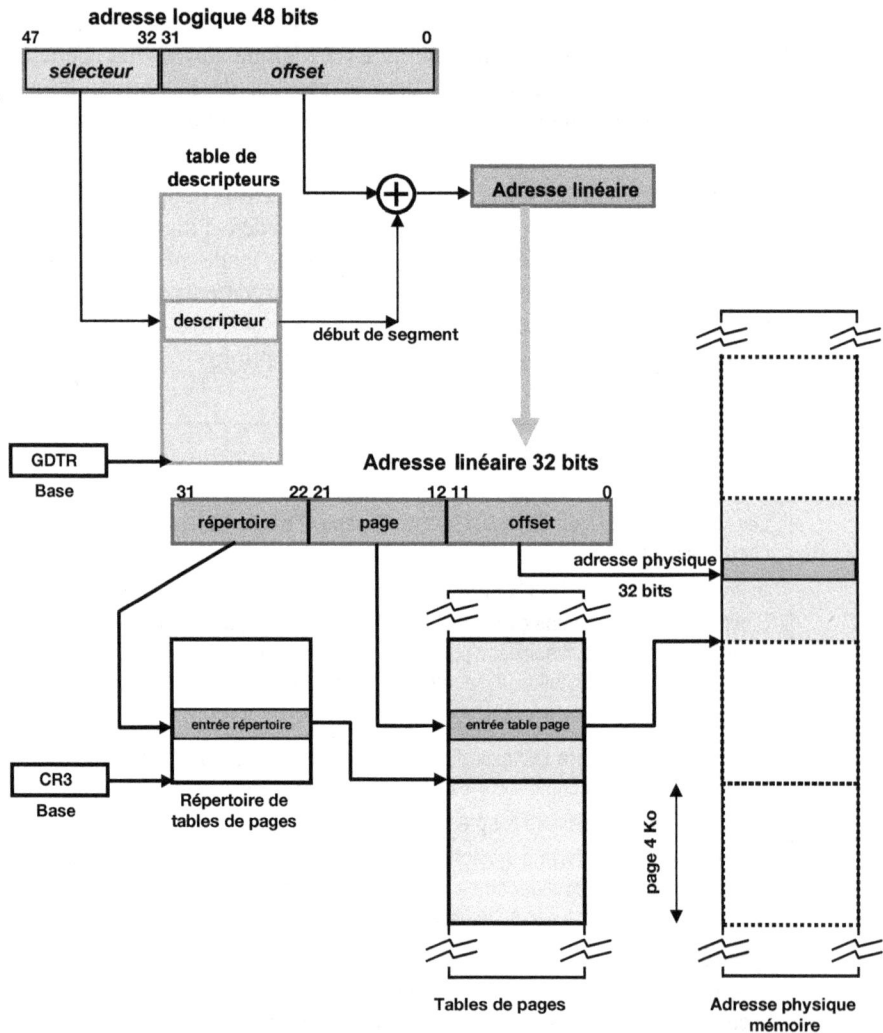

La part « dynamique » du travail du système d'exploitation pour la pagination concerne essentiellement le traitement de l'exception « défaut de page ». Ce traitement peut se résumer de la manière suivante.

Lorsque cette l'exception est générée, la routine activée doit charger la page manquante en mémoire centrale. Deux cas se présentent :

- S'il existe un cadre de page vide, alors il est procédé au chargement de la page manquante dans le cadre de page libre, le descripteur correspondant est mis à jour (son champ est de 20 bits) et le bit de présence est positionné. Si la page victime a été modifiée lors de son séjour en mémoire centrale (bit *Dirty* positionné), il faut alors la recopier à sa place sur le disque dans le fichier d'échange.

- Sinon et dans les deux cas, la routine procède à l'écrasement de la page victime par la nouvelle page.

Le système d'exploitation se doit aussi de connaître l'emplacement d'une page sur le disque. On peut remarquer que si le disque est organisé en blocs ou clusters de 4 Ko, l'adresse sur 20 bits du descripteur peut alors aussi servir d'adresse de la page sur la zone de swap.

Algorithmes de remplacement

Le choix de la page « victime », celle à éliminer au profit de la nouvelle à charger, est un problème délicat : l'idéal serait d'ôter celle qui ne sera plus utilisée dans le futur ! C'est au système d'exploitation de prendre la décision et, d'une manière ou d'une autre, il doit maintenir des statistiques sur la fréquence et les dates d'utilisation d'une page pour construire une file d'attente des pages à éliminer. La tête de liste doit être la meilleure prévision possible de la page la moins vraisemblablement utilisée dans le futur… Si a priori, il peut y avoir des méthodes de gestion de cette file meilleure que d'autres, il faut faire attention à ce que ces techniques ne deviennent pas trop coûteuses en temps d'exécution.

Il existe un algorithme dit « optimal » car c'est le meilleur possible, mais malheureusement irréaliste : il n'est applicable qu'a posteriori sur des séquences connues d'exécution et ne sert donc que de référence aux autres algorithmes effectivement mis en œuvre.

La méthode FIFO consiste à éliminer la page la plus anciennement chargée en mémoire, on estime donc que cette page a eu sa « chance » pour son exécution et qu'elle sera la prochaine victime. Elle est simple à mettre en œuvre, mais elle présente l'inconvénient d'éliminer la page la plus ancienne et qui est malheureusement aussi parfois la plus fréquemment utilisée.

L'algorithme du LRU (*Least Recently Used*) implique que les pages soient datées lors de leur utilisation et son application stricte risque d'être coûteuse en temps ou nécessite un matériel particulier.

L'algorithme de l'horloge est une simplification du LRU en mémorisant les pages en mémoire en listes circulaires en forme de cadran d'horloge, d'où son nom. Il est aussi connu sous le nom d'algorithme de la seconde chance.

En dehors de la gestion en FIFO qui génère plus de défauts de pages, il n'y a pas de différences vraiment significatives entre les autres techniques.

Il faut noter aussi que le remplacement peut être vu comme un problème local (allocation locale) au processus en cours d'exécution ou global (allocation globale) si l'ensemble des pages en mémoire est considéré. Un algorithme de remplacement peut donc prendre en compte beaucoup de paramètres.

Finalement, le modèle global de la segmentation et de la pagination de l'architecture IA 32 (figure 7-39) est donné par le passage d'une adresse logique vers une adresse linéaire par le biais de la segmentation, puis vers l'adresse physique (pagination). La segmentation est obligatoire alors que la pagination est optionnelle. Dans la plupart des systèmes d'exploitation actuellement en usage sur une architecture IA 32, le modèle de segmentation n'est plus en usage.

Dans les systèmes comme Windows ou Unix implanté sur un processeur IA 32, la segmentation est « neutralisée » en déclarant, une fois pour toute la session, 6 segments de 4 Go (*flat memory*) avec la même adresse 0 de départ.

Les mémoires cache

Le principe de la mémoire cache est voisin de celui de la mémoire virtuelle et nous pourrons réutiliser la plupart des notions introduites pour le disque et la pagination. La mémoire centrale, à base de DRAM, étant trop lente par rapport à la vitesse des processeurs, il est nécessaire d'intercaler entre les registres du processeur et la DRAM une mémoire nettement plus rapide (SRAM), mais donc aussi beaucoup plus petite.

La problématique est donc la même que celle de la mémoire virtuelle : le morceau de programme en mémoire centrale ne peut entrer intégralement dans la mémoire cache. Il faut opérer une nouvelle fragmentation pour faire entrer des « petits morceaux » de morceaux de programme de la DRAM vers des petites zones de la mémoire cache. Les morceaux de programme sont des pages dans le cadre de la mémoire virtuelle par pagination, dans le cadre de la mémoire cache, les « petits morceaux » sont appelés *lignes*. Une ligne comporte quelques octets : les morceaux de la mémoire cache sont donc vraiment petits. Leur taille est comparable au nombre de registres dans le processeur.

Les principes généraux de la mémoire cache sont proches de ceux de la pagination, comme la mise en place d'une table de correspondance ou *mapping*, mais il existe cependant des différences marquantes.

La première concerne l'échelle de temps. En pagination, les ordres de grandeurs des temps d'accès à la mémoire et au disque sont dans des rapports de 10^4 à 10^6, alors que pour la mémoire cache le rapport est seulement de l'ordre d'un facteur 10. Il s'ensuit que tout le processus de la mémoire cache doit être entièrement géré par le matériel : on n'a donc *pas d'interruptions et pas d'intervention directe du système d'exploitation*.

La seconde différence concerne le mode de gestion de la mémoire. La mémoire centrale est gérée en « accès aléatoire », c'est-à-dire qu'une adresse permet de trouver directement par décodage d'adresse la bonne case mémoire. Une mémoire cache contient des parties (les lignes) de la DRAM et ces lignes doivent être référencées dans le cache. Autrement dit, la ligne dans la mémoire cache est repérée dans ce cache par un label ou étiquette, qui correspond à l'adresse de la ligne en mémoire centrale. Un cache est une mémoire gérée suivant le principe du *Content Access Memory*, CAM.

Il existe plusieurs technologies de mémoire cache. La plus rapide, mais aussi la plus coûteuse, est la mémoire cache associative.

Mémoire cache associative

L'exemple (figure 7-40) que nous prenons est une mémoire cache capable de stocker 512 octets sous la forme de 128 lignes de 4 octets et intercalée entre un processeur et une mémoire de 64 Ko. La table de correspondance du cache doit ainsi faire le lien entre le cache de 512 octets et la DRAM de 64 Ko. Cette fonction de mapping est directement intégrée au cache : c'est l'étiquette de la ligne qui permet de savoir ce qu'il y a dans celle-ci.

L'étiquette de la deuxième ligne vaut 0004 : cette valeur est l'adresse en mémoire centrale des données mises en cache dans la ligne. Ainsi, le premier élément de la ligne est la valeur 30 avec pour adresse en DRAM 0004. L'élément suivant est la valeur 31 d'adresse 0005 et ainsi de suite. Les 4 octets, situés à partir de l'adresse 0004, ont été recopiés dans la deuxième ligne du cache lors de l'exécution d'un algorithme de remplacement. Dans notre cas, cette étiquette comporte 14 bits et pour faciliter la lecture des valeurs, la notation hexadécimale est utilisée sur 16 bits avec les 2 bits de poids faible à 0.

> **Granularité et étiquette**
>
> Les 64 Ko de la RAM correspondent à un bus d'adresse de 16 bits. La ligne de stockage de données dans le cache ayant une capacité de 4 octets, les étiquettes décrivent la mémoire avec une granularité de 4 octets, soit des adresses avec les deux bits de poids faible à 0. L'étiquette est donc donnée sur 14 bits.

Principe de lecture

Le processeur dépose sur son bus d'adresse la valeur bb0a. Le contrôleur de cache intercepte et analyse cette adresse en séparant le champ étiquette du champ offset.

Figure 7-40

Cache associatif

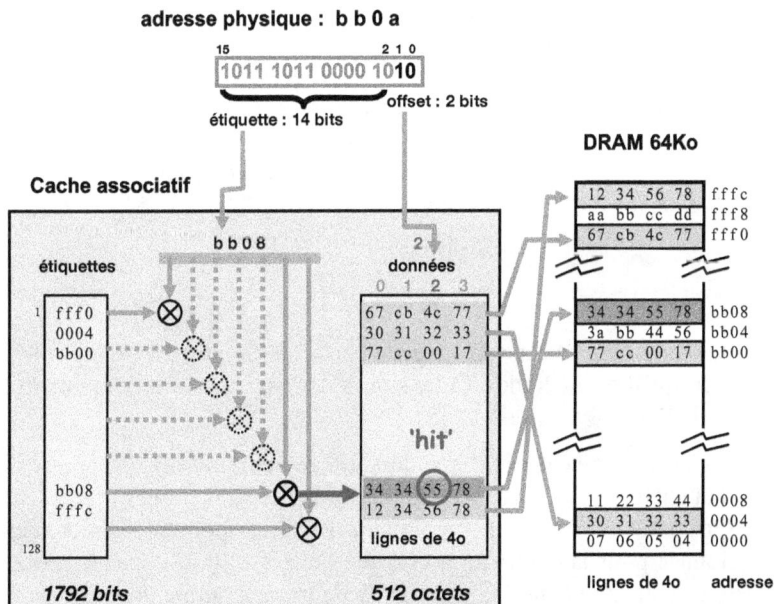

L'étiquette donne l'adresse, soit bb08, du mot long (4 octets) en mémoire centrale et l'offset, égal à 2, donne la position de l'octet à lire dans la ligne. Rappelons que seuls les 14 bits de poids forts de l'adresse sont pris en compte, alors que la notation hexadécimale utilise les 16 bits.

Le contrôleur de cache recherche s'il a, parmi les 128 lignes de sa mémoire, une ligne étiquetée par bb08. Comme cette ligne, si elle est présente, peut occuper n'importe quelle place parmi les 128, le contrôleur de cache met en moyenne 128/2 comparaisons entre le champ étiquette de l'adresse émise par le processeur et les 128 étiquettes des lignes du cache. S'il faut effectuer 64 comparaisons, il faudrait alors faire 64 lectures en cache, ce qui est totalement incompatible avec le gain de temps que l'on souhaite réaliser en mettant en place le cache. La recherche dans le cache prendrait plus de temps que la lecture directe de la donnée en RAM !

Pour arriver au résultat escompté en un temps minimal, le cache associatif effectue la comparaison en une seule fois en disposant d'un comparateur par ligne. Tous les comparateurs sont donc activés en parallèle pour effectuer ces 128 comparaisons. Si l'une des comparaisons est positive, alors la donnée recherchée est en cache et le contrôleur de cache peut la délivrer immédiatement au processeur : on parle de « succès » ou *hit*. Dans l'exemple, l'étiquette demandée est dans la mémoire d'étiquette, la comparaison est donc réussie et le contrôleur de mémoire cache peut délivrer la valeur voulue, c'est-à-dire 55.

Le principe est le même dans le cas d'une écriture, au détail important près, qu'une écriture « réussie » génère une incohérence entre le contenu du cache et celui de la DRAM : il faut se poser la question de la réécriture en mémoire centrale lors de l'exécution d'un algorithme de remplacement de ligne (voir *miss* ci-après).

Cas de la recherche infructueuse

Comme en pagination avec le défaut de page, la recherche peut être infructueuse, on parle d'échec ou *miss*. Dans ce cas, il est alors aussi nécessaire de procéder à l'exécution d'un algorithme de remplacement. Différentes solutions sont possibles, certaines seront vues dans la suite de ce chapitre, mais nous prenons ici la plus simple. Elle consiste, lorsque l'échec est constaté, à recopier la ligne « victime » à son emplacement en DRAM (pour la cohérence dans le cas d'une écriture) et à la remplacer par la nouvelle suite d'octets ainsi que son étiquette.

Mémoire cache à accès direct

La mémoire cache associative est performante grâce à l'intégration d'autant de comparateurs qu'il y a de lignes. Cette solution n'est malheureusement envisageable que pour des caches de faible taille.

Lorsque la capacité du cache doit être de quelques dizaines ou centaines de kilo-octets, il faut chercher une autre solution. Pour arriver à ne faire qu'une seule comparaison – mais sans posséder tous les comparateurs – il faut « pointer » directement sur l'étiquette sélectionnée pour la comparer à celle de l'adresse fournie par le processeur. Ce pointage est réalisable en utilisant une partie de l'adresse comme un index de ligne dans le cache.

Le cache de la figure 7-41 associe un cache de 64 Ko à une mémoire centrale de 16 Mo. Comme dans l'exemple précédent, l'organisation de la mémoire est faite sur la base de lignes de 4 octets. La capacité du cache étant de 64 Ko, il y a 2^{14} lignes. Nous faisons l'hypothèse que la lecture d'une ligne est faite en un seul bloc, c'est-à-dire que les adresses issues du processeur sont en multiples de 4 et les deux bits de poids faibles sont à 0 (cas d'un 68020).

Figure 7-41

Cache à adressage direct

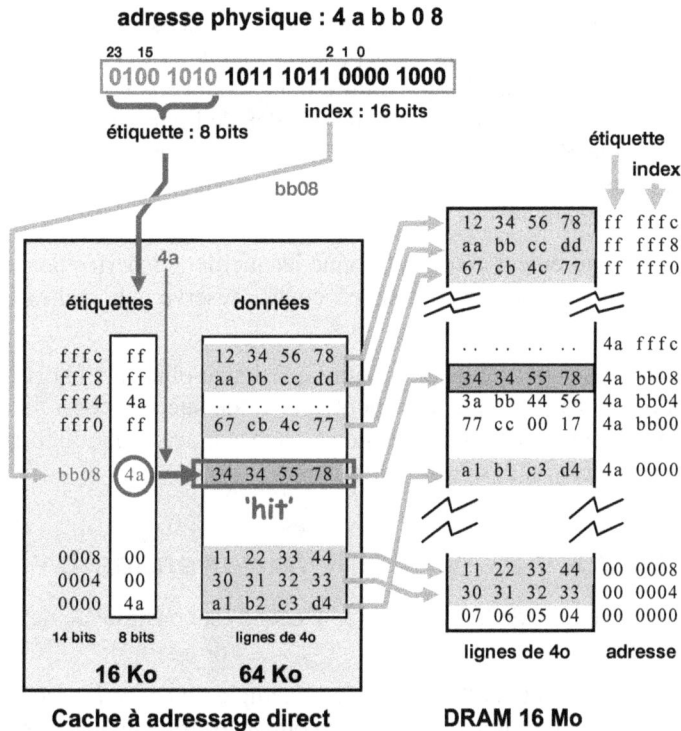

Les 16 bits de poids faibles de l'adresse physique qui servent d'index dans le cache se limitent de fait à 14 bits effectifs. Les 8 bits de poids forts constituent l'étiquette. À la différence d'une mémoire associative où les étiquettes apparaissent dans un ordre indifférent, le cache à adressage direct range ses étiquettes dans l'ordre croissant de tous les index possibles. Pour l'adresse physique 4abb08, la recherche se fait donc de la manière suivante. La partie étiquette « 4a » est isolée de la partie index « bb08 » qui permet de pointer le « bb08^{ième} » élément de la liste des étiquettes du cache. Si l'étiquette pointée est égale à l'étiquette demandée, alors les 4 octets demandés sont dans la ligne sélectionnée.

Dans le cas contraire (*miss*), le contrôleur de mémoire cache doit procéder à un algorithme de remplacement de ligne.

Le cache à adressage direct permet des capacités élevées au détriment cependant d'une contrainte : l'index étant implicite, il ne peut y avoir en mémoire deux lignes ayant même index. Avec le principe de la localité, cette restriction n'est pas trop gênante, elle peut l'être davantage dans le cas de plusieurs processus résidant en mémoire dans un système multitâche. Par contre, l'emplacement d'une ligne étant imposée par son index, l'algorithme de remplacement est simplifié au maximum : si une donnée est à mettre en cache et que son index est déjà occupé, il faut procéder à son remplacement, même si d'autres lignes du cache sont encore vides ou contiennent des données totalement obsolètes.

Lorsqu'une donnée est à mettre en cache, les deux types de cache décrits correspondent à deux solutions qui sont à l'opposé l'une de l'autre. Dans un cache associatif, la donnée peut être mise dans n'importe qu'elle ligne alors que dans un cache à adressage direct la donnée prend la ligne imposée par l'index de l'adresse de cette donnée. Cette caractéristique est le résultat de la solution choisie pour faire la recherche de l'étiquette en un seul temps de comparaison (n comparaisons en parallèle dans un cas et une seule comparaison dans l'autre).

Le cache purement associatif donne les meilleures performances car il banalise complètement les lignes. Par contre, son coût le réserve aux caches les plus petits, comme un cache de table de pagination.

Il existe une solution intermédiaire qui donne plusieurs choix à la donnée à ranger pour améliorer les performances (pourcentage de succès/échecs) du cache à accès direct : il suffit de faire fonctionner plusieurs caches à accès direct en parallèle. Ces caches sont dits à associativité par ensemble.

Mémoire cache à associativité par ensemble

Dans l'exemple de la figure 7-42, le cache est constitué de deux ensembles (*2-way associative set*).

Il s'agit en réalité de la reprise de l'exemple du cache à accès direct en y intégrant deux ensembles. Le principe de fonctionnement est directement hérité du cache à accès direct. L'index permet de sélectionner une ligne, mais cette ligne porte sur les deux ensembles. Le cache comporte autant de comparateurs fonctionnant en parallèle qu'il y a d'ensembles dans le cache. Chaque ensemble fournit une étiquette pour la ligne sélectionnée et chacune de ces étiquettes doit être comparée à l'étiquette fournie par l'adresse. Il suffit cette fois-ci que l'une des comparaisons soit bonne pour que la recherche fournisse un succès.

Figure 7-42

Cache 2-way set associatif

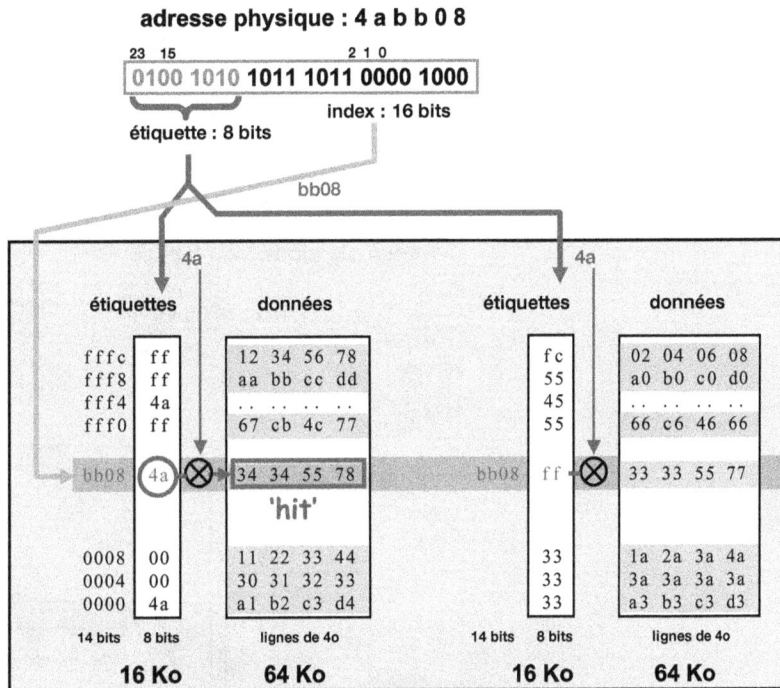

Cache 2-way set associatif

Gestion d'un cache – Politique de remplacement

La gestion d'un cache est analogue à la gestion de la pagination. La différence essentielle vient de l'échelle de temps. En pagination, le chargement est fait à partir du disque ce qui entraîne des temps d'accès énormes par rapport à l'exécution du code par le système d'exploitation. Au niveau du cache, toute la gestion est obligatoirement assurée au niveau matériel. Des algorithmes sophistiqués pour le choix de la ligne victime sont donc difficiles à mettre en œuvre.

Le remplacement : le mot ou la ligne ?

Dans les exemples précédents, la recherche dans le cache s'est soldée par un succès. Que se passe-t-il en cas d'échec ?

Dans le cas de la figure 7-43, l'index « bb08 » fait apparaître l'étiquette « ff », alors que celle de l'adresse est « 4a ». Les 4 octets dans la ligne du cache ne correspondent donc pas à l'adresse demandée. Il y a échec.

Le contrôleur de cache doit alors procéder au chargement de la donnée demandée de la mémoire centrale vers le cache à l'emplacement imposé par l'index.

Supposons que le processeur fasse les accès à la mémoire par mots de 16 bits. Le remplacement de la ligne peut alors se faire de deux manières. La première consiste à remplacer toute la ligne et le mot demandé par le processeur peut lui être délivré. Le contenu du cache est cohérent à l'issue de cette opération, mais cette cohérence se paie par l'obligation de faire deux cycles de lecture en mémoire centrale pour délivrer le mot voulu. Le cas de l'échec se paie ainsi par un doublement du temps d'accès à la mémoire centrale (alors que l'on met un cache pour gagner du temps…). Cette pénalisation est d'autant plus forte que la ligne est longue en nombre de mots.

Figure 7-43

Remplacement

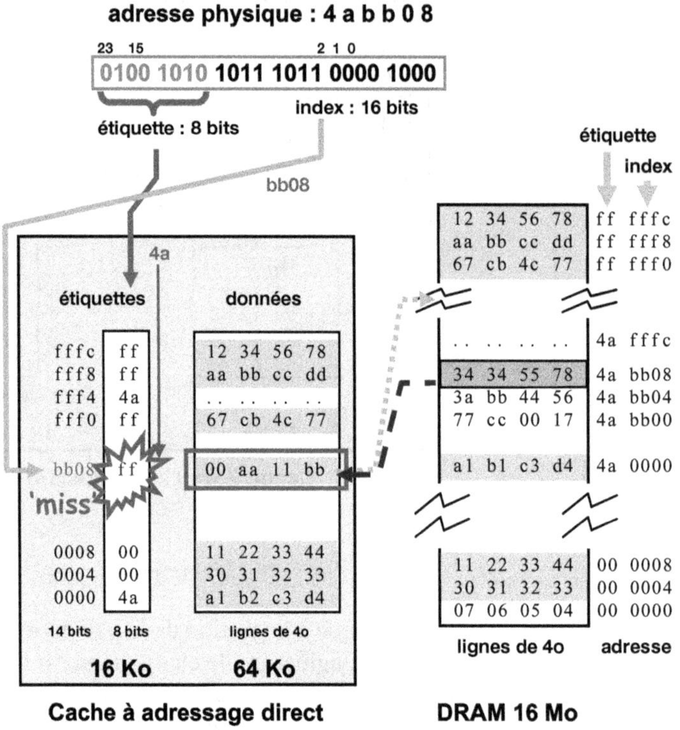

La seconde solution consiste à privilégier le temps d'accès en ne remplaçant dans la ligne que le seul mot voulu. Dans le cas présent, il ne sera fait qu'une seule lecture en mémoire centrale et le nouveau contenu de la ligne est alors « 34 34 11 bb », l'étiquette dans le cache devenant « 4a ». La donnée voulue est bonne, mais le reste de la ligne est faux car il correspond à l'étiquette précédente qui vient d'être écrasée. Pour résoudre ce problème d'incohérence, il faut introduire dans le cache au niveau de chaque ligne autant de bits de validité qu'il y a, dans la ligne, de mots susceptibles d'être remplacés individuellement. L'index pointe alors sur une ligne à laquelle est associée l'étiquette et deux bits de validité :

« bb08 »   « 4a »   « **1 0** »   « 34 34 11 bb »

Le premier bit de validité (à 1) indique que le premier mot de la ligne est valide et le bit à 0 indique que le mot suivant de la ligne est non valide.

La politique de remplacement (mot ou ligne) est en général programmable au niveau du contrôleur de mémoire cache et relève d'un choix d'architecture pour le système d'exploitation, mais la mise en œuvre d'un remplacement par mot de ligne nécessite obligatoire la présence en interne des bits de validité.

Dans un cache à accès direct, le choix de la ligne victime ne se pose pas, car il est imposé par l'index. Par contre, pour une mémoire cache associative, le choix est réel : toutes les lignes peuvent a priori être sélectionnées. Les mêmes solutions que celles utilisées pour la pagination sont théoriquement possibles, mais dans la pratique l'expérience montre que les différences entre les diverses politiques ne sont pas vraiment significatives. Entre LRU, FIFO et le choix aléatoire, c'est ce dernier qui est souvent retenu car il ne nécessite aucune mémorisation supplémentaire au niveau de l'utilisation des lignes.

La gestion des écritures

L'écriture en mémoire cache pose une seconde fois la question de la cohérence entre cette dernière et l'original en mémoire centrale. Lorsqu'une donnée est modifiée par le processeur (écriture), la donnée en mémoire n'est plus conforme avec celle du cache. Quand faut-il mettre à jour la donnée en mémoire centrale ? Deux stratégies de gestion sont possibles.

La stratégie de l'*écriture simultanée write through* consiste à faire la mise à jour en mémoire centrale en même temps que l'écriture en cache. La cohérence est donc assurée, par contre l'écriture simultanée en mémoire va ralentir l'opération d'écriture et diminuer l'intérêt du cache. Pour éviter ce ralentissement la stratégie du *write through* est techniquement accompagnée d'un tampon (*buffer*) d'écriture : l'écriture est faite simultanément dans le cache et dans le *buffer*, mémoire FIFO recopiée dans la DRAM.

Figure 7-44

Écriture en « write through »

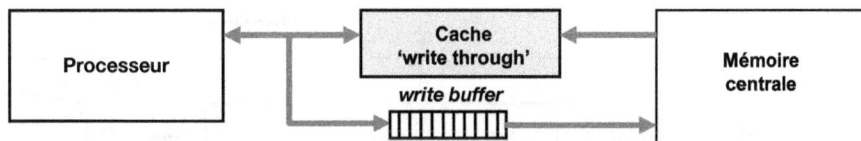

Dans ce cas, le cheminement des informations entre la mémoire centrale et le processeur n'est pas symétrique suivant qu'il s'agit d'une lecture ou d'une écriture.

La stratégie de l'*écriture différée write back* consiste à ne faire la mise à jour en mémoire centrale qu'au moment où la ligne correspondante devient la victime. Pour éviter d'écrire systématiquement une ligne victime en mémoire centrale, il est nécessaire d'introduire un bit de modification (bit *dirty* comme en pagination). Seule une ligne modifiée, c'est-à-dire avec le bit *dirty* positionné, est alors recopiée en mémoire centrale.

Vue d'ensemble d'une architecture mémoire

L'objectif des mémoires cache est de minimiser le temps nécessaire au transfert entre les registres du processeur et la mémoire centrale en s'appuyant sur les principes de localités des programmes.

Il est une autre opération qu'il est avantageux d'optimiser, car coûteuse en temps : c'est la translation d'adresse faite au niveau de la pagination entre une adresse virtuelle et une adresse physique. Cette optimisation peut se faire en gardant une trace des traductions d'adresse effectuées récemment. Cette trace est gardée dans une mémoire spéciale parfois appelée TLB (*Translation Lookaside Buffer*) qui contient généralement entre 32 et 128 entrées de table de pages dans un cache totalement associatif.

Figure 7-45

*Architecture
générale
de la gestion
des données*

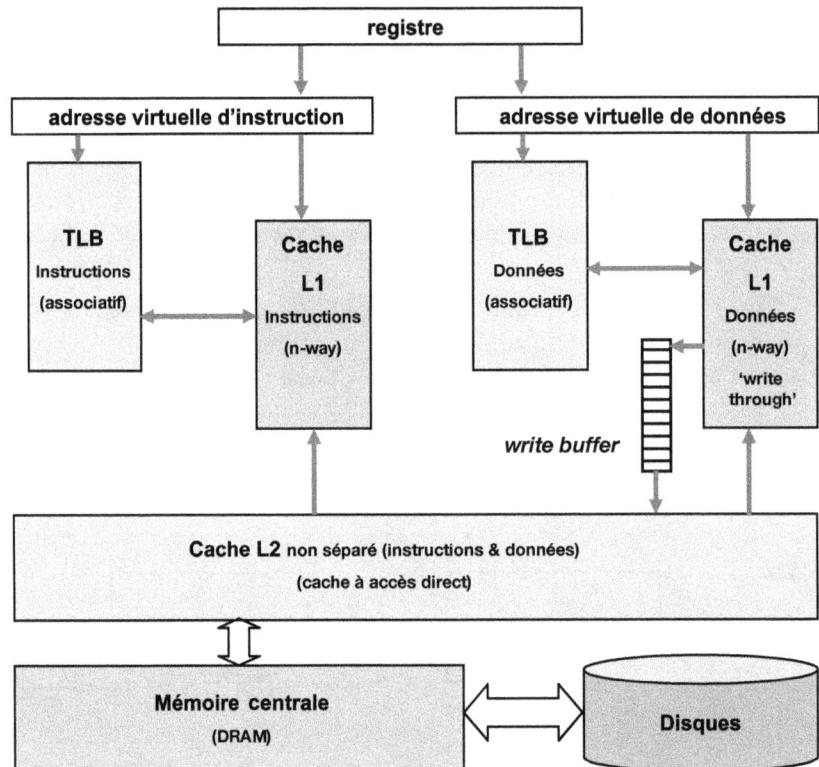

Cette architecture générale met en évidence le fait qu'à proximité du registre du processeur, la différence est faite entre les données et les instructions. Il y a deux raisons à cela. Il y a ainsi un chemin pour le transfert des instructions et un autre pour celui des données, ce qui autorise une simultanéité des accès. Les caches sont également séparés car leur mode de gestion est différent. Vis-à-vis du processeur, un cache d'instructions est en lecture seule alors qu'un cache de données est en lecture-écriture et nécessite une gestion de la cohérence pour les écritures comme par exemple le *write buffer*. À ce niveau, on trouve ainsi les caches de traduction d'adresses virtuelles (TLB) et les caches appelés L1 (Level 1) généralement du type associatif par ensemble (*n-way associatif set*). Les caches L1 ont une taille de l'ordre de quelques dizaines de Ko et sont totalement intégrés au processeur. Le niveau suivant est constitué par un cache L2, généralement de type accès direct avec une taille de quelques centaines de Ko. Le cache L2 est sur la même puce que le processeur ou au moins sur le même support. Au niveau de la carte unité centrale, l'architecture peut être complétée par un cache dit externe qui s'interpose entre le cache L2 et la mémoire centrale.

Ce qu'il faut retenir quand vous aurez tout oublié

La mémoire virtuelle est une manière de gérer la mémoire centrale et une partie d'un disque pour faire croire à chaque programme qu'il dispose de la capacité complète d'adressage du processeur.

Le mécanisme s'appuie d'une part sur le principe de la localité et d'autre part sur celui de la fragmentation.

Le principe de localité indique que dans un intervalle de temps déterminé, les accès à la mémoire se font majoritairement dans un même voisinage. Le principe de la fragmentation est celui qui permet de faire exécuter de gros programmes dans une mémoire relativement petite : il faut fragmenter le programme en morceaux que l'on fait rentrer dans des morceaux de mémoire. C'est le principe adopté par la technique de la pagination qui fait un découpage en morceaux de taille fixe. C'est le système d'exploitation qui est en charge de la pagination.

Le même principe de découpage est adopté pour la gestion des mémoires cache, les morceaux sont simplement plus petits. Vu les contraintes de temps, toute la gestion d'un cache est matérielle.

Le disque est le moyen d'organiser le stockage de données pour que celles-ci soient accessibles au traitement logiciel. Le stockage est fait avec une granularité d'un secteur dont la taille est généralement de 512 octets. L'accès est basé sur une organisation en fichier gérée par un système de gestion de fichiers. Le système utilise une table de descripteurs (FAT, inode) qui donne les emplacements des secteurs d'un fichier sur le disque.

Ce système est en général spécifique à un système d'exploitation donné.

8

Les performances

Plus simple, plus vite.

Les derniers progrès sont les plus difficiles.

L'accent a été mis, jusqu'à présent, sur les aspects fonctionnels de l'architecture d'un ordinateur : les briques nécessaires à la réalisation d'une machine à traiter l'information ont été rassemblées pour réaliser les fonctionnalités d'un tel traitement.

En parallèle, les jalons ont été posés pour passer d'une machine physique de traitement d'informations élémentaires vers une machine abstraite destinée à résoudre des problèmes applicatifs. La machine devient un outil universel par le biais de l'interface homme-machine de son système d'exploitation, aussi bien pour la bureautique, la console de jeux, le système de navigation GPS que pour le téléphone.

Dans ce dernier chapitre, les fonctionnalités sont oubliées au profit de la recherche de la performance. Maintenant que les principes de base du fonctionnement d'un ordinateur sont maîtrisés, ce chapitre est consacré aux techniques permettant d'améliorer plus spécifiquement les performances temporelles d'un ordinateur.

La dernière partie du chapitre montre comment les différentes techniques de recherche de performance ont été mises à profit dans le processeur Itanium.

Les critères de performances

L'architecture d'un ordinateur a, jusqu'à présent, été vue sous l'angle *fonctionnel* : comment construire une machine capable de résoudre des problèmes de traitement de l'information. Parler des performances de la machine, revient à prendre le point de vue *non fonctionnel*.

Tout au long des chapitres précédents, il a été implicite que la machine qui sera finalement construite, fonctionne « bien » au sens de la production de résultats « justes » à la précision des représentations près. Cela suppose que la machine puisse être qualifiée de « zéro faute » tant sur le plan matériel que sur le plan logiciel, ce qui n'est bien sûr pas le cas. La quête du « zéro faute » relève principalement des méthodes utilisées pour la spécification, la conception, la réalisation et le test du produit final.

Sur le plan du matériel, les processus de fabrication sont plus proches du « zéro faute » qu'au niveau du logiciel car les processus sont mieux maîtrisés. L'approche par composants réutilisables et testés est un héritage de toute la technologie de l'électronique qui a fait ses preuves. Par contre, le matériel est sujet à l'usure et au vieillissement, ce qui signifie que des fautes peuvent apparaître sur un système qui n'en avait pas au départ.

Sur le plan du logiciel, il n'y a pas d'usure ! Si faute il y a, elle est inhérente ou innée au produit, c'est-à-dire directement héritée du processus de fabrication. Cette vue non fonctionnelle de l'ordinateur correspond à la *sûreté de fonctionnement* ou la *tolérance aux fautes*.

Une autre caractéristique non fonctionnelle est décrite par la performance. Elle concerne surtout les aspects temporels : date, durée et débit.

Dans les applications dites « temps réel », à ne pas confondre avec les applications simplement interactives, il y a faute si le résultat n'est pas obtenu à temps, c'est-à-dire dans un délai préalablement fixé. Le temps réel ne consiste pas à aller vite, mais à garantir l'arrivée d'un résultat à temps.

La question des performances temporelles soulève les prémisses suivantes. De quoi évalue-t-on la performance ? Est-ce celle du processeur, celle de l'ordinateur vue au travers de son système d'exploitation, celle de l'application globale comme dans le cas d'un serveur Web ?

D'autre part, les aspects temporels peuvent être décrits soit par des durées, soit par des débits. Lequel de ces paramètres choisir ? Le choix n'est pas neutre et oriente la signification de la performance. Par exemple, si on fait la comparaison classique entre la performance d'un avion Concorde et celle d'un Boeing 747, quel est le plus performant ? Le premier vole deux fois vite que le second, ce dernier transporte trois fois plus de passagers que le premier. Le premier optimise le temps, le second optimise le débit.

Un autre paramètre à prendre en compte lorsqu'il est question de performance est la notion de coût sous la forme, par exemple, d'un rapport qualité/prix. C'est un critère de performance économique, très important en informatique, mais qui sort du cadre de cet ouvrage.

Bases de mesure et métriques de performances

Donner une performance revient à attribuer un nombre à une mesure de qualité. Il faut alors impérativement définir les conditions de la mesure :

- Sur quoi porte la mesure ?
- Quelle est la métrique ou comment est faite la mesure ?
- Quelle est l'unité de référence ?

La vraie réponse à la première question est assez simple : c'est l'utilisateur final du produit qui la donne par rapport à sa problématique. Il a acheté un service et pour un coût donné, il veut que le service soit accompli dans le minimum de temps ou avec un débit le plus élevé possible. Comme dans le cas des transports aériens ces deux critères sont souvent contradictoires. Par contre, chaque utilisateur étant un cas particulier, il est souvent très difficile de faire des mesures réutilisables dans d'autres conditions.

En général, les performances mises en avant en informatiques ne sont pas celles qui peuvent intéresser directement un utilisateur.

La base « processeur », MIPS et MFLOPS

Sur la base du processeur, la performance évalue les possibilités intrinsèques de celle-ci sans tenir compte de son environnement réel. Un processeur peut, par exemple, être caractérisé par la fréquence de son horloge. Un processeur A avec une horloge à 2 GHz est-il meilleur qu'un processeur B avec une horloge à 1 Ghz ?

La question n'a de sens qu'à deux conditions. D'abord, il faut définir le critère de qualité et lorsque celui-ci est fixé, il faut que les deux processeurs soient comparables.

Un fabricant de processeurs tient toujours à mettre en avant les qualités intrinsèques de son produit et il aura tendance à évaluer les performances temporelles du processeur suivant un critère indépendant de l'usage qui en est fait. Un processeur étant un dispositif qui exécute des instructions, une façon simple, (simpliste ?) d'exprimer la « vitesse » du processeur est de donner le nombre d'instructions qu'il est capable d'exécuter par seconde.

Nous arrivons ainsi à la métrique appelée MIPS (*Million Instructions Per Second* ou par dérision *Meaningless (Marketing ?) Indicator of Processor Speed…*) qui exprime le nombre d'instructions que le processeur est capable d'exécuter par seconde.

Dans l'absolu, cette métrique n'a aucun sens : toutes les instructions consomment-elles le même nombre de cycles d'horloge ? C'est faux dans un grand nombre de cas.

Une instruction d'un processeur A est-elle équivalente à une instruction d'un processeur B ? Ce n'est vrai que si A et B sont dits compatibles.

Où sont les instructions à exécuter ? Déjà en cache (quelle est sa taille, son type ?) ou en mémoire centrale ? La réponse est : nulle part. La mesure est faite par un calcul obtenu à partir des spécifications du nombre de cycles d'horloge des instructions.

Par exemple, supposons que le processeur A soit un RISC et le processeur B un CISC. Les MIPS affichés pour ces deux processeurs ne sont absolument pas comparables. Si B est annoncé à 5 MIPS et A à 8 MIPS, il se peut que le même programme, avec des conditions analogues d'accès mémoire, s'exécute deux fois plus vite sur le CISC que le RISC. La raison en serait qu'un programme en RISC demande plus d'instructions que le même programme en CISR car les instructions sont, par nature, plus élémentaires.

Dans la pratique la mesure des MIPS n'a, en dehors de l'environnement du constructeur, qu'un intérêt limité. Pour mettre en avant les opérations sur les nombres réels, la performance du processeur est décrite à l'aide de la métrique des MFLOPS (*Millions of FLoa-ting Point Operations Per Second*). Pour résumer, disons que cette métrique n'est guère plus significative que la précédente, à moins que l'écart entre deux processeurs soit énorme (rapport de 100 ou 1 000).

La base « machine », benchmark et SPEC

Une approche plus réaliste de l'évaluation des performances est obtenue en s'appuyant sur les conditions réelles d'utilisation d'un processeur dans son environnement complet, c'est-à-dire l'ordinateur. Cette pratique existe depuis longtemps dans le monde de l'automobile : au lieu de mesurer les performances d'un moteur sur un banc d'essai, il est évalué en fonctionnement dans un véhicule sur un ou plusieurs circuits dans des conditions de référence.

Les étalons de performances (*benchmark*) sont constitués d'un panel de programmes représentatifs de différentes utilisations de l'ordinateur. La question du panel soulève alors celle de la représentativité de ces programmes pour l'utilisation de l'ordinateur. Il faut absolument être conscient du contenu de ces programmes étalons et voir s'ils peuvent être significatifs pour les applications réelles que l'on envisage.

D'autre part, la technologie évoluant très rapidement, les machines offrent toujours davantage de possibilités et créent de nouveaux besoins. Les programmes étalons soigneusement choisis au début des années 1990, n'auraient pour la plupart plus aucun sens aujourd'hui. Il est donc normal de faire évoluer ces programmes étalons au cours du temps.

Les programmes étalons sont généralement classés en quatre catégories.

- Les *programmes tests*, ou *jouets*, sont des petits programmes, de quelques dizaines de lignes de code, bien connus en algorithmique : tour de Hanoï, programmes de tri, crible d'Ératosthène. Là encore, la signification des résultats est faible et il vaut mieux réserver ces programmes à leur usage premier, l'apprentissage de l'algorithmique.

- Les programmes *noyaux (kernel)* sont des extraits typiques de certains programmes réels pour mettre en évidence certaines caractéristiques. Parmi ces programmes, les plus connus sont :
  - Linpack (1985), morceaux de programmes en Fortran de résolution de systèmes linéaires et de calcul matriciel ;
  - Les boucles de Livermore (1986) également en Fortran, mais aussi disponible en C, de calcul scientifique.

- Les *programmes synthétiques* ou *artificiels* sont construits dans le même esprit que les programmes noyaux. Le « Whetstone » (1976) est destiné à représenter des programmes de calcul scientifique intensif et de CAO (Conception Assistée par Ordinateur). Le « Dhrystone » (1984) est l'homologue du Whetstone pour les programmes système pour représenter les programmes faisant un usage intensif des pointeurs et des structures.

- Les *programmes réels*, connus sous le nom de SPEC, consistent en un ensemble de programmes réels permettant de qualifier ainsi globalement une machine. Les programmes étalons sont définis par une association de constructeurs qui fait régulièrement évoluer ces programmes depuis les années 1980.

Les étalons SPEC

Standard Performance Evaluation Corporation est un organisme (http://www.spec.org) à but non lucratif dont la vocation est d'établir et de maintenir un ensemble de programmes étalons pouvant être appliqués aux plus récentes générations d'ordinateurs. L'organisme SPEC valide et publie les résultats soumis par ses membres.

Les mesures de performances SPEC sont en général bien reconnues pour leur validité. Créé en 1988 avec l'appui de cinq grands constructeurs (Apollo, DEC, HP, MIPS et Sun) sous le nom de *Systems Performance Evaluation Committee*, SPEC propose, en 1989, SPEC89 qui est un ensemble de 10 programmes dont les durées d'exécution varient entre 5 et 10 minutes. L'unité de mesure est le résultat obtenu sur un ordinateur VAX 11/780 (DEC) avec une horloge à 5 MHz.

En 1992, **SPEC92** fait la distinction entre les programmes SPECint (au nombre de 6) sur des entiers, et les programmes SPECfp (au nombre de 14) de traitement de réels. La référence est toujours le VAX. Les résultats devenant sujets à discussion à cause des possibilités d'optimisation appropriées au niveau des compilateurs, un nouveau jeu de programmes et de conditions d'utilisations sont définis en 1995. **SPEC95** change aussi de machine de référence en s'appuyant sur une station de travail Sun SPARCstation 10/40 à 40 MHz et avec 64 Mo de mémoire. La nouvelle référence est 1 pour les entiers (et vaut 50,2 SPEC92int) et pour les réels (1 SPEC95fp vaut 60,2 SPEC92fp). Parmi les programmes traitant les entiers, on trouve un jeu de go, un compilateur gcc, un émulateur de processeur RISC, un compresseur-décompresseur JPEG. Les programmes SPEC95fp sont des programmes de simulateur Monte Carlo, de modélisation de turbulences, de chimie quantique…

Finalement la dernière version, **SPEC2000**, réactualise les programmes et l'étalon 100 sur les entiers et sur les nombres flottants est déterminé sur une machine Sun Ultra5_10 (300 MHz, 256 Mo de mémoire). Les ensembles de programmes s'appellent CINT2000 pour les entiers (11 programmes en C et un en C++) et CFP2000 pour les flottants (6 programmes en Fortran77, 4 en Fortran90 et 4 en C). Les résultats obtenus par les différents programmes sont généralement calculés sur la base de moyennes arithmétiques, harmoniques ou géométriques. Ainsi, la moyenne géométrique est calculée par :

$$\text{SPECft} = (TN_1 \times TN_2 \times \ldots \times TN_i \times \ldots \times TN_n)^{1/n}$$

où TN_i est le temps normalisé d'exécution du i^e programme de la suite SPECfp. Ce temps est le temps de référence du programme sur la machine de référence divisé par le temps d'exécution du même programme sur la machine de test.

La base « système »

Les références précédentes s'appliquent à des applications que l'on peut qualifier d'autonomes parce que le programme ne requiert que les ressources d'une seule machine. Un grand nombre d'applications récentes s'appuient sur des architectures client serveur, sur le web et sur des machines virtuelles Java.

Des étalons nouveaux ont été développés pour répondre à ces besoins particuliers. L'organisme SPEC fait maintenant apparaître trois groupes de travail pour répondre à ces besoins ciblés.

- Le groupe OSG, *Open Systems Group*, travaille sur les étalons pour les stations de travail et les serveurs avec des sous-comités CPU (SPECint, SPECfp), JAVA, MAIL, WEB…

- Le groupe HPG, *High Performance Group*, s'occupe des machines parallèles, vectorielles…

- Le groupe GPC, *Graphics Performance Characterization Group*, gère les applications graphiques, multimédia…

Les techniques d'amélioration de performances

Les mesures de performances ne sont à prendre que comme des indicateurs et pour un utilisateur confronté à une application réelle et coûteuse, seul l'essai en grandeur réelle est vraiment significatif.

Par contre, pour un constructeur ces mesures sont importantes sur le plan du développement de ses produits et du marketing. Si les comparaisons entre machines sont à prendre avec précaution, il est indéniable que les performances temporelles des ordinateurs se sont considérablement améliorées au cours du temps quel que soit le critère pris.

Par rapport à une architecture fonctionnelle décrite dans les chapitres précédents, quels sont les points techniques sur lesquels il faut se concentrer pour apporter des améliorations temporelles ?

Ces points se situent sur plusieurs plans :

- au niveau du processeur : augmenter la vitesse intrinsèque d'exécution des instructions ;

- au niveau de la mémoire ;

- au niveau de la compilation du programme.

Le niveau processeur

Les améliorations au niveau du processeur sont liées aux progrès de son procédé de fabrication. Le principe général recherché est l'augmentation de la fréquence du processeur. Pour aller plus vite, il faut que les signaux électriques aient les distances les plus courtes à parcourir. Il est donc nécessaire de miniaturiser : diminuer la taille des composants de base (les transistors) et celle des connexions. Les progrès de ce côté viennent donc des technologies des semi-conducteurs et viendront des nanotechnologies.

On peut penser que le rythme actuel de miniaturisation continuera (loi de Moore) jusqu'aux environs de 2015 où la finesse de gravure finira par procurer des épaisseurs de jonctions tellement fines que les électrons ne seront plus arrêtés par les isolants. La circulation des électrons ne pouvant plus être pilotée, la limite de cette technologie sera atteinte.

Augmenter la vitesse au niveau du processeur permet des commutations de plus en plus rapide, mais le corollaire est l'augmentation associée de la chaleur émise, chaleur devenant de plus en plus difficile à évacuer.

Notons aussi que l'augmentation de la densité d'intégration due à la finesse de gravure autorise également une intégration accrue des mémoires cache au niveau du processeur.

La structure de l'instruction. Le modèle RISC

La structure d'une instruction a une influence forte sur sa durée d'exécution. Les processeurs CISC, qui ont dominé le marché pendant plusieurs décennies, ont été conçus dans un contexte de mémoire rare et chère, donc de petite taille. Le concepteur avait tout intérêt à fabriquer des processeurs avec des instructions dites *complexes*, c'est-à-dire réalisant des fonctions relativement élaborées. Les programmes sont plus petits et demandent donc moins de place en mémoire.

Mais la contrepartie de cette sophistication est que chaque instruction devient un cas particulier qui consomme beaucoup de composants sur la puce et il devient difficile de faire une optimisation globale.

Le summum de cette complexité est atteint avec le VAX (*Virtual Address eXtension*) 11/780 qui est la machine de référence des années 1970. Cette machine 32 bits, conçue par William Strecker, a un jeu de 304 instructions avec 14 types natifs de données, 22 types d'adressages et l'instruction call est impressionnante de possibilités. La base de programmes installés sur cette machine a été très importante et a été largement étudiée pour la caractérisation des programmes. Ces analyses ont montré que finalement, la plupart des programmes examinés n'utilisent pas toutes les spécificités du processeur. Le constructeur en a tenu compte dans la version MicroVAX dont le jeu d'instructions est réduit à 175, le type de données à 6 ce qui correspondait à 98 % des instructions d'un programme et à 99,8 % du temps d'exécution. Les performances du MicroVax sont en moyenne nettement meilleurs que le VAX « complet ».

Les ingénieurs d'IBM font des études analogues en remarquant que les compilateurs n'utilisent effectivement qu'un tiers du langage assembleur. Ils ont mis au point le projet expérimental IBM 801 qui, s'il est un échec commercial, concrétise des idées ensuite développées et affinées par David Patterson (machines RISC I et II) à Berkeley et John Hennessy (machine MIPS) à Stanford. Cette génération de machine est appelée RISC pour *Reduced Instruction Set Computer*.

Seymour Cray

Originellement, ces idées avaient déjà été implémentées par Seymour Cray sur la série de calculateurs CDC.

Les travaux de Patterson ont porté sur les langages de haut niveau avec une attention particulière à l'appel de procédure qui prend beaucoup de temps (passage de paramètres, sauvegarde d'état).

Patterson

Patterson est l'inventeur des termes CISC et RISC.

Il constate également que 80 % des variables locales sont des scalaires (entiers, caractères), que 90 % des structures de données complexes sont globales et qu'en général il y a moins de 6 paramètres par procédure et moins de 8 niveaux d'imbrications. La machine de Patterson a 32 registres, implémente le système à fenêtre pour le passage de paramètres et deviendra ultérieurement le processeur SPARC de Sun.

À Stanford, Hennessy travaille plus spécifiquement sur le parallélisme, c'est-à-dire sur l'organisation interne de l'exécution des instructions (mise en place d'un pipeline) et sur les compilateurs optimisant le code. Sa machine MIPS, *Microprocessor without Interlocked Pipeline Stages*, également construite sur le modèle RISC, est à la base de la famille de processeurs MIPS de la société du même nom.

Le principe général qui gouverne la recherche de l'amélioration des performances de ces machines est l'optimisation du cas « courant » : il faut optimiser les instructions les plus fréquemment employées. Cette optimisation prend la direction d'instructions simples et régulières mais dont l'exécution peut être très rapide. Les programmes deviennent plus volumineux, mais cet inconvénient va vite être compensé par la généralisation et le faible coût des mémoires à semi-conducteurs.

Les caractéristiques essentielles d'un processeur RISC sont :

• Des instructions simples à un seul cycle machine, le cycle machine étant constitué par les phases de lecture des opérandes, d'exécution au niveau de l'UAL et de rangement des résultats dans un registre.

• L'existence d'un grand nombre de registres. Il s'agit de diminuer au maximum les échanges avec la mémoire centrale. Les registres sont, dans la mesure du possible, banalisés et leur nombre varie de quelques dizaines à quelques centaines. L'optimisation du *cas courant* peut ici être illustrée par le fait que le registre r0 vaut toujours 0 et est en lecture seule : l'initialisation d'une variable à zéro étant fréquente en programmation, elle se réalise très rapidement.

• Un format fixe des instructions : toutes les instructions ont la même taille ce qui permet une très grande régularité dans le traitement. De plus toutes les instructions sont découpées en phases élémentaires pouvant être traitées « à la chaîne » avec un fonctionnement dit en « pipeline ».

• Un accès limité à la mémoire par seulement deux instructions « lire » et « écrire » (*load* et *store*). Il n'y a pas d'instructions impliquant l'unité arithmétique et logique et en même temps un accès en lecture ou en écriture avec la mémoire centrale.

- Une optimisation du passage des paramètres dans les procédures pour éviter la chronophagie des sauvegardes et des restitutions dans la pile.

L'exécution de l'instruction : pipeline

Le *pipeline* est l'équivalent de la chaîne de montage dans le travail à la chaîne dans une usine. L'objectif premier n'est pas d'accélérer la vitesse d'exécution d'une instruction, mais plutôt d'augmenter le flux de sortie des instructions exécutées. Si une pièce demande une heure de fabrication et que cette fabrication est insécable, alors on ne peut produire qu'une seule pièce toutes les heures. Si par contre, la fabrication peut être décomposée en 6 opérations séquentielles, alors on peut sortir de la chaîne une pièce toutes les 10 minutes. Le temps de fabrication d'une pièce n'a pas changé : il faut une heure pour que la pièce traverse la chaîne de montage. Ce type de fabrication est surtout intéressant lorsque les séries de fabrication sont importantes. La chaîne de montage demande une préparation et le coût d'un changement de pièce à fabriquer peut devenir exorbitant.

Il en est de même pour le processeur qui est une machine à « fabriquer » des exécutions d'instructions. Si l'exécution d'une instruction dure un cycle machine et que toutes les instructions sont découpées en 10 phases séquentielles, le flux de sortie atteint 10 instructions par cycle. Cette organisation en phases ou étapes est par conséquent très intéressante du point de vue de la performance. Dans la suite nous appellerons phase j la phase qui s'exécute sur l'étage j du pipeline, c'est aussi la j[ième] phase de l'instruction.

Un pipeline est efficace lorsqu'il est alimenté en continu. Dans une structure à 5 étages, le processeur commence l'exécution de l'instruction i+4 lorsque l'instruction i est en cours de finition. Cela signifie concrètement que le bon fonctionnement du pipeline implique une anticipation sur les prochaines instructions à exécuter. Si l'instruction i est un branchement conditionnel, il n'est pas certain que le pipeline ait été chargé avec la bonne instruction. Si ce n'est pas le cas, il faut « purger » (*flush*) le pipeline et recharger avec l'instruction requise.

Une autre condition de bon fonctionnement du pipeline est l'indépendance des phases d'une instruction par rapports aux ressources utilisées. Il n'est, par exemple, pas possible de faire simultanément deux accès mémoire. Dans un tel cas, l'un des étages doit être « bloqué » au profit de l'autre.

Prenons un exemple de processeur avec un pipeline de 5 étages et illustrons ces différents aléas de fonctionnement. Pour fixer les idées nous prenons les étages classiques suivants.

- Étage 1 : **LI.** Il correspond à la lecture de l'instruction (phase « fetch ») en mémoire.
- Étage 2 : **DI.** Il correspond au décodage de l'instruction et au calcul d'adresse des opérandes.
- Étage 3 : **LO.** Il correspond à la lecture des opérandes en mémoire ou depuis les registres.
- Étage 4 : **EXE.** Il correspond à l'exécution effective associée au code opératoire.
- Étage 5 : **ER.** Il correspond à l'écriture en mémoire des résultats.

Il est à noter que ce processeur n'a pas les caractéristiques spécifiques d'un RISC puisque les étages 1, 3 et 5 autorisent des accès mémoires. De fait, la technique du pipeline est largement utilisée dans la plupart des processeurs, aussi bien CISC que RISC.

La mise en place du pipeline requiert que chaque instruction passe par les différents étages même si toutes les phases ne sont pas présentes dans l'instruction. Si la première phase existe forcément, la dernière n'existe que dans les instructions qui modifient la mémoire.

D'autre part, la simplicité de la gestion voudrait que toutes les phases prennent le même temps. Si ce n'est pas le cas, il est nécessaire d'introduire des mécanismes d'attente qui vont introduire un rythme de travail du pipeline aligné au plus lent de ses étages. La figure 8-1 donne le chronogramme d'un fonctionnement idéal de pipeline à 5 étages : il n'y a pas de rupture de séquence et pas de conflits de ressources.

Figure 8-1

Chronogramme d'un fonctionnement idéal de pipeline

Instruction	Temps, en unité de temps par étage										
	1	2	3	4	5	6	7	8	9	10	11
Instruction i	LI	DI	LO	EX	ER						
Instruction i+1		LI	DI	LO	EX	ER					
Instruction i+2			LI	DI	LO	EX	ER				
Instruction i+3				LI	DI	LO	EX	ER			
Instruction i+4					LI	DI	LO	EX	ER		
Instruction i+5						LI	DI	LO	EX	ER	
Instruction i+6							LI	DI	LO	EX	ER

Ce fonctionnement idéal est malheureusement peu réaliste car le pipeline est fréquemment perturbé par des aléas que l'on classe en trois catégories.

Les aléas structurels

Les aléas structurels correspondent à des conflits de ressources aux différents étages du pipeline par les exécutions de différentes instructions. L'aléa structurel le plus courant est le conflit d'accès à la mémoire. À tout moment, il y a dans notre pipeline 5 instructions en cours : il suffit qu'à un instant donné deux étages fassent un appel à la mémoire pour qu'il y ait ce type de conflit.

Une illustration est donnée en figure 8-2. Le problème apparaît au temps 3 quand l'instruction i est dans sa phase LO et demande un accès en mémoire pour la lecture de l'opérande. Au même instant, l'instruction i+2 doit passer dans la phase de chargement qui nécessite aussi un accès en lecture à la mémoire centrale. La finition d'une instruction est prioritaire devant le commencement d'une nouvelle (ceci est normal car l'on est même pas sûr que l'instruction i+2 est réellement à exécuter !) et l'étage 1 du pipeline est mise en attente jusqu'à ce que l'étage 3 ait fini sa lecture. Ce blocage introduit un temps mort, parfois appelé *bulle*, qui se propage au travers du pipeline. À la sortie, il y a un temps mort (temps 7) où il n'y aura pas d'instruction de terminée.

Figure 8-2

Chronogramme d'un fonctionnement avec conflit mémoire

Instruction	Temps, en unité de temps par étage										
	1	2	3	4	5	6	7	8	9	10	11
Instruction i	LI	DI	LO	EX	ER						
Instruction i+1		LI	DI	LO	EX	ER					
Instruction i+2				LI	DI	LO	EX	ER			
Instruction i+3					LI	DI	LO	EX	ER		
Instruction i+4						LI	DI	LO	EX	ER	
Instruction i+5							LI	DI	LO	EX	ER
Instruction i+6								LI	DI	LO	EX

Cet exemple met aussi en avant l'intérêt de deux caches séparés pour les données et les instructions au niveau le plus proche du processeur (caches L1). La séparation entre la mémoire de données et la mémoire d'instructions (qui correspond à l'architecture dite de Harvard) supprime la source de l'aléa et évite cette introduction de temps morts.

Les aléas de données

Les aléas de données sont dus aux dépendances de données entre instructions successives. Cet aléa survient, par exemple, lorsque l'instruction i+1 utilise dans une opération arithmétique le contenu d'un registre dont la valeur est le résultat de l'instruction i.

Si nous prenons l'instruction d'addition ADD d'un processeur de type MIPS, nous pouvons aisément créer un aléa de données avec les deux instructions :

```
add r24,r5,r6      /    r24 = r5 + r6
add r25,r24,r7     /    r25 = r24 + r7
```

Si les deux instructions se suivent directement dans le pipeline, alors le registre r24 crée l'aléa de données illustré par la figure 8-3.

Figure 8-3

Aléa de données

Instruction	Temps, en unité de temps par étage						
	1	2	3	4	5	6	7
add **r24**, r5, r6	LI	DI	LO	EX	ER		
add r25, **r24**, r7		LI	DI	LO	EX	ER	

r24

Au temps 4, l'étage 4 va prendre la valeur dans le registre r24 pour la deuxième instruction, alors que la première addition ne met son résultat dans ce registre qu'au temps suivant. Le gestionnaire de pipeline doit donc détecter cet aléa de données et retarder avec une bulle la deuxième addition.

Il existe un autre moyen d'éliminer les conséquences de cet aléa de données. Supposons que les deux instructions en question soient suivies d'une autre totalement indépendante du point de vue des données.

```
add r24,r5,r6        /*    r24 = r5 + r6

add r25,r24,r7       /*    r25 = r24 + r7

add r3,r4,r2
```

Le compilateur peut alors faire « avancer » la troisième instruction pour l'intercaler entre les deux premières :

```
add r24,r5,r6        /*    r24 = r5 + r6

add r3,r4,r2

add r25,r24,r7       /*    r25 = r24 + r7
```

Dans ce réarrangement, l'instruction indépendante intercalée supprime l'aléa car la demande de lecture de l'opérande est suffisamment retardée pour que le registre r24 contienne la bonne valeur.

Les aléas de contrôle

Les aléas de contrôle sont ceux introduits par les instructions de branchement conditionnel ou inconditionnel qui génèrent une rupture de séquence dans le flot d'arrivée des instructions.

Figure 8-4

*Pipeline
et branchement*

Temps	Étages				
	LI	**DI**	**LO**	**EX**	**ER**
5	I5				
6	I6	I5			
7	I7	I6	I5		
4	I8	I7	I6	I5	
5	I9	I8	I7	I6	I5
6					I6
7	I25				
8	I26	I25			
9	I27	I26	I25		
10		I27	I26	I25	
11			I27	I26	I25

Dans l'exemple de la figure 8-4, l'instruction I5 est l'avant dernière instruction d'une procédure et I6 est l'instruction ret (Return). I6 est donc un branchement inconditionnel.

La figure donne une autre visualisation du fonctionnement du pipeline. Les 5 colonnes représentent les différents étages et les lignes montrent la progression des instructions, de haut en bas et de gauche à droite, au cours du temps à travers le pipeline. Lorsque I6 arrive à l'étage d'exécution, il faut neutraliser les instructions (I7 à I9) déjà engagées dans le pipeline à la suite de I6 et les remplacer par des bulles. La prochaine instruction I25 est chargée et ne sortira qu'au temps 11 après 4 sorties de « bulles ».

Les branchements conditionnels créent aussi des aléas, mais ils dépendent du contenu d'un registre : l'existence de l'aléa est liée au contenu du registre.

Au départ, la technique du pipeline paraît simple et efficace. Si le temps d'exécution d'une instruction reste le même, le débit d'instructions augmente en fonction du nombre d'étages (le Pentium IV en contient 20), mais les exemples d'aléas montrent que le fonctionnement efficace d'un pipeline demande une logique de pilotage qui sera d'autant plus complexe qu'il y a d'étages (le risque d'aléas augmente en conséquence).

Cela est d'autant plus vrai que les aléas de branchement sont très fréquents : on estime qu'environ 10 à 20 % des instructions d'un programme sont des instructions de branchement.

Ces aléas coûtent cher en rendement sur le pipeline et le concepteur du processeur doit trouver des solutions pour minimiser le risque de leur apparition. Nous allons donner ici les principales pistes explorées.

Branch delay slot

L'exemple de l'instruction return de la figure 8-4 montre qu'il y a un retard de branchement : l'instruction immédiatement derrière doit être neutralisée et transformée en bulles. Il s'écoule donc un laps de temps, appelé *branch delay slot*, qui revient à exécuter une instruction de type NOP (*No OPeration*) qui ne fait rien. Pour éviter le traitement de ce cas particulier systématique et perdre du temps, certains compilateurs insèrent directement une instruction de type NOP après l'instruction return. D'autres compilateurs optimisent l'utilisation du pipeline en récupérant ce temps mort pour exécuter une « vraie instruction ». Une illustration est donnée dans le morceau de programme :

```
add r24,r5,r6        /*      r24 = r5 + r6

add r25,r4,r7        /*      r25 = r4 + r7

ret

'autre instruction'
```

où le compilateur peut mettre les instructions dans un désordre apparent tout en gardant la sémantique du programme :

```
add r24,r5,r6        /*    r24 = r5 + r6

ret

add r25,r4,r7        /*    r25 = r4 + r7 toujours exécutée

'autre instruction'
```

Prédiction de branchements

Une autre manière de minimiser le rôle des ruptures de séquence dues aux branchements et en particulier les branchements conditionnels (IF…THEN… ELSE… ; DO… ; WHILE…) est d'essayer de prédire le résultat de la condition et ainsi d'anticiper sur le chargement des instructions suivantes. Cela peut paraître curieux de dire que l'on va prévoir au niveau du processeur le résultat d'une condition avant qu'elle ne soit évaluée. Dans la réalité, il suffit que le taux d'erreurs dans les prédictions soit suffisamment faible pour améliorer sérieusement le fonctionnement du pipeline. Un exemple simple peut servir d'illustration. Beaucoup de branchements dans les programmes sont le résultat de boucles d'itérations avec une variable qui commence à 0 ou à 1 et qui se termine sur une valeur d'itération n. Il est assez facile de prévoir le résultat du test pour le branchement : il est vraisemblable que la condition d'arrêt de boucle sera évaluée à faux à toutes les itérations, sauf la dernière. Si l'on fait cette prévision, alors toutes les anticipations seront bonnes sauf la dernière. Si n est grand, le taux d'erreur de prévisions devient très faible et l'amélioration de performance du pipeline importante.

Branch Target Buffer

La prédiction de branchement est tellement importante que les concepteurs de pipeline mettent en œuvre des techniques de plus en plus sophistiquées. Les tampons de branchement en sont des exemples. L'unité de contrôle repère les instructions de branchement et tient des statistiques sur les valeurs obtenues pour les conditions et les adresses de branchement. Elle peut prévoir suffisamment bien l'adresse de branchement et ainsi la charger au plus tôt. Dans les processeurs récents, le taux de succès des prédictions de branchements avoisine les 90 %.

Parmi les effets de bord de l'exécution des instructions par étage dans un pipeline, il faut aussi aborder avec soin le traitement d'une exception par une instruction en cours d'exécution. Le pipeline doit alors être totalement purgé, mais il faut retarder la gestion de l'exception pour être sûr que toutes les instructions précédentes sont effectivement terminées. Le même problème d'aléa est généré par les interruptions et les changements de contexte dus aux commutations de tâches.

Globalement, il faut remarquer l'importance du travail que peut faire un compilateur si celui-ci a une bonne connaissance du fonctionnement du processeur. Le compilateur est maintenant devenu aussi important que le processeur pour l'obtention de bonnes performances au niveau de l'exécution des programmes.

Le parallélisme d'exécution – Processeurs superscalaires

L'introduction d'un pipeline dans un processeur est une forme particulière de parallélisme : des morceaux d'instructions différentes sont exécutés simultanément mais sur une « ligne de fabrication » séquentielle.

Le parallélisme d'instruction ou ILP, *Instruction Level Parallelism*, est une forme plus globale de parallélisme parce qu'il s'agit d'exécuter simultanément plusieurs instructions. Pour continuer dans le sens du plus local au plus global, on pourra poursuivre avec les systèmes multiprocesseurs pour le parallélisme de niveau tâche jusqu'aux réseaux de machines pour les applications distribuées.

Avant de donner une première approche au parallélisme d'instructions, il est nécessaire de poser des préliminaires au niveau du parallélisme. On pourrait penser qu'en mettant n unités de traitement en parallèle, le traitement irait n fois plus vite. Cela n'est évidemment pas le cas et la formalisation de ce phénomène est connue sous le nom de loi d'Amdhal.

Lois d'Amdhal et notion d'accélération

La performance est vue sous l'angle de la vitesse d'exécution et l'introduction d'une technique d'amélioration génère une accélération de la vitesse de traitement. On appelle *accélération* (*speed-up*) le rapport entre le temps d'exécution d'un programme avant et après l'amélioration technique.

La loi d'Amdahl est la formalisation d'un adage bien connu : plus il y a eu d'améliorations, plus les suivantes seront difficiles à obtenir. Appliqué au parallélisme, cela signifie que l'accélération de la vitesse de traitement n'est pas proportionnelle au nombre d'unités de traitement que l'on met en parallèle. Un deuxième processeur ne double par les performances.

La loi d'Amdahl est établie sur les hypothèses suivantes : le programme contient une partie séquentielle de durée Ts et une partie dite « parallèle » ou parallélisable de durée Tp (en disposant d'une seule unité de traitement).

L'accélération ou *Speed-up* S est donnée par :

$S = T(1)/T(n)$

avec $T(1) = Ts + Tp$ et $T(n)$ le temps d'exécution avec n unités.

Soit α la part séquentielle du programme égale à Ts/T et $(1 - \alpha)$ la part parallélisable. Alors :

$T(n) = Ts + Tp/n = T(1) \cdot \alpha + T(1) (1 - \alpha)/n$

D'où finalement :

$$S = 1/[\alpha + (1 - \alpha)/n] \qquad \text{et} \qquad S = 1 + Tp/Ts \text{si n devient infini.}$$

Autrement dit, à nombre d'unités de traitement n constant, l'accélération est d'autant meilleure que la partie parallélisable du traitement est importante.

Par exemple, si un traitement comporte 2/3 de travail fixe séquentiel et 1/3 de tâche parallélisable pour laquelle on utilise n = 10 unités de traitement, alors l'accélération S n'est seulement que de 42 %.

Avant de se lancer dans une mise en parallélisme importante, il convient de bien évaluer la partie séquentielle. Celle-ci est d'ailleurs considérée ici comme fixe, ce qui n'est pas forcément le cas dans la réalité. Plus il y a d'unités travaillant en parallèle et plus il faudra résoudre des problèmes de synchronisation, de partage de ressources, éventuellement critiques, et des problèmes de communication. Cette idée est couverte par la notion de mise à l'échelle ou scalabilité du traitement sur un plus ou moins grand nombre d'unités de traitement.

Au niveau du processeur, le parallélisme qui paraît le plus naturel est celui des instructions : il s'agit de pouvoir exécuter simultanément plusieurs instructions en ayant autant d'unités de traitement que d'instructions à traiter en même temps.

L'organisation interne du processeur pour le parallélisme d'instructions ne consiste pas à reproduire en n exemplaire le cœur du processeur. Elle est conçue pour optimiser le cas courant : les unités de traitement sont multipliées en fonction des fréquences de certaines catégories d'instructions. Les instructions les plus fréquentes étant celles qui portent sur les entiers, il est naturel de mettre plusieurs unités de traitement des opérations sur les entiers. Le processeur PowerPC 620 (architecture 64 bits) implémente ainsi 2 unités pour les opérations simples sur les entiers (addition, soustraction et opérations logiques), une unité pour les opérations complexes sur les entiers (avec multiplication et division entière), une unité pour les flottants, une unité pour les écritures et lectures en mémoire (*load*, *store*) et une unité pour les branchements. Chaque unité peut évidemment s'appuyer sur un pipeline.

Pour optimiser le parallélisme dans les processeurs superscalaires, le compilateur peut ré-ordonnancer certaines instructions pour faciliter au matériel le repérage des instructions susceptibles de s'exécuter en même temps. En cours d'exécution, c'est au matériel de détecter les dépendances qui sont de même nature que celles déjà signalées pour le fonctionnement du pipeline.

Architecture VLIW

Alors que les processeurs superscalaires analysent les possibilités de parallélismes en dynamique au moment de l'exécution du programme (avec un travail préparatoire d'optimisation du compilateur), l'architecture VLIW, *Very Long Instruction Word*, demande au compilateur d'extraire en statique tout le parallélisme possible d'un programme. Le compilateur produit ainsi des instructions « très » longues, de plus d'une centaine de bits, qui comportent de fait les opérations réalisables en parallèle dans le processeur VLIW.

L'architecture interne est voisine de celle d'un processeur superscalaire. Le processeur VLIW dispose de plusieurs unités d'exécution, en particulier sur les entiers et les flottants, mais son organisation est plus simple car tout le travail d'extraction du parallélisme est fait en amont par le compilateur.

En dehors de quelques réalisations, cette architecture n'a pas eu de réel succès. L'une des raisons tient dans la trop grande dépendance des programmes exécutables au lien compilateur-processeur. Il est ainsi très difficile d'assurer une compatibilité ascendante en cas de changement de version au niveau du processeur. Cette architecture présente, pour les mêmes raisons, des difficultés de scalabilité.

Au début des années 1990, Intel introduit le i860, processeur RISC ayant deux modes de fonctionnement, l'un en scalaire simple et l'autre en VLIW. Ce processeur ne tint pas la route face aux autres processeurs d'usage généraux du même constructeur lui-même ou de ses concurrents.

Plus récemment, de nouvelles résurgences de VLIW ont vu le jour. Ainsi, le fabricant japonais Fujitsu met sur le marché le processeur FR500 à architecture VLIW et destiné aux applications embarquées multimédias, de TV numérique, et de systèmes de navigations pour l'automobile.

Le principe de l'important travail préparatoire du compilateur apparaît également dans l'architecture IA 64 développée en commun par Intel et Hewlett Packard (processeur Itanium) avec le concept EPIC, *Explicitly Parallel Instruction Computing*. Le concept est décrit à la fin de ce chapitre, consacrée aux processeurs Itanium.

Le niveau mémoire

L'accès à la mémoire est un facteur de ralentissement de l'exécution d'un programme et la mise en place de mémoires cache à plusieurs niveaux est devenue incontournable (chapitre 7). Lors de la description des mémoires cache, il est apparu intéressant de faire la distinction entre un cache d'instruction et un cache de données car les deux ne demandent pas le même niveau de complexité dans leur gestion (les instructions sont en lecture seule alors que les données peuvent être modifiées).

Le fait d'avoir une mémoire d'instruction différente physiquement de la mémoire de données est un trait caractéristique de l'architecture dite de Harvard. Il y a deux chemins d'arrivée différents, l'un pour le code, l'autre pour les données ce qui augmente le débit de transfert entre le processeur et la mémoire. Cette architecture déjà assez ancienne, n'a eu que peu de succès au niveau d'une machine car elle spécialise la mémoire alors que dans une architecture Von Neumann la mémoire centrale est totalement banalisée.

Par contre l'intérêt renaît au niveau du processeur : vu l'écart grandissant entre la progression des vitesses des processeurs et celle des mémoires, la séparation des deux chemins et l'augmentation associée de la bande passante entrent pour beaucoup dans l'accroissement des performances. L'intérêt est encore accru, nous l'avons vu, pour le bon fonctionnement d'un pipeline en transformant la mémoire en deux ressources différentes, avec en conséquence moins d'aléas.

Le niveau logiciel : les compilateurs

Si à l'origine le compilateur est un outil de vérification (syntaxique et grammatical) de bonne écriture d'un programme et un traducteur permettant de générer le code objet exécutable pour un processeur donné, son rôle a bien évolué au cours du temps. Les deux fonctions premières existent toujours, mais elles ont été complétées par une fonction d'optimisation. Les premières optimisations avaient pour objet de corriger les imperfections de programmation d'un programmeur non attentif. Une de ces optimisations simples est l'extraction de l'affectation d'une constante à une variable dans une boucle pour ne faire cette opération qu'une seule fois. Un autre type d'optimisation simple est la suppression des opérations sur les constantes.

Les nouvelles générations de compilateurs ont une fonction d'optimisation beaucoup plus avancée car elle permet de faire une séparation entre les aspects fonctionnels et sémantiques du programme de départ et les aspects mode exécutoire du programme sur le processeur. Le programmeur écrit le programme pour résoudre un problème donné avec une vue logique du processeur par le biais de son modèle de programmation. La fonction d'optimisation prend le programme comme une fiche de travail qu'il réorganise pour exploiter au mieux les possibilités matérielles du processeur. Il y a séparation des connaissances : la vue logique externe du processeur par le programmeur et la vue physique interne très fine du processeur par la fonction d'optimisation. Le programmeur aura beaucoup de mal à reconnaître son programme optimisé…

Analogie avec le monde de l'entreprise

Ce type de séparation est bien connu dans le monde industriel où, dans une entreprise, on fait la différence entre le service Recherche et Développement (R&D) qui s'occupe de trouver une solution et le service Méthodes et Fabrication qui s'occupe de mettre en œuvre, de la manière la plus efficace (qualité et coût) sur une chaîne de montage, la solution fournie par la R&D.

La fonction d'optimisation demande une connaissance complète de l'architecture interne du processeur : étage du pipeline, superscalaire, niveau de cache. Ce travail d'optimisation peut éventuellement être long, mais cela n'a pas trop d'importance car il ne se fait qu'une seule fois en « statique » au moment de la compilation.

Nous avons vu quelques points sur lesquels le compilateur peut intervenir avantageusement pour minimiser le nombre de bulles ou les remplacer par des instructions utiles. Toujours dans le même esprit, la fonction d'optimisation peut modifier de manière importante le programme d'origine. Beaucoup de programmes comportent des petites boucles, c'est-à-dire avec peu d'instructions (de type arithmétique sur les registres) par rapport à l'encapsulation de bouclage (instructions de type branchement conditionnel). Le nombre de bulles introduites dans le pipeline risque donc d'être proportionnellement important. La technique utilisée pour améliorer ce fonctionnement est le « déroulement de boucle ».

Déroulement de boucle et pipeline logiciel

Cette technique du déroulement de boucle (*loop unrolling*) est utilisée par les compilateurs pour transformer un programme en vue de l'adapter au parallélisme d'instructions des processeurs superscalaires. De quoi s'agit-il ? Prenons l'exemple d'une boucle toute simple :

```
pour i = 0 à n-1 faire

    x(i) = x(i) + a

fin_pour
```

En partant de cette boucle, il n'y a pas de parallélisme car il n'y a que peu d'instructions entre le début et la fin de boucle. Pour faire apparaître un éventuel parallélisme, le compilateur va « dérouler » la boucle pour faire apparaître plus d'instructions consécutives. C'est au compilateur, à partir de sa connaissance du niveau de parallélisme possible du processeur (par exemple nombre d'unités de calculs d'entiers et de flottants), de définir le degré de déroulement. Le programme « déroulé » par le compilateur devient alors :

```
i=0

loop :  x(i+0) = x(i+0) + a

        x(i+1) = x(i+1) + a

        x(i+2) = x(i+2) + a

        x(i+3) = x(i+3) + a

        i = i + 4

        si i≤⌊n/4⌋ aller à loop

/* autres instructions */
```

Le déroulement fait apparaître un bloc d'instructions susceptibles d'être traitées en parallèle. On peut trouver curieux, que pour optimiser les performances, le compilateur « défait » le travail du programmeur qui a fait un effort d'abstraction pour structurer son algorithme en introduisant des boucles. Mais cela n'est pas étonnant : structuration et performance temporelle ne sont jamais vraiment allées de paire.

Critères de performance, conclusion

Les critères de performances abordées dans les pages précédentes l'ont été principalement sous l'angle de la vitesse d'exécution d'un programme et sur un plan purement qualitatif. Une analyse quantitative des techniques d'amélioration de ces performances mérite un ouvrage complet et continue à faire l'objet de recherches pointues.

La performance présente d'autres facettes et pour n'en citer que deux, il faut mentionner la sûreté de fonctionnement et la consommation.

La sûreté de fonctionnement concerne la tolérance aux pannes d'une application. Dans certaines situations, plus que la vitesse, un système est dit performant s'il permet de ne pas être arrêté en cas de panne ou de repartir sans conséquences désastreuses pour l'usager de l'application. Cela recouvre aussi bien les systèmes de sauvegarde de données, la sécurité vis-à-vis de l'intrusion de programmes malveillants (virus) que la reconfiguration ou la maintenance des programmes sans arrêter le service (téléchargement de corrections de programmes dans les sondes spatiales).

La consommation d'énergie est aussi devenue un élément primordial pour certains systèmes mobiles et embarqués qui vont du téléphone portable, au satellite en passant par les PC portables.

Vitesse, sûreté de fonctionnement et consommation sont, il est aisé de l'imaginer, contradictoires. Par rapport à des objectifs fixés, le résultat pour une machine, ou à notre échelle un processeur, est un compromis qui définit l'architecture de cette machine.

Machines parallèles et processeurs spécialisés

Une autre possibilité d'amélioration des performances consiste à faire travailler des processeurs classiques en parallèle. Les principes décrits précédemment peuvent s'appliquer indifféremment aux processeurs et à des ordinateurs complets, seuls les techniques d'interconnexion changent (bus ou réseaux).

La classification de Flynn (1966) est l'occasion de donner une approche simple aux modèles de parallélisme en tenant compte du parallélisme d'instructions et du parallélisme de données. La classification de Flynn a le mérite d'être simple, mais ne peut couvrir toutes les finesses des architectures actuelles. Elle permet cependant de poser les bases, les sigles décrits étant toujours utilisés pour situer a priori une machine dans une classe donnée.

- La classe SISD, pour *Single Instruction Single Data stream*, est la machine classique de von Neumann : 1 seule instruction sur un unique flot de données.

- La classe SIMD, pour *Sigle Instruction Multiple Data streams*, correspond aux machines avec une unité de commande, mais plusieurs unités d'exécutions. Tous les processeurs exécutent la même instruction sur ses propres données locales.

- La classe MIMD, pour *Multiple Instructions Multiple Data streams*, est celle des multiprocesseurs connectés en réseaux. C'est le cas de parallélisme le plus fréquent avec interconnexion de microprocesseurs standards, de machines de type PC ou station de travail.

- La classe MISD, pour *Multiple Instruction Single Data streams*, est une classe particulière avec seulement quelques réalisations au niveau de la recherche. On trouve dans cette catégorie les machines systoliques. Le terme *systolique* fait référence au cœur dont le battement régulier fait circuler le sang. L'idée générale est de réaliser des processeurs spécialisés complexes avec des cellules identiques et interconnectées avec les voisines. Chaque cellule reçoit des données de ces cellules voisines, effectue un traitement approprié, puis transmet les résultats à d'autres cellules. L'ensemble se fait en un temps de cycle, de manière synchrone, sous le contrôle d'une horloge globale. Seules les cellules de la périphérie accèdent à la mémoire ou à un autre processeur.

Principes généraux des machines parallèles

Il n'est pas nécessaire de revenir sur la classe SISD. Ce type de processeur a fait l'objet de la plupart des chapitres précédents.

La classe SIMD

Le parallélisme SIMD est assez ancien (en 1967, à l'université de l'Illinois, l'ILLIAC IV avec 64 processeurs 64 bits exécute 200 000 000 instructions par seconde). Il est construit autour d'un processeur SISD pour le contrôle (branchements et calcul d'adresses) et de n processeurs de traitement. Une instruction unique est diffusée pour exécution à tous les processeurs. Les machines MasPar et Thinking Machine (années 1980) sont de cette classe. Cette solution a été plus ou moins abandonnée, mais revient dans des applications spécialisées, en particulier pour les images et les vidéos. La technologie MMX du Pentium et AltiVec du PowerPC reprend le modèle SIMD. De manière générale l'architecture VLIW rentre dans ce cadre, de même que les machines vectorielles.

Technologie MMX, Pentium

La technologie MMX (*MultiMedia eXtension* ou *Matrix Math eXtension*) a été introduite par Intel dans la famille de processeur Pentium. Elle est suivie par les versions SSE et SSE2 et consiste à ajouter au processeur une unité accessible via un jeu de 57 nouvelles instructions portant sur 8 registres 64 bits dédiés MMX (MMX0 à MMX7). La technologie est voisine de celles précédemment développées, VIS de SPARC et MAX du processeur HP PA.

Pour une instruction MMX, un seul code opératoire s'applique indépendamment sur plusieurs données empaquetées dans un mot de 64 bits. Suivant le type de données MMX l'instruction travaille sur une à huit entités. Les types de données sont :

- le paquet d'octets (*packed byte*) de 8 octets ;
- le paquet de mots (*packed word*) de 4 mots (de 16 bits) ;
- le paquet de double mots (*packed dword*) de 2 mots (de 32 bits) ;
- le double mot long (*quadword*) de 1 entité de 64 bits.

Les instructions MMX concernent des opérations arithmétiques, logiques, de décalages, de comparaisons et de conversions. La structure d'une instruction MMX est calquée sur les instructions IA 32 : [code opératoire, opérande destination, opérande source]. La première particularité est de permettre de faire une opération simultanément sur 1, 2, 4 ou 8 paires d'opérandes augmentant ainsi d'autant les opérations faites sur des manipulations d'images et de calcul matriciel en 3D.

Il y a les instructions d'addition classique avec débordements, mais de nouvelles additions (soustractions) mieux adaptées à la gestion des couleurs ou des nuances de gris (figure 8-5) ont été introduites. Si une nuance de gris est codée sur un octet de 0 (blanc) à 255 (noir), alors l'éclaircissement (ou l'assombrissement) d'une image se fait en retranchant (ou en ajoutant) une valeur au codage de la couleur d'un point.

Figure 8-5
Addition VLIW MMX avec saturation

a3	a2	FFFFh	a0
+	+	+	+
b3	b2	8000h	b0
=	=	=	=
a3+b3	a2+b2	7FFFh	a0+b0

Addition avec débordement PADD

a3	a2	FFFFh	a0
+	+	+	+
b3	b2	8000h	b0
=	=	=	=
a3+b3	a2+b2	FFFFh	a0+b0

Addition avec saturation PADDUS

Avec l'addition et la soustraction habituelle, assombrir du noir aboutit au blanc (si on ne teste pas explicitement le débordement) et plus blanc que blanc devient noir ! Les instructions avec saturation résolvent ces problèmes sans que le programmeur soit obligé de traiter ces effets de bord.

La classe MIMD

Dans cette classe, le parallélisme est assuré par le travail de plusieurs processeurs dont chacun exécute des suites d'instructions différentes sur ses propres données. La distinction est faite entre les machines à mémoire partagée centralisée et les machines à mémoire distribuée.

Multiprocesseurs à mémoire partagée centralisée UMA, SMP

Le système est caractérisé par une seule mémoire accédée par tous les processeurs. Chaque processeur peut avoir ses propres caches locaux, mais la mémoire centrale est accessible via un bus d'interconnexion. L'ensemble des processeurs accède également au même système d'entrées-sorties.

Ce type de configuration impose une proximité forte entre les processeurs et le mémoire centrale : le couplage est dit « étroit » (*tighly coupled*) et l'ensemble des processeurs se trouvent en général à l'intérieur de la même machine. Les architectures de bus VME et Multibus II permettent de réaliser assez facilement des systèmes multiprocesseurs à mémoire partagée.

Au niveau de la programmation, le parallélisme consiste à faire exécuter différents programmes sur chacun des processeurs, c'est le cas le plus simple ; mais parfois il s'agit aussi de répartir un même travail sur les différents processeurs. Dans tous les cas, la mémoire centrale est à considérer comme une ressource critique et doit donc voir son accès protégé par des mécanismes de type sémaphore.

Comme le temps d'accès est a priori le même pour tous les processeurs de la configuration, ces machines sont aussi dénommées UMA pour *Uniform Memory Access*.

Figure 8-6

*Multiprocesseurs
à mémoire centrale
partagée*

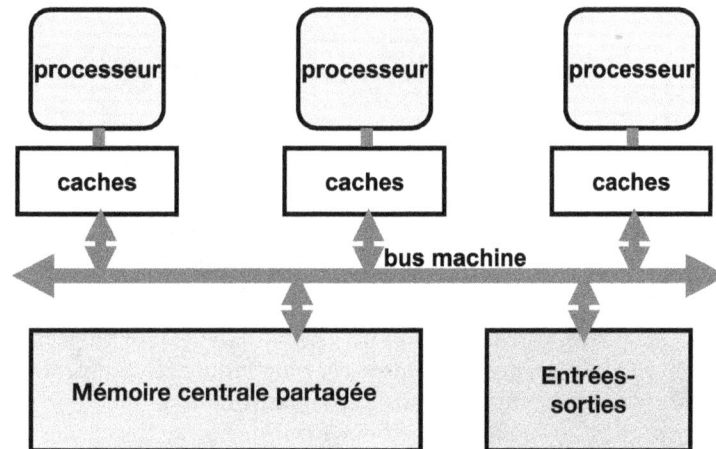

Dans cette catégorie de machines parallèles, on trouve les machines dites SMP (*Symetric Multiprocessing Processors*) dont les réalisations sont assez courantes. Il s'agit, en particulier, des solutions de machines bi ou quadri-processeurs qui sont proposées pour les serveurs (bases de données) ou les systèmes de sauvegarde.

Certains fabricants proposent d'intégrer plusieurs processeurs dans la même puce : on parle alors de *multi-core*. Il en est ainsi de l'architecture POWER5 d'IBM qui inclue deux « cœurs » POWER (*dual core*) dans le même circuit.

Multiprocesseurs à mémoire distribuée NUMA, les clusters

Dans un système à mémoire distribuée, chaque processeur dispose de sa propre mémoire et de son propre système d'entrées-sorties. L'ensemble se comporte donc comme des machines interconnectées par un réseau local.

Figure 8-7

*Multiprocesseurs à
mémoire distribuée*

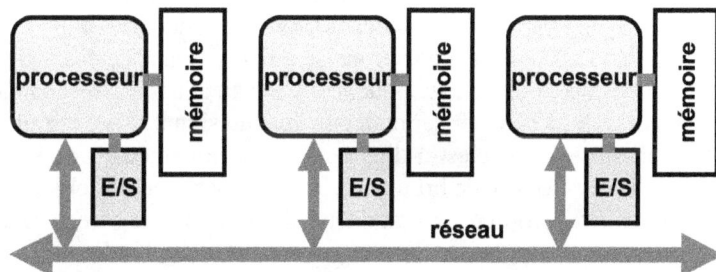

On parle de couplage lâche (*loosely coupled*) entre les machines. Les machines peuvent être hétérogènes et les systèmes d'exploitation autonomes. Chaque machine exécute son propre programme et la communication se fait par le biais du réseau local (ou étendu) à l'aide de technique d'envoi de message (*message passing*). MPI est ainsi une bibliothèque standard d'échange de message mise à la disposition des programmeurs.

> **MPI**
> Les informations relatives au MPI se trouvent sur le site : http://www.mpi-forum.org/.

Les mémoires sont physiquement séparées mais elles peuvent appartenir à un même espace d'adressage logique. Le fait que la mémoire soit partagée indique qu'une référence mémoire est accessible par tous les processeurs. Le temps d'accès dépend par contre de l'endroit d'où l'on fait l'accès : on parle de systèmes NUMA pour *Non Uniform Memory Access*.

Les machines appelées *cluster* ou grappe peuvent être rangées dans cette catégorie. Leur réalisation est relativement aisée car on regroupe, localement dans des baies, des machines, individuelles homogènes et standards du marché, pour les interconnecter avec un réseau plus ou moins dédié. Pour l'utilisateur, le cluster apparaît comme une machine unique. Les problèmes de coordination et de répartition sont déplacés au niveau du logiciel qui doit s'appuyer sur des techniques de passage de messages.

La *grille* (*GRID*) est l'équivalent du cluster avec la différence que les machines sont hétérogènes et éventuellement réparties au niveau mondial par l'Internet.

Les processeurs DSP

Les DSP, *Digital Signal Processor*, sont des processeurs spécialisés dans le traitement du signal. À l'origine, ils étaient conçus pour des applications de télécommunications militaires. Aujourd'hui, avec le boom des applications multimédia, les DSP interviennent dans la plupart des équipements grand public.

Ce sont des processeurs particuliers car ils sont spécialisés dans les opérations que l'on rencontre fréquemment dans le traitement du signal. Ce traitement relève des techniques de caractérisation du signal et de filtrage. Caractériser un signal revient à calculer sa densité spectrale effective. Nous avons déjà rencontré, dans le chapitre 3, la notion de densité spectrale d'un codage binaire à signal. Dans ce cas, on calculait la densité spectrale théorique d'un codage pour voir s'il était adapté à un canal de communication. Cette fois, il s'agit de caractériser en temps réel un signal. Par exemple, on peut caractériser un support « à vide », c'est-à-dire sans qu'on lui injecte un signal. La densité spectrale donnera alors le type de bruit associé au support. Un des objectifs recherché est alors par exemple l'extraction d'un signal dans du bruit afin de détecter au plus tôt un signal particulier comme la présence d'un avion dans un signal radar.

Le filtrage est l'opération qui consiste à faire une transformation, en générale linéaire sur un signal d'entrée pour en extraire des composantes fréquentielles particulières. Les applications sont variées à l'infini et comprennent toutes celles qui intègrent le son (reconnaissance et synthèse de la parole) et la vidéo (compression d'images).

Les éléments communs à toutes ces applications du point de vue du traitement sont de deux types.

- Les aspects mathématiques : la plupart des traitements (filtrage, densité spectrale, fonction d'autocorrélation, transformées de Fourier…) repose sur un calcul du type produit de convolution. L'opération élémentaire qui revient le plus dans un produit de convolution est une somme de produits.

- Pour une application donnée, le programme à exécuter est relativement petit et va opérer sur une longue série de données numériques. Par exemple, dans un téléphone, le même traitement numérique est appliqué à toutes les données captées et échantillonnées au niveau du micro pendant toute la durée de la conversation. Les données sont souvent traitées « au fil de l'eau » : elles arrivent à un rythme déterminé, sont traitées puis acheminées vers un autre dispositif. Elles sont rarement stockées longtemps en local. Le fonctionnement est analogue, pour utiliser une image simpliste, à un orgue de barbarie où les données arrivent par le biais des cartons perforés, sont traitées pour produire un son musical, puis les données disparaissent.

Le dernier point est important du point de vue architecture : il y a tout intérêt à séparer le chemin des données de celui des instructions. Pour être efficace et tenir les contraintes de temps liées au traitement du signal, l'architecture Von Neumann n'est pas appropriée. Les DSP sont les processeurs qui, dès l'origine, se sont appuyés sur l'architecture de Harvard où l'espace du code est séparé de l'espace des données. Le processeur peut théoriquement accéder simultanément aux instructions et aux données sur des bus différents. Au niveau du jeu d'instructions, les opérations sur les flottants sont privilégiées et généralement on trouve une instruction MAC (*Multiply and ACcumulate*) qui lit une donnée, effectue une multiplication, puis une somme et l'écriture du résultat en un seul cycle mémoire.

Texas Instrument s'est fait une spécialité de ces processeurs avec la série des TMS320Cxy et TMS340Cxy. Les DSP sont souvent livrés sous la forme de microcontrôleur intégrant des convertisseurs CAN et CNA (téléphonie, GSM). Ainsi l'architecture SHARC (*Super Harvard ARChitecture*) de la compagnie Analog Devices occupe également une part importante du marché.

Exemple d'une architecture 64 bits : le PowerPC G5, 970

Le processeur PowerPC 970, aussi appelé G5 dans l'environnement Apple, est un dérivé de l'architecture 64 bits POWER d'IBM. Du point de vue modèle de programmation, il dispose de :

- 32 registres généraux GPR0 à GPR31 de 64 bits ;

- 32 registres pour les réels FPR0 à FPR31 de 64 bits ;

- 32 registres de vecteurs VR0 à VR31 de 128 bits destinés au calcul vectoriel (partie SIMD du processeur).

Parmi tous les autres registres, trois registres spécialisés sont à mentionner :

- Le registre CTR, *Count Register*, sert de compteur de boucle.

- Le registre de lien LR, *Link Register*, utilisé pour la gestion de l'adresse de retour d'une procédure.

• Un registre de codes de conditions de 32 bits recouvrant 8 « registres » de conditions CR0 à CR7 de 4 bits pour une utilisation dans les branchements conditionels.

Le PowerPC 970 est construit autour d'un cœur POWER. Il intègre bon nombre des techniques d'amélioration de performances que nous avons vues dans les sections précédentes. Tout en ayant des spécificités, le jeu d'instructions est relativement classique pour un processeur RISC. Seules les instructions load et store donne un accès à la mémoire et il n'y a pas d'instruction spécifique d'appel de procédure. C'est au programmeur de gérer complètement l'appel et le retour.

Le jeu d'instructions est complété avec 162 instructions vectorielles adaptées au traitement sur des tableaux de données, dont des instructions de multiplication-sommation de type MAC des DSP.

Figure 8-8

Architecture du PowerPC 970

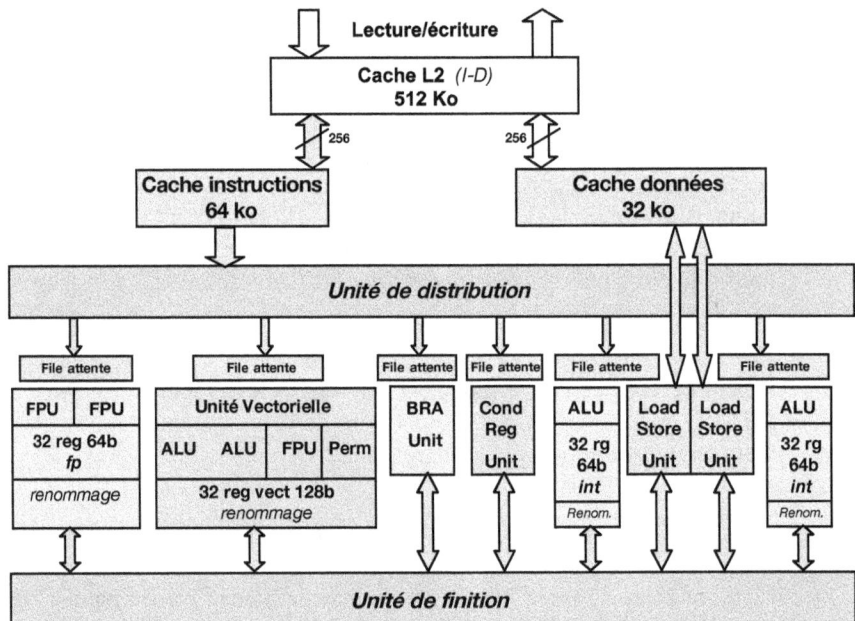

Les instructions natives PowerPC sont décomposées en au moins deux instructions internes élémentaires appelées IOP (*Internal Operation*) qui sont dispatchées dans des files d'attente pour une exécution, éventuellement dans le désordre, sur l'une des multiples unités de traitement du processeur.

Ces unités (figure 8-8) comprennent :

• 2 unités ALU pour les opérations courantes sur les entiers ;

• 2 unités FPU pour les opérations en virgule flottante ;

• 2 unités L&S *load & store* pour les accès écriture et lecture en mémoire ;

- 1 unité de traitement des registres de conditions ;

- 1 unité de gestion des branchements ;

- 1 unité de calcul vectoriel double pipeline 128 bits SIMD, Altivec ou Velocity Engine.

Chacune de ces unités est structurée en pipeline avec de nombreux étages. À un instant donné, le processeur peut avoir un en-cours de 100 à 200 instructions.

Les IOP sont dispatchées dans les files d'attentes de ces unités. Elles bénéficient de la spéculation avec la prédiction de branchement, l'exécution dans le désordre pour une optimisation du parallélisme d'instruction et le renommage sur la plupart des registres. La remise en ordre est assurée par l'unité de finition.

Pour alimenter toutes ces unités, le PowerPC 970 intègre dans la puce un cache L2 de 512 Ko (instructions et données). Le niveau L1 sépare le code des données et la communication avec le niveau L2 est faite sur une largeur de 256 bits. Le cache L1 d'instruction à adressage direct a une taille de 64 Ko. Le cache L1 de données a une capacité de 32 Ko et est de type 2-way associative set.

Les performances, avec une horloge de 1,8 MHz sont de 940 SPECint2000 et 1050 SPECfp2000.

Avant de passer à une description plus fine de l'architecture interne d'un processeur récent, l'Itanium, nous donnons à titre de comparaison dans les tableaux de la figure 8-9 les résultats des processeurs les plus performants fin 2004. Les résultats sont pris dans le score des TOP 20, mais nous n'avons représenté, par famille de processeurs, que les plus performants d'entre eux.

Figure 8-9

Performances des processeurs, fin 2004

SPECint2000				
Rang	**Processeur**	**Fréquence**	**Fabricant**	**Valeur**
1	Athlon 64 FX	2,6	AMD	1854
2	Pentium 4 E	3,8	Intel	1671
3	Itanium 2	1,6	Intel – HP	1590
4	POWER5	1,9	IBM	1452
5	Sparc 64 V	1,9	Sun IBM	1345
6	PowerPC 970	2,2	Motorola	1040

SPECfp2000				
Rang	**Processeur**	**Fréquence**	**Fabricant**	**Valeur**
1	Itanium 2	1,6	Intel-HP	2712
2	POWER5	1,9	IBM	2702
3	Athlon 64 FX	2,6	AMD	1878
4	Pentium 4 E	3,8	Intel	1842
5	Sparc 64 V	1,9	Sun	1803
6	Alpha 21264	1,3	Compaq	1684

Les fréquences, en gigahertz, sont celles de l'horloge du processeur. Les comparaisons sont faites sur la base des références SPECint2000 pour les entiers et SPECfp2000 pour les réels. On peut estimer que les performances des processeurs Athlon, Pentium, Itanium et POWER5 sont à peu près équivalentes, exception faite de l'Itanium et du POWER5 pour les flottants, mais on peut remarquer que la fréquence d'horloge varie quasiment du simple au double. Comme la fréquence d'horloge influe généralement en direct sur la puissance consommée et dissipée, il apparaît qu'il est possible d'obtenir une performance équivalente avec moins de consommation électrique.

Le processeur Itanium et l'architecture IA 64

Dans les années 1990, les architectes d'Intel se penchent sur le développement d'un processeur à architecture 64 bits. Jusqu'alors Intel a toujours mis en avant, dans la conception de ses « nouvelles » générations de processeurs, la compatibilité ascendante : il s'agit de permettre d'assurer à ses clients utilisateurs que les anciennes applications continuent à fonctionner sur le nouveau processeur. Dans grand nombre de cas, la compatibilité a même été totale au niveau du binaire. L'évolution s'est ainsi faite naturellement du 8086 vers le 80386 puis vers le Pentium (IA 32). Cette compatibilité ascendante a été accompagnée et/ou soutenue par une évolution analogue du système d'exploitation Windows, majeur sur ce type de processeur, en partant d'un simple système de présentation (interface graphique) Windows 286, s'appuyant sur le système DOS vers le système Windows actuel de facture équivalente à celle d'un Unix. L'évolution du matériel et du logiciel est si liée dans ce tandem que l'on parle souvent d'architecture ou de système *Wintel*.

Si de l'extérieur, c'est-à-dire du point de vue des programmes, il n'y a quasiment pas de différences entre le 386 et le Pentium, il n'en est pas de même si on soulève le capot du Pentium. En fait, le Pentium est une « enveloppe 386 » autour d'un noyau ou d'un cœur RISC. Intel a mis en œuvre la plupart des techniques d'améliorations de performances vues précédemment, mais elles ne sont pas directement accessibles au programmeur. Le processeur peut être vu comme un interpréteur d'instructions 386 qui demande au processeur noyau de type RISC d'exécuter au mieux les programmes IA 32 avec les « micro-instructions » du cœur.

Une rupture est maintenant nécessaire, car à force d'assumer la compatibilité ascendante, on continue d'hériter des déficiences d'architecture des premières générations. L'architecture CISC IA 32 est dépassée depuis longtemps, mais la compatibilité l'a maintenu artificiellement en survie.

La nouvelle architecture appelée IA 64 est une mise en commun du savoir-faire d'Intel et de Hewlett Packard (HP). Le partenariat fait partager l'expérience acquise par Intel dans le développement des processeurs aussi bien dans les VLIW et les superscalaires et celle acquise par HP sur son processeur PA RISC et sa maîtrise des techniques de compilation (le constructeur est aussi connu pour la qualité de ses compilateurs, en particulier dans les chaînes de développement croisé).

L'Itanium, le premier processeur de cette nouvelle génération et l'on peut réellement parler de nouvelle génération, est amené à plus ou moins brève échéance à remplacer la génération Pentium chez Intel et le PA RISC chez HP. Pendant quelques années encore l'architecture IA 64 possédera un mode émulation des processeurs IA 32, c'est-à-dire que le processeur est capable d'exécuter du binaire Pentium, mais certainement avec des performances moindres. Toute la puissance du processeur n'est disponible qu'avec des systèmes d'exploitation dont le noyau est écrit pour lui (Versions d'Unix, Linux et Windows Serveur 2003).

Les concepteurs de l'Itanium

Les concepteurs de l'architecture IA-64 sont Jerry Huck, Bill Worley et Rajiv Gupta chez Hewlett Packard et John Crawford, Don Alpert et Hans Mulder du coté Intel.

Les caractéristiques physiques

La version décrite du processeur est la version Madison connue en 2004 sous le nom Itanium 2. Le processeur est gravé en technologie 130 nm et intègre 410 millions de transistors pour une horloge interne de 1,5 GHz. Les caches de niveau L1, L2 et L3 sont sur la puce.

Les caches L1 (caches de données et caches d'instructions séparés) ont chacun une taille de 16 Ko. Le cache L2 unifié a une capacité de 96 Ko. La capacité du cache L3 est de 6 Mo ! La version « Montecito » prévue pour 2005 devrait doubler ces capacités de caches.

Cette intégration a pour le moment (2004) un prix, économique et thermique, soit environ 5 000 € pièce par quantité de 1 000 et ...130 watts à l'unité...

Le modèle de données et l'organisation mémoire

Les données de bases sont les entiers de 8, 16, 32 et 64 bits, les réels à précision simple (32 bits), double (64 bits) et double étendue (82 bits) et les pointeurs de 64 bits.

Sauf cas particuliers, les opérations se font en 64 bits et il s'ensuit que, dans les opérations de chargement à partir de la mémoire, les opérandes 8, 16 ou 32 bits sont complétés à 64 bits avec des bits à 0. Les accès à la mémoire se font exclusivement par des instructions de chargement (`load`) et de rangement (`store`) de registres.

L'espace d'adressage est linéaire (pas de segmentation) avec une capacité de 2^{64} octets et la relation registre-mémoire est de type *little endian* (mais le fonctionnement *big endian* est aussi possible).

Les registres

Les registres de l'Itanium sont une fenêtre sur son architecture interne. Pour diminuer les échanges avec la mémoire et favoriser le parallélisme, les registres sont nombreux.

Les registres généraux : r0 à r127

Ces registres sont destinés aux opérations courantes sur les entiers et/ou les données multimédias. Comme pour les processeurs RISC, r0 est en lecture seule et vaut toujours 0. Les registres r0 à r31 sont statiques, c'est-à-dire toujours visibles, les autres peuvent faire l'objet de renommage en particulier pour la mise en œuvre de la pile de registres (passage de paramètres dans les procédures).

À chacun de ces registres est associé un bit de validité (NaT, *Not a Thing*) pour indiquer si le contenu du registre est valide (utilisation liée à l'exécution spéculative).

Les registres flottants : fr0 à fr127

Ces 128 registres accueillent les nombres réels dans le format IEEE 754 de précision double étendue (82 bits : 1 bit de signe, 17 bits d'exposant et 64 bits de mantisse). Fr0 et Fr1 sont en lecture seule et sont lus respectivement comme +0.0 et +1.0. Les 32 premiers registres sont statiques, les autres peuvent faire l'objet de rotations pour la gestion du pipeline logiciel.

Figure 8-10

Les registres de l'Itanium

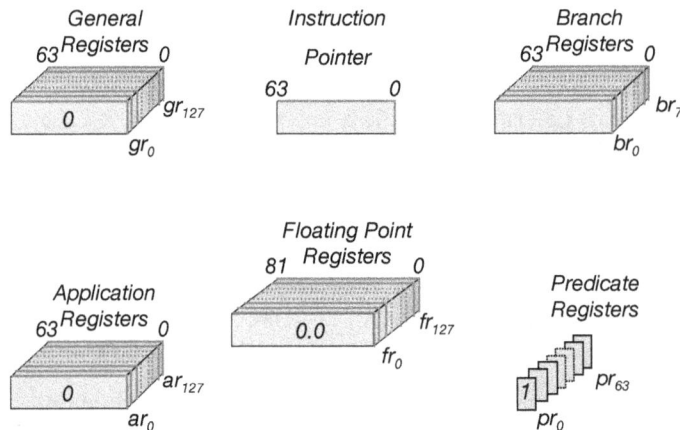

Les registres de prédicats : pr0 à pr63

Un registre de prédicat est un registre de 1 bit auquel est associée une valeur à *vrai* ou *faux*. Les instructions de l'Itanium sont à prédicat : cela signifie qu'une instruction est préfixée par un booléen dont la valeur détermine l'exécution de l'instruction. Si le prédicat est à *vrai* l'instruction est exécutée normalement, si le prédicat est à *faux*, l'instruction est traitée comme une instruction NOP. Les prédicats sont positionnés à l'aide d'instructions comme celles de comparaison. Le registre pr0 est toujours à *vrai*.

Les registres de branchements : br0 à br7 ; le pointeur d'instruction

Ces registres reçoivent les adresses cibles des instructions de branchement. Le pointeur d'instruction contient l'adresse du « paquet » (*bundle*) d'instructions en cours d'exécution. Les instructions sont fournies au processeur sous la forme de paquets de plusieurs instructions pouvant être exécutées en parallèle.

Les registres d'application : ar0 à ar127

Ce sont des registres spécifiquement liés à certaines applications. Ainsi ar0 à ar7, aussi appelés K0 à K7, sont les registres noyaux (*kernel*) autorisant une communication entre une application et le noyau.

Les instructions, les paquets et l'assembleur

Dans la suite de la présentation, les instructions sont décrites avec la syntaxe de l'assembleur. Le format général d'une instruction est ainsi de la forme :

```
[(qp)] mnemonic[.comp1][.comp2] dest = src
```

où :

- mnemonic est une chaîne de caractères spécifiant l'instruction du processeur (ex : add, ld, etc.).

- qp spécifie un numéro de registre prédicat (*qualifying predicate*). Lorsque ce numéro n'est pas explicite, c'est le registre pr0 (toujours à *vrai*) qui est pris en compte et l'instruction est donc exécutée.

- dest est une liste d'opérandes de destination. En général, il n'y a qu'une seule opérande destination, mais s'il y en a deux, ils sont séparés par le caractère « , ».

- src est une liste d'opérandes source. En général, il y a deux opérandes source séparés par le caractère « , ».

- comp1, comp2 sont des spécificateurs de complément d'une instruction qui fixe une variante possible de celle-ci.

La plupart des instructions ont deux opérandes sources et un opérande destination. En dehors des instructions load et store (ld, st) adressant la mémoire, les opérandes sont des valeurs immédiates ou des registres.

Quelques exemples d'instructions :

- add r1 = r2, r3. Les contenus des registres r2 et r3 sont additionnés et le résultat est rangé dans le registre r1.

- Add r1 = r2, r3, 1. C'est comme l'instruction précédente avec une addition supplémentaire de l'opérande immédiat 1.

- (p1) add r1 = r2, r3. C'est comme la première instruction, mais elle n'est réellement exécutée que si le registre de prédicat pr1 est à vrai.

- cmp.eq p1, p2 = r2, r3. C'est une instruction de comparaison permettant de tester l'égalité (spécificateur complément eq) des contenus des registres r2 et r3 : p1 est mis à vrai en cas d'égalité et p2 à faux.

Le paquet ou bundle et les unités d'exécution

Le format physique de l'instruction correspond à la forme sous laquelle l'instruction est présentée au processeur pour être exécutée. Le parallélisme explicite (EPIC) de l'architecture IA 64 impose au compilateur de faire en amont le travail de préparation pour indiquer au processeur les instructions à exécuter en parallèle. Les instructions sont ainsi rassemblées en paquets (*bundle*).

Le paquet a une longueur de 128 bits et contient 3 instructions et un champ gabarit (*template*) de 5 bits donnant des informations au processeur sur les unités d'exécutions à utiliser. Elles sont également relatives à l'indépendance ou la non-indépendance entre des instructions. Cette dernière indication est donnée par un *stop*.

Figure 8-11

Structure du paquet d'instructions

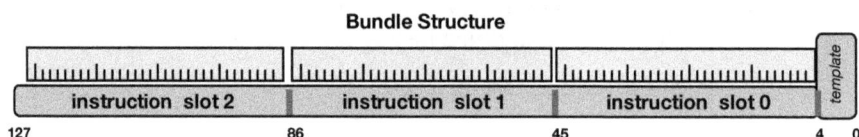

Bundle Structure

instruction slot 2   instruction slot 1   instruction slot 0   template

127   86   45   4   0

Les unités d'exécution

Pour répondre au besoin de parallélisme, le processeur dispose de plusieurs unités d'exécution qui sont réparties en quatre types :

- unité **I** pour les opérations arithmétiques et logiques sur les entiers ;

- unité **F** pour les opérations sur les flottants ;

- unité **M** pour les opérations d'accès mémoire (registre ↔ mémoire) et quelques opérations sur les entiers ;

- unité **B** pour les instructions de branchement.

Les groupes d'instructions

Le paquet est l'unité élémentaire d'instructions chargée dans le processeur. Le nombre d'instructions susceptibles d'être exécutées en parallèle peut être bien supérieur à 3. Cette suite d'instructions définit alors un groupe. Un groupe se termine soit par une instruction de branchement, soit par un indicateur de *stop* dans le code et explicitement spécifié en assembleur par un double point-virgule ; ;.

Toutes les instructions d'un groupe doivent être exécutées avant le passage à l'autre groupe et toutes les instructions sont susceptibles de s'exécuter simultanément.

Par exemple, le calcul de :

$$e = (a + b) \times (c + d)$$

devient, en supposant que les valeurs a, b, c et d sont déjà dans les registres r1, r2, r3 et r4 :

```
add r5 = r1, r2
add r6 = r3, r4 ;;
mul r7 = r5, r6
```

La deuxième instruction est suivie d'un indicateur de *stop* : elle termine donc un groupe. La troisième instruction est la première du groupe suivant. Les deux premières instructions peuvent être exécutées simultanément, mais pas la troisième car elle est en relation de dépendance avec les précédentes.

Les instructions à prédicat

Le prédicat est un préfixe booléen qui conditionne par une valeur à *vrai* l'exécution d'une instruction. Les prédicats ont été développés, à l'origine par l'université de l'Illinois, pour supprimer les branches issues des instructions de branchements conditionnels et qui sont une importante source d'aléas dans le fonctionnement du pipeline.

Le principe général consiste à « linéariser » le code en supprimant les branches conditionnelles. Les différentes branches sont mises les unes après les autres et chaque instruction d'une branche d'origine est préfixée par un prédicat spécifique.

Par exemple, le code :

```
if (a=b) then x=1 ;
    else x=5 ;
```

devient dans un assembleur classique :

```
        cmp a, b  /positionnement du bit d'égalité dans le registre d'état/
        jump egal /saut à l'instruction de traitement de cas de l'égalité/
        move x, 5           /x = 5/
        jump fin
 egal : move x, 1           / x = 1/
 fin :
```

La « linéarisation » des branches par les prédicats donne en assembleur IA 64 le code suivant :

```
 comp.eq p1, p2 = a, b    /p1 est vrai si a=b et p2 est égal à p1/
    (p1)mov r1 = 1
    (p2)mov r1 = 5
```

Une fois la comparaison faite, les deux instructions peuvent s'exécuter en parallèle dans le même groupe. S'il y a égalité, p1 est à vrai et l'instruction mov r1 = 1 est exécutée ; p2 est donc à faux et l'instruction mov r1 = 5 est exécutée comme un NOP.

Le bilan est que seul le temps de la première instruction est consommé et le pipeline n'a pas besoin d'être purgé.

La spéculation sur le code et les données

Le travail de préparation de l'ordonnancement des instructions fait par le compilateur dans l'architecture EPIC est essentiel. Le compilateur a une connaissance exacte du comportement du processeur et en particulier il connaît les relations de ce dernier avec la mémoire. Les accès mémoire et plus spécialement les instructions de chargement introduisent une latence dans l'exécution des instructions.

Un principe général de bon fonctionnement en temps contraint (techniques temps réel) consiste à avoir toutes les données prêtes au moment où on en a besoin : si l'on veut réagir rapidement, il faut être prêt. Appliqué à EPIC, ce principe se traduit par : charger au plus tôt une donnée dans un registre pour qu'elle y soit réellement (sans attendre) au moment de son utilisation.

Dans l'exemple ci-après :

```
ld  r1 = [r6]
add r3 = r2 + r1,
```

il faut attendre la fin effective du chargement (dépendant de la latence mémoire) du registre r1 et, de plus, les deux instructions ne peuvent être exécutées en parallèle. Le compilateur peut réarranger les instructions pour optimiser le temps d'exécution en avançant au plus tôt le chargement. S'il n'y a pas de dépendance entre les instructions, il peut avancer de quelques instructions ce chargement :

```
ld  r1= [r6]
inst1
inst2
inst3
add r3 = r2+r1
```

Avec ce réordonnancement, le temps de latence mémoire du chargement n'est pas supprimé mais masqué et l'instruction ld peut se faire en parallèle avec d'autres instructions mises dans le même groupe (c'est-à-dire non dépendantes). L'addition, elle aussi, peut alors être exécutée simultanément avec d'autres.

Ce réordonnancement est statique au sens qu'il est totalement prévisible avant l'exécution du programme. Les situations ne sont pas toujours aussi simples et peuvent dépendre de l'exécution elle-même : il faut prendre en compte l'aspect dynamique et la manipulation des pointeurs. Le chargement au plus tôt garde son intérêt, mais devient spéculatif : il y a un risque d'erreur lié à cette anticipation de par les éventuelles dépendances. La spéculation sur le contrôle (*Control-speculative loads*) permet d'exécuter une instruction avant la résolution de la dépendance de contrôle et la spéculation sur les données (chargements anticipés, *data-speculative loads*) permet d'opérer une instruction avant la résolution de la dépendance sur les données.

Dans les deux cas de spéculation de chargement, il faudra vérifier *a posteriori*, que l'opération anticipée était valide.

La spéculation sur le contrôle

L'ordonnancement d'un programme consiste à découper ce programme en blocs élémentaires, chacun d'entre eux étant une suite d'instructions sans rupture de séquence (instruction de flot de contrôle comme un branchement). Plus ces blocs seront grands, plus le compilateur aura de possibilités pour tirer avantage de parallélisme intrinsèque du processeur. Dans la réalité, ces blocs sont relativement petits car il y a en moyenne une instruction de branchement toutes les 8 à 10 instructions. Il peut alors être tentant d'accroître artificiellement (ou plutôt statistiquement) la taille de ces blocs en anticipant sur les instructions de branchement. La combinaison prédicat-spéculation se révèle alors très efficace. Le plus souvent, l'opération devient intéressante dans le traitement des branchements conditionnels : les prédicats ont pour objet de supprimer les branches et la spéculation a pour but d'anticiper les chargements avant l'instruction de test-comparaison d'un if en langage évolué.

Lorsque le compilateur décide de faire un chargement spéculatif, il met l'instruction de chargement en tête du bloc (ou groupe) en complétant l'instruction avec le spécificateur de complément .s (*speculative*) et remplace l'instruction initiale de chargement par une instruction de vérification chk.s.

Par exemple, l'instruction :

```
ld r1, [r5] devient après déplacement en amont :
ld.s r1, [r5]
```

et est remplacée à son emplacement initial par l'instruction :

```
chk.s r1, adresse_reprise.
```

La relation de vérification entre les instructions de spéculation de contrôle ld.s et chk.s est faite à l'aide du bit NaT associé au registre concerné. Lorsque l'instruction de test est rencontrée, le bit NaT du registre r1 est testé. S'il n'est pas positionné, aucune opération n'est effectuée, le chargement anticipé est valide. Le test ne consomme pas de cycle d'horloge et le registre peut être utilisé directement. Si le bit est positionné, cela signifie que le contenu du registre est invalide. Dans ce cas, l'argument *adresse_reprise* donne l'adresse du code, généré par le compilateur, où le chargement se fera normalement sans anticipation (et donc avec une perte de temps !).

La validité du contenu du registre chargé par anticipation est liée à la gestion d'une exception susceptible d'être générée par cette instruction. Dans un chargement par spéculation sur le contrôle, une exception, comme un défaut de page, est différée c'est-à-dire non prise en compte et le registre n'est donc pas chargé avec la valeur. L'existence d'une telle exception est mémorisée dans le bit NaT du registre qui a fait l'objet du chargement spéculatif. L'exception est alors à nouveau générée dans le code de reprise (avec le point d'entrée *adresse_reprise*) et effectivement traitée.

La spéculation sur les données

Le second type de spéculation concerne la dépendance sur les données. En partant toujours sur la même idée de réaliser les instructions load au plus tôt, une dépendance sur les données risque de déplacer le chargement à partir d'une position mémoire avant une instruction de rangement qui aurait pu changer le contenu de cet emplacement mémoire. Le compilateur ne peut lever une telle ambiguïté à cause des références par pointeur.

Lorsque le compilateur décide de faire un chargement spéculant sur les données, il met l'instruction de chargement en tête du bloc (ou groupe) en complétant l'instruction avec

le spécificateur de complément .a (*advanced*) et remplace l'instruction initiale de chargement par une instruction de vérification chk.a.

Par exemple, l'instruction :

```
ld r1, [r5] devient après déplacement en amont :
ld.a r1, [r5]
```

et est remplacée à son emplacement initial par l'instruction :

```
chk.a r1, adresse_reprise
```

La relation de vérification entre les instructions de spéculation de données ld.a et chk.a
ne peut plus être simplement faite à l'aide d'un bit associé au registre concerné. La relation implique un conflit possible sur une adresse mémoire et doit s'appuyer sur une table
de correspondance, un peu à la manière de la gestion des mémoires cache, entre le registre et l'adresse mémoire concernée. Cette table, gérée par le processeur et appelée ALAT
(*Advanced Load Address Table*), permet de détecter au moment du test chk.a une collision entre un load anticipé et un store.

Une instruction de chargement anticipé positionne une entrée dans la table et une
instruction de rangement « dépositionne » une entrée de la table si elle correspond à
son adresse de destination. L'instruction de test consiste à vérifier si l'entrée correspondante existe toujours : si tel est le cas, cela signifie qu'aucune instruction de rangement n'est venue modifier le contenu mémoire et le chargement anticipé est valide.
Dans le cas contraire, un code de reprise (généré par le compilateur avec pour point
d'entrée *adresse_reprise*) est chargé de rétablir la situation pour une exécution logique
correcte du programme.

Le renommage de registre (rotation de registres)

L'architecture IA 64 procure un mécanisme de renommage des registres bien adapté au
fonctionnement du pipeline logiciel. Ce dernier a pour objectif de « dérouler » les
instructions d'une boucle pour faire apparaître des possibilités de parallélisme. Une
boucle est généralement constituée d'une suite de trois parties : un chargement, une
séquence de calcul et enfin des instructions de rangement. Le déroulement de la boucle
consiste alors à mettre en place l'équivalent d'un pipeline matériel.

Le programme ci-dessous rentre typiquement dans ce cadre :

```
pour i = 0 à n-1 faire

    y(i) = x(i) + a

fin_pour
```

Figure 8-12

*De la boucle
au pipeline logiciel*

boucle

pipeline logiciel

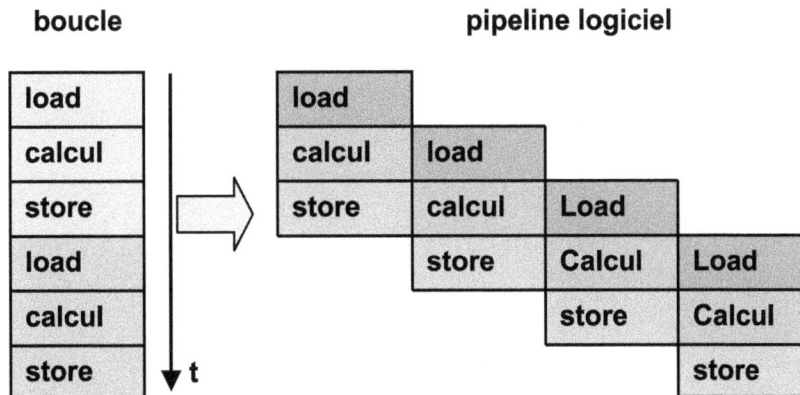

À première vue, il n'apparaît pas de parallélisme possible : si r32 est le registre associé à la variable x(i), ce registre est utilisé à chaque itération. Cette forme de programmation est efficace pour le programmeur, mais ne l'est pas forcément pour l'exécution au niveau du processeur. Le programme IA 64 correspondant est par exemple :

```
boucle :  ld4 r32 = [r5], 4 ;;    // x(i) → r32

          add r33 = r32, r9 ;;    // r33 = x(i) + a

          st4  [r6] = r33, 4      // y(i) ← r33

          br.cloop boucle ;;      // itérer
```

avec les conventions suivantes :

- Le registre r32 (resp. r33) contient la valeur x(i) [resp. y(i)].

- Le chargement (resp. rangement) est fait sur 4 octets avec l'instruction ld4 (resp. st4) avec une post-incrémentation de 4 du registre r5 (resp.r6) pour pointer automatiquement sur le champ mémoire suivant.

- Seules les deux dernières instructions (st4 et br.cloop) sont exécutables en parallèle.

- r9 est initialisé avec la valeur a.

- Le compteur de boucle, le registre d'application LC (*Loop Count*) a été initialisé au nombre d'itérations voulu.

Si l'on déroule la boucle comme cela a été introduit dans la section « pipeline logiciel », on peut mettre en évidence les possibilités de parallélisme par regroupement d'instructions, d'itérations consécutives.

```
      i=0

loop :    y(i+0) = x(i+0) + a

          y(i+1) = x(i+1) + a

          y(i+2) = x(i+2) + a

          y(i+3) = x(i+3) + a

          i = i + 4

          si i ≤ ⌊n/4⌋ aller à loop

          /* autres instructions */
```

Dans le nouveau programme « expansé » ou « déroulé modulo 4 », les quatre valeurs de x(i+0) à x(i+3) devront être chargées dans des registres différents. Dans un pipeline logiciel classique, c'est le compilateur qui se charge de la bonne affectation des registres aux instances successives des variables. L'accroissement du code peut être assez important.

L'architecture IA 64 fournit le mécanisme *modulo scheduling* permettant d'exploiter au mieux les possibilités d'un pipeline logiciel avec l'utilisation des prédicats et du renommage des registres.

Il n'est pas nécessaire de dérouler explicitement la boucle. En tenant compte des durées de cycle dont le compilateur à la connaissance, le programme devient :

```
boucle : (p16) ld4 r32 = [r5], 4

         (p17)                    // vide

         (p18) add r35 = r34, r9

         (p19) st4 [r6] = r36, 4


         br.ctop boucle ;;
```

Plusieurs éléments sont à remarquer dans cette modification de la boucle. L'instruction de fin de boucle est changée au niveau du spécificateur de boucle (ctop) et il n'y a plus de marque de *stop* ;; dans le corps de la boucle. Chaque instruction est préfixée avec un prédicat (p16 à p19) et l'on constate que x(i) est chargé dans le registre r32, mais au niveau de l'utilisation de cette valeur dans l'addition, elle se trouve dans le registre r34. Il en est de même pour le résultat de l'addition mis dans le registre r35 alors que le rangement en mémoire de cette valeur est fait à partir du registre r36. Que s'est-il passé ? La figure 8-13 permet d'illustrer le pourquoi de ces modifications apparemment curieuses.

Les hypothèses prises en compte par le compilateur sont qu'il est possible de faire parallèlement un chargement et un rangement en mémoire (deux « ports » d'accès mémoire au niveau du processeur) et que le chargement prend deux cycles (d'où la présence d'un cycle vide derrière l'instruction ld4.

La mise en place du pipeline logiciel pour cette boucle implique trois phases. La phase de prologue est celle pendant laquelle le pipeline se remplit, monte en régime. La phase noyau (*kernel*) est le cœur de la boucle dans la période de régime permanent et la phase d'épilogue est celle au cours de laquelle le pipeline logiciel se vide. Une même instruction peut donc se retrouver dans l'une de ces phases alors que le comportement risque de ne pas être le même. Les trois phases sont identifiées dynamiquement par les prédicats des instructions. Le compilateur détermine la longueur de chacune des phases et s'occupe du prépositionnement des prédicats. Les modifications seront faites en dynamique à la fin de chaque boucle.

Examinons ce qui se passe dans la phase de prologue. La première instruction charge x(i) dans le registre 32. Au cours du cycle suivant, le pipeline exécute la même instruction pour l'itération suivante. Si l'on ne prend aucune précaution, ce nouveau chargement vient écraser la valeur précédente. La précaution consiste justement à recopier la valeur précédemment chargée dans un registre, décalé de 1 par exemple (copie de r32 dans r33). Il faut procéder de la même manière pour toutes les instructions opérées dans la phase de prologue : copie de r33 dans r34 et de r32 dans r33. Pour éviter la recopie physique du contenu des registres le renommage des registres permet de faire cette opération de manière logique : on change le nom du registre et la figure montre que la valeur chargée dans le registre r32 est effectivement utilisée à partir du registre r34.

Figure 8-13

*Pipeline logiciel
et rotation
des registres*

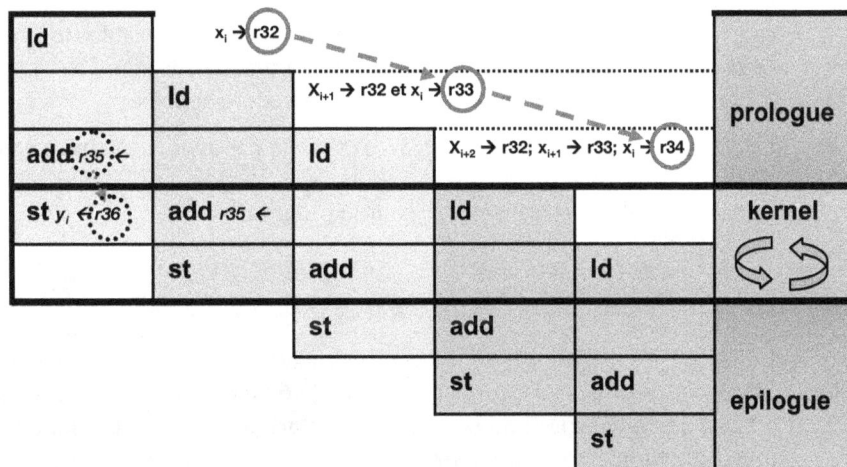

Le même raisonnement est tenu pour la différence de numéro de registre (r35) utilisé pour le résultat de l'addition et le numéro utilisé au cycle suivant pour l'instruction de rangement (r36).

L'incrémentation du renommage par rotation des registres de la plage des registres généraux utilisés par cette boucle est faite automatiquement par le processeur. Il en est de même pour le renommage dynamique des registres prédicats. Pour l'arrêt de la boucle, la fin d'exécution est déterminée à partir du registre d'application LC mais aussi du registre d'application EC (*Epilog Count*) : il faut que tous les cycles de la dernière itération soient exécutés. Le décalage entre le numéro réel et le numéro logique est déterminé par la valeur du registre RRB (*Registre Rotation Base*). Ainsi si le contenu de RRB est de 2 alors r32 est en fait r34.

Les registres LC, EC et les registres de prédicats concernés doivent être initialisés par un code mis en préambule de la boucle.

On remarquera finalement que dans la boucle modifiée pour le pipeline logiciel, la seule marque de *stop* est en fin de boucle, ce qui signifie que s'il n'y a pas de relation de dépendance supplémentaire (d'une itération à l'autre) dans la boucle, toutes les instructions peuvent s'exécuter en parallèle.

Les procédures : passage de paramètres et pile de registres

Pour minimiser les accès mémoire pour les passages de paramètres lors des appels de procédures, les concepteurs de l'architecture IA 64 ont repris le mécanisme du fenêtrage des registres introduit dans le processeur Sparc.

Les 32 premiers registres généraux, r0 à r31, sont statiques et sont visibles pour toutes les procédures. Ce sont dans ces registres que seront placées les variables globales. Les 96 autres registres, r32 à r217, peuvent servir de pile pour le passage de paramètres. Un cadre de procédure définit les paramètres en entrée, les variables locales et les paramètres de sortie. Lors d'un appel de procédure les paramètres de sortie de la procédure appelante deviennent les paramètres d'entrée de la procédure appelée.

Le débordement de la pile de registres est évité par un mécanisme matériel interne appelé RSE (*Register Stack Engine*) qui reporte vers la mémoire l'extension de pile. Ce mécanisme est totalement transparent pour le programmeur.

Les instructions du multimédia

L'Itanium reprend le même type d'instructions que celles introduites dans le modèle MMX du processeur Pentium : les mots de 64 bits peuvent être traités comme 8 octets, 4 mots de 16 bits ou 2 mots de 32 bits ; l'arithmétique fait apparaître des instructions avec saturation pour la gestion des couleurs.

Les unités fonctionnelles de l'Itanium 2

En 2004, la version 2 de l'Itanium possède déjà un nombre assez élevé d'unités fonctionnelles capables de travailler en parallèle. Il dispose ainsi de :

- 6 unités pour les entiers ;
- 4 unités pour les flottants (2 en 64-82 bits et 2 en 32 bits) ;
- 6 unités pour les instructions multimédias ;
- 4 unités de gestion mémoire (`load` et `store`) ;
- 3 unités pour la gestion des branchements.

Les supercalculateurs

Les ordinateurs courants sont capables de développer plus ou moins de puissance de calcul en fonction de leur architecture et du nombre de processeurs qu'ils intègrent. Les machines personnelles et les postes de travail en entreprise sont en général monoprocesseurs. Lorsque l'on passe au niveau des serveurs et des stations de travail haut de gamme comme pour la conception assistée par ordinateur, l'architecture devient bi ou quadriprocesseurs.

Dans un certain nombre d'applications, ces ordinateurs ne sont pas capables de répondre à la puissance de calcul requise. Il en est ainsi pour les applications touchant à la physique nucléaire, au calcul de turbulences, de prévisions météorologiques, à la simulation en général, à la génétique. Ces applications demandent des puissances de calcul qui n'ont rien en commun avec le type de machines ou processeurs que nous avons décrits. Ces applications relèvent des supercalculateurs.

La course à la puissance

Nous avons dit au début de ce chapitre que les annonces de puissance des processeurs ou des ordinateurs ne sont pas forcément significatives. Une fois n'est pas coutume, nous allons utiliser les MFLOPS, ou GFLOPS (Giga) pour faire des comparaisons.

En effet, vu les ordres de grandeur, il ne s'agit pas pour nous de comparer des supercalculateurs entre eux, mais de situer leur puissance par rapport aux machines que nous sommes amenés à côtoyer.

Un processeur, du type de ceux qui équipent les ordinateurs standards, c'est-à-dire un Alpha, Athlon, Pentium ou PowerPC, délivre une puissance comprise entre 1 et 10 GFLOPS, c'est-à-dire entre 1 et 10 milliards d'instructions flottantes par seconde.

Pour les supercalculateurs, nous atteignons des valeurs 1 000 fois plus grandes, c'est-à-dire de l'ordre de quelques dizaines de TFLOPS (teraflops, soit 1 000 milliards d'instructions en virgule flottante par seconde).

Il existe un classement mondial (www.top500.org), régulièrement mis à jour, des 500 calculateurs les plus puissants, la majorité d'entre eux dépassant le TFLOPS. Tous les grands constructeurs y sont représentés et particulièrement IBM.

Ces calculateurs utilisent des milliers de processeurs, qui sont le plus souvent des processeurs communs comme les Pentium (Xeon), PowerPC et maintenant l'Itanium. Le tableau de la figure 8-14 donne la liste des dix plus puissants ordinateurs du monde. Les trois dernières colonnes de ce tableau donnent le type de CPU utilisé, le nombre de processeurs intégrés et la puissance de calcul exprimée en teraflops.

Figure 8-14

Les 10 premiers supercalculateurs, fin 2004

	Ordinateur	Fabricant, Pays, Date	CPU	Nombre	TFLOPS
1	BlueGene/L DD2	IBM, USA, 2004	PowerPC	32768	70,7
2	Columbia	SGI, NASA, USA, 2004	Itanium 2	10240	51,8
3	Earth-Simulator	NEC, Japon, 2002	Nec	5120	35,8
4	MareNostrum	IBM, Barcelone, 2004	PowerPC	3564	20,5
5	Thunder	CDC, USA, 2004	Itanium 2	4096	20,0
6	ASCI Q	HP, USA, 2002	Alpha 21264	8192	13,9
7	System X	expérimental, USA, 2004	PowerPC	2200	12,2
8	BlueGene/L DD1	IBM, USA, 2004	PowerPC	8192	11,7
9	eServers 655	IBM, Naval OO, USA, 2004	PowerPC	2944	10,3
10	Tungsten	Dell, NCSA, USA, 2004	Xeon	2500	9,8

Le domaine des supercalculateurs est en pleine effervescence. Earth Simulator, la machine de NEC, spécialement conçue pour les calculs de simulation concernant le réchauffement de la planète tenait la tête depuis 2002. En 2004, la machine BlueGene/L a quasiment doublé la puissance du NEC.

De même, la machine Columbia, acquise par la NASA, composée de 20 machines Altix (Silicon Graphix Inc.) de 512 processeurs Itanium 2, a également nettement dépassé la machine NEC, alors que seules 16 des 20 machines étaient connectées lors des tests.

Vu le nombre de processeurs intégrés dans ce type de supercalculateurs, on parle de machines massivement parallèles.

Figure 8-15

Les 5 premiers supercalculateurs en France, fin 2004

	Organisme	Fabricant	Ordinateur	CPU	Nombre	TFLOPS
41	CEA	HP	alphaserver	alpha	2560	4,0
161	TotalfinaElf	IBM	xSeries	Xeon	1024	1,7
166	Société Générale	IBM	xSeries	Xeon	968	1,7
175	CNRS	IBM	eServer 690	PowerPC	384	1,6
199	CNRS	IBM	eServer 655	PowerPC	384	1,5

Le tableau de la figure 8-15 donne le classement des 5 plus puissants supercalculateurs connus et installés en France en fin 2004.

Machine vectorielle, l'exemple du VPP5000 de Fujitsu

Une machine vectorielle est un calculateur destiné au calcul scientifique lorsque les données à traiter se présentent sous forme de tableaux et vecteurs, donc de manière générale du calcul vectoriel.

La caractéristique principale d'un processeur vectoriel est qu'il possède une unité arithmétique et logique organisée en pipeline. Par rapport à un pipeline classique qui introduit des étages pour les différentes phases d'exécution d'une instruction (fetch, lecture des opérandes, exécution dans l'UAL, écriture des résultats), c'est l'UAL qui est, en plus, structurée en étages de pipeline. Cela signifie que toutes les opérations arithmétiques et logiques sont décomposées en différentes phases dont chacune sera traitée sur un étage particulier de ce pipeline vectoriel.

Comme pour l'utilisation de l'Itanium, il faut un travail préparatoire du compilateur, par exemple un FORTRAN parallèle, pour organiser le travail du processeur en conséquence. Raisonnons sur un cas simple. Supposons que l'on ait à faire l'opération la plus simple sur des vecteurs. Soient u, v et w des vecteurs de même taille n, avec $w = u + v$.

Dans un langage de haut niveau classique, le programmeur décrira la somme à l'aide d'une boucle, comme par exemple en FORTRAN :

```
        Do 100 i=1,n
100     W(i) = U(i) + V(i)
```

Pour résoudre le problème, le programmeur a remplacé le travail global sur le vecteur par une suite de travaux élémentaires de chacun des éléments de même rang des vecteurs.

Le principe d'un processeur vectoriel est d'introduire des opérations identiques à celles d'une UAL classique, mais ces opérations travaillent globalement sur le vecteur : elles sont vectorielles. Le processeur possède donc un ensemble d'instructions typiquement vectorielles. Au niveau d'un langage de programmation vectoriel de haut niveau, le programme précédent s'écrit :

```
    W(1:n) = U(1:n) + V(1:n)
```

ce qui est une instruction vectorielle.

Deux situations se présentent. Soit le programme est directement écrit en version vectorielle, soit le programme est écrit de la première manière. Dans le premier cas, le compilateur fera la conversion vers les instructions assembleurs vectorielles. Dans le cas où le programme est décrit de manière classique avec les variables indicées, des outils ou le compilateur devront faire le travail de préparation.

Au niveau du processeur, la vectorisation est possible en utilisant des registres vectoriels : chaque registre vectoriel RegV0, RegV1... contient un vecteur complet.

Les processeurs vectoriels sont aussi optimisés dans leur jeu d'instructions pour réaliser le plus efficacement possible les opérations qui sont fréquentes dans le calcul vectoriel et matriciel. L'une de ces opérations est la séquence MAC : multiplication, addition, cumul (ce type d'instruction a déjà été mentionné pour les DSP, cf. 8.3.2. L'optimisation de ces instructions se fait en opérant un chaînage sur plusieurs unités vectorielles.

Ce travail simultané sur les vecteurs risque d'être compromis à cause des conflits d'accès à la mémoire centrale. Pour palier ce risque, le processeur vectoriel travaille avec une mémoire dite entrelacée : elle est organisée en bancs. Pour un vecteur donné, u par exemple, chaque élément se trouve dans un banc différent : l'élément u(1) se trouve dans le banc 1, u(2) se trouve dans le banc 2, et ainsi de suite.

Architecture du Processeur VPP5000 PE (*Processing Element*)

Le processeur VPP5000 PE de Fujitsu est un processeur vectoriel utilisé comme unité de calcul élémentaire dans un supercalculateur de la série VPP5000. Il peut en comporter jusqu'à 128. La machine atteint alors une puissance d'environ 1,2 TFLOPS. Vu le nombre de processeurs possibles, les machines de la série VPP5000 ne sont pas dites massivement parallèles.

Le processeur PE est constitué de deux unités principales (figure 8-16), l'unité scalaire et l'unité vectorielle.

L'*unité scalaire* réceptionne et exécute les instructions classiques et transmet vers l'unité vectorielle les instructions vectorielles.

Figure 8-16

Bloc diagramme du VPP5000 PE

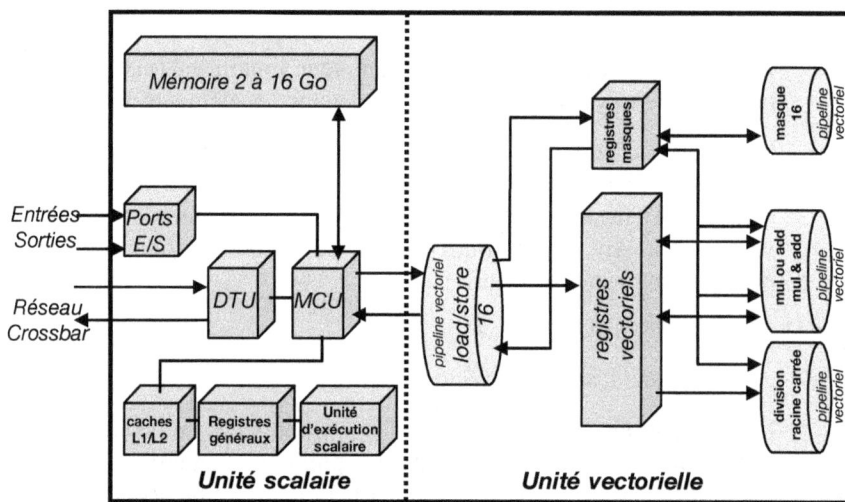

Les instructions du PE correspondent à une architecture RISC de type VLIW avec des mots de 128 bits. L'unité d'exécution scalaire est relativement classique avec son propre pipeline, elle traite directement des instructions de type « racine carrée » et « multiplication & addition ». Elle comporte :

- Un cache L1 de type associatif à deux ensembles (2-way set associative cache) avec séparation des données (64 Ko) et des instructions (64 Ko), un cache L2 de 2 Mo et une mémoire centrale de 2 à 16 Mo. Cette mémoire centrale est divisée en une mémoire locale accessible uniquement au processeur de la carte et une mémoire intégrée à la mémoire globale et disponible à l'ensemble des processeurs. La mémoire distribuée est accessible au niveau logiciel de tout processeur par l'intermédiaire d'une bibliothèque de logiciel de passage de message de type MPI.

- Un double pipeline de chargement. Il peut charger jusqu'à 32 octets par cycle d'horloge et une table d'anticipation des branchements conditionnels (*branch target buffer*).

- Une unité de transfert de données (DTU, *Data Transfer Unit*). Les DTU sont des processeurs de transfert de données indépendants qui permettent le transfert de données entre les différentes mémoires physiques faisant partie de la mémoire globale en architecture MIMD. Le DTU autorise jusqu'à 4 processus de transfert simultanés. Il est connecté au réseau de communication très rapide de type « crossbar » entre les différents processeurs PE.

Le crossbar

La technique du crossbar est héritée des techniques de commutations mise en œuvre dans les centraux téléphoniques avant l'apparition des équipements totalement numériques.

- Une unité de gestion de la mémoire locale, MCU.

- En option, une unité de gestion de ports d'entrées-sortie.

Figure 8-17

Architecture d'un VP5000

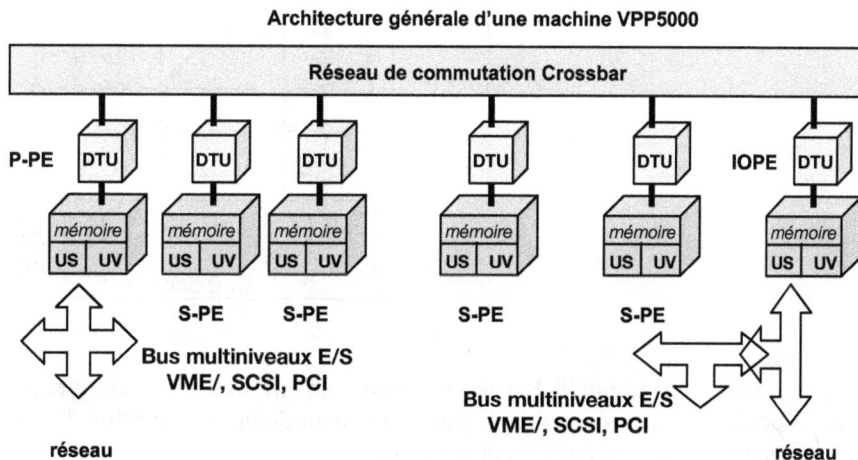

Architecture générale d'une machine VPP5000

L'*unité vectorielle* est alimentée par l'unité scalaire lorsque celle-ci détecte la présence d'une instruction vectorielle. Elle comporte bien sûr les registres vectoriels et des pipelines optimisés pour les instructions les plus fréquentes. Les registres sont à considérer comme une mémoire de 128 Ko de mémoire très rapide et configurable en fonction de la taille des vecteurs.

Architecture d'un supercalculateur VPP5000

Une machine de la série VPP5000 (figure 8-16) est construite sur la base d'un ensemble maximum de 128 processeurs dont :

- Un processeur principal P-PE, chargé de la gestion globale des ressources de la machine.

- Des processeurs d'entrées-sorties IOPE qui sont des processeurs PE équipés des unités de gestions des ports d'entrées-sorties. Ils peuvent être utilisés par les processus de traitement qui font beaucoup d'entrées sorties.

- Des processeurs secondaires dédiés essentiellement aux processus de calcul.

Le réseau de connexion *crossbar* permet l'interconnexion de l'ensemble des processeurs installés. Plus précisément, ce sont les mémoires qui sont mises en communication avec ce réseau par l'intermédiaire des DTU sans charger les processeurs.

Figure 8-18

Crossbar d'interconnexion

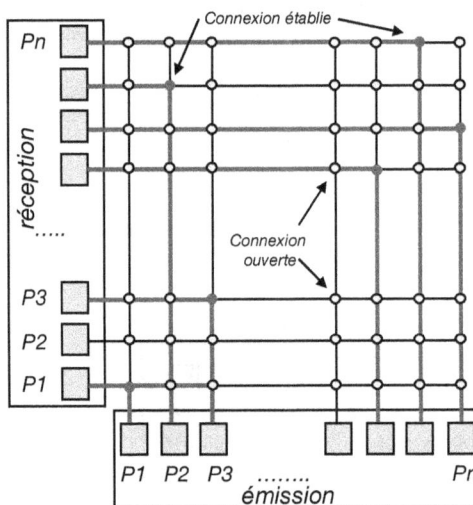

Le *crossbar* (figure 8-18) est constitué d'un ensemble de n fois n commutateurs assurant des communications full duplex à très haut débit sans conflits d'accès au support avec une équidistance dans les connexions.

Le système d'entrées-sorties utilise une architecture de bus multiniveaux en combinant les bus les mieux appropriés aux différents périphériques : VME, SCSI et PCI.

La machine VPP5000 est exploitée par le système UXP/V qui est un environnement Unix dérivé d'un Unix System V Release 4 fournissant des services de temps partagé et de travail par lots (batch). Les outils de développement sont les compilateurs FORTRAN 90 et C permettant la gestion de la vectorisation. La communication est assurée par les bibliothèques de passage de message MPI, PVM et PARMACS.

Enfin, on notera, et ce sera notre conclusion sur ces superordinateurs, qu'en fonction des besoins recherchés les concepteurs de ces machines ne suivent pas un modèle unique, mais font le meilleur compromis en fonction de l'objectif retenu. Le VPP5000 est à la fois RISC, VLIW, processeur vectoriel et à architecture MIMD.

Ce qu'il faut retenir quand vous aurez tout oublié

Les applications de recherche moléculaire, génétique, de prévisions météorologiques, de réalité virtuelle et augmenté, pour ne citer que les applications civiles, demandent de plus en plus de puissance de calcul.

Un processeur simple doit bien faire, sans fautes, ce qui lui est demandé sans que l'on ait à l'esprit la recherche de la vitesse.

La recherche de la performance revient de fait à séparer la résolution du problème par le programmeur – qui décrit cette résolution par un langage de haut niveau le plus proche possible de la description de son problème – de la mise en œuvre de l'exécution du programme sur un processeur donné.

L'optimisation se fait alors sur deux plans. Sur le plan matériel, on recherche toutes les formes de parallé-lismes possibles, allant de la technique du pipeline, aux architectures de machines parallèles en passant par les processeurs superscalaires et vectoriels. Sur le plan du logiciel, un rôle de plus en plus important est donné au compilateur dont la fonction n'est plus simplement de faire une traduction en langage assembleur d'un programme écrit en langage de haut niveau, mais il doit en plus fournir un programme exécutable utilisant au mieux les possibilités matérielles du processeur.

Conclusion

En composant avec les briques fondamentales théoriques ou techniques, l'architecture guide la conception d'un ordinateur du plus petit au plus grand, du plus banal au plus spécialisé. Le tour d'horizon que nous venons de faire tout au long des différents chapitres avait pour objectif de faire comprendre le fonctionnement de ces briques et la manière d'articuler les concepts associés. Espérons que cet objectif a été atteint.

Ainsi, les mêmes notions prévalent aussi bien pour un assistant personnel, un ordinateur de bureau ou un supercalculateur. Par contre, la prise en compte de paramètres tels que coûts, performances, mobilité, consommation énergétique, fiabilité... ont une incidence radicale sur la réalisation.

Comment va évoluer l'architecture des ordinateurs ? Le marché de l'ordinateur qui a été pendant une trentaine d'années un marché du calcul et de la manipulation de quantités de plus en plus importantes de données est devenu un marché de service et cette évolution est en train de devenir primordiale. Dans le domaine grand public, comme dans le monde professionnel, la tendance actuelle consiste de plus en plus à proposer des dispositifs spécialisés dans un domaine d'application donné, ce que les anglo-saxons désignent sous le vocable *appliance*.

L'*appliance*, que nous pourrions appeler « appareil », est un ensemble matériel et logiciel (les deux étant fortement liés) destiné à des tâches précises. C'est une machine spécialisée, prête à l'emploi, qui rend donc un service particulier. Un téléviseur, un lecteur de DVD, un routeur réseau, une console de jeux sont des exemples de telles machines. L'utilisateur ne veut plus avoir affaire à un ordinateur ou à un système d'exploitation qu'il faut programmer, configurer et ajuster aux besoins d'un service particulier. L'*appliance* possède d'office une interface homme-machine adaptée au service qu'elle rend.

La tendance s'amorce avec les nouveaux besoins du multimédia par un rapprochement entre téléviseur et ordinateur personnel. Les puces informatiques entrent dans les téléviseurs et les tuners entrent dans les PC. Certains constructeurs traduisent cette convergence vers les services du multimédia (son, vidéo, photo) avec le concept de *media center* qui devrait avoir sa place au salon. Lors de l'achat d'un ordinateur, il ne s'agit plus de regarder si celui-ci et son système d'exploitation acceptent tel ou tel compilateur (années 1960-1980) ou tel ou tel logiciel de développement intégré (années 1990), mais de voir quels sont les différents supports multimédias que la machine est capable de prendre en compte pour que l'utilisateur puisse faire des montages vidéo, manipuler des photos pour les intégrer sur son site, etc. Au niveau des périphériques, la tendance est identique. Le branchement de l'appareil photo numérique lance automatiquement les services associés (chargement des photos, gestion de l'album, tirage) et les scanners sont équipés de panneaux de commande pour effectuer directement une photocopie ou l'envoi d'un fax. Dans ce dernier cas, l'ordinateur ne joue plus que le rôle apparent d'un clavier écran pour la saisie des informations de l'envoi.

À un niveau plus professionnel, les contraintes de sauvegarde et de maintenance matérielle et logicielle, font que l'on voit apparaître (ou réapparaître) des machines dites *clients légers*. C'est un poste de travail local équipé pour réaliser des tâches précises (gestion administrative, traitement de texte, gestion financière, caisses...), les logiciels et les données étant gérés à distance par des serveurs eux aussi spécialisés.

L'ordinateur est devenu une tour de contrôle pour la capture, le traitement et la distribution de l'information sous toutes ses formes. Pour assurer un service global, la nouvelle machine doit s'appuyer sur les trois domaines, dont nous avons, dès l'introduction, mentionné le lien étroit qui les unit. Il s'agit de l'architecture des ordinateurs, l'architecture des systèmes d'exploitation et l'architecture des réseaux. Ce lien est étroit au sens que leurs évolutions sont très liées : les progrès de l'un tirent aussi en avant ceux de l'autre. Même si un système d'exploitation a pour fonction de se dégager des caractéristiques d'un certain type de matériel, il se fait qu'un système donné est toujours plus ou moins adapté à un type de processeur, comme l'association dite Wintel (Windows Microsoft et IA 32 Intel) ou l'alliance AIM (Apple, IBM, Motorola) pour le PowerPC et Mac OS.

La demande de services nouveaux exerce une pression sur le système d'exploitation, qui la répercute sur le matériel et la connectivité. Cela est particulièrement vrai dans les systèmes embarqués comme les téléphones. Les puces sont spécialisées dans la téléphonie numérique, ce qui est somme toute normal, mais les systèmes d'exploitation associés (Symbian, Windows Mobile) proposent maintenant des API (*Application Program Interface*) pour intégrer des jeux et des services non directement liés à la téléphonie. Lorsque le service sera proposé au niveau du logiciel, il faudra bien que le matériel suive...

D'autre part, les progrès de l'intégration matérielle font évoluer les caractéristiques de connectivité. Il n'est plus concevable d'envisager un système qui n'intègre pas en natif (au niveau matériel et système d'exploitation) les fonctions réseaux. Les microprocesseurs vont intégrer ces fonctions comme à une autre époque ils se sont accaparés les coprocesseurs mathématiques.

L'accès à l'Internet et la mobilité révolutionnent, de gré ou de force, le comportement et les besoins des utilisateurs. Par exemple, il n'est plus possible de maintenir une machine (système d'exploitation et logiciels de services) sans que celle-ci soit connectée à l'Internet. La simplicité des mises à jour impose en contrepartie que la machine fasse partie de la « toile ».

La mobilité induit des changements dans la conception des composants nécessaires pour ce type d'usage avec une optimisation de la consommation et une gestion quasi automatique de la connectivité : on commence à voir se répandre des machines qui reconnaissent l'environnement dans lequel elles arrivent pour s'y intégrer le mieux possible.

Un point que nous avons peu abordé dans nos fondamentaux et, qui risque d'en devenir un, est la *sécurité*. La protection de l'information et l'authentification impliquent une utilisation de plus en plus forte des techniques de cryptage. De même que les ordinateurs intègrent maintenant un processeur graphique, la plupart des services des années à venir nécessiteront une puce de cryptage. C'est déjà le cas pour les cartes à puces, mais d'autres applications auront aussi recours à l'authentification biométrique. Les premières grandes surfaces où l'on peut payer avec son empreinte digitale sont apparues début 2005 : les marchandises sont identifiées par la lecture d'un code barre ou magnétique lors du rangement dans le chariot et une signature numérique est obtenue par utilisation d'un procédé biométrique : l'empreinte digitale.

L'ordinateur d'usage général existera cependant encore pendant de nombreuses années car il offre toujours la possibilité d'adjoindre assez simplement de nouveaux services pour une personnalisation des besoins d'un utilisateur particulier. Pour l'informaticien, il restera une machine permettant de concevoir les nouveaux services, voire les nouvelles machines.

En voulant expliquer le fonctionnement d'un ordinateur, nous avons privilégié les aspects qualitatifs. Pour aller plus loin que ce premier tour d'horizon, il faudrait aborder les aspects quantitatifs. À plusieurs reprises, il a été question d'optimisation. Quel que soit le secteur où celle-ci doit être appliquée, il faut s'appuyer sur des mesures quantitatives. Il faudrait alors recourir à des méthodes de modélisation mathématiques pour analyser les résultats de ces mesures et procéder à des simulations pour être en mesure de faire le meilleur choix d'architecture pour une machine donnée. De manière générale, il est alors aussi indispensable d'avoir une vue plus abstraite et théorique de la machine dans son ensemble. Ces thèmes constituent le cœur d'un cours d'architecture avancée.

Annexe 1

Unités de mesure

Les unités de mesure

Les unités utilisées en informatique présentent quelques particularités car la matière première concernée, l'information, n'a pas été prise en compte dès le départ dans les systèmes de normalisation des mesures, d'abord dans le système MKSA, puis dans l'actuel SI (*Système International*).

Les unités de stockage

Le **bit** est l'unité élémentaire d'information, son nom est identique quelle que soit la langue. C'est la quantité d'information d'une variable pouvant prendre 2 valeurs, en l'occurrence 0 et 1. Les valeurs sont supposées équiprobables. Le symbole utilisé est **b**.

L'**octet** (byte en anglais) est une suite ordonnée de 8 bits. Le symbole en français est la lettre **o**, mais le système SI ne le reconnaît pas à cause de la confusion possible avec le chiffre 0. En anglais, c'est B (byte), mais la confusion est également possible avec l'unité de bruit normalisée B, le Bel.

La situation se complique avec la mesure des capacités mémoire. Historiquement, la capacité s'exprime en nombre d'octets, mais comme ces capacités augmentent régulièrement on parle de kilo, méga... sauf que dans ce cas les multiples ne sont pas de vrais milliers ou de vrais millions.

À cause du système de décodage d'adresses binaires, la capacité mémoire s'exprime en puissance de 2. Comme 2^{10} vaut 1024, cette valeur a été prise comme le multiple des milliers. Le kilo-octet vaut donc 1 024 octets. L'ensemble des multiples est :

- 1 kg-octet (Ko) = 2^{10} octets = 1 024 o ;

- 1 méga-octet (Mo) = 2^{20} octets = 1 048 576 o ;

- 1 giga-octet (Go) = 2^{30} octets = 1 073 741 824 o ;

- 1 téra-octet (To) = 2^{40} octets = 1 099 511 627 776 o ;

- 1 péta-octet (Po) = 2^{50} octets = 1 125 899 906 842 624 o ;

- 1 exa-octet (Eo) = 2^{60} octets = 1 152 921 504 606 846 976 o ;

- 1 zetta-octet (Zo) = 2^{70} octets = 1 180 591 620 717 411 303 424 o ;

- 1 yotta-octet (Yo) = 2^{80} octets = 1 208 925 819 614 629 174 706 176 o.

Bien que les organismes n'acceptent pas ces multiples, mais seulement ceux qui sont des multiples exacts de 1 000, les habitudes sont bien ancrées. La distinction peut être faite, si l'on veut éviter les ambiguïtés, en parlant de kilo décimal et de kilo binaire. Dans ce dernier cas, on utilise les kibi, mébi, gibi, tébi, pébi, exbi, zébi, et yobi.

Il faut cependant bien faire attention car la confusion entre les unités binaires et décimales n'est pas toujours facile à éviter. Ainsi, les fabricants de disques ont intérêt à exprimer la capacité d'un disque en giga décimal plutôt qu'en giga binaires.

Les unités de débit

La situation n'est pas vraiment plus claire en ce qui concerne la mesure des vitesses de transmission de données. La confusion est souvent totale entre les bauds, les bits/s et la bande passante.

Le baud

La rapidité de modulation exprimée en baud est l'unité fondamentale en transmission. L'information est transmise par une variation des paramètres d'un signal. La rapidité de modulation est le nombre de variations par seconde de ces paramètres. Une rapidité de 9 600 bauds indique que les paramètres du signal changent 9 600 fois par seconde. L'inverse de cette rapidité est le moment élémentaire : c'est le temps pendant lequel les paramètres du signal sont maintenus à des valeurs constantes. Le nombre de valeurs possibles des paramètres est appelé la valence de la modulation. Si la valence est de 4, alors un baud « transporte » 2 bits : il y a transmission de deux bits par moment élémentaire.

Le débit binaire bits/s

Le débit binaire est le nombre de bits transportés par seconde. Il s'exprime en bits par seconde, bits/s. Avec une rapidité de modulation de 9 600 bauds et une valence de 4, le débit binaire est égal à 19 200 bits/s. Dans les cas où la valence est égale à 2, la valeur du débit binaire est égale à celle de la rapidité de modulation, mais il ne faut pas pour autant confondre ces deux grandeurs. C'est le cas du réseau Ethernet où pour un débit binaire nominal de 100 Mbits/s avec un codage à deux valeurs, la rapidité de modulation est de 100 Mbauds.

Les multiples utilisés pour les débits binaires sont les multiples décimaux. Ainsi les 100 Mbits d'Ethernet correspondent bien à 100 000 000 bits/s. De même, le débit nécessaire pour la transmission numérique de la voix qui est de 64 Kbits/s est bien égal à 64 000 bits/s.

Débit nominal et débit effectif

Le débit binaire annoncé est généralement le débit nominal, c'est le plus avantageux, c'est-à-dire le débit binaire directement issu de la rapidité de modulation. C'est le débit maximal si le support était disponible à 100 %, s'il n'y avait pas de temps morts entre deux émissions et s'il n'y avait pas besoin de messages de service pour le contrôle de flux et la gestion des erreurs…

Le débit effectif peut être plusieurs fois inférieur au débit nominal.

Notion de bande passante

La bande passante d'un support est la fenêtre de fréquences que le support transmet correctement sans trop d'atténuation et de distorsions. La mesure d'une bande passante se fait donc normalement par un intervalle de fréquence et non par un débit. Mais plus la largeur de bande est grande et plus le débit peut être élevé.

Dans le langage courant, il y a communément confusion entre le débit binaire et la bande passante. Au lieu de dire qu'un débit est garanti, on parle souvent d'une bande passante garantie. Cette dénomination est moins abusive dans le cas d'un multiplexage temporel où la seule manière d'apprécier la capacité du support est le débit binaire, la bande passante n'étant pas directement accessible.

Annexe 2

Glossaire

Accès direct : organisation permettant un accès direct à une donnée quel que soit son emplacement. La RAM, *Random Access Memory*, est une mémoire à accès direct. Le temps d'accès est identique quel que soit l'emplacement. Opp. accès séquentiel.

Accès séquentiel : organisation obligeant d'accéder à une donnée en partant d'une référence connue, généralement le début. L'emplacement est trouvé par un comptage. Une bande magnétique est une mémoire à accès séquentiel.

Adresse : nombre indiquant l'emplacement d'une donnée dans une mémoire.

ADSL : *Asymetric Digital Subscriber Line*, technique de transmission utilisant toute la bande passante d'une liaison téléphonique pour y faire passer, en multiplexage fréquentiel, le téléphone et une connexion Internet.

AGP : *Accelerated Graphic Port*, bus spécialisé pour le transfert rapide vers les unités de traitement graphiques 3D et vidéo.

Algorithme : suite de règles à appliquer pour la résolution d'un problème. Il peut être exprimé dans un langage pseudo-naturel ou sous la forme graphique d'un organigramme.

Alphabet : ensemble des symboles utilisés pour construire les mots d'un code.

Amorce : procédure de démarrage d'un ordinateur à la mise sous tension à partir d'un programme résidant dans une ROM.

Antémémoire : voir mémoire cache.

ARQ : *Automatic Repeat reQuest*, mécanisme de gestion des erreurs dans un protocole de communication où le récepteur redemande automatiquement la retransmission d'une trame erronée.

ASCII : *American Standard Code for Information Interchange*. Code de représentation binaire sur 7 bits des caractères d'un texte. Il comporte également des caractères spéciaux de commande pour la mise en page et les protocoles de communication basés sur des caractères. Le code ASCII étendu à 8 bits permet le codage des accentuations.

Assembleur : le langage assembleur permet l'utilisation, sous une forme symbolique, du jeu d'instructions du processeur. Par extension, l'assembleur est également le compilateur qui traduit un programme écrit en langage assembleur en code binaire exécutable par le processeur.

Asynchrone : une transmission est asynchrone si l'horloge de réception n'est pas synchronisée sur celle de l'émission. Au niveau d'une communication, le terme asynchrone signifie que l'émetteur et le récepteur ne sont pas présents simultanément. Le message reçu est déposé dans une file d'attente. La communication par courrier est asynchrone.

ATA : *Advanced Technology Attachment*. Voir IDE.

Automate (fini) : machine (abstraite) ayant un nombre fini d'états. Le passage d'un état à l'autre est décrit par des transitions associées aux relations événements-actions. La conception des automates fait appel à la logique combinatoire séquentielle.

Bande de base : voir modulation.

Bande passante : la bande passante d'un canal de communication représente l'ensemble des fréquences d'un signal que le canal laisse passer sans déformation irrémédiable. Par extension, elle représente le débit binaire maximal possible du canal.

Barrette : une barrette mémoire est un élément de circuit imprimé supportant des boîtiers mémoire. Elle est de type SIMM, *Single Integrated Memory Module*, si les composants ne se trouvent que sur un côté du circuit. Si les deux côtés comportent des boîtiers mémoire, c'est une barrette DIMM, *Dual Integrated Memory Module*.

Base : ensemble des éléments-alphabet dont on dispose pour représenter un nombre. La base 2 contient un alphabet de 2 symboles 0 et 1 ; la base 10 a pour alphabet les chiffres de 0 à 9 ; la base 16 a pour base les chiffres de 0 à 9 et les lettres de A à F.

Baud : Le baud est l'unité de mesure de la rapidité de modulation, c'est-à-dire la vitesse à laquelle sont changés les paramètres de modulation d'un signal. À ne pas confondre avec le débit binaire exprimé en bit par seconde.

BIOS : *Basic Input Output System*, ensemble de programmes permettant de gérer les entrées-sorties élémentaires d'un système. Dans le cas du système DOS, le BIOS se trouve en ROM. Par extension, le BIOS est le programme contenant aussi l'amorce de démarrage (*boot*) de la machine.

Bistable : circuit logique à deux états pouvant mémoriser 1 bit d'information.

Bit : unité élémentaire d'information lorsque celle-ci ne peut prendre que deux valeurs.

Bit/s : vitesse de transmission des données ou débit binaire exprimé en bit par seconde, à ne pas confondre avec les bauds.

Bluetooth : réseau sans fil destiné à l'interconnexion à courte distance d'équipements mobiles comme les portables, téléphone, assistants personnels, etc.

Bourrage : technique de remplissage d'un paquet de données utilisée soit pour lui donner une taille suffisante (trame Ethernet), soit pour maintenir une synchronisation (codage NRZi).

Boot : voir amorce.

Buffer : ou tampon, mémoire temporaire de stockage de données en attendant qu'elles soient prises en compte dans une unité fonctionnelle.

Bug : ou bogue, erreur ou faute d'un programme. L'origine est généralement due à une erreur d'algorithme ou de codage.

Bus : moyen de communication à un ou plusieurs fils banalisant la connexion de divers dispositifs. Le bus définit une interface standardisée de connexion par des connecteurs dédiés. Il est le lieu des points où tous les agents utilisent le même protocole de communication. Le bus peut devenir un vrai système de communication avec ses propres moyens de gestion. Le bus PCI est le bus machine standard actuel des PC.

Byte : voir octet.

Cache : mémoire rapide de type SRAM intercalée entre le processeur et la mémoire centrale RAM trop lente.

CAM : *Content Access Memory*, mémoire dont l'accès n'est pas basé sur une adresse, mais sur la recherche d'un contenu de cette mémoire. Les mémoires cache sont de type CAM. Voir cache.

CAN : convertisseur transformant un signal analogique continu en une suite de valeurs numériques.

CNA : convertisseur transformant une suite de valeurs numériques en un signal analogique continu.

Caractère : lettre, chiffre ou symbole graphique utilisé pour l'écriture des mots dans une langue donnée. Généralement codé sur un octet dans un code comme « l'ASCII étendu » ou sur 16 bits dans l'Unicode.

CD-Rom : disque compact optique à lecture seule.

Champ : *field*, élément d'une structure de données. Les champs d'une structure peuvent être hétérogènes.

Circuit combinatoire : réalisation d'une fonction logique à l'aide de composants logiques de type ET, OU et NON. Les sorties d'un circuit combinatoire ne dépendent que des entrées au même instant.

Circuit séquentiel : réalisation d'un automate à l'aide de composants logiques de type ET, OU et NON et de circuits mémoire. Les sorties du circuit dépendent des entrées au même instant, mais aussi des valeurs précédentes.

Circuit intégré : composant intégrant en un seul boîtier tous les composants électroniques nécessaires à la réalisation d'une fonction, Syn. Puce, *chip*.

CISC : *Complex Instruction Set Computer*, type de processeur favorisant la puissance ou la complexité des instructions. Les instructions ont des tailles variables. La famille de processeurs Intel IA 32, dont le Pentium est la dernière version, est un exemple représentatif de ce type de processeur. Les CISC sont « opposés » aux RISC

Client serveur : type de relation entre une unité dite cliente qui utilise les services d'une unité dite serveur. Dans ce type de relation, le serveur est démarré avant le client et répond ensuite aux demandes ou requêtes du ou des clients potentiels.

Codage : action consistant à appliquer des règles prédéfinies pour la représentation d'une information donnée. Par exemple, le complément à 2 est un codage des entiers relatifs.

Code : système de symboles construit suivant des règles rigoureuses et destiné à représenter et à transmettre une information. Le code peut être une liste, un ensemble de mots régis par les mêmes règles. Les mots du code sont aussi appelés codets.

Compactage : technique consistant à réduire la taille prise par les données associées à une information sans qu'il y ait perte. Le décompactage restitue l'original du fichier concerné. Les formats tiff, zip sont des formats de compactage.

Compilateur : programme destiné à traduire le texte source d'un programme vers un programme plus proche de la machine, en général l'assembleur. Un compilateur-optimiseur réarrange un programme pour que ses performances soient meilleures sur un processeur donné.

Complément à 2 : codage utilisé pour la représentation des entiers signés.

Compression/décompression : technique consistant à réduire la taille prise par les données associées à une information. La compression implique une perte d'information. Les formats JPEG, MP3 sont des formats de compression, donc avec perte d'information et diminution de la qualité à la décompression.

Commutation : *switching*, mécanisme permettant d'orienter le trafic en télécommunication. On distingue la commutation de circuit qui consiste à établir à la connexion un chemin pour l'acheminement des données. La commutation par paquets consiste à fragmenter les données de départ et à leur faire suivre des cheminements indépendants.

Contrôle de flux : technique permettant de limiter la cadence d'émission de trames de données lorsque le récepteur est saturé.

Contrôleur : voir coupleur d'entrées-sorties.

CPU : *Central Processing Unit*, Unité centrale, unité de traitement de l'information. Au cœur de l'ordinateur, c'est l'élément qui assure l'enchaînement des instructions et leur exécution. Il est constitué d'une unité de commande et d'une Unité arithmétique et logique. Syn. : processeur, microprocesseur.

Coupleur d'entrées-sorties : un coupleur est une unité destinée à faire l'interface entre le processeur et les périphériques d'entrées-sorties. Les coupleurs proposent des ports avec des transmissions parallèles ou séries. Un coupleur peut également faire du transcodage. Le terme de contrôleur est souvent utilisé, mais c'est alors une mauvaise traduction de l'anglais *controller* signifiant pilote.

CRC : *Cyclic Redondancy Check*, mécanisme de détection d'erreurs de transmission basé sur le calcul d'une clé de vérification générée à l'aide d'un polynôme générateur.

Daisy Chain : voir guirlande.

DCE : *Data Communication Equipment*, voir ETCD.

Démasquage d'interruption : voir masquage d'interruption.

Densité spectrale : fonction représentant la répartition de la puissance d'un signal en fonction de la fréquence. Si les fréquences sont à valeurs discrètes on parle de spectre de fréquence.

DIMM : *Dual Integrated Memory Module*, voir barrette.

DMA : *Direct Memory Access*, dispositif permettant d'effectuer des échanges de données entre mémoires et périphériques sans passer par le processeur.

Donnée : représentation conventionnelle d'une information sous une forme numérique adaptée à son traitement ou à son stockage.

DPI : *Dot per inch*, unité de résolution, en nombre de points par pouce, dans la capture ou la reproduction d'un document. Les résolutions standards sont 300, 600, 1 200 dpi. Le pouce vaut 2,54 cm.

DPM : *Dual Port Memory*, mémoire à double accès. Généralement installée sur une carte coupleur intelligente d'entrées-sorties. Les données sont partagées entre le processeur principal et celui de la carte coupleur.

DRAM : voir RAM.

Drapeau : code de condition (positif, négatif, nul, etc.) reflétant le résultat d'une opération arithmétique et logique. Le processeur utilise ces drapeaux dans les instructions de branchement conditionnel.

Driver : pilote, logiciel de pilotage d'un périphérique qui banalise l'utilisation de ce périphérique au niveau du système d'exploitation.

DSP : *Digital Signal Processing*, processeur spécialisé dans le traitement du signal. L'architecture est généralement de type Harvard (mémoires séparées pour le code et les données). Les DSP sont utilisés pour la reconnaissance et la synthèse de la parole.

DTE : *Data Terminal Equipment*, voir ETTD.

EBCDIC : *Extended Binary Coded Decimal Interchange Code*, code de représentation binaire sur 8 bits des caractères d'un texte. Ce codage est assez spécifique des équipements IBM.

EPIC : *Explicitly Parallel Instruction Computing*, forme de parallélisme dans laquelle le compilateur décrit explicitement le parallélisme possible entre les instructions. Architecture associée à la nouvelle génération de processeur 64 bits (Itanium) développée en commun entre Intel et HP.

EPROM : voir ROM.

ETCD : Équipement terminal de circuit de données, équipement situé aux extrémités d'une ligne de communication pour l'établissement et l'entretien d'une connexion. Un modem est un exemple d'ETCD.

ETTD : Équipement terminal de traitement de données, équipement informatique considéré comme un producteur ou un collecteur de données. Un ordinateur, une imprimante sont des exemples d'ETTD.

Exception : voir interruption.

FAT : *File Allocation Table*, table résidant sur le disque et donnant l'organisation, sous forme de listes chaînées, du stockage sur disque des fichiers dans un système comme DOS ou Windows.

FIFO : *first in first out*, règle de gestion d'une file d'attente où le premier arrivé est le premier servi.

Filtre : composant actif ou passif influant sur le comportement d'un signal en agissant différemment sur les fréquences du signal.

Firewire : voir IEEE 1394.

Flag : voir drapeau.

Floppy : disquette, ou lecteur de disquette. La disquette utilise un support de stockage magnétique souple. Le floppy a tendance à disparaître au profit des clés USB qui ont des capacités de stockage beaucoup plus importantes.

Gray : le code de Gray code un entier en binaire de manière à ce que deux valeurs successives ne diffèrent dans leur codage que par un seul bit.

Guirlande : mécanisme de chaînage de proche en proche d'équipements pour y introduire une notion de priorité. Syn. *Daisy Chain*.

Hexadécimal : format de représentation des nombres utilisant un alphabet de 16 symboles (les chiffres de 0 à 9 et les lettres de A à F).

Horloge : signal binaire périodique.

Hub : concentrateur, dispositif permettant de connecter plusieurs ordinateurs entre eux. Le hub joue le rôle d'une multiprise. Il est neutre dans le processus d'acheminement d'une trame de données, à ne pas confondre avec un commutateur (*switch*).

Information : élément de connaissance susceptible d'être codé par une donnée. L'unité d'information représentée dans un système binaire est le bit.

IDE : *Integrated Drive Electronic*, standard qui intègre l'électronique de commande du disque dans le disque lui-même. Le standard de connexion associé s'appelle ATA *Advanced Technology Attachment*.

IEEE : *Institute of Electrical and Electronics Engineers*. Association pour la diffusion des connaissances dans le domaine de l'électronique et de l'information. Il fait office d'organisme de normalisation. www.ieee.org.

IEEE 754 : norme de représentation des réels en virgule flottante. Elle définit différents niveaux de précision et d'étendue comme la simple précision sur 32 bits et la double précision sur 64.

IEEE 1394 : *FireWire*, est un bus à haut débit pour l'interconnexion d'équipements vidéo sur de courtes distances.

Inch : voir pouce.

Interruption : mécanisme permettant d'interrompre l'exécution d'un programme pour réaliser une tâche liée à l'événement périphérique ayant généré le signal d'interruption. La procédure associée à la tâche est appelée routine d'interruption ou ISR, *Interrupt Service Routine*. Le signal d'interruption arrive au niveau du processeur sous la forme d'une requête parfois appelée IRQ, *Interrupt ReQuest*. Le programme interrompu reprend ensuite normalement son cours. Une exception est une interruption résultant de l'exécution d'une instruction dans le processeur, comme une division par zéro.

IRQ : *Interrupt ReQuest*, voir interruption.

ISO : *International Organization for Standardization*. Organisme international pour la normalisation. Le nom ISO n'est pas un acronyme, mais le symbole de l'égalité. www.iso.org

Isochrone : qui se produit à intervalles de temps réguliers. Caractéristique d'une liaison qui n'admet pas de retard, nécessaire pour transmettre la voix sans déformation lors de la transmission.

ISR : *Interrupt Service Routine*, voir interruption.

Kernel : voir noyau.

Large bande : voir modulation.

LIFO : *Last In First Out*, mode de gestion d'une file d'attente où le dernier arrivé est le premier servi. Une file d'attente gérée en LIFO est appelée *pile*.

Masquage d'interruption : mécanisme permettant d'occulter momentanément au processeur le signal d'interruption. Le démasquage rend ce signal à nouveau visible.

MBR : *Master Boot Record*, premier enregistrement sur le disque donnant la description de l'organisation des données sur ce disque et contenant le programme d'amorçage pour le chargement du système d'exploitation.

Mémoire : dispositif de stockage des informations. La mémoire centrale d'un ordinateur (voir RAM) est destinée à recevoir les programmes en vue de leur exécution par le processeur. À l'origine, ces programmes sont stockés sur une mémoire secondaire, un disque par exemple.

Mémoire cache : voir cache.

Mémoire virtuelle : mode de gestion de la mémoire rassemblant la mémoire centrale et une partie du disque pour donner l'illusion aux programmes de disposer de la capacité totale d'adressage du processeur. Les techniques utilisées sont la segmentation et surtout la pagination.

MIMD : *Multiple Instruction Multiple Data*, forme de parallélisme obtenu avec plusieurs processeurs travaillant simultanément sur des données différentes.

Message : ensemble de données en cours de transport.

Microcontrôleur : ensemble rassemblant toutes les fonctionnalités d'une carte unité centrale (processeur, RAM, ROM, coupleurs d'entrées-sorties) réuni sur un circuit intégré. Les microcontrôleurs sont surtout destinés aux applications embarquées.

Microprocesseur : processeur d'ordinateur réalisé en un seul circuit intégré. Voir processeur.

MMX : *MultiMedia eXtension ou Matrix Math eXtension*, forme de parallélisme de type SIMD introduite dans le processeur Pentium pour accélérer le traitement des applications multimédia.

Modem : dispositif de modulation et démodulation utilisé pour transmettre des données numériques sur un support analogique comme le téléphone.

Modulation : technique de variation des paramètres d'un signal pour lui faire transmettre une information. La modulation large bande s'appuie sur un signal sinusoïdal appelé *porteuse* dont on peut faire varier l'amplitude, la fréquence ou la phase. La modulation en bande de base travaille sans porteuse, les variations sont appliquées à l'amplitude et à la phase, on parle aussi de codage par niveaux ou transitions.

Mot : suite ordonnée de bits qu'un processeur peut traiter. La taille du mot est généralement un multiple de l'octet : 8, 16, 32 ou 64 bits.

Multiplexage : technique permettant de partager un support de communication entre plusieurs utilisateurs. Le multiplexage fréquentiel divise la bande passante du support en plusieurs bandes de fréquences utilisées simultanément. Le multiplexage temporel fait utiliser l'intégralité du support à tour de rôle. Le multiplexage statistique alloue dynamiquement la bande passante à la demande.

Multiplexeur : équipement réalisant la fonction de multiplexage.

Multitâche : un système d'exploitation est dit multitâche s'il peut activer et faire exécuter en quasi-simultanéité plusieurs programmes.

MRAM : voir RAM.

Noyau : *kernel*, partie centrale ou cœur du système d'exploitation fournissant les services de base comme l'ordonnancement des tâches et la gestion de la mémoire.

NUMA : *Non Uniform Memory Access*, se dit de la mémoire partagée distribuée dans une architecture parallèle de type MIMD pour laquelle le temps d'accès à la mémoire dépend de l'endroit où est situé le processeur.

Octet : *byte*, ensemble ordonné de rangement de 8 bits.

Organigramme : représentation graphique d'un algorithme.

Offset : décalage utilisé dans les techniques d'adressage pour décrire la position d'un élément par rapport à une base de référence. Il est utilisé dans le calcul d'adresse des éléments d'un vecteur, tableau ou structure.

Padding : voir bourrage.

Pagination : technique de gestion de la mémoire rassemblant la mémoire centrale et une partie du disque pour mettre en place la mémoire virtuelle. La pagination est basée sur un découpage de la mémoire et des programmes en morceaux de taille fixe appelés pages.

Parallèle : mode de transmission où les bits sont envoyés simultanément par mots de 8, 12, 16 ou 32 bits sur des fils séparés.

PCI : *Peripheral Component Interconnect*, bus machine standard de l'architecture PC.

Pile : file d'attente gérée en LIFO, *Last In First Out*, où le dernier arrivé est le premier servi.

Pipeline : forme de parallélisme dans laquelle les instructions sont découpées en étapes élémentaires et traitées par des unités spécialisées appelées étages. L'instruction est alors exécutée comme sur une chaîne de montage en passant dans les différents étages du pipeline.

Port : voie d'accès d'une communication avec un périphérique ou un réseau de périphériques. Les ports peuvent être parallèles (couplage imprimante) ou série (USB).

Pouce : unité de longueur fréquemment utilisée pour les documents informatiques. Le pouce vaut 2,54 cm.

Puce : *chip*, voir circuit intégré.

Plésiochrone : signifie presque synchrone. Communication où les signaux transmis ont tous un même débit nominal, mais ils sont synchronisés sur des horloges différentes.

Pixel : *PICTure Element*, surface élémentaire d'un écran dont la luminosité et la couleur peuvent être pilotées individuellement. Syn. point.

PnP : *Plug and Play*, « Connectez et Jouez », ce mécanisme permet de brancher un périphérique à tout moment. Il est pris en charge dynamiquement par le système d'exploitation sans intervention humaine. Le PnP autorise l'insertion à « chaud » ou *Hot Plug* qui est une insertion sous tension ne nécessitant pas l'arrêt et le redémarrage de la machine.

Processus : nom donné à une instance d'exécution d'un programme. Dans un système d'exploitation multitâche, il peut y avoir plusieurs processus d'un même programme.

Programme : traduction d'un algorithme dans un langage de programmation. Le programme est lui-même traduit par un compilateur en code exécutable par la machine.

PROM : voir ROM.

Protocole : ensemble de règles que les partenaires d'une communication doivent respecter pour que cette communication se fasse suivant une qualité convenue à l'avance.

Queue : file d'attente.

RAID : *Redundant Arrays of Inexpensive Disks*, ensembles de disques regroupés pour assurer la redondance dans le stockage des informations.

RAM : *Random Access Memory*, mémoire utilisée comme mémoire centrale d'un ordinateur. Son accès est direct à partir d'une adresse. Les DRAM (*dynamic*) sont intégrées à grande échelle, un peu lentes, peu coûteuses, mais nécessitent des circuits de rafraîchissements. Les SRAM (*static*) sont des mémoires rapides généralement utilisées dans les mémoires cache. DRAM et SRAM sont des mémoires volatiles : elles perdent leur contenu en l'absence de courant d'alimentation. Les MRAM (magnétiques) sont des mémoires non volatiles.

Rapidité de modulation : voir baud.

Registre : mémoire interne de travail d'un processeur ou d'un coupleur d'entrées-sorties. Généralement de taille 8, 16 ou 32 bits.

RISC : *Reduced Instruction Set Computer*, processeur à jeu réduit d'instructions favorisant la vitesse d'exécution par l'intermédiaire d'instructions simples et de longueur fixe. Les processeurs MIPS, PowerPC, SPARC en sont des représentants typiques.

RNIS : Réseau numérique à intégration de services, ISDN *Integrated Digital Network Services*, technologie de télécommunication numérique.

ROM : *Read Only Memory*, ou mémoire morte. Mémoire dont le contenu est chargé au moment de la fabrication du composant. La ROM ne peut être que lue. Une PROM est une ROM reprogrammable : elle est effaçable par exposition aux rayons ultra violets et est reprogrammable par un dispositif spécial. Une EPROM est effaçable électriquement.

Scalabilité, **scalable** : Ces termes ne sont pas actuellement officiellement reconnus. Ce sont des néologismes de traduction littérale de *scalability* et *scalable* qui traduisent la notion de mise à l'échelle. Un dispositif est dit scalable s'il s'adapte aussi bien à une application simple qu'à une application complexe.

SCSI : *Small Computer Système Interface*, bus parallèle rapide destiné à la connexion de plusieurs disques dans des serveurs de fichiers ou des machines de sauvegarde.

Segmentation : technique de gestion de la mémoire rassemblant la mémoire centrale et une partie du disque pour mettre en place la mémoire virtuelle. La segmentation est basée sur un découpage de la mémoire et des programmes en morceaux de taille variable appelés *segments*.

Sémaphore : mécanisme logiciel permettant de verrouiller et de libérer une ressource pour éviter des conflits d'accès simultanés.

Série : mode de transmission où les bits sont codés les uns après les autres sur un seul fil (ou un seul canal).

Signal : variation au cours du temps d'une grandeur physique mesurable électrique, optique, sonore.

SIMD : *Single Instruction Multiple Data*, forme de parallélisme où l'instruction contient un seul code opératoire s'appliquant simultanément à plusieurs données.

SIMM : *Single Integrated memory Module*, voir barrette.

SISD : *Single Instruction Single Data*, processeur classique exécutant une instruction à la fois.

Spectre de puissance : voir densité spectrale.

SRAM : voir RAM.

Stuffing : voir bourrage.

Superscalaire : se dit d'un processeur disposant de plusieurs unités de traitement capables de travailler en parallèle.

Synchrone : une transmission est synchrone si la même horloge est utilisée à la réception et à l'émission. À la réception, cette horloge est éventuellement reconstituée. Au niveau d'une communication, la notion de « synchrone » signifie que l'émetteur et le récepteur doivent être présents simultanément. L'émetteur attend le récepteur. La communication téléphonique est synchrone.

Syndrome : quantité calculée à la réception d'une trame de données avec la clé CRC pour décider de l'existence d'une erreur. Une valeur nulle présume qu'il n'y a pas d'erreur. Dans le cas du code de Hamming, le syndrome peut donner la position de l'erreur.

Système d'exploitation : logiciel destiné à faciliter l'utilisation d'un ordinateur pour une exécution optimale des programmes des utilisateurs suivant un critère à définir. Un système d'exploitation peut être multitâche. Certains sont dotés d'une interface homme-machine graphique. Mac OS, Unix et Windows sont des systèmes d'exploitation multitâche à interface graphique. DOS est un système d'exploitation monotâche avec une interface homme-machine en mode caractère.

Table de vérité : table utilisée pour la spécification d'une fonction logique. Elle sert de base à la conception d'un circuit combinatoire.

TCP/IP : ensemble des protocoles, appelé aussi *pile protocolaire*, de communication de l'Internet.

Trame : *frame*, ensemble contigu et structuré de bits émis en vue d'une transmission. La trame est organisée en champs logiques représentant des adresses, des commandes, de l'information, un code de détection d'erreurs, etc.

UART : *Universal Asynchronous Receiver Transmitter*, coupleur de liaison série effectuant une conversion parallèle vers série à l'émission des données et une conversion série vers parallèle à la réception. Voir série.

UFS : *Unix File System*, système de gestion de fichier en usage sur les systèmes d'exploitation Unix.

UMA : *Uniform Memory Access*, se dit de la mémoire partagée centralisée dans une architecture parallèle de type MIMD pour laquelle le temps d'accès à la mémoire est le même quel que soit le processeur.

Unicode : code de représentation des caractères sur 16 bits destiné à pouvoir être utilisé pour la plupart des écritures du monde. Les 7 bits de poids faible sont compatibles avec le code ASCII.

UAL : Unité arithmétique et logique, unité de calcul intégrée dans un processeur.

USB : *Universal Serial Bus*, standard de bus de périphériques destiné à faciliter la connexion des périphériques par la technique du *Plug and Play*, « branchez et jouez ». USB est un bus série dont l'objectif est de prendre en charge tous les périphériques classiques du PC : clavier, écran, souris, disques externes…

Valence : nombre de valeurs possibles pour une modulation donnée.

VLIW : *Very Long Instruction Word*, processeur à format d'instruction très long pour réaliser un parallélisme de type SIMD. Voir SIMD.

ZIF : *Zero Insertion Force*, mécanisme d'insertion des circuits intégrés évitant d'abîmer les broches du circuit.

ZIP : extension donnée aux fichiers obtenus après un compactage par le logiciel PKzip. « Zipper » signifie compacter dans le jargon des informaticiens. Le compactage est sans perte, à ne pas confondre avec la compression qui se fait avec perte d'information.

Annexe 3

Bibliographie

Cegielski P., *Conception de systèmes d'exploitation : le cas Linux*, Eyrolles.

Evans J. S., Trimper G. I., *Itanium architecture for programmers*, Prentice Hall.

Goupil P. A., *Technologie des ordinateurs et des réseaux*, Dunod.

Hennessy J. L., Patterson D. A., *Architecture des ordinateurs, une approche quantitative*, International Thomson Publishing.

Ifrah G., *Histoire universelle des chiffres*, tome 1 et tome 2, Robert Laffont.

Jacomy B., *Une histoire des techniques*, Éditions du Seuil.

Johas-Teener M.D., *IEE 1394 High Performance Serial Bus*, http://www.iol.unh.edu/training/1394/1394overview.pdf

Kane G., Hawkins D., Leventhal L., *68000, Programmation en langage assembleur,* Éditions Radio.

Macchi C., Guilbert J. F., *Téléinformatique*, Dunod.

Patterson D. A., Hennessy J. L., *Organisation et conception des ordinateurs : l'interface matériel/logiciel*, Dunod.

Singh S., *Histoire des codes secrets*, Éditions Jean-Claude Lattès.

Stallings W., *Organisation et architecture de l'ordinateur*, Pearson Éducation.

Tanenbaum A., *Architecture de l'ordinateur*, Dunod.

Triebel W., *Itanium architecture for software developers*, Intel Press.

Zanella P., Ligier Y., *Architecture et technologie des ordinateurs*, Dunod.

Encyclopédies en ligne

Commentçamarche : http://www.commentcamarche.fr

Wikipédia : http://www.wikipedia.fr

Logiciels utilisés

Simulateur 68k : Integrated Development Environment 68 K, P. J. Fondse.

Éditeur Hexa : Hex Workshop, Breakpoint Software, www.bpsoft.com

Index

www.ingramcontent.com/pod-product-compliance
Lightning Source LLC
Chambersburg PA
CBHW080133220326
41598CB00032B/5046